Grundlagen der Wasserwirtschaft und Gewässerkunde

Von

Professor Dr.-Ing. Otto Streck

Mit 291 Abbildungen

Springer-Verlag

Berlin / Göttingen / Heidelberg

1953

ISBN 978-3-642-53183-5   ISBN 978-3-642-53182-8 (eBook)
DOI 10.1007/978-3-642-53182-8

Vorwort.

Das vorliegende Buch ist gedacht, einmal als Behelf für die Studierenden; darüber hinaus soll es aber auch dem in der Praxis stehenden Ingenieur als Nachschlagewerk bei wasserwirtschaftlichen bzw. gewässerkundlichen und wasserbaulichen Fragen dienen. Es hat zum Ziele, das sachlich und methodisch Wesentliche, das die Grundlagen für das in Frage stehende große Ingenieurgebiet bildet, möglichst vollständig und in übersichtlicher Gliederung zusammenfassend darzustellen. Ich glaube damit eine Lücke in der wasserbaulichen Literatur zu schließen.

Da die Gewässerkunde im Grunde den vielfältigen, umfangreichen und sich weit spannenden wasserwirtschaftlichen Aufgaben zu dienen hat, wird im ersten Abschnitt zunächst einmal Wesen und Zweck der Wasserwirtschaft in gedrängter Zusammenfassung dargestellt und durch einige ausgewählte Beispiele gelöster wasserwirtschaftlicher Aufgaben erläutert. Diese Beispiele verfolgen darüber hinaus den Zweck, von vornherein das Verständnis dafür zu wecken, daß die nachfolgend behandelten sachlichen und methodischen Grundlagen zur Lösung wasserwirtschaftlicher Aufgaben unentbehrlich sind.

Die eigentliche Stoffbehandlung setzt bei den meteorologischen Faktoren an, die die Gestaltung des atmosphärischen Teiles des Wasserkreislaufes bestimmen (zweiter Abschnitt) und verfolgt dann in weiteren 9 Abschnitten den ober- und unterirdisch verlaufenden terrestrischen Teil des Wasserkreislaufes vom Hochgebirge bis zum Meer, und zwar mengenmäßig, morphologisch und hinsichtlich der Wassergüte.

Die Unvermehrbarkeit des natürlichen Wasserdargebotes auf der einen Seite, der stetig wachsende Wasserbedarf für alle Wassernutzungen — und zwar bei zunehmender Qualitätsverschlechterung vor allem des Flußwassers — auf der anderen Seite, diese Diskrepanz führt immer mehr dazu, mit neuen wasserwirtschaftlichen Anlagen bis in die Quellgebiete unserer alpinen Flüsse oben im Hochgebirge vorzudringen. Damit kommt den aus Niederschlag, Abfluß und Rückhalt (+, —) hergeleiteten Wasserhaushalten für solche Einzugsgebiete immer größere Bedeutung zu. Dem trug ich in meinem Buch Rechnung durch Ausdehnung der Stoffbehandlung auch auf *alpine* Niederschlagsgebiete (Haushaltsuntersuchung bzw. Untersuchung des Abflußvermögens im Saalach- und Inngebiet von ERTL). Auch sonst versuchte ich durch zahlreiche Beispiele in Wort, Zahl (Zahlenbeispiele und Tabellen) und Bild (Wirtschaftspläne, Lichtbilder) das Studium meines Buches und seine Anwendung in der Praxis zu erleichtern. Dem dienen auch die zahlreichen Literaturangaben, ebenso wie das ausführliche Sachverzeichnis am Ende des Buches.

Glücklich wäre ich, wenn es auch dieses Buch vermöchte, das bei seinen Benutzern zu mehren, was mir bei seiner Erarbeitung Pate gestanden hat, nämlich die Liebe zu unserem so schönen Beruf.

Es ist mir eine angenehme Pflicht, allen jenen bestens zu danken, die mich durch Überlassung von Bild- und Zahlenmaterial bei der Herausgabe des Buches freundlichst unterstützten, insbesondere der Bayerischen Landesstelle für Gewässerkunde und der Rhein-Main-Donau-A.G. Schließlich, und nicht zum geringsten, danke ich dem Springer-Verlag, mit dem ich nunmehr schon 30 Jahre zusammenarbeite, für das Entgegenkommen gegenüber meinen Wünschen und für die sorgfältige Ausstattung auch dieses Buches.

Hausham, im Juli 1952.

O. Streck.

Inhaltsverzeichnis.

Dritter Abschnitt.

Der Wasserhaushalt und seine Elemente.

Vierter Abschnitt.

Allgemeine Eigenschaften oberirdisch fließender Gewässer.

Fünfter Abschnitt.

Wasserstände und Abflußmengen oberirdisch fließender Gewässer.

Sechster Abschnitt.

Weitere wasserwirtschaftliche Verfahren.

Siebenter Abschnitt.

Hochwasser. Gewässervereisungen. Wasserstandsnachrichtendienst.

Achter Abschnitt.

Die Schwerstoffe in den offenen Gewässern.

Neunter Abschnitt.

Grundwasser.

Zehnter Abschnitt.

Das Meer im Küstengebiet.

Elfter Abschnitt.

Qualitative und biologische Gewässerkunde (Wassergütewirtschaft).

Erster Abschnitt.

Wesen und Zweck der Wasserwirtschaft.

I. Das Wasserdargebot aus dem Wasserkreislauf.

Wie die Bodenschätze und die Scholle ist auch das Wasser in seiner *Gesamtmenge*, so wie letztere von der Natur im Rahmen des Wasserkreislaufes zur Verfügung gestellt wird, *nicht vermehrbar*. Dessen ist sich der moderne Mensch nicht immer bewußt, wenn er dank seiner oft gewaltigen und vielseitigen technischen Einrichtungen das Wasser benützen kann, wie es ihm gerade in den Sinn kommt. Er macht sich dabei auch kaum Gedanken über die *bedingungslose Notwendigkeit* dieses Elements zur *Aufrechterhaltung seiner Zivilisation*, ja seiner *nackten Existenz*. Erst wenn das Wasser einmal knapp wird oder vorübergehend ganz fehlt, wird ihm drastisch ins Bewußtsein gerückt, daß er nicht mehr Wasser bewirtschaften kann, als ihm von der Natur über den *Wasserkreislauf* jeweils erfaßbar zur Verfügung gestellt wird.

GOETHE hat diesen *Kreislauf des Wassers* treffend mit diesen wenigen Worten gekennzeichnet:

„Vom Himmel kommt es, zum Himmel steigt es, und wieder nieder zur Erde muß es, ewig wechselnd."[1]

Die unteren Luftschichten reichern sich bei ihren Bewegungen über der Erdoberfläche, vor allem über den Meeren, mit Wasserdampf an, der sich durch Verdunstung bildet. Dieser Wasserdampf kondensiert bei Abkühlung der Luft wieder, bildet Wolken und dann Regen, der zur Erde fällt. Hier fließt ein Teil dieses Niederschlagswassers oberflächlich ab, dem nächsten Rinnsal zu, sammelt sich dort und strebt dann über den Bach, Fluß, Strom wieder dem Meere zu. Ein anderer Teil verdunstet sofort wieder unmittelbar von der benetzten Oberfläche aus oder indirekt aus den Blättern der Pflanzen, die dieses Wasser über die saugenden Wurzeln erhalten haben. Der verbleibende Rest dringt weiter in den Boden ein, versickert und tritt früher oder später irgendwo wieder als Quelle zutage, um dann ebenfalls in den oberirdischen Wasser-

---

[1] GOETHE, J. W.: Gesang der Geister über den Wassern.

rinnsalen dem Meere zuzufließen, soweit es nicht auch hier verdunstet. Mit dem Erreichen des Meeres ist der Wasserkreislauf geschlossen.

Ständig ist dieser Kreislauf im Gang, Tag und Nacht, Sommer und Winter. Nur seine Intensität und die Schwerpunkte seiner Bahnen wechseln, besonders mit den Jahreszeiten. Wir erleben diesen Kreislauf des Wassers in der wechselnden Gestaltung des Wetters. In seinem Einzelauftreten erscheint dieses Wettergeschehen und damit der Wasserkreislauf wie ein willkürliches Spiel des Zufalls. Dies gilt besonders für die Breiten der gemäßigten Zonen. Aber bei der Zusammenschau der immer wiederkehrenden Abläufe dieser atmosphärischen Vorgänge verlieren diese immer mehr den Wesenszug des Zufälligen[1], erweisen vielmehr ihre gesetzmäßige Abhängigkeit von den jeweils vorliegenden *meteorologischen, klimatischen, orographischen* und *geologischen Besonderheiten eines Niederschlagsgebietes.* Diese Besonderheiten bedingen das Auftreten des *Niederschlags* nach dem *Ort* innerhalb des Niederschlagsgebietes, nach der Wasser*menge* (Niederschlagsmenge) und nach der *Zeit,* innerhalb welcher der Niederschlag fällt (Zugrichtung und Bewegungsgeschwindigkeit eines Regengebietes; aber auch Jahreszeit). Daraus ergeben sich zunächst einmal *ungleichmäßige Verteilungen der dargebotenen Gesamtwassermengen* über das ins Auge gefaßte Niederschlagsgebiet hinweg, unmittelbar hervorgerufen durch Intensitätsunterschiede beim *Niederschlag,* bei der *Verdunstung, Versickerung* und beim *Abfluß.* Für das gleiche untersuchte Gebiet führen darüber hinaus die meteorologischen und klimatischen Besonderheiten zu *zeitlichen Schwankungen im natürlichen Wasserdargebot* (jahreszeitliche Regen). Es ist deshalb einmal reichlich Wasser vorhanden (z. B. Sommermonsum), wogegen in einer anderen Zeit (etwa im Spätherbst) nur unzureichende Wassermengen bereitstehen.

II. Die Nutzungen des Wassers.

Das eben gekennzeichnete natürliche Wasserdargebot bildet nun die Voraussetzungen und Grundlagen für die verschiedenen *Wassernutzungen.* An erster Stelle steht die *Trinkwasserversorgung,* weil das Wasser als „Stoff" für das Dasein von Mensch und Tier schlechthin unentbehrlich und unersetzbar ist. In vielen Gebieten der Erde kommt der *land- und forstwirtschaftlichen Bewässerung* eine ähnliche wichtige Rolle zu, wie der Bereitstellung des notwendigen Trinkwassers für die Hauswirtschaft, wenn sie der Erhaltung von Mensch und Tier dient. Der nächste wichtige Wasserbedarf ist das *Brauchwasser für Industrie und Gewerbe.* Je umfangreicher diese Wirtschaftszweige in einem Versorgungsgebiet

---

[1] In den Tropen fehlt der Witterungsgestaltung das Zufällige. Wetter und Klima decken sich dort fast vollkommen.

sind, um so höher steigt die Brauchwassernutzung an. Dabei sind stark wasserverbrauchende Industrien: Papier, Textil, Färbereien, chemische Betriebe, Zellstoff, Zellwolle, Buna, Eisen, Kokereien, Zuckerfabriken und Brauereien. Auch diese Nutzer gebrauchen das Wasser als „Stoff"[1]. Während aber bei der Trinkwasserversorgung auch an die *Beschaffenheit* (Güte) des Wassers sehr hohe Forderungen gestellt werden, gilt dies — mit einigen Ausnahmen — nicht im gleichen Maße für das Brauchwasser. Die aus der Trinkwasserversorgung im Haushalt und aus der Brauchwassernutzung anfallenden *Abwässer* sind meist stark verschmutzt und erfordern aus sanitären Gründen, nicht zuletzt auch wegen der vielfach vorhandenen Notwendigkeit, dieses Wasser weiteren Nutzungen zuzuführen, eine *mechanische, chemische* und *biologische Reinigung (Güteverbesserung)*. So entsteht die *Abwassernutzung*. Wie leicht zu übersehen ist, bedingt diese Art der Nutzung keinen neuen zusätzlichen Wasserbedarf. Sie wächst aber zwangsläufig mit dem rasch steigenden Wasserverbrauch in der Trink- und Brauchwasserversorgung ebenfalls rasch an, wird dabei immer schwieriger und kostspieliger und bildet — vor allem in dichter besiedelten Gebieten — bereits heute eine immer mehr wachsende Sorge der qualitativen Wasserwirtschaft.

Im Laufe der zivilisatorischen Entwicklung ist der Mensch zu Nutzungen gekommen, bei denen das Wasser nicht mehr als „Stoff" gebraucht wird, sondern als „*Energieträger*": *Wasserkraft*nutzung, und als „*Beförderungsweg*": Wassernutzung durch *Wasserstraßen*.

Wie schon oben erwähnt, stellt jede der genannten Wassernutzungen an die *Beschaffenheit (Güte)*[2] *und die zeitliche Wasserverteilung die für sie charakteristischen Anforderungen*. Diese weichen untereinander vielfach stark ab. Der Unterschied hinsichtlich der Anforderungen an die *Menge* bei den verschiedenen Nutzungen hängt weniger von der Nutzungsart als von dem Versorgungsumfang (Größe des zu deckenden Bedarfes) ab.

III. Verhütung von Wasserschäden.

Die zeitlichen Schwankungen im natürlichen Wasserdargebot verursachen den bereits erwähnten Wechsel von wasserreichen und wasserarmen Zeiten. Die Extreme dazu sind *Hochfluten* einerseits, *Dürreperioden* andererseits. *Beide* sind für den Menschen, seine Siedlungen, seine Bodenkulturen, für manche seiner Wassernutzungen *schädlich*, ja *gefährlich*. Bei drohenden Hochfluten ist deshalb fast jeder Wildbach, jeder Fluß und Strom in seinem natürlichen Zustand etwas, das in den Anwohnern Sorge, ja Angst erweckt; dies um so mehr, als hier diese Gefahr mit einer gewissen Plötzlichkeit auftritt, oft unvermittelt, un-

---

[1] Die Brauereien „ver"brauchen den „Stoff" Wasser.
[2] Vgl. Elfter Abschnitt: Wassergütewirtschaft.

erwartet. Es ist deshalb das menschliche Streben nur natürlich, sich gegenüber den drohenden Schäden an Gut und Leben zu sichern durch Schutzanlagen (*Wildbachverbauungen, Hochwasserschutzanlagen* verschiedenster Art). Dazu kommen an den Meeresküsten die Schutzanlagen gegen die *Sturmfluten.*

Anders liegen die Verhältnisse beim Auftreten des Gegenextrems der *Wasserklemmen (Dürreperioden).* Hier entsteht die Gefahr eines Schadens allmählich. Sie wächst mit dem stetigen Absinken des natürlichen Wasserdargebots immer stärker an. Dabei treffen die Schäden, die hier naturgemäß andersgeartet sind als bei Hochwasser, *alle* Nutzungsarten. Deshalb bedürfen sie auch alle eines Schutzes dagegen durch *Spar*bewirtschaftung, am besten durch *Aufspeicherung* des Überschusses wasserreicher Zeiten in *Rückhaltbecken* (Speicherwirtschaft), um damit die ungenügenden Wasserdarbietungen der Trockenzeiten zu vergrößern.

Bis zu einem gewissen Grade vermögen in Sonderfällen *bauliche Maßnahmen allein,* d. h. ohne Eingriff in das natürliche Abflußregime, schädliche Auswirkungen von zu geringer Wasserdarbietung zu beseitigen oder doch herabzumindern, z. B. in der Flußschiffahrt durch die Zusammenfassung zu kleiner Abflußmengen in einem besonderen Niederwasserbett (*Niederwasserregulierung*), wodurch die Wassertiefe, d. h. Fahrtiefe für die Schiffe, vergrößert wird. Eine künstliche Vermehrung derjenigen Wassermengen, die lediglich durch den terrestrischen Wasserkreislauf bedingt sind, findet durch diese Maßnahmen allein nicht statt.

Nun kann ein zu großes Wasserdargebot auch noch unterirdisch, beim *Grundwasser,* auftreten und Schäden verursachen, indem dessen Spiegel zu hoch steigt und stauende Nässe verursacht. Die Schadenverhütung erfolgt durch Absenkung des zu hohen Grundwasserspiegels oder Verhinderung seiner Entstehung vermittels *Entwässerungsanlagen.* Hierher gehören auch die *Meliorationen* zur Gewinnung von neuen landwirtschaftlichen Anbauflächen.

IV. Wesen und Aufgabe der Wasserwirtschaft.

Es wurde schon angedeutet, daß die vielerlei Wassernutzungen durch den Menschen verschiedene Ansprüche hinsichtlich der Menge, der Güte und des zeitlichen Auftretens des Wassers stellen. In den meisten Fällen decken sich diese Forderungen *nicht* mit dem *natürlichen* Dargebot aus dem Wasserkreislauf. Wieder andere Erfordernisse ergeben sich aus der Verhütung von Wasserschäden. Da die von der Natur zur Verfügung gestellte Gesamtwassermenge nicht vermehrbar ist, muß der Mensch die Verbrauchsschwankungen wie auch den zeitweiligen Überfluß und Mangel an Wasserdargebot *auszugleichen* suchen, um zu seiner höchstmöglichen Gesamtnutzung zu kommen. Die Sicherstellung der Wassernutzungen und die gleichzeitige Gefahrenverhütung erfordern also vorsorgende Maßnahmen, die auf einer *Bewirtschaftungsplanung* beruhen. Diese muß um so umfassender sein, je dringender und entgegenstrebender die verschiedenen Wasserbedürfnisse dem zeitlichen Auftreten nach sind und je ungünstiger das Wasser nach Zeit und Menge dargeboten wird.

Mit dem Streben nach bestmöglichem Ausgleich zwischen dem Wasserbedarf aller Art und seiner Deckung aus dem augenblicklichen natürlichen Wasserdargebot (Zufluß) durch Ansammeln von Wasservorräten kommt man zur *Wasserwirtschaft* im modernen Sinne. Sie umfaßt die Gesamtheit aller Erkenntnisse und daraus hergeleiteten Maßnahmen, die *gleichzeitig* den beiden schon genannten Zwecken dienen: 1. bestmöglicher Ausgleich zwischen dem natürlichen Wasservorkommen und dem Wasserbedarf für ein bestimmtes Versorgungsgebiet unter angemessener Berücksichtigung der zu erwartenden Zukunftsbedürfnisse; 2. weitestgehende Schadenverhütung. Sie bildet ein wichtiges, in das Leben einer Gemeinschaft oft vielseitig eingreifendes *Aufgabengebiet*, das außer den naturwissenschaftlichen, technischen, wirtschaftlichen und hygienischen Fragen auch noch zahlreiche organisatorische, rechtliche und manchmal politische Fragen mit einschließt. Damit geht die Wasserwirtschaft über das weit hinaus, was man üblicherweise unter „Wasserbau" versteht.

Aufgabe und Ziel einer weitschauenden Wasserwirtschaft lassen sich auch noch so kennzeichnen: Erreichung eines im ganzen höchstmöglichen Wassernutzungsgrades für die vorhandenen verschiedenartigen menschlichen Wasserbedürfnisse an jedem Ort und zu jeder Zeit eines Versorgungsgebietes durch planmäßige Bewirtschaftung des ober- und unterirdischen Wasservorrats.

Das Kernstück fast jeder Wasserwirtschaftsplanung ist der Ausgleich der Schwankungen des Wasserdargebots durch Zurückhaltung (Retention) oder Abflußverzögerung reicher Niederschläge in *Rückhaltebecken*. Damit wird ein Wasservorrat gewonnen für die schwierigen niederschlagsarmen Zeiten. In den allermeisten Fällen erfolgt die Anlage dieser Speicherbecken oberirdisch durch Erbauung einer Talsperre (Staumauer, Staudamm); doch kommt der Forderung nach Heranziehung großer Grundwasserspeicher immer mehr Bedeutung zu. Diese *Wasservorratswirtschaft* (Wassermengenwirtschaft) erlaubt — wenigstens für hydrologisch normale Zeiten — eine geregelte Wasserhaushaltführung für *alle* zu versorgenden Wassernutzer. Deshalb wird der Begriff Wasserwirtschaft irrtümlicherweise vielfach gleichgesetzt und oft auch erschöpft mit der Speicherbeckenbewirtschaftung. Und das

Sperrenbauwerk wird zu ihrem Symbol. Daß eine solche Auffassung aber viel zu eng ist, ergibt sich bereits aus den bisherigen Ausführungen.

Bei der Trinkwassernutzung, der Siedlungshygiene (Abwasserfragen!), der Reinhaltung der Gewässer für weitere Wassernutzer, wozu auch die Erholung und Entspannung suchenden Menschen gehören, spielt z. B. nicht nur die Wassermenge eine wichtige Rolle, sondern ebensosehr die *Güte* des Wassers. Die Sorge dafür ist die Aufgabe der *Wassergütewirtschaft*.

Ein neueres, noch in der Ausweitung begriffenes Teilaufgabengebiet der Wassergütewirtschaft ist die sogenannte *biologische Wasserwirtschaft* (biologische Abwasserreinigung, dann Biologie der Gewässer überhaupt, der Ufer, Talbereiche, Land- und Forstkultur, Fischereiwesen, Naturschutz, Landschaftspflege und -gestaltung).

Mit der Nutzung der im Wasser schlummernden Elementarkräfte (potentielle Energie) in den Wasserkraftmaschinen zur Gewinnung elektrischer Energie (*Wasserkraftwirtschaft*) wird die Wasserwirtschaft ein wichtiger Faktor in der *Energiewirtschaft*. Ja, in Ländern, denen die Natur kalorische Energieträger (Kohle, Öl usw.) versagt hat, wird die Wasserwirtschaft über die Wasserkraftnutzung entscheidende Hauptquelle für die Energieversorgung (z. B. Schweiz[1], Norwegen, Österreich). Damit verlagert sich dort auch der Schwerpunkt in der Wasserwirtschaft auf die Energiegewinnung.

Da, wo wasserwirtschaftliche Vorsorge die Nutzung des Wassers als „Beförderungsweg" erleichtert oder überhaupt erst ermöglicht, wie bei Flußkanalisierungen und Schiffahrtskanälen, verzahnt sie sich als *Wasserstraßenwirtschaft* in die Verkehrswirtschaft.

Nach dem Vorgesagten läßt sich der *Zweck der Wasserwirtschaft* auch noch so umschreiben: wirtschaftlich-technischer Ausgleich zwischen den hydrologischen Gegebenheiten und den verschiedensten Forderungen der Siedlungswasserwirtschaft, der Land- und Forstwirtschaft, von Industrie und Gewerbe, der Energiewirtschaft, der Verkehrswirtschaft. Das Ergebnis ihrer Bemühungen sollte nach MARQUARDT sein: die Festlegung der Mittelkraft aus allen diesen Forderungen und die stete Verbesserung von deren Richtung und Größe durch fortgesetzte Nachprüfung aller verfügbaren Unterlagen[2].

Eine solche, nicht zuerst von der einzelnen wasserbaulichen Anlage her, sondern umfassend gesehene Wasserwirtschaft wird den sonst oft zu beobachtenden Fehler vermeiden, daß der Einzelmensch, der Einzelbetrieb für *seine* Wassernutzung sich aus einem hydrologisch zusammengehörigen Gebiet ein ihm besonders geeignet erscheinendes Teileinzugs-

---

[1] Führer durch die Schweizerische Wasserwirtschaft. 2 Bde. II. Ausgabe 1926. Hrsg. v. Schweiz. Wasserwirtschaftsverband. Verbandsschrift Nr. 12.

[2] MARQUARDT: R.D.T. 1938. Hrsg. v. Verein Deutscher Ingenieure. Berlin.

gebiet, ein anderer eine ihm besonders zusagende Flußstrecke herausgreift, ein dritter „kultiviert" und dabei den Oberliegern das Grundwasser abgräbt, ohne daß sich diese darum kümmern, wie die anderen Wasserinteressenten mit dem verbleibenden Rest an Wasserdargebot für ihre oft viel wichtigeren und dringlicheren Bedürfnisse zurechtkommen. Demgegenüber stehen die beiden divergierenden Tatsachen: die Unvermehrbarkeit des Wasserschatzes einerseits, das dauernde Anwachsen der echten Bedürfnisse an Wasser infolge der ständig zunehmenden Bevölkerungszahl und der ständigen Ausweitung und Verfeinerung der Zivilisation (Hygiene) andererseits. Schon diese beiden Tatsachen allein erfordern eine *einheitliche* Führung der Wasserwirtschaft. Ein besonders markantes und lehrreiches Beispiel für eine solche bietet der Ruhrverband, der *alle* Wasserbenutzer des gesamten Einzugsgebietes der Ruhr umfaßt[1]. Bei dieser einheitlichen Wasserwirtschaftsführung können manche scheinbar entgegenstrebenden Belange ohne Schwierigkeit gleichgerichtet werden, wie das untenfolgende Beispiel[1] zeigt. Denn nur wenige Nutzungen „verbrauchen" das Wasser in spürbaren Mengen. Die meisten „benutzen" es nur (etwa in der Wasserkraftmaschine), so daß es darnach wieder zur Verfügung steht. In der Trinkwasserversorgung und in der Industrie wird viel Wasser genutzt, aber nur sehr wenig davon tatsächlich „verbraucht". Im Ruhrgebiet ist dieser einheitliche Wille zur Gemeinschaftsbewirtschaftung erst aus dem Notstand herausgewachsen, den eben die bloße Wassernutzung durch viele nebeneinander erzeugt hatte. Bei den in jüngster Zeit entstandenen wasserwirtschaftlichen Riesenunternehmungen im Westen und Südwesten der Vereinigten Staaten von Nordamerika hatte dieser einheitliche Wille schon bei der Planung Pate gestanden[2]. —

Die Begrenzung eines wasserwirtschaftlichen Versorgungsgebietes wird von der Natur vorgezeichnet durch seine *Wasserscheiden*. Denn an ihnen trennen sich die Abflüsse der Niederschläge, d. h. die *Einzugsgebiete* der Fluß- und Stromgebiete. Andererseits umschließen diese Wasserscheiden die naturgegebenen Einheiten von geschlossenen Niederschlags- bzw. Einzugsgebieten. In einem solchen Bereiche hängen der Fluß (oder Strom) mit seinen Zuflüssen bis hinauf zu den Quellen, jedes stehende Tagesgewässer (See oder Weiher) und der gesamte Grundwasservorrat, kurz Niederschlag, Abfluß, Vorratsbildung gegenseitig voneinander ab und bedingen einander. Ohne die Berücksichtigung dieser naturgegebenen Zusammenhänge gibt es keine planvolle Wasserwirtschaft.

Zum Schlusse dieser einleitenden Betrachtungen noch ein Wort über die Männer, denen das Planen und Betreuen der Wasserwirtschaft obliegt. Die wasserwirtschaftliche Planung und die Durchführung der

---

[1] Vgl. das Beispiel Nr. 1 auf S. 8ff.
[2] Vgl. Fußnote S. 329.

Wasserbewirtschaftung sind schwierige, umfassende, weitverzweigte und verantwortungsvolle Aufgaben. Deshalb erfordern sie mehr als nur gediegenes fachmännisch-technisches, wasserbauliches Können. Einmal läßt sich das Wasser erfahrungsgemäß nur leiten im Rahmen seiner naturbedingten Gesetze. Das technische Können des Wasserwirtschaftlers muß sich deshalb verbinden mit weitgehender Einfühlung in die Natur. Das verlangt neben dem Einsatz des scharfen Verstandes weitgehende Mobilisierung und Entfaltung der Kräfte der Intuition und der Seele. Die Verzahnungen und weitreichenden Ausstrahlungen wasserwirtschaftlicher Planungen, die vielerlei und verschieden gearteten Bedürfnisse, die dabei zu befriedigen sind, erfordern überdies großes wirtschaftliches Verständnis, nüchternen Tatsachensinn, Unbestechlichkeit, aber auch ein warmes Herz und aufgeschlossenen Sinn für die Erhaltung der Naturschönheiten und schöpferische Begabung. Denn jede neue wasserwirtschaftliche Planung stellt als Ganzes und in vielen ihrer Teile neue Aufgaben schöpferischen Charakters, die nicht durch Schablonen, Schemata, Dogmen zu meistern sind. Aber gerade dieses Schwierige, Verantwortungsvolle, immer Neue macht die Arbeit des mit wasserwirtschaftlichen Aufgaben befaßten Ingenieurs so besonders beglückend.

V. Praktische Beispiele für die Wasserbewirtschaftung.

1. Wasserwirtschaft an der Ruhr im rheinisch-westfälischen Industriegebiet[1].

Wasserwirtschaftlich gesehen, stellt jener Raum des rheinisch-westfälischen Industriegebietes, das sich zwischen dem Rhein und der Stadt Hamm erstreckt, ein hydrologisch einheitliches Gebiet dar mit einer Besiedlungsdichte von etwa 3000 Einwohnern je km^2 (E/km^2) gegenüber einem deutschen Durchschnitt von nicht ganz 140 E/km^2. Damit dürfte es unter den Industriegebieten ähnlicher Größe zu den dichtest besiedelten Gebieten nicht nur Deutschlands, sondern der Welt gehören. Als Wasserspender für die dortigen großen Wasserbedürfnisse kam aus verschiedenen Gründen lediglich die Ruhr in Betracht, und zwar nicht nur für das Ruhreinzugsgebiet selbst, sondern darüber hinaus auch noch für den größten Teil des Emschergebietes und für Teile des Lippe-, Wupper- und Emsgebietes (Abb. 1).

Zunächst ging es darum, die *Wasserversorgung* auch für katastrophale Trockenzeiten aus der Ruhr *mengenmäßig sicherzustellen*. Diese Aufgabe übernahm der 1898 als freiwilliger privatrechtlicher Verein ins Leben gerufene *Ruhrtalsperrenverein*. Er hatte die Aufgabe, durch den

---

[1] Imhoff: Z. Wasserkr. u. Wasserw. 1931. S. 85ff. — Prüss: Z. Dtsch. Wasserwirtsch. 1939, S. 266ff.

Bau von Talsperren und andere geeignete technische Maßnahmen Ersatz zu schaffen für jene Wassermengen, die der Ruhr durch Überpumpen von Trink- und Brauchwasser in andere Niederschlagsgebiete verloren gehen. So entstanden im oberen Ruhrgebiet große Gemeinschaftstalsperren. Die größte davon ist jene an der *Möhne* mit 135 Millionen m³ (135 hm³) Staurauminhalt und 33 m Stauhöhe am Sperrenbauwerk. Das durch den Stau gewonnene Gefälle wird zur Erzeugung elektrischer Energie ausgenutzt. 1937 wurde ein neues großes Staubecken an der Sorpe in Betrieb genommen mit einem riesigen Erddamm von 69 m Höhe und 70 hm³ Stauinhalt. Insgesamt verfügte der Ruhrtalsperrenverein im Jahre 1939 über 262 hm³ Staurauminhalt, der stets weiter vergrößert wird. Möglichkeiten dafür bestehen für insgesamt

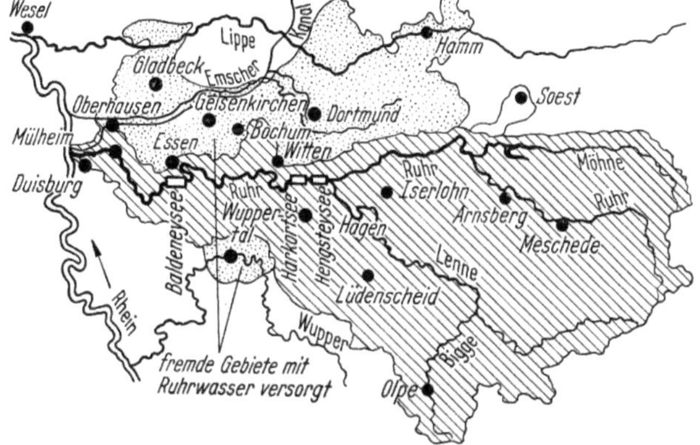

Abb. 1. Verbandsgebiet der beiden Ruhrverbände, des Ruhrverbandes und des Ruhrtalsperrenvereins.
(Nach Prüss: Z. Dtsch. Wasserwirtsch. 1939).

fast 1000 hm³ Speicherraum. Bei einem darüber hinaus wachsenden Wasserbedarf kommt die Speisung der Ruhr bis nach Essen hinauf mit Rheinwasser durch Hochpumpen in Betracht.

Diese vorgenannten Speicherräume sind aber *keine* reinen Trinkwassersperren, aus denen das Trinkwasser etwa das ganze Jahr über mit Rohrleitungen unmittelbar in die Verbrauchernetze geleitet wird. Die Speicherungen dienen vielmehr ausschließlich der *Auffüllung der Niederwasserführung der Ruhr*. Das eigentliche Trink- und Brauchwasser holen die zahlreichen Wasserwerke mittels Filtergalerien, die längs des Ruhrflusses in etwa 50 m Abstand von diesem angeordnet sind, aus dem Grundwasser, das mit Ruhrwasser angereichert ist. Es muß dabei natürlich Sorge getragen werden, daß das aus den Filtergalerien herausgepumpte Trink- und Brauchwasser hygienisch und auch ästhetisch einwandfrei ist.

Hier setzte die Tätigkeit des 1913 gegründeten *Ruhrverbandes* als Selbstverwaltungskörper *aller Verschmutzer der Ruhr und ihrer Nebenflüsse* ein. Seine Aufgabe war es, die *Ruhr* durch Wasserreinigung und andere geeignete Maßnahmen *rein zu halten.* Zu diesem Zweck hat er bis 1939 gebaut: 77 Kläranlagen unter weitgehender Verwertung der anfallenden Abfallstoffe; 3 Ruhrstauseen (Hengsteysee, Harkortsee und Baldeneysee) (vgl. Abb. 1); 12 Abwasserpumpwerke für die Senkungsgebiete des Bergbaues und mehrere hundert Kilometer Abwassersammler.

Den Umfang der Wasserumwälzung, die hier vor sich geht, umreißen folgende Daten: der gesamte jährliche Reinwasserbedarf des engeren Ruhrkohlengebietes betrug bei etwa $4^1/_2$ Millionen (Mio.) Einwohnern im Jahre 1939 etwa 850 hm³, also je Tag im Durchschnitt über 2 hm³. Vergleichsweise ist der entsprechende Verbrauch in Berlin bei 4,2 Mio. Einwohner etwa 500000 m³/Tag. Die 850 hm³ sind etwa ein Viertel jener Wassermenge, die von allen Wasserwerken in Deutschland zusammen jährlich gefördert werden. Rund 450 l Wasser müssen im Ruhrgebiet auf 1 Einwohner täglich bereitgestellt werden; davon treffen auf den reinen Trinkwasserbedarf (Haushaltverbrauch) nur 100 bis 150 l/Tag. Daraus ergibt sich der hohe Anspruch, den die Kohlen- und Eisenindustrie an die Wasserversorgung der Ruhr stellt.

Wie schon weiter oben erwähnt, wird das Trinkwasser nicht unmittelbar den Speicherweihern im oberen Ruhreinzugsgebiet, auch nicht unmittelbar dem Flusse selbst entnommen, sondern aus Brunnen oder Sickerrohren, die in das Kiesbett der Ruhr eingebaut sind, um auf diese Weise über die Filtration durch den natürlichen Boden die notwendige Wasserreinheit zu erreichen. Damit schon das Flußwasser, das die Brunnen speist, einen gewissen Verschmutzungsgrad nicht überschreitet, übernehmen die Abwasserkläranlagen die wesentliche Reinigung des wieder in den Fluß zurückfließenden Abwassers der im Versorgungsgebiet liegenden Siedlungen und Industriegebiete. Die restliche Reinigung muß die Ruhr selbst besorgen. Da diese besonders gefährdet war in Trockenwetterzeiten, wenn nicht mehr für ausreichende Verdünnung durch Zuführung von Speicherwasser aus den oberhalb gelegenen Talsperren gesorgt werden konnte, wurden die 3 Ruhrstauseen Hengstey, Harkort und Baldeney angelegt. In diesen erfolgt die Nachreinigung *mechanisch* oder mechanisch-chemisch durch die starke Herabsetzung der Fließgeschwindigkeit des Flußwassers (Absinken der feinen Schlammteile auf die Flußsohle), *biologisch* durch die verstärkte Einwirkung von Licht und Luft (Sauerstoff!) infolge der großen Wasserfläche und der verlängerten Laufzeit des Wassers. Es wird damit eine so weitreichende Reinigung erzielt, daß dieses Wasser nach Durchlaufen des natürlichen Untergrundfilters und der Chlorung im Wasserwerk ohne Bedenken wieder für die Trinkwasserversorgung neben der Brauchwassernutzung Verwendung finden kann.

Wasserwirtschaftlich besonders zu beachten ist hier die Tatsache, daß die Wassernutzung im Rahmen des Kreislaufes: Flußwasser →

Trink- und Brauchwasser → Abwasser → Flußwasser (Abb. 2) — unter
Einschaltung modernster technischer, chemischer, biologischer Erkenntnisse und Erfahrungen — erfolgt, wobei sich dieser Kreislauf in
trockenen Zeiten schon 3mal und öfter wiederholt hat, bis der Niederschlag im Ruhreinzugs-
gebiet endlich den Vor-
fluter Rhein erreicht[1].

In besonders trocke-
nen Zeiten hatte aber
auch diese außerordent-
liche Ausnutzung nicht
mehr vollkommen zur
Bedarfsdeckung ausge-
reicht. In diesem Falle
erfolgte eine Auffüllung
der Ruhr vom Rhein her

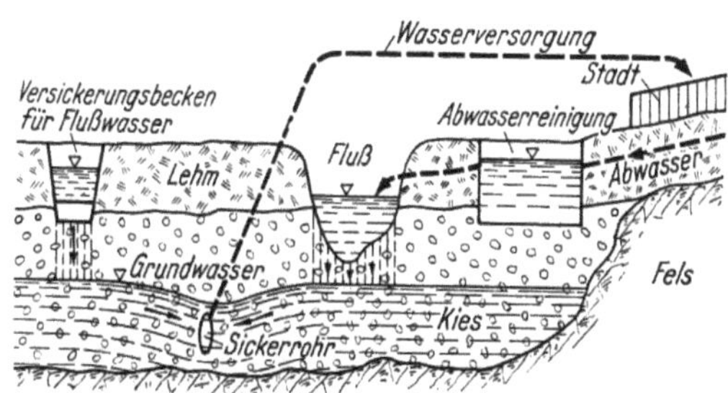

Abb. 2. Querschnitt durch das Wasserwerksgelände im Ruhrtal.
Schematische Darstellung des Nutzwasserkreislaufes.
(Nach PRÜSS: Z. Dtsch. Wasserwirtsch. 1939.)

durch ein *Rückpumpwerk*, das die vorausschauende wasserwirtschaftliche Planung des Ruhrverbandes in der untersten Ruhrhaltung in
Duisburg eingerichtet hatte. Dieses Pumpwerk ist z. B. im Trocken-
sommer 1929 eine Woche lang und im Juni 1930 einen Tag lang in Betrieb gewesen, als die Wasserführung der Ruhr unter Null gesunken
war[1].

Um der *Schiffahrt* zu dienen, wurde an der Stauanlage des Baldeney-
sees vorsorglich eine Schiffahrtsschleuse für Kähne von 350 t Trag-
fähigkeit gebaut, durch die voraussichtlich in nicht zu ferner Zukunft
ein Schiffsverkehr von diesem See bis zum Rhein ermöglicht werden
dürfte. Im übrigen beschränkt sich die Nutzung der Ruhr als Schiff-
fahrtsweg auf Schiffsverkehr für Personen- und Sportboote.

Selbstverständlich hat man dort auch alle Möglichkeiten an den
Stauanlagen ausgeschöpft, um wertvollen *elektrischen Strom zu erzeugen*
(3 Kraftwerke an den 3 unteren Stauseen mit zusammen rd. 11 000 kW
Ausbauleistung). Außerdem hat der Hengsteysee die Möglichkeit ge-
geben, die bisher größte Stromspeicheranlage Deutschlands (Herdecke)
zu errichten. In Nachtstunden wird dort aus dem Hengsteysee eine
Wassermenge bis zu 42 m³/sek in ein *künstlich geschaffenes Speicherbecken*
von 1,6 hm³ in 162 m Höhe über dem genannten Ruhrstausee *gepumpt*.
In Zeiten großen Spitzenbedarfs am Tage fällt dieses gespeicherte, mit
potentieller Energie geladene Wasser dann in Rohrleitungen durch
Turbinen in den Hengsteysee zurück und erzeugt dabei *wertvollen
Spitzenstrom* mit einer Jahresleistung von rd. 150 Mio. kWh.

Schließlich wurden die Stauseen des Ruhrverbandes in vorbildlicher
Weise als *Volkserholungsstätten* ausgestaltet mit Badeplätzen, Booten,

---

[1] IMHOFF: Z. Wasserkr. u. Wasserw. 1931. Zit. S. 8.

Strandhäusern und damit manche Wünsche der in der Nähe lebenden Städter nach Strandbädern und Wassersportplätzen erfüllt (Abb. 3).

In *organisatorischer* Hinsicht ist noch folgendes beachtenswert: Im Jahre 1938 wurde die Geschäftsführung des Ruhrtalsperrenvereins, der bereits im Jahre 1913 eine Umwandlung in die Form einer Körperschaft des öffentlichen Rechts erfuhr, mit jener des Ruhrverbandes zusammengelegt, um künftig sowohl die Wasser*mengen*- als auch die Wasser*güte*-

Abb. 3. Ruhrstauanlage Baldeneysee in Essen. (Nach PRÜSS: Z. Dtsch. Wasserwirtsch. 1939, S. 273.)

wirtschaft nach einheitlichen Gesichtspunkten und Richtlinien durchführen zu können.

Die außerordentlichen Erfolge dieses großen Unternehmens intensivster Wasserbewirtschaftung waren nur möglich, weil die Voruntersuchungen, die Planungen, Ausführungen und der Betrieb von den vorgenannten Organisationen (Ruhrtalsperrenverein, Ruhrverband) als *überkommunale* Aufgabe, von *einem einheitlichen Willen* durchgeführt werden konnten, über zahlreiche Städte und Industrieunternehmungen, über 2 Provinzen und 3 Regierungsbezirke mit ihren Zuständigkeiten hinweg.

2. Hochwasserschutz durch Talsperren in Schlesien[1].

Die hochwassergefährlichsten Flüsse im norddeutschen Raum sind die linksseitigen Nebenflüsse der Oder in Schlesien (Bober, Queis,

---

[1] MATTERN: Handb. d. Ing.-Wiss. 4. Aufl. 1913, III. Teil, 2. Bd., 2. Abtlg. Leipzig u. Berlin: W. Engelmann 1913. — WITTMANN: Wasserwirtschaft. Taschenbuch f. Bauing. Hrsg. von F. SCHLEICHER. S. 867. Berlin/Göttingen/Heidelberg: Springer. Berichtigter Neudruck 1949. — ROSCHKE: Niederschlag und Abfluß des Queisgebietes im Zeitraum 1926/1935. Z. Dtsch. Wasserwirtsch. 1939, S. 217ff.

Katzbach, Glatzer Neiße). Man schätzt den dadurch angerichteten Schaden innerhalb 10 Jahren auf 24 Mio. M. Allein am Queis und Bober hat das Katastrophenhochwasser im Juli 1897 (vgl. Abb. 210) in wenigen Tagen rd. 10 Mio. M Schaden verursacht. Um diese dauernden Schäden an Hab und Gut der Anwohner und ihrer Bodenkulturen abzuwenden, wurden nach diesem Hochwasser eingehende Studien über die zweckmäßigsten Schutzmaßnahmen durchgeführt. Man erkannte, daß bei der stark wechselnden Wasserführung der schlesischen Gebirgsflüsse ein Hochwasserschutz durch Ausbau der Bachbetten und durch Anlage von Hochwasserdämmen sehr kostspielig geworden wäre, wenn man diese Maßregeln den veränderlichen Anforderungen hätte anpassen wollen. An vielen Stellen war der Ausbau auf eine unschädliche Hochwasserabführung schon wegen der dichten Besiedelung der Täler und der bis dicht an die Flußufer heranreichenden Bebauung unausführbar. Deshalb wurde in dem sogenannten Schlesischen Hochwasserschutzgesetz vom 3. Juli 1900 die *Zurückhaltung der schädlichen Hochfluten in Speicherbecken* zur Grundlage der durchzuführenden Hochwasserschutzmaßnahmen gemacht.

Der Grundgedanke bei den Hochwasserrückhaltebecken besteht darin, den Hochwasserablauf so zu regulieren, daß er gerade noch bordvoll vor sich geht. Man läßt also jene Wassermengen ablaufen, die der ausgebaute Gebirgsfluß, ohne Schaden anzurichten, abzuführen vermag

Abb. 4. Einzugsgebiet des Queis in Schlesien.

(Mittelhochwassermengen = *MHQ*). Zurückgehalten werden nur die das *MHQ* übersteigenden Abflußspitzen, die Ausuferungen und damit Schäden für die Anlieger mit sich bringen.

Vom Jahre 1901 bis 1912 waren nach diesem Plane im Gebiet der schlesischen Gebirgsflüsse 16 Sammelbecken mit einem gesamten Stauraum von rd. 93 hm³ anzulegen, die ein Niederschlagsgebiet von 2203 km² absperren. Die größten Speicherräume weisen dabei die Sperren von *Marklissa* im *Queis* (Abb. 4) mit 15 hm³ und von *Mauer* im Bober mit 50 hm³ auf. Diese beiden Anlagen nutzen einen Teil des gestauten Wassers zur *Gewinnung von Wasserkraftenergie.* Dafür stehen insgesamt 25,3 hm³ Stauwassermengen zur Verfügung; hiervon treffen auf Marklissa 5 hm³ bei 3000 PS Maschinenleistung, auf Mauer 20 hm³

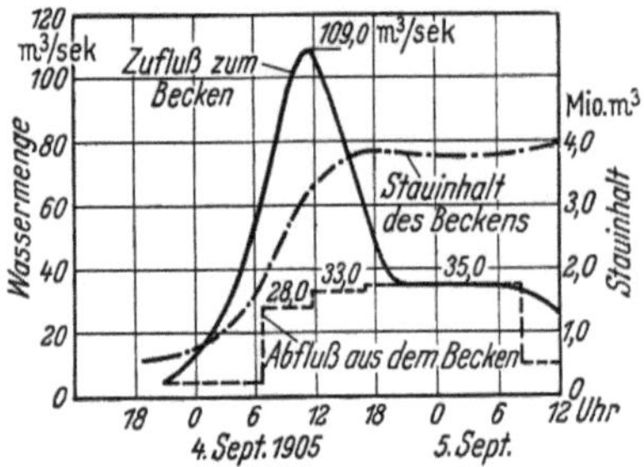

Abb. 5a. Flutwelle vom 4. Septbr. 1905. Größter Zufluß 109 m²/sek, größter Abfluß aus dem Becken 35,0 m³/sek, Rückhalt 74 m³/sek.

bei 6000 PS verfügbarer Maschinenleistung. Die beiden Kraftanlagen sind miteinander gekuppelt; sie versorgen die Stadt Hirschberg und die Ortschaften von etwa 5 Kreisen mit Licht und Kraft. Je die Hälfte dieser installierten Maschinenleistungen stehen für 24stündigen Dauerbetrieb zur Verfügung.

Wie schon erwähnt, wurden die Gebirgsbäche für die unschädliche Abführung der in den Sammelbecken nicht zurückgehaltenen Wassermassen derart reguliert, daß sie die mittleren Hochfluten bordvoll aufzunehmen vermögen (Schaffung einheitlicher, dem Wasserabfluß angepaßter Querschnitte, Verminderung der Wassergeschwindigkeit in den steileren Gebirgstälern mit übermäßig

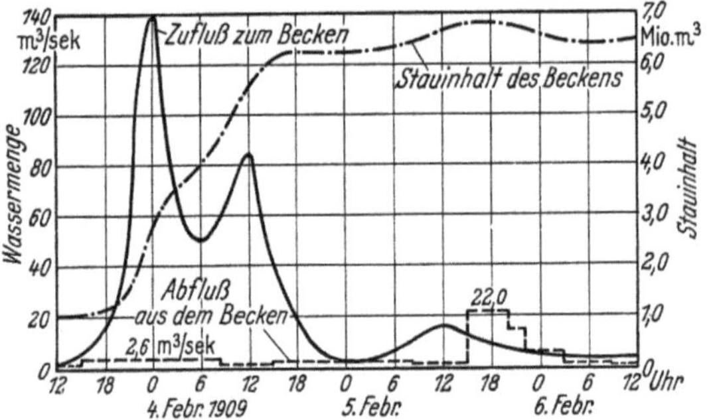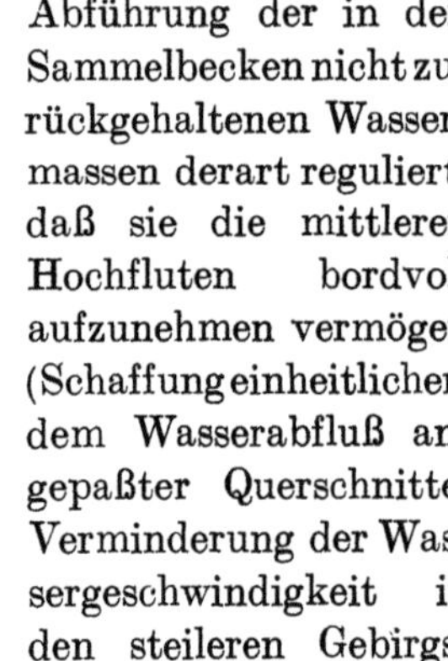

Abb. 5b. Flutwelle am 4. bis 6. Febr. 1909. Größter Zufluß 140 m³/sek. größter Abfluß aus dem Becken 22 m³/sek, Rückhalt 118 m³/sek.

starkem Gefälle). Brücken, die den Durchfluß hemmten, wurden umgebaut, gehoben und erweitert, zu stark stauende Krümmungen gestreckt. Der Uferschutz erfolgte durch Böschungspflaster und, wo notwendig, durch Böschungsmauern, die Ausgleichung zu starker Gefälle und die Fixierung der Flußsohle durch Kaskaden, Wehre, Grundschwellen. Oben in den Quellgebieten der Gebirgsbäche sind Gerölltalsperren angelegt, um das mit dem Hochwasser herabkommende Geschiebe zurückzuhalten.

Zur Erläuterung der *wasserwirtschaftlichen Wirkungsweise eines Hochwasserrückhaltebeckens* wurden in Abb. 5a, b, c, d für das Speicherbecken von *Marklissa im Queis* die jeweiligen Zuflüsse, Abflüsse und

Stauinhalte während des Ablaufs von 4 Hochfluten aufgetragen. Dabei erweist sich der Hochwasserschutz bei der zweiten Hochwasserwelle vom 4. bis 6. Februar 1909 am stärksten, da hier einem höchsten Zu-

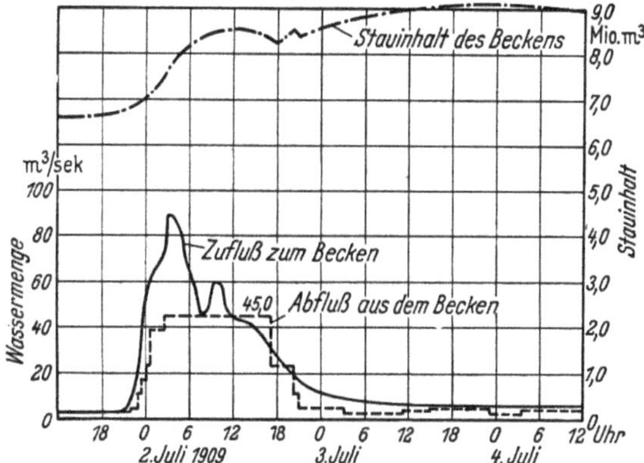

Abb. 5c. Flutwelle vom 2. Juli 1909. Trifft auf verhältnismäßig gefülltes Becken. Größter Zufluß rd. 90 m³/sek, größter Abfluß aus dem Becken 45 m³/sek, Rückhalt 45 m³/sek.

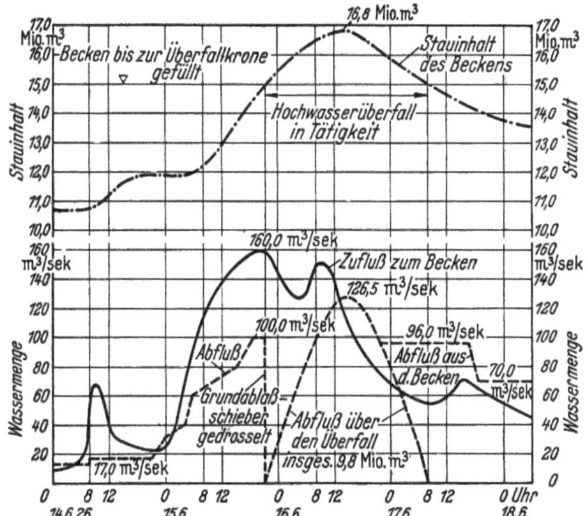

Abb. 5d. Hochflutwelle vom 15. u. 16. Juni 1926, nach zwei vorhergegangenen etwas kleineren Flutwellen; trifft auf 10,81 Mio. m³ Beckeninhalt. Größter Zufluß 160,0 m³/sek, größter Abfluß aus dem Becken (Überfall!) 126,5 m³/sek, Rückhalt 33,5 m³/sek. Gesamtrückhalt von dieser Hochwasserflut 5,6 Mio. m³.

Abb. 5a—d. Hochwasserrückhalt des Speicherbeckens von Marklissa.

fluß aus dem Niederschlagsgebiet von 140 m³/sek ein größter Abfluß von nur 22 m³/sek gegenübersteht. Die Beispiele zeigen andererseits aber auch, wie empfindlich diese Rückhaltebecken in wasserwirtschaftlicher Hinsicht sind, wenn eine längere Regenperiode oder mehrere Hochfluten hintereinander eine rechtzeitige und ausreichende Wiederentleerung unmöglich machen. So konnte das Hochwasser vom 15./16. Juni 1926 mit max. 160 m³/sek Zufluß zwar auf einen Abfluß von 126,5 m³/sek verringert werden, die Sperre konnte aber nicht verhindern, daß unterhalb Ausuferungen und erhebliche Schäden aufgetreten sind.

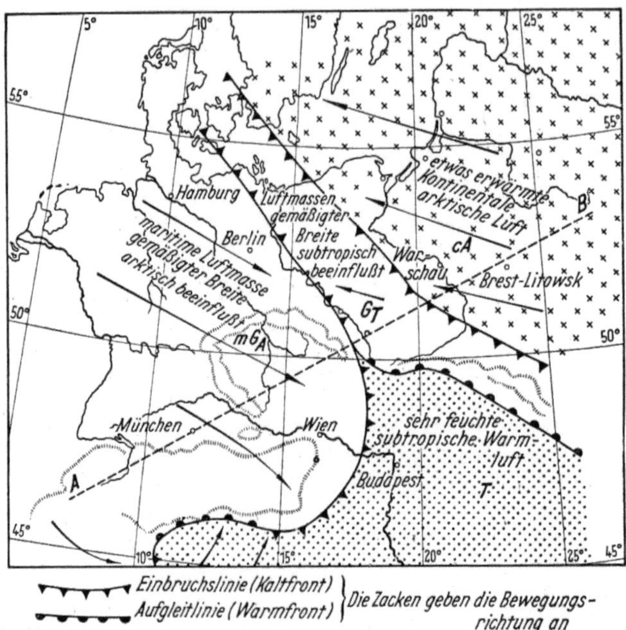

Abb. 6a. Wetterkarte vom 14. Juni 1926, 8 Uhr. (Horizontalschnitt durch die Atmosphäre in Bodennähe.) Die außerordentlich ergiebigen Niederschläge vom 14. bis 16. Juni 1926 sind ʹals Begleiterscheinung dieser vorwiegenden Vb-Wetterlage (nach VAN BEBBER) aufgetreten[1].

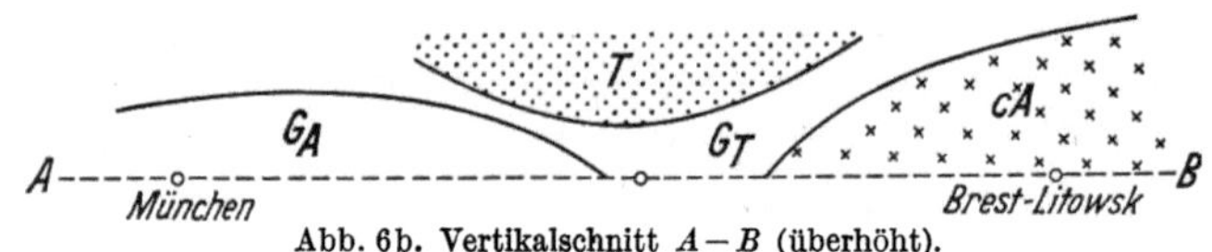

Abb. 6b. Vertikalschnitt $A-B$ (überhöht).

Abb. 6a u. b. Verteilung der Luftmassen über Deutschland am 14. Juni 1926, 8 Uhr[2].

Die damalige *Wetterlage* und *Wetterentwicklung* wird von der *Wetterwarte Breslau-Krietern* wie folgt geschildert (Abb. 6):

„Die Wetterlage, die die Hochwasser im Odergebiet hervorruft, stellt sich besonders häufig in den Monaten Juni, Juli, August ein. Die Lage charakterisiert sich dadurch, daß die Sudetenländer zum Kampfgebiet von kühler, maritimer Westluft (mG_A) und vom Balkan vorstoßender Warmluft (T) wird[3]. Diese Warm-

---

[1] Vgl. dazu die Erläuterungen allgemeiner Art S. 67ff.

[2] ROSCHKE, Z. Dtsch. Wasserwirtsch. Zit. S. 12.

[3] Vb-Wetterlage, s. a. S. 67.

luftmassen haben beim Überqueren des Mittelmeeres infolge ihrer hohen Temperaturen große Feuchtigkeitsmengen aufnehmen können, die naturgemäß als Niederschlag ausfallen müssen, sobald die Warmluft durch Aufgleiten über Gebirge oder über Kaltluftmassen zur Ausdehnung und damit zur Abkühlung[1] gezwungen werden. Die Ergiebigkeit der Niederschläge ist abhängig von den Temperaturgegensätzen der aufeinandertreffenden Luftmassen, dem Wassergehalt der zum Aufsteigen gezwungenen Luft sowie der Größe des Hebungseffekts. In dem jetzt vorliegenden Fall kommt noch ein erschwerendes Moment hinzu. Kaltluftmassen, die schon seit dem 26. Mai 1926 über dem nördlichen Eismeer lagerten, die erst in der zweiten Juniwoche über Nord-Rußland und die Ostseeländer vorstießen, erreichten zu Beginn der dritten Juniwoche die Linie Dänemark—Ostpreußen—Ukraine. Diese trockenen und schweren, nur in den untersten Schichten angewärmten arktischen Festlandkaltluftmassen (cA) wirkten wie ein Wall, gegen den die von Westen über Mitteleuropa eingebrochenen, feuchten maritimen Luftmassen (mG_A) nicht ankommen konnten. Da aber dauernd neue Westluft (mG_A) nachdrängte, so wurden diese Luftmassen am Montag, dem 14. Juni, zwischen dem Kaltluftwall im Nordosten und der Sudetenkette eingeengt. Als Begleiterscheinung dieser Pressung begann der Wind in Schlesien aufzufrischen und erreichte in der Nacht zum Dienstag, dem 15. Juni, im Hochgebirge orkanartige Stärke. Der Regen, der zunächst im Laufe der frühen Nachmittagsstunden des 14. Juni schwach einsetzte, nahm am Abend wolkenbruchartigen Charakter an, da außer dem Pressungseffekt nunmehr das Aufgleiten der warmen, afrikanischen Luftmassen (T) einsetzte. Das Zusammentreffen dieser verschiedenen Umstände ist als Grundlage der ungewöhnlich starken Regenfälle in Schlesien anzusehen."

Die Wirkung der Talsperre Marklissa auf das Hochwasser 1926 geht aus dem damaligen Bericht von Baurat Dr.-Ing. e. h. BACHMANN hervor (vgl. auch Abb. 5 d):

„Die Talsperre bei Marklissa hatte am 31. Mai 1926 einen Stauinhalt von 6,834 hm³, als sich in der Nacht zum 1. Juni eine kleine Flutwelle entwickelte, deren Scheitel bis zu rd. 70 m³/sek anstieg. Es wurden hierbei 3,3 hm³ zurückgehalten, die die Talsperre bis zu 10,2 hm³ Inhalt am 2. Juni füllten. In den drei folgenden Tagen wurde dieser Inhalt auf 9,5 hm³ abgesenkt, als am 5. Juni erneut ein Hochwasser eintrat, das bis zu 129 m³/sek anschwoll und die Talsperre, bei einer Zurückhaltung von 4,1 hm³, bis zu 13,63 hm³ am 6. Juni morgens füllte. Die Zuflüsse hielten infolge andauernd wiederkehrender Regengüsse bis zum 9. Juni mit 24 m³/sek und bis zum 10. Juni mit rd. 15 m³/sek an, so daß die Talsperre bis zum 14. Juni auf 10,81 hm³ entleert werden konnte, wobei die vom 9. bis 12. Juni aufgetretene Aufheiterung bald ein weiteres Nachlassen der Zuflüsse und danach die Möglichkeit schnelleren Senkens erwarten ließ.

Am 14. Juni abends begann ein neues Hochwasser, das vor Mitternacht zum 16. Juni die höchste Anschwellung von 160 m³/sek erreichte und die Talsperre mit 15 hm³ füllte. Alsdann traten die Überläufe in Tätigkeit, wobei mit wachsender Überfallmenge die Grundablaßschieber entsprechend geschlossen wurden. Die höchste Füllung trat am 16. Juni, 14 Uhr, mit 16,8 hm³ ein[2], die größte Überfall-Abflußmenge wurde hierbei mit 126,5 m³/sek gemessen. Ab 17. Juni, 8 Uhr, war der Stauinhalt wieder auf 15 hm³ zurückgegangen, so daß zu dieser Zeit die Überläufe wieder außer Tätigkeit traten.

Im ganzen wurden von dieser Hochflut 5,6 hm³ in der Talsperre zurückgehalten."

---

[1] Adiabatische Temperaturerniedrigung vgl. auch S. 35.

[2] Damit war die Beckenfüllung für *Höchststau* (18,0 hm³) noch nicht erreicht.

Überschwemmungen und damit Ausuferungen traten damals besonders im Mittel- und Unterlauf des Queis auf. Der angerichtete Schaden verteilte sich im wesentlichen auf Landwirtschaft und Flußbau. Die Landwirtschaft wurde insofern davon verhältnismäßig stark betroffen, als die anhaltende Überschwemmung der Niederungen zu einer Zeit auftrat, wo bei normalem Wetterablauf die Heuernte erfolgt wäre. Der Flußbau hatte nach Ablauf der Hochwassermassen starke Uferabbrüche, einen Deichbruch,. die Zerstörung verschiedener Stege und Beschädigungen von Brücken zu verzeichnen.

Bemerkenswert bei dieser Hochflut ist die Tatsache, daß die unmittelbar oberhalb des Rückhaltbeckens von Marklissa liegende, später errichtete Talsperre *Goldentraum* (vgl. Abb. 4) mit rd. 11,5 hm³ Stauinhalt (rd. 14,5 hm³ Stauinhalt bei *Höchststau*) damals keinen wesentlichen Hochwasserschutz mehr übernehmen konnte, da sie bereits zu Anfang des Hochwassers fast voll gefüllt war.

Im Oktober 1930 entstand bei einer ähnlichen Vb-Wetterlage, wie sie bei der Hochflut im Juni 1926 gegeben war, ein Hochwasser, das im Queisunterlauf die höchsten Wasserstände seit 1897 erreichte und mit einer höchsten Abflußmenge von 116 m³/sek unterhalb Marklissa abermals schwere Schäden verursachte.

Man sieht hieraus, daß die Hochwasserschutzräume unter Umständen sehr große Ausmaße haben müssen, um auch unter ungünstigen Verhältnissen noch genügenden Aufnahmeraum zum Köpfen der Hochwasserspitze zu haben und so einen sicheren Schutz gegen Überflutungsschäden zu gewährleisten. Da hierdurch aber die Aufwendungen für den Hochwasserschutz allein meist zu hoch werden, um von den unmittelbaren Nutznießern allein getragen zu werden, ist es naheliegend, solche Sperren in erhöhtem Ausmaße auch für andere Nutzungen heranzuziehen, zur Verteilung der Lasten auf mehrere Schultern. Freilich — und darin liegt die Schwierigkeit dieses Problems — verlangen die Belange dieser anderen Benutzer eine andere Bewirtschaftung der gespeicherten Wassermengen, wie der Hochwasserschutz.

Noch einen Nachteil haben die ausschließlichen Hochwasserschutzbecken! Sie speichern mit den Hochwässern auch die Schlammassen, die sich an den Bodenflächen des Rückhaltraumes ablagern, diesen verschlammend, während dieser Schlamm der Landwirtschaft als wertvolles Düngemittel abgeht, so daß deren Erträgnisse erheblich (bis zu $^1/_3$ des ursprünglichen Ertrags) zurückgehen.

3. Teilung der Wasserkraftnutzung längs der Hochrheingrenzstrecke Bodensee—Basel. (Zwischenstaatliche Wasserwirtschaft.)

Der Bodensee von Rheineck bis Stein mit 68 km und der Rheinstrom bis Basel (145 km) bilden die Grenze zwischen der Schweiz einerseits und den deutschen Ländern Bayern, Württemberg und Baden andererseits. Lediglich bei Stein (am Austritt des Rheins aus dem Bodensee [Untersee]), bei Schaffhausen und Eglisau reicht das Schweizer Hoheitsgebiet jeweils auf kurze Strecken über den Rhein hinweg nach Norden, so daß er hier mit beiden Ufern der Schweiz zugehört.

Auf dieser Grenzstrecke von *Stein* bis *Basel* fließt der Rhein mit einem absoluten Gefälle von rd. 150 m zu Tal. Davon treffen auf den Rheinfall bei Neuhausen (unterhalb Schaffhausen) etwa 20 bis 22 m konzentriertes Gefälle. Die mittlere jährliche Wasserführung (MQ) aus dem Mittel der Jahre 1904 bis 1923 wächst von etwa 370 m³/sek bei *Nol* oberhalb der Thurmündung auf etwa 440 m³/sek bei *Reckingen*, wobei die *Thur* MQ = rd. 50 m³/sek hinzubringt. Das Einzugsgebiet (E) bis *Reckingen* bemißt sich zu etwa 15 000 km². Mit der Einmündung der *Aare* zwischen *Koblenz* und *Waldshut* steigt das E sprunghaft auf nahezu 34 000 km² und damit die mittlere jährliche Wasserführung auf MQ = 1004 m³/sek. Bis *Basel*, Schiffslände, erhöhen sich diese beiden Größen auf E = 36 000 km² und MQ = 1062 m³/sek[1]. *Die Aaremündung teilt damit die Rheinstromstrecke zwischen Stein und Basel wasserwirtschaftlich, d. h. hinsichtlich des Wasserdargebots in zwei voneinander sehr verschiedene Abschnitte* (Abb. 7).

Der untere dieser zwei Abschnitte (Waldshut—Basel) steht hinsichtlich der Größe der Wasserführung und ihrer Ausgeglichenheit unter den mitteleuropäischen Strömen an erster Stelle; aber auch der obere Abschnitt weist den Vorzug guter Ausgeglichenheit auf. Diese günstigen Verhältnisse sind, abgesehen von den an sich reichlichen Jahresniederschlägen, die zwischen 1000 und 2000 mm liegen, auf zwei hydrologische Faktoren zurückzuführen: auf die *ungleichartigen Einzugsgebiete* mit ihren voneinander abweichenden Wasserhaushalten und zum anderen auf die zahlreichen *natürlichen Seen* und *künstlichen Ausgleichsbecken* im Gebirge, welche die Zubringerflüsse auf ihrem Laufe zu dieser Rheinstrecke durchströmen.

Von den 36 000 km² *Einzugsgebiet* bei Basel liegen etwa $^3/_4$ auf Schweizer Boden. Von dorther kommen auch alle großen wasserreichen Zubringer. Sie durchfließen auf ihrem Wege vom Ursprung zur betrachteten Rheinstrecke nach Höhenlage, Geländebedeckung, geographischer Lage, topographischen und geologischen Verhältnissen recht verschiedenartige Gebiete. Die Hauptzubringer: der *Vorderrhein*, die *Reuß* und die *Aare* liegen in ihren *Oberläufen* in *hochalpinen vergletscherten Einzugsgebieten.* Kennzeichnend für diese Gebiete ist das Auf-

---

[1] Aus *Vergleichsgründen* wurden hier alle MQ-Werte aus der Jahresreihe 1904 bis 1923 entwickelt. Ermittelt man das MQ nicht aus dieser Jahresreihe, sondern aus der für Basel-Lände vorhandenen mehr als 5mal längeren Jahresreihe 1808 bis 1913, dann wird MQ = 1013 m³/sek.

treten des tiefsten Wasserstandes im Februar oder März, das verhältnismäßig rasche Ansteigen im Frühjahr und die hohen Wasserstände im Sommer während der Schnee- oder Gletscherschmelze. Im Herbst geht die Wasserführung dann allmählich bis zum kleinsten Wert zurück. Dieser Wesenszug der hochalpinen Wasserführung mit verhältnismäßig kleiner Wassermenge im hydrologischen Winterhalbjahr (vgl. S. 143 u. 282) (Nov. bis mit März; April ist bereits Übergangsmonat) und hohem

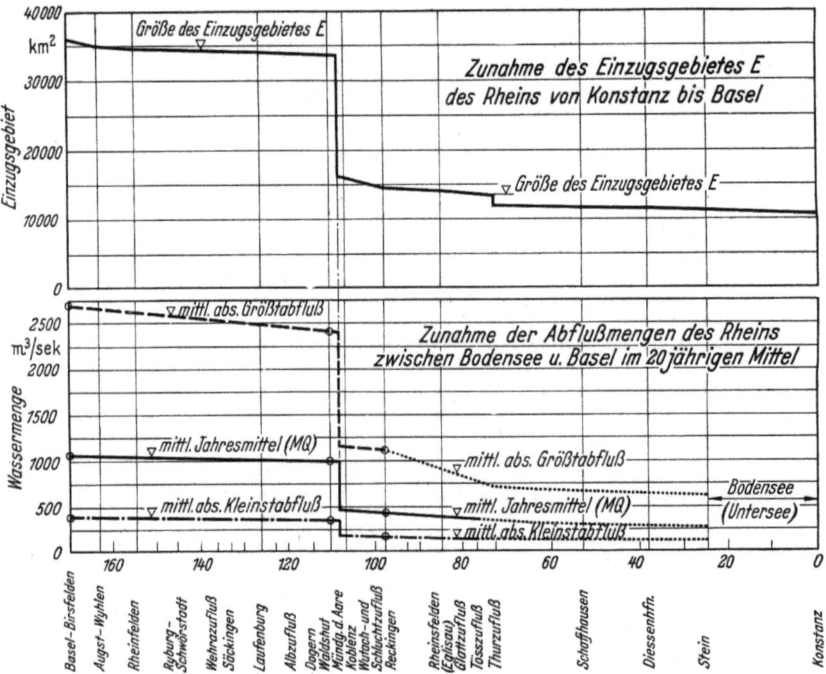

Abb. 7. Zunahme des Einzugsgebietes *E* und der mittleren Wasserführung des Rheinstromes zwischen Bodensee und Basel.

Wasserstand im Sommerhalbjahr (Mai mit Okt.) gibt wegen des großen Anteils dieses Abflußgebiets am Gesamteinzugsgebiet auch noch dem Rhein zwischen Bodensee und Basel das Gepräge (Abb. 8). Da diese größeren Zuflüsse des Rheins aber auf ihrem *Mittel-* und *Unterlauf* auch noch durch Einzugsgebiete fließen, die hydrologisch *Mittelgebirgs-* und *Flachlandsgepräge* haben (größere Wasserführung im Spätwinter und zu Beginn des Frühjahrs, kleine Wasserführung im Sommer; aber infolge des größeren unmittelbar wirksamen Einflusses der Witterung Hochwasserspitzen und Niedrigwasserperioden zu allen Jahreszeiten), wird der schroffe Gegensatz zwischen Winter und Sommer im jährlichen Gang der Wassermengen abgemildert, insbesondere durch Verbesserung der Niedrigwassermenge. Die Wasserführung der *Aare* wird in dieser

Hinsicht noch besonders dadurch begünstigt, daß sie auch noch den Vorfluter des *Jura-Einzugsgebiets* bildet, das eine größere Wasserführung im Winter und eine ausgesprochene Niederwasserperiode vor allem im Spätsommer und Herbst aufweist.

Einen ähnlichen Einfluß haben übrigens auch die dem Rhein von Norden aus dem *Schwarzwald* zufließenden kleineren Gewässer.

Es wurde schon erwähnt, daß auch die vielen *Seen ausgleichend* auf die *Rheinwasserführung* wirken. Die Abb. 9 erläutert diesen Vorgang für den *Bodensee*, den die Natur in den Lauf des *Rheins* selbst eingeschaltet hat. Die Darstellung gibt die Ganglinien für den Zufluß zum See und Abfluß aus dem See wie sie in einem *nassen* als auch in einem *trockenen* Jahr auftreten können und zeigt anschaulich, wie die

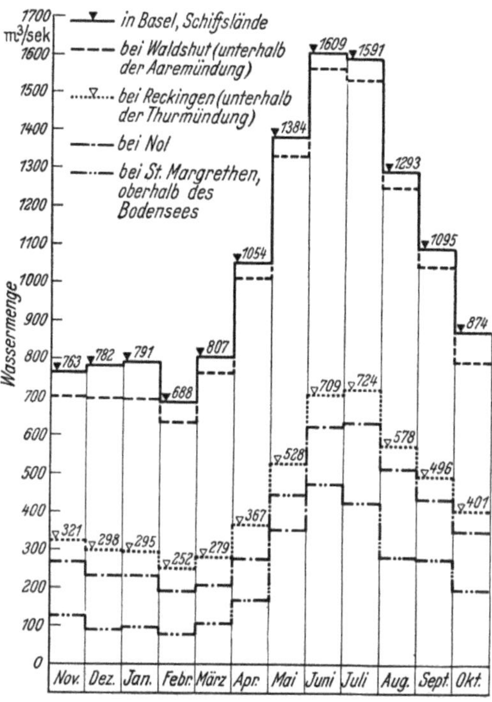

Abb. 8. Mittlere monatliche Abflußmengen des Rheins im 20jährigen Mittel (1904 bis 1923).

zahlreichen Hochfluten durch das Seerückhaltvermögen geköpft und vergleichmäßigt werden (z. B. größter Zufluß 4700 m³/sek, größter Abfluß dagegen nur 1010 m³/sek). Die zurückgehaltenen Wassermengen vergrößern außerdem die Abflüsse während der zwischen den Hochfluten immer wieder auftretenden Zeiten kleiner Wasserführung. Wasserwirtschaftlich noch bedeutsamer ist die *Aufbesserung des Niederwassers* in trockenen Zeiten, in denen jeder m³ Wasser im Wert vielfach steigt. In unserem Beispiel Abb. 9 steht dem kleinsten Zufluß von nur etwa 30 m³/sek ein kleinster Abfluß von immerhin noch 107 m³/sek gegenüber.

Ähnlich wirken für die *Limmat* der *Walensee* und *Zürichersee*, für die *Reuß* der *Vierwaldstättersee*, für die *Aare* der *Brienzer*- und *Thunersee*, für die Jurazubringer der *Neuchâteler*- und *Bielersee*. Zu diesen natürlichen Rückhaltbecken kommen noch die zahlreichen *künstlichen Speicherbecken* oben in den Bergen der Schweiz, wie übrigens auch im Schwarzwald.

Diese günstigen wasserwirtschaftlichen Verhältnisse haben schon bald das Interesse für die Wasserkraftnutzung an dieser Rheinstrecke geweckt. Die *erste* Wasserkraftanlage im modernen Sinn entstand dort

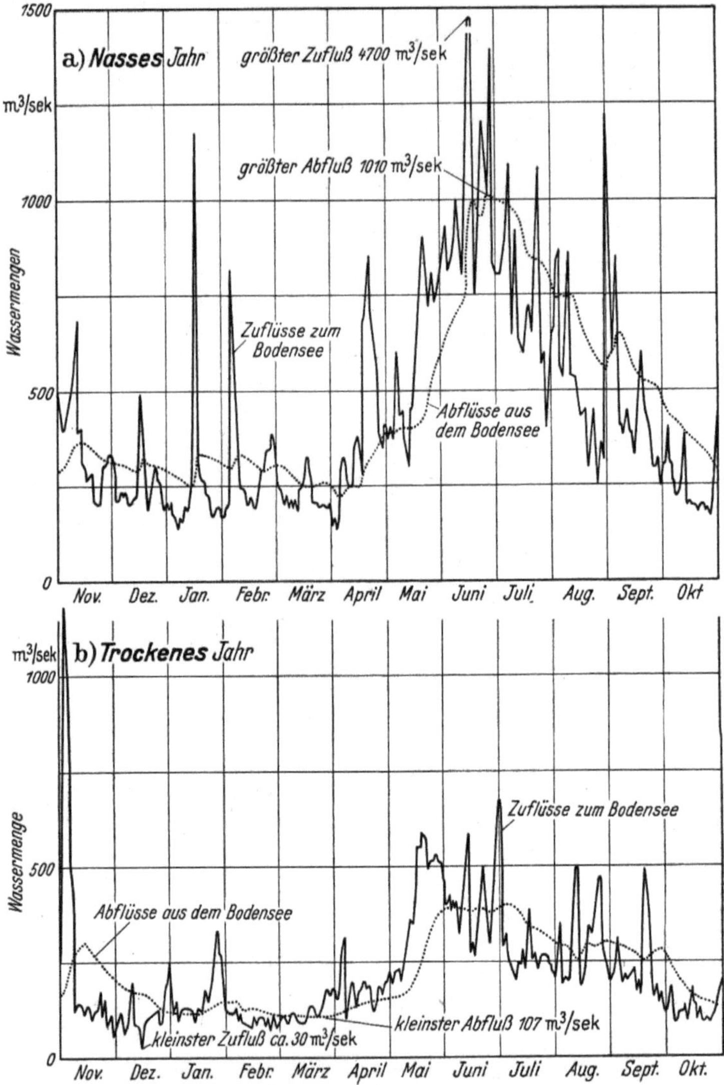

Abb. 9. Ausgleichende Wirkung eines natürlichen Sees (Seerückhalt im Bodensee).

bereits im Jahre 1890 durch die schweizerische *Aluminium Industrie AG., Neuhausen*. Sie nutzte das Gefälle des Rheinfalles mit etwa 21 m aus bei Entnahme von nur etwa 20 m³/sek. Dieses Kraftwerk liegt noch ganz auf Schweizer Boden.

Da der Rhein fast auf der ganzen Strecke zwischen Stein und Basel
die Grenze zwischen Baden und der Schweiz bildet, setzte seine Wasserkraftnutzung eine *zwischenstaatliche Vereinbarung* zwischen diesen beiden Ländern voraus. Eine solche kam erstmalig zustande für die Staustufe *Rheinfelden*, deren Ausbau dann 1895 von der *Kraftübertragungs-
werke Rheinfelden AG.* begonnen und 1898 vollendet wurde. Die Stauhöhe des Wehres ist so bemessen, daß sich bei Hochwasser ein Gefälle
von 3,0 m, bei Niederwasserführung ein solches von 6,5 m ergibt. Die
größte ausgenutzte Wassermenge betrug 520 m³/sek, die ausgebaute

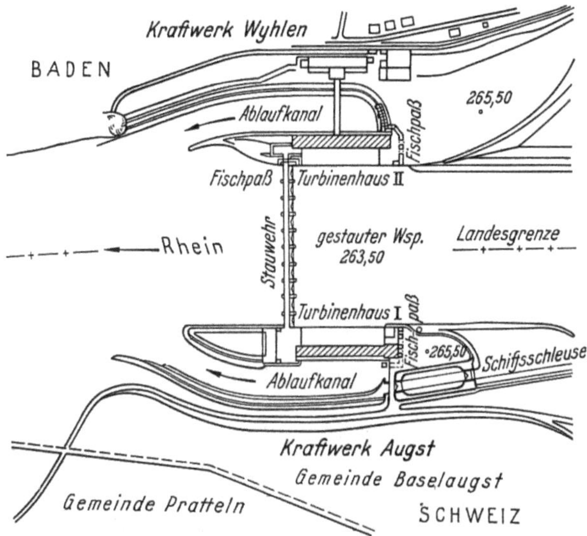

Abb. 10. Wasserkraftanlage im Rhein bei Augst-Whylen. Übersichtsplan.
(Führer durch die schweiz. Wasserwirtsch. 2. Ausg. 1. Bd.)

Maschinenleistung 24 000 PS. Damit ergab sich eine mögliche jährliche
Energieerzeugung von 130 Mio kWh, wovon 85 Mio kWh konstanten
Energiegewinn darstellen. Die Konzessionserteilung für die Anlage
durch die Schweiz (Kanton Aargau) und Deutschland (Land Baden) erfolgte auf Grund folgender Vereinbarung für die *Energieverteilung*: von
der *ständig vorhandenen Energie* muß mindestens die Hälfte auf dem
Schweizer Staatsgebiet verwendet werden, sofern Absatzmöglichkeit besteht. Für die bei *höheren Wasserständen* verfügbare *Energie* soll die
Verwendung ausschließlich auf *badischem* Gebiet erfolgen[1].

Als zweites Rheingroßkraftwerk folgte 1912 die Anlage *Augst-
Wyhlen*. Sie nutzt die Rheinstrecke zwischen Rheinfelden und Basel-
Augst auf 7,5 km Flußlänge aus. Das Bruttogefälle schwankt zwischen
3,9 und 7,8 m, die Nutzwassermenge zwischen 340 und 760 m³/sek;

---

[1] Führer durch die schweiz. Wasserwirtsch. I. Bd., 2. Ausgabe 1926.

max. Maschinenleistung für den 1. Ausbau 60000 PS, für den 2. Ausbau 90000 PS. Bei dieser Kraftstufe geschieht die „*Wasserteilung*", wie die Abb. 10 zeigt, *buchstäblich* durch die Bauanlage selbst, indem *jedes der beiden beteiligten Länder sein eigenes Krafthaus erhielt und darin die ihm zustehende Wassermenge abmahlt* (170 bis 380 m³/sek auf jeder Seite).

Bei der 1914 folgenden Kraftstufe bei *Laufenburg* wurde wieder nur *ein* Krafthaus gemeinsam gebaut. Die *Teilung* der Kraftnutzung zwischen den beiden Ländern wurde hier wieder, wie bei Rheinfelden, erst *an der Schalttafel im Werk* vorgenommen, und zwar erhält jedes Land 50 % Anteil an der gewonnenen elektrischen Energie.

Abb. 11. Rheinkraftwerk Ryburg-Schwörstadt. Ansicht vom Unterwasser auf Krafthaus (links), Wehr mit 4 M.A.N.-Hakenschützen von je 24 m Breite und 12,50 m Höhe (rechts).

Seitdem ist noch eine Reihe weiterer Großkraftwerke errichtet worden (*Eglisau*, ganz der Schweiz gehörig; *Ryburg-Schwörstadt* (Abb. 11), *Dogern, Reckingen, Birsfelden*). Das Zustandekommen dieser Rheinkraftwerke beweist, daß politische Grenzen kein Hindernis für eine sinnvolle und segensreiche Ausweitung der Wasserwirtschaft zu bilden brauchen, zumal, wenn die dazu notwendigen zwischenstaatlichen Verhandlungen gegenseitig im Geiste des Verständnisses für die echten Bedürfnisse der beteiligten Partner geführt werden. Dann überwinden solche Bauanlagen die Grenzpfähle und schlagen Brücken von Land zu Land, von Volk zu Volk.

Wasserwirtschaftlich handelt es sich in unserem Beispiel fast ausschließlich um Nutzung des Wassers als Energieträger. Die Verwertung dieser Rheinwerke für die Schiffahrt, insbesondere Großschiffahrt setzt voraus, daß die Flußstrecke auf ihre *ganze* Länge von Basel bis in den Bodensee so ausgebaut wird, daß die Schiffe über die notwendige Fahrtiefe und das ihr gemäße Gefälle für die Bergfahrt vorfinden. Hier mag erwähnt werden, daß bereits im Jahre 1913 ein internationaler Wettbewerb zur Gewinnung brauchbarer Unterlagen über die Schiffbarmachung des Rheins von Basel bis in den Bodensee ausgeschrieben worden war. Die Entwürfe sollten auch Vorschläge für die möglichst zweckmäßige und vollständige Ausnutzung der noch verfügbaren Wasserkräfte dieser Flußstrecke enthalten. Bei der schweizerischen Staustufe *Eglisau*, die 1920 in Betrieb genommen wurde, ist mit der Kraftanlage gleichzeitig auch eine *Schiffsschleuse* für Großschiffahrt vorgesehen worden, ebenso bei der Staustufe *Birsfelden*, womit der Anfang für den Ausbau des Rheins von Basel bis in den Bodensee als Wasserstraße gemacht wurde.

4. Die Ausnützung des Colorado-Flusses im Boulder-Cañon[1].

Mit Ausnahme der Küstengebiete weist der *Südwesten* der *Vereinigten Staaten von Amerika* unter dem Einfluß der Roßbreiten[2] ein *arides*, d. h. *wasserarmes Klima* auf. Die dort vorherrschenden absteigenden Luftströmungen haben eine geringe Wolkenbildung zur Folge und deshalb auch nur geringe Kondensation. Verschärft wird diese Trockenheit noch durch die Gebirgswälle der Coast Range und Sierra Nevada (bis über 4500 m ü. N. N.), welche die Meereswinde zwingt, ihre aus der Verdunstung der Meeresoberfläche herrührende Feuchtigkeit an den Westhängen der Gebirge abzugeben. Damit ist für die östlich davon liegenden ausgedehnten Gebiete so gut wie nichts mehr zum Kondensieren vorhanden (Regenschattengebiete). Dies gilt besonders für die tiefer liegenden weitgestreckten Plateaus. So erklärt sich das Vorhandensein eines breiten Gürtels ausgedehnter Wüstengebiete in den Südweststaaten, z. B. Mohave-, Ralston-, Coloradowüste, Llano Estacado *östlich* der Rocky Mountains. Dabei gibt es dort große Gebiete mit fruchtbaren Böden, für deren Kultivierung eben nur die Bewässerung fehlt.

Den westlichen Teil dieses Dürregürtels durchzieht der *Colorado-River*[3]. Er entspringt weit oben im Norden in den Rocky Mountains, die dort nahezu 4300 m Höhe erreichen. Er ist ein wilder, aber auch wasserreicher Fluß. Führt er doch im mittleren Jahr 19 km³ in den Golf von California. Diese Wassermengen werden nun in der *Boulder*-Anlage nutzbar gemacht[4]. Dem riesigen Wasserbedarf des dortigen ariden Gebietes entspricht die gewaltige Größe der Anlage (Abb. 12).

---

[1] Z. Wasserkr. u. Wasserw. 1931, S. 171. — Z. Dtsch. Wasserwirtsch. 1939.

[2] Vgl. dazu S. 42ff.

[3] Nicht zu verwechseln mit dem gleichnamigen Fluß im Staate Texas, der in den Golf von Mexiko mündet.

[4] 200 km flußab von der Boulder-Talsperre wurde im Colorado River die PARKER-Staumauer errichtet mit 98 m Höhe (Abb. 13).

Da der Colorado zahlreiche Staaten der USA durchfließt oder berührt, die an sein Wasser Ansprüche haben, wurde zunächst durch ein

Abb. 12. Boulder-Talsperre Juni 1936. Die vier kleineren Türme auf der Luftseite der Staumauer
enthalten Aufzüge, die großen Türme auf der Wasserseite sind Wassereinläufe (Entnahme). Im
Hintergrund ist ein Hochwasser-Überlauf sichtbar. Man beachte die Vegetationslosigkeit der Gegend.
(Z. Dtsch. Wasserwirtsch. 1939, S. 401.)

Abb. 13. PARKER-Staumauer im Colorado River, 200 km flußab von der Boulder-Talsperre, Juli 1938.

neu erlassenes Bundeswassergesetz die Aufteilung seiner Wassermengen
an die daran interessierten Staaten vorgenommen. Darnach erhielten
die 4 „oberen" Staaten 9 km³, die Staaten California, Arizona, Nevada,

denen die Boulder-Anlage zugute kommt, ebenfalls 9 km³, während
1 km³ als Reserve freigehalten wird.

Die Anlage hat folgende *Aufgaben* zu erfüllen: 1. *Bewässerung* eines
Gebietes von 8090 km², 2. Versorgung von *Los Angeles* mit *Trink-
wasser*, 3. Erzeugung von *elektrischer Energie*. Zu diesem Zwecke wurde
im *Boulder-Cañon* eine *Talsperre* errichtet von 223 m Höhe, die an der
Sohle 200 m stark ist (Abb. 12). Der dadurch gewonnene Stausee wird
175 km lang, 179 m tief und erhält ein Fassungsvermögen von 36,3 km³.
Er dürfte der größte *künstliche See der Welt* sein, 8mal so groß wie das
Nilbecken von Assuan, 11mal so groß wie der Elephant-Butte-Stausee
im Rio Grande del Norte in New Mexico und 178mal so groß wie der
Stausee der Edertalsperre in Deutschland (Thüringen). Am luftseitigen
Fuß der Bouldersperre, die auch den Namen HOOVER-*Talsperre* führt, be-
finden sich 2 Kraftwerke mit einer ständigen Leistung von 485 000 kW,
entsprechend einer verfügbaren Jahresarbeit von rd. 4 Mia. kWh im
Jahr, außerdem noch mit bedeutenden unständigen Leistungen zu
Hochwasserzeiten.

Der *All-American-Kanal*, der das regulierte Wasser den Siedlern im
Imperialtal zuleitet, ist 61,0 m breit, 6,7 m tief und imstande, 425 m³/sek
Berieselungswasser zu führen. Die *Wasserleitung für Los Angeles* und
seine Nachbarstädte hat eine Länge von über 440 km. Dabei muß das
Wasser beim Überqueren der Sierra um 465 m gehoben werden.

Die *Baukosten* wurden veranschlagt mit 200 Mio. Dollar für Sperre,
Kraftwerk, Kanäle. Die Sperrenbaukosten sind mit 4% zu verzinsen
und in 50 Jahren zu tilgen. Die Baukosten des großen Bewässerungs-
kanals werden nicht verzinst, aber in 40 Jahren getilgt. Die Einnahmen
aus Wasser- und Stromlieferungen auf Grund der mit den Städten, Gemeinden usw. abgeschlossenen Verträge werden in 40 Jahren einen
Gesamtbetrag von 373,5 Mio. Dollar ergeben haben. Betrieb und
Unterhaltung erfordern in derselben Frist 16,12 Mio. Dollar. Der
Bund erhält an Zinsen und Amortisation 228,26 Mio. Dollar, die
Staaten Arizona und Nevada je 31,235 Mio. Dollar. Somit bleibt noch
ein freier Überschuß von 66,65 Mio. Dollar zur Verfügung der Bundes-
regierung.

Die Besiedlung des zu bewässernden Gebiets wird erst freigegeben,
nachdem die Sperre und alle Haupt- und Nebenkanäle fertig sind. Den
Vorzug für die Siedlung haben Arbeitslose vor anderen Bürgern. Die
Bewässerungsgegend heißt wegen ihres fruchtbaren Bodens und des
dauernden Sonnenscheins (Roßbreiten! siehe oben) sehr treffend „Amerikas Niltal". Bewässerung und sachgemäße Bodenbearbeitung wird
aus der Wüste einen Garten hervorzaubern. Es werden alle Erzeugnisse
der gemäßigten und subtropischen Zone angebaut, wie Luzerne, Baum-
wolle, Wintergemüse, Salat, Zitronen, Feigen, Datteln.

Die Meliorationsverwaltung der USA hat dafür gesorgt, daß die neuen Farmer wirtschaftlich, sowie in genügender Menge und guter Qualität produzieren und vom Gewinn die Amortisationen an die Regierung leisten können. Dazu wurden zahlreiche Bodenuntersuchungen vorgenommen. Außerdem müssen die sich bewerbenden Siedler eine Prüfung auf ihre Eignung als Farmer ablegen und den Nachweis über genügend Betriebskapital erbringen.

In wirtschaftlicher und technischer Hinsicht gehört das *Boulder-*Wasserwirtschaftsunternehmen nach LUDIN[1] zweifellos zu den großartigsten, kühnsten und best vorbereiteten Ingenieurunternehmungen in der Geschichte der Technik.

VI. Die gewässerkundlichen Aufgabengebiete.

Aus den bisherigen Ausführungen über Wasserwirtschaft, insbesondere aus den Beispielen dürfte ersichtlich geworden sein, daß es für neuzeitliche wasserwirtschaftliche Planungen keineswegs genügen kann, etwa nur die vorkommenden Wasserstände des interessierenden Wasserlaufes zu kennen oder die schwankenden Größen der Abflußmengen der Jahresreihen zusammenzustellen, die im Gerinne dieses Wasserlaufes dargeboten werden, oder die Schüttung der auszunutzenden Quellen bzw. die Fördermenge des in Frage stehenden Grundwasserbeckens gemessen zu haben. Es müssen vielmehr auch die *Ursachen* ergründet werden, welche von Fall zu Fall den ober- bzw. unterirdischen Abfluß beeinflussen, seine Größe ändern, seine Schwankungen hervorrufen. Denn erst auf Grund der so gewonnenen Erkenntnisse läßt sich ein Einblick gewinnen in das Wechselspiel von Ursachen und Wirkungen beim Auf und Ab der obigen hydrologischen Zahlenwerte; und erst damit können die gemessenen Größen richtig beurteilt, d. h. bewertet und gegebenenfalls zuverlässig vorausgesagt werden.

Diese Untersuchungen bewegen sich in der Hauptsache in *jenem Teil des Wasserkreislaufes, der sich auf oder unter der Erdoberfläche vollzieht.* Sie setzen an bei dem Niederschlag und der Verdunstung. Nun sind aber Niederschlag und Verdunstung gewissermaßen nur das Endergebnis des jeweiligen Wettergeschehens, d. h. das Endergebnis von Naturvorgängen, welche ihrerseits das zeitliche und örtliche Auftreten, das jeweilige Ausmaß und gegebenenfalls die Form des Wasserdargebots aus der Kondensation (Regen oder Schnee, Graupeln, Hagel usw.) verursachen, aber auch umgekehrt Ausmaß und Gang der Verdunstung bewirken[2]. Daran sind neben terrestrisch bedingten Faktoren die Luft-

---

[1] Z. Wasserkr. u. Wasserw. 1931, S. 174.

[2] Daher hat man in der Gewässerkunde für die Niederschlags- und Verdunstungsforschung den Namen „Hydrometeorologie" vorgeschlagen bzw. gebraucht.

temperatur und Luftfeuchte, die Windstärke, der Luftdruck beteiligt. Luftwärme, Luftfeuchte, Luftbewegung und Luftdruck gehören als Elemente des Wettergeschehens aber bereits der *Meteorologie* an.

Nun versucht die Meteorologie auf Grund laufender Beobachtungen die zeitlichen Veränderungen der einzelnen Elemente und ihrer Abhängigkeiten voneinander zu erforschen und zu begründen, und bemüht sich, mit den Ergebnissen zu brauchbaren Diagnosen und Prognosen zu gelangen. Diese Ergebnisse sind für die Wasser*bewirtschaftung* (z. B. Tages- oder Wochenspeicher mit Prognosebewirtschaftung) von großem Wert, sie reichen aber für eine wasserwirtschaftliche *Planung* nicht aus. Hiefür ist die Kenntnis der *mittleren* Witterungszustände eines Ortes bzw. eines Gebietes in Abhängigkeit von ihrer geographischen Lage entscheidend, d. h. die Kenntnis der *Klima*wirkung auf den Gesamtwasserhaushalt der Natur im Untersuchungsgebiet. Bei diesen Untersuchungen bewegt man sich also in jenem Teil der Meteorologie, der mit *Klimatologie (geographische* Meteorologie) bezeichnet wird[1].

Nun zum *Abfluß*! Wenn das Wasser als Niederschlag die Erdoberfläche erreicht hat, beginnt es sofort unter der Wirkung seiner Schwere ober- oder unterirdisch abwärts zu fließen. Welche Anteile davon oberflächlich den Abflußrinnsalen zustreben und welche Anteile in den Boden eindringen, versickern, dies hängt ab von der Geländeneigung, der Oberflächenbeschaffenheit, der Bodenschichtung, dem Pflanzenwuchs usw., also von verschiedenartigen Einflüssen. Ein Teil des Niederschlags kommt überhaupt nicht zum Abfluß, er verdunstet. Die Größe dieses Verlustes ist durch die obengenannten meteorologischen und klimatischen Elemente sowie durch Wachstumsverhältnisse der Pflanzen usw. bedingt. Das sind weitere, den Umfang und die Art des Abflusses bestimmende Umstände. Das Ergebnis aus dem Zusammenwirken aller dieser vielfältigen und oft divergierenden Einflüsse stellt das *natürliche Regime der Wasserführung* eines Flußlaufes dar. Letzteres wird am erfolgreichsten erfaßt durch Beobachtung und Messung der Wasserstände und der Abflußmengen, was wiederum die Entwicklung der dafür notwendigen Meßmittel und Meßmethoden bedingt.

Weitere Einflüsse auf den Abfluß ergeben sich aus folgenden Vorgängen: Das Wasser bewegt sich, besonders in den Flußoberläufen, häufig über Gelände hinweg, das aus lockerem Verwitterungsschutt u. dgl. besteht. Bei seinem Weg talab werden mehr oder weniger große Mengen des lagernden Geschiebes und Schlammes vom Wasser mitgeschleppt, dabei zerrieben und da, wo die Schleppkraft nicht mehr ausreicht, abgelagert. Dies führt zu ständigen Änderungen der Querprofile der Flußbetten und zu Unbeständigkeiten in den Flußlängsprofilen.

---

[1] LÜTSCHG: Zum Wasserhaushalt des Schweiz. Hochgebirges. I. Bd., I. Teil, Allgemeines. Zürich: Kümmerly & Frey AG. 1945.

Diese morphologischen Vorgänge, deren Ergebnis mit *natürlichem Regime der Geschiebeführung* bezeichnet wird, beeinflussen ihrerseits die Beziehungen zwischen Wasserständen und Wassermengen. Darüber hinaus hat das Geschieberegime eine große Bedeutung für wasserwirtschaftliche Eingriffe an geschiebeführenden Flüssen.

Die Erforschung aller hier angedeuteten Einzelvorgänge (einschließlich Niederschlag und Verdunstung), ihre Beschreibung und die Festlegung der Zahlenwerte, die das natürliche Regime des Abflusses kennzeichnen, bilden das Arbeitsgebiet der *Gewässerkunde*[1]. Dazu kommen die Untersuchungen über die vielerlei Folgen der *künstlichen* Beeinflussung des Regimes eines Flusses infolge notwendiger Eingriffe für wasserwirtschaftliche Zwecke, wozu auch die Beeinflussung der Wasser*güte* in physikalischer, chemischer und biologischer Hinsicht gehört.

Bei den gewässerkundlichen Wasserhaushaltsuntersuchungen spielen, wie schon erwähnt, auch die langjährigen Mittelwerte eine besondere Rolle. Das Interesse beschränkt sich dabei nicht nur auf jene von Niederschlägen, Verdunstung, Wasserständen und Abflußmengen, sondern es erstreckt sich auch auf die weiter obengenannten meteorologischen Beobachtungselemente und auf das Wettergeschehen selbst. Die Bedeutung dieser Mittelwerte liegt unter anderem auch darin, daß sie einen Einblick in die immer wiederkehrenden Schwankungen, in die Periodizität aller veränderlichen Vorgänge geben, die für die Wasserhaushaltsgestaltung besonders wesentlich sind. Auch diese Untersuchungen des Wasserhaushalts führen teilweise wieder in die *Klimatologie*.

Bei dem terrestrischen Teil des Wasserkreislaufes spielen — ebenso wie bei seinem atmosphärischen Teil — Naturereignisse von sehr verwickelten Zusammenhängen eine wichtige Rolle. Die dafür gültigen Gesetze können deshalb nicht, wie vielfach in anderen Wissenschaftszweigen, z. B. in der Physik, durch verhältnismäßig einfache exakte Ansätze gefunden werden, sondern erfordern in den meisten Fällen das planmäßige Sammeln von Beobachtungstatsachen, Beobachtungsmaterial und Messungsergebnissen und deren kritische Ordnung, also die Anwendung statistischer Methoden. Aus den so gewonnenen Materialzusammenstellungen vermögen dann erst jene Schlüsse gezogen zu werden, die zu einer zahlenmäßigen Darstellung führen[2]. Wird dabei bedacht, daß diesem Zahlenmaterial — auch bei Heranziehung ganz großer Zeitreihen — *immer etwas vom Zufälligen, Unvorhersehbaren der meteorologischen Naturereignisse anhaftet*, dann stellt sich bei seiner Benutzung in der Praxis der Wasserwirtschaft auch das richtige Verhältnis zu den zahlenmäßigen Schlußfolgerungen ein, indem diese *nicht stets eindeutig,*

---

[1] „Gewässerkunde" umfaßt die „Hydrographie", geht aber über deren Arbeitsgebiet hinaus.

[2] Vgl. dazu auch SCHAFFERNAK: Hydrographie. Wien: Springer 1935.

*absolut, unwandelbar genommen, sondern in vielen Fällen als nur wahr-
scheinliche, mehr oder weniger an die jeweilige Wirklichkeit heran-
kommende Zahlenergebnisse betrachtet werden.* Das gilt für Niederschlag
und Verdunstung genau so, wie für Wasserstand, Abflußmenge, Eisbildung, Geschiebegang und sonstige Abflußbedingungen.

Nun muß noch auf einen *wichtigen* Umstand hingewiesen werden.
Der größte Teil des gewässerkundlichen Zahlenmaterials, das wir bereits besitzen und das noch laufend erarbeitet wird, kennzeichnet *nicht
mehr die Verhältnisse des einstigen*, vor dem Einwirken des Menschen
bestandenen *natürlichen Zustandes* der erfaßten Einzugsgebiete. Denn
erst die immer rascher zunehmenden wasserwirtschaftlichen Nutzungen
seitens des schnell wachsenden Gewerbes und der Industrie, der fortschreitende Wasserkraftausbau und der steigende Wasserbedarf der
immer intensiver wirtschaftenden Landwirtschaft ließen die Wichtigkeit des Wasserschatzes für die Volkswirtschaft erkennen und führten
zur Errichtung von staatlichen Instituten mit dem Zwecke der Erforschung des gesamten Wasserhaushaltes im Lande und der Verwertung
der erarbeiteten Erkenntnisse für wasserwirtschaftliche Zwecke (1854 in
Frankreich, 1876 in Prag, 1883 in Baden, 1893 in Österreich, 1895 in der
Schweiz, 1898 in Bayern[1]).

Inzwischen hatten aber die Menschen infolge der wachsenden Wassernutzungen bereits weitgehend auf die Natur, die Landschaft eingewirkt
und wirkten weiter laufend darauf ein: zunächst in den Mittel- und
Unterläufen der Flüsse, dann immer weiter hinauf in deren Quellgebiete hinein, bis sie — etwa in den Alpen — da und dort die Region
des ewigen Eises erreichten. Sie haben Wasserläufe reguliert und ver-
legt, Hochwasserdämme geschüttet, Quellen gefaßt und deren Wasser
oft weitweg geführt, Sumpfgebiete melioriert, in Trockengebieten Be-
wässerungen angelegt, Seen abgesenkt oder aufgestaut, künstliche Seen
geschaffen, Wasser in andere Einzugsgebiete übergeleitet, ja selbst in
die Oberflächengestalt eingegriffen durch Kunstbauten aller Art usw.
So entstanden aus den ehemaligen Naturlandschaften unsere heutigen
Kulturlandschaften[2].

Es war dabei unvermeidlich, daß das *vorher* bestehende Gleich-
gewicht des natürlichen Zustandes gestört wurde. Ebenso unvermeid-
lich war es, daß ein sehr großer Teil der von den gewässerkundlichen
Instituten erarbeiteten Beobachtungs- und Meßergebnisse lediglich
Werte des gestörten Gleichgewichtszustandes darstellt. Wie groß das
Ausmaß und die Auswirkung dieser Störungen ist, dies ließe sich nur

---

[1] PRÖTZEL: Zur Geschichte der Gewässerkunde in Bayern. Festschr. d. Bayer.
Landesstelle f. Gewässerkde. München: R. Oldenbourg 1950.

[2] Vielfach sollte man nicht von „Kultur‟landschaften, sondern von „Zivili-
sations‟landschaften sprechen.

aus dem Vergleich mit den zahlenmäßigen Verhältnissen des jeweiligen früheren natürlichen, also ungestörten Zustandes ermitteln. Letzteren aber zahlenmäßig wiederherzustellen, dem stehen vielfach große, wenn nicht unüberwindliche Schwierigkeiten entgegen. Um so unerläßlicher ist es, in Zukunft wenigstens *vor* Inangriffnahme von in die Natur eingreifenden Kulturbauten den *früheren* Zustand zahlenmäßig festzuhalten. Denn jede Umwandlung eines Naturgebietes in eine Kulturlandschaft stellt einen Eingriff von weitreichender gewässerkundlicher Tragweite dar.

Zum Abschluß dieser Betrachtung eine beherzigenswerte Mahnung GOETHES, die auf die schwierigen und oft so verwickelten gewässerkundlichen Zusammenhänge zwischen Ursache und Wirkung besonders gut zutrifft:

„Es gibt in der Natur ein *Zugängliches* und ein *Unzugängliches*. Dieses unterscheide und bedenke man wohl und habe Respekt. Es ist uns schon geholfen, wenn wir es nur überall wissen, wiewohl es immer sehr schwer bleibt, zu sehen, wo das eine aufhört und das andere beginnt. Wer es nicht weiß, quält sich vielleicht lebenslänglich am Unzugänglichen ab, ohne je der Wahrheit nahe zu kommen. Wer es aber weiß und klug ist, wird sich am Zugänglichen halten, und indem er in dieser Region nach allen Seiten geht, wird er sogar auf diesem Wege dem Unzugänglichen etwas abgewinnen können, wiewohl er hier doch zuletzt gestehen wird, daß manchen Dingen nur bis zu einem gewissen Grad beizukommen ist und die Natur immer etwas Problematisches hinter sich behalte, welches zu ergründen die *menschlichen* Fähigkeiten nicht hinreichen[1]."

Zweiter Abschnitt.

Die atmosphärischen Elemente des Wetters und das Wettergeschehen.

I. Die atmosphärischen Elemente des Wetters[2].

Ein Teil des Wasserkreislaufes spielt sich, wie bereits erwähnt, im Bereich der Atmosphäre ab, und zwar wahrscheinlich nur in jenem Gürtel der Lufthülle, den man mit *Tropo*sphäre bezeichnet (Höhe über der Erdoberfläche schwankend zwischen 10 und 18 km je nach dem

---

[1] Goethes Gespräche mit Eckermann. 11. April 1827.

[2] HANN u. SÜRING: Lehrb. der Meteorologie. 4. Aufl. Leipzig: C. H. Tauchnitz 1926. — v. FICKER: Wetter und Wetterentwicklung. Berlin 1932 — Anleitung für die Beobachter des Deutschen Reichswetterdienstes (Ausgabe für den Klimadienst). Berlin 1936. — SCHERHAG: Neue Methoden der Wetteranalyse und Wetterprognose. Berlin 1948, Springer-Verlag. — HOFFMEISTER: Kleine Wetterkunde. 1950. G. Westermann Verlag.

Breitengrad (Abb. 14)[1]. Denn in diesem Bereich sind infolge der raschen Abnahme der Luftdichte bereits mehr als $9/_{10}$ der Gesamtmasse der Lufthülle enthalten. In dieser Luftschicht findet sich auch der gesamte in der Luft vorhandene Wasserdampf. Von Bedeutung für seine Kondensation (Wolkenbildung, Niederschlag) ist der Gehalt der troposphärischen Luft an Schwebteilchen, den sogenannten Kondensationskernen (Ansatzkernen). Die Luftschichten nehmen an der täglichen Umdrehung der festen Erdkugel teil. Dies beeinflußt auch die Bewegungs*richtung* sämtlicher Luftströmungen der Lufthülle (Passat, Antipassat, Monsum, aber auch alle gebietlichen und örtlichen Luftzirkulationen).

Luftströmungen, Luft*druck* und Luft*feuchte* sind die Auswirkungen der ungleichen Verteilung der *Wärme* in der Troposphäre. Und die Wärme ihrerseits hat als *einzige* wirksame *Energiequelle* die mit dem Ort und der Zeit wechselnde Wärme*ein*strahlung auf die Erdoberfläche durch die Sonne, die aber im wesentlichen nur *indirekt* wirksam wird durch die entsprechend *schwankende* Wärmeausstrahlung (Wärmeabgabe) der *Unterlage*. Diese Vorgänge bedingen die bereits erwähnte *ungleiche* Verteilung der Wärme an der Erdoberfläche und in den verschiedenen Schichten der Lufthülle. Sie lösen fortgesetzt Luftbewegungen aus, um das gestörte Gleichgewicht immer wieder herzustellen. Aus diesen Bewegungszuständen entspringt schließlich das vielfältige und wechselvolle „Spiel der meteorologischen Erscheinungen", das die in unseren Breiten ebenso wechselvolle Wettergestaltung verursacht.

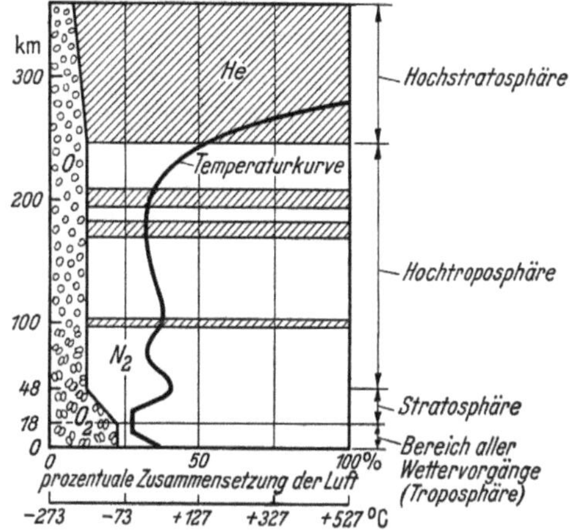

Abb. 14. Strukturschema der Lufthülle. (Nach PENNDORF).

---

[1] Nach den neuesten wissenschaftlichen Erkenntnissen der meteorologischen Forschung haben auch stratosphärische Luftschichten Anteil an der Wettergestaltung, insbesondere durch Beeinflussung der Bewegungsrichtung der Hoch- und Tiefdruckgebiete der verschiedenen troposphärischen Schichten (vgl. dazu SCHERHAG, zit. S. 32).

1. Lufttemperatur (Luftwärme).

a) Zustandekommen der Lufttemperatur.

Die Temperatur der unteren Luftschichten ist, wie bereits erwähnt, in der Hauptsache abhängig von den Temperaturverhältnissen der *Erdoberfläche*, des *Bodens*, welcher seine Wärme der Sonneneinstrahlung (Insolation) verdankt. Die Erde wärmt ihrerseits wieder die Luft, wie ein Kachelofen die Luft eines Zimmers wärmt. Die Intensität der Wärmeeinstrahlung auf die Erde wechselt stark mit den Tages- und Jahreszeiten, mit dem Grad der Bewölkung und der Reinheit der Luft. Die jeweilig herrschende Temperatur entsteht nun daraus durch *thermische vertikale Ausgleichsströmungen* (*Konvektions*strömungen) vom wärmeren Boden in die darüber lagernde kühlere Luftschicht hinein, im weiteren Verlauf durch *horizontale Luftbewegungen*, und nur in geringerem Ausmaß durch *absorbierte* bzw. *abgegebene Strahlungs*energie, wobei die Lufthülle für die Erde die Wirkung eines Glashauses hat (Wärmeschutz der Erde gegen den Weltenraum).

Konvektionsströmung. Ist die *Erde wärmer* als die sie berührende Luftschicht, dann wird letztere erwärmt, wird dadurch spezifisch leichter und die Luftteilchen *steigen nach oben.* Dafür *sinken* Luftteilchen der oberen schwereren, weil kälteren Luftmassen herab. Dieser Vorgang der auf- und absteigenden Luftfäden, deren Summe gewaltige Luftmassen bilden können, stellt die Konvektionsströmung dar, oft erkennbar am Zittern der Luft über dem Erdboden. Beiderseits des Äquators (Kalmengürtel der Erde; vgl. Abb. 21 und 23) mit seiner *dauernd starken* Insolation erreicht diese thermische Vertikalbewegung einen außerordentlichen Umfang.

Ist die Temperatur der Erdoberfläche niedriger als jene der auflagernden Luftschicht, dann wird diese infolge Wärme*leitung abgekühlt* (besonders im Winter). Eine Konvektionsströmung kann sich in diesem Falle kaum ausbilden. Diese Temperaturerniedrigung nimmt ab mit der Höhe. In Kärnten sagt man deshalb: „Steigt man im Winter um einen Stock, so wird es wärmer um einen Rock." In diesem Falle ist die Temperaturschichtung in der Lufthülle sehr stabil.

Horizontale Luftbewegungen. Von ebenfalls großer Bedeutung für die Lufttemperaturverhältnisse ist die *Durchmischung* der Luft bei *horizontalen* Luftbewegungen, die ja fast immer vorhanden sind. Da diese Bewegungen *turbulent* (in ungeordneter Weise, wirbelartig) vor sich gehen, werden ständig Luftteilchen von oben nach unten und von unten nach oben befördert, so daß die Wirkung ähnlich jener der thermischen Konvektion ist, aber in höhere Schichten hinaufreicht als letztere. Soweit es sich bei solchen Luftbewegungen um den *Temperaturausgleich* verschieden temperierter *benachbarter Luftkörper* über der Erdoberfläche handelt, ist zu beachten: die unteren kalten, also schweren Luftschichten dringen fließend unter die benachbarten wärmeren Schichten längs des Bodens ein und rufen Abkühlung hervor. Ein erwärmtes Gebiet kann in dieser Weise aber *nicht* umgekehrt auf ein kühleres Gebiet erwärmend einwirken (aus Gewichtsgründen). Denn die spezifisch leichtere warme Luft gleitet auf der schweren kalten Luft in die Höhe.

Unterschied des Einflusses von Land und Wasser auf die Temperatur. Das *Land* wird durch die Sonneneinstrahlung am Tage sehr rasch erwärmt, aber die Wärme dringt nicht tief in den Boden ein (7 bis 8 m in festen Erdboden). Durch die nächtliche Ausstrahlung erkaltet sie deshalb wieder sehr rasch. Anders bei *Wasserflächen stehender Gewässer!* Hier steigt die Temperatur bei Insolation nur langsam, weil die Wärmestrahlen viel tiefer in den Wasserkörper eindringen, weil ferner die spezifische Wärme des Wassers 2mal so groß ist als jene des trockenen Bodens, das Wasser also die doppelte Kalorienzahl erfordert wie der Boden bei gleicher Temperaturerhöhung, und weil schließlich an der Wasseroberfläche Verdunstung stattfindet, welche Wärme verbraucht (bindet). Deshalb bleibt die auf Wasser lagernde Luftschicht am Tage kühler als jene über Land. Bei der Wärmeabgabe nachts sinken die abgekühlten und daher spezifisch schwerer gewordenen Wasserteilchen in die Tiefe, andere wärmere steigen dafür empor. Diese Konvektionsströmung im Wasser sorgt für Temperaturausgleich bis in beträchtliche Tiefen. Erst nach dem Aufbrauch der in der Tiefe aufgespeicherten Wärme macht sich die Temperaturerniedrigung an der Oberfläche bemerkbar. Im *jährlichen Temperaturgang* kommt der großen Speicherung von Sonnenwärme im Wasser eine große Rolle bei der Klimagestaltung zu. *Wasser*massen können als Wärme*speicher*[1], Landmassen als Wärmeverschwender bezeichnet werden. Da etwa $^2/_3$ der Erdoberfläche von Ozeanen bedeckt sind, spielt diese Tatsache eine wichtige Rolle für den Wärmehaushalt der Erde.

Adiabatische Temperaturänderung. Eine weitere sehr wichtige Ursache für die Entstehung der Lufttemperatur ist die *adiabatische* Zustandsänderung der Luft durch Änderung des *Luftdruckes*. Dadurch tritt eine Änderung der vorher vorhandenen Temperatur ein[2], *ohne daß*

---

[1] Die Ostsee gibt vom August bis November rd. 137000 kcal/m², im Laufe des Winters noch weitere 385000 kcal/m², insgesamt also 520000 kcal/m² an die Luft ab. Dies erklärt die milde Herbsttemperatur der baltischen Küstenländer.

Wärmeabgabe im Herbst und Winter am Bodensee 250000 kcal/m², im Schwarzen Meer 482000 kcal/m², am Quarnero (Fiume) 475000 kcal/m².

[2] Für Luft und vollkommene Gase: $T_2 = T_1 \left(\dfrac{P_2}{P_1}\right)^{\frac{0,4}{1,4}} = T_1 \left(\dfrac{V_1}{V_2}\right)^{0,4}$;

$T = 273 + t°$; Änderung d. Raumgew. $\gamma_2 = \gamma_1 \dfrac{T_1 P_2}{T_2 P_1}$; $V_1, V_2 = $ Volumen (m³); $P_1, P_2 = $ Druck (kg/m²).

bei dem betroffenen Luftkörper Wärme „von außen" zugeführt bzw. „nach außen" abgeführt wird.

Bekanntlich hängt der in einer bestimmten Meereshöhe herrschende Luftdruck vom Gewicht der darüber lastenden Luftsäule ab. Überschlägig entspricht einer Luftdruckänderung von 1 mm in ungefähr Meereshöhe eine Niveauänderung von 11 m, in 5000 m ü. N. N. von 20 m. Bei *aufsteigender* Luftbewegung tritt also — wegen des kleiner werdenden Luftdruckes — eine *Expansion* der Luft ein, die mit einem Temperatur*rückgang* (*adiabatischer Abkühlung*) verbunden ist. Umgekehrt ist es bei *abwärts* gerichteter (*fallender*) Luftbewegung (Druckerhöhung — *Kompression* — *adiabatische* Temperatur*erhöhung*). Bei Vergrößerung des Druckes *trockener* Luft von 700 auf 710 mm Hg, entsprechend etwa 100 m Höhenunterschied, .*steigt* ihre Temperatur um etwa 1° C. Im *entgegengesetzten* Falle *vermindert* sie sich um etwa 1° C.

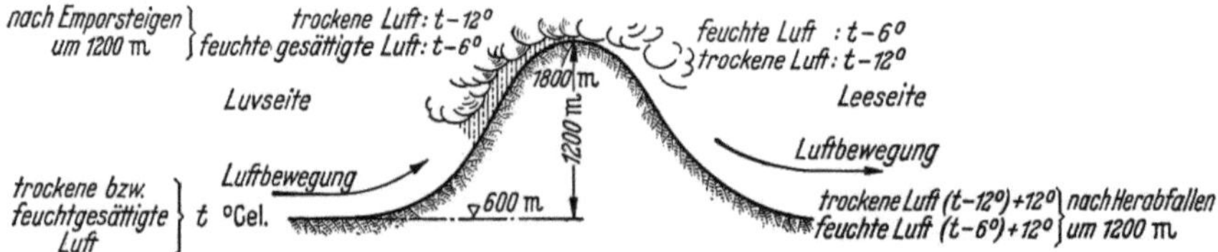

Abb. 15. Verschiedenes Verhalten feuchtgesättigter und trockener Luft.

Handelt es sich bei der aufwärts gerichteten Luftbewegung nicht um trockene, sondern um *feuchtgesättigte* Luft, dann tritt infolge der adiabatischen Abkühlung Kondensation eines Teiles des enthaltenen Wasserdampfes ein. Dabei wird die seinerzeit bei der Verdampfung gebundene Verdampfungswärme frei. Bei Kondensation von 1 g Wasserdampf sind das rd. 600 cal. Diese Wärmemenge genügt, um 1 kg Luft um 2,5° C zu erwärmen. Kühlt sich demnach 1 kg mit Wasserdampf gesättigte Luft um 1° C ab, wobei etwa 0,4 g Wasser kondensiert werden, dann reicht die dabei frei werdende Wärme aus, um diese Luftmenge von 1 kg um 0,4 · 2,5 = 1° C zu erwärmen. Zur Herbeiführung einer effektiven Temperaturerniedrigung von 1° C bei feuchtgesättigter Luft bedarf es deshalb einer Druckabnahme von 2 · 10 = 20 mm Hg. Das heißt die *gleiche* Druckabnahme führt bei mit *Wasserdampf gesättigter* Luft gegenüber trockener Luft nur zur *halben Temperaturerniedrigung*. Da bei *fallender* Luftbewegung wegen der adiabatischen Temperaturerhöhung *keine Kondensation* eintritt, sondern die relative Feuchtigkeit abnimmt, besteht hier *kein* Unterschied zwischen trockener und feuchtgesättigter Luft (Abb. 15).

Diesen adiabatischen Zustandsänderungen kommt in der Meteorologie (Niederschlagsbildung, Föhn), aber auch in der Klimatologie eine sehr große Bedeutung zu.

b) Messung der Lufttemperatur.

Sie erfolgt meist durch *Quecksilber*thermometer mit *Celsius*gradeinteilung[1], wobei der Eispunkt (0° C) als Ausgang der Zählung gilt. Dabei wird zur Vermeidung von Glaszusammenziehung *Jenaer* Glas verwendet.

Zur Festhaltung der höchsten und tiefsten Temperaturen[1] hat man „*Maximum- und Minimumthermometer*" und „*selbstschreibende*" Thermometer (*Thermographen*) konstruiert (Abb. 16). Bei letzteren dient als thermometrische Substanz entweder Alkohol, der in einem flachen,

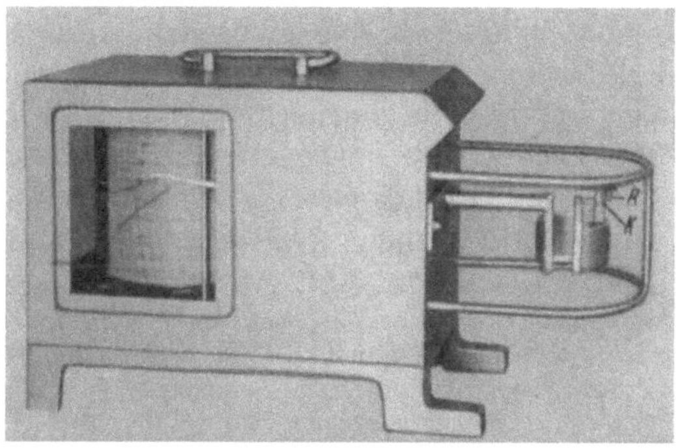

Abb. 16. Thermograph nach FUESS. (Normalmodell des Amtes für Wetterdienst. Schreibhöhe 80 mm.

halbmondförmig gebogenen Metallgefäß (BOURDON-Rohr) eingeschlossen ist und der durch seine Ausdehnung die Krümmung dieses Gefäßes verändert, oder es wird ein Bimetallthermometer verwendet.

Das *Hauptproblem* bei der Feststellung der Lufttemperatur ist der *Schutz des Thermometers* vor der Einwirkung *fremder Temperatureinflüsse*, vor allem vor der direkten Wärmebestrahlung durch die Sonne. Meist wird dies bewirkt durch Aufstellung des Thermometer in geräumigen, gut durchlässigen und weißgestrichenen Holzhäuschen (Wetterhäuschen).

c) Gang der Temperatur.

An der jeweiligen Wettergestaltung sind neben den anderen meteorologischen Faktoren in besonderem Maße die augenblicklichen Temperaturverhältnisse der — nach der Höhe und den Seiten benachbarten — Luftschichten beteiligt. Da aber sämtliche Einflüsse einschließlich der Temperatur immer wieder nach Größe und Wirksamkeit variieren, haftet ihnen für den Einzelfall das Gepräge des Zufälligen an. Werden die Beobachtungen jedoch für eine längere Zeitspanne, etwa eine größere Reihe von Jahren fortgesetzt, dann schrumpft das Zufällige ihres Auftretens und der dabei statistisch festgestellten zahlenmäßigen Größen

---

[1] $x°$ Celsius $= \frac{4}{5} x°$ Reaumur $= (32 + \frac{9}{5} x)°$ Fahrenheit.

auf Schwankungen um einen *Mittelwert* zusammen, wobei die Ausschläge selbst wieder nach beiden Seiten begrenzt sind. Diese *statistischen Mittelwerte und ihre Schwankungsgrenzen* sind für das *Klima* des Beobachtungsortes bzw. -gebietes kennzeichnend.

Legt man die Beobachtung so an, daß man innerhalb der benützten Jahresreihe jeweils kleinere Zeiteinheiten, etwa die gleichnamigen Monate untersucht, dann kommt man auch auf solche statistische Schwankungsmittelwerte, die aber von Monat zu Monat *andere* Größen aufweisen. Sie zeigen uns die Änderung, die der Mittelwert von Monat zu Monat eines mittleren Jahres erfährt, d. h. den *Gang der Temperatur (Wärme) eines* solchen *mittleren Jahres (Normal*jahres). Meist sind dabei nur die unteren Luftschichten erfaßt. Beachtet man, wie die Temperaturbildung in der Lufthülle zustande kommt, dann muß der Temperaturgang weitgehend auch mit der Sonneneinstrahlung übereinstimmen.

Im allgemeinen ist der *jährliche Wärmegang der Luft* für ein Beobachtungsgebiet von folgenden Verhältnissen abhängig:

vom *Temperaturgang in der Unterlage* (ob Land oder Wasser);
von der *geographischen Breite* und der *Entfernung von der Meeresküste*;
von *klimatischen Faktoren* (besonders *Seehöhe des Gebietes, periodische Regenzeiten, Gang der Bewölkung*);
von der *Geländeform, Bodenbewachsung, Farbe*.

Beispiele für den Temperaturgang: In Abb. 17 ist der Gang der mittleren monatlichen Lufttemperatur von *München* für die Jahresreihe 1865 bis 1919 aufgetragen[1]. Die Tab. 1 gibt den jährlichen Gang der mittleren Monatstemperaturen des Wassers an der Oberfläche des *Bodensees, Neuenburger* und *Wörther See*. Abb. 18 gibt für die Reihe 1922 bis 1931 die mittleren monatlichen *Luft*temperaturen *Münchens* und gleichzeitig die mittleren monatlichen *Wasser*temperaturen der *Isar*[2]. Außerdem sind die mittleren höchsten und niedersten Wassertemperaturen der einzelnen Monate für die gleiche Jahresreihe eingetragen. Da die mittlere *Luft*temperatur für

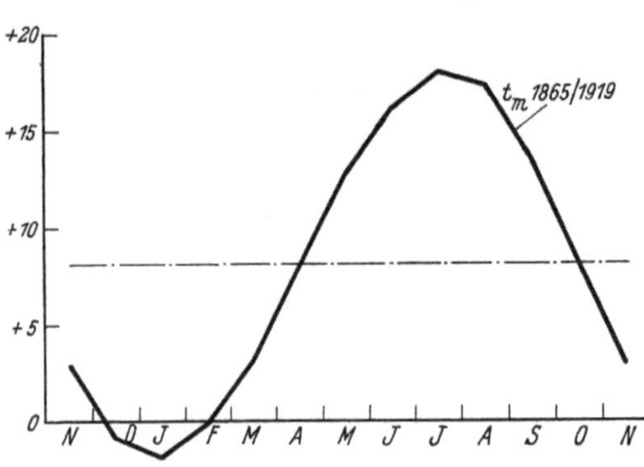

Abb. 17. Gang der mittleren Lufttemperaturen von München (Reihe 1865 bis 1919).

---

[1] ALT: Die mittlere Temperaturverteilung in Süddeutschland. München 1921.
[2] HAEUSER: Die Wassertemperaturen der Isar in München-Bogenhausen. Z. Wasserkr. u. Wasserw. 1933, H. 16.

Tabelle 1. *Jährlicher Gang der mittleren Monatstemperatur an der Oberfläche von Seen.*
(**Nach** SCHOKLITSCH.)

| | = Maximum   ⎓ = Minimum

See	Jan.	Febr.	März	April	Mai	Juni	Juli	Aug.	Sept.	Okt.	Nov.	Dez.	Jahres-mittel
Bodensee	5,2	5,4	4,7	7,4	12,2	17,2	19,5	17,5	15,4	12,9	9,2	6,3	11,1°C
Neuenburger See	3,3	3,0	4,3	6,2	10,8	15,7	18,4	18,2	16,4	12,0	8,3	5,5	10,2°C
Wörther See	1,0	0,6	3,3	8,2	15,1	20,2	23,6	21,4	21,0	15,5	8,6	5,0	11,9°C

den Beobachtungszeitraum 7,7° C, für das *Wasser* der Isar 8,7° C beträgt, letzterer Wert also *über* dem Lufttemperaturmittel liegt, gehörte die Isar — von dieser Warte aus gesehen — bereits zu den Flachlandflüssen. Im durchschnittlichen *Gang* der Wassertemperatur zeigt die

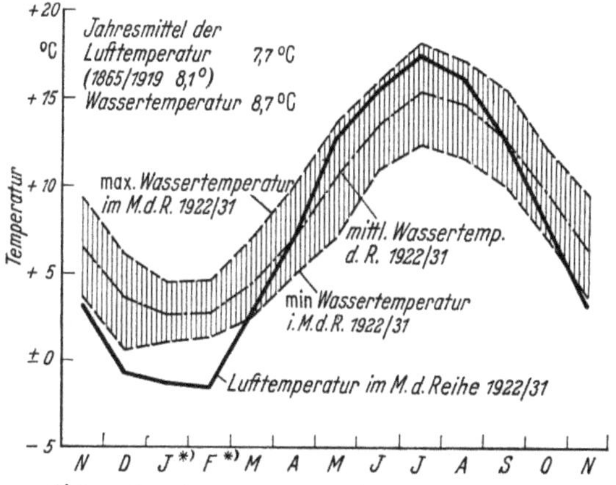

Abb. 18. Gang der Luft- und Wassertemperaturen (München, Isar) im Mittel
der Jahresreihe 1922 bis 1931.

Isar in München aber noch den Wesenszug eines *Gebirgs*flusses. Bei diesem Vergleich der Wasser- mit der Lufttemperatur darf man nicht übersehen, daß erstere das Ergebnis *aller* Faktoren ist, die sie im Gesamteinzugsgebiete der Isar bis München beeinflussen.

Schließlich werden, um die gegenüber den Flachland- und Mittelgebirgsgebieten andersgearteten mittleren Temperaturverhältnisse *alpiner* Gebiete zu zeigen, die Untersuchungsergebnisse ERTLS[1] für das *Saalach*-Einzugsgebiet von *Jettenberg* aufwärts wiedergegeben (Tab. 2 und Abb. 19). Die beiden Teilgebiete des Einzugsgebietes gehören ver-

---

[1] ERTL: Der mittl. jährl. Gang d. Wasserhaushalts der Saalach. Arch. Wasserwirtsch. 1940, Nr. 54. Berlin.

Tabelle 2. *Monatsgang der mittleren Wärme in °C für das Saalach-Einzugsgebiet bei Jettenberg für das Abflußjahr[1] (Jahresreihe 1919 bis 1939).*

Gebiet[2]	Mittlere Höhenlage über N. N. m	Okt.	Nov.	Dez.	Jan.	Febr.	März	Winter-halb-jahr	Jahr
A. Einzugsgebiet *nördl.* des Urschlau-u. Leogangbaches 603 km²	1220	+5,6	+1,3	−2,3	−3,4	−3,3	+0,2	−0,3	+4,6
B. Einzugsgebiet *südl.* des Urschlau-u. Leogangbaches 346 km²	1370	+4,6	+0,0	−3,0	−4,0	−4,0	−1,0	−1,2	+3,9
C. Gesamteinzugsgebiet 949 km² . .	1270	+5,2	+0,8	−2,6	−3,6	−3,6	−0,2	−0,7	+4,3

Gebiet[2]	Mittlere Höhenlage über N. N. m	April	Mai	Juni	Juli	Aug.	Sept.	Som-mer-halb-jahr	Jahr
A. Einzugsgebiet *nördl.* des Urschlau u. Leogangbaches 603 km²	1220	+3,1	+8,1	+10,8	+12,9	+12,7	+10,1	+9,6	+4,6
B. Einzugsgebiet *südl.* des Urschlau-u. Leogangbaches 346 km²	1370	+2,3	+7,6	+10,8	+12,4	+12,0	+ 9,3	+9,1	+3,9
C. Gesamteinzugsgebiet 949 km² . .	1270	+2,8	+7,9	+10,8	+12,7	+12,5	+ 9,8	+9,4	+4,3

schiedenen Klimazonen an: das nördliche liegt im Randgebiet der Nordalpen mit ausgeglichenerem Wärmejahresgang als das südliche, das der Innenzone der Alpen angehört. Das Jahresmittel des Gesamtgebietes und seiner Teile entspricht im allgemeinen ihrer mittleren Höhenlage. In dem Wärmeunterschied zwischen Winter und Sommer kommt aber die Zugehörigkeit der Teilgebiete zu verschiedenen Witterungsgürteln zur Geltung. Und der *Unterschied* im jährlichen *Gang* der beiden Teilgebiete ist sogar sehr beträchtlich. Er erreicht in den Wintermonaten November und März den Betrag von 1,3 bzw. 1,2° C und sinkt im Sommer (Juni) bis auf 0° C.

Zur Herleitung der mittleren Wärme der dortigen *Berggipfel* und der mittleren *Talwärme* wurden die EKHARTschen Untersuchungsergebnisse herangezogen[3]. Wie aus der Abb. 19 zu ersehen, ist im *Winter*

---

[1] Wegen Abflußjahr siehe S. 143.   [2] Vgl. Abb. 28, S. 54.
[3] EKHART: Mittl. Temperaturverhältnisse d. Alpen u. d. freien Atmosphäre über dem Alpenvorland. Meteor. Z. 1939, Bd. 56, H. 1 (vgl. auch Abb. 90, S. 164).

(Jan.) die mittlere *Talwärme* für die gleiche Höhenlage wesentlich *niederer* — bis zu $3^1/_2°$ C — als die mittlere Gipfelwärme, im *Sommer* (Juli) wird die Talwärme dagegen um ein geringes Maß — bis 1° C — höher als die letztere. Im *Winter* vermögen die absteigenden, relativ warmen und trockenen Luftströme nicht in die kalten, stagnierenden Luftmassen der Täler einzudringen[1]. In der kalten Jahreszeit verstärkt sich die Abnahme der Gipfelwärme mit zunehmender Höhe über N. N., die der Talwärme verringert sich.

2. Luftströmungen.

a) Entstehungsursachen. Windarten.

Als die hauptsächlichste *Entstehungsursache* für fast alle Luftbewegungen wurden die *Temperaturunterschiede* zwischen mehr oder minder benachbarten Luftmassen oben erwähnt. Am einfachsten ist dies an der *Entstehung der Passatströmungen* zu zeigen.

Bei *A* (Äquator) (Abb. 20) herrscht eine stärkere Wärmeeinstrahlung als in *C* und *D* (in höheren Breiten; gegen die Pole hin). In der Ebene *C A D* sei zunächst der gleiche Luftdruck 760 mm Hg vorhanden.

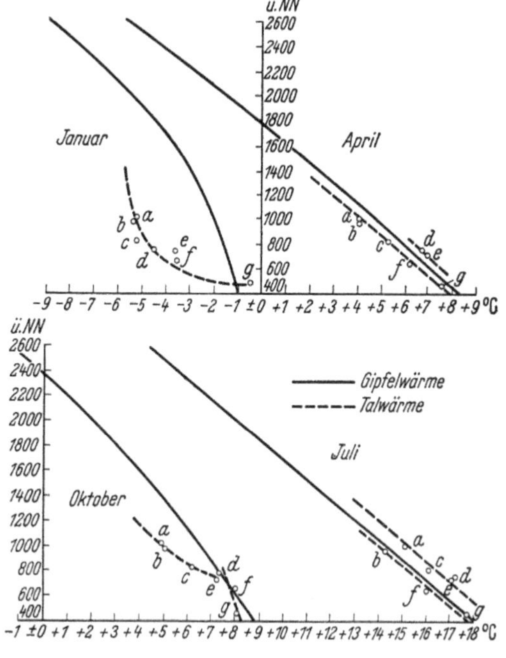

Abb. 19. Höhenkurven der mittleren Gipfel- und Talwärme für das Saalach-Einzugsgebiet für den Pegel Jettenberg. Gebietsteil: *a* Saalbach (S); *b* Hochfilzen (N); *c* Hütten (S); *d* Zell a. See (S); *e* Saalfelden (S); *f* Ob.-Weißbach (N); *g* Reichenhall (N).

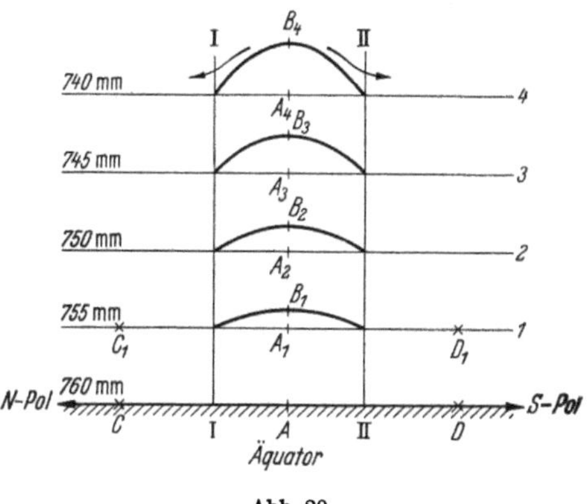

Abb. 20.

---

[1] Vgl. auch WETTSTEIN: Die Schweiz. Aus Natur u. Geisteswelt 482. Leipzig u. Berlin: G. B. Teubner 1915.

Durch die stärkere Wärmeeinstrahlung bei A wird auch die darüber lagernde Luft stärker erwärmt als über C und D. Wir nehmen an, diese stärkere Erwärmung erfasse die ganze zwischen I und II liegende Luftsäule.

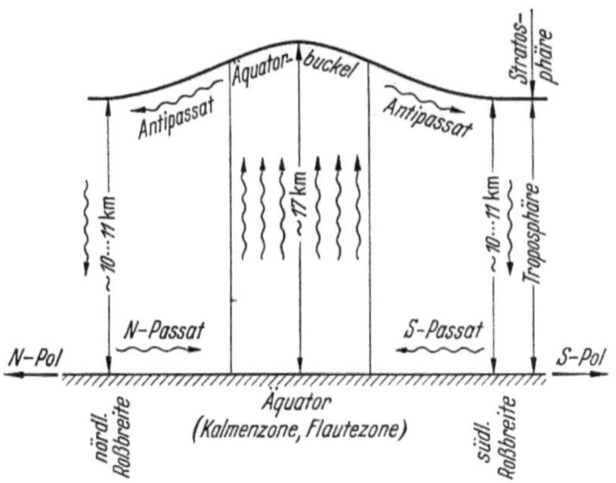

Abb. 21. Schematische Darstellung der Entstehung der Passate.

Unter dem Einfluß der Wärme beginnt sich die Luftsäule auszudehnen. Die Luftteilchen der Schicht 1 wandern nach oben und liegen nun zwischen 1 und 2. Das Analoge gilt für die Luftteilchen der Schichten 2, 3 usw. Der Luftdruck in A bleibt zunächst unverändert, da über A noch die gleiche Luftsäule (Luftmasse) liegt, wie vorher. Dagegen ist über A_1 jetzt mehr Luft, nämlich der Teil der Luftsäule, der sich durch die Erwärmung über die Schicht 1 hinausgehoben hat. Infolgedessen ist der Luftdruck in A_1 gestiegen (der ursprüngliche Luftdruck der Stelle A_1 herrscht jetzt in B_1). Entsprechend ändern sich die Verhältnisse in den darüberlagernden Schichten.

Daraus ergibt sich, daß sich durch die Erwärmung einer Stelle der Erde dort die Lufthorizonte gleichen Druckes gegen die Umgebung heben. Es bildet sich dort ein Luftbuckel mit höherem Luftdruck gegenüber seiner Umgebung, wodurch das Gleichgewicht der Luft über der Erde gestört wird.

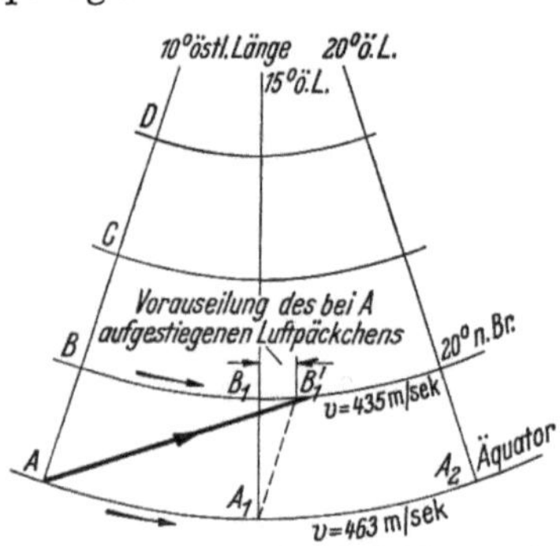

Abb. 22. Ablenkung der Südströmung des Antipassats auf Südwestströmung (und Westströmung auf etwa 35° n. Br.) (Spiegelbildlich auf der südl. Hemisphäre).

Zwischen den Punkten A_1 bzw. B_1 und den entfernteren Nachbarpunkten C_1 und D_1 in der gleichen Schicht (entsprechend in allen darüberliegenden Schichten) besteht deshalb ein Druckgefälle. Daher fließt die Luft von A_n (B_n) nach C_n und D_n ab, fließt vom Buckel gleichsam herunter (vom Äquator nach den beiden Polen hin).

Nun dehnt sich die Luft, wenn sie erhitzt wird, nicht nur aus, sondern sie steigt aufwärts (Konvektion). Das Abfließen vom Buckel wird also begleitet sein von einem Emporströmen in der Luftsäule I bis II.

Durch dieses Aufwärtssteigen und seitliche Abfließen vermindert sich die Luftmenge über A, der Luftdruck fällt hier deshalb. So bildet sich am Erdboden ein Druckgefälle zwischen C und A und zwischen D und A aus. In C und D ist der Luftdruck höher (Zufluß oben von A_n her), daher strömt Luft von C und D nach A, womit der Strömungskreislauf geschlossen ist. Während die bei A aufsteigende Luft warm ist, ist die *unten* nach A zufließende Luft kühl und führt den Namen *Passatströ-*

mung (*Passat*winde) (Abb. 21). Den Bereich am Äquator, in dem die Luft aufsteigt, heißt man *Kalmenzone* oder *Kalmengürtel.* Aus dem Vorgesagten ergibt sich, daß sowohl eine *Nord*passatzone als auch eine *Süd-*passatzone vorhanden ist (Abb. 21).

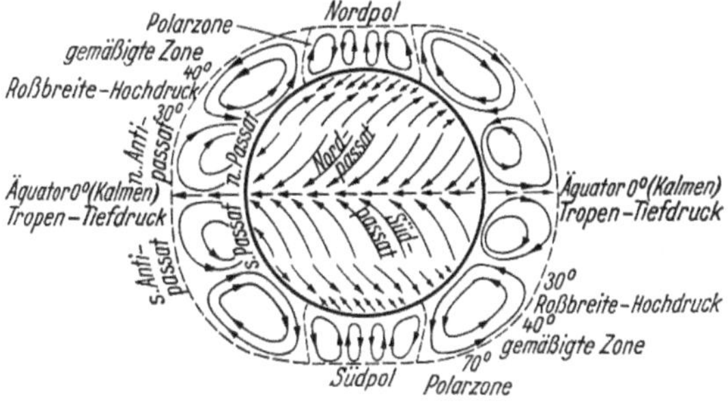

Abb. 23. Schema der großen atmosphärischen Strömungssysteme. (Nach BJERKNES.)

Diese nord-südlich bzw. süd-nördlich orientierten Strömungserscheinungen sind nun überlagert vom Einfluß der *Rotationsbewegung der Erde* (vgl. Abb. 22).

Abb. 23 gibt in der Draufsicht die großen horizontalen Strömungen unmittelbar über der Erdoberfläche und in den Schnitten auch die vertikalen Bewegungen.

α) *Land- und Seewind.*

Diese Luftströmungen beruhen ebenfalls auf der Konvektionswirkung.

a) Seewind und Landwind mit *täglicher* Periode. *Morgens* erwärmt sich das *Land*, die erwärmte Luft dehnt sich aus und steigt in die Höhe. Dadurch bildet sich *oben* ein Luftbuckel, so daß dort Strömung vom Land zum Wasser erfolgt. Infolgedessen verstärkt sich der Luftdruck über dem Wasser, wodurch *unten* eine Luftströmung vom Wasser zum Land eintritt (Seewind), beginnend etwa morgens 10 h.

Abends kehrt sich der Vorgang um, da sich jetzt das Land stärker abkühlt als das Wasser. Es entsteht der *Landwind* (etwa 10 h abends).

b) See- und Landwinde mit *jährlicher* Periode (*Monsune*). Im *Sommer* ist das *Land* wärmer als das Meer, umgekehrt im Winter. Daher strömt im *Sommer* kühlere *See*luft *unten* in das Land ein, im *Winter* fließt die kältere *Land*luft *unten* auf das Meer hin ab. Wegen der halbjährigen Perioden dieser Konvektionsströmungen ist der Aktionskreis außerordentlich groß. (Beispiel: Indien und Indischer Ozean).

β) *Berg- und Talwind.*

Diese zeigen große Ähnlichkeit mit den See- und Landwinden hinsichtlich der Dauer der Periode sowie vielfach auch in der Art ihrer Entstehung. Tagsüber, etwa von 9 bis 10 Uhr vormittags an bis Sonnenuntergang, weht der Wind talaufwärts (*Tal*winde), in der Nacht stellt sich ein entgegengesetzter Wind ein, der tal*aus* gerichtet ist, also ein von den Bergen herabwehender Wind, der noch einige Zeit nach Sonnenaufgang andauert (*Berg*wind).

γ) *Föhn.*

Der Föhn ist ein ausgesprochener *Fall*wind im Gebirge, der entsteht, wenn *an sich horizontale* Luftbewegungen gezwungen werden, über die Gebirge hinwegzustreichen. Er tritt auf, wenn sich beim Vorübergang eines barometrischen Hoch- oder Tiefdruckgebietes entlang dem Gebirge ein starkes Luftdruckgefälle einstellt.

Die Föhnwinde wehen von einem Gebirgskamm oder Gebirgssattel *herab*, sind also *Fall*winde und daher unten in den Tälern *trocken* und *warm*, auch wenn sie von schneebedeckten oder vergletscherten Gebieten kommen. Sie folgen den Talrichtungen.

Auf der Nordseite der Alpen kommt der Föhn aus SE[1] bis WSW, auf der Südseite der Alpen als *warmer* Nordwind. Es ist an sich jede Windrichtung möglich, es kommt nur auf die Richtung des Gebirgszuges an, welcher den Föhn erzeugt. Wegen seiner *geringen* relativen *Feuchtigkeit* nimmt er in tieferen Gebirgslagen gierig Wasser auf, trocknet also den Boden aus und frißt bei Schneelage diesen weg, ohne ihn recht zum Schmelzen kommen zu lassen (wasserwirtschaftlich bedeutsam wegen der starken Verminderung von Wasserreserven in Form von Schnee!).

In den *Nord*alpen erstreckt sich da Föhngebiet vom *Genfer See* bis *Salzburg*. Die Heftigkeit, der Grad der Erwärmung und der Trocken-

Tabelle 3.

Mittel aus 20 Föhntagen zur Charakterisierung der Witterungsverhältnisse bei Föhn.

Ort	Temperatur (° C)			Rel. Feuchtigkeit in %			Witterung
	Morgen	Nachm.	Abend	Morgen	Nachm.	Abend	
Mailand . .	3,2	5,1	3,9	96	93	96	Regen an 16 Tagen, Wind variabel
Bludenz . .	11,1	14,0	11,5	29	22	28	SE[2] 5 bis 8 Föhn
Stuttgart .	3,4	8,8	5,0	84	72	81	Regen an 10 Tagen, Wind variabel

[1] SE = Südosten.

[2] E = Abkürzung für Ost (internationale Vereinbarung zur Ausschaltung von Verwechslungen).

heit ist in den *Tälern* selbst am größten. Die stärkste Entwicklung zeigt er im *vorarlbergischen Illtal* bei *Bludenz*, in den Tälern des *Rheins* bis zum *Bodensee*, der *Linth* bis gegen *Zürich*, der *Reuß* bis gegen *Muri*, der *Aare* bei *Meiringen*, der *unteren Rhone* bis zum *Genfer See* (hier oft Steigerung bis zum Orkan) (Tab. 3 und 4).

Tabelle 4. *Witterung längs der Gotthardstraße während des Föhns vom 31. Januar zum 1. Februar 1869.*

Ort	Bellinzona	S. Vittore	Airolo	St. Gotthard	Andermatt	Altdorf
Höhe in m . .	229	268	1172	2100	1448	454
Temperatur °C	3,0	2,5	0,9	−4,5	2,5	14,5
Feuchtigkeit .	80	85	— •	—	—	28
Witterung . .	N, Regen	S u. SW	N u. S	S 2 bis 3	SW 2	S-Föhn

δ) *Bora, Mistral.*

Die Bora ist ein kalter, antizyklonaler Fallwind von manchmal Orkanstärke, der an Steilküsten vorkommt, mit denen ein kaltes Hinterland gegen ein warmes Meer abfällt. Das Auftreten der Bora ist häufig mit plötzlicher Entwicklung von Borazyklonen verbunden[1].

Am bekanntesten ist die Bora der *istrischen* und *dalmatinischen Küsten (Triest, Fiume)* mit NE und ENE-Winden. Gleich heftig ist die Bora von *Noworossisk* an der Ostküste des Schwarzen Meeres, wo ähnliche topographische Verhältnisse vorliegen wie an der Adria.

Auch der *Mistral* der *Provence* und *französischen Mittelmeerküste* bis *Perpignan* ist ähnlicher Natur und ähnlichen Ursprungs wie die Bora. Der warme Golf von *Lyon* mit seinem ständigen Barometer*minimum* im Winterhalbjahr hat als Hintergrund das kalte Zentralplateau von Frankreich, das häufig der Sitz von barometrischen Hochdruckgebieten und Kältezentren ist, aus denen der kalte Mistral nach Süden abfließt.

ε) *Samum, Schirokko.*

Diese Winde — in Algerien *Samum*, im östlichen Mittelmeer, vorderen Orient, Arabien *Schirokko* genannt — bilden sich auf der Südostseite der Tiefs. Sie sind — mit Ausnahme des *dalmatinischen Schirokko*, der über der Adria „feucht"warm geworden ist — *sehr warm* und *sehr trocken*, und durch Sand- und Staubwolken sowie durch die damit verbundenen Temperaturstürze manchmal lebensgefährlich.

Der eigentliche Schirokko ist eine Erscheinung der nördlichen Mittelmeerküsten und entsteht, wenn auf der Vorderseite eines über dem westlichen Mittelmeer angelangten Tiefs afrikanische Heißluft nordwärts vorstößt und über dem Meere derart mit Feuchte angereichert

---

[1] Scherhag: Die aerologischen Entwicklungsbedingungen zyklonaler Bora. Ann. d. Hydrographie u. marit. Meteorol. 65. Berlin 1937.

wird, daß man die Luft trotz größter Windstärke noch als schwül empfindet. Mit dieser Wetterlage sind ausgedehnte Regenfälle, vor allem in den Staugebieten der Berge Dalmatiens verbunden (Crkvice, 1097 m, $N_{m,\,\text{Jahr}} = 4633$ mm; regenreichster Ort Europas).

ζ) *Das barische Windgesetz.*

Durch die Drehung der Erde um ihre Achse erfährt der Wind eine *Ablenkung* nach *rechts* auf der *nördlichen*, nach *links* auf der *südlichen* Halbkugel. Dies gilt für *jede* Bewegungsrichtung des Windes, d. h. die Strömungsbewegung ist der ablenkenden Wirkung in *jeder* Richtung zwangsläufig unterworfen. Das zweite Gesetz besagt, daß die *Stärke* des Windes dem Luftdruckgefälle (Gradient) G proportional ist[1].

Auf den Wetterkarten verbindet man bekanntlich die Orte gleichen Druckes. Man erhält so die *Isobaren* (Linien gleichen Druckes; Druck-gleichen). Verlaufen diese Linien nun konzentrisch, und zwar so, daß der Luftdruck gegen das Zentrum hin ständig abnimmt, so handelt es sich um ein sogenanntes *Luftdruckminimum*, ein *Tief-druckgebiet*, ein *Tief* (eine Depression), mit T bezeich-net (Abb. 24). Die Luftströ-mung läuft hier auf der *nörd-lichen* Halbkugel *entgegen*

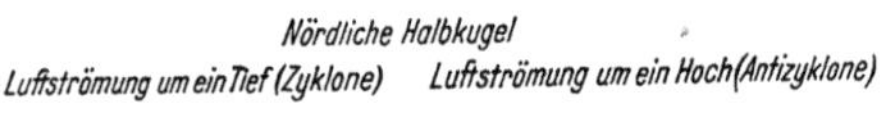

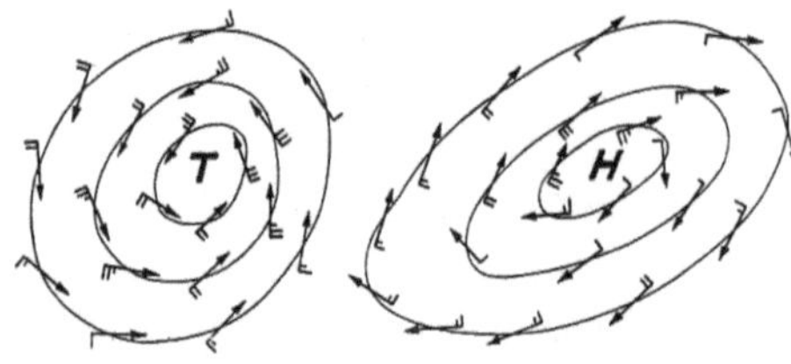

Faustregel: Hat man den Wind im Rücken, dann ist das Tief links vorne, das Hoch rechts hinten.

Abb. 24.

dem Uhrzeigersinn um das Tief, bildet so einen Luftwirbel, den man auch mit *Zyklone* bezeichnet. Die *Zyklone* saugt gleichsam Luft an, den ringsherum herrschenden Gradienten folgend. Die Luft steigt hier im Zentrum auf, genau wie bei einer besonders stark erwärmten Stelle der Erde und fließt oben ab. Daher herrscht an der Stelle *unten niederer* Druck.

Verlaufen dagegen die Druckgleichen konzentrisch so um einen Mittelpunkt, daß der Luftdruck von außen nach innen ständig *zu-*nimmt, so hat man ein *barometrisches Maximum* (*Hochdruckgebiet*, *Hoch* [*H*], *Antizyklone*) vor sich. Die Luftbewegung bildet hier eben-falls einen großen Wirbel, dessen Richtung auf der nördlichen Halb-

---

[1] Man mißt den „Gradienten" in mb Druckdifferenz pro Äquatorgrad (= 111 km). Beispiel: herrscht auf 250 km ein Druckgefälle von 10 mb, so er-gibt sich für 111 km ein Druckgefälle von $\dfrac{10}{250} \cdot 111 = \sim 4{,}5$ mb = Gradient für den Ort. Einem Gradient von 1 mb entspricht etwa eine Windgeschwindig-keit von 2 bis 4 m/sek.

kugel *mit* dem Uhrzeigersinn zusammenfällt. Die Luft sinkt im Zentrum ab, daher herrscht *hoher* Luftdruck *unten*. Von dort findet dann ein Abfließen der Luft zu Stellen niederen Luftdrucks statt.

Die steigende Luft im Zentrum eines *Tiefs* wird adiabatisch abgekühlt. Es tritt Kondensation ein. Umgekehrt wird die fallende Luft im Wirbelzentrum eines *Hochs* adiabatisch erwärmt und die relative Feuchtigkeit nimmt ab[1].

b) Windmessung.

Die Bestimmungsfaktoren für den Wind sind seine *Richtung* und seine *Stärke* bzw. *Geschwindigkeit*.

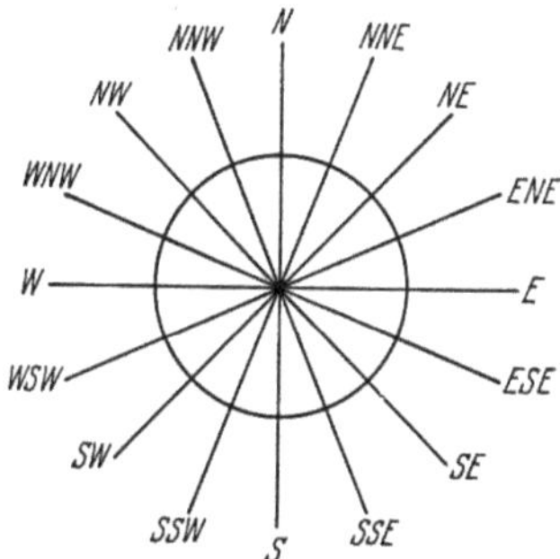

Abb. 25. Windrose.

Die Wind*richtung* wird mittels der *Windfahne* ermittelt. Dabei ist zu beachten, daß die Windrichtung bestimmt wird nach der Himmelsrichtung, *aus welcher der Wind kommt*, z. B. Westwind = Wind, der aus *Westen* weht, bei dem die Luft also von West nach Ost strömt. In der *Windrose* (Abb. 25) wird Ost mit *E* bezeichnet,

---

[1] Vgl. dazu die Ausführungen auf S. 35 ff.

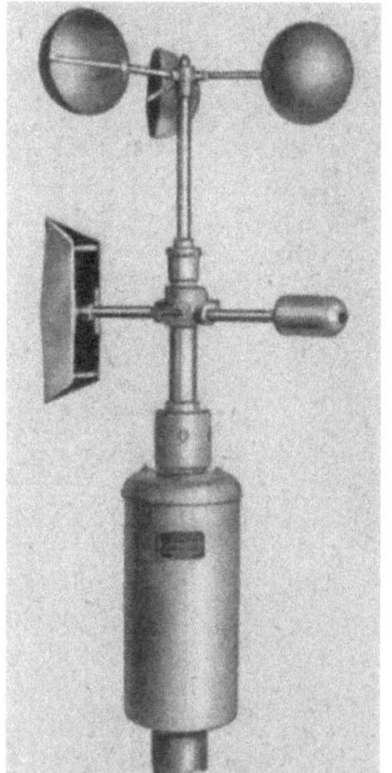

Abb. 26a u. b. Windschreiber (FUESS). Verbessertes Modell des Reichswetterdienstes zur fortlaufenden Aufzeichnung von augenblicklicher Windgeschwindigkeit (Böen), Windweg und Richtung. Oben dient das Schalenkreuzanemometer (Schalenstern) für die Registrierung des Windweges; darunter sitzt eine Staurohrwindfahne für hydrostatische Böen- und mechanische Richtungsaufzeichnung. Der Staudruck wird durch 2 Rohrleitungen, die Drehung der Windfahne und des Schalensterns durch je ein Gestänge auf den Schreiber übertragen (Abb. 26b).

Abb. 26a u. b.

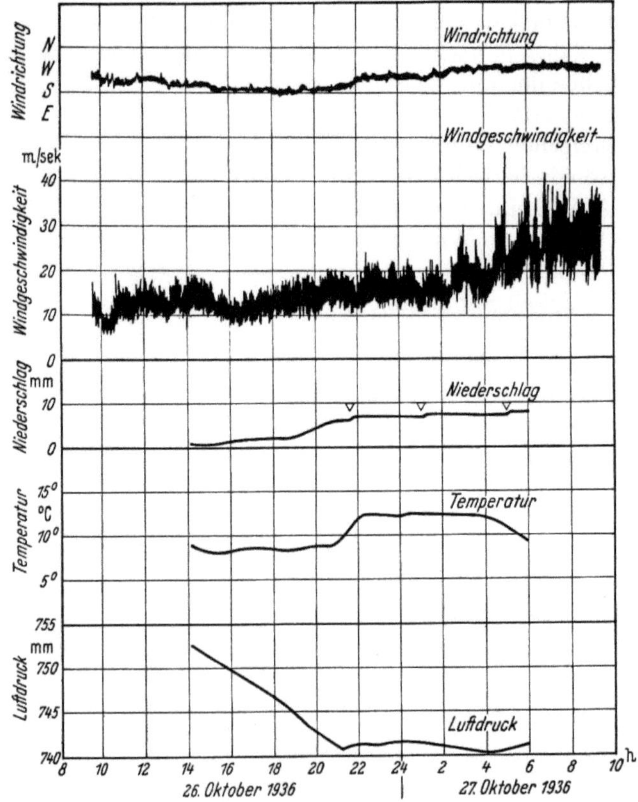

Abb. 26c. Beispiel für eine Windregistrierung neben der Aufnahme von Niederschlag, Temperatur, Luftdruck. Aufgenommen in Norderney während des „Elbe-I-Orkans" am 27. Oktober 1936. (Nach SCHERHAG).

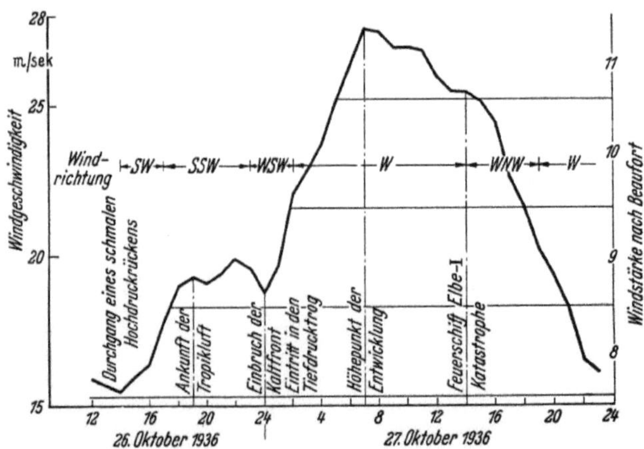

Abb. 26d. Windregistrierungen des Anemometers an der Mastspitze des Feuerschiffes Borkumriff am 26./27. Oktober 1936 („Elbe-I-Orkan", vgl. S. 70).

um eine Verwechslung mit dem französischen „Ouest" (= Westen) zu vermeiden.

Zur Bestimmung der Wind*geschwindigkeit* und Wind*stärke* mißt man entweder den Wind*druck* oder den Wind*weg in der Zeiteinheit* oder beide zugleich. Das *Schalenkreuzanemometer* gibt den Windweg während einer gewissen Zeit an (mittlere Windgeschwindigkeit).

Das *Druckanemometer* dient entweder zur Messung des Druckes auf eine Platte durch Feststellung der Ablenkung, oder in anderer Kon-

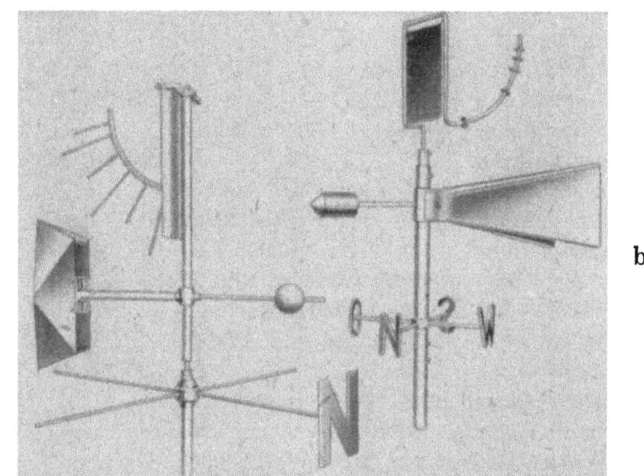

Abb. 27. a Große Windfahne mit Stärketafel nach WILD (FUESS). Gebrauchsmodell des Amtes für Wetterdienst. 1,50 m hoch. b Kleine Windfahne (FUESS). 60 cm hoch.

struktion zur Messung der Saugwirkung auf eine einseitig offene Röhre. Diese Staurohre messen nur den von der lebendigen Kraft (kinetischen Energie) herrührenden Druck.

Die Bestimmung von Windrichtung und Windgeschwindigkeit (bzw. Winddruck) soll an einer Meßstelle erfolgen, die 10 bis 20 m über ebenem haus- und baumlosem Gelände liegt.

Die Windstärken werden nach der 12teiligen BEAUFORT-Skala angegeben (Tab. 5). Die Abb. 26c u. d geben ein Beispiel für Sturmmessungen (Elbe-I-Orkan) an der Nordsee.

3. Luftfeuchte.

a) Begriffsbestimmung (Wasserdampf der Luft).

Unter *Feuchte* der Luft wird *nur* deren Gehalt an Wasser in *Dampf*form angesehen. Sie ist eine Folge *der Verdunstung* an der Erdoberfläche. Feuchtigkeit ist in der atmosphärischen Luft *stets* vorhanden, wenn auch in wechselnden Mengen. Da der größte Teil derselben von den freien Wasserflächen der Meere und Seen stammt, ist die Luft in der Nähe der Küsten auch am feuchtesten. Dieser durch Verdunstung gebildete *Wasserdampf verbreitet* sich in der Lufthülle einmal durch *Diffu-*

Tabelle 5. *Zusammenhang zwischen Windstärke, Windgeschwindigkeit und Winddruck im Bodenbereich* (BEAUFORT-*Skala*)[1].

BEAUFORT-Skala der Windstärke	Bezeichnung der Windstärke und ihre Kennzeichen	Windgeschwindigkeit		Wind-druck
		km/h	m/sek	kg/m²
0	*Vollkommene Windstille,* auch Kalme genannt	—	—	—
1	*Leiser,* kaum wahrnehmbarer *Zug*; der Rauch steigt fast gerade empor . . .	2 bis 6	0,6 bis 1,7	0,2
2	*Leichte Brise*; für das Gefühl eben bemerkbar	7 bis 12	1,8 bis 3.3	0,7
3	*Schwache Brise; bewegt* einen leichten Wimpel sowie *die Blätter der Bäume* .	13 bis 18	3,4 bis 5,2	2
4	*Mäßige Brise*; bewegt kleinere Zweige der Bäume	19 bis 26	5,3 bis 7,4	4
5	*Frische Brise*; bewegt größere Zweige der Bäume — für das Gefühl schon unangenehm.	27 bis 35	7.5 bis 9,8	7
6	*Starker Wind*; wird an Häusern und an anderen festen Gegenständen hörbar u. *bewegt schon große Zweige und Äste der Bäume*	36 bis 44	9,9 bis 12,4	12
7	*Steifer Wind*; bewegt bereits schwächere Baumstämme, wirft auf stehendem Wasser Wellen auf, welche sich überstürzen	45 bis 54	12,5 bis 15,2	19
8	*Stürmischer Wind*; ganze Bäume werden bewegt und Zweige derselben abgebrochen, *ein gegen den Wind schreitender Mensch wird merkbar aufgehalten* . . .	55 bis 65	15,3 bis 18,2	29
9	*Sturm*; leichtere Gegenstände wie Dachziegel u. dgl. werden aus ihrer Lage gebracht; Äste oder schwache Bäume werden abgebrochen; das Gehen im Freien ist schon schwierig	66 bis 77	18,3 bis 21,5	42
10	*Schwerer Sturm*; starke Bäume werden gebrochen oder entwurzelt	78 bis 90	21,6 bis 25,1	58
11	*Orkanartiger Sturm*; zerstörende Wirkungen schwerer Art; verursacht Waldbrüche und Schäden an Häusern, *wirft Menschen zu Boden*	91 bis 104	25,2 bis 29,0	79
12	*Orkan*; verwüstende Wirkungen schwerster Art; deckt Häuser ab, wirft festgemauerte Schornsteine herab, bewegt schwere Massen fort	> 104	> 29,0	> 80

The vertical brackets at left group the Beaufort scale: **Brise** (1–5), **Sturm** (6–9), **Orkan** (10–12).

⌐ = 1 Grad der Windstärke   ⌐ = 2 Grade d. W., z. B. ⌐ = Windstärke 5
◼⌐ = Windstärke 8

---

[1] In der Höhenwetterkarte liegen die Windgeschwindigkeiten für die obigen Windstärken wesentlich höher. In Anlehnung an die BEAUFORT-Skala entspricht ein Höhenwind von der Stärke 2 etwa 20 km/h, von der Stärke 5 etwa

sion, zum anderen und vor allem aber durch die *Luftströmungen*, welche ihn fortführen und mit der Luft vermengen. Dies ist mit ein Grund, daß es keine gesetzmäßige Verteilung des Wasserdampfes in den untersten Luftschichten gibt.

Die Wasserdampfmenge, welche etwa über einer Wasseroberfläche (bzw. über feuchtem Boden) in einen gegebenen Raum hinein verdampfen kann, ist von dem relativen Dampfgehalt der Luft abhängig. Je *höher* die Temperatur, desto größer das *Sättigungsdefizit*, desto größer also die Aufnahmefähigkeit des Raumes für Wasserdampf. Trägt der *Wind* dann die mit Wasserdampf angereicherte Luft hinweg und führt dafür trockenere Luft zum Raum heran, dann steigert sich die Verdampfung (Verdunstung) noch mehr.

Zu jedem Dampfgehalt gehört eine gewisse Grenztemperatur, oder umgekehrt: jeder Temperatur ist eine größtmögliche Dampfmenge zugeordnet. Wird letztere erreicht, so spricht man von *Sättigung mit Wasserdampf*. Die dabei vorhandene Temperatur stellt dann die *Grenztemperatur* für diese zur Sättigung notwendige Wasserdampfmenge dar. Wird diese Grenztemperatur *unterschritten*, so *kondensiert* sich ein Teil des Wasserdampfes. Deshalb heißt *diese* Temperatur auch *Taupunkt* oder *Sättigungspunkt*.

Da die Temperaturen der Lufthülle von unten nach oben abnehmen, nimmt auch der Gehalt an Wasserdampf von unten nach oben ab. Ferner nimmt der Gehalt an Feuchte ab vom Meer gegen das Innere des Landes infolge der trockenen *Land*winde. *Seewinde vermehren* den Gehalt an Wasserdampf. Für Europa bringen SW- und W-Winde meist feuchte, NE- und E-Winde meist trockene Luftströmungen.

Wasserdampfgehalt. Der Wasserdampfgehalt wird bestimmt:

a) durch die in mm Hg-Höhe ausgedrückte *Dampfspannung e*.
Der Wert der Dampfspannung (mm Hg-Höhe) $= \sim$ dem Gewicht des Wasserdampfes (g) in einem m^3 Luft (vgl. Tab. 6);

b) durch das Gewicht des Wasserdampfes (g) in einem m^3 Luft $= absolute$ *Feuchtigkeit*;

c) durch das Verhältnis der in der Luft wirklich vorhandenen Wasserdampfmenge zu derjenigen, die bei gleicher Temperatur maximal aufgenommen werden könnte $= relative$ *Feuchtigkeit*.
Bezeichnet man mit E die größtmögliche Dampfspannung (Sättigungsmenge), so kann man unter Zugrundelegung von a) die relative Feuchtigkeit ansetzen zu:

$$\frac{e \cdot 100}{E};$$

d) durch das Dampfgewicht, das in einem kg Luft enthalten ist $= spezifische$ *Feuchtigkeit*;

---

50 km/h. 100 km/h entsprechen 5 ganze Fieder, also 350 km/h $3 \cdot 5 + 2^1/_2 = 17^1/_2$ Fieder, wobei die 5er Gruppen durch einen größeren Abstand voneinander getrennt werden ⬡ (nach SCHERHAG). Die Höhenwind-Stärkeskala geht, wie leicht zu übersehen, über die BEAUFORT-Skala weit hinaus.

4*

Sättigungsdefizit (Sättigungsfehlbetrag) = Unterschied zwischen Sättigungswert E und absoluter Feuchtigkeit

$$\sim E - e;$$

unter sonst gleichen Verhältnissen gleich der Verdunstung[1].

Die Schnelligkeit der Verdampfung hängt ab vom Sättigungsdefizit und von der Geschwindigkeit, mit welcher die Luft über die verdampfende Oberfläche hinweggeführt wird (Windgeschwindigkeit).

e) durch den *Taupunkt* oder *Sättigungspunkt* = Grenztemperatur, bei der die vorhandene Wasserdampfmenge zur Sättigung ausreicht.

Tabelle 6. *Wasserdampfgehalt der Luft bei verschiedenen Temperaturen im Zustand der Sättigung (relative Feuchte = 100) bei 760 mm Druck.*

Temperatur	E	Gewicht in $1\,m^3$ Luft bei E	Änderung je ° Celsius	Gewicht des Wasserdampfes (g) in $1\,kg$ gesättigt feuchter Luft bei einem Luftdruck von		
	mm	g		760 mm	600 mm	400 mm
−25	0,61	0,71	0,06	0,41	0,52	0,78
−20	0,96	1,10	0,08	0,66	0,84	1,26
−15	1,44	1,61	0,11	1,05	1,33	1,99
−10	2,16	2,38	0,15	1,64	2,08	3,11
− 5	3,17	3,42	0,21	2,51	3,19	4,79
0	4,58	4,85	0,29	3,77	4,78	7,19
+ 5	6,54	6,81	0,39	5,41	6,86	10,30
+10	9,21	9,42	0,52	7,53	9,53	14,35
+15	12,79	12,85	0,69	10,46	13,25	19,97
+20	17,54	17,32	0,90	14,35	18,64	27,48
+25	23,76	23,07	1,15	19,51	24,78	—
+30	31,83	30,40	1,51	26,23	—	—

Tabelle 7. *Temperaturabnahme je 100 m Höhe der von verschiedenen Seehöhen aufsteigenden dampfgesättigten Luft.*

Luft-druck	Temperatur													Seehöhe
	30	−25	−20	−15	−10	−5	0	+5	+10	+15	+20	+25	+30	m
760	0,93	0,91	0,86	0,81	0,76	0,69	0,63	0,60	0,54	0,49	0,45	0,41	0,38	0
700	0,93	0,91	0,85	0,80	0,74	0,68	0,62	0,59	0,53	0,48	0,44	0,40	0,37	700
600	0,92	0,88	0,83	0,77	0,71	0,65	0,58	0,55	0,49	0,44	0,40	0,37	—	1900
500	0,91	0,86	0,80	0,74	0,68	0,62	0,55	0,52	0,46	0,41	0,38	—	—	3300
400	0,89	0,84	0,77	0,71	0,63	0,57	0,50	0,47	0,42	0,38	—	—	—	5100
300	0,87	0,80	0,72	0,65	0,57	0,51	0,44	0,42	—	—	—	—	—	7300
200	0,84	0,74	0,64	0,57	0,49	0,43	0,37	—	—	—	—	—	—	10600

Die Temperatur der Luft ist in großen Höhen, wie schon oben erwähnt, sehr niedrig, so daß dort auch der Wasserdampfgehalt nur gering sein kann. Er beträgt in 4000 m Höhe nur noch etwa 25%, in 8000 m Höhe nur noch 6%, wenn er in Meereshöhe 100% beträgt.

---

[1] 1 kg mit Wasser gesättigte Luft scheidet bei Abkühlung von 30° auf 20° 13 g, von 10° auf 0° nur 4 g Wasser aus (Tab.6). Daher stärkere Regenfälle in wärmeren Gegenden und Jahreszeiten!

b) Gang der Luftfeuchte (Sättigungsfehlbetrag) in der Norddeutschen Tiefebene und in den Alpen.

Die Tab. 8 gibt als ein Beispiel den jährlichen Gang des Sättigungsfehlbetrages der Luftfeuchte für je 2 Stationen (Tal- und Höhenstation), für die schon weiter oben erwähnten beiden Teileinzugsgebiete der Saalach, sowie für Kyritz (Eberswalde, Norddeutsche Tiefebene)[1].

Tabelle 8. *Mittlerer jährlicher Gang des Sättigungsfehlbetrages der relativen Luftfeuchte (in Hundertteilen) im Saalachgebiet und bei Eberswalde*[1].

Beobachtungsstelle und -zeit	Höhenlage über N. N. m	Okt.	Nov.	Dez.	Jan.	Febr.	März	Winterhalbjahr	April	Mai	Juni	Juli	Aug.	Sept.	Sommerhalbjahr	Jahr
A. Saalachgebiet, Nordhälfte.																
Reichenhall (1919/1939)	479	16	14	14	18	22	26	18	26	26	23	24	20	17	23	21
Predigtstuhl (1912/1939)	1575	20	30	24	20	25	27	25	16	20	19	19	18	23	19	22
B. Saalachgebiet, Südhälfte.																
Zell am See (1919/1939)	759	22	16	14	15	21	27	19	27	30	29	33	28	27	29	24
Schmittenhöhe (1919/1939)	1935	32	36	32	28	29	30	31	25	29	24	26	25	27	26	29
C. Kyritz (Eberswalde).																
Kyritz (1933/1937)	50	19	13	11	14	15	17	15	26	29	33	34	25	23	28	22

Der Zusammenstellung ist zunächst zu entnehmen, daß der mittlere jährliche Sättigungsfehlbetrag in der niederschlagsärmeren Südhälfte (vgl. Tab. 16, S. 86) sowohl für die Talstation, insbesondere aber für die Hochbeobachtungsstelle — wie zu erwarten — einen beträchtlich höheren Wert erreichen als im Nordteil. Das gleiche trifft auch für die Halbjahreswerte zu. Diese sind an den Talorten in beiden Teilgebieten im Sommer größer als im Winter. Umgekehrte Verhältnisse liegen für die *Berg*stationen vor. Dies ist auf die häufigen Bodennebel in den an sich feuchteren Tälern im Winter zurückzuführen. Insbesondere der Zeller See und die Moore des Oberpinzgaues leisten der Bodennebelbildung Vorschub. Da aber die Winternebel im Gebirge erfahrungsgemäß selten größere Ausdehnung haben, kommt ihnen bei der Bestimmung der mittleren relativen Luftfeuchtigkeit solcher *alpiner* Einzugsgebiete nur ein verhältnismäßig geringes Gewicht zu. Der mittlere

---

[1] ERTL: Der mittl. jährl. Gang d. Wasserhaush. d. Saalach, zit. S. 39. — FRIEDRICH: Zur Methode der Verdunstungsmessungen. Berlin 1938.

Sättigungsfehlbetrag wird vielmehr für den weitaus größeren Flächenanteil angenähert den Werten entsprechen, die an den Hochstellen gewonnen werden; er darf daher im Winter zum mindesten gleich hoch wie im Sommer gesetzt werden.

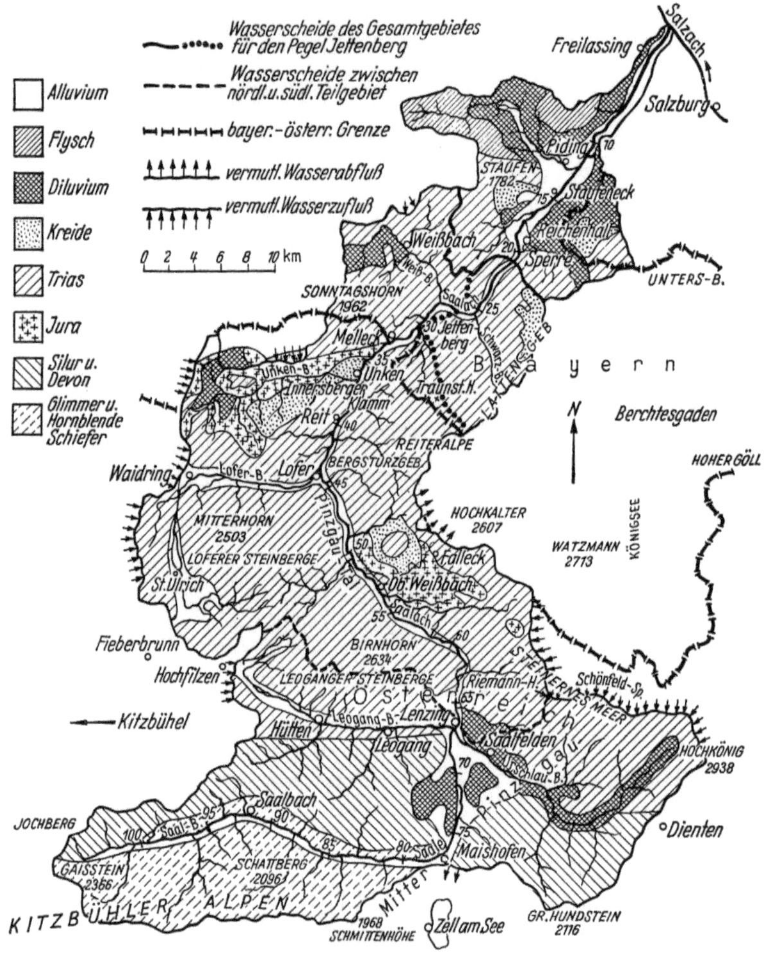

Abb. 28. Einzugsgebiet der Saalach.

Auf den Hochbeobachtungsstellen, die für die Beurteilung der Gebietsfeuchtigkeit also maßgebend sind, erreicht der Sättigungsfehlbetrag sowohl im Nord- als auch im Südteil des untersuchten Saalachgebietes für das Winterhalbjahr im Januar, für den Sommer im Juni seinen Kleinstwert, also die größte mittlere relative Feuchte für die Beobachtungsreihe. Im November bzw. im Mai und September wird der mittlere

Sättigungsfehlbetrag am größten, die mittlere relative Feuchte also am kleinsten.

In Kyritz (Eberswalde) ist der Luftfeuchtefehlbetrag im Winterhalbjahr etwa nur halb so groß, im Sommer aber beachtlich größer als im Saalachgebiet (Unterschied zwischen alpinen Klimaverhältnissen und jenen der Norddeutschen Tiefebene).

c) Feuchtemessung.

Für gewöhnliche meteorologische Beobachtungen kommen das *Haarhygrometer* und das *Psychrometer* in Verwendung.

Beim *Haarhygrometer* werden entfettete Menschenhaare, die sich mit zunehmender Feuchtig-

Abb. 29. Ausschnitt aus dem alpinen Bereich des Saalacheinzugsgebietes (Nordteil). (Im Vordergrund der Hirschbühelkamm, im Hintergrund die Leoganger Steinberge, beide Trias, dazwischen das Saalachtal bei Ob.-Weißbach[1].)

keit verlängern, verwendet. Zur Daueraufzeichnung des Wasserdampfgehalts der Luft benützt man Haarhygrometer mit einer rotierenden Schreibtrommel, den *Hygrograph* (Abb. 30).

Das *Psychrometer* ist ein Thermometer, dessen Quecksilbergefäß feucht erhalten wird. Der Unterschied der Ablesung an diesem feuchten und einem zugleich beobachteten trockenen Thermometer — die Psychrometerdifferenz — gibt ein Maß für den Wasserdampfgehalt der Luft. Denn die Verdampfung von der feuchten Thermometerkugel wird um so lebhafter sein, je geringer die relative Feuchte der Luft ist. Dabei wird die zur Verdampfung aufgebrauchte Wärme zum Teil dem Thermometer entnommen. Da die Verdampfungsgeschwindigkeit auch von der Windstärke abhängt, muß für stetige gleiche Luftbewegung am feuchten Thermometer gesorgt werden.

Das Psychrometer dient zur ständigen Kontrolle und zu den häufig notwendigen Neueichungen der Hygrometer.

---

[1] Aufnahme Zeitschr. d. D. u. Ö. A.V. 1910 (Dr. Benesch).

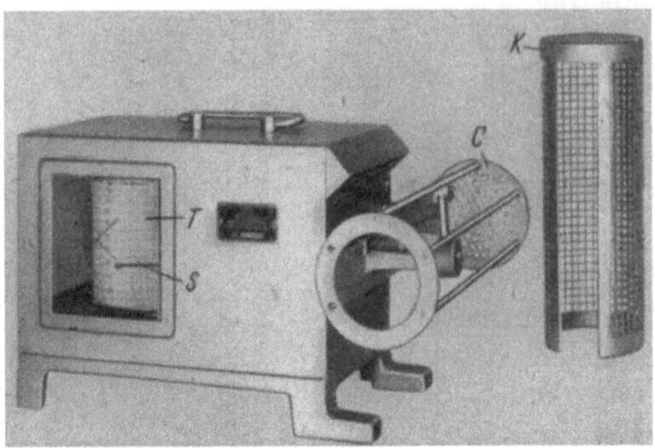

Abb. 30. Hygrograph (FUESS). (Normalapparat des Amtes für Wetterdienst.) Außenliegendes Haarbündel, besonders für Messungen im Freien.

4. Luftdruck.

Die Luft hat als Stoff (Gasgemisch) ein *Gewicht*, übt also auf seine Unterlage einen *Druck* aus. Das Luft*gewicht* beträgt in Meereshöhe bei 0° C und unter 45° Breite 1,293 g je l. Der Luft*druck* beträgt in Meereshöhe unter mittleren Verhältnissen 1,033 kg/cm² (atm) entsprechend dem Druck einer Quecksilbersäule von 760 mm.

Mit dem Emporsteigen in die Höhe verkleinert sich die den Druck ausübende Luftsäule, so daß der *Druck abnimmt*. Er beträgt in 3000 m Höhe noch etwa 505 mm Quecksilber (Hg) und in 10000 m Höhe ~176 mm Hg. Mit der Druckabnahme vermindert sich auch die *Luftdichte*, da die Zusammendrückung der Luft geringer

Tabelle 9. *Luftdruck in verschiedenen Höhen in mm, wenn die Temperatur 0,5° C je 100 m abnimmt (Luft gesättigt feucht).*

Höhe	Temperatur ° C			
m	−15°.	0°	+15°	+30°
Meereshöhe	760	760	760	760
500	711	713	715	718
1000	665	670	675	679
2000	581	590	598	606
3000	505	517	528	539
4000	439	453	466	479
5000	380	395	410	424
10000	176	193	209	224

wird. Dies hat zur Folge, daß die Druckabnahme mit der Höhe zunächst schnell, dann langsamer erfolgt. 1 mm Druckabnahme entspricht in Meereshöhe 11 m Höhenunterschied, in 5000 m 20 m und in 10000 m 38 m Höhenunterschied.

Das Gesetz dieser Abnahme lautet in der einfachsten Form:

$$H = 18400 \cdot (\log B - \log b),$$

wobei

H = m = Höhenunterschied zwischen zwei benachbarten Luftdruckwerten,
B = großer, also unterer Luftdruckwert, $\left.\right\}$ in mm Hg bzw. mb.
b = kleiner, oberer Luftdruckwert

Beispiel: $\left.\begin{array}{l} B = 528 \\ b = 466 \end{array}\right\}$ mm Hg bei $t_m = +15^\circ$ C (Luft gesättigt feucht) (Tab. 9)

$$H = 18400 \cdot (\log 528 - \log 466) = 1000 \text{ m}.$$

Unter Berücksichtigung des Temperatureinflusses lautet die *barometrische Höhenformel*

$$H = 18400 \cdot \left(1 + \frac{t_m}{273}\right) \cdot (\log B - \log b),$$

wobei t_m = Mitteltemperatur der Luftsäule in Celsiusgraden ($^\circ$ C).

a) Messung des Luftdruckes.

Die genauen Luftdruckmessungen erfolgen durch das von TORICELLI im Jahre 1643 erfundene *Quecksilberbarometer*, wobei die in der Beobachtungspraxis verwendeten „Stationsbarometer" durch Kunstgriffe vereinfachte Ablesungsskalen aufweisen.

Handlicher, aber weniger genau sind die sogenannten *Aneroidbarometer*. Bei diesen läßt man den Luftdruck auf eine fast luftleer gepumpte metallische Dose von außen wirken. Die dünne biegsame Wandung wird dabei mehr oder weniger zusammengepreßt, wobei eine innen angebrachte gespannte Feder dem äußeren Druck Widerstand leistet. Die Hebungen und Senkungen der Dosenwandung infolge der äußeren Luftdruckschwankungen werden mittels eines Hebelwerks auf einen Zeiger übertragen, der die Luftdruckwerte auf einer Skala unmittelbar anzeigt. Statt des Zeigers kann ein Schreibstift angebracht

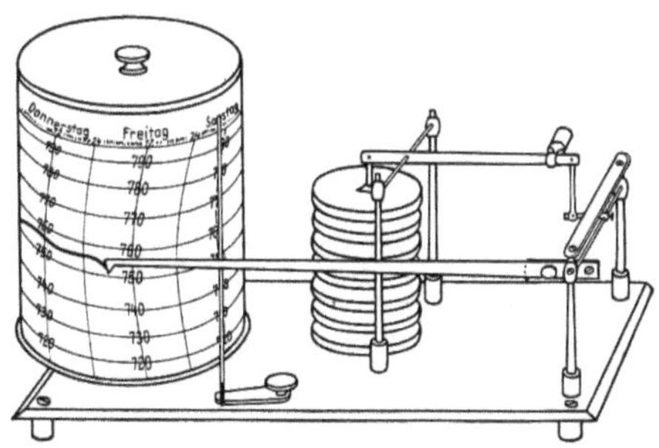

Abb. 31. Barograph.

werden, der dann die Druckschwankungen auf eine mit Teilung und Uhrwerk versehene rotierende Trommel aufzeichnet (*selbstschreibender Barometer*, *Barograph*, Abb. 31). Diese Aneroidbarometer müssen ständig durch Quecksilberbarometer überprüft werden.

Schließlich läßt sich der Luftdruck auch noch aus der Siedetemperatur des Wassers mit dem *Siedethermometer* ziemlich verlässig ermitteln.

b) Luftdruckmessung in Millibar.

Auf den neueren Wetterkarten wird der Luftdruck in *Millibar* (mb) angegeben. Dagegen ist es unzweckmäßig, am Barometer eine mb-Einteilung anzubringen, weil an jedem Ort die Teilungseinheit wegen der Verschiedenheit der Erdschwere verschieden ist. Deshalb zeigen die Barometer die mm Hg-Einteilung.

Tabelle 10. *Umrechnung von mm Hg in mb.*

Physik: 1 b ist der Druck von 1 Dyn auf 1 cm².

Meteorologie: 1 Million Dyn = 1 b,   1 mb = 1 Millibar = $^1/_{1000}$ b.

1 atm Druck entspricht dem Druck einer Quecksilbersäule von 76 cm Höhe. 1 cm³ Quecksilber wiegt bei 0° C 13,596 g. Das Gewicht einer 76 cm hohen Quecksilbersäule von 1 cm² Grundfläche beträgt 76 · 13,596 = 1033,3 g. 1 g Quecksilber wird von der Erde mit der Kraft 980,6 Dyn angezogen. Also entspricht in der Meteorologie:

1 atm = 760 mm Hg = 1033,3 · 980,6 = 1013250 Dyn = 1,01325 b = 1013,25 mb,

1 mm Hg = 1013,25 : 760 = 1,332 mb,   1 mb = 0,75006 mm Hg.

mm Hg	200	300	400	500	600	700	710	720	730	740	750	760	770	780
mb	266,6	400,0	533,3	666,6	799,9	933,2	946	960	973	986	1000	1013	1026	1040

Tabelle 10 a. *Zusammenhang zwischen den Standardmillibarflächen und den Höhen über dem Meeresspiegel.*

mb	1000	500	225	96	40,96	17,48
m	≈ 0	5500	11950	18750	25550	32400

Wie schon in den Abschnitten über Lufttemperatur und Luftbewegung gezeigt, ändert sich die Dichte der Luft auch noch mit der *Temperatur*. Das heißt also, daß verschiedene Temperaturen der Luft infolge der ihnen zugeordneten verschiedenen Einheitsgewichte Luftdruckunterschiede hervorrufen. Das Entstehen dieser Druckschwankungen ist nicht an die Luftschicht unmittelbar über der Erdoberfläche oder an eine bestimmte Höhenlage der Luftschicht über N. N. gebunden, wie schon aus der Entstehung des Passats hervorgeht. Eine besondere Bedeutung kommt den Luftdruckunterschieden bei der Gestaltung des Wetters zu (Hochdruckgebiete, Tiefdruckgebiete; Linien gleichen Druckes — Isobaren; vgl. S. 64 und Abb. 24), wenn sich etwa Luftmassen verschiedener Temperatur (verschiedener Dichte) einander gegenüberliegen oder neben- und ineinander wirbelnd ihre Bahnen ziehen (S. 69ff.).

5. Klimatypen (nach Hettner).

a) Tropenklimate.

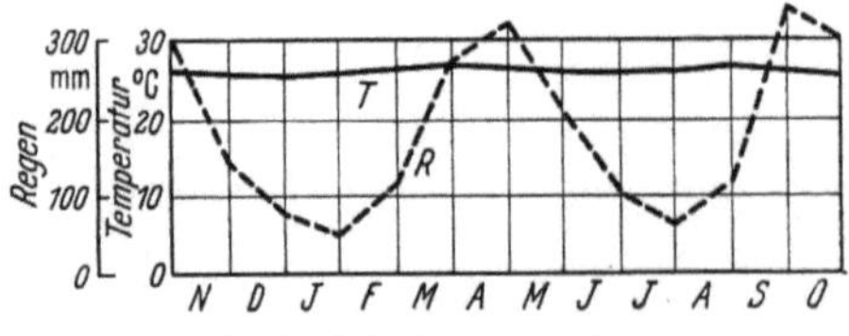

Abb. 32. Colombo auf Ceylon.

Äquatoriales Tropenklima, gleichmäßige Temperatur, 2 Regenzeiten — Kalmenzone!

Monsunklima.

Im Sommer starke, feuchte Winde vom Meer zum Land — Regenzeit; im Winter dagegen Landmonsun — Trockenzeit. — 2 Jahreszeiten.

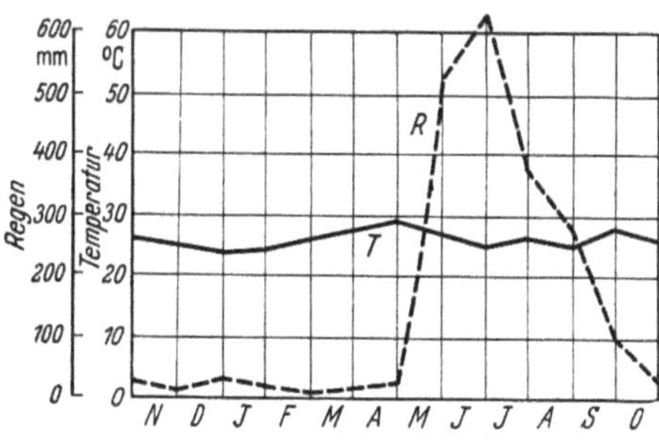

Abb. 33. Bombay.

Tropisches Trockenklima (Roßbreiten).

Absteigende Luft, wenig Feuchtigkeit, keine Kondensationsbedingungen — Zone der Wüsten. — Da keine Wolken, starke Ein- und Ausstrahlung, heiße Tage, kalte Nächte.

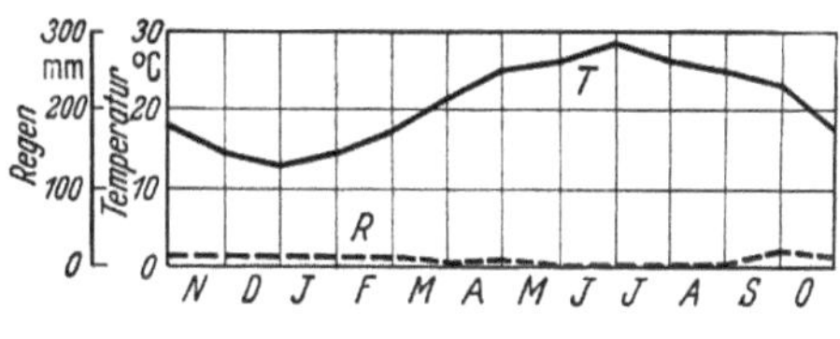

Abb. 34. Kairo.

b) Subtropisches Klima.

Etesienklima[1].

Nordhalbkugel: Im Nordsommer im Bereich der Passatwinde, die die jetzt nördlich des Äquators stehende Sonne mit nach Norden zieht; im Nordwinter dagegen im Bereich der herrschenden West-

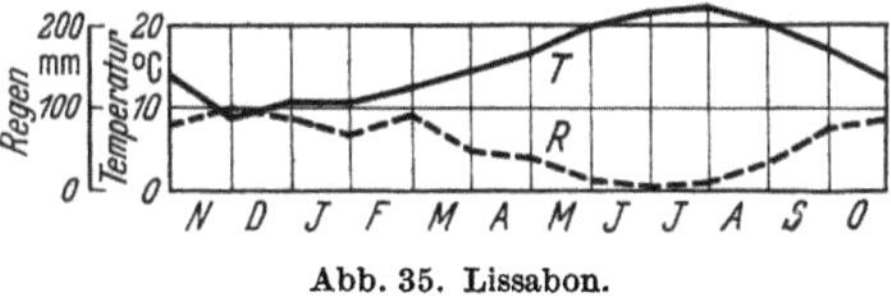

Abb. 35. Lissabon.

winde, daher trockener Sommer, feuchter Winter. Trockene Zeit zugleich warme Zeit (Passate), feuchte Zeit zugleich kalte Zeit (Gegensatz zum tropischen Klima).

c) Klimate der gemäßigten Zonen.

Ozeanisches Klima.

Milde Winter, kühle Sommer. Viel Westwinde und damit viel Feuchtigkeit, starke Bewölkung und reichliche Niederschläge. Temperatur- und Niederschlagskurve verlaufen entgegengesetzt, weil im Herbst und Winter das

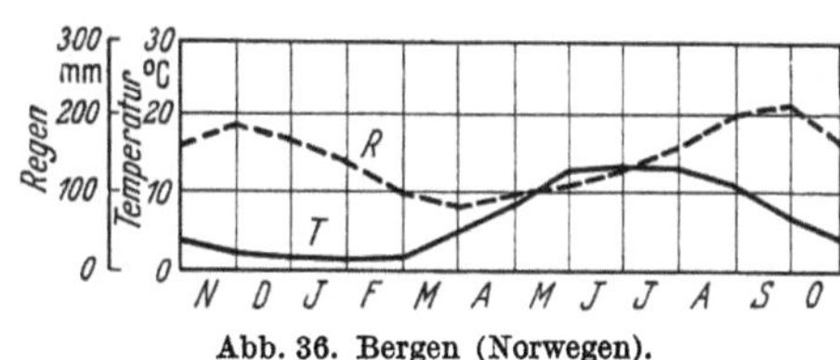

Abb. 36. Bergen (Norwegen).

noch warme Meer reichlich für Feuchtigkeit und das schneller erkaltete Küstenland für Kondensation (Niederschlag) sorgt.

---

[1] Etesien = passatartige Winde im Mittelmeer.

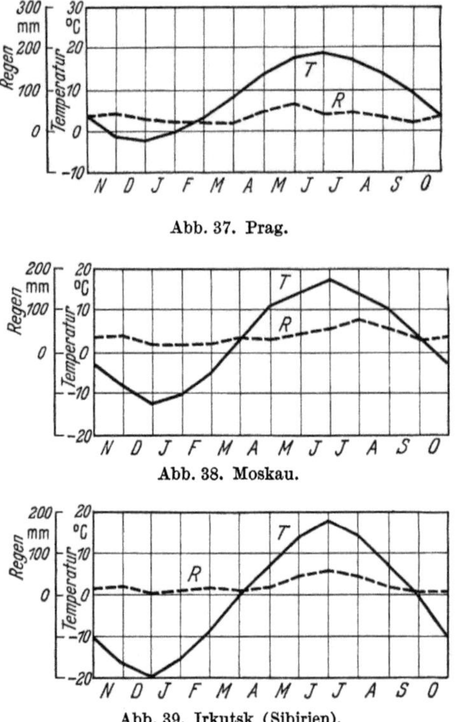

Abb. 37. Prag.

Abb. 38. Moskau.

Abb. 39. Irkutsk (Sibirien).

Kontinentale Klimaformen.

Kennzeichen: Starke Temperaturschwankungen, geringe Feuchtigkeit, geringe Niederschläge. Im Sommer in *kleinem* Ausmaß Ausbildung eines Kalmengebiets (Tiefdruckgebiet, Konvektionsregen), daher Parallellaufen von Niederschlags- und Temperaturkurven.

Mit wachsender Entfernung von der Küste zunehmende Ausschläge!

Noch weiter im Innern ausgesprochenes Trockenklima (Wüstenbildung), z. B. Wüste Gobi in Ostturkestan.

II. Das Wetter.

1. Klima und Wetter.

Das Zusammenspiel aller meteorologischen Elemente zu einer bestimmten Zeit an einem bestimmten Ort ergibt das, was man mit „*Wetter*" bezeichnet. Das Wetter ist also *nicht ein mittlerer* atmosphärischer Zustand, sondern die Gesamtwirkung der gleichzeitig zu einer *bestimmten Stunde tatsächlich vorhandenen* atmosphärischen Erscheinungen. Es stellt also den jeweiligen *Augenblicks*zustand der Atmosphäre für irgendeinen Ort der Erde dar. Demgegenüber ist das *Klima* eines Ortes der Inbegriff der *mittleren* atmosphärischen Zustände an einem bestimmten Ort zu einer bestimmten Jahreszeit (Abb. 32 bis 39).

In einem großen Teil der *Tropenzone* fallen Klima und Wetter einer bestimmten Jahreszeit nahezu zusammen. Das Klima ist auch das Wetter. Man trifft zu einer bestimmten Zeit des Jahres in der Tat fast immer auch den mittleren Wind, die mittlere Himmelsansicht, den mittleren Niederschlag, die mittlere Temperatur usw. (Abb. 32 bis 34).

Anders dagegen in den *mittleren* und namentlich in den *höheren* *Breiten* (Abb. 35 bis 39)! Hier tritt der mittlere stationäre Zustand des atmosphärischen Kreislaufes nur ganz vorübergehend in Erscheinung. *Ja, der atmosphärische Kreislauf vollzieht sich eigentlich nur in Form von Störungen, die so ablaufen, daß ihr mittlerer Effekt jene Lufttransporte besorgt, welche dem schematischen Bild der allgemeinen Luftbewegungen der höheren Breiten entsprechen.*

Die Bemühungen, aus der zeitlichen Aufeinanderfolge der Störungen und der ihnen zugeordneten Beobachtungstatsachen *eines* Ortes zum Verständnis der einzelnen Witterungs*zustände* zu gelangen, brachten erst brauchbare Ergebnisse durch Einführung der „*synoptischen*" Methode[1]. Deren Wesen besteht darin, daß die *gleichzeitig über größeren Erdräumen herrschenden Witterungsverhältnisse auf sogenannten Wetterkarten* dargestellt bzw. studiert werden.

Auf diesen Wetterkarten sind die hauptsächlichsten Witterungselemente für einen bestimmten Zeitpunkt von einer großen Anzahl von Orten durch einfache Zeichen dargestellt (Abb. 6a u. b, S. 16; 41 bis 43, S. 69 ff.). Die eingezeichneten Linien (Isobaren, Druckgleichen) verbinden die Orte gleichen Luftdrucks, so daß sie die Druckverteilung genau so darstellen, wie etwa die Linien gleicher Höhe auf einer Landkarte (Schichtlinien) das Gelände. Dabei sind die beobachteten Luftdruckwerte zuvor mit Hilfe der barometrischen Höhenformel auf ein einheitliches Niveau (den Meeresspiegel) umgerechnet, weil nur die Druck*unterschiede* im *gleichen Niveau* Luftströmungen auslösen, auf deren Betrachtung es ganz wesentlich ankommt.

Durch die Einführung der Wetterflüge und besonders durch die regelmäßigen Radiosondenaufstiege wurde es den Meteorologen ermöglicht, die aerologischen Verhältnisse in den höheren Luftschichten (obere Troposphäre und Stratosphäre) neben den atmosphärischen Bodenelementen zu erfassen (d. h. die 500-, 225-, 96- und 41-mb-Flächen neben der 1000-mb-Fläche) und mit den damit gewonnenen Ergebnissen synoptische Höhenwetterkarten zu zeichnen[2]. Sie geben einen für die Wettervorhersage bereits unentbehrlich gewordenen Einblick in die wettergestaltenden Kräfte der höheren Luftschichten, gestatten eine vollständige dreidimensionale Wetteranalyse und in Verbindung mit der Analyse der Bodenwetterkarte die Konstruktion einer Karte der Luftdruckverteilung des nächsten Tages (Vorhersagekarte).

2. Zusammenhang zwischen Luftmassenverteilung und Wetter.

Die wissenschaftlichen meteorologischen Untersuchungen der letzten Dezennien haben ergeben, daß die Verteilung der Luftmassen, ihre typischen Eigenschaften und ihr Zusammenwirken von großer Bedeu-

---

[1] Synopsis = zusammenfassende Übersicht über ein Ganzes; vergleichende Übersicht.

[2] Vgl. Abb. 42a.

tung für die gesamte Wettergestaltung sind[1]. Immer dort, wo es zu stärkeren Wetterstörungen kommt, grenzen verschiedene Luftmassen, d. h. Luftmassen verschiedenen Ursprungs und verschiedener Lebensgeschichte, also verschiedener Eigenschaften, aneinander und befinden sich miteinander im Kampf. Das Entstehen und Vergehen dieser schmalen Grenzzonen, der Frontalzonen oder *Fronten* stellt den wesentlichsten Teil des Wetterablaufes dar. Im *modernen* Wetterdienst wird daher jetzt weitgehend die Verteilung der Luftmassen und ihrer Grenzen oder Fronten und ihre voraussichtliche Ausdehnung bzw. Verlagerung für die Vorhersage des Wetters verwendet. Für die Wetteranalyse ist hierbei besonders wichtig, daß die Witterung *innerhalb des Bereiches der anstehenden Luftmassen* nur *langsame* und *stetige Übergänge* aufweist, während dagegen *an den Fronten*, also *beim Übergang von der einen zur anderen Luftmasse*, die *Mehrzahl* der *meteorologischen Elemente sprunghafte Änderungen* zeigt. Die Hauptluftmassen überdecken nach Verlassen ihres Ursprungsgebietes — der Arktis (A), der Zone der gemäßigten Breiten (G), dem Gebiet der Subtropen (T) — Millionen von Quadratkilometern — und reichen oft mehrere Kilometer hoch.

Die Ursprungsgebiete der Luftmassen, d. h. die Gebiete, in denen diese längere Zeit verweilen, sind durch die großen atmosphärischen Strömungssysteme bedingt. Durch die in diesen Gebieten herrschenden Strahlungsverhältnisse weisen die Luftmassen eine bestimmte typische Temperatur und Feuchte auf. Auch nach Verlassen dieser Gegenden behält die Luftmasse noch tagelang die kennzeichnenden Eigenschaften ihres Ursprungsgebietes bei.

Man unterscheidet:

a) *Arktische* Luftmassen (A), d. h. *Luftmassen, die der meist eis- und schneebedeckten Arktis* entstammen. Gelangen diese Luftmassen nach Mitteleuropa, so bringen sie zu *allen* Jahreszeiten *kaltes* Wetter. Infolge der niederen Temperaturen ist die A — absolut genommen — *wasserdampfarm*, sie entstammt *staubfreien* Gebieten, und es herrscht daher in ihr im allgemeinen gute Sicht. Die Wasserdampfarmut und die Reinheit dieser Luftmassen bedingen nicht nur meist geringe Bewölkung und geringe Nebelbildung, sondern auch eine kräftige Ein- und Ausstrahlung. In der A treten dabei große Temperaturschwankungen zwischen Tag und Nacht auf. Bei Vorhandensein einer Schneedecke stellen sich besonders tiefe Temperaturen ein, und selbst im mitteleuropäischen Flachlande kann es in der A bis zum Juni und ab September zu Bodenfrösten (Reif) und sogar zu vereinzelten Nachtfrösten kommen.

---

[1] SCHERHAG: Neue Methoden der Wetteranalyse und Wetterprognose. Berlin/Göttingen/Heidelberg; Springer 1948. — Typische Wetterlagen. 8 Wetterkarten. Hrsg. v. Reichsamt für Wetterdienst. Leipzig: W. Keller 1939. — HOFFMEISTER: Kleine Wetterkunde. G. Westermann Verlag. 1950.

b) *Subtropische* Luftmassen (*T*), d. h. *Luftmassen, die aus subtropischen Breiten* zu uns gelangen. Sie verursachen zu *allen* Jahreszeiten
warmes Wetter. Infolge ihrer hohen Temperaturen — auch absolut betrachtet — sind die *T*-Massen *reich an Wasserdampf* und häufig *durch
Staub getrübt*. Im Bereich der *T*-Massen herrscht daher *Neigung zu
Wolkenbildung*, der Einfluß der Strahlung wird daher weiter *abgeschwächt*, und die *täglichen Temperaturschwankungen* sind *verhältnismäßig klein*.

c) Luftmassen der *gemäßigten Breiten* (*G*), d. s. *Luftmassen*, die sich
längere Zeit in der *gemäßigten Zone*, also etwa in dem Gebiete zwischen
dem 45. und 65. Breitengrad aufgehalten und die dort herrschenden
Strahlungs-, Temperatur- und Feuchteverhältnisse angenommen haben.
Man unterscheidet dabei nach einem mehr nördlichen bzw. mehr südlichen Ursprungsgebiet *GA*- und *GT*-Massen.

Tabelle 11. *Einteilung der für Mitteleuropa wichtigsten troposphärischen Luftmassen
und ihre Abkürzungen.*

Hauptluftmassen	Bezeichnung nach Ursprung und Bodenbeeinflussung	Hauptsächliche Ursprungsgebiete	Unterscheidung nach Strömungsrichtung	Bezeichnung nach Beschaffenheit
A = arktische Luftmasse	*mA*	Grönland, Spitzbergen	*mAK*	arktische Meeresluft
	cA	Nowaja-Semlja Barentsmeer, Nordrußland (Kältepol)	*cAK*	arktische Festlandkaltluft
G = Luftmasse gemäßigter Breiten	*mGA*	Nördl. Atlantik bzw. Kanada	*mGAK*	kühle Meeresluft
	cGA	Innerrußland, Fennoskand.	*cGAK*	kalte Festlandluft
	mGT	Nördl. Atlantik um 50° n. Br.	*mGTW*	milde Meeresluft
	cGT	Südrußland, Balkan	*cGTW*	warme Festlandluft
T = subtropische Luftmassen	*mT*	Subtrop. Meere, Azoren, Mittelmeer	*mTW*	subtropische Meereswarmluft
	cT	Subtrop. Landmassen, Nordafrika, südl. Balkan	*cTW*	subtrop. Festlandwarmluft

W = Warmmassen, *K* = Kaltmassen, *m* = maritim, *c* = kontinental.

Die *GA*-Massen haben zum Teil Eigenschaften der *arktischen* Luft, die *GT*-Massen neigen mehr den Eigenschaften der *subtropischen* Massen zu.

Bei der Wanderung einer Luftmasse vom Quellgebiet spielt die Unterlage — Wasser- oder Landflächen — für die Feuchtigkeit eine große Rolle. Man unterscheidet daher *maritime* (Meeres-) bzw. *kontinentale* (Festlands-) *A*-, *G*- und *T*-Massen.

Ferner wird unterschieden in *Kalt*massen (*K*) bzw. *Warm*massen (*W*), je nachdem eine Luftmasse — großräumig betrachtet — über *wärmeren* Untergrund, also im allgemeinen aus nördlichen nach südlichen Gegenden, oder über *kälteren* Untergrund, also meist aus südlichem in nördliches Gebiet strömt. Aus der *Arktis* wird die Luft nach Mitteleuropa immer als *arktische Kaltluft* = *AK*, aus den *Subtropen* die Luft immer als *subtropische Warmluft* = *TW* gelangen. Bei den Luftmassen der mitteleuropäischen Breiten treten sowohl Warm- als Kaltmassen auf (vgl. Tab. 11).

a) Tiefdruckgebiet.

An den Grenzflächen zwischen *kalten* (schweren) und *warmen* (leichteren) Luftmassen kommt es zu ähnlichen wellenförmigen Deformationen, wie sie an der Grenze zwischen Wasser und Luft als Wasserwellen bekannt sind. Im Luftmeer entsteht oft eine ganze Serie solcher Wellen (von der Anfangswelle bis zum Endstadium, dem Wirbel).

In Abb. 40a—f ist der Lebenslauf einer solchen *Zyklone* in der *Aufsicht, parallel* zur Erdoberfläche, dargestellt (nach v. Ficker).

Zunächst entsteht, wie schon erwähnt, an der Grenzfläche zwischen dem warmen und dem kalten Luftkörper eine Wellenstörung (Abb. 40c). In diesem Störungsgebiet schiebt sich allmählich die warme Luft auf der Südseite immer mehr in die kalte Luft auf der Nordseite hinein, bis sich ein mehr oder weniger umfangreicher Luftwirbel bildet, dessen Drehung entgegengesetzt der Uhrzeigerbewegung erfolgt, und der, wie ein Wasserwirbel, sich im strömenden Fluß talab bewegt, mit der allgemeinen Strömung von Westen nach Osten wandert. Im Zentrum eines solchen Wirbels (Zyklone) herrscht immer ein geringer Luftdruck, weshalb es mit „Tiefdruckgebiet" (Tief, Depression) bezeichnet wird (Abb. 24). In Abb. 40d ist eine *Idealzyklone* in der Draufsicht, in Abb. 40h ein Vertikalschnitt durch dieselbe dargestellt, und in Tab. 12 sind die zugeordneten meteorologischen Elemente für 8 Beobachtungsstationen im einzelnen gekennzeichnet[1].

Die Abb. 40d stellt die Zyklone auf ihrem Höhepunkt der Entwicklung dar. Dieser Zustand ist jedoch nur von verhältnismäßig kurzer Dauer. Da die Kaltfront sich rascher vorwärtsbewegt als die Warm-

---

[1] Vgl. dazu die Wetterkarte v. 27. Okt. 1936, S. 70.

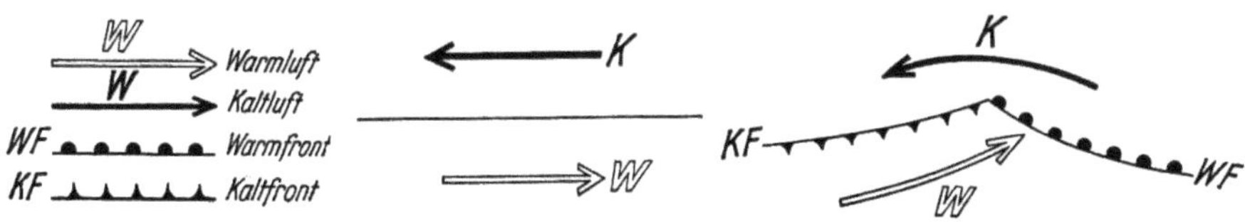

Abb. 40a.

Abb. 40b. Warmluft und Kaltluft grenzen aneinander.

Abb. 40c. Bildung eines Störungsgebiets (junge Zyklone).

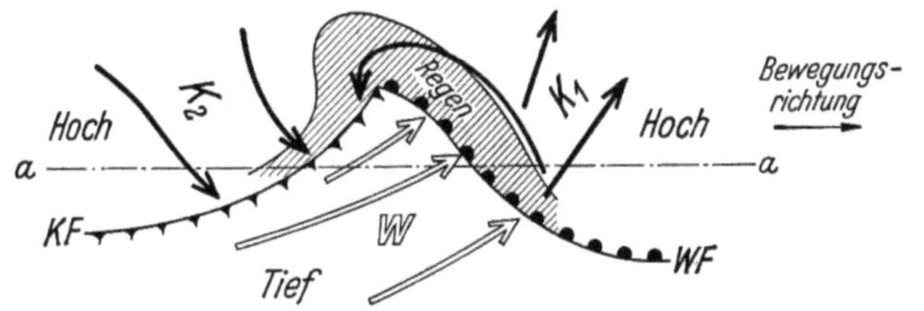

Abb. 40d. Idealzyklone (lebenskräftigstes, energiereichstes Stadium!).

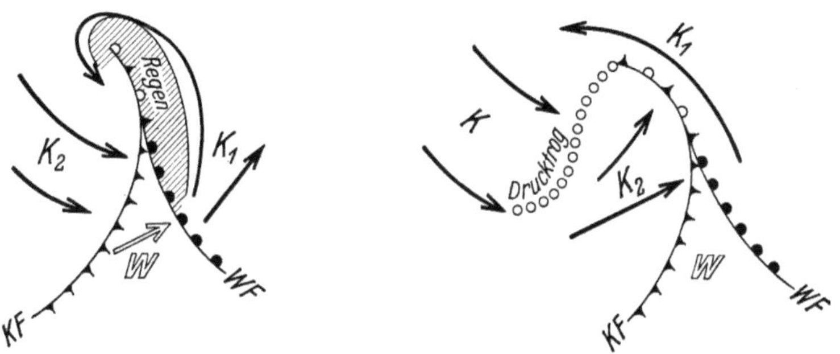

Abb. 40e. Beginnende Okklusion.

Abb. 40f. Okklusion.

Abb. 40g. Zur Unterscheidung der Warmfront-okklusion von der Kaltfrontokklusion werden folgende Frontsymbole angewandt:

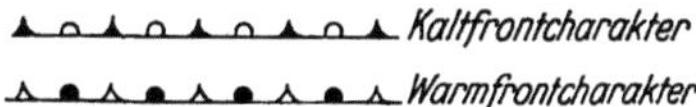

Abb. 40a—g. Lebenslauf einer Zyklone.

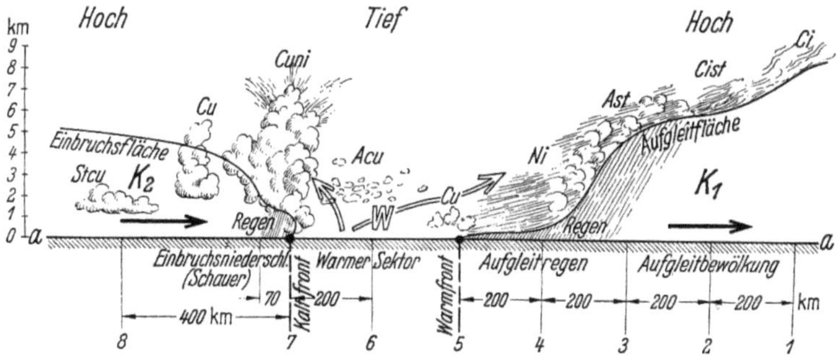

Abb. 40h. Vertikalschnitt a—a durch eine Idealzyklone.

Tabelle 12. *Vertikalschnitt durch eine Idealzyklone* (Abb. 40h).

Station	Wolken	Wind	Niederschlag	Sicht	Luftdruck	Temperatur
1	*Ci* (6 bis 8 km)	S bis SE schwach	—	gut	beginnt langsam zu fallen	niedrig
2	*Cist* (5 bis 6 km) „Halo"	S bis SE schwach	—	mäßig	fällt stetig	niedrig
3	*Ast* (3 bis 5 km)	SE frischt auf	beginnt zu regnen bzw. zu schneien	schlecht (häufig Nebel)	fällt stark	niedrig
4	*Ni* (200 bis 500 m)	SE steif bis stürmisch	stark. Regen (Landregen) bzw. Schnee	schlecht (häufig Nebel)	fällt stark	niedrig
5	a) Sommer: **aufreißen** *Cu* (~500 m) b) Winter: Wolkendecke geschlossen *Str* (300 bis 500 m)	W meist langs. abflauend	a) —, heiter b) Regen hält an (Sprühregen)	etwas besser	bleibt nun gleich	**steigt an**
6	Steppdeckenförm. Wolkenschicht *Acu* (2 km)	WSW frisch	wie bei 5	mäßig	gleich	hoch
7	mächtige Haufenwolken (300 m bis 7 km) *Cuni*, Schauerwolken	NW frischt auf; böig; 7 bis 8	Schauer	außer den Schauern gut	steigt stark an	plötzlich abgesunken
8	*Cuni*, weniger häufig u. nicht mehr so mächtig *Strcu*	NW 4 bis 5 böig	vereinzelte Schauer	sehr gut	steigt weiter stark an	niedrig

Wolkenbezeichnung: *Ci* = Cirrus (Federwölkchen) — *Cist* = Cirro-Stratus — *Ast* = Altostratus — *Cu* = Cumulus (Haufenwolke) — *Ni* = Nimbus (Regenwolke) — *Cuni* = Cumulonimbus — *Acu* = Altocumulus — *Str* = Stratus — *Stcu* = Stratocumulus (flachgeschichtete Haufenwolke).

front, wird der Warmsektor mit zunehmendem Alter des Wirbels immer kleiner. Schließlich holt die Kaltfront die Warmfront ein, zuerst im nördlichen Teil, wo nun die Warmluft ganz vom Erdboden abgehoben wird. Wir haben dort nur *eine* Front vor uns (Abb. 40e und 40f und Abb. 42, S. 70), eine sogenannte „*Okklusion*"[1]. Die Witterungserschei-

____
[1] okkludieren = schließen.

nungen bleiben dieselben, nur fehlen die Stationen 5 und 6, da der Warmsektor nicht mehr vorhanden ist. Nach erfolgter Okklusion verliert das Tief an Wetterwirksamkeit und „stirbt" langsam ab, d. h. die Druckgegensätze gleichen sich aus, das Tief — verglichen mit einem „Tal" in der allgemeinen Luftdruckverteilung — „füllt sich auf".

Die Tiefdruckgebiete wandern meist auf ganz bestimmten Zugstraßen. Die meisten jener Tiefs, die auf die west- und mitteleuropäische Witterung Einfluß haben, schließen sich dem allgemeinen Strömungsverlauf der Luft an und ziehen über die nördliche Hälfte Europas von Südwest nach Nordost, oder von West nach Ost, wenige wandern gelegentlich über das mittlere Europa hinweg. Indessen ist auch bei der Bewegung der Zyklonen die Abweichung von der mittleren Bahn fast die Regel, so daß man ihren früher festgelegten Zugstraßen heute im allgemeinen keine besondere Bedeutung mehr beimißt.

Wasserwirtschaftlich dagegen sind einige dieser Zugstraßen von Wichtigkeit, weil sie die Wasserführung von bestimmten Flußgebieten außerordentlich beeinflussen können. Beispielsweise kreuzt eine von West nach Ost ziehende Zyklonenbahn (IVb) die großen norddeutschen Ströme fast senkrecht. Es werden also alle Teile des Flußlaufes fast gleichzeitig überregnet. Bis die Hochwasserwelle des Oberlaufes weiter flußab ankommt, ist die dort entstandene höhere Wasserführung bereits abgeflossen. Es findet also *keine* Überlagerung der Hochwasserwellen statt.

Wandert dagegen eine Zyklone an der *Süd*seite der Alpen entlang (Zugstraße Vb), wendet sich dann am Ostrand der Alpen nach Norden und zieht nach Böhmen, dann haben wir im oberschlesischen Odergebiet eine Wetterlage, die die Ursache für große Niederschläge und Überschwemmungen ist[1]. Diese Zugstraße wird von den Zyklonen genau eingehalten, erzwungen durch die Orographie des mitteleuropäischen Raumes.

Eine ähnliche Hochwasserlage kann für die Donau eintreten, wenn sich eine Zyklone von West nach Ost längs ihres Laufes bewegt.

Die südbayerischen Donauzubringer (Iller, Lech, Isar, Inn) führen besonders große Hochwassermengen, wenn ein Tief z. B. im Donaugebiet zwischen Regensburg und Passau festliegt (Starkniederschläge durch Windstau am Alpenkamm!).

Für die Zuggeschwindigkeit der Tiefdruckgebiete kann als allgemeine Regel gelten, daß ein sehr starkes Fallen des Luftdruckes ein rasches Herannahen eines Tiefdruckgebietes anzeigt. Flaut der Wind auf der Rückseite eines Tiefs sehr rasch ab und dreht dabei auf SW oder S zurück, so ist mit einem nachfolgenden zweiten Tief zu rechnen.

---

[1] Vgl. dazu die Beispiele S. 12 und S. 71.

b) Hochdruckgebiet.

Die Stelle, wo in einem Gebiet hohen Luftdruckes der Druck am höchsten ist, nennen wir den Kern des Hochs (der Antizyklone). Von dort aus sinkt der Luftdruck nach allen Seiten (vgl. Abb. 24) hin ab. Wie schon früher erwähnt, herrscht im Kern des Hochs eine von *oben nach unten* gerichtete Luftbewegung, die eine austrocknende Wirkung hat, so daß die *Hochdruck*gebiete die Träger des *niederschlagsfreien* und vielfach *heiteren* Wetters sind (Schönwetterlage!) bei schwachen bis mäßigen Winden. Im Hochsommer entstehen in den Mittagsstunden die schönen weißen Haufenwolken (Schönwettercumulus), die sich nachts wieder auflösen. Infolge des wolkenlosen Himmels während der Nacht findet starke Wärmeausstrahlung statt, so daß sich die Luft stark abkühlt. Im Sommer tritt infolge unbehinderter Einstrahlung am Tage große Wärme auf. Bei *schneebedecktem* Boden im *Winter* ergibt sich ein besonders starkes Absinken der Temperaturen an der Erdoberfläche. Die Hochs wandern im *Winter* zumeist nach jener Richtung, in welcher die Temperatur am stärksten sinkt.

Ist ein Hochdruckgebiet einmal über Europa stationär geworden, so beherrscht es die Wetterlage oft längere Zeit und bringt große *Trockenheit* zu *allen* Jahreszeiten und *hohe Temperaturen* im *Sommer*halbjahr. Beispiele: die Dürreperiode in Westeuropa im Sommer 1887 und im Frühjahr 1893; in jüngster Zeit die Katastrophendürre 1947.

c) Die Wetteraktionszentren Europas.

Die *europäischen* Zyklonen entstehen in den meisten Fällen in der Gegend von *Island*. Dort verläuft die „Polarfront", die Grenzlinie zwischen der westöstlich gerichteten Strömung von feuchtwarmer Luft des Atlantik einerseits und der ostwestlich gerichteten Strömung polarer, also kalter Luftmassen der nördlichen Polarzone andererseits (vgl. Abb. 23). Das nordsüdlich verlaufende Gebirge an der Ostküste Grönlands lenkt die von Osten kommenden schweren polaren Luftmassen nun nach Süden ab (nach v. FICKER). Diese treffen in heftigem Zusammenprall bei Island auf die vom Golfstrom „geheizten" Luftmassen. So entsteht hier ein stationäres Aktionszentrum, das gewaltige Zyklonen erzeugt (*Islandtief*).

Der Gegenspieler des Islandtiefs ist das *Azorenhoch* (Roßbreitenhoch). Islandtief und Azorenhoch sind unsere beiden „ununterbrochen arbeitenden Wetterfabriken".

Das dritte Aktionszentrum für die Gestaltung der europäischen Wetterlage ist das *zentralasiatische Tiefdruckgebiet* im *Sommer* bzw. *Hoch* im *Winter*.

Das vierte Aktionszentrum ist das *Tief südlich der Alpen*, auch *Mittelmeerzyklon* genannt, dessen Kern über dem Golf von *Lyon* zu liegen pflegt.

Diese vier Zentren erzeugen und steuern die Hoch- und Tiefdruckgebiete, die sich zwischen ihnen über Europa bewegen, an ihnen ist das europäische Wetter gleichsam „aufgehängt".

3. Einige Beispiele für typische Wetterlagen in Mittel- und Westeuropa[1].

a) Schleifzone.
(Wetterlage vom 16. Okt. 1926 — Abb. 41.)

Eine *scharf ausgeprägte*, in *westöstlicher* Richtung verlaufende *Trennungslinie* zwischen *verschiedenartigen* Luftmassen wird als „*Schleifzone*" bezeichnet.

Die Wetterlage vom 16. Okt. 1926 ist ein *Schulbeispiel* dafür. Sie weist eine scharf ausgeprägte Trennungslinie zwischen *subtropischer Meereswarmluft* (Punktraster) und Luftmassen *gemäßigter Breiten* auf. Sie ist teilweise als *Warm*front, teils als *Kalt*front gekennzeichnet. Die von SW langsam aufgleitende wärmere und daher leichtere Luft führt im Gebiet der kälteren Luft zu einem langgestreckten zusammenhängenden, von W nach E reichenden Regengebiet (Schrägschraffur).

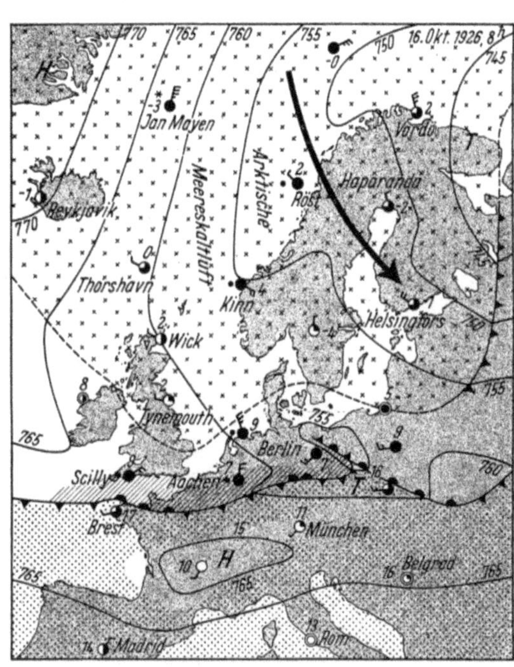

Abb. 41. Schleifzone.

Die Temperaturunterschiede sind recht erheblich, z. B. Karlsruhe bei mäßigen WSW-Winden $+18°$ C, Aachen bei N-Winden und Regen dagegen nur $+7°$ C, dann Brest $+17°$ C und Scilly (England) bei NE-Winden und Regenfällen nur $+9°$ C.

Das fehlende Punktraster (Südbayern, Schweiz, Südfrankreich) zeigt eine Kaltlufthaut an, die sich unmittelbar über dem Boden durch

---

[1] Typische Wetterlagen. 8 Wetterkarten. Hrsg. v. Reichsamt f. Wetterdienst. Leipzig: W. Keller 1939.

nächtliche Ausstrahlung (Bodeninversion) in den Morgenstunden entwickelt[1], aber im Laufe des Tages aufgelöst hat.

Im Gegensatz zum warmen Südeuropa herrscht in Nordeuropa früher Winter. Diese arktischen Kaltluftmassen (Kreuzraster!) erreichten erst am 18. Okt. 1926 Mitteleuropa und das Alpengebiet und brachten auf der Zugspitze einen Sturz der Temperatur von −1° C am 17. Okt. abends auf −10° C am 18. Okt. abends.

b) Herbststürme (Elbe-I-Orkan).
(Wetterlage vom 27. Okt. 1936 — Abb. 42.)

Die Entwicklung schwerer Herbststürme ist erst möglich, wenn die beiden extremen Luftmassen A und T als vertikal mächtige Luftkörper auf engem Raum, nur getrennt durch Luftmassen gemäßigter Breiten, aufeinandertreffen. Diese Möglichkeit tritt mit Beginn der kalten Jahreszeit ein, wenn die Entwicklung der arktischen Kaltluft rasche Fortschritte macht, indem sie, nach Süden ausfließend, auch nach Mitteleuropa gelangt und zu den ersten herbstlichen Wetterstürzen führt. Bei der Verdrängung der subtropischen Warmluftmassen, die recht oft noch bis in den späten Herbst hinein ausschlaggebenden Einfluß auf die Witterung Mitteleuropas haben, kommt es nicht selten zu schweren Luftmassenkämpfen, die als Stürme in Erscheinung treten.

Das vorliegende Beispiel zeigt eine Wetterlage, bei der die drei Massen als vertikal mächtige Luftkörper zusammengeführt wurden und die Entwicklung einer folgenschweren *Sturmzyklone* veranlaßten. Das Zentrum des Orkantiefs entwickelte sich im Laufe des 25. Okt. 1936 südlich von Grönland.

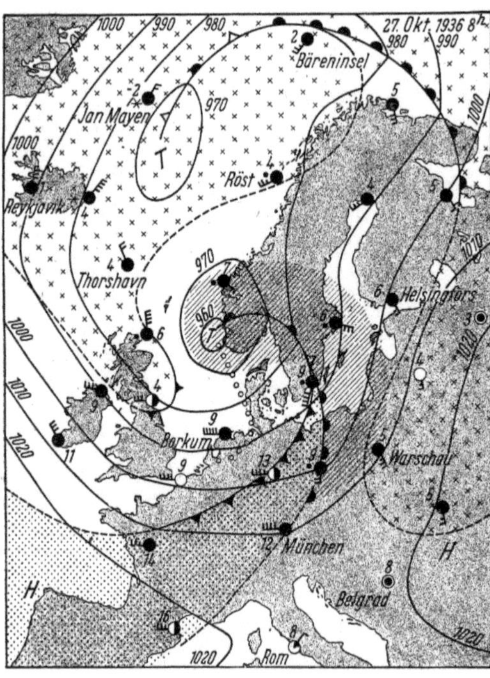

Abb. 42. Herbststürme.

Von dort wanderte ein sich rasch vertiefendes *Sturmtief* ostwärts und lag mit seinem Kern am Morgen des 27. Okt. an der südwestnorwegischen Küste. Ein Sektor *subtropischer Meereswarmluft* erstreckte sich an diesem Morgen noch von Nordspanien über Frankreich nordwärts. Auf der Rückseite des skandinavischen Tiefs bricht arktische Meereskaltluft unter zum Teil stürmischen Winden in Schottland ein. An der deutschen Nordseeküste entwickeln sich stürmische Westwinde, die beim Vorübergang der durch ooo-Darstellung bezeichneten Linie (Drucktrog), mit kräftigem Druckanstieg z. T. orkanartigen Charakter annahmen (Borkum

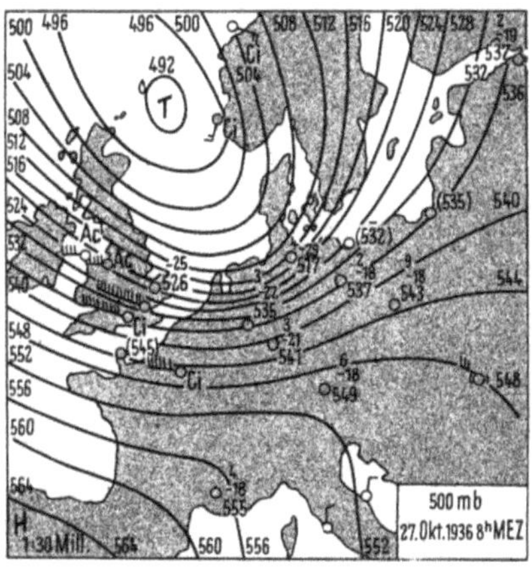

Abb. 42a. 500-mb-Fläche am 27. Okt. 1936, 8 Uhr ("Elbe-I-Orkan").

Orkan bis Windstärke 12)[1]. Der *Durchgang dieser Störungslinie führte zum Untergang des Feuerschiffes Elbe I*[2].

c) Sommerlandregen.

(Wetterlage vom 14. Aug. 1935 — Abb. 43.)

Starke und lang anhaltende Regen ergeben sich bei rein luft*druck*mäßiger Darstellung der Wetterlage beim Wandern eines Tiefs auf der Zugstraße Vb (Mittelmeer über Oberitalien, Österreich und das Sudetengebiet nach der Ostsee).

Bei einer luft*massen*mäßigen Darstellung der Wetterlage ergeben sich solche Regen im Grenzgebiet nordwärts vordringender subtropischer Festlandswarmluft und kühlerer, in den Kontinent eingebrochener Luftmassen. Dabei gehen beim *Aufgleiten* der subtropischen Warmluft über die kälteren Luftmassen lang anhaltende Aufgleitniederschläge im Bereich der Kaltluft nieder. Da die von Norden *süd*wärts vorstoßenden Kaltluftmassen an den *Nord*hängen der Sudeten oder Alpen *gestaut* werden, erfahren diese Niederschläge noch eine Verstärkung. Weil sich die Trennungslinie (Kampfzone) der verschieden temperierten Luftmassen häufig nur langsam weiterbewegt und die subtropische Warmluft über dem Mittelmeer meist viel Wasserdampf aufgenommen hat, erklären sich die oft außergewöhnlichen Niederschlagssummen und ver-

---

[1] In der Höhe (500-mb-Fläche) wurden über England Windgeschwindigkeiten bis zu 240 km/h festgestellt (Abb. 42a).

[2] Daher die Bezeichnung "Elbe-I-Orkan" für dieses Sturmtief (vgl. auch S. 48).

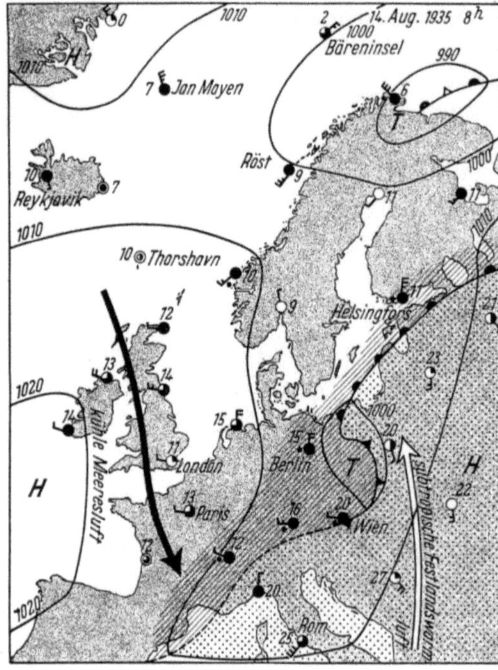

Abb. 43. Sommerlandregen.

heerenden Hochwässer (z. B. an der Oder und Weichsel, manchmal aber auch am Nordrand der Alpen)[1].

Im vorliegenden Beispiel befindet sich Süd- und Südosteuropa im Bereich subtropischer Festlandswarmluft (Punktraster). Eine ausgeprägte Linie trennt die subtropische Warmluft von den kühleren Luftmassen gemäßigter Breiten. Sie läuft, teils als Warm-, teils als Kaltfront von Nordrußland über Österreich nach dem westlichen Mittelmeer. Aufgleitende Warmluft führt zu breiter Zone anhaltenden Regens. Kühle, von England kommende Meeresluft ($+10°$ bis $+14°$ C) strömt nach Frankreich und den Westalpen und hat in diesem Gebiet und in Westdeutschland bereits stärkeren Temperaturrückgang gebracht.

Dritter Abschnitt.

Der Wasserhaushalt und seine Elemente.

I. Niederschlag.

1. Entstehung und Auftreten der Niederschläge.

Der in der Lufthülle vorhandene Wasserdampf verdichtet (kondensiert) sich teilweise zu tropfbar flüssigem Wasser oder zu Eis, wenn der *Höchstwert* der *Dampfspannung* für die herrschende Temperatur *über*schritten, also der *Taupunkt unter*schritten wird. Die *Kondensation* erfolgt in Form von *kleinen Wassertröpfchen* bei Temperaturen *über* $0°$ C, in Form von *Eiskristallen* bei Temperatur *unter* $0°$ C. Da die Kondensa-

---

[1] Vgl. das Beispiel 2, S. 12.

tionskerne, an die sich die entstehenden Wassertröpfchen anlehnen können, stark konvex gekrümmte Oberfläche haben und der Sättigungsdruck über solchen konvexen Oberflächen größer ist als über ebenen Wasserflächen, bedarf es einer Übersättigung im gewöhnlichen Sinne, bis ein Wassertröpfchen entstehen kann.

Wenn Kondensation in der Atmosphäre eintritt, bilden sich zunächst *Nebel* (am Boden) und *Wolken* (über dem Beschauer) (Tröpfchendurchmesser zwischen 0,05 und 0,004 mm). Der Gehalt an flüssigem Wasser in einem m³ Wolkenluft beträgt etwa 1 bis 2 g.

Erst wenn mit zunehmender Kondensation die Tropfengröße einen Durchmesser von 0,07 mm und die Tropfen damit eine Fallgeschwindigkeit von 0,5 m/sek erreichen, ist der Zustand gegeben, bei dem *Regentropfen als Niederschlag zur Erde gelangen*. Das weitere Wachstum geschieht dann meist durch Vereinigung zweier Tropfen, wobei die beiden Tropfen gleich groß sein müssen (hydro-dynamische Gesetzmäßigkeit). Die obere Grenze für den Durchmesser der Regentropfen liegt bei 0,4 cm, da noch größere Tropfen beim Fallen wieder zerreißen. Die Fallgeschwindigkeit der größten Tropfen beträgt 8 m/sek.

Der Niederschlag aus der Luft tritt außer in Form von *Regen* auch noch als *Schnee, Graupeln* und *Hagel*, am Erdboden in Form von *Tau, Reif, Glatteis* auf.

Liegt die Temperatur der Luft weit unter dem Gefrierpunkt, dann fallen nur *Schneekristalle* oder *Sterne*. Die *Schneeflocken* sind Erscheinungsformen des Tauschnees, bei welchem eine Anzahl von Schneesternen durch Schmelzwassertröpfchen miteinander verbunden werden. Die *Schneedecke am Boden* schließlich ist ein Gemisch aus *Eis, Luft* und gegebenenfalls *Wasser*, wobei der Wassergehalt je nach Beschaffenheit und Alter ganz verschieden sein kann.

Zur Ausfällung von stärkeren Niederschlägen, die meßbar sind, bedarf es fortgesetzter beträchtlicher Temperaturerniedrigung. Der Vorgang, der dies in genügendem Maß herbeizuführen vermag, ist die *adiabatische Abkühlung, die infolge der Expansion bei aufsteigender Bewegung der Luft eintritt*.

Die *Ursachen* für die aufsteigende Luftbewegung können verschiedener Art sein:

a) Stetige starke Vertikalkonvektion erwärmter Luftschichten in große Höhen hinauf; sie löst z. B. die Tropenregen in den Kalmenzonen, bei uns die Wärmegewitter aus (vgl. Beispiel Abb. 44).

b) Andauernd feuchte Seewinde, die beim Überstreichen des Landes aufsteigen (Monsunregen; aber auch örtliche Geländeregen).

c) Aufgleiten feuchter warmer Luftmassen auf kältere Luftkörper oder Einfließen kalter Luftmassen unter wärmere Luftkörper (bei uns Zyklon- oder Frontregen, Aufgleitregen, Landregen).

Die *Grenzwerte* der auf der Erde beobachteten *Jahres*niederschläge liegen recht weit auseinander, wie die nachfolgenden Werte als Beispiele zeigen (Tab. 13).

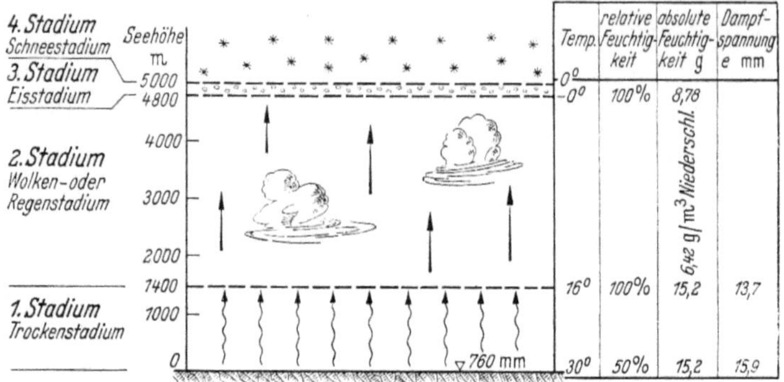

	Temp.	relative Feuchtigkeit	absolute Feuchtigkeit g	Dampfspannung e mm
	0°			
	–0°	100%	8,78	
	16°	100%	15,2	13,7
	30°	50%	15,2	15,9

Abb. 44. Adiabatische Abkühlung bei aufsteigender Luft. Wärmegewitter im Sommer.

In Meereshöhe herrsche bei $+30°$ C ein Luftdruck von 760 mm und eine relative Feuchtigkeit von 50%, entsprechend einer Dampfspannung e von $50 \cdot 31,83/100$ [1] $= 15,9$ mm (absolute Feuchtigkeit $= 30,4 \cdot 50/100$ [1] $= 15,2$ g). Infolge starker Einstrahlung tritt kräftige Konvektion ein.

1. *Trockenstadium.* Wolkenbildung (Kondensation) tritt auf, wenn die relative Feuchtigkeit 100% übersteigt. Warme Luft mit einer rel. Feuchte von 50% steigt empor und kühlt sich adiabatisch pro 100 m um je rd. 1° ab. Für $e = 15,9$ mm Dampfspannung ergibt sich der Zustand der Sättigung (rel. Feuchte $= 100\%$ = Taupunkt) bei $18,5°$ C [1]. Diese Temperatur wird in $(30 - 18,5) \cdot 100 = 1150$ m Höhe erreicht. In dieser Höhe beträgt der Luftdruck für trockene Luft 655 mm. Die Expansion beträgt $760/655 = 1,16$. Es herrscht eine Dampfspannung e von $15,9/1,16 = 13,7$ mm. Dieser entspricht ein Taupunkt von $16,1°$ C. Die Kondensation beginnt also in $(30 - 16,1) \cdot 100 = 1400$ m Seehöhe.

2. *Wolken- und Regenstadium.* Die Luft ist nun gesättigt feucht, die Temperaturabnahme daher plötzlich verlangsamt. Für je 100 m Höhenzunahme ergibt sich eine Temperaturabnahme von $0,45°$ C [2]. Rechnet man zunächst bis zum Gefrierpunkt, so wird dieser in $16,1 \cdot 100/0,45 = 3580$ m erreicht. Die Temperaturabnahme vergrößert sich mit zunehmender Höhe. In der angenähert ermittelten Höhe für $0°$ C, also bei $3580 + 1400 = 4980$ m und bei $0°$ C beträgt die Abnahme schon $0,51°$ C. Die mittlere Wärmeabnahme ist demnach: $\frac{1}{2} \cdot (0,45 + 0,51) = 0,48$. Die Höhe, für die sich der Gefrierpunkt errechnet, ist somit: $16,1 \cdot 100/0,48 + 1400 = 3355 + 1400 \sim 4800$ m. In dieser Höhe ist die Gefrierpunktstemperatur zu erwarten.

3. *Eis- (Gefrier- oder Hagel-) Stadium.* In diesen Schichten enthält die Luft neben dem Wasserdampf Wolkenteilchen von der Temperatur 0° und mitgerissenes Kondensationswasser (Regentröpfchen), das nun gefrieren kann. Solange Wasser gefriert, wird Schmelz- = Erstarrungswärme frei und die Temperatur sinkt nicht unter 0°. In diesem Stadium kann Luft, ohne zu erkalten, aufsteigen. Die Mächtigkeit dieser Schicht hängt von der von unten mitgerissenen Wassermenge und von dem Grad des Zutreffens der Annahme ab, daß alle noch flüssigen Wasserteilchen in ihr gefrieren. Die Dicke dieser Schicht wird 200 m nicht viel übersteigen.

4. *Schneestadium.* Es tritt dadurch ein, daß der Wasserdampf bei Temperaturen unter dem Gefrierpunkt sofort in festen Zustand (Schneekristalle bzw. Graupeln, Hagel) übergeht.

5. *Ermittlung der Niederschlagsmenge.* In 4800 m Höhe herrscht bei $0°$ C ein Luftdruck von etwa 420 mm. Volumenzunahme infolge Expansion $= 760 : 420 = 1,78 \sim 1,8$. 1 m³ Luft kann bei $0°$ und 760 mm Druck 4,85 g Wasserdampf [1] enthalten. Für 4800 m Höhe bei 420 mm Hg erhöht sich der Wasserdampfgehalt auf $4,85 \cdot 1,8 = 8,78$ g. Zu Beginn des Aufsteigens betrug der Wasserdampfgehalt bei 760 mm, 30° C und 50% Feuchtigkeit pro m³ Luft 15,2 g. Durch das Aufsteigen der Luft bis 4800 m ergibt sich pro m³ $15,2 - 8,78 = 6,42$ g Niederschlag. Es fallen also aus der Luftsäule von $4800 - 1400 = 3400$ m Höhe $6,4 \cdot 3400 = 20740$ g $= 20,74$ kg Wasser herab auf eine Fläche von 1,8 m² (s. oben Volumenzunahme infolge Expansion). Das ergibt einen Niederschlag von 20,7 kg : 180 dm² $= 0,12$ kg/dm², entsprechend einer Niederschlagshöhe von 12 mm.

Dieser Niederschlag erfolgt in der Zeit, welche der Luftstrom zum Aufsteigen um 3 bis 4 km (hier von $4,8 - 1,4 = 3,4$ km) braucht. Bei 3 m/sek Geschwindigkeit der aufsteigenden Luftbewegung beträgt die Aufstiegzeit $3400/3,0 = 1130$ sek $= 1130/60 \sim 19$ min. Der Niederschlag in der Stunde würde also $12 \cdot 60/19 \sim 39$ mm erreichen, entspräche also einem Starkregen von außerordentlicher Regendichte (mm/st) (vgl. Tab. 20, S. 99).

Weniger als 250 mm Niederschlag haben außer den vorgenannten Gebieten u. a. die Sahara, Arabien, Persien (bes. Ostpersien), Westchina,

---

[1] Vgl. Tab. 6, S. 52.   [2] Vgl. Tab. 7, S. 52.

Tabelle 13.

Nordamerika . . .	Clearwater, Washington, 300 m hoch	gemäß. Zone 3260 mm
Mittelamerika . .	Vera Cruz am Golf von Mexiko	Tropen 4650 mm
Europa	Westküste Schottlands	gemäßigte Zone max 5400 mm
Mittelamerika .	Graytown in Nikaragua	Tropen 6580 mm
Südamerika . .	Buenaventura, Columbien, Westk.	Tropen 7130 mm
Afrika	Debundja am Südwestfuß d. Kamerunpeak (Westküste)	Tropen 10470 mm
Asien	Cherrapunja, Khasigebirge, Assam	Tropen 10820 mm
Inseln d. Großen Ozean	Vulkan Waialeale, Hawaiinsel Kauai	Tropen 12000 mm
Nordamerika . . .	Salzfluß (16000 km²)	Roßbreiten 75 bis 255 mm
Nordamerika . .	Grand River (Colorado)	Roßbreiten 150 bis 280 mm
Mittelamerika . .	Mexiko, Texas, Rio Grande del Norte	Roßbreiten 210 bis 240 mm
Südamerika . .	Atakamawüste (Copiapo)	Roßbreiten 8 mm
Südamerika . .	Villa Roca am Rio Negro (Argentin.)	40° südl. Br. 147 mm
Afrika	Nilunterlauf, Alexandrien	Roßbreiten 210 mm

der mittlere Teil von Australien, Grönland. Absolut niederschlagslose Gebiete gibt es auf der Erde wahrscheinlich nicht; denn auch in den Wüstengebieten fallen im Laufe des Jahres hin und wieder — und dann sogar sehr heftige — Regen.

In diesem Zusammenhang ist die Frage von Interesse, wo auf der Erde die Niederschläge so gering sind, daß die Voraussetzungen für Wüstenbildung gegeben sind. Das wird dort sein, wo keine Kondensation stattfindet, also dort, wo die Luft ständig absteigt, sich dabei adiabatisch erwärmt, so daß die relative Feuchtigkeit sehr gering wird. Das ist in den *Roßbreiten* der Fall (vgl. S. 43 Abb. 23 u. S. 47). Der große *nordafrikanische* Wüstengürtel (Sahara) liegt zwischen 15° und 35° nördl. Breite, also z. T. in den nördlichen Roßbreiten. In den gleichen Breiten liegen die *arabische* Wüste, das *iranische* Hochland, aber auch die *nordamerikanischen* Wüstengebiete von Arizona, Kolorado, Nevada, Kalifornien, Neu-Mexiko (Llano Estakado, Mohave-, Ralstone-, Koloradowüste usw.) und von Nord-Mexiko. Auf der *südlichen* Halbkugel findet man unter den *südlichen* Roßbreiten die *australische* Wüste, die *Kalahari* in Südafrika, Atakamawüste in Chile (Copiapo mit nur 8 mm Jahresniederschlag).

Durch die Passatströmungen wird die trockene Luft über den Bereich der Roßbreiten hinaus in Richtung zum Äquator hin befördert, woraus sich z. B. die Ausdehnung der nordafrikanischen Wüsten bis zum 15° nördl. Breite erklärt.

Die großen zentralasiatischen Wüsten liegen nördlicher als die nördlichen Roßbreiten. Bei ihnen handelt es sich um *Leewüsten* im eigentlichen Sinn. Diese sind ringsum von hohen Gebirgen eingeschlossen, die der Luft beim Darüberhinwegstreichen die ganze Feuchtigkeit entziehen, so daß dahinter nur trockene Luft vorhanden ist, aus der keine nennenswerten Niederschläge kondensieren können.

In den *beiden* gemäßigten Zonen sind die *westlichen* Gebirgsküsten regenreich, weil an ihnen die aufsteigenden warmen feuchten Winde — SW auf der nördlichen, NW auf der südlichen Halbkugel — ihre Feuchtigkeit zuerst niederschlagen. In *Europa* gelten als regenreich der *Südfuß* der Alpen, die Westküsten von Nordengland, Schottland und Norwegen. Hinter den regenausscheidenden Randgebirgen nimmt nach dem Inneren des Landes hin die Niederschlagshöhe ab, nur weitere höhere Gebirgszüge können wieder Anlaß zu einer örtlichen Zunahme sein.

Aus den bisherigen Ausführungen ergibt sich schon, daß das *Auftreten des Niederschlags und seiner Menge* unter sonst gleichen meteorologischen Bedingungen (Witterungsverhältnissen) noch von einer Reihe *weiterer Faktoren* abhängig ist, nämlich von der *Entfernung* des Beobachtungsortes von der Meeresküste (Änderung des Feuchtigkeitsgehaltes der Luft), von den *klimatischen* Verhältnissen (der mittleren Temperatur, Luftfeuchtigkeit, Jahreszeit); noch viel mehr aber von der *Höhenlage*, dem *Bodenrelief*, insbesondere von aufragenden *Gebirgszügen*. So spiegeln sich in den Niederschlagshöhen (Niederschlagsmengen) überall die großen und kleinen Unebenheiten der Geländeoberfläche wider (vgl. dazu die Darstellung der Niederschlagsgleichen [Isohyeten] in der Abb. 58, S. 93).

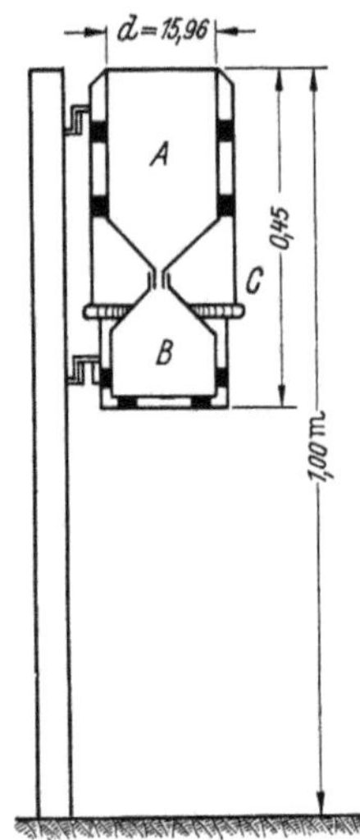

Abb. 45. HELLMANNscher Regenmesser (Ombrometer). *A* Auffanggefäß; *B* Sammelgefäß; *C* Behälter; *f* Auffangfläche des Gefäßes *A* = 200 cm²; *f'* Grundfläche des Meßglases; *y* Höhe des Wasserstandes im Meßglas; Niederschlagshöhe:

$$h_N = \frac{f'}{f}\, y.$$

2. Messung des Niederschlags.

Die Menge des in fester oder flüssiger Form gefallenen Niederschlags N wird bestimmt durch Angabe der Höhe h_N jener Wasserschicht in mm, mit welcher ein undurchlässiger, ebener, glatter Boden in dem genannten Ausmaß bedeckt sein würde, wenn von dem gefallenen Regen nichts verdunstet, nichts abfließt und nichts in den Boden einsickert. 1 mm Regenhöhe entspricht 1 l Wasser für jeden m² ebener Bodenfläche.

Das Standardgerät zur Messung des Niederschlags ist immer noch jenes nach System HELLMANN (Abb. 45). Es besteht im wesentlichen aus einem meist runden Auffanggefäß von 200 bis 500 cm² Auffangfläche. Dieses aufgefangene Niederschlagswasser wird zur Verhinderung der Verdunstung durch einen engen Abfluß in ein Sammelgefäß geleitet, welches zur Messung in ein mit Teilung versehenes Meßglas entleert wird. Dies geschieht bei normalen Wetterverhältnissen einmal am Tag, bei besonderen Umständen dagegen öfter, möglicherweise in Zeitabständen von ½ Stunde.

Diese Regenmesser geben natürlich nur *durchschnittliche* Werte für den Niederschlag eines Tages, aber keinen Aufschluß für die *Intensität* (Regenstärke, Regendichte [siehe weiter unten!]) der einzelnen Regenfälle den Tag über. Um auch diese zu erfassen, benützt man Regen*schreiber* (Ombrographen, Abb. 46).

Auf die Genauigkeit der Regenmessungen hat die Art und Weise der *Aufstellung des Meßgerätes* großen Einfluß. Damit weder Schmutzwasser noch treibender Schnee in dasselbe gelangen kann, hat man in *Deutschland* die Höhenlage der Auffangfläche über dem Boden normal mit 1 m festgelegt. An windigen

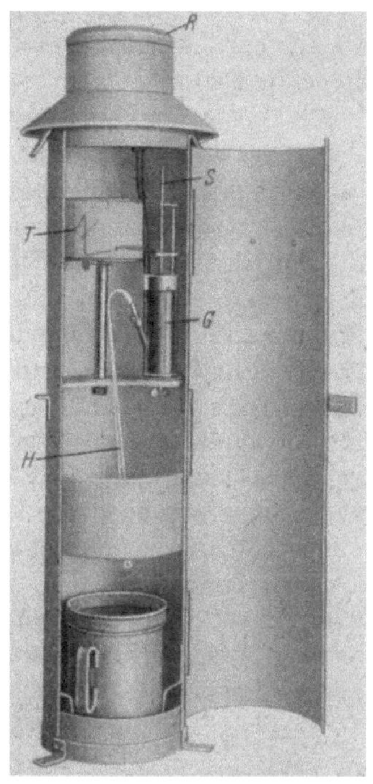

Abb. 46. Regenschreiber (FUESS). (Gebrauchsmodell des Amtes für Wetterdienst.) Der innerhalb des Ringes *R* aufgefangene Regen läuft in das Gefäß *G*, das sich nach vollständiger Füllung selbsttätig durch den Heber *H* entleert. Der Anstieg des aufgefangenen Wassers im Gefäß wird durch einen Schwimmer über das Gestänge *S* auf die Trommel *T* übertragen.

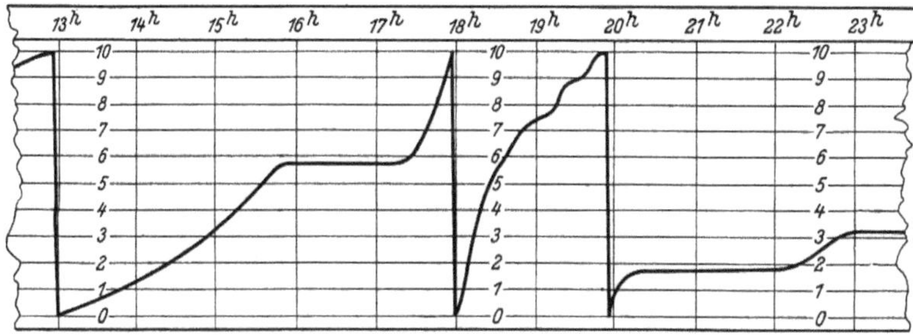

Abb. 47. Aufschreibung eines Regenschreibers.

Orten wird das Gerät mit *Windschutz* versehen. Der Windschutz*zaun* nach WILD besteht aus einem soliden Bretterzaun von 2,5 m Höhe, der in solcher Entfernung vom Meßgerät angebracht wird, daß er den Einfall des Niederschlags nicht hemmt. Der Windschutz*trichter*, wie ihn etwa NIPHER für die Schweizer meteorologische Zentralanstalt entwickelt hat, besteht aus einem Blechtrichter, der so am HELLMANNschen Regenmesser angebracht wird, daß der Rand der offenen Trichterbasis von 80 bis 90 cm Durchmesser rund 10 mm über den oberen Rand des Auffanggefäßes emporsteht.

Liegt eine Meßstelle sehr abgelegen, z. B. im Hochgebirge, so daß man keine täglichen Messungen vornehmen kann, oder interessiert nur die Niederschlagsmenge für größere Zeiträume, so benützt man statt der Niederschlagsmesser die Niederschlags*sammler* (im Jahre 1923 von HAEUSER in Bayern eingeführt). Ihr Fassungsvermögen wird so groß gewählt, daß der gesamte Niederschlag bis zur Feststellung seiner Menge darin gesammelt werden kann [in der Schweiz z. B. schwankend für Niederschläge zwischen $h_N = 450$ mm und $h_N = 4400$ mm (Hochgebirgsbeobachtung)]. Zur Vermeidung von Verdunstungsverlusten erhalten diese Sammler eine Vaselinöldecke; zum Schutz gegen Einfrieren und zum Schmelzen des Schneeniederschlags wird eine Kalziumchloridlösung beigefügt. Die großen Sammler gestatten, den gefallenen Regen oder Schnee von mindestens 1 Jahr aufzubewahren, so daß eine Entleerung, wenn wirklich notwendig, nur innerhalb der günstigen Jahreszeit vorgenommen zu werden braucht.

Die Entwicklung von Niederschlagssammlern zu *Totalisatoren* wurde in Deutschland von HAEUSER, FRIEDRICH und HAASE, in der Schweiz von HAAS-LÜTSCHG vorgenommen.

Ein weiteres neueres Niederschlagsmeßgerät für das Hochgebirge ist der *Kugelniederschlagsmesser* System HAAS-LÜTSCHG[1]. Seine zahlreichen kreisförmigen Auffangöffnungen sind auf der Kugeloberfläche so angeordnet, daß auch beliebig schräger Niederschlag vollkommen erfaßt werden kann. Er soll aber den normalen Niederschlagsmesser nicht verdrängen, sondern vor allem ein Hilfsmittel sein zur Klärung der im Hochgebirge auftretenden dynamischen Erscheinungen[2].

Für die *Durchführung* von *Niederschlagsmessungen* und ihrer *Auswertung* gab die *Abwasser*gruppe der Fachgruppe Bauwesen e. V. in Zusammenarbeit mit HAEUSER und FRIEDRICH eine Anweisung heraus (ADN 1936)[3], ferner eine „*Kurzanweisung zur Messung der Niederschläge*" sowie eine „*Kurzanweisung für die Bedienung des Schreibregenmessers*" als Auszüge aus der ADN 1936. Die gleichen Stellen haben in

---

[1] LÜTSCHG: La Baye de Montreux. Annales de l'Institut fédéral de recherches forestières. Zürich 1935. (Mitteilg. d. Inst. f. Gewässerkde a. d. Eidg. Techn. H. Zürich.)

[2] LÜTSCHG: Zum Wasserhaushalt des Schweiz. Hochgebirges. I. Bd., I. Teil, Allgemeines. Zürich 1945.

[3] REINHOLD: Die einheitliche Durchführung von Niederschlagsmessungen. „Gesundh.-Ing." 1935. Nr. 46.

Zusammenarbeit mit der *Preußischen Landesanstalt für Gewässerkunde* und mit zahlreichen deutschen *Städten* außerdem eine „*Anweisung zur Auswertung von Schreibregenmesser-Aufzeichnungen für wasserwirtschaftliche Zwecke* (AAR 1936) aufgestellt. Schließlich hat es die *Abwasser*gruppe im Einvernehmen mit dem *Reichsamt für Wetterdienst* übernommen, die zahlreichen vorhandenen Regenbeobachtungen für Zwecke der Landwirtschaft, der Gewässerkunde usw. zusammenzustellen und einheitlich auszuwerten.[1]

Messung des Schneeniederschlages.

Bei der Bestimmung des jährlichen Ganges von Niederschlag und Abfluß (ober- bzw. unterirdisch) spielt der oft mehrere Monate andauernde Niederschlags*rückhalt* in Form von lagerndem *Schnee*niederschlag wasserwirtschaftlich eine sehr wichtige Rolle. In solchen Fällen ist eine Trennung des Schneeniederschlags vom Regenniederschlag mengenmäßig und hinsichtlich seines zeitlichen Auftretens notwendig (vgl. dazu das Beispiel auf S. 85).

Feststellung des Wasserwertes des Schnees. Er ist abhängig von der Schneestruktur. Im allgemeinen gibt 1 cm frisch gefallener trockener Schnee etwa 1 mm Wasser. Für genaue Messungen wird der Wasserwert des Schnees durch Feststellung seines *Gewichtes* in kg/m^3 und seiner *Dichte* bestimmt.

Dabei versteht man unter *Schneedichte* jene Zahl, mit der man die Schneehöhe multiplizieren muß, um ihre Wasserhöhe zu erhalten. Eine Schneedichte von $^1/_{10}$ (= 0,1) besagt also, daß eine Schneeschicht von 10 mm Stärke 10 × 0,1 = 1 mm Wasser beim Schmelzen liefert. Weniger zweckmäßig und praktisch ist für die Bestimmung des Wasserwerts des Schnee der Begriff der *spezifischen Schneetiefe*, d. i. der reziproke Wert der Schneedichte, die Porigkeit des Schnees. Sie stellt diejenige Schneehöhe in mm dar, die der Wasserschicht von 1 mm entspricht. Eine spezifische Schneetiefe von 2,2 mm besagt also, daß eine 2,2 mm hohe Schneeschicht 1 mm Wasserschicht bzw. eine 10 mm hohe Schneeschicht $\dfrac{10}{2,2} = 4,5$ mm Wasserhöhe ergibt.

Man kann den Wassergehalt einer Schneedecke auch dadurch feststellen, daß man eine Zinkblechröhre von 50 cm Höhe und 200 cm^2 Querschnittsöffnung senkrecht in den Schnee hineindrückt. Durch Schmelzen des Schnees läßt sich dann sein Wassergehalt leicht in mm angeben.

Schneedichtemessungen werden seit mehr als einem halben Jahrhundert durchgeführt.

---

[1] Z. für angew. Meteorol. 1935. S. 377ff.

Schneeanteil am Gesamtniederschlag.

Dieser ist je nach der Lage, Seehöhe und Länge der Frostzeit sehr verschieden. Während z. B. im *Rheinland* nur 10 v. H. des Niederschlags in Form von Schnee fallen, sind es auf der Zugspitze (2964 m) etwa 85 % Dabei erreicht der Schneeniederschlag auf diesem Berg im 10jährigen Durchschnitt etwa 3,5 m, in schneereichen Wintern sogar bis 5,5 m. Die jahreszeitliche (temporäre) Schneegrenze wird bestimmt durch den Verlauf der monatlichen 0°-Isotherme. Daß diese auf den Nordhängen tiefer herabreicht als auf den sonnenbestrahlten Südhängen, ist wohl selbstverständlich, ebenso, daß sie im Winter überall bis in die Täler heruntersteigt, wogegen sie im Sommer mit der steigenden Sonne auf die Höhen emporstrebt (vgl. Tab. 14). Der Niederschlag, der in den Monaten November bis März in Höhen über 1500 m fällt, erfolgt — im Durchschnitt — als Schnee, bleibt, weil die 0°-Isotherme während dieser Zeit tiefer verläuft, als solcher liegen und kommt erst während der Schneeschmelze, also viele Monate später, allmählich zum Abfluß und vergrößert dann die Wasserführungen der Vorfluter für die Dauer des Abschmelzens. Diese natürliche Wasserspeicherung ist wasserwirtschaftlich von großer Bedeutung. Deshalb muß bei der gewässerkundlichen Untersuchung alpiner Einzugsgebiete bei der Feststellung der Niederschlagshöhe diese berichtigt werden auf die wirkliche Niederschlagsdarbietung, das ist der Niederschlag, der tatsächlich zum Abfluß gelangt (vgl. Beispiel S. 85).

Tabelle 14. *Jahreszeitliche Schneegrenzen.*

Lage zur Sonne	m Seehöhe in den Monaten											
	Nov.	Dez.	Jan.	Febr.	März	April	Mai	Juni	Juli	Aug.	Sept.	Okt.
Nordhang. .	1080	110	80	540	1040	1900	2500	3080	3500	3520	3170	2400
Südhang . .	1460	770	550	930	1380	2070	2600	3180	3590	3550	3170	2470

Wo die Sonne bzw. Luftwärme den Schnee nicht mehr wegzuschmelzen vermag, sammelt er sich an, wird zusammengepreßt bis zur Eiskonsistenz und gleitet dabei als *Gletscher* (Eisstrom) bis unter die Schneegrenze zu Tal. Die Dichte des Gletschereises beträgt etwa 0,9. Mehr noch als die Schneedicke des nicht vergletscherten Hochgebirges stellen die *Gletscher* einen wichtigen Niederschlagsspeicher dar, der dem Abfluß der von dort kommenden (hochalpinen) Flüsse das charakteristische Gepräge gibt, etwa dem *Rhein* bei *Basel* oder dem Inn z. B. bei *Reisach* (an der bayerisch-österreichischen Grenze).

3. Größe der Niederschläge und ihre zeitliche und örtliche Verteilung (Niederschlags*gang*).

Die täglich gemessenen Niederschlagshöhen in mm Wasserhöhe werden monatlich gesammelt und von den meteorologischen oder gewässerkundlichen Anstalten bearbeitet. Ihre Veröffentlichung erfolgt in deren Jahrbüchern, wobei die Form des Niederschlags durch besondere Zeichen kenntlich gemacht wird.

Abb. 48 zeigt die Auftragung der täglichen Niederschläge während eines Halbjahres für die Meßstelle München-Eglfing. Tage mit Schneefall wechseln mit Regentagen, aber auch mit niederschlagslosen Tagen. Auch die jeweilige Menge der gefallenen Niederschläge ist sehr verschieden. So lassen diese Einzelergebnisse der Niederschlagsbeobachtung schon einen Überblick über die Verteilung der Niederschlagstage über die untersuchten Monate, über die Form des jeweiligen Niederschlags (ob Regen oder Schnee usw.) und über deren Größe gewinnen.

Die ständige Registrierung durch Niederschlagsschreiber erlaubt es auch, *besonders große, aus dem üblichen Rahmen herausfallende Niederschläge* (Tages-, Stunden-, Minutenregen) herauszugreifen und untereinander größenmäßig zu vergleichen.

Summiert man nun die täglich festgestellten Niederschlagshöhen h_N für einen Monat, ein Jahr, so ergeben sich die jeweiligen *Monats-* bzw. *Jahresniederschlagshöhen* in mm Wasserhöhe. Diese Niederschlagshöhen weisen für die einzelnen Monate des Jahres, aber auch für die gleichen Monate verschiedener Jahre erhebliche Unterschiede auf.

Man vergleiche dazu die Meßergebnisse von München-Eglfing der *Trocken*jahre 1911 (und 1947 außer der Reihe), des *Naß*jahres 1927 und des *Katastrophen*jahres 1940 (Tab. 15b und Abb. 49). Bei diesem Vergleich wird man auch feststellen können, daß in einem Trockenjahr *nicht alle* Monatsniederschläge niederer zu sein brauchen als in einem nassen Jahr, während umgekehrt natürlich auch in einem *nassen* Jahr einzelne Monate mit sehr geringen Niederschlägen (ausgesprochene Trockenmonate) vorkommen können.

Niederschlagsgang. Die Größe der Niederschläge, die in den verschiedenen Monaten eines Jahres fallen, sind zwar das Ergebnis der meteorologisch-klimatischen Verhältnisse des Niederschlagsortes, aber doch in weitgehendem Maße von den Zufälligkeiten des Wettergeschehens abhängig, so daß sie eben in weiten Grenzen schwanken. Auch die Jahresniederschlagshöhen — untereinander verglichen — zeigen große Unterschiede. Diese monatlichen und jährlichen Niederschlagsschwankungen sind es, welche in vielen Fällen die Bewirtschaftung des Wassers zum Zwecke des Ausgleichs zur unabweisbaren Notwendigkeit machen, und sie sind es deshalb auch, welche bei Anlage von Speicherseen deren

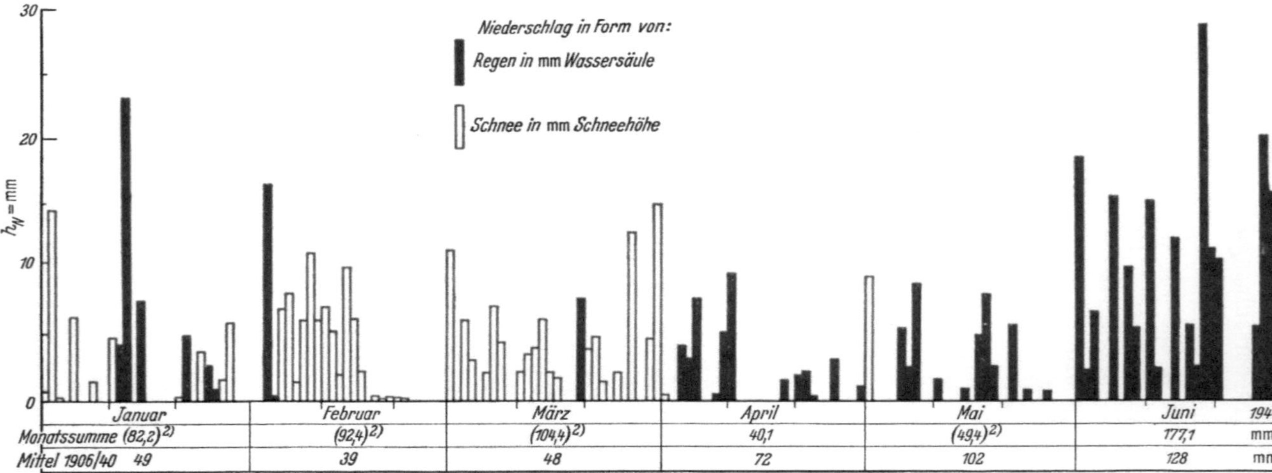

Abb. 48. Tägliche Niederschlagshöhen vom 1. Jan. bis 30. Juni 1944 an der Meßstelle München-Eglfing (537,6 m. ü. N. N.).[1]

[1] Nach Unterlagen des Reichswetterdienstes (unverarbeitet).

[2] Regen- und Schneehöhen in mm, *ohne* Reduktion der letzteren in Wasserhöhe.

Beckengröße bestimmen. Für sehr viele andere wasserwirtschaftliche Aufgaben dagegen bilden diese tatsächlich fallenden, voneinander oft

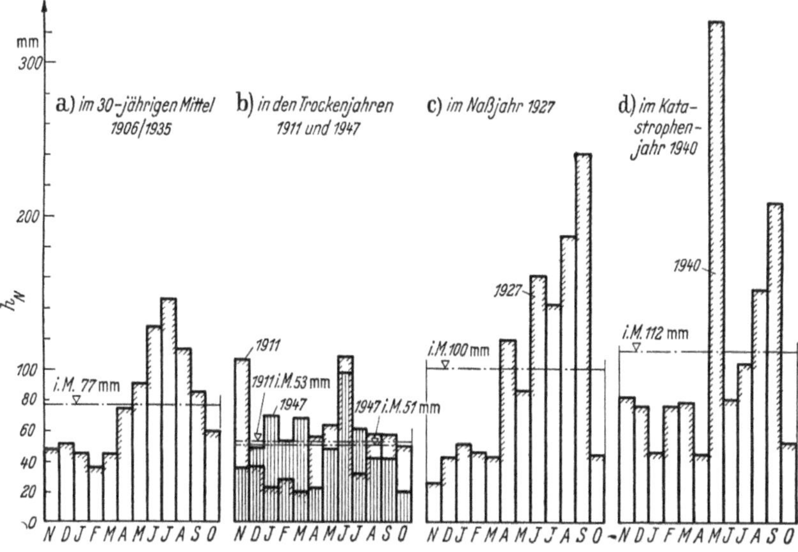

Abb. 49. Gang des Niederschlags an der Meßstelle München-Eglfing.

so stark abweichenden Niederschlagswerte keine geeigneten oder ausreichenden Unterlagen. In solchen Fällen versucht man durch Heranziehung der Niederschlagsmessungen langer Jahresreihen Aufschluß zu

Tabelle 15. *Die Niederschläge in München-Eglfing im 30jährigen und 35jährigen Mittel (1906 bis 1935 bzw. 1906 bis 1940) (Tab. 15a) und ihr Vergleich mit den Trockenjahren 1911 und 1947, dem Naßjahr 1927 und dem Katastrophenjahr 1940 (Tab. 15b).*

Tabelle 15a.

Jahr	Mittlerer Jahresniederschlag h_N = mm	Monat											
		Nov.	Dez.	Jan.	Febr.	März	April	Mai	Juni	Juli	Aug.	Sept.	Okt.
Mittel 1906 bis 1935	928	48	52	46	36	45	75	91	128	147	114	86	60
Mittel 1906 bis 1940	956	49	53	49	39	48	72	102	128	139	117	96	64

Mittlerer Jahresniederschlag h_N = mm	Vierteljahr		Winterhalbjahr	Vierteljahr		Sommerhalbjahr
	I.	II.		III.	IV.	
928	146	156	302	366	260	626
956	151	159	310	369	277	646

Tabelle 15b.

Jahr	Mittlerer Jahresniederschlag $h_N = $ mm	Monat											
		Nov.	Dez.	Jan.	Febr.	März	April	Mai	Juni	Juli	Aug.	Sept.	Okt.
Mittel 1906 bis 1935	928	48	52	46	36	45	75	91	128	147	114	86	60
Trockenes Jahr 1911	642	107	37	23	28	20	56	64	109	32	58	58	50
± gegenüber 1906 bis 1935	−286	+59	−15	−23	−8	−25	−19	−27	−19	−115	−56	−28	· 10
Trockenes Jahr 1947	610	36	49	70	53	68	23	48	98	61	42	42	20
± gegenüber 1906 bis 1935	−318	−12	−3	+24	+17	+23	−52	−43	−30	−86	−72	−44	−40
Nasses Jahr 1927	1196	26	43	52	46	43	120	86	162	143	188	242	45
± gegenüber 1906 bis 1935	+268	−22	−9	+6	+10	−2	+45	−5	+38	−4	+74	+156	−15
Katastr.jahr 1940	1347	93	77	46	77	79	45	329	81	104	153	210	53
± gegenüber 1906 bis 1935	+419	+45	+25	±0	+41	+34	−30	+238	−47	−43	+39	+124	−7

Mittlerer Jahresniederschlag $h_N = $ mm	Vierteljahr		Winterhalbjahr	Vierteljahr		Sommerhalbjahr
	I.	II.		III.	IV.	
928	146	156	302	366	260	626
642	167	104	271	205	166	371
−286	+21	−52	−31	−161	−94	−255
610	155	144	299	207	104	311
−318	+9	−12	−3	−159	−156	−315
1196	121	209	330	391	475	866
+268	−25	+53	+28	+25	+215	+240
1347	216	201	417	514	416	930
+419	+70	+45	+115	+148	+156	+304

bekommen, welche *durchschnittlichen* Regenmengen in den einzelnen Monaten des Jahres, wie auch für dieses selbst erwartet werden können. Diese durchschnittlichen monatlichen Regenmengen werden erhalten durch Summierung der Einzelmonatswerte der verfügbaren Jahresreihe, die aus n Jahren bestehen möge, und Teilung des Ergebnisses durch n. So ergeben sich als Mittel der einzelnen monatlichen Niederschläge der Jahresreihe 1906 bis 1935 die oben in Tab. 15b eingetragenen Werte. Sie stellen die *zeitliche Verteilung*, den *charakteristischen Niederschlagsgang* an der Meßstelle *München-Eglfing* für diese Jahresreihe dar (Abb. 49a). Die Monatsniederschläge im Jahrfünft 1936 bis 1940 waren im *Mittel* niederschlagsreicher, als dem Mittel der Jahre

1906 bis 1935 entspricht, ausgenommen die Monate April, Juni, Juli (Tab. 15 b). Für die Jahresreihe 1906 bis 1940 liegen deshalb — mit Ausnahme der vorgenannten 3 Monate — die Monatsmittel *über* jenen der Reihe 1906 bis 1935. Die *Mittel* der *Jahres*niederschläge der beiden Jahresreihen haben die Werte 928 bzw. 956 mm.

Den Niederschlagsgang für ein *alpines* Niederschlagsgebiet geben Tab. 16 und die Abb. 53. Sie sind ein Beispiel für die Erfassung des Niederschlags N nach Regen *und* Schnee und für die Verschiebung der tatsächlichen Niederschlags-darbietung N_0 infolge des liegen-bleibenden und später wieder ab-schmelzenden Schneeniederschlags ($N_0 = N - R_s$ bzw. $N_0 = N + B_s$, Tab. 16 und Abb. 53)[1]. Zur Er-

[1] ERTL: Der mittlere jährliche Gang des Wasserhaushalts der Saalach zit. S. 39.

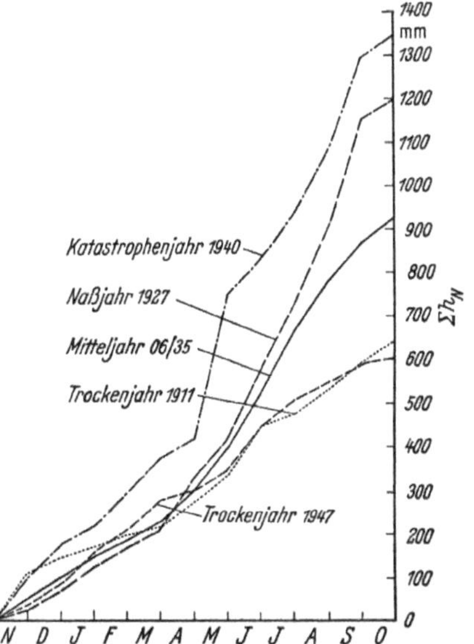

Abb. 50. Niederschlags-Summenlinien für das Mitteljahr 1906/1935, die Trockenjahre 1911 u. 1947, das Naßjahr 1927 und das Katastrophenjahr 1940 (Meßstelle München-Eglfing).

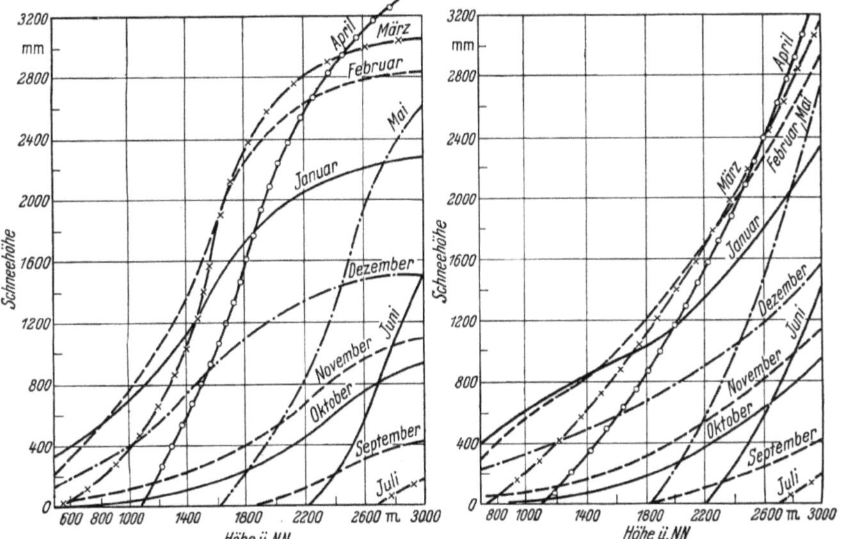

a) Saalach-Nordgebiet (alpines Randgebiet).   b) Saalach-Südgebiet (Innenzone der Alpen).
Abb. 51a u. b. Ausdehnung und Höhe der Schneedecke am jeweiligen Monatsende.

Tabelle 16. *Mittlerer monatlicher Gang der Niederschlagshöhen N und der Niederschlagsdarbietungen N_0 im Saalachgebiet oberhalb des Pegels Jettenberg für die Jahresreihe 1919 bis 1939.*

Einzugsgebiet	Größe	Mittlere Höhenlage		Okt.	Nov.	Dez.	Jan.	Febr.	März	Winterhalbjahr	April	Mai	Juni	Juli	Aug.	Sept.	Sommerhalbjahr	Jahr
	km³	m		mm	mm	mm	mm	mm	mm	mm	mm	mm	mm	mm	mm	mm	mm	mm
									Nordgebiet:									
Teilgebiet vom Pegel *Jettenberg* bis Pegel *Lenzing*	492	1206	N	142	103	121	138	123	90	717	137	169	214	222	234	171	1147	1864
			$-R_S$	21	26	86	117	89	—	−339	—	—	—	—	—	—	—	−339
			$+B_S$	—	—	—	—	—	43	+ 43	117	145	31	3	—	—	+296	+339
			N_0	121	77	35	21	34	133	421	254	314	245	225	234	171	1443	1864
			v.H.	6 5	4,1	1,9	1,1	1,8	7,2	22,6	13,6	16,8	13,1	12,1	12,6	9,3	77,4	100
									Südgebiet:									
Teilgebiet *oberhalb* Pegel *Lenzing*	457	1354	N	105	77	91	109	93	59	534	106	133	181	194	204	134	952	1486
			$-R_S$	14	20,	59	84	63	—	−240	—	—	—	—	—	1	− 1	−241
			$+B_S$	—	—	—	—	—	29	+ 29	72	118	18	3	1	—	+212	+241
			N_0	91	57	32	25	30	88	323	178	251	199	197	205	133	1163	1486
			v.H.	6,1	3,8	2,2	1,7	2,0	5,9	21,7	12,0	16,9	13,4	13,4	13,8	8,9	78,3	100
									Gesamtgebiet:									
Gesamtgebiet *oberhalb* Pegel *Jettenberg*	949	1276	N	124	91	107	124	109	75	630	122	152	198	209	219	153	1053	1683
			$-R_S$	18	23	73	101	76	—	−291	—	—	—	—	—	1	− 1	−292
			$+B_S$	—	—	—	—	—	36	+ 36	95	132	25	3	1	—	+256	+292
			N_0	106	68	34	23	33	111	375	217	284	223	212	220	152	1308	1683
			v.H.	6,3	4,0	2,0	1,4	2,0	6,6	22,3	12,9	16,9	13,2	12,6	13,1	9,0	77,7	100

N = Niederschlagshöhe; R_S = Schneerückhalt; B_S = Schneeaufbrauch; N_0 = tatsächl. Niederschlagsdarbietung.

fassung des Schneeniederschlags in mm Wasserhöhe dienten dabei die Abb. 51 u. 52[1].

Summenlinien. Der charakteristische Gang des Niederschlags für eine Beobachtungsstelle läßt sich auch noch sehr anschaulich darstellen,

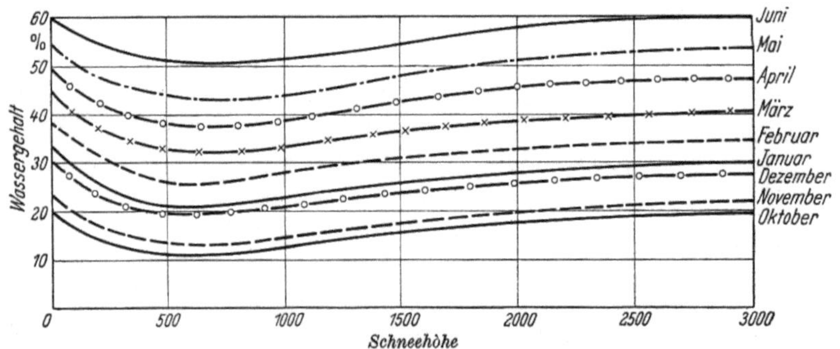

Abb. 52. Wassergehalt der Schneedecke am Monatsende (nach HAEUSER)[1].

wenn man die Monatsniederschläge der zeitlichen Folge nach *schrittweise summiert* und diese jeweiligen Ergebnisse als *Summenlinie* aufträgt, wie

---

[1] HAEUSER: Messungen des Wassergehalts der Schneedecke und der Schneedichte in Hochlagen der bayer. Alpen. Z. für angew. Meteorol. 1935. H. 3. Akad. Verlagsges. Leipzig.

dies in Abb. 50 für das *Mittel*jahr 1906 bis 1935, die *Trocken*jahre 1911 und 1947, das *Naß*jahr 1927 und das *Katastrophen*jahr 1940, registriert an der Meßstelle *München-Eglfing*, geschehen ist. Bei den Auftragungen

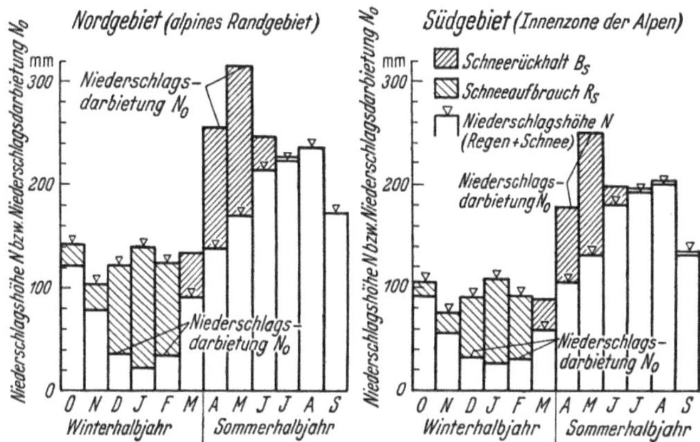

Abb. 53. Mittlerer Gang der Niederschlags*höhen* N und der Niederschlags*darbietungen* N_0 im Saalachgebiet oberhalb des Pegels Jettenberg für 1919 bis 1939.

ist auch beachtenswert, daß das *Trocken*jahr 1911 trotz seines kleinen durchschnittlichen Gesamtniederschlages in den Monaten November bis mit März gleichwohl *über* dem langjährigen Mittel, das *nasse* Jahr 1927 dagegen während dieser gleichen Monate mit seinen Niederschlagssummen *unter* dem langjährigen Mittel gelegen ist.

In der Tab. 17 sind für europäische und überseeische Stationen, in Tab. 18 für deutsche und österreichische Gebiete die mittleren jährlichen und monatlichen absoluten Niederschlagshöhen in mm, so-

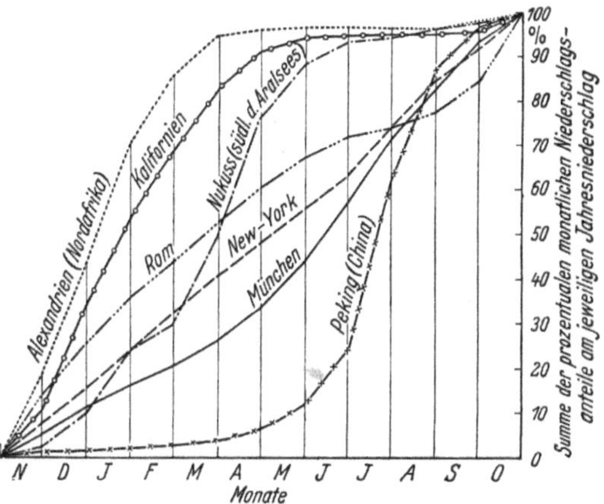

Abb. 54. Summenlinien der monatlichen Niederschläge in v. H. des Jahresniederschlags für verschiedene Beobachtungsstationen der *nördlichen* Hemisphäre.

wie die prozentualen monatlichen Niederschlagsanteile am Jahresniederschlag zusammengestellt.

Für die Stationen von West-, Mittel-, Nord- und Osteuropa liegt das Verhältnis des *größten mittleren* Monatsniederschlags zum *kleinsten mittleren* Monatsniederschlag zwischen 1,6 (Brüssel) und 3,6 (Oslo und

88   Der Wasserhaushalt und seine Elemente.

München). In den subtropischen Gebieten Südwest- und Südeuropas wächst dieses Verhältnis von 5,9 (Madrid) bis auf 34 (Lissabon) an und zeigt die außerordentliche Schwankung der mittleren Monatsniederschlagsspende in den verschiedenen Monaten des Jahres. Südlich und östlich des Mittelmeeres nimmt diese Schwankung noch weiter zu und erreicht in Jerusalem mit 157 unter den Stationen der Tab. 17 den Größtwert. Ein sehr hoher Wert (120) ergibt sich auch für Peking mit seinen konzentrierten Niederschlägen im Sommerhalbjahr Mai bis mit

Tabelle 17. *Mittlere Jahresniederschlagshöhen h_N in mm und ihre Verteilung auf die einzelnen Monate (Gang) in v.H. des Jahresniederschlags und absolut für einige europäische und außereuropäische Meßstationen. Verhältnis η des größten zum kleinsten mittleren Monatsniederschlag[1].*

Erdteil	Beobachtungsort	Jahresniederschlag % u. h_N mm	Nov.	Dez.	Jan.	Febr.	März	April	Mai	Juni	Juli	Aug.	Sept.	Okt.	η [2]
Westeuropa	Brüssel . .	728	8,2	8,7	7,6	*6,3*	6,4	*6,3*	8,1	8,9	*10,3*	10,2	9,1	9,9	1,6
			59,7	63,4	55,4	*45,9*	46,6	*45,9*	59,0	64,8	*75,0*	74,3	66,2	72,1	
	Paris . . .	537	8,4	7,8	7,3	*5,2*	6,7	7,3	9,1	10,2	9,5	9,0	8,9	*10,6*	2,0
			45,1	41,9	39,2	*27,9*	36,0	39,2	48,9	54,8	51,0	48,3	47,8	*56,4*	
Nordeuropa	Oslo . . .	583	8,2	5,5	5,3	*4,1*	4,6	4,8	7,2	8,9	*14,6*	12,5	13,0	11,2	3,6
			47,8	32,1	30,9	*23,9*	26,8	28,0	42,0	52,0	*85,2*	73,0	75,9	65,4	
Mitteleuropa	Wien . .	623	6,7	6,7	5,9	*5,3*	7,5	8,0	11,6	11,2	*11,4*	10,9	7,2	7,5	2,2
			41,8	41,8	36,8	*33,0*	46,7	49,9	72,3	69,8	*71,0*	68,0	44,9	46,7	
Südeuropa	Lissabon .	741	*13,9*	12,9	13,0	11,6	12,1	9,5	7,3	2,2	*0,4*	1,1	4,3	11,6	34
			103,0	95,5	96,4	86,0	89,7	70,4	54,1	16,3	*3,0*	8,1	31,8	86,0	
	Madrid . .	412	10,9	9,0	9,0	7,5	9,7	10,2	10,4	7,5	*2,2*	3,6	8,5	*11,7*	5,9
			44,9	37,1	37,1	30,9	40,0	42,0	42,9	30,9	*8,2*	14,8	35,0	*48,2*	
	Mailand .	1007	10,8	7,5	6,2	*5,8*	6,7	8,6	10,2	8,2	7,0	8,0	8,8	*11,9*	2,0
			108,8	75,5	62,5	*58,4*	67,5	86,5	102,7	82,5	70,5	80,5	88,6	*119,9*	
	Triest . .	1091	9,3	6,9	5,8	*5,2*	6,7	7,6	8,9	9,8	6,9	8,2	11,3	*13,3*	2,6
			101,5	75,3	63,4	*56,8*	73,1	83,0	97,2	107,0	75,4	89,5	123,4	*145,1*	
	Athen . .	390	*18,7*	15,9	13,3	9,5	8,7	5,4	5,1	4,4	*1,8*	2,3	3,6	11,3	10
			73,0	62,0	51,9	37,0	33,9	21,0	19,9	17,2	*7,0*	9,0	14,1	44,1	
Osteuropa	Budapest .	640	8,3	7,5	5,8	*4,9*	7,0	9,1	*11,6*	*11,6*	8,3	7,8	8,0	10,3	2,4
			53,1	48,0	37,1	*31,4*	44,8	58,2	*74,3*	*74,3*	53,1	50,0	51,2	66,0	
	Konstantinopel .	733	13,9	*16,6*	11,9	9,4	8,5	5,7	4,1	4,6	*3,7*	5,7	7,1	8,7	4,5
			101,9	*121,7*	87,2	68,9	62,2	41,8	30.0	33,7	*27,1*	41,8	52,0	63,7	
	Moskau . .	546	7,3	7,1	5,5	*4,6*	5,7	6,4	9,0	9,9	*13,2*	13,0	10,6	7,9	2,9
			39,9	38,8	30,0	*25,1*	31,1	35,0	49,1	54,0	*72,1*	71,0	58.0	43,1	
	Odessa . .	409	9,8	8,1	5,6	*4,7*	6,8	6,8	8,1	*14,4*	12,7	7,3	8,6	7,1	2,6
			40,0	33,1	22,9	*19,2*	27,8	27,8	33,1	*58,9*	51,9	29,8	35,7	29,0	
Asien	Jerusalem	648	8,9	21,3	*24,2*	21,1	15,3	6,6	0,9	*0*	*0*	*0*	*0*	2,6	157
			57,7	138,0	*157,0*	136,9	99,2	42,8	5,8	*0*	*0*	*0*	*0*	16,8	
	Werchojansk . .	127	5,5	3,2	3,9	2,4	*1,6*	3,2	5,5	17,3	*21,4*	18,9	11,0	6,3	13,6
			7,0	4,1	4,9	3,0	*2,0*	4,1	7,0	22,0	*27,2*	24,0	14,0	8,0	
	Tokio . .	1491	7,0	4,0	*3,7*	4,8	7,4	8,6	10,2	11,1	9,4	7,7	*13,6*	12,3	3,7
			104,5	59,7	*55,2*	71,6	110,4	128,2	152,2	165,7	140,3	115,0	*203,0*	183,7	
Südamerika	Buenos Aires . .	933	7,8	10,6	7,9	7,1	*12,5*	7,7	8,2	7,6	*5,6*	6,3	8,5	9,8	2,2
			72,8	99,0	73,8	66,2	*116,6*	71,8	76,5	71,0	*52,3*	58,8	79,3	91,5	

[1] Vgl. dazu auch die Klimatypen S. 59 u. 60.

[2] $\eta = \dfrac{10,3}{6,3} = \dfrac{75,0}{45,9} = 1,6$ (Brüssel als Beispiel).

Oktober. Eine auffallend ausgeglichene Niederschlagsverteilung zeigt demgegenüber Neuyork mit der Verhältniszahl 1,5 (vgl. Abb. 57).

Besonders deutlich tritt diese günstige zeitliche Verteilung bei Auftragen der Summenlinie (Abb. 54) in Erscheinung. In Abb. 55 wurden die Niederschlagsmeßergebnisse von Stockholm, Berlin, München, Rom,

Tabelle 18. *Mittlere Jahresniederschlagshöhen und ihre Verteilung auf die einzelnen Monate (Gang) in v. H. des Jahresniederschlags und absolut für verschiedene Gebiete Deutschlands und Österreichs. Verhältnis η des größen zum kleinsten mittleren Monatsniederschlag.*

Niederschlags-gebiete	Jahres-nieder-schläge % u. h_N mm	Nov.	Dez.	Jan.	Febr.	März	April	Mai	Juni	Juli	Aug.	Sept.	Okt.	η [1]
Deutschland	660	7,1 46,8	7,2 47,5	6,0 39,6	*5,7* *37,6*	7,4 48,8	6,1 40,2	8,1 53,5	11,0 72,6	*12,2* *80,5*	10,5 69,3	8,8 58,0	9,9 65,4	2,1
Westl. Ostseegebiet	540	8 43,1	8 43,1	7 37,8	6 32,4	6 32,4	6 32,4	8 43,1	10 51,0	11 59,4	12 64,8	10 54,0	8 43,1	2
Preußen, Hinterpommern	580	8 46,4	7 40,6	6 34,8	5 29,0	6 34,8	6 34,8	8 46,4	10 58,0	12 69,6	13 75,5	10 58,0	8 46,4	2,4
Harz	1060	8 84,8	9 95,5	7 74,2	8 84,8	8 84,8	7 74,2	8 84,8	11 116,8	12 127,2	10 106,0	8 84,8	8 84,8	1,7
Thüringer Wald	930	10 93,0	9 83,7	8 74,5	9 83,7	8 74,5	6 55,9	8 74,5	9 83,7	9 83,7	9 83,7	7 65,2	8 74,5	1,7
Erzgebirge	820	9 73,8	8 65,6	6 49,2	8 65,6	8 65,6	8 65,6	9 73,8	11 90,2	11 90,2	9 73,8	7 57,4	7 57,4	1,8
Vogesen	1260	8 100,8	9 113,3	11 138,5	8 100,8	9 113,3	7 88,2	7 88,2	8 100,8	8 100,8	9 113,3	7 88,2	8 100,8	1,6
Westl. u. südw. Schwarzwald	1460	7 102,1	7 102,1	7 102,1	8 116,8	8 116,8	8 116,8	9 131,4	10 146,0	10 146,0	7 102,1	9 131,4	10 146,0	1,4
Böhmerwald	1430	10 143,0	9 128,8	9 128,8	8 114,5	10 143,0	6 85,9	8 114,5	9 128,8	10 143,0	8 114,5	6 85,9	7 99,9	1,7
Obere Donau [2]	820	6,2 50,8	6,5 53,3	5,7 46,7	5,5 45,0	5,9 48,4	7,9 64,7	9,0 73,8	12,0 98,3	14,4 118,0	12,2 100,0	8,7 71,3	6,0 49,1	2,6
Oberer Inn	1187	4,9 58,1	6,6 78,3	4,4 52,2	5,5 65,3	6,2 73,5	5,9 70,0	8,0 95,0	12,0 142,3	15,4 182,9	13,4 159,0	10,7 127,0	7,0 83,0	3,5
Salzach	1498	5,0 74,8	5,9 88,3	4,5 67,4	5,2 77,9	6,2 92,9	6,0 90,0	8,9 133,2	12,1 181,2	15,1 226,0	13,8 206,7	10,4 156,0	6,8 101,8	3,4
Traun	1496	5,1 76,3	6,7 100,2	5,6 83,8	6,0 89,7	7,4 110,7	6,7 100,2	8,9 133,1	11,6 173,6	13,6 203,6	12,6 188,6	9,2 137,7	6,5 97,3	2,7
Enns	1075	4,7 50,5	6,4 68,8	5,5 59,1	6,3 67,8	7,5 80,6	6,6 71,0	9,0 96,7	11,8 127,0	14,2 152,7	12,6 135,6	9,1 97,8	6,4 68,8	3,0
Obere Mur	1083	5,5 59,6	4,9 53,1	3,7 40,1	3,7 40,1	6,2 67,2	7,1 77,0	9,2 99,7	11,9 129,0	14,9 161,5	14,1 152,1	10,5 113,8	8,3 90,0	4,0
Obere Drau	1252	7,9 98,9	6,2 77,6	3,6 45,1	4,5 56,3	6,6 82,5	6,6 82,5	8,9 111,3	10,1 126,4	12,7 159,0	12,2 152,8	10,2 127,7	10,5 131,4	3,5
Gail (Kärnten)	1693	9,0 152,4	7,4 125,2	4,7 79,5	5,2 88,0	8,1 137,0	7,3 123,7	8,8 149,0	8,9 150,8	9,4 159,0	9,6 162,6	9,7 164,2	11,9 201,6	2,5
Neusiedler See (Ödenburg, Ungarn)	711	7,1 50,5	6,6 47,0	4,9 34,9	4,8 34,2	5,8 41,3	8,4 59,8	9,0 64,1	11,2 79,8	13,9 99,0	10,2 72,6	10,8 76,9	7,3 52,0	2,8

[1] Zum Beispiel: für Deutschland: $\eta = \dfrac{12,2}{5,7} = \dfrac{80,5}{37,6} = 2,1$.

[2] Einzugsgebiet der Donau bei *Schwabelweis* (unterhalb Regensburg) vgl. auch STRECK, Grund- u. Wasserbau in praktischen Beispielen. Bd. 2. Berlin/Göttingen/Heidelberg: Springer 1950.

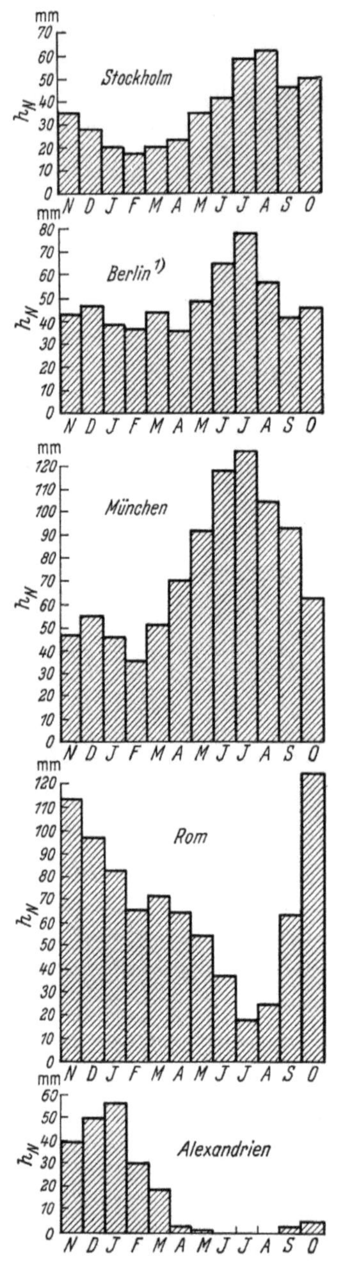

Abb. 55. Gang und Größe der mittleren Monatsniederschläge für einige Hauptstädte Nord-,
Mittel- und Südeuropas und Nordägyptens.

¹ Vgl. dazu Abb. 56.

Alexandrien als Ganglinien untereinander aufgetragen. Die Darstellung gibt ein anschauliches Bild
über die Änderung der zeitlichen

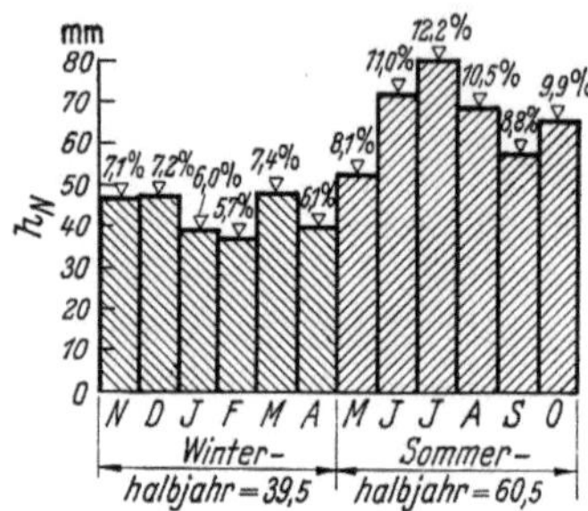

Abb. 56. Mittlerer Niederschlagsgang
in Deutschland.

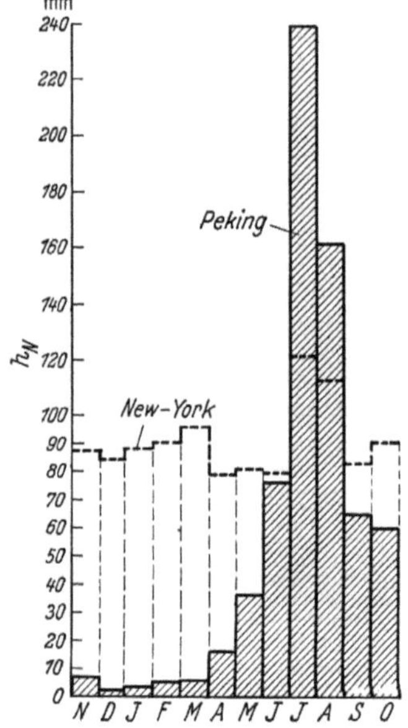

Abb. 57. Zwei grundverschiedene Niederschlags-
ganglinien auf etwa 40° nördl. Breite.

Niederschlagsverteilung längs dieser Nord-Süd-Linie.

Hinsichtlich der Schwankungen
der Jahresniederschlagsmengen
um den Mittelwert einer langen

Jahresreihe hat man für *Deutschland im großen Durchschnitt* festgestellt, daß die Überschreitung nach oben etwa 145%, die Unterschreitung etwa 60% des langjährigen Mittels ausmacht. Beim Vergleich der jeweils gleichnamigen *Monate* ergeben die Schwankungen um die zugehörigen langjährigen Mittel wesentlich größere Abweichungen, nach oben etwa bis zum 2- bis 3,5fachen Wert des langjährigen Mittels (vgl. Tabelle 15 b).

Man bezeichnet nun als

normale Jahre solche mit einer Niederschlagsabweichung vom normalen Mittel bis zu $\pm 20\,\mathrm{mm}$;

nasse oder *trockene* Jahre solche mit einer Niederschlagsabweichung vom normalen Mittel von ± 20 bis 100 mm;

sehr trockene oder *sehr nasse* Jahre solche mit einer Niederschlagsabweichung vom normalen Mittel, die > 100 mm ist.

Niederschlagsschwankungsperioden. Über den *jährlichen* Gang des Niederschlags hinaus ergeben sich im Verlauf von Jahres*reihen* Niederschlagsschwankungen im *Zusammenhang mit Klimaschwankungen.* Solche Klimaschwankungen sind:

a) Kleine Klimaschwankungen entsprechend der KÖPPENschen *11jährigen Sonnenfleckenperioden.* (Äußerste Werte: 17 bzw. 8 Jahre.)

In Jahren der Sonnenfleckenmaxima verringert sich die Häufigkeit der Tiefdruckzugstraße V b[1] längs der *Süd*seite der Alpen, aber die Niederschlagsdichte ist größer als sonst.

b) *35jährige* BRÜCKNERsche Klimaschwankung (noch umstritten). Sie hat die Annahme zur Grundlage, daß innerhalb 35 Jahren regenreiche und zugleich kühle Jahrgänge mit trockenen und warmen Jahrgängen abwechseln, so daß man im *Durchschnitt* nach Ablauf von 35 Jahren wieder einen, mit dem eben herrschenden gleichen Ablauf des Witterungscharakters erwarten darf. Die Schwankungen von abflußlosen Seen (z. B. Kaspisches Meer), des Temperaturganges, des Eisganges der Flüsse, der Weinernten, vielleicht auch das Vorrücken und Zurückgehen der Alpengletscher sprechen in vieler Hinsicht für die BRÜCKNERsche Annahme.

c) SCHERHAGsche *110jährige Klimaschwankung* (Erhöhung der durchschnittlichen Temperatur, Erhöhung der Temperatur des Golfstromes, Erhöhung des Azorenhochs, Vertiefung des Islandtiefs und dadurch Verstärkung der Frontvorgänge dort).

<h3 style="text-align:center">4. Niederschlagsgebiet. Regenkarten.
Bestimmung der mittleren Niederschlagshöhe.
Zusammenhang zwischen Niederschlag und Höhenlage.</h3>

Niederschlagsgebiet. Wasserscheide (vgl. S. 138). Um aus den gemessenen Niederschlagshöhen eines Gebietes auf die ihnen entsprechenden Niederschlagsmengen schließen zu können, ist noch die Kenntnis der Niederschlagsfläche und die Verteilung der Niederschlagsmeßstellen auf ihr notwendig. Diese Niederschlagsmengen fließen — soweit sie nicht verdunsten — ober- oder unterirdischen Flußgebieten oder Flußteilgebieten zu. Zur Feststellung der Anteile, die von dem Gesamtnieder-

---

[1] Vgl. S. 67.

schlag auf die einzelnen Flußläufe oder ihre Teile treffen, müssen zunächst die Grenzlinien für die Entwässerungsrichtungen festgelegt werden, die sogenannten *Wasserscheiden.* Sie ergeben sich im allgemeinen aus den Höhenschichten der Karten, und zwar verlaufen sie meist auf den höchsten Geländeerhebungen zwischen den Wasserläufen. Bei einer derartigen Abgrenzung der Niederschlagsgebiete wird stillschweigend vorausgesetzt, daß das oberirdische Entwässerungsgebiet mit dem unterirdischen zusammenfällt. Bei durchlässigen, besonders auch bei zerklüfteten, höhlendurchsetzten Bodenschichten deckt sich die *oberirdische* (orographische, topographische) Wasserscheide *nicht immer* mit der *unterirdischen* (hydrographischen).

Die Verbindung der Wasserscheiden führt zur Aufteilung der Gesamtbodenfläche in einzelne Gebiete, von denen jedes seinen Niederschlag in einen bestimmten Fluß bzw. in eine bestimmte Flußteilstrecke entwässert und so die Wasserführung dort bestimmt. Solche Gebiete nennt man *Einzugsgebiete E,* gemessen in km² oder ha.

Regenkarten. Die Niederschlagsverhältnisse eines Gebietes werden durch *Regenkarten* veranschaulicht. Man verbindet dabei die Orte gleicher Niederschlagshöhen, die sich für einen bestimmten gleichen Zeitabschnitt ergeben haben (Tag, Monat, Jahr, Jahresreihe), durch Linien miteinander und erhält so die *Regengleichen (Isohyeten).* Diese Karten sind um so zuverlässiger, je dichter das Netz der Regenmeßstationen ist. Dies gilt besonders für Gebirgsgegenden. Je verlässiger die Regenkarte ist, um so sicherer läßt sich mit ihrer Hilfe die Regenhöhe solcher Orte bestimmen, von denen keine Regenmessungen vorliegen. Sie wird durch Einmittlung zwischen den beiden angrenzenden Regengleichen erhalten[1].

Außer den Regenkarten für den mittleren Jahresniederschlag werden auch Regenkarten für kürzere Zeiträume (Halbjahr, Monat) hergestellt. Um dabei Widersprüche zwischen ihnen und der Regenkarte für das Jahr auszuschließen, legt man ein genügend dichtes quadratisches Netz auf Pauspapier in genau derselben Lage auf jede der Karten und prüft für alle Eck- oder alle Mittelpunkte der Quadrate, ob die Summe aus den beiden Halbjahren bzw. aus den 12 Monaten mit der Jahreskarte in Einklang steht (vgl. dazu die Interpolationsmethode S. 94).

In Deutschland wurde zur Ergänzung des 1921 veröffentlichten „Klima-Atlas von Deutschland" mit den mittleren Niederschlägen für die Jahresreihe 1893 bis 1912 (unter Leitung von Hellmann bearbeitet) im Jahre 1936 ein wesentlich verbessertes Kartenwerk „Die mittlere Verteilung der Niederschläge im Deutschen Reich" vom Reichsamt f. Wetterdienst herausgegeben. Diese Regenkarten (1 : 1 000 000) verwer-

---

[1] Wegen Auswertung der Regenkarten vgl. Mitt. d. Reichsverb. d. Dtsch. Wasserwirtsch. 1936. H. 40. S. 23.

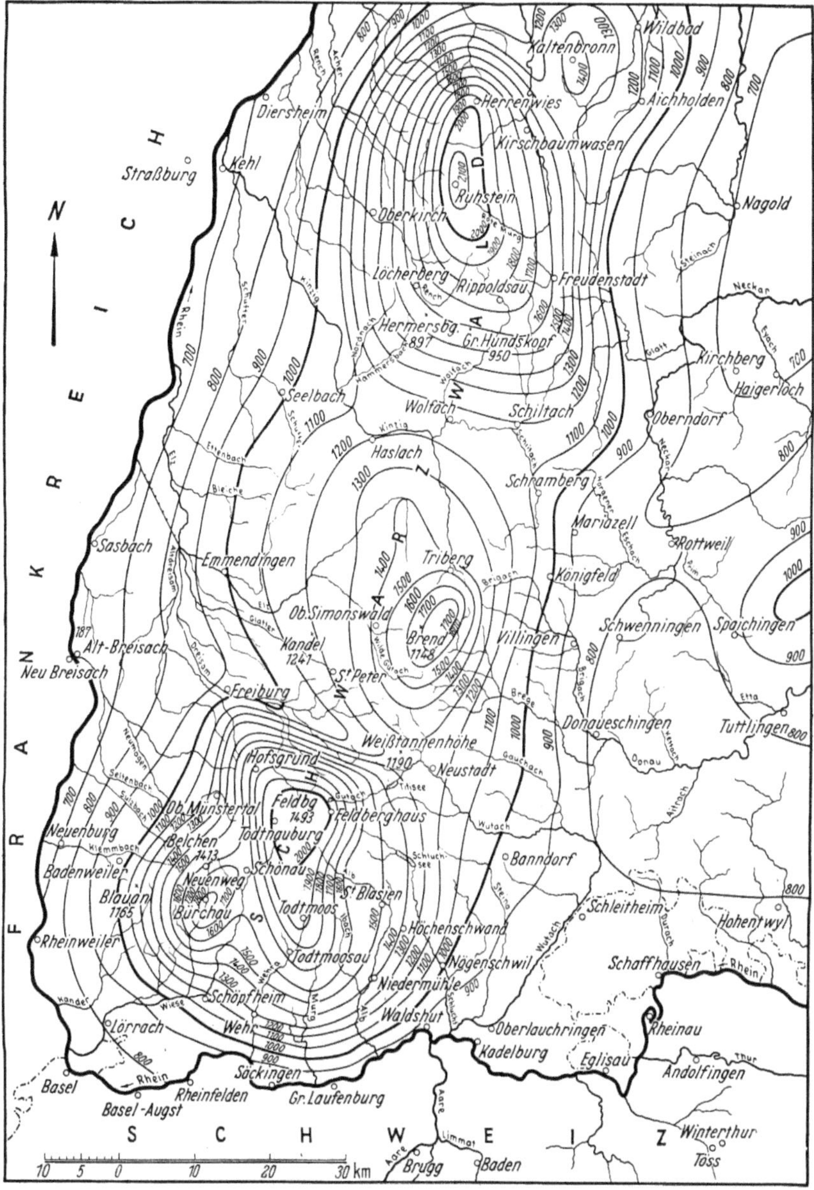

Abb. 58. Regenkarte des Schwarzwaldes auf Grund 10 jähriger Niederschlagsmessung (1911 bis 1920). (Nach Drenkhahn.)

ten das Beobachtungsmaterial von 4000 Meßstellen für die Reihe 1891 bis 1930. Außerdem erschienen ab 1935 Niederschlagskarten 1 : 1 000 000 von derselben Stelle, die die jeweilige monatliche Niederschlagsverteilung farbig darstellt. Sie bilden für gewässerkundliche Untersuchungen eine hervorragende Unterlage.

Bestimmung der mittleren Niederschlagshöhe für ein Einzugsgebiet.

a) *Planimeterverfahren.* Um die mittlere Niederschlagshöhe für das Einzugsgebiet des Ortes A eines Gewässers zu ermitteln, bedient man sich zweckmäßig des nachfolgend kurz erläuterten Verfahrens. Ist in der Karte das Einzugsgebiet (Niederschlagsgebiet) der Flußstelle A eingetragen und sind die Teilniederschlagsflächen $F_1, F_2 \ldots$ zwischen den Regengleichen 800 mm, 900 mm ... (Abb. 59) planimetrisch ermittelt, dann läßt sich mit den F-Werten als Abszissen und den zugehörigen Niederschlagshöhen h_N als Ordinaten das Diagramm der Niederschlagsverteilung auftragen. Die mittlere Nieder-

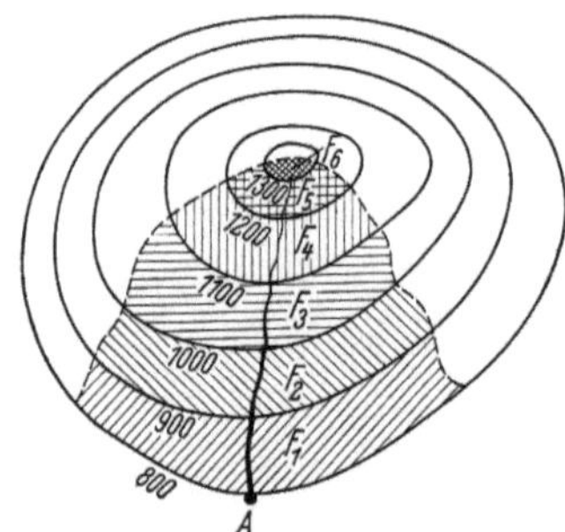

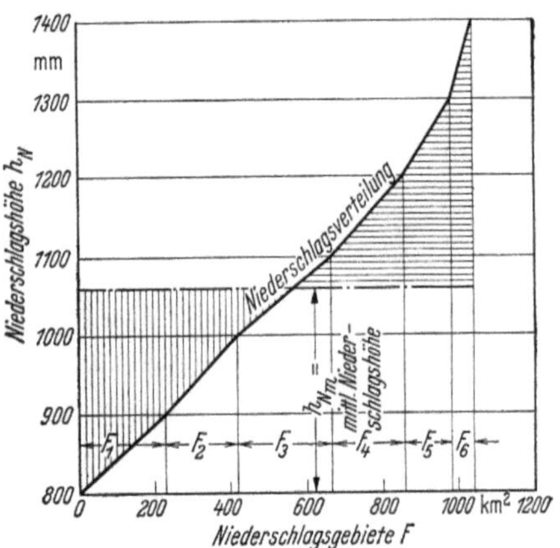

Abb. 59. Niederschlagshöhen für das Einzugsgebiet des Ortes A.

Abb. 60. Ermittlung der mittleren Niederschlagshöhe h_{N_m} für das Einzugsgebiet des Ortes A.

schlagshöhe h_{N_m} ist dann gleich der Höhe des Rechtecks, das flächengleich ist dem Vieleck, welches durch die Niederschlagsverteilungslinie begrenzt ist (Abb. 60).

Rechnerisch erhält man bei n Flächenstücken mit den Größen F_1, h_{N_1}; F_2, $h_{N_2} \ldots F_n$, h_{N_n} für die *mittlere Niederschlagshöhe*:

$$h_{N_m} = \frac{F_1 h_{N_1} + F_2 h_{N_2} + \cdots + F_n h_{N_n}}{F_1 + F_2 + \cdots + F_n} = \frac{\text{km}^2\,\text{mm}}{\text{km}^2} = \text{mm}.$$

b) *Interpolationsmethode* von MEINARDUS[1]. Über die Niederschlagskarte wird ein quadratisches Liniennetz gelegt, dessen Flächeneinheit der Genauigkeit und dem Maßstab der Karte angepaßt sein muß. Die Niederschlagshöhe wird für jeden Schnittpunkt des Netzes mit Hilfe der Niederschlagsgleichen geschätzt und die mittlere Niederschlagshöhe als einfaches arithmetisches Mittel aus den erhaltenen Netzpunkt-

---

[1] MEINARDUS: Eine einfache Methode zur Berechnung klimatologischer Mittelwerte von Flächen. Meteorolog. Ztschr. 1950. S. 241 bis 257. Wien.

werten gebildet. Für Kartenmaßstab 1 : 100000 bis 1 : 50000 sind Netzquadrate von 10 und 15 mm geeignet.

Zusammenhang zwischen Niederschlag _N_ und Höhenlage _H_. _Ozeanität._
Nach HELLMANN, FISCHER, LÜTSCHG sind Bezugslinien zwischen _N_ und _H_
abzulehnen. Die Nordseite des Thüringer Waldes weist einen anderen
Verlauf von _N_, _H_ auf, als sein Südwesthang, obwohl beide Luvseiten
bilden. Auch im Harz ändert sich, selbst wenn man nur den zum Weser

gebiet gehörenden Teil betrachtet,
die Linie _N_, _H_ fast von Wasserlauf
zu Wasserlauf. In den Alpen liegen
die Verhältnisse noch verwickelter
(vgl. Abb. 61). Ausschlaggebendere
Faktoren für die Größe des _N_ als
die Höhenlage sind die Reliefgestalt
(Böschungswinkel) und die Exposition des Niederschlagsgebietes gegenüber den feuchten Luftströmungen.
Oft ist für die Beziehung zwischen _N_
und der topographischen Gestalt der
den Niederschlag fangende Talhintergrund viel ausschlaggebender als die
vorgelagerten Gebirge.

Während Bezugslinien _N_, _H_ keine
allgemeine Bedeutung zukommt, hat
das Verhältnis zwischen _N_ und _H_ in

der Form $\operatorname{tg}\omega = \dfrac{N}{H}$ eine gewisse

Wichtigkeit. Es ist nämlich ein Maß
für den mehr oder weniger großen Einfluß der feuchten Meereswinde
für ein Untersuchungsgebiet und wird mit _Ozeanität_ bezeichnet.

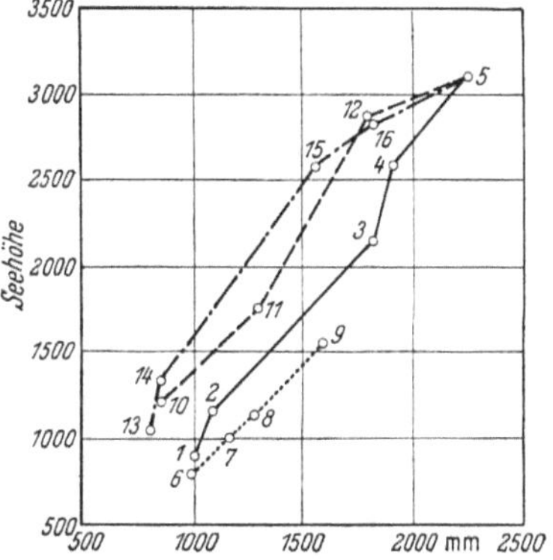

Abb. 61. _Zusammenhang_ zwischen _Seehöhe_
und _Niederschlagshöhe_ im _Sonnblickgebiet_[1].
Nordseite (Raurisertal): _1_ Rauris, _2_ Bucheben, _3_ Maschine, _4_ Rojacher Hütte,
_5_ Sonnblick.
Ostseite (Gasteinertal): _6_ Dorfgastein, _7_ Bad
Gastein, _8_ Böckstein, _9_ Naßfeld.
Südseite: _10_ Mallnitz, _11_ Fraganter Hütte,
_12_ Brett.
Westseite (Kleines Fleißtal): _13_ Döllach,
_14_ Heiligenblut, _15_ Unteres kleines Fleißkees, _16_ Mittleres kleines Fleißkees.

Beispiele:

$$\text{Saalach (Nordgebiet):}\quad \operatorname{tg}\omega = \frac{1864}{1206} = 1{,}55$$

$$\text{Saalach (Südgebiet)}\quad \operatorname{tg}\omega = \frac{1486}{1354} = 1{,}10$$

_N_ und _H_ sind hier die Mittelwerte für das jeweilige Teilgebiet
(vgl. Tab. 16).

$$\text{Inneres Wäggital (Schweiz):}\quad \operatorname{tg}\omega = \frac{2433}{1360} = 1{,}79,$$

$$\text{Davoser See (Schweiz):}\quad \operatorname{tg}\omega = \frac{1085}{1930} = 0{,}56.$$

Niederschlag: N_m in mm; Höhenlage H_m in m.

---

[1] STEINHAUS, F.: Neue Ergebnisse von Niederschlagsbeobachtungen in den
Hohen Tauern. Meteorolog. Ztschr. 1934. H. 1.

5. Begriffsbestimmungen für den Niederschlag.

Wie bereits erläutert, wird mit Niederschlagshöhe h_N jene Wasserhöhe in mm bezeichnet, bis zu welcher der in einem *bestimmten Zeitabschnitt* (Tag, Monat, Jahr) gefallene Niederschlag ansteigen würde. Dagegen versteht man unter *Niederschlagsergiebigkeit* jene Niederschlagshöhe in mm, welche sich im *Gesamtablauf eines bestimmten Niederschlagsereignisses* einstellt (Landregen, Sturzregen).

Mit *Niederschlagswasserfracht* Q_{NE} bezeichnet man die in einer bestimmten Zeit t_r auf ein Einzugsgebiet E gefallene Niederschlagsmenge. Beträgt die überall als gleich angenommene oder aber aus verschiedenen Niederschlagshöhen gemittelte Niederschlagshöhe h_{N_m}, so läßt sich die Niederschlagswasserfracht ansetzen zu

$$Q_{NE} = \text{Niederschlagshöhe } h_{N_m} \text{ (in m)} \times \text{Einzugsgebiet } E \text{ (in m}^2)$$
$$= h_{N_m} \text{ (in mm)} \cdot E \text{ (in km}^2) \times 1000 = \text{m}^3.$$

Daraus berechnet sich dann die in der *Zeiteinheit* gefallene *Niederschlagsmenge* Q_N zu

$$Q_N = \frac{\text{Niederschlagswasserfracht (in m}^3)}{\text{Niederschlagsdauer (in sek)}} = \text{m}^3/\text{sek}.$$

Damit wird die *Niederschlagsspende* q_N[1], d. i. der in der Zeiteinheit auf die Flächeneinheit des Einzugsgebietes E gleichmäßig verteilt angenommene Niederschlag

$$q_N = \frac{\text{Niederschlagswasserfracht (in l bzw. m}^3)}{\text{Niederschlagsdauer (in sek)} \times \text{Einzugsgebiet (in ha bzw. km}^2)}$$
$$= \text{l/sek} \times \text{ha bzw. m}^3/\text{sek} \times \text{km}^2.$$

Wichtig ist noch der Begriff der *Niederschlagsstärke* i (Niederschlagsdichte, *-intensität*). Man versteht darunter die Niederschlagshöhe, die in der Zeiteinheit fällt, wobei noch zwischen Stunden- und Minutenregen unterschieden wird. Es ist

$$i = \frac{\text{Niederschlagshöhe } h_N \text{ (in mm)}}{\text{Niederschlagsdauer } (t_r \text{ in min})} \quad \text{bzw.} \quad \frac{h_N \text{ (in mm)}}{t_r \text{ (in st)}}.$$

6. Außerordentliche Tages-, Stunden- und Minutenregen. Land- und Dauerregen.

Wie aus Abb. 48, S. 82, ersichtlich, ist, schwanken die Tagesniederschläge ganz erheblich. Wasserwirtschaftlich von besonderer Wichtigkeit sind die im Verlaufe eines Tages beobachteten *größten* Niederschlagshöhen, weil sie oft schwere Schadenhochwässer hervorrufen, weil außerdem manche Wasserbauwerke für die gefahrlose Abführung solcher außerordentlichen Niederschlagshöhen entsprechenden Wassermengen bemessen werden müssen.

---

[1] Bei der Stadtentwässerung wird die Regenspende mit r bezeichnet und in l/sek ha gemessen (vgl. S. 103).

In Deutschland treffen in den meisten Fällen die Tagesniederschlagsmaxima auf die Sommermonate Juni, Juli, August. Die kälteren Monate Dezember bis mit April weisen dagegen nirgends einen Tagesgrößtwert auf. Beispiele für besonders große Tagesniederschlagshöhen gibt Tab. 19.

Tabelle 19. *Außerordentliche Tagesniederschlagshöhen in Europa und Übersee.*

Land	Beobachtungsstation	Zeit	Niederschlagshöhe mm
Deutschland	Berlin (Scharnhorststraße)	14. 4. 1902	170
	Kirche Wang (873 m, am Nordhang der Schneekoppe)	29./30. 7. 1897	220
	Neuwiese (780 m; am Südhang des Riesengebirges)	v. Morgen d. 29. z. Morgen d. 30. 7. 1897	345![1]
	Wernigerode (auf d. Büchenberg)	22. 7. 1885	238
	Erlangen	29. 7. 1941	164,0
	Reichenhall (Oberbay., Nordfuß der Alpen)	12. 9. 1899	241,9[2]
	Pelletsmühle (Oberbay., Mangfallgebiet)	vom 29. 5., 7^{00}, bis 30. 5. 1940, 7^{00}	86,8
		vom 30. 5., 7^{00}, bis 31. 5. 1940, 7^{00}	166,8
	Thalham (Oberbay., Mangfallgebiet)	vom 29. 5., 7^{00}, bis 30. 5. 1940, 7^{00}	112,5
		vom 30. 5., 7^{00}, bis 31. 5. 1940, 7^{00}	119,8
	Hirschberg (Oberbayern, Tegernsee-Gebirge)	vom 29. 5., 7^{00}, bis 30. 5. 1940, 7^{00}	106,2
		vom 30. 5., 7^{00}, bis 31. 5. 1940, 7^{00}	166,2
Österreich	Mühlau b. Admont (Ennstal, Steiermark)	12. 9. 1899	287[2]
	Ebnit (Vorarlberg, Westh. des Bregenzer Waldes)	14. 6. 1910	229,3
Schweiz	Gotthard-Hospiz	27. 9. 1868	280
	Rigi-Massiv	14./15. 6. 1910	233
	St. Gallen	1. 9. 1881	250
	Camedo (Alpensüdfuß)	13. 8. 1924	265
Italien	Riposto (Sizilien)	17. 11. 1908	465
	Quellgebiet d. Flumendosa (Sardinien)	17. 10. 1940	535
Tropen und Subtropen	Cherrapunja (Assam)	14. 6. 1876	1036
	Baguio (Philippinen)	14. bis 15. 7. 1911	1168[3]
	Tanaba (Kii-Halbinsel, Japan)	19. 8. 1889	902

[1] Die größte bisher im mitteleuropäischen Raum gemessene tägliche Niederschlagsmenge infolge eines V^b-Tiefs (vgl. dazu Beispiel S. 12).

[2] Hochwasserkatastrophe September 1899.

[3] Die größte bisher auf der Erde festgestellte 24stündige Regenmenge als Folge eines über die Insel Luzón hinweggezogenen Taifuns.

HELLMANN hat versucht, für das *nördliche Deutschland* eine *Beziehung* aufzustellen für den Zusammenhang zwischen der *mittleren jährlichen Regenhöhe* h_{N_m} und der *mittleren Maximaltagesregenhöhe* $h_{NT\,max}$. Er erhielt folgende Formel dafür:

$$h_{NT\,max} = 21{,}38 + 0{,}0211\ h_{N_m}\ \text{(in mm)}.$$

Nach HELLMANN betragen die höchsten Tagesmaxima: in trockenen Gegenden 20 bis 30 v.H., in niederschlagsreicheren 15 bis 19 v.H. der mittleren Jahresniederschlagshöhen.

Für die *obere Donau* und den *Inn* ist das mittlere Tagesmaximum

$$h_{NT\,max} = 15{,}6 + 0{,}03\ h_{N_m}\ \text{(in mm)}$$

und für die *oberösterreichische Donau*

$$h_{NT\,max} = 21{,}5 + 0{,}03\ h_{N_m}\ \text{(in mm)}.$$

Das absolute Tagesmaximum für die Donau kann in 25 bis 30 Jahren einmal den Wert $2\ h_{NT\,max}$ erreichen, ja sogar noch darüber hinausgehen und in einer 40- bis 45jährigen Periode den Faktor 2,75 erreichen, wobei sich das Verhältnis an trockenen Orten etwas größer, an feuchten Orten etwas kleiner ergeben kann (nach HELLMANN).

Größte Stunden- und Minutenregen (*Platzregen, Sturzregen, Wolkenbrüche*). Solche Starkregen treten in der Regel plötzlich auf, sind meist von kurzer Dauer, aber von großer Heftigkeit. Sie sind verhältnismäßig selten, örtlich beschränkt, bevorzugen die warme Jahreszeit und das Binnenland, besonders die Trockengebiete im Regenschatten. Ihr Auftreten ist hauptsächlich auf die Nachmittagsstunden beschränkt. Vielfach wird der Begriff Wolkenbruch nur für jene Sturzregen gebraucht, bei denen ungewöhnlich große Regenmengen niedergehen. Die Kenntnis solcher Starkregen ist fast bei allen wasserwirtschaftlichen Planungen und hydrotechnischen Berechnungen von großer Wichtigkeit, für die Bemessung unterirdischer Wasserleitungen, wie sie vornehmlich bei der städtischen Abwasserbeseitigung vorkommen, sogar von entscheidender Bedeutung. Dies hängt damit zusammen, daß die Landregen zwar große Niederschlagshöhen für die Dauer eines Tages ergeben, aber hinsichtlich ihrer Stärke (Intensität), wie oft auch an Ergiebigkeit gegenüber den heftigen Sturzregen zurückbleiben.

Nach der Beurteilung des Amtes für Wetterdienst gelten dabei als „*Starkregen*" alle jene Regenfälle, die oberhalb der Grenze liegen:

$$h_N = \sqrt{5\,t_r - \left(\frac{t_r}{24}\right)^2}.$$

In dieser Formel bedeutet h_N = Regenhöhe in mm, t_r = Regendauer in min.

Wegen der großen Bedeutung, welche der Kenntnis der Sturzregen besonders beim Entwurf von städtischen Entwässerungsanlagen zukommt, werden an zahlreichen Beobachtungsstellen mittels Regenschreibern Aufzeichnungen über solche Niederschläge gemacht. Die Regendichte (Niederschlagsstärke) i, die — wie schon gezeigt wurde — in mm/st (Stundenregen) oder in mm/min (Minutenregen) gemessen werden, ist bei derartigen Starkniederschlägen im allgemeinen um so größer, je kürzer die Regendauer ist.

HELLMANN hat für die Regendichte von Sturzregen nachfolgende Beziehung aufgestellt, die für das *nördliche Deutschland* gut zutreffende Ergebnisse liefert:

$$i = -0{,}311 + \frac{3{,}522}{\sqrt[3]{t_r}} \text{ (in mm/min)},$$

t_r = Regendauer in min. Wenn diese Beziehung mit der Regendauer t_r durchmultipliziert wird, erhält man die Niederschlagshöhe $h_{N\,st}$ des Sturzregens in mm für die Regendauer t_r in min, also

$$i\,t_r = h_{N\,st} = -0{,}311\,t_r + 3{,}522\,t_r^{2/3} \text{ (in mm)}.$$

HAEUSER hat diese Formel auch für *Bayern* (ohne das Alpengebiet) bestätigt gefunden. Die Sturzregenwerte, welche sich in den Alpen ergeben, gehen über die nach HELLMANN ermittelten Werte weit hinaus. Man setzt hier deshalb besser:

$$h_{N\,st} = 10\,\sqrt{t_r} \text{ (in mm)}.$$

Die seltenen Katastrophen-Sturzregen liegen noch höher. Für den bei Wildbachverbauungen tätigen Ingenieur sind diese Ermittlungen besonders wichtig, um keine unliebsamen Überraschungen gegenüber seinen Planungen zu erleben. Denn hier kommt als erschwerender Umstand hinzu, daß sich ein solcher Sturzregen unter Umständen über das

Tabelle 20. *Einige außerordentliche Werte für Stundenregen.*

Ort	Zeit	Dauer in Stunden	Niederschlagshöhe in mm	Niederschlagsstärke in mm/st
Berlin	14. 4. 1902	5,75	166	29
Schwerin (Mecklenburg).	11. 5. 1890	1,6	111	70,1
Bobersberg, Kreis Krossen (Brandenburg)	1. 6. 1895	2	128,5	64,3
Wildungen (Westpreußen)	1. 8. 1876	1,67	134	80
Stiftingstal bei Graz (Österreich) . .	13. 7. 1913	4	670	
	davon	2	540	270
Schaueregg (Steiermark, Österreich)	10. 8. 1915	2	650	325
Sihlwald b. Zürich (Schweiz). . . .	5. 7. 1887	1,5	125	83
Heiden (Schweiz).	26. 7. 1895	1,16	72	62
Basel (Schweiz)	14. 7. 1893	0,92	53	58
Orba-Stausee b. Ortiglieto (Italien) .	13. 8. 1935	8	554 (max)	69
Marseille (Südfrankreich)	15. 9. 1872	2	240	120
Molito les Bains (Ostpyrenäen). . .	20. 5. 1868	1,5	313	209

Tabelle 21. *Wolkenbrüche von besonders hoher Regendichte (Minutenregen).*

Ort	Zeit	Dauer in min	Niederschlagshöhe in mm	Niederschlagsdichte in mm/min
Wegeringhausen (Westfalen) . .	13. 5. 1899	3	12,9	4,30
Laue	5. 6. 1895	6	29,8	4,97
Jerichow (Sachsen)	2./3. 7. 1899	15	77,8	5,19
Torfhaus (Harz)	2. 6. 1908	2	13,4	6,7
München	25. 7. 1929	10	54	5,4
Bannwaldsee b. Füssen (Allgäu) .	25. 5. 1920	8	126	16!
Kreuzen b. Villach (Österreich) .	28. 5. 1904	45	197	4,38
Mariabrunn b. Wien (Österreich) .	1. 8. 1896	5	17,4	3,48
Sankt Gallen (Schweiz)	25. 6. 1888	2	8,9	4,45
Basel (Schweiz)	28. 7. 1896	5	22,3	4,46

ganze Einzugsgebiet eines solchen Wildbaches ausdehnen und dann zu
gewaltigen Abflußmengen im Verhältnis zur Größe des Einzugsgebietes
führen kann. Lagert sich gar der Kern eines Sturzregens über das kleine
Einzugsgebiet eines Wildwassers mit steilem Gelände, Bodenverwun-
dungen, Uferanbrüchen, Bachverklausungen, dann ergeben sich ver-
heerende Folgen.

HOFBAUER hat versucht, die größte *stündliche* Niederschlagsdichte
i_{st} (in mm/st) für ein gleichzeitig überregnetes Niederschlagsgebiet von
F km² Ausdehnung durch die empirische Formel zu erfassen:

$$i_{st} = \frac{216}{\sqrt{F}} \text{ (in mm/st)},$$

F ist dabei mit km² einzusetzen.

Landregen. Dauerregen. Bei Regenfällen, die während eines Tages
oder länger — wenn auch mit kurzen Unterbrechungen — anhalten,
spricht man von *Landregen*. Sie dauern lange an und sind ergiebig, doch
schwankt dies in weiten Grenzen. Ein weiteres Kennzeichen für Landregen ist ihre Ausbreitung über große Gebiete. Sie können dabei eine
Ausdehnung bis zu 40000 km², die gleichzeitig überregnet werden, erreichen (vgl. dazu S. 71 u. 72). Bei diesen verhältnismäßig lange
dauernden Regen ist in Mitteleuropa mit täglichen Regenhöhen zu rechnen: im Flach- und Hügelland bis 100 mm, in den Gebirgen bis etwa
150 mm, in besonderen Lagen manchmal bis weit über 200 mm. Dabei
werden in Flußtälern oft schon bei einer Landregenergiebigkeit von 40
bis 60 mm Überschwemmungen verursacht, in Wildbachgebieten können
Ausuferungen schon bei geringeren Niederschlagshöhen auftreten. Besonders schlimme Folgen können eintreten, wenn ein Sturzregen in einen
ergiebigen Landregen übergeht oder aber wenn ein Platzregen den Abschluß eines Landregens bildet[1].

---

[1] Vgl. auch KIRWALD: Forstliche Wasserhaushalttechnik. Neudamm: Verlag
I. Neumann 1944.

Tabelle 22. *Große Niederschlagshöhen mehrtägiger Landregen.*

Zeit	Ort	Niederschlags-			Nieder-schlags-spende m³/sek km²
		höhe mm	dauer Tage	dichte mm/st	
25. bis 27. 12. 1882	Hohenschwand (Schwarz-wald)	247,0	3	3,43	0,95
27. bis 31. 7. 1897 [1]	Neuwiese (Riesengebirge)	451	4	4,7	—
10. bis 13. 9. 1899	Salzberg Altaussee (Steier-mark, Österreich)	553,7	4	5,77	1,60
Juli 1903	Reihwiese (Schlesien)	401,6	6	2,79	0,77
25. bis 28. 9. 1885	Tröpolach (Kärnten, Österreich)	417,0	4	4,34	1,21
29. bis 31. 5. 1940	Pelletsmühle (Oberbayern)	253,6	2	5,26	—
29. bis 31. 5. 1940	Thalham (Oberbayern)	232,3	2	4,82	—
29. bis 31. 5. 1940	Hirschberg a. Tegernsee (Oberbayern)	272,4	2	5,66	—

Neben dem Begriff des Landregens kennt die Wetterkunde auch noch den Begriff des *Dauerregens.* Beim ehemaligen Reichsamt für Wetterdienst umfaßte man damit alle Regenfälle von mindestens 6 Stunden ununterbrochener Dauer und mehr als 0,5 mm in der Stunde Ergiebigkeit. Für süddeutsche Gebirge und insbesondere für die Alpen wurde dieser Grenzwert auf mindestens 1 mm in der Stunde festgelegt.

7. Niederschlagshäufigkeit. Niederschlagswahrscheinlichkeit.

Bei zahlreichen wasserwirtschaftlichen Aufgaben ist die Kenntnis der *Häufigkeit der Niederschläge* von besonderer Wichtigkeit. Schon für die Größe der Wasserführung der Flüsse ist es nicht gleichgültig, in welcher Zeitfolge die Niederschläge, insbesondere jene von größerer Intensität, über das zugehörige Einzugsgebiet niedergehen. Denn der Abfluß der Wassermassen erfordert bei jedem einzelnen Niederschlag eine gewisse Zeitdauer, die abhängig ist vom Gefälle des Wasserlaufes und der Größe der Wassermassen. Ein Regen von gewisser Stärke und Dauer kann, wenn er nach langer Trockenperiode niedergeht, fast spurlos im Boden verlaufen. Wenn er aber in nasser Zeit fällt, wo das Grundwasserbecken bis zum Rande gefüllt ist, kann er fast in vollem Umfang im Flußbett zum Abfluß gelangen, und zwar zusätzlich zur bereits vorhandenen Wasserführung. Im allgemeinen haben diejenigen Gebiete, die eine größere jährliche Niederschlagshöhe aufweisen, auch eine größere Niederschlagshäufigkeit.

Für die Bodenkulturen sind die Niederschlagsverhältnisse während der Wachstumsperiode der Pflanzen von größerer Bedeutung, als es die Jahresniederschlagshöhe und deren Gang das Jahr über sind. Für diese Wachstumsperiode spielt nämlich die *Zahl* der Regentage und deren

---

[1] Landregen infolge V^b-Wetterlage.

Niederschlags*höhe*, d. h. die *Niederschlagshäufigkeit*, eine besondere
Rolle. Man versteht unter ihr im allgemeinen die *Zahl der Tage*, an denen
der Niederschlag 0,2 mm überschreitet. Nach Untersuchungen von
HELLMANN, denen Reihen von 22 bis 50 Jahre zugrunde liegen, ist für
die norddeutschen Stromgebiete in *allen* Jahreszeiten eine *mittlere Niederschlagshäufigkeit* von 35 bis 45 Tagen vorherrschend, d. h. alle 35 bis
45 Tage ist im Mittel ein Niederschlag zu erwarten, dessen Höhe *über*
0,2 mm liegt. Die norddeutsche Tiefebene hat im Jahr höchstens 210 bis
230, das Gebirge (Harz, Riesengebirge) bis zu 280 Niederschlagstage.
Die kleinste jährliche Niederschlagshäufigkeit schwankt im Mittel etwa
zwischen 110 bis 150 Tagen.

Bei vielen praktischen Aufgaben der Wasserwirtschaft kommt es
nicht nur auf die Kenntnis der zahlenmäßigen Größe besonders hoher,
Schaden bringender oder doch Schaden drohender Wasserspenden an,
sondern ebensosehr auch auf die Feststellung, wie *oft* solche Wasserspenden während eines bestimmten Zeitabschnittes zu erwarten sind.
Denn die Kosten der damit zusammenhängenden baulichen Anlagen
(z. B. Dämme, Abwasserleitungen usw.) steigen mit der wachsenden
Wasserspende und erreichen bei Zugrundelegung der überhaupt größten
möglichen Wasserspende schließlich eine Höhe, welche wirtschaftlich
nicht mehr vertretbar ist. Dies zwingt dann dazu, auf eine vollkommene
Sicherung gegen Schadenwasser zu verzichten und so zu projektieren,
daß die einmal eintretenden Schäden (z. B. durch Überflutungen) möglichst kleiner bleiben als die Ersparnisse, die durch die Kleinerhaltung
der Bauanlage erzielt werden. Wertvolle Dienst für solche verantwortungsvolle Entscheidungen leistet hier wiederum die Heranziehung der
Niederschlagshäufigkeiten. In den meisten Fällen handelt es sich um
Starkregen von verschiedener Dauer und Intensität (verschiedener
Wertigkeit). Bemessung städtischer Entwässerungsleitungen für Abführung von Regenwasser oder Regen- und Brauchwasser zusammen erfolgt
fast nur noch unter Benutzung dieser Regenhäufigkeiten. Die Zusammenhänge dafür werden weiter unten (S. 103 ff.) gezeigt.

In der Gewässerkunde kommt auch noch dem Begriff der *Regenwahrscheinlichkeit* eine gewisse Bedeutung zu. Sie ergibt sich, wenn die
Regenhäufigkeit durch die Dauer des Zeitabschnittes, der ihr zugeordnet
ist, geteilt wird. Hat man z. B. für eine Beobachtungsstelle in den Monaten April, Mai, Juni im langjährigen Mittel 41 Regentage festgestellt,
dann ist die Regenwahrscheinlichkeit dort für diesen Jahresabschnitt von
$(30 + 31 + 30)$ Tagen:

$$\frac{41}{30 + 31 + 30} = \frac{41}{91} = 0{,}45,$$

d. h., man kann dort innerhalb der Monate April, Mai, Juni während
10 Tagen mit 4,5 Regentagen rechnen. Für die Regenwahrscheinlichkeit

während der Zeit des Pflanzenwachstums (in Deutschland April bis September) gibt ENGELS folgende Zahlen:

in London	0,46	am Schwarzen Meer	0,25
an der Ostseeküste	0,40	im südrussischen Steppengebiet	0,20
in Kiew	0,35	in Baku	0,17

Im südrussischen Steppengebiet ist also jeder 5. Tag erst ein Regentag, in London dagegen fast jeder 2. Tag.

Im gleichen Maße, wie die Regenhäufigkeit abnimmt, steigen Sommerhitze und Verdunstung. In den vorgenannten Beispielen nimmt daher die Notwendigkeit, künstlich zu bewässern, von Nordwest nach Südost zu.

Regenspendenlinien. Zeitbeiwertlinien. Wirtschaftlich gleichwertiger Regen. Die von HAEUSER untersuchten *Zusammenhänge zwischen Niederschlagsdauer, Niederschlagshäufigkeit und Niederschlagsstärke* bzw. *-spende*[1] haben für die Bemessung städtischer Entwässerungsnetze bei Regen- und Mischwasserleitungen eine besondere Bedeutung. Deshalb hat, wie schon weiter oben erwähnt (vgl. S. 78), die Abwassergruppe in der Fachgruppe Bauwesen umfangreiche Auswertungen der in Deutschland vorliegenden Niederschlagsbeobachtungen (rd. 47000) durchgeführt und damit eine zuverlässige Berechnungsgrundlage für diese Ingenieuraufgaben bereitgestellt.

Die Abb. 62 gibt für die verschiedenen deutschen Gebiete innerhalb der alten Reichsgrenzen (nach REINHOLD[2]) die Werte für die Regenspende r_{15}[3], d. i. die Regenspende in l/sek ha für einen Regen von der Dauer $T = 15$ min und der jährlichen Häufigkeit $n = 1$. Letzteres besagt, daß die Niederschlagshöhe (Größe der Regenspende) im Jahr einmal erreicht bzw. überschritten wurde. Für diesen alle Jahre einmal überschrittenen Regen ergeben sich für Deutschland die in Tab. 23 angegebenen Regenspendenmittelwerte für die jeweils zugeordnete Regendauer.

Tabelle 23. *Regenspendenmittelwerte für Deutschland für n = 1.*

Regendauer in min	5	10	15	30	60	90	150
Regenspende in l/sek ha	169	125	98	61	35	24,5	16

[1] HAEUSER: Kurze starke Regenfälle in Bayern, ihre Ergiebigkeit, Dauer, Häufigkeit und Ausdehnung. Abhandlg. d. Bayer. Landesstelle f. Gewässerkde. München 1919.

[2] REINHOLD: Dtsch. Wasserwirtsch. 1939, S. 275; 1940, S. 170 — Regenspenden in Deutschland. Arch. Wasserwirtsch. 1940. H. 56. Berlin. — Vgl. auch MARQUARDT: Stadtentwässerung usw. in SCHLEICHER, Taschenbuch f. Bauing. Berichtigter Neudruck. Berlin/Göttingen/Heidelberg: Springer 1949.

[3] In der Stadtentwässerung wird für die *Regen*spende die Bezeichnung r statt q in l/sek ha verwendet.

Die Auftragung dieser Werte führt zur Regenspendenlinie für Deutschland für $n = 1$ in l/sek ha (Abb. 63). Dieser für diesen Bereich allgemeingültigen Mittelkurve entspricht die Gleichung

$$r'' = \frac{2385}{T + 9} \text{ in l/sek ha,}$$

T = Regendauer in min.

Abb. 62. Jährlich einmal überschrittene Regenspenden in l/sek ha für eine Regendauer $T = 15$ min. (Nach REINHOLD.)

Nr.	r_{15} l/sek ha	Meßstelle	Nr.	r_{15} l/sek ha	Meßstelle
1	100	Duisburg-Hamborn-Alte Emscher	12	80	Bochum
2	94	Duisburg-Hamborn-Schwelgern	13	100	Habinghorst
3	80	Duisburg-Hamborn-Schmidthorst	14	84	Kruckel
4	94	Oberhausen	15	93	Waltrop
5	92	Essen-Frohnhausen	16	90	Kamen
6	84	Essen-Nord	17	112	Herringen
7	90	Essen-Ruhrhaus	18	102	Düsseldorf (Stadt)
8	92	Gelsenkirchen-Horst	19	104	Duisburg (Stadt)
9	88	Gelsenkirchen-Schalke	20	108	Bochum (Stadt)
10	84	Gelsenkirchen-Altstadt	21	82	Oberhausen (Stadt)
11	110	Wanne	22	100	Solingen (Stadt)

Die Regenspende r' wird aus dem jeweiligen r'_{15} durch Heranziehung des von IMHOFF[1] eingeführten Zeitbeiwertes φ ermittelt mit

$$r' = \varphi \, r'_{15}.$$

---

[1] IMHOFF: Taschenbuch der Stadtentwässerung. 9. Aufl. München u. Berlin 1941.

Tabelle 24. *Erläuterung zur Abb. 62. Zur Ermittlung der Landschafts-Hauptwerte verwendete Zahlen.*

Hauptwert r_{15} l/sek ha	Auswertungen der Arbeitsgruppe Abwasserwesen und gleichwertige Angaben			Angaben der Bayer. Landesstelle für Gewässerkunde		
	Meßstellenbezeichnung	r_{15} l/sek ha	Gebiet	Meßstellenbezeichnung	r_{15} l/sek ha	Gebiet
85	▼	85	I Nordwestdeutschld.			
96	■	94,5	II Nordost- bis Mitteldeutschld.			
	●	96	III Westdeutschld.			
90	✦	88	(Saarbrücken)	◇	87,5 88 91,5	Vorderpfalz Nordbayerisches Flach- und Tiefland Nordbayer. Hügelland
108	▲	106	IV Sachsen-Schlesien	△	107 108 107	Bayer. Mittelgebirge, Hoch- u. Innenlagen Bayer. Mittelgebirge, Randgebiete Schwäb.-Bayer. Hochebene, nördl. Teil
119	+	119	V Südwestdeutschld.			
127				▽	123 126,5	Alpenvorland Schwäb.-Bayer. Hochebene, südl. Teil
113				□	113	Alpengebiet

Daraus ergibt sich für den Zeitbeiwert der jährlich einmal erreichten oder überschrittenen Regenspenden ($n = 1$)

$$\varphi = \frac{24}{T + 9} ; \quad \text{(für } T = 15 \text{ min wird } \varphi = 1)$$

für Regenspenden beliebiger Häufigkeit ($n \gtreqless 1$) wird

$$\varphi = \frac{38}{T + 9} \left(\frac{1}{\sqrt[4]{n}} - 0,369 \right) ; \quad \text{(für } T = 15 \text{ min und } n = 1 \text{ wird } \varphi = 1);$$

angenähert ergibt sich

$$\varphi = \frac{24}{n^{0,35} (T + 9)} .$$

In Abb. 64 sind die daraus hergeleiteten Zeitbeiwertlinien mit logarithmischen Maßstäben aufgetragen.

Dort ist auch ein Beispiel angegeben.

Legt man der Bemessung des Leitungsnetzes einen bestimmten Regenspendenwert zugrunde (z. B. $r = 93$ l/sek ha für $T = 30$ min und

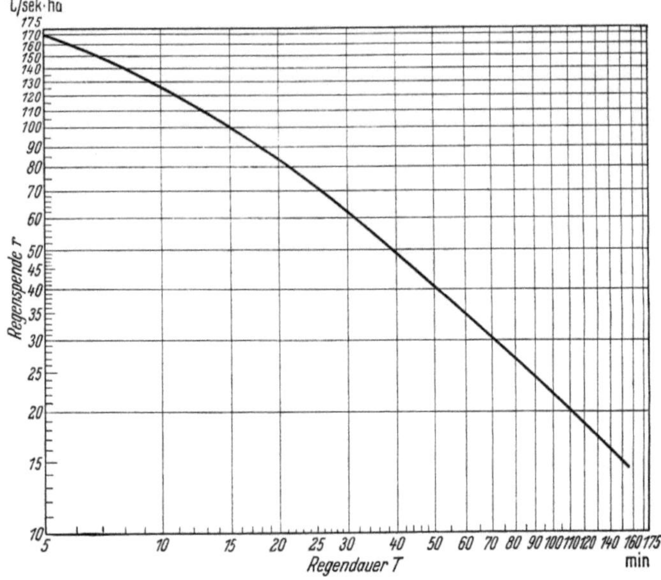

Abb. 63. Regenspendenlinie für Deutschland für $n = 1$ in l/sek ha (mit logarithmischen Maßstäben).

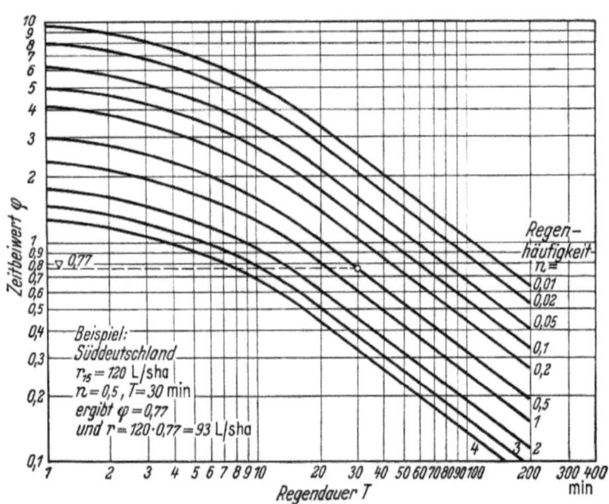

Abb. 64. Zeitbeiwertlinien. (Nach REINHOLD.)

$n = 0,5$, siehe Beispiel in Abb. 64), so ist anzunehmen, daß alle Teile des Netzes einmal innerhalb von 2 Jahren überlastet werden. Nun ist das aber nicht der einzige Regen an diesem Ort, der eine einmalige Belastung der Entwässerungsleitung innerhalb von 2 Jahren hervorruft. Es gibt noch eine ganze Reihe von Sturzregen, von denen jeder zwar immer eine andere Dauer T und einen stets anderen Regenspendenwert r aufweist, aber doch die gleiche Eigenschaft wie der Regen $r = 93$ l/sek ha hat, nämlich das Entwässerungsnetz während zweier Jahre einmal zu belasten, d. h. die gleiche Häufigkeit $n = 0,5$ zu besitzen, z. B. ein Regen von $T = 20$ min und $r = 1,05 \cdot 120 = 126$ l/sek ha (Abb. 64), der auch $n = 0,5$ aufweist usw. Eine derartige Reihe von Sturzregen bezeichnet man als *wirtschaftlich gleichwertige* Regen, weil die Entwässerungsanlage nirgends eine Überbemessung aufweist.

Diese wirtschaftlich gleichwertigen Regen lassen sich auch als Kurven darstellen und werden dann auch als *Häufigkeitslinien* oder *Regenlinien* bezeichnet. Abb. 65 zeigt solche Regenlinien für die Starkregen der Stadt Nürnberg für die Jahresreihe 1899 bis 1915 (nach Haeuser)[1].

Die Festlegung auf eine bestimmte Häufigkeit bei Leitungsbemessungen aus wirtschaftlichen Gründen führt also auf eine Reihe von Sturzregen mit verschiedenen r und T. Nun erzeugt jedes r in den einzelnen Strangpunkten des Leitungsnetzes einen Abfluß von bestimmter Größe, und es liegt noch die Aufgabe vor, den

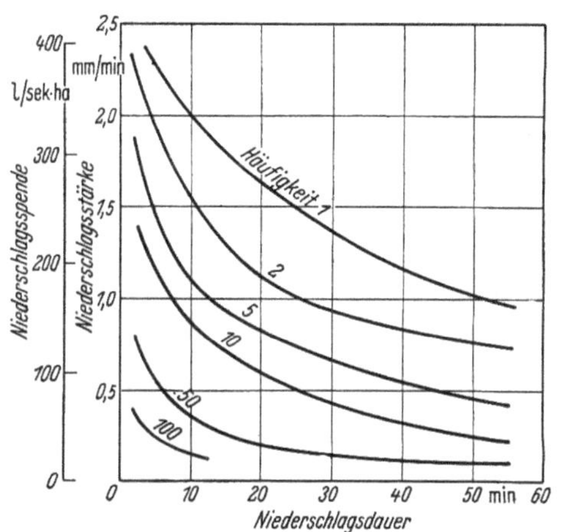

Abb. 65. Häufigkeitslinien (Linien wirtschaftlich gleichwertiger Regen) für die Starkregen der Stadt Nürnberg. (Nach Haeuser.)

absolut größten Abfluß zu ermitteln, der für verschiedene Strangpunkte durch verschiedene T (und damit verschiedene r) bestimmt sein kann. Zum Beispiel können lang dauernde, weniger starke Regen der gewählten Regenreihe mit gleichem n für die unteren Leitungsstrecken unter Umständen eine größere Wertigkeit besitzen (d. h. größeren Abfluß verursachen), als heftigere, aber kürzer dauernde Regen. Bei größeren Entwässerungsgebieten erfolgt die endgültige Leitungsbemessung meist nach dem Imhoffschen *Zeitbeiwert* verfahren[2] und dem *Summenlinienverfahren* von Kehr[3].

---

[1] Haeuser: Zit. S. 103.

[2] Imhoff: Taschenbuch der Stadtentwässerung. 8. Aufl. München u. Berlin 1933.

[3] Kehr: Die Berechnung von Regenwasserabflüssen. München u. Berlin 1933. — Streck: Grund- und Wasserbau in praktischen Beispielen. 2. Bd. Aufgabe 29. S. 303. Berlin/Göttingen/Heidelberg: Springer 1950.

II. Verdunstung.

Von dem Kondenswasser, das die Erdoberfläche als Niederschlag N erreicht, geht ein erheblicher Teil durch die *Verdunstung* wieder in die Lufthülle zurück. Um diesen Beitrag vermindert sich der Abfluß A, es tritt also in der Wasserhaushaltsbilanz — wasserwirtschaftlich gesehen — ein sehr wichtiger *Verlust*posten auf. Das zeigt sich in der Größe des oberirdischen Abflusses, der in natürlichen Bächen, Flüssen, manchmal über Seen, Moore erfolgt, an der verfügbaren Wassermenge der künstlichen Wasseransammlungen in Staubecken, Schiffahrtkanälen, Triebwasser- und Bewässerungsleitungen, und schließlich auch an der Ergiebigkeit der natürlichen und künstlichen Grundwasserbecken. Während aber die zueinander gehörenden N- und A-Werte in den meisten Fällen einwandfrei durch Messung festgestellt werden können, trifft dies für die Verdunstung, soweit es sich um unmittelbare Messungen zur Gewinnung ausreichender Absolutwerte handelt, nicht zu. Schlußfolgerungen aus Verdunstungszahlen, die nicht über lange Jahresreihen aus $V = N - A$ hergeleitet sind (N und A sorgfältig gemessene Werte!), können deshalb stets nur dann mit einiger Zuverlässigkeit gezogen werden, wenn sie vorher sorgfältig auf ihre Benützbarkeit für den jeweiligen Fall geprüft sind.

1. Verdunstungsbedingungen.

Überall dort, wo die auf der Erdoberfläche ruhende Luftschicht *nicht* mit Wasserdampf gesättigt ist, wo also ein Sättigungsdefizit besteht, findet bei Berührung mit Wasser jeden Aggregatzustandes *Verdunstung* statt. Grundbedingung für das Wirksamwerden der Verdunstung ist also das Vorhandensein von *Wasser, Bodenfeuchte,* und ausschlaggebend für ihre *Größe* ist die *Zeitdauer,* während der die Bodenfeuchtigkeit anhält, vorhanden ist. Ist keine irgendwie verdunstbare Feuchte da (z. B. ausgedörrter Boden, kein Wald und sonstiger ausschwitzender Pflanzenwuchs), dann kann auch bei günstigsten Verdunstungsbedingungen keine Verdunstung vor sich gehen. Demgegenüber steht bei Verdunstung von *freier Wasseroberfläche immer* Verdunstungswasser zur Verfügung, die Verdunstung erfährt hier also *nie* eine Unterbrechung. Aus der Tatsache, daß der Übergang des Wassers vom flüssigen in den gasförmigen Aggregatzustand (Verdampfen, Verdunsten) mit Verbrauch von *Wärmeenergie* verbunden ist, ergibt sich die Abhängigkeit der Verdunstungsgröße auch von der *Höhe der Temperatur.*

Wie die nachfolgende Aufstellung zeigt, erweist sich die Verdunstung und ihre Größe „als Resultierende verschiedener gleich- und entgegengerichteter Kräfte, die in Wechselbeziehungen von Zeit und Raum einander vielgestaltig beeinflussen". Man hat es hier mit einer Mannigfaltigkeit von Erscheinungen zu tun, die auf das Maß der Verdunstung in positivem wie negativem Sinne einzuwirken vermag[1].

Maßgebende Einflüsse auf die Größe der Verdunstung.

a) Meteorologisch (klimatisch). Art und Weise des unmittelbar vorhergegangenen Niederschlags (Bodenfeuchte); herrschende Temperatur (zunehmende Temperatur entspricht zunehmender Verdunstung); Luftdruck, der bei der Ablösung der Wasserteilchen vom Wasser überwunden werden muß (abnehmender Luftdruck führt zu Verdunstungszunahme; wichtig im Zusammenhang mit der Meereshöhe); als meteorologisch wichtigsten Faktor der *Sättigungsfehlbetrag* der Luft, dessen *Zunahme* die Aufnahmefähigkeit der Luft für Wasserdampf und die Verdunstungsgeschwindigkeit steigert; im Zusammenhang damit Stärke und Art des Windes (ob feucht oder trocken). Föhn steigert vor allem in *Tal*lagen die Verdunstung.

b) Hydrographisch. Niederschlagsverhältnisse (ob Niederschlag konzentriert oder in mehreren Teilniederschlägen erfolgt); Ausdehnung der die Verdunstung steigernden Wald-, See- und evtl. Gletscherflächen im Untersuchungsgebiet; Farbe und Wasserzustand (rein bzw. trüb, verunreinigt); Regime der Gewässer (große Wasserführung im Sommer vermehrt z. B. die Verdunstung); Bodenzustand: ob trocken, wassergesättigt oder gefroren; Lage des Grundwasserstandes unter der Bodenoberfläche.

c) Vegetativ. Beschaffenheit, Art und Zustand der Pflanzenbedekkung (Einfluß der Bewachsung auf das Grundwasser, Art der Bodenbewirtschaftung, Ausschwitzungsvermögen der Pflanzendecke; Verminderung sehr raschen Abflusses, Bodenauflockerung durch Wald, Bodenbestockung). Die Verdunstung ist unter sonst gleichen Verhältnissen vom bewachsenen Boden wesentlich größer (etwa 6mal so groß) als vom nackten Boden; besonders große Verdunstung bei hohem Grundwasserstand und üppiger, stark verdunstender Pflanzendecke (vgl. Tab. 26, S. 116). Andererseits vermindert totale Bodenbedeckung die Verdunstung. Bei Waldbedeckung wird die Verdunstung im Waldinnern um etwa 50 v.H. geringer als im Freien (besonders bei Streubedeckung). Die Ausschwitzung (Verbrauch an Verdunstungswasser) ist dabei aber größer als die Einsparung. Nach IMBEAUX verbraucht der Wald 72 v.H. des gefallenen Niederschlags (auffangende Wirkung des Laubdaches 30 v.H., Verdunstung von der Streudecke 13 v.H., Ausschwitzung der Bäume 29 v.H. des gefallenen Niederschlags).

d) Geomorphologisch und bodenkundlich. Bodenart (ob erdig oder aus Schuttmassen bestehend); Mächtigkeit des Bodens über dem ge-

---

[1] LÜTSCHG: Zum Wasserhaushalt des Schweizer Hochgebirges. Bd. I/1. Zit. S. 78.

schlossen anstehenden Grundgestein (Haft- und Saugwasserreserven);
Art der Porigkeit des Bodens einschließlich des Grundgesteins (ob grob-
oder feinporig, gut oder schlecht durchlässig); Neigung des Geländes
(große oder kleine Reliefenergie). Feinporiger Boden und starke Gelände-
neigung erschweren das Eindringen des Niederschlags in den Boden, beschleunigen vielmehr den Abfluß und vermindern die Verdunstungsmenge. Ähnlich wirken steile Halden aus Schuttmassen. Grobporigkeit, geringe Geländeneigung und Bodenauflockerung durch Wald (bis auf 2 m Tiefe und mehr) hemmen den raschen oberirdischen Abfluß, beschleunigen die Versickerung und vergrößern das Wasserspeichervermögen (Vergrößerung der Verdunstung durch die Haft- und Saugwasservorräte im Boden).

Nach vorstehendem hängt die *Land*verdunstung zum *Unterschied* von der *Wasser*verdunstung also unter ande-

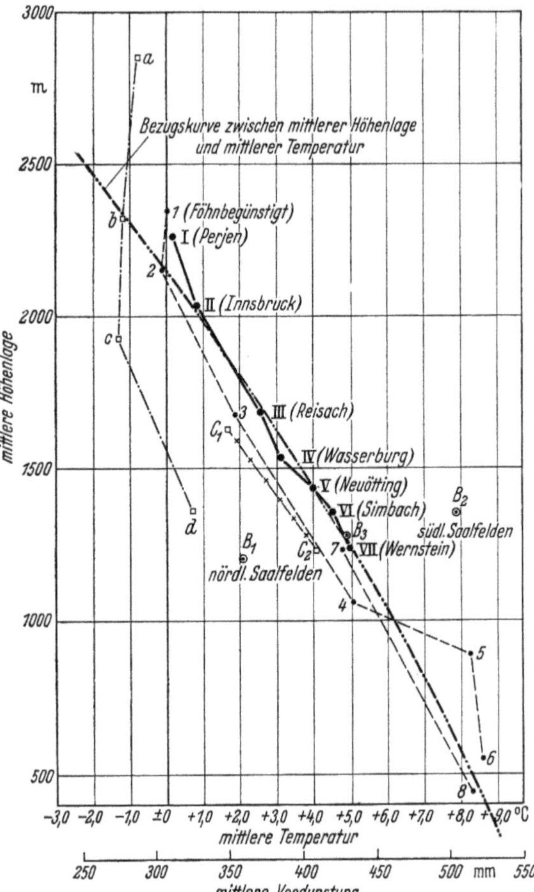

Abb. 66. Beziehungen zwischen der Verdunstungsgröße V und der mittleren Höhenlage H bzw. mittleren Temperatur (Temperaturkurve nach EKHART).

I, II, III usw. Inn-Gesamträume (1921/30);
1, 2, 3 usw. Inn-Teilräume (1921/30);
  (*7* Salzachraum bis Simbach,
  8 Inn-Teilraum Simbach—Wernstein);
B_1, B_2, B_3: Saalach-Teil- u. -Gesamtr. (1919/39);
C_1, C_2: Isarteilräume (1926/38);
  (C_1 bis Mittenwald, C_2 v. Mittenwald bis Tölz);
Verdunstungswerte aus $V = N - A.$
            (Nach Untersuchungsergebnissen von ERTL.)

a: oberes Saastal (44,6 v. H. vergletschert)
    $E = 65{,}25$ km²; (1922/23 — 41/42);
b: Salanfegebiet (7,0 v. H. vergletschert)
    $E = 18{,}43$ km²; (1929/30 — 41/42);
c: Davoser See $E = 9{,}47$ km² (1920/22 — 31/34);
d: Inneres Wäggital $E = 43{,}54$ km² (1926/39).
          Verschieden geartete, nicht zusammenhängende kleinere Einzugsgebiete des Schweizer Hochgebirges. Nach Untersuchungsergebnissen von LÜTSCHG.

rem ab von der ungleichen Wasserhaltfähigkeit des Bodens im allgemeinen, vom ungleichen Wassergehalt des Bodens im Laufe der Jahreszeiten und Jahre, von der Verarmung des Bodens an Feuchtigkeit durch Oberflächenverdunstung und durch die Ausschwitzungen während der Wachstumsperiode der Vegetation, so daß man von Wasserverdunstungsmessungen kaum auf die Landverdunstung schließen kann.

Im übrigen bedarf es wohl keiner weiteren Begründung dafür, daß es infolge der oben aufgeführten zahlreichen, oft divergierenden und mit dem Ort und der Zeit immer wieder wechselnden Einflüsse auf die Größe der Verdunstung außerordentlich schwierig ist, letztere durch direkte Messungen laufend zahlenmäßig so zu erfassen, wie dies hinsichtlich der Niederschlagshöhe und der Abflußmenge möglich ist und auch geschieht.

Manchmal kann es dienlich sein, die Beziehung zwischen V und der Temperatur t graphisch darzustellen (mit zunehmendem t wird V größer). Dieses Vorhaben scheitert aber häufig an den unzureichenden Temperaturwerten. Dann kann, da ja auch eine Beziehung zwischen t und der Höhenlage H besteht (mit zunehmendem H wird t kleiner), als guter Ersatz der Zusammenhang zwischen V und H aufgetragen werden. Diese Darstellung hat noch den Vorteil, daß mit der Höhenlage nicht nur t, sondern auch der Strahlungseffekt zum Ausdruck kommt (Abszissen V in mm, Ordinaten H in m). Da in aufgetragenen V-Beobachtungswerten alle Einflüsse miterfaßt sind, kennzeichnen die erhaltenen Bezugskurven das Sonderverhalten gegenüber anderen Gebieten des gleichen Gewässers oder auch anderer Einzugsgebiete.

In Abb. 66 sind für das gesamte *Inn*einzugsgebiet bis *Wernstein* einschließlich des *Salzach*gebietes und eines Teils des *Isar*gebietes die Beziehungen zwischen V und H nach Untersuchungsergebnissen ERTLS aufgetragen und gleichzeitig wurde die EKHARTsche Temperaturlinie für die *Gesamt*räume eingepaßt. Daneben wurden noch einige Untersuchungsergebnisse von kleineren *schweizerischen* Hochgebirgsgebieten nach LÜTSCHG mit eingezeichnet. Die Gebiete mit Sondereigenschaften liegen links und rechts neben der Bezugslinie für *Durchschnitts*verhalten[1,2,3].

2. Messung der Verdunstung.

Wie bei der Messung der Niederschläge N wird auch bei der Verdunstung V die Größe der verdunstenden Wasserschicht h_V des betrachteten Zeitabschnitts in mm Wassersäule ausgedrückt. Wenn also

[1] ERTL: Das Abflußvermögen der Gewässer im Raum der Nordalpen. Festschr. 1950. München.

[2] EKHART: Mittlere Temperaturverhältnisse der Alpen usw. Meteorol. Z. Bd. 56, H. 1. 1939.

[3] LÜTSCHG: Zum Wasserhaushalt d. Schweiz. Hochgebirges. Bd. 1/I. Allgem. Zürich 1945.

die Größe der Verdunstung für ein bestimmtes Gebiet und für eine bestimmte Zeit $h_V = 520$ mm beträgt, so heißt das, daß eine Wasserschicht
von 520 mm Dicke, über das entsprechende Gebiet waagerecht ausgebreitet, in dem Beobachtungszeitraum in Form von Wasserdampf in
die Lufthülle weggeht.

Zur Feststellung der zahlenmäßigen Größe der Verdunstung benützt
man sogenannte *Verdunstungsmesser* (Atmometer, Evaporimeter[1]). Ihre
Einrichtung ist verschieden, je nachdem sie benützt werden, auf dem
Lande (auf festem Boden) oder aber für Messungen bei *Schnee*. Vorweg
sei aber auch hier nochmals bemerkt, daß die Feststellung der wahren
Größe der Verdunstung für ein bestimmtes Gebiet trotz sachgemäßer und
gewissenhafter Verwendung von Atmo-
metern eine schwierige und unsichere
Sache bleibt.

a) Als *Verdunstungsmesser für freies
Wasser* eignet sich der schwimmende Verdunstungsmesser von H. WILD (Abb. 67a).
Er wird schwimmend in den See eingebracht und an den beiden Haken (*8*)
an gespannten Drähten aufgehängt, einmal um sein Abtreiben zu verhindern, und
um ihn gegen Versinken zu sichern bei Zunahme des Gewichts durch starke Niederschläge. Er besteht aus einer Zinkblech-
schale (*1*) von genau 1000 cm² verdunstender Wasseroberfläche. Zu Beginn der
Messung wird diese Schale mit genau
1 Liter Wasser gefüllt. Dann sinkt der
ganze Apparat durch das austarierte Ge-

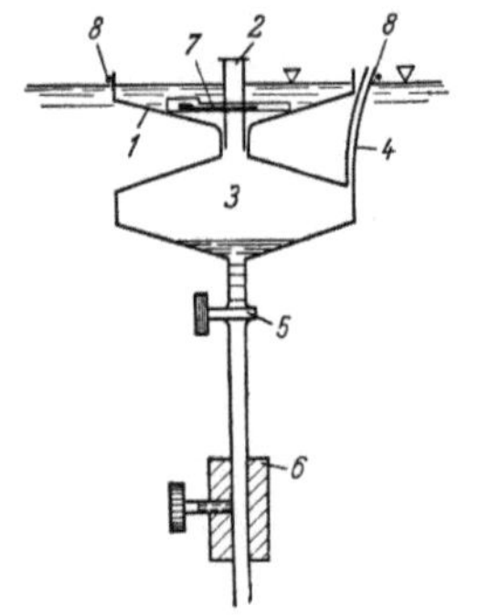

Abb. 67a. WILDscher Verdunstungsmesser für freie Wasserflächen.
1 Verdunstungsschale mit 1000 cm²
Oberfläche; *2* Durchbohrter Stöpsel
mit Überlauföffnung für Niederschlagwasser; *3* Behälter für Überlaufwasser; *4* Lüftungsrohr; *5* Hahn;
6 Gewicht; *7* Thermometer mit Metall-
schirm; *8* Haken zum Aufhängen auf
gespannten Drähten.

wicht so tief ein, daß der obere Schalenrand noch 15 mm über den Seespiegel herausragt. Der hohle Stöpsel (*2*) mit Überlauföffnung ist in das
Übergangsrohr eingeschliffen, das die Verbindung zwischen der Schale (*1*)
und dem Behälter (*3*) für Überlaufwasser herstellt. Die Überlauföffnung
im Stöpsel (*2*) soll einem Überlaufen des Wassers über den Schalenrand
bei großen Niederschlägen vorbeugen, das steigende Wasser vielmehr in
das untere Gefäß (*3*) abführen. Da neben dem Verdunstungsmesser ein
fast gleich gebauter Niederschlagsmesser mit gleicher Schalengröße angebracht ist, ist nicht nur die genaue Feststellung des während der
Verdunstungsmessung gefallenen Niederschlags möglich, sondern es
sind auch die Meßergebnisse beider Apparate unmittelbar zahlenmäßig
vergleichbar. Bei Beendigung der Verdunstungsbeobachtung wird der

---

[1] WOLLNY: Forschungen auf dem Gebiet der Agrikulturphysik, 1882.

ganze Verdunstungsapparat aus dem Wasser genommen; nun läßt man das äußerlich anhaftende Wasser abtropfen und gießt dann durch Öffnen des Hahnes (5) den Wasserinhalt in ein von 5 zu 5 cm³ geteiltes Meß-glas. 1 Teilstrich (5 cm³) entspricht dabei einer Verdunstungshöhe von

$$\frac{5000 \text{ mm}^3}{1000 \cdot 100 \text{ mm}^2}$$

= 0,05 mm in der Verdunstungsschale, ebenso auch einer Niederschlagshöhe von diesem Ausmaß. Da bei der Messung von 1 Liter Wasser = 1000 cm³ auf 1000 cm² Fläche ausgegangen wurde, d. h. von einer Wasserhöhe von 1 cm = 10 mm, so berechnet sich, wenn die Niederschlagshöhe während der Messung h_N mm betrug und im Meßglas h_M mm festgestellt wurde, die Verdunstungshöhe in mm zu

$$h_V = 10 + h_N - h_M.$$

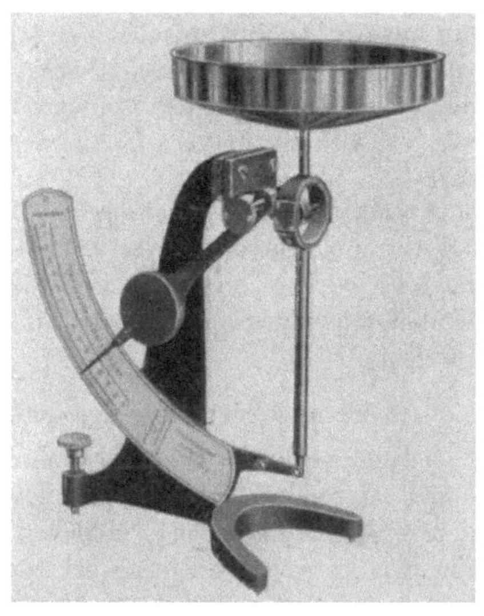

Abb. 67b. Verdunstungswaage nach WILD. (FUESS.) Neigungswaage mit 250 cm² Verdunstungsfläche.

b) Die Feststellung der Verdunstungshöhe vom *festen Boden* geschieht durch Meßapparate, wie etwa Abb. 67b zeigt, oder die die natürlichen Verhältnisse nachzubilden versuchen. Soweit solche Meßeinrichtungen mit Waagen kombiniert sind (Bodenwaage), führen sie auch den Namen *Lysimeter*. Gemessen werden hier Niederschlag, Abfluß (Versickerung) und Gewicht der Bodenwaagenapparatur; die Verdunstung wird dann berechnet.

In Bayern findet die von der *Bayer. Landesstelle für Gewässerkunde* entwickelte Apparatur Verwendung, die in Abb. 68 dargestellt ist[1]. Der Kasten K hat eine Größe von 0,5 × 1,0 × 1,0 m. Er ist mit Erde gefüllt und mit Gras bestanden. Er wird in ge-

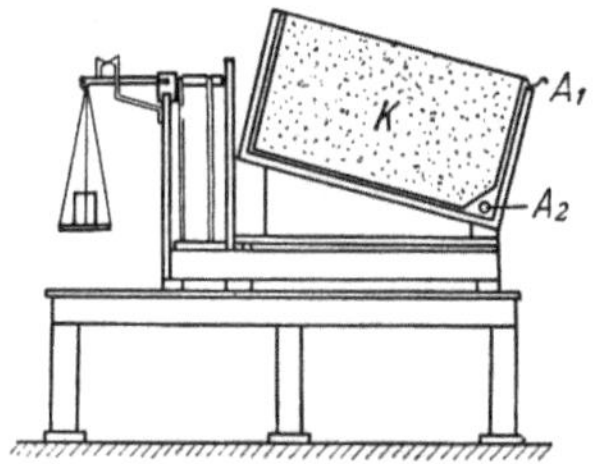

Abb. 68. Verdunstungsmesser der Bayerischen Landesstelle für Gewässerkunde.

K Kasten aus Zinkblech; A_1 oberirdischer Abfluß; A_2 unterirdischer Abfluß.

neigter Lage auf einer Waage befestigt und im Freien aufgestellt. Aus der Gewichtsabnahme, die mehrmals am Tage bestimmt wird, kann die

---

[1] MAYR: Über die Ergebnisse der Verdunstungsversuche in München-Bogenhausen. Wasserkr. u. Wasserw. 1928. H. 7. München.

Verdunstungshöhe berechnet werden. Etwaiger Niederschlag wird durch einen daneben aufgestellten Regenmesser genau ermittelt. Sein Gewicht muß natürlich bei den Verdunstungsmessungen berücksichtigt werden. Die Anlage gestattet den Pflanzenwuchs zu variieren und so dessen Einfluß auf die Verdunstungshöhe zu studieren.

c) Auch für die *Messung der Schneeverdunstung* hat man Meßeinrichtungen gestaltet, z. B. den Schneeverdunstungsmesser nach WEINLÄNDER, der bei der Bayer. Landesstelle für Gewässerkunde verwendet wird.

d) Liegen für ein Gebiet die Ergebnisse von Niederschlagshöhen- (N) und Abflußmengenmessungen (A) vor, die über lange Reihen von Jahren erstreckt wurden, dann läßt sich die *mittlere* Jahresverdunstung (V_m) ziemlich zuverlässig aus $V_m = N_m - A_m$ in mm/Jahr mittelbar bestimmen[1]

3. Größe und Verteilung der Verdunstung. Verdunstungsgang.

Gegenüber den starken Schwankungen der Verdunstungswerte von Gebiet zu Gebiet, auch bei gleichen klimatischen Bedingungen, und auch gegenüber den noch erheblichen Unterschieden dieser Werte unter sich auch bei größeren Einzugsgebieten, wenn sie nur aus kürzeren Zeiträumen hergeleitet sind, zeigt die Größe der aus langen Jahresreihen ermittelten Verdunstungs*mittel*werte solcher größerer Einzugsgebiete unter der Voraussetzung gleicher klimatischer Bedingungen nur *wenig* Änderung. Diese *mittleren* Verdunstungswerte (Verdunstung im *Durchschnitts*verhalten) scheinen nur in geringem Maße von der Eigenart ihrer Teilgebiete beeinflußt zu werden. Dies ist auf die ausgleichende Wirkung einer Reihe von Faktoren zurückzuführen. So sind zwar in einem warmen trockenen Jahr die allgemeinen Verdunstungsbedingungen wetterbegünstigt; aber die Wasservorräte sind verhältnismäßig gering. Außerdem bleibt die Vegetation im Wachstum zurück und die Pflanzenverdunstung wird ebenfalls klein. In einem kühlen nassen Jahr dagegen sind zwar die Wasservorräte groß und die Vegetation schießt üppig empor. Dafür ist aber die Temperatur niedrig und der Sättigungsfehlbetrag kleiner, so daß auch hier das Ausmaß der Verdunstung gehemmt wird. Während also im ersten Fall hydrographisch-vegetative Faktoren die Verdunstungsmenge vermindern, tun dies im zweiten Falle meteorologische Faktoren.

Dazu kommt noch ein weiterer Gesichtspunkt. Im allgemeinen werden die meteorologisch-hydrographischen Gegebenheiten für die verschiedenen Teileinzugsgebiete eines Flusses voneinander abweichen. Herrschen aber in allen diesen Teilgebieten die gleichen klimatischen Verhältnisse, dann bleiben auch die hydrographisch-meteorologischen

---

[1] Ausführlicheres darüber s. S. 151 ff.

Bedingungen dafür in ihrem *Wesen* unverändert. Es sind eben Änderungen ihrer Eigenart von Jahr zu Jahr an gewisse, für jedes Teilgebiet bekannte Grenzen gebunden. Und diese Grenzen wiederum sind bestimmend für die Größe der jährlichen Verdunstung wie auch für längere Perioden. —

Die *Land*verdunstungshöhe eines Jahres beträgt in Deutschland im Mittel 400 bis 500 mm und schwankt zwischen 300 und 600 mm. Das Hochgebirge nimmt eine besondere Stellung ein, ähnlich jener der Polargebiete: mit abnehmender Wärme, d. h. zunehmender Höhenlage nimmt die Verdunstung ab, sie wird kleiner als 300 mm.

In den Tab. 32 bis 34, S. 134 bis 136, finden sich zahlreiche mittlere Verdunstungswerte für Landverdunstung, während die Tab. 25 mittlere Jahresverdunstungshöhen für *offenes* Wasser (freie Wasserspiegelflächen) gibt.

Tabelle 25.

Mittl. jährl. Verdunstungshöhen h_V vom freien Wasserspiegel. (Nach WITTMANN[1].)

a) Staubecken:

Mitteleuropa:	1000 mm (größte Beckenfläche = Verdunstungsfläche; Sommer 74%, Winter 26%),
Harz:	920 mm (Sommer 80%, Winter 20%),
Schweiz:	Höhenlage unter 1000 m: 900 mm (Sommer 67%, Winter 33%), Höhenlage von 2000 m und darüber: 500 mm (Sommer 80%, Winter 20%), zwischen 1000 m und 2000 m ergeben sich die Verdunstungshöhen durch Interpolation.

b) Kanäle:

Mittellandkanal: 1000 mm (Sommer [Mai bis Okt.] 72%, Winter 28%), holländische Kanäle: in heißen Sommern 900 mm.

Vom freien Wasserspiegel kann, wie schon weiter oben gesagt, die Verdunstungshöhe erheblich größer werden als die Jahresniederschlagshöhe, da hier immer genügend Wasser zur Verdunstung vorhanden ist. Bei sehr großen Seeflächen (Verdunstungsflächen) kann sogar der Fall eintreten, daß vom Seespiegel aus der gesamte Jahresniederschlag einschließlich des gesamten Zuflusses verdunstet, so daß keine Wassermenge mehr zum Abfluß zur Verfügung steht, *der See also abflußlos wird.* Gebiete mit einem solchen Gleichgewichtszustand sind z. B. das Kaspische Meer (—26 m ü. N. N., also 26 m unter dem Meeresspiegel) mit seinem gewaltigen Einzugsgebiet (Wolga!), das Tote Meer (—394 m ü. N. N.), der Tschad-See am Südrand der Sahara, der Aralsee und der Balkaschsee in Nordturkestan, der Kuku-nor in Nordosttibet usw. Den sogenannten „abflußlosen" Gebieten gehören in Australien etwa 52 v. H.,

---

[1] SCHLEICHER: Taschenb. f. Bauing. Berichtigter Neudruck. S. 872. Berlin/Göttingen/Heidelberg: Springer 1949. Dort weitere Literaturangaben.

in Afrika 31 v. H., in Asien–Europa 28 v. H., in Südamerika 7 v. H., in Nordamerika 3 v. H. der zugehörigen kontinentalen Gesamtfläche an.

Gang der Verdunstung. Da die Verdunstung sehr stark von der Wärme abhängt, ist sie im Sommerhalbjahr am stärksten wirksam mit etwa 80 v. H. der Jahresverdunstung (vgl. die Abb. 69 u. 70 und die Tab. 26 u. 27). Die Lysimetermessungen in *München-Bogenhausen* zeigen eine große Regelmäßigkeit im Gang der Verdunstung. Während die Verdunstungsmengen in den Wintermonaten gering sind, steigen mit dem Aufkommen der Vegetation die Werte stark an. Das erste Maximum im Mai ist die Folge des hohen Wassergehaltes im Boden, der sich am Winterende gebildet hat und daher der Verdunstung, die im Mai infolge des üppigen Pflanzenwuchses stark einsetzt, große Angriffsflächen bietet. Auch das Maximum der unmittelbaren Sonneneinstrahlung (Insolation) auf die Erdoberfläche im Frühjahr infolge der Reinheit der Atmosphäre in dieser Jahreszeit mag zur Entstehung des Maihöchstwertes der Verdunstung beitragen. Das zweite Maximum hängt nur mit

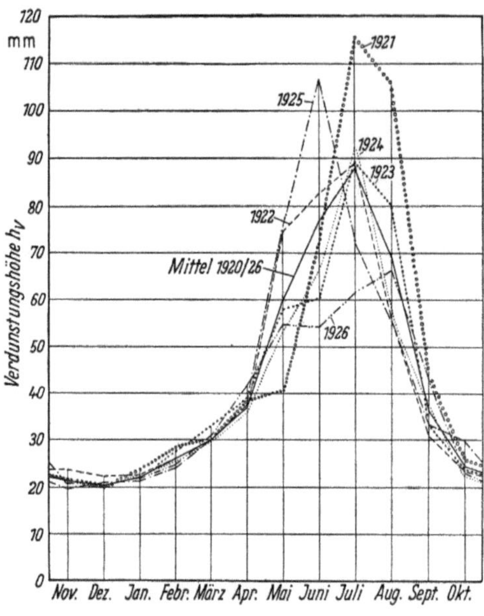

Abb. 69. Gemessene Verdunstungshöhen an der Hammergrund-Talsperre bei Brüx.

Tabelle 26. *Lysimeter-Verdunstungsbeobachtungen in Eberswalde* (FRIEDRICH)[1].

Verdunstungs-beobachtungen in Eberswalde in v.H.	Nov.	Dez.	Jan.	Febr.	März	April	Mai	Juni	Juli	Aug.	Sept.	Okt.	Winter	Sommer	Jahr
Grünland ohne Grundwasser .	1,9	0,7	1,3	1,7	4,6	11,2	18,5	11,6	14,4	16,4	12,5	5,2	21,4	78,6	100,0
Kiefern ohne Grundwasser .	3,0	2,0	2,0	2,9	5,3	10,2	15,7	13,4	13,1	14,6	11,1	6,7	25,4	74,6	100,0
Grünland m. hoh. Grundwasser .	1,5	0,7	1,2	1,5	2,5	6,1	15,6	21,5	20,9	14,6	9,9	4,0	13,5	86,5	100,0

[1] FRIEDRICH: Zur Methode der Verdunstungsmessungen. VI. Baltische hydrol. Konferenz, Landesanstalt für Gewässerkde u. Hauptnivellements. Berlin 1938.

der Temperatur zusammen, die bekanntlich im Juli ihren Höchstwert erreicht. Es ist durchaus verständlich, daß im Juni, wenn der Wasservorrat im Boden erheblich gesunken ist und die Temperatur noch unter dem Maximum liegt (Kälterückfall des Juni!) mindestens für einzelne Jahre einer Reihe einen spürbaren Rückgang der Verdunstung bringt[1].

Im Durchschnittsjahr kann die Verdunstung vom Erdboden im *Sommer* bis zum 7fachen der Winterverdunstung anwachsen (Grünland mit hohem Grundwasser, Tab. 26). Die Überlagerung der Ganglinien für die Niederschläge und Verdunstung im Mittel der Jahre 1918 bis 1927 (Abb. 70) zeigt, daß auch im Durchschnittsjahr der 10-Jahres-Reihe in 2 Monaten (Mai, August) Verdunstungswerte

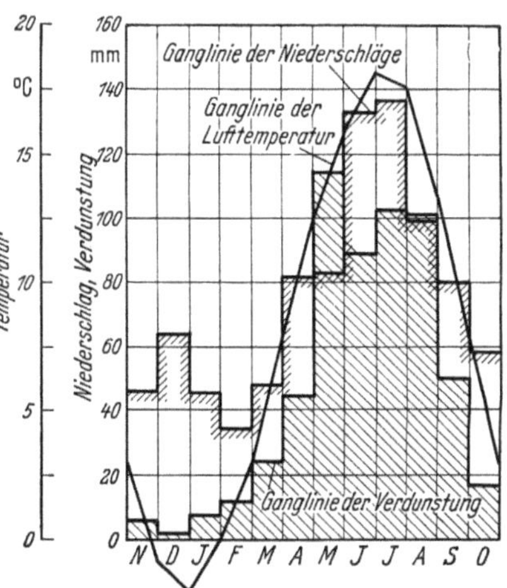

Abb. 70. Jahresgang der Niederschläge, Verdunstung, Lufttemperatur in der Lysimeteranlage München-Bogenhausen.
(*N*, *V* Mittel der Jahre 1918/27.)

auftreten, die größer sind als die Niederschläge, so daß über sie hinaus dem Boden durch die Verdunstung noch Feuchtigkeit entzogen

Tabelle 27. *Angenommene v. H.-Sätze für den mittleren Jahresgang der Verdunstung* 2–4.

	Nov.	Dez.	Jan.	Febr.	März	April	Mai	Juni	Juli	Aug.	Sept.	Okt.	Winter	Sommer	Jahr
Mittl. jährl. Verdunstungsgang aus allen *Eberswalder* Beobachtungen	2	1	1	2	5	8	16	17	17	15	11	5	19	81	100
FISCHER	1	1	1	2	4	8	19	19	19	15	7	4	17	83	100
MAYR	1	1	1	2	5	8	18	17	19	16	9	3	18	82	100
SEELHORST-KOEHNE . . .	1	1	1	1	5	8	19	23	20	11	6	4	17	83	100
BAUMANN	1	0	1	2	6	8	14	19	22	14	7	6	18	82	100
FICKERT	9					10	19	16	17	16	9	4	19	81	100
TROSSBACH (Neckar- und Taubergebiet)	1	1	1	2	5	10	16	18	17	16	8	5	20	80	100
nach ERTL (Alpengebiet) nördl. Randalpen (nördl. Saalachgebiet) im Mittel	5,0	2,8	1,9	3,0	5,5	9,3	13,4	10,3	13,9	16,5	10,4	8,0	27,5	72,5	100,0
inneres Alpengebiet (südl. Saalachgebiet) im Mittel	3,9	2,2	1,8	3,0	5,1	8,2	12,1	12,6	17,5	17,1	9,9	6,6	24,2	75,8	100,0

(In der Fickert-Zeile umfaßt der Wert 9 die Monate Nov. bis März.)

[1] Arch. Wasserwirtsch. des Reichsverb. d. Dtsch. Wasserwirtsch. 1940. Nr. 52, S. 69.

[2] TROSSBACH u. WUNDT: Die natürliche Vorratsbildung in unseren Flußgebieten. Arch. Wasserkr. u. Wasserw. 1940. Nr. 52, S. 67. Berlin.

[3] ERTL: Der mittl. jährl. Gang des Wasserhaushalts der Saalach. Arch. Wasserwirtsch. 1940. Nr. 54, S. 58.

[4] Vgl. dazu auch die Auftragungen in den Abb. 71 bis 73.

wird[1]. Der Gang der Verdunstung auf freier Wasseroberfläche zeigt diese Besonderheiten nicht.

In Tab. 26 sind die Ergebnisse der Verdunstungsbeobachtungen zusammengestellt, die FRIEDRICH in *Eberswalde* für verschiedenen Bewuchs des Bodens gefunden hat. Die Tab. 27 gibt eine Zusammenstellung der mittleren Jahresgänge der Verdunstung für *deutsche Flachland-*

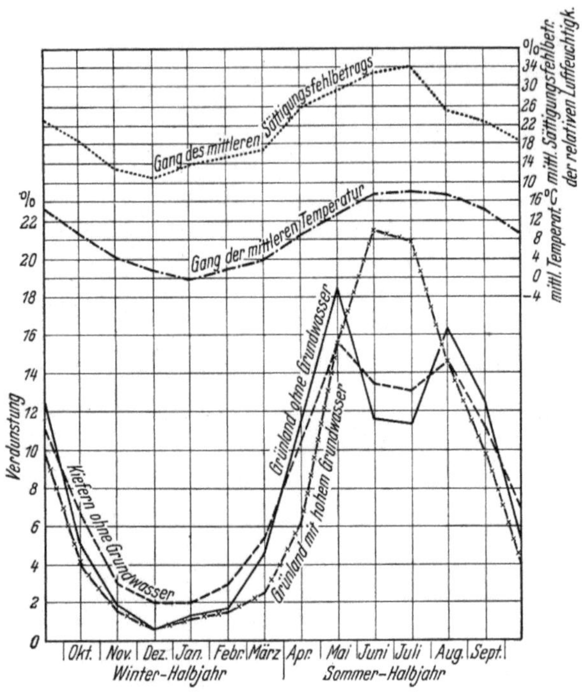

Abb. 71. Verdunstungsergebnisse von Eberswalde. (Nach FRIEDRICH.)

Ergebnisse für folgende Verhältnisse: Grünland *ohne* Grundwasser, Kiefern *ohne* Grundwasser, Grünland *mit hohem* Grundwasser. Zusammenhang zwischen Verdunstung, Gang der Temperatur und Gang des Sättigungsfehlbetrags. Mittl. Höhe ü. N. N. = 50 m.

und *Mittelgebirgsverhältnisse*, wie sie von einer Reihe von Hydrologen gefunden wurden, und daneben die von ERTL für das *alpine* Saalachgebiet gefundenen Verdunstungswerte. In den Abb. 71 bis 73 sind die Zusammenhänge zwischen Verdunstung, Temperatur und Sättigungsfehlbetrag für Untersuchungen von FRIEDRICH in *Eberswalde* und für die ERTLschen Ergebnisse für das alpine *Saalach*gebiet graphisch dargestellt. Man beachte die Verdunstungs*unterschiede* einmal bei den beiden alpinen Teileinzugsgebieten und dann auch gegenüber dem Flachland und den Mittelgebirgen des deutschen Raumes (Abb. 71).

---

[1] Mitt. Reichsverb. d. Dtsch. Wasserwirtsch. 1936. Nr. 40, S. 65.

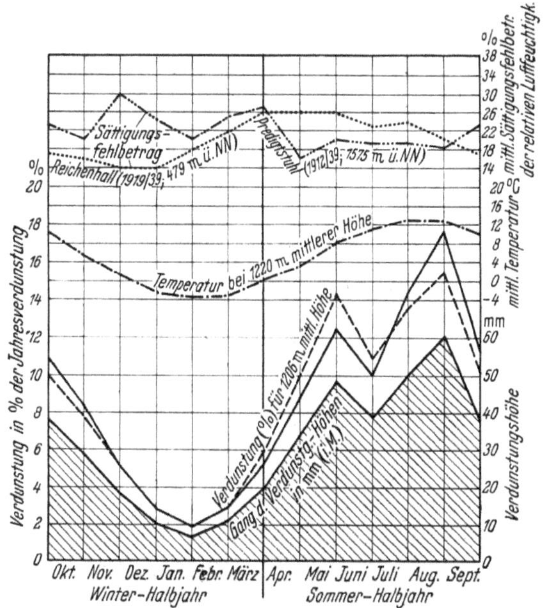

Abb. 72. Verdunstung im Saalacheinzugsgebiet vom Pegel *Jettenberg* bis Pegel *Lenzing* (Nordteil).
Randzone der Nordalpen. — Gebirge und Boden stark wasserdurchlässig. — Karger Boden. —
Bodenbedeckung: 53 v. H. Wald, 37 v. H. Grünland, 10 v. H. Kahlflächen. — Mittlere Höhe 1206 m. —
Ausgeglichener Wärmegang. — Niederschlaghöhe $N_{\text{Winter}} = 717$ mm; $N_{\text{Sommer}} = 1147$ mm (Tab. 16
S. 86). Niederschlagsdarbietung $N_{0\,\text{Winter}} = 421$ mm; $N_{0\,\text{Sommer}} = 1443$ mm.
Schneerückhalt 339 mm (Tab. 16, S. 86). Verdunstung $V_{\text{Winter}} = 95$ mm; $V_{\text{Sommer}} = 268$ mm.

Abb. 73.
Verdunstung im Saalacheinzugsgebiet *oberhalb* Pegel
Lenzing (Südteil).

Innenzone der Nordalpen. —
Gebirge wenig durchlässig. —
Boden begünstigt kräftigen
Pflanzenwuchs. — Bodenbedeckung: 29 v. H. Wald,
68 v. H. Grünflächen, 3 v. H.
Kahlflächen. — Mittl. Höhe
1370 m. — Wärmegang nicht
so ausgeglichen wie im Nordteil. — Niederschlagshöhe
$N_{\text{Winter}} = 534$ mm;
$N_{\text{Sommer}} = 952$ mm
(Tab. 16, S. 86).

Niederschlagsdarbietung
$N_{0\,\text{Winter}} = 323$ mm;
$N_{0\,\text{Sommer}} = 1163$ mm.

Schneerückhalt 240 mm
(Tab. 16, S. 86).

Verdunstung
$V_{\text{Winter}} = $ i. M. 114 mm;
$V_{\text{Sommer}} = $ i. M. 392 mm.

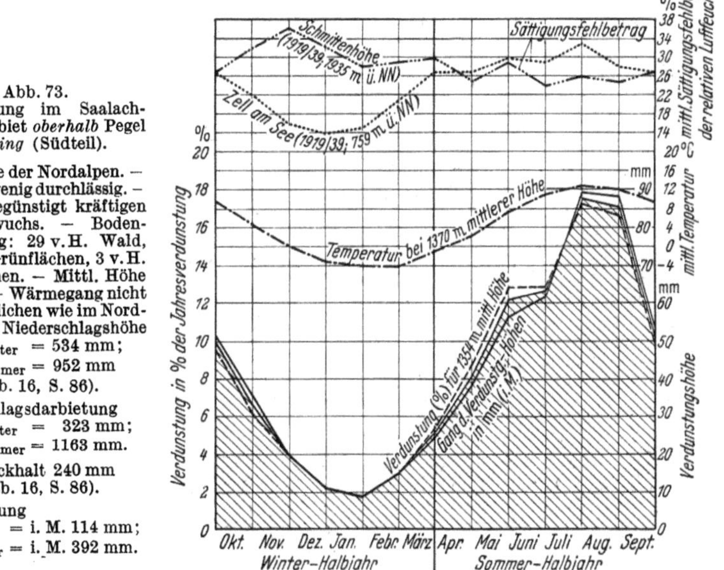

III. Versickerung.

Zu Niederschlag und Verdunstung kommt als weiteres wichtiges
Glied des terrestrischen Wasserkreislaufes die *Versickerung* hinzu. Schon
aus den Ausführungen über die Verdunstungsbedingungen ist ersichtlich, in welchem engen Zusammenhang diese mit dem Wasserdurch-
lässigkeitsvermögen des Untergrundes stehen. Diese Beziehung erfaßt
aber nur jenen Posten in der Wasserhaushaltsbilanz eines Gebietes, der
die von ihr abhängige Größe der Differenz V zwischen dem dargebotenen
Niederschlag N und der tatsächlich zur Verfügung stehenden Abflußmenge H, also den wasserwirtschaftlichen Verlust $V = N - A$ darstellt. Auch das Verhältnis A/N, die Größe der Abflußziffer, wird weitgehend von dieser Beziehung bestimmt.

Daneben besteht noch der sehr wichtige Zusammenhang zwischen
der Größe der Versickerung und dem Regime der Wasserführung. Dieser wird in seinem Wesen und seiner Auswirkung sofort ersichtlich, wenn
man sich vorstellt, es gäbe überhaupt keine Versickerung. Dann würde
der gesamte Niederschlag raschmöglichst oberirdisch den nächsten Rinnsalen zustreben. In den Bächen und Flüssen gäbe es dann nur während
und unmittelbar nach einem Regen mehr oder weniger große Flutwellen; in niederschlagslosen Zeiten aber wären die Betten trocken, wie
es bei manchem Hochgebirgswildbach, vor allem aber bei Steppen- und
Wüstenflüssen tatsächlich der Fall ist. Die Versickerung ist es nun,
welche durch die Verzögerung des Abflusses (Aufspeicherung im Grundwasser) dafür sorgt, daß unsere Bäche und Flüsse auch in den Trocken-
perioden noch Wasser führen..

Diese Versickerung geht im wesentlichen während und unmittelbar
nach Regenfällen und während der Schmelze der Schneeniederschläge vor
sich, schwankt also zeit-
lich und mengenmäßig.

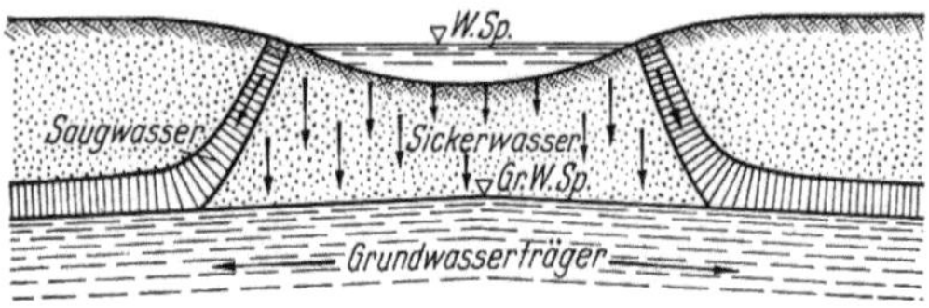

Daneben gibt es noch
eine *Versickerung aus
stehenden und fließen-
den Gewässern* (Abb. 74),
der für den natürlichen
Wasserhaushalt und bei

Abb. 74. Sickerwasser unter einem Flußbett.

wasserwirtschaftlichen Vorhaben ebenfalls große Bedeutung zukommt.
Diese Versickerung erfolgt unabhängig von Niederschlägen und Verdunstung. Da sie *ununterbrochen* wirksam ist, können die dabei in den
Boden gehenden Wassermengen je Flächeneinheit erheblich größer
werden als bei der Niederschlagsversickerung in den Boden. Die Größe
der Versickerung je Flächeneinheit dürfte meist im linearen Verhältnis
mit der Höhe der darüberlastenden Wassersäule (Wasserdruck) stehen.

Die Kenntnis dieser Mengen ist besonders wichtig beim Entwurf von künstlichen Kanälen aller Art, Stauweiherbecken, Flußkanalisierungen, bei Anlagen von künstlichen Grundwasserseen usw.

1. Versickerungsbedingungen.

Der *Vorgang* und die *Größe* der *Versickerung* in den festen Boden ist von zahlreichen verschiedengearteten Einflüssen abhängig, wie die nachfolgende Zusammenstellung zeigt.

a) Meteorologische (klimatische) sowie hydrographische Einflüsse: Luftdruck, Temperatur, Sättigungsfehlbetrag der Luft (Gang der Verdunstung), Jahresgang der Niederschläge, aber auch Intensität und Dauer *eines* Niederschlags.

Da mit abnehmendem Luftdruck, zunehmender Wärme und zunehmendem Sättigungsfehlbetrag die Verdunstung wächst, nimmt unter den gleichen Verhältnissen die Versickerungswassermenge ab. In gefrorenen Boden (Bodentemperaturen unter Null Grad) kann kein Niederschlags- oder Schmelzwasser eindringen. Folge: Verhinderung der Bildung von Grundwasserreserven, dafür Hochwassergefahr bei größeren Niederschlägen, noch verstärkt, wenn auf Frost Schneefall und dann Tauwetter mit kräftigen Niederschlägen eintritt. *Sommer*regen bringen wegen der größeren Luftwärme (Verdunstung!) und wegen des großen Wasserverbrauchs der Vegetation (Ausschwitzung!) in dieser Zeit geringere Versickerung, also geringere Grundwasservorratsbildung als *Herbst*regen (November und Dezember: Verdunstungsminimum, also Versickerungsmaximum!) oder *Winter*regen (in Ländern mit milden Wintern, wie z. B. England). In Gebieten mit strengen Wintern (Deutschland, Osteuropa) ist die unterirdische Wasserzufuhr in dieser Zeit gering, sie vergrößert sich in diesen Gegenden während der Schneeschmelze im *Frühjahr*. Für diese Verhältnisse allgemeingültige Gesetze aufzustellen, ist jedoch nicht möglich.

b) Beschaffenheit des Schichtenaufbaues des Untergrundes (*Durchlässigkeit und Lagerung des Bodenmaterials*): Der naturgegebene Schichtenaufbau des Grundgesteins kann eine sehr verschieden große Durchlässigkeit besitzen. α) *Stark durchlässige* Schichten und Böden saugen fast alles Niederschlagwasser auf, die durch die groben Poren, bzw. durch die Risse, Spalten und Klüfte auf den tief liegenden Quellhorizont niedersinken. In letzterem Falle erfolgt die Versickerung in einzelnen Strängen, die sich dann zu sogenannten Karstgerinnen zusammenschließen und zu stark schwankenden Quellen mit geringer Filtration führen (Beispiele: Schwäbischer und Fränkischer Jura: die Quellschüttung der Brenz in der Schwäbischen Alp schwankt zwischen 180 l/sek und 17000 l/sek [$MQ = 1200$ l/sek]; Saalach-Nordgebiet; nördl. Randstreifen des Inneinzugsgebietes zwischen Landeck und

Reisach). Lockerer Boden weist gleichförmige Einsickerung, daher wenig schwankende Quellen und gute Filtration auf. Zu den sehr gut durchlässigen Grundgesteinen zählen Dolomite und Kalke des Keuper, der Kreide und des Jura, sowie Schotter und Sande des Tertiär, Diluviums und Aluviums. β) In *schwer durchlässige (wasserhaltende)* Schichten und Böden dringt das Wasser bis zu ihrer Sättigung ein, bleibt dann aber auf deren Ebenen stehen bzw. fließt auf den mehr oder weniger geneigten Flächen dieser Bodenart dem nächsten Rinnsal zu. Kennzeichnend sind für diese Bodenart schwache Quellen, nasse Kulturgründe, Sümpfe, Moore, sowie heftige, kurz dauernde Anschwellungen ihrer Vorfluter bei starken Regenfällen. Zu diesen wenig durchlässigen Grundgesteinen gehören z. B. Ton- und Grauwackenschiefer und Schichten des Altpaläozoikums, des Flysch und der Molasse, sowie lettige Moränen des Diluviums (Beispiel: der Südteil des Inneinzugsgebietes südlich der Linie Innsbruck—Kirchbichl—St. Johann in Tirol—Werfen).

Bei mitteldurchlässigen Schichten und Böden dringt ein erheblicher Teil des Niederschlags durch die porigen Gesteinsschichten auf den hier meist *nicht* sehr tiefen Quellhorizont hinab und versorgt hier zahlreiche, aber meist nicht sehr starke Quellen. Der nicht versinkende Niederschlagsrest fließt, soweit er nicht verdunstet, oberirdisch ab[1,2]

Eine *Bedeckung des Bodens* mit *totem* Material bildet einen wirksamen Schutz gegen das Wirksamwerden der Verdunstungsursachen (Erwärmung, Luftströmung und kapillarer Aufstieg) und vergrößert so die Versickerung.

Bei ebener Geländelage ist die Versickerung vergleichsweise größer als bei geneigtem Gelände.

c) Vegetative Einflüsse. Während stark durchlässige, wenig humusbildende Gesteinsarten wegen ihrer dürftigen Pflanzendecke die Verdunstung noch weiter vermindern und dadurch die Versickerungsmenge (und damit den Abfluß A) entsprechend weiter anwachsen lassen, begünstigen die wenig durchlässigen Schichten kräftigen Pflanzenwuchs durch die im Boden festgehaltenen Wasserreserven, was zu einer Verdunstungszunahme und einer Verminderung des Abflusses führt (Verkleinerung des Verhältnisses A/N gegenüber dem ersten Fall).

Einen erheblichen Einfluß hat der *Wald* auf die Versickerung. Waldboden besitzt — auch in den tiefen Schichten — ein größeres Porenvolumen, als Weide-, Wiesen- und Ackerböden, so daß das Niederschlagwasser schneller in den Boden eindringen kann. Das wird noch begünstigt durch den geringen Benetzungswiderstand überschirmten

---

[1] TROSSBACH: Über Speicherungsvorgänge im Boden. Arch. Wasserwirtsch. 1940. Nr. 52. Berlin. („Die natürliche Vorratsbildung in unseren Flußgebieten.")

[2] ERTL: Das Abflußvermögen der Gewässer im Raum der Nordalpen. Festschr. München 1950.

Waldbodens. Lediglich Rohhumus und Moosdecken verursachen *nach* ihrer Sättigung mit Wasser einen *ober*irdischen Abfluß. Eine weitere — günstige — Eigenschaft des Waldbodens ist seine geringere Frostempfindlichkeit gegenüber Freilandböden (leichte Aufnahme des Schmelzwassers). Das größere Rückhaltvermögen des lockeren Waldbodens führt dazu, daß in bewaldeten Bachgebieten in Trockenzeiten immer mehr Wasser abfließt als in unbewaldeten Abflußgebieten (Zuschuß aus den größeren Grundwasservorräten).

Die durch den Wald bewirkte Aufbesserung der Niederwasserführung ist wasserwirtschaftlich besonders hoch zu werten. Auch bei schwankender Witterung erfolgt die Speisung der Gewässer im Walde nachhaltiger, reichlicher und gleichmäßiger[1,2]. Daraus erhellt die grundlegende Bedeutung einer *gesunden Forstwirtschaft* für den Wasserhaushalt, die gar nicht hoch genug eingeschätzt werden kann.

2. Messung der Versickerung.

Die Wassermenge, welche auf einer bestimmten Fläche versickert, wird angegeben durch die in mm ausgedrückte Höhe h_s einer Wasserschicht (Versickerungshöhe), welche über diese Fläche waagerecht ausgebreitet und der Absinkwassermenge volumengleich ist.

Die zahlenmäßige Erfassung der Sickerwassermenge durch direkte Messung hat schon seit langer Zeit die Forschung beschäftigt (z. B. MAURICE[3] in Genf 1796 bis 1797 und DALTON[4] in Manchester 1796 bis 1798; später unter vielen anderen WOLLNY[5] und EBERMAYER[6] in München 1872 bis 1886). Für die Messungen wurden dabei im wesentlichen 2 Verfahren eingeschlagen: entweder es wird die Größe der Versickerung durch Messung des aus *Drains* auslaufenden Wasser erfaßt, oder die Messungen werden mit *Lysimetern* (Bodenwaagen) durchgeführt, mit denen ja vor allem auch die Landverdunstungsmengen ermittelt werden (vgl. Abb. 68, S. 113). Neuerdings hat FAUSER[7] ein besonders für *Bewässerungs*anlagen gut geeignetes und sehr einfach zu handhabendes Gerät eingeführt, mit dem die Versickerungsgeschwindigkeiten ermittelt

---

[1] ENGLER: Untersuchungen über den Einfluß des Waldes auf den Stand der Gewässer. Mitt. d. Schweiz. Zentr. Inst. f. d. forstl. Vers. W. Bd. XII. Zürich 1919.

[2] VALEK: Forschung und Beobachtungsergebnisse über den Einfluß von Kulturbeständen auf den Abfluß von Niederschlägen... Minist. f. Bodenkultur. Prag 1935.

[3] MAURICE: Bibl. Universelle de Genève. Sciences et Arts. T. I.

[4] DALTON: Mem. Lit. Phil. Soc. of Manchester. Vol. V. Part. II.

[5] WOLLNY: Forschungen a. d. Gebiete d. Agrikulturphysik 1888, S. 61, u. 1889, S. 159.

[6] EBERMAYER: Die physikalischen Einwirkungen des Waldes auf Luft und Boden. S. 215. Berlin 1873.

[7] FAUSER: Meliorationen. Sammlg. Göschen. Bd. 691.

werden (Abb. 75). Das Rohr wird 200 mm tief in den Boden getrieben, dann vorsichtig bis zur Siebhöhe mit Wasser aufgefüllt und nun die Zeit t bestimmt, die das Wasser benötigt, um unter Bodenoberfläche zu versickern. Die Versickerungshöhe h_s ergibt sich dann aus $100/t$ in mm ($t =$ Versickerungszeit). Die mit dem Apparat festgestellte Versickerungs*geschwindigkeit* ist wertvoll für die Kenntnis der Vorgänge im Boden bei der Versickerung.

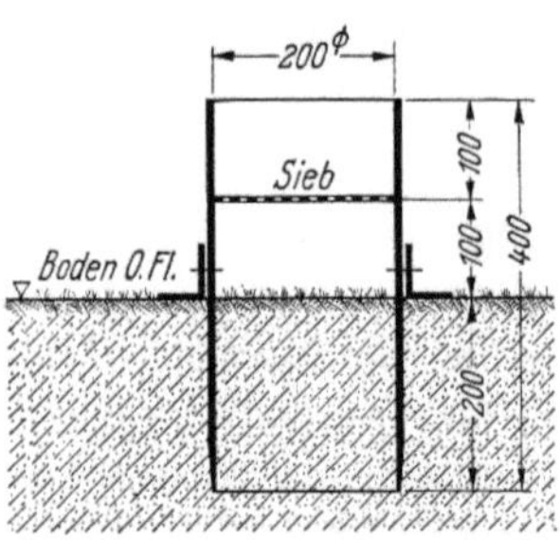

Abb. 75. Versickerungsmeßgerät.
(Nach FAUSER.) (Maße in mm!)

Die Sickerwassermessungen sind besonders wertvoll, wenn es sich um Fragen handelt, wie etwa der Bodenfeuchte von Kulturland (Landwirtschaft), ebenso für sonstige vergleichende Beobachtungen. Die Messungen geben dabei auch Aufschlüsse über das Verhalten der Versickerung für verschiedene Arten von Regen (Tages-, Stunden-, Sturzregen). Bei gewässerkundlichen Untersuchungen aber, die sich meist über Gebiete mit verschiedenen Bodenarten, verschiedener Bepflanzung, verschiedenen Zuständen der Bodenoberfläche usw. erstrecken, versagen Versickerungsmessungen. Hier läßt sich die Größe der Versickerung meist nur indirekt und dabei auch nur für nicht zu kurze Zeiträume über die *zahlenmäßig erfaßbaren* Faktoren des Wasserkreislaufes herleiten. Ein Beispiel dafür folgt unten.

3. Größe der Versickerung an Land und aus Gewässern. Versickerungsgang.

Versickerung an Land. Wegen der großen Verschiedenheit der Versickerungsmenge infolge der mannigfaltigen Einflüsse ist es unmöglich, dafür allgemein verwendbare Zahlenwerte anzugeben. Es wurde deshalb hier auf Zahlenangaben verzichtet. Für die Feststellung des *Abflusses* spielt das Fehlen von Zahlenwerten für die Versickerung keine wesentliche Rolle, wenn das Einzugsgebiet so groß ist, daß das tatsächlich versickernde Wasser inzwischen wieder als Quellschüttung zutage getreten und dem Vorfluter oberirdisch zugelaufen, oder unmittelbar in das Flußbett gesickert ist und so als Abfluß wieder in Erscheinung tritt. In diesem Fall ist die Versickerung nicht mehr als „Verlust" für den Abfluß anzusehen.

Anders liegen die Verhältnisse bei Untersuchungen von *kleinen* Einzugsflächen. Insoweit das Grundwasser innerhalb dieser kleinen Flächen nicht zutage tritt (der Quellaustritt erfolgt weiter talab), wird die Versickerung im Meßquerschnitt nicht erfaßt und muß in der Wasserhaushaltsbilanz — wie die Verdunstung — als „Verlust" gebucht werden. Ähnlich liegen die Verhältnisse für *kurze* Beobachtungszeiten (Monate,

Wochen, Tage). Hier bedeutet dann das Fehlen brauchbarer, d. h. zuverlässiger Zahlenwerte für die Versickerung eine unangenehme, spürbare Lücke für wasserwirtschaftliche Untersuchungen.

Beispiel für eine rechnerische Ermittlung des Versickerungsganges im Saalachgebiet[1]. ERTL hat für den Nord- und Südteil des Saalacheinzugsgebiets oberhalb Jettenberg mit Hilfe der dort beobachteten wasserwirtschaftlichen Größen auch die absoluten Versickerungswerte und den monatlichen Gang als Mittel der Jahresreihe 1919 bis 1939 rechnerisch aus der Wasserhaushaltsbilanz hergeleitet. Da der Grundwasserabfluß bei dieser Untersuchung besonders für das Sommerhalbjahr nur innerhalb einer oberen und unteren Grenze erfaßbar war (vgl. Tab. 28), liegen auch die mittleren oberirdischen monatlichen Abflüsse, die Verdunstung und damit die Versickerungshöhen zwischen Grenzwerten. Weil die ermittelten Werte aber nur innerhalb enger Grenzen schwanken (zwischen denen die in der Natur wirklich vorhandenen Werte liegen), werden die mittleren Versickerungsverhältnisse für die beiden, nach Klima und Schichtenaufbau (Boden) verschiedenen Teileinzugsgebiete der Saalach sehr deutlich (Abb. 76a u. b)[2]. Die Ermittlung baut auf der

Tabelle 28. *Größe und Gang der mittleren Versickerung im Saalachgebiet oberhalb des Pegels Jettenberg für die Jahresreihe 1919 bis 1939.*

	Okt. mm	Nov. mm	Dez. mm	Jan. mm	Febr. mm	März mm	Winterhalbjahr mm	April mm	Mai mm	Juni mm	Juli mm	Aug. mm	Sept. mm	Sommerhalbjahr mm	Jahr mm
Nordgebiet (vom Pegel Jettenberg bis Pegel Lenzing)															
R_G für obere Grenze des Grundwasserabflusses	61	37	14	0	0	51	163	105	94	78	77	69	64	487	650
R_G für untere Grenze des Grundwasserabflusses	63	37	14	0	0	49	163	100	85	71	74	73	65	468	631
Südgebiet (oberhalb des Pegels Lenzing)															
R_G für obere Grenze des Grundwasserabflusses	24	17	11	2	4	27	85	44	48	43	47	42	35	259	344
R_G für untere Grenze des Grundwasserabflusses	29	17	11	2	4	25	88	39	38	37	43	40	36	233	321
Gesamtgebiet (oberhalb des Pegels Jettenberg)															
R_G für obere Grenze des Grundwasserabflusses	43	26	12	1	3	39	124	76	72	61	64	55	52	380	504
R_G für untere Grenze des Grundwasserabflusses	47	26	12	1	3	37	126	70	63	55	60	56	51	355	481

[1] ERTL: Der mittlere jährliche Gang des Wasserhaushalts der Saalach. Arch. Wasserwirtsch. 1940. Nr. 54. Berlin.

[2] Wegen N_0 vgl. S. 86, Tab. 16 u. Abb. 53. S. 87, wegen A_0 vgl. S. 142, Abb. 83.

wasserhaushaltmäßigen Überlegung auf, daß das, was von der Niederschlagsdarbietung N_0 nicht oberflächlich zum Abfluß gelangt (A_0)[1] und nicht unmittelbar oder über die Pflanzen verdunstet (V), *in den Boden versickert* (R_G), also

$$N_0 - A_0 - V = R_G.$$

Versickerung aus Gewässern. Von besonderer Wichtigkeit sind die Versickerungswerte für die wasserwirtschaftliche Planung künstlicher Anlagen, bei denen es darauf ankommt, möglichst wenig Sickerwasser-

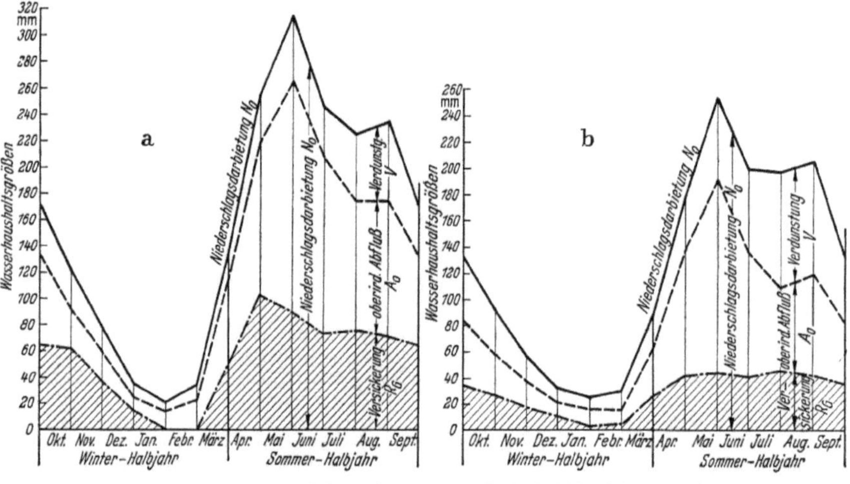

a) Saalach-*Nord*gebiet (vom Pegel Jettenberg bis Pegel Lenzing). b) Saalach-*Süd*gebiet (oberhalb des Pegels Lenzing).

Abb. 76a u. b. Zusammenhang zwischen mittlerer Niederschlagsdarbietung N_0, mittlerer Verdunstung V, mittlerem oderirdischem Abfluß A_0 und mittlerer Versickerung R_G für das Saalachgebiet nach den ERTLschen Untersuchungsergebnissen für die Jahresreihe 1919 bis 1939. Aufgetragen sind nicht die Grenz-, sondern jeweils die Mittelwerte, zwecks besserer Übersicht.

verluste zu erhalten, z. B. bei künstlichen Kanälen aller Art (besonders Schiffahrtskanälen), bei Stauräumen (Auftreten großer Wasserdrücke auf die Sohle!), künstlichen Grundwasserspeichern usw. Vielfach werden hier die Werte für Versickerung und Verdunstung zusammen angegeben. In Tab. 29 wurden Zahlenwerte von gemessenen bzw. geschätzten Versickerungshöhen von Schiffahrtskanälen zusammengestellt. Dabei sind die Zahlenwerte für l/sek und km Kanal durchweg auf $b = 34$ m Kanalspiegelbreite bezogen zur besseren Vergleichsmöglichkeit. Die Umrechnung auf ein anderes b ist rasch durchgeführt. Nach FRANZIUS[2] kann damit gerechnet werden, daß bei *leicht durchlässigem* Boden bis 100 l/sek und km Kanal versickern können, wenn der angestaute Wasserspiegel mehrere Meter über dem Grundwasser liegt.

---

[1] Siehe S. 125, Fußnote 2.

[2] FRANZIUS: Der Verkehrswasserbau. Berlin: Springer 1927.

Tabelle 29. *Gemessene bzw. geschätzte Versickerungshöhen von Schiffahrtskanälen.*

Versickerungshöhe bzw. -menge	mm/Tag	l/sek und km Kanal (bei $b = 34$ m Kanalspiegelbreite)
Rhein-Herne-Kanal, Sand von 0,05 bis 0,4 mm $\varnothing$, gemessen.	30 bis 34	11,8 bis 13,4
Rhein-Marne-Kanal, gemessen	28	11
Dortmund-Ems-Kanal, geschätzt	20 bis 29	7,9 bis 11,4
Neckar-Donau-Kanal, geschätzt	28	11
Main-Donau-Kanal-Projekt, geschätzt (*einschließlich* Verdunstung)[1]	51	20
Nach Vorschlag von Franzius anzusetzen mit . . .	23	9 [2]
(am Mittellandkanal für die Strecke Hannover bis Magdeburg zugrunde gelegt)	(20,4)	(8) [2]

Als weiteres Beispiel für die mögliche Entstehung oder Vergrößerung von Sickerverlusten durch künstliche Eingriffe in natürliche Gewässer soll die *Flußkanalisierung* erwähnt werden. Die Brechung des ursprünglichen Flußgefälles und die Vergrößerung der Wassertiefe für die Schiffahrt geschieht dort durch Einbau von Wehren, wobei der Wasserspiegel oberhalb derselben mehr oder weniger stark gehoben wird. Durch den erhöhten Druck und das entstehende Druckgefälle kann das Wasser bei durchlässigen Böden durch Böschungen und Bettsohle dringen, und entweder als Grundwasser abfließen oder als vermehrter Grundwasserstrom gegebenenfalls in die unterhalb des Wehres folgende Haltung eintreten, falls diese tief genug eingeschnitten ist. Im letzteren Fall trifft der Hauptsickerverlust die oberste Haltung des kanalisierten Flusses. Bei der Kanalisierung der Aller waren die Wasserverluste so stark, daß eine sehr schädliche Verwässerung der anliegenden Geländegebiete am unteren Ende der Haltung eintrat. Wird an den Wehren der einzelnen Haltungen das Gefälle durch Kraftwerke energiewirtschaftlich ausgenutzt, dann werden auch die Sickerverluste an *jeder* Staustufe durch die Verminderung der Energieausbeute stark spürbar.

Einen interessanten Fall über *starke Versickerungen aus einem natürlichen Fluß* bietet die *Oder*. Als Jahresmittel der Abflußverluste auf je 1 km Flußlänge wurden hier festgestellt:

von Ratibor bis Steinau (etwa 50 km unterhalb Breslau) . . . . 30 l/sek u. km
von Steinau bis Pollenzig (nördlich Guben) . . . . 180 l/sek u. km
von Pollenzig bis Hohensaathen (südl. Angermünde) sowie längs
der Warthestrecke zwischen Landsberg und ihrer Einmündung } 83 l/sek u. km
in die Oder bei Küstrin . . . .

---

[1] Bei 1000 mm Verdunstung je Jahr ergibt sich je mittleren Tag: $\dfrac{1000}{365} = 2{,}74$ mm entspr. 1,08 l/sek u. km Kanal.

[2] Bei 3,5 m größter und 2,5 m mittlerer Tiefe des Kanals und 34 m Kanalspiegelbreite.

Daraus resultieren im Durchschnitt der Jahre 1896 bis 1905 die in Tab. 30 aufgeführten Wassermengen. Die Verdunstungsverluste dort werden im Mittel nur mit etwa 3 m³/sek entsprechend einer Jahresverdunstungsmenge von rd. 95 hm³ geschätzt.

Tabelle 30. *Durchschnittliche Wasserverluste der Oder für die Jahresreihe 1896/1905.*

Stromstrecke	m³ in der Sekunde			Millionen m³		
	Winter	Sommer	Jahr	Winter	Sommer	Jahr
Ratibor bis Steinau	2	13	8	38	208	246
Steinau bis Pollenzig	38	32	35	595	515	1110
Pollenzig bis Hohensaathen u. Warthe unterh. Landsberg	15	17	16	241	273	514
	55	62	59	874	996	1870

Es muß also der überwiegende Hauptteil dieser Wasserverluste in den Boden versickert sein. Dieses Sickerwasser ergänzt ·laufend die Grundwasservorräte der Urstromtäler, die beim Rückzug (Abschmelzen)

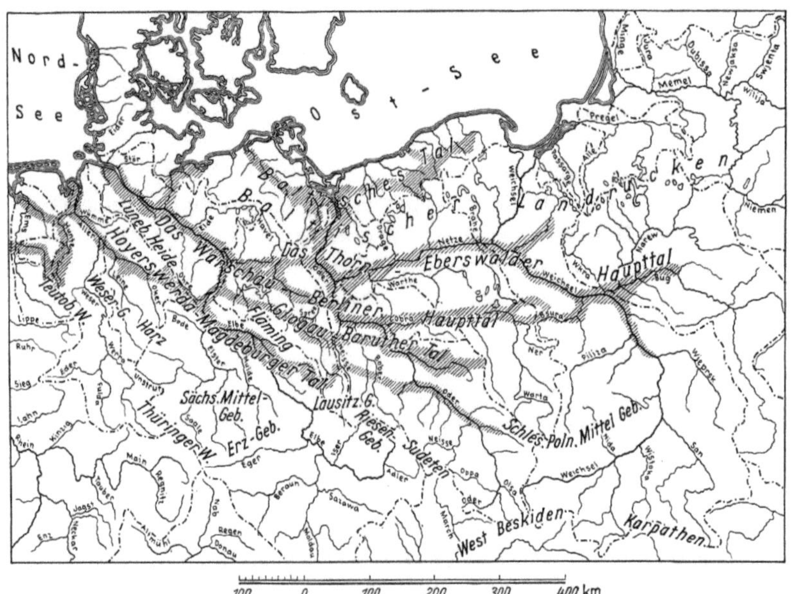

Abb. 77. Der norddeutsch-polnische Raum und seine Urstromtäler.

des nordeuropäischen Binneneises der Eiszeit entstanden sind und den Oderlauf ostwestwärts queren, nämlich die Täler

1. „*Hoyerswerda-Magdeburger*“-Tal (ältestes), das am Südende des Lausitzer Rückens entlang von Hoyerswerda und Oschersleben durch das Ilsetal zur Weser geht;

2. „*Glogau-Baruther*"-Tal, das vom Tal der Bartsch ausgehend das Odertal bis Neusalz und die Schwarza-Niederung bis Naumburg am Bober bildet, dann über Forst zum Tal der Spree zieht, durch den Spreewald über Luckenwalde bis Brück verfolgbar ist, wo es sich in 2 Arme gabelt und die Verbindung einerseits zum Hoyerswerda-Magdeburger-Tal (bei Genthin), andererseits zum Warschau-Berliner-Tal (bei Plaue) herstellt;

3. „*Warschau-Berliner*"-Haupttal, das von der Mündung der Bzura im oberen Tal der Warthe, im Obra- und Odertal bis Fürstenberg verläuft, hier die vom Oder-Spree-Kanal benutzte Niederung bildend, die Spree bis zu ihrer Mündung verfolgt und darüber hinaus über Wittenberge und Hamburg zur Nordsee zieht;

4. „*Thorn-Eberswalder*"-Haupttal, das am Südrand des baltischen Höhenrückens im Tal des Bug und Narew, der Weichsel und Netze entlang durch den Oderbruch, den Finow- und Ruppiner Kanal zum Rhin hinzieht und in dessen Unterlauf sich mit dem Warschau-Berliner-Tal vereinigt;

5. „*Baltisches Urstromtal*", das zwischen dem Baltischen Landrücken und der Ostseeküste etwa von Lauenburg über Stettin nach Ribnitz zieht.

Zahlreiche deutsche Städte beziehen aus den Grundwasserträgern dieser Täler bzw. ihrer Ausläufer ausgezeichnetes Grundwasser, z. B. aus Tal 1: Ratibor, Breslau — aus Tal 2: Glogau, Forst i. d. L. — aus Tal 3: Berlin und Vororte — aus Tal 4: Thorn, Bromberg — aus Tal 5: Köslin.

Daraus ergibt sich die große wasserwirtschaftliche Bedeutung dieser Flußversickerung.

4. Künstliche Versickerungen.

Ein steigendes Interesse kommt neuerdings der *künstlichen* Versickerung — über die Bodenbewässerung in der Kulturtechnik hinaus — zu, und zwar für die künstliche *Anreicherung* von Grundwasserträgern (Vergrößerung der Grundwassermengen) und für die *Neu*schaffung von Grundwasserspeichern. Es handelt sich hier um Intensivierungsmaßnahmen im Rahmen der Vorratsbewirtschaftung. Die Ansprüche, die von der Wirtschaft für die Produktion und seitens der Trinkwasserversorgung an das Wasser gestellt werden, wachsen von Jahr zu Jahr und mit ihnen mehren sich die Schwierigkeiten, diesen Ansprüchen gerecht zu werden. Die *großen* Möglichkeiten dazu liegen beim *Grundwasser* und seiner Vermehrung durch künstliche Versickerung jener Niederschlags- und Abflußteilmengen, die sonst ungenutzt oder doch — vom gesamtwasserwirtschaftlichen Standpunkt aus — zu wenig genutzt ins Meer abfließen.

IV. Abfluß.

Der Anteil des Niederschlags eines Einzugsgebietes, der nicht irgendwie verdunstet, kommt zum Abfluß. In ihm sind auch jene Wassermengen enthalten, die weiter oben versickerten, inzwischen aber wieder an die Oberfläche gelangten und nun oberirdisch im Vorfluter dem Meere zustreben. Oberirdischer und Versickerungsabfluß eines Niederschlags sind aber zeitlich und örtlich gegeneinander verschoben, und zwar um die Zeit für das Durchfließen des Grundwasserbeckens und um die Länge des unterirdischen Sickerweges. Bei kleineren Einzugsgebieten können deshalb, worauf schon in anderem Zusammenhang hingewiesen wurde, Anteile der Versickerungsmengen an der Beobachtungsstelle des Vorfluters noch nicht zu Tage getreten sein und erscheinen so in der Bilanz für Niederschlag, Abfluß und Verdunstung als *Verlust*. Es kommt aber auch vor, daß ein Teil des bereits im Flußbett gesammelten Abflusses noch zu Verlust geht, weil dieser Teil aus dem Flußbett in den Untergrund versickert, wobei er auch in andere Flußgebiete übertreten kann (Beispiel der Oder, S. 127).

Man kann sich nun vorstellen, daß dieser Abfluß über die Fläche des Einzugsgebietes, also *flächenhaft* erfolgt, oder aber, daß er — wie es meistens der Fall ist — in *Abflußrinnen zusammengefaßt* vor sich geht. Für Vergleichszwecke ist *erstere* Annahme von großem Wert, sie hat sich deshalb in der Gewässerkunde allgemein eingeführt. Wenn bei wasserwirtschaftlichen Aufgaben die Voraussetzungen für die Feststellung des Abflusses in einem gefestigten Gerinne nicht gegeben sind, ist man *gezwungen*, auf die Grundlagen des flächenhaften Abflusses zurückzugreifen.

1. Begriffsbestimmungen für den Abfluß.

a) Flächenhafter Abfluß
(Abflußvorgang des gesamten Einzugsgebietes).

Abflußhöhe *A*. Sie ist jene Wasserschicht h_A in mm, die sich ergibt, wenn die Gesamtabflußmenge (Wasserfracht) eines bestimmten Zeitabschnittes (Tageswasserfracht für 1 Tag usw.) gleichmäßig über das Einzugsgebiet E (km²) verteilt wäre. Hat man beispielsweise die *Jahreswasserfracht* Q_F (m³) zugrunde gelegt, dann ist die Jahresabflußhöhe h_A (Wasserschichthöhe)

$$h_A = \frac{Q_F \,(\text{m}^3)}{E \,(\text{km}^2)} \cdot \frac{1000 \,(\text{mm/m})}{1000000 \,(\text{m}^2/\text{km}^2)} = \frac{1}{1000} \, \frac{Q_F}{E} \ \text{in mm}.$$

Wenn z. B. der *Pregel* in Ostpreußen an seiner Mündung bei einem Einzugsgebiet von $E = 13595$ km² eine *mittlere* Jahreswasserfracht von 1,89 km³ aufweist, so beträgt dafür die *Abflußhöhe* für das mittlere Jahr:

$$h_A = \frac{1}{1000}\,\frac{1{,}89\cdot 1000^3}{13\,595} = 139 \text{ mm}^{[1]}.$$

Abflußspende (Ergiebigkeit) q_A. Sie ist die Abflußmenge q_A in m³/sek km² oder in l/sek km² bzw. l/sek ha, die im Mittel in der Zeiteinheit von der Einheit des Einzugsgebietes, dessen Größe E (km² bzw. ha) beträgt, abgegeben wird. Also

$$q_A = \frac{Q \text{ m}^3/\text{sek}}{E \text{ km}^2} = \text{m}^3/\text{sek km}^2$$

oder

$$q'_A = \frac{Q \text{ m}^3/\text{sek} \cdot 1000 \text{ l/m}^3}{E \text{ km}^2} = \text{l/sek km}^2 = \frac{1}{100}\,\text{l/sek ha}.$$

Beispiel: Die mittlere Wasserführung der *Donau* im Meßprofil *Schwabelweis* (unterhalb Regensburg) für die Jahresreihe 1901 bis 1940 beträgt 436 m³/sek, die Größe des Einzugsgebietes für dieses Profil $E = 35\,400$ km². Daher

$$q'_A = \frac{436 \cdot 1000}{35\,400}$$
$$= 12{,}3 \text{ l/sek km}^2$$
$$= 0{,}123 \text{ l/sek ha}.$$

In Abb. 78 sind die mittleren monatlichen Abflußspenden für einige deutsche Flüsse aufgetragen (*Gang der Abflußspenden*); weitere Werte für Abflußspenden gibt die Tab. 31.

Abflußbeiwert (Abflußverhältnis). Man versteht darunter das Verhältnis α * vom Abfluß zum Niederschlag. Dieser Beiwert α kann aus den Abfluß- und Niederschlagshöhen, aus den Abfluß- (Q_{FA}) und

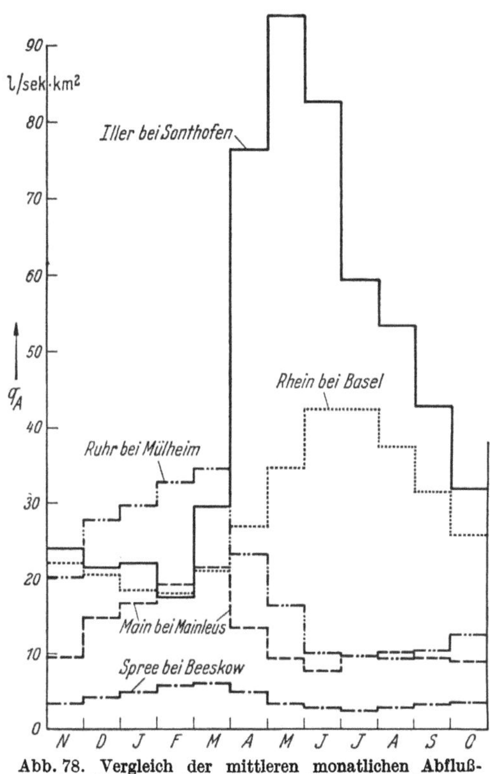

Abb. 78. Vergleich der mittleren monatlichen Abflußspenden (*Gang der Abflußspenden*) für einige Flußgebiete.

Niederschlagwasserfrachten (Q_{FN}), sowie aus den Abfluß- und Niederschlagsspenden hergeleitet werden, also

$$\alpha = \frac{h_A \text{ mm}}{h_N \text{ mm}} = \frac{Q_{FA} \text{ m}^3}{Q_{FN} \text{ m}^3} = \frac{q_A \text{ m}^3/\text{sek km}^2}{q_N \text{ m}^3/\text{sek km}^2}.$$

---

[1] h_A-Werte in den Tab. 34 bis 36, S. 136 und 137. Dort auch α-Werte.

* In der Stadtentwässerung wird der Abflußbeiwert mit ψ l/sek ha bezeichnet (Tab. 37).

Tabelle 31. *Gang der mittleren monatlichen Abfluß-*

Nr.	Flußgebiet	Meßstelle	Einzugs-gebiet E in km²	Jahresreihe	Nov.	Dez.	Jan.
1	Warthe	Landsberg	51893	1896 bis 1905	2,7	3,6	3,9
2	Havel	Rathenow	19500	1902 bis 1910	2,7	3,7	4,5
3	Bober	(Mündung)	5938	1896 bis 1905	6,2	7,9	8,8
4	Glatzer Neiße . .	(Mündung)	4534	1822 bis 1910	6,0	7,1	7,5
5	Mulde	Golzern	5430	1910 bis 1919	6,6	14,6	17,5
6	Weser . . . . {	unterhalb des Diemel	} 14825	1896 bis 1915	6,8	10,6	11,9
7	Saale	Trebnitz	18850	1882 bis 1901	4,6	5,6	5,6
8	Ruhr	Mühlheim	4432	1891 bis 1915	20,4	27,9	29,7
9	Jagst	(Mündung)	1832	1888 bis 1898	6,3	9,0	9,8
10	Kocher	(Mündung)	1989	1888 bis 1898	7,4	10,1	10,9
11	Main	Mainleus	1170	1901 bis 1910	9,6	14,9	16,8
12	Main	Wertheim	20605	1901 bis 1910	5,0	7,5	8,6
13	Iller	Sonthofen	401	1901 bis 1910	23,9	21,3	22,0
14	Iller	Wiblingen	2192	1901 bis 1910	16,6	18,3	17,9
15	Isar	Landau	8478	1901 bis 1910	15,4	15,3	13,8
16	Rhein	Basel	35929	1808 bis 1925	22,0	20,5	18,4

Beispiel: Abflußverhältnis α der Ems an der *Mündung:* $E = 8205$ km²; $h_A = 275$ mm, $h_N = 729$ mm; $Q_{FA} = 2,26$ km³ (im mittleren Jahr), $Q_{FN} = 5,98$ km³ (im mittleren Jahr); $q_A = 8,74$ l/sek km² und $q_N = 23,1$ l/sek km²; daher

$$\alpha = \frac{275\,(\text{mm})}{729\,(\text{mm})} = \frac{2,26 \cdot 1000^3\,(\text{m}^3)}{5,98 \cdot 1000^3\,(\text{m}^3)} = \frac{8,74\,(\text{l/sek km}^2)}{23,1\,(\text{l/sek km}^2)} = 0,38\,[1].$$

Für Niederschlagsgebiet F mit den Teilflächen F_1, $F_2 \ldots$ und zugehörigen Abflußbeiwerten ψ_1, $\psi_2 \ldots$ wird der Mittelwert für ψ

$$\psi = \frac{F_1\,\psi_1 + F_2\,\psi_2 + \cdots}{F_1 + F_2 + \cdots}.$$

Bei Berücksichtigung der Abhängigkeit des ψ von der Jahreszeit, Regendauer T und Regenspende $q(r)$ * ergibt sich nach Versuchen von REINHOLD für kurze Regen.

$$\psi = \mu\, r^{0,567}\, T^{0,223}$$

oder angenähert

$$\psi = \mu\, \sqrt{r\, \sqrt{T}},$$

wenn man berücksichtigt, daß die Wahl des Beiwertes μ, der die Oberflächenbeschaffenheit und den Einfluß des örtlichen Klimas erfaßt, die wirklichen Verhältnisse ebenfalls nur angenähert treffen wird. Dieser An-

---

[1] Siehe S. 131, Fußnote 1.

* POZZI: Le fognature di Milano, 1914 — EIGENBRODT: Gesundh.-Ing. 1922 — REINHOLD: Bautechn. 1929.

spenden in l/sek km² für deutsche Flußgebiete[1].

Febr.	März	April	Mai	Juni	Juli	Aug.	Sept.	Okt.	Winter	Sommer	Jahr
4,9	6,0	6,1	5,3	2,9	2,6	2,6	2,3	2,5	4,5	3,1	3,7
5,3	6,0	5,8	4,9	3,1	2,6	2,6	2,7	3,0	4,7	3,1	3,9
11,2	12,0	13,2	14,2	7,3	6,4	8,2	7,2	6,4	9,8	8,3	9,1
9,9	12,1	13,7	11,7	9,3	7,7	6,8	5,5	5,3	9,3	7,7	8,5
11,9	17,5	14,3	9,3	6,6	7,5	7,1	6,2	6,3	13,8	7,2	10,5
14,1	16,3	11,1	8,4	5,4	4,7	4,2	4,4	4,9	11,8	5,3	8,5
7,4	10,5	6,9	5,2	3,9	4,1	2,6	3,5	4,1	6,8	3,9	5,3
32,9	34,6	23,3	16,3	10,1	9,8	9,5	10,3	12,5	28,1	11,4	19,7
16,6	18,1	11,3	8,0	6,8	5,1	4,1	4,6	7,4	11,8	6,0	8,9
18,6	18,6	10,3	8,6	7,6	5,6	5,3	6,6	8,6	12,6	7,0	9,8
19,3	21,3	13,5	9,3	7,7	9,7	10,1	9,3	9,0	15,9	9,2	12,5
9,9	10,8	8,1	5,6	4,2	4,1	3,7	3,5	4,1	8,3	4,2	6,2
17,6	29,5	76,4	93,7	82,6	59,4	53,4	42,8	31,7	31,8	60,6	46,3
15,6	25,0	44,8	46,3	42,8	35,5	30,2	27,0	21,3	23,1	33,8	28,5
13,5	17,2	27,4	27,6	25,5	27,3	24,3	23,9	18,3	17,1	24,5	20,8
18,0	21,1	26,9	34,7	42,4	42,2	37,5	31,4	25,6	21,2	35,6	28,4

satz läßt sich ohne weiteres mit dem Rechenschieber rechnen. r ist in l/sek ha, T in min einzusetzen. Einige μ-Werte siehe Tab. 36, S. 137.

Hinsichtlich der Abflußbeiwerte α sei noch auf folgende Gesichtspunkte besonders hingewiesen: im Regelfall ist α im Quellgebiet am größten und nimmt vom Oberlauf zum Unterlauf ab. Diese Abnahme ist besonders deutlich bei Flüssen, die im Hochgebirge entspringen. Diese Abnahme der Werte vom Oberlauf zum Unterlauf kann gestört werden in Teilstrecken, in denen Nebenflüsse mit verhältnismäßig großer Wasserführung einmünden. Die Abflußbeiwerte α der aufeinanderfolgenden Jahre schwanken bei ein und demselben Einzugsgebiet erheblich um ihren Mittelwert. Bei wasserwirtschaftlichen Projektierungsarbeiten müssen deshalb auch die höchsten und niedersten α-Werte ermittelt und mitberücksichtigt werden. Außer den Mittelwerten von α für Jahresreihen und den höchsten und tiefsten Werten für diesen Zeitraum benötigt man für manche wasserwirtschaftliche Aufgabenstellung die *monatlichen* Abflußbeiwerte, für andere wieder den α-Wert für Sturzregen (z. B. bei Entwässerung von Ortschaften, Dammdurchlässen usw.).

In Tab. 34 sind α-Werte für alpine Flußgebiete gegeben. Tab. 35 enthält Abflußbeiwerte ψ für Stadtentwässerungen und anschließend den Ansatz für die Ermittlung des Mittelwertes von ψ für verschiedene Einzelwerte.

---

[1] FISCHER: Niederschlag und Abfluß in „Die Wasserkraftwirtschaft Deutschlands", 1930.

Tabelle 32. *Beispiele für die Beziehung zwischen Niederschlag, Verdunstung und Abfluß für europäische und außereuropäische Flußgebiete, geordnet nach Breitengraden.*

Geographische Breite	Flußgebiet	Einzugs-gebiet E in km²	Mittlere Jahreshöhe in mm			Abfluß-beiwert α
			des Nie-derschlags h_N	der Ver-dunstung h_V	des Ab-flusses h_A	
50° bis 60° nördl. Br.	Newa	251450	532	158	374	0,70
	Düna (Riga) .	85399	554	482	72	0,13
	Schelde . . .	12825	736	510	226	0,31
	Wolga	1409333	463	317	146	0,32
40° bis 50° nördl. Br.	Don	430252	403	337	66	0,16
	Dniestr . . .	67794	548	356	192	0,35
	Donau	804204	749	505	244	0,33
	Po	74970	1028	351	677	0,66
	Rhone	98284	1096	697	399	0,36
	Seine	76763	749	540	209	0,28
	Loire	121240	762	506	256	0,34
	Garonne . . .	84911	751	336	415	0,55
	Ebro	84980	558	521	37	0,07
30° bis 40° nördl. Br.	Hoangho . .	863387	433	347	86	0,20
	Jang-tse-kiang	1872360	934	569	365	0,39
	Mississippi . .	3325759	757	579	178	0,24
	Colorado . . .	706043	254	210	44	0,17
20° bis 30° nördl. Br.	Ganges . . .	1581195	1932	1173	759	0,39
	Rio Grande . .	632096	430	350	80	0,19
10° bis 20° nördl. Br.	Mekong . . .	923089	1156	1002	154	0,13
	Irawadi . . .	430968	2080	1087	993	0,48
	Nil	2842341	826	791	35	0,04
10° nördl. Br. bis 10° südl. Br.	Kongo . . .	3722867	1323	814	509	0,38
	Amazonas . .	5780277	1967	1422	545	0,28
	Magdalena . .	266000	1341	452	889	0,66
10° bis 20° südl. Br.	St. Franzisco[1]	666681	674	541	133	0,20
	Kunene[2] . .	152453	845	746	99	0,12
20° bis 30° südl. Br.	La Plata . . .	2928234	1200	769	431	0,36
	Olifant[3] . . .	67402	206	164	42	0,20
30° bis 40° südl. Br.	Murray[4] . . .	956516	588	526	62	0,11
	Orange[5] . . .	830332	404	294	110	0,27

[1] Brasilien. — [2] Südwestafrika. — [3] Südostafrika; mündet in den Limpopo. — [4] Südostaustralien. — [5] Südafrika.

Tabelle 33.

Mittlere jährliche Niederschlags-, Abfluß- und Verdunstungshöhen sowie Abflußbeiwerte von Flachland- und Mittelgebirgeinzugsgebieten im mitteleuropäischen Raum.

| Strom-gebiet | Fluß-gebiet | Meßstelle | Einzugs-gebiet E in km² | Beobachtungs-zeitraum | mittl. Jahresh. (mm) | | | Abflußbeiwert $\alpha = h_A : h_N$ |
					des Nieder-schlags h_N	des Ab-flusses h_A	der Ver-dunstung $h_V = h_N - h_A$	
Weich-sel	Weichsel	Montauer-spitze	193 000	1896 bis 1910	620	158	462	0,25
Oder	Oder . .	Ratibor	6 737	1896 bis 1915	836	311	525	0,37
	Bober .	(Mündung)	5 938	1896 bis 1915	720	287	433	0,40
	Lausitzer Neiße	(Mündung)	4 232	1896 bis 1930	749	236	513	0,32
	Warthe .	Landsberg	51 893	1896 bis 1910	542	120	422	0,22
	Oder . .	Hohensaaten	109 564	1896 bis 1915	608	146	462	0,24
Elbe	Bode . .	Treseburg	329	1910 bis 1914	918	529	389	0,58
	Saale .	(Mündung)	23 737	1896 bis 1915	613	168	445	0,27
	unt. Havel	Rathenow	19 500	1896 bis 1915	571	123	448	0,22
	Elbe . .	Wittenberge	123 532	1896 bis 1930	601	167	434	0,28
Weser	Werra .	(Mündung)	5 505	1896 bis 1915	717	277	440	0,39
	Weser .	Diemelmün-dung	14 825	1896 bis 1915	721	269	452	0,37
Ems	Ems . .	Greven	2 898	1896 bis 1925	729	275	445	0,38
Rhein	Enz . .	Lautenhof	85	1906 bis 1925	1324	473	581	0,56
	Kocher .	(Mündung)	1 989	1888 bis 1898	832	309	523	0,37
	Pegnitz .	Rückersdorf	984	1904 bis 1910	763	361	402	0,47
	Regnitz .	ob. Bamberg	6 999	1901 bis 1930	692	218	476	0,32
	fränk. Saale	(Mündung)	2 763	1899 bis 1903	730	220	510	0,30
	Main . .	Lohr	18 201	1901 bis 1930	657	187	470	0,28
	Tauber .	Mergentheim	1 010	1894 bis 1900	700	183	517	0,26
	Saar . .	(Mündung)	7 420	1891 bis 1900	765	331	434	0,43
	Mosel. .	Kochem	27 100	1896 bis 1930	764	334	430	0,44
	Ruhr . .	Steinhelle	52	1910 bis 1914	1188	917	271	0,77
	Ruhr . .	Hohensyburg	3 453	1910 bis 1914	1055	604	451	0,57
	Lenne .	Altena	1 198	1910 bis 1914	1127	728	399	0,65
	Lippe. .	Dorsten	4 495	1893 bis 1902	796	306	490	0,38
	Rhein .	Wesel	154 528	1920 bis 1930	900	425	475	0,48
Donau	Donau	Schwabelweis	35 400	1901 bis 1910	820	377	443	0,46

Tabelle 34. *Mittlere jährliche Niederschlags-, Abfluß- und Verdunstungshöhen sowie Abflußbeiwerte von alpinen Einzugsgebieten.*

| Flußgebiet | Meßstelle | Einzugsgebiet E in km² | Beobachtungszeitraum | mittl. Jahresh. (mm) | | | Abflußbeiwert $\alpha = h_A : h_N$ |
				des Niederschlags h_N	des Abflusses h_A	der Verdunstung $h_V = h_N - h_A$	
Vorderrhein . .	Ilanz	776	1895 bis 1909	1697	1409	288	0,83
Rhein	Tardisbruck (unterhalb Landquartmündung)	4260	1895 bis 1909	1583	1089	494	0,69
Reuß	Mellingen	3382	1910 bis 1919	1818	1371	447	0,75
Rhein	Basel	35929	1921 bis 1930	1210	918	292	0,75
Isar	Mittenwald	—	1926 bis 1938	1625	1275	350	0,78
Inn	Perjen	3507	1921 bis 1930	1191	879	312	0,74
Inn	Innsbruck	5794	1921 bis 1930	1287	959	328	0,74
Inn	Reisach	9828	1921 bis 1930	1340	968	372	0,72
Inn	Wasserburg	12013	1921 bis 1930	1307	922	385	0,71
Inn (m. Salzach)	Simbach	22895	1921 bis 1930	1393	973	420	0,70
Inn	Wernstein	26072	1921 bis 1930	1341	910	431	0,68
Saalach	Jettenberg	949	1919 bis 1939	1680	1250	430	0,74
davon: Teilgeb.	südl. Saalfelden	457	1919 bis 1939	1485	980	505	0,66
Teilgeb.	nördl. Saalfelden	492	1919 bis 1939	1860	1500	360	0,81

Tabelle 35. *Abflußbeiwerte für Stadtentwässerungen.* (Nach MARQUARDT.)

Beschaffenheit der Auffangflächen	Abflußbeiwert ψ (statt α)
Metall- und Schieferdächer	0,95
Gewöhnliche Dachziegel und Dachpappe	0,90
Holzzement-, Preßkiesdächer, also Flachdächer verschiedener Herstellungsweise	0,5 bis 0,7
Asphaltpflaster und dichtabgedeckte Fußwege	0,85 bis 0,90
Fugendichtes Pflaster aus Stein oder Holz	0,75 bis 0,85
Reihenpflaster ohne Fugenverguß	0,5 bis 0,7
Schotterstraßen, wassergebunden und Kleinsteinpflaster	0,25 bis 0,60
Kieswege	0,15 bis 0,30
Unbefestigte Flächen, Bahnhöfe	0,1 bis 0,2
Park- und Gartenflächen	0 bis 0,1

b) Beobachtung des Abflusses an einer Meßstelle des Vorfluters.

Abflußmenge (Durchflußmenge) Q. Man versteht darunter jene Wassermenge Q, die den Durchflußquerschnitt in der Zeiteinheit durchfließt. Sie wird je nach ihrer Größenordnung in l/sek oder in m³/sek angegeben.

Tabelle 36. μ-*Werte*. (Nach REINHOLD.)

Kennzeichnung der Auffangflächen	Beiwert μ
Einige Straßenoberflächen:	
leicht gewalzte Sandoberfläche	0,0064
Kopfsteinpflaster, Fugen mit Sand gefüllt	0,0214
Kopfsteinpflaster, Fugen mit Asphalt vergossen	0,0238
Für größere Gebiete:	
dichtbebaute Flächen in der Innenstadt	0,022
halbdichtbebaute, geschlossene Vorstädte	0,0169
offenbebaute Flächen	0,0117
unbebautes Gelände	0,0065

Abflußwasserfracht Q_F. Sie stellt jene Wassermenge Q_F dar, die in einer bestimmten Zeit durch den Querschnitt gegangen ist. Sie wird gemessen in l, m³ oder bei großen Mengen in Millionen m³ (hm³) oder Milliarden m³ (km³).

Tagesabflußwasserfracht:

$$Q_{FT} = 60 \cdot 60 \cdot 24\, Q = 86400\, Q\ (\text{m}^3) = 0{,}0864\, Q\ (\text{hm}^3),$$

Monatsabflußwasserfracht:

$$Q_{FM} = 86400 \cdot 30{,}5\, Q = 2635200\, Q\ (\text{m}^3) = 2{,}6352\, Q\ (\text{hm}^3)\,*,$$

Jahresabflußwasserfracht:

$$Q_{FJ} = 86400 \cdot 365\, Q = 31536000\, Q\ (\text{m}^3) = 0{,}03154\, Q\ (\text{km}^3)\,**.$$

Nach Feststellung von h_A ergibt sich die mittlere jährliche Wasserfracht MQ_F für das zugehörige Einzugsgebiet E (km²) zu

$$MQ_F = E\ (\text{km}^2)\, h_A\ (\text{mm})\ \text{in m}^3,$$

und die mittlere sekundliche Abflußmenge zu

$$MQ = \frac{E\ (\text{km}^2)\, h_A\ (\text{mm})}{31560000\,**}\ \text{in m}^3/\text{sek.}$$

Beispiel.   Saalacheinzugsgebiet:

*Nord*gebiet:

$E = 492\ \text{km}^2;\quad h_A = 1501\ \text{mm};\quad _nMQ_F = 1000 \cdot 492 \cdot 1501 = 740000000\ \text{m}^3$

$$= 0{,}74\ \text{km}^3 \cdot {}_nMQ = \frac{_nMQ_F}{31560000} = 23{,}4\ \text{m}^3/\text{sek.}$$

*Süd*gebiet:

$E = 457\ \text{km}^2;\quad h_A = 980\ \text{mm};\quad _sMQ_F = 1000 \cdot 457 \cdot 980 = 448000000\ \text{m}^3$

$$= 0{,}448\ \text{km}^3 \cdot {}_sMQ = \frac{_sMQ_F}{31560000} = 14{,}1\ \text{m}^3/\text{sek.}$$

*Gesamt*gebiet:

$E = 949\ \text{km}^2;\quad h_A = 1251\ \text{mm};\quad _gMQ_F = 1000 \cdot 949 \cdot 1251 = 1188000000\ \text{m}^3$

$$= 1{,}188\ \text{km}^3 \cdot {}_gMQ = \frac{_gMQ_F}{31560000} = 37{,}5\ \text{m}^3/\text{sek.}$$

---

* für 1 Monat mit 31 Tagen: $Q_{FM} = 2678400\, Q\ \text{m}^3 = 2{,}6784\, Q\ \text{hm}^3.$

** für 1 Jahr = 365,25 Tage: $\ Q_{FJ} = 31557600\, Q\ \text{m}^3 = 31{,}5576\, Q\ \text{hm}^3$
$$= {\sim}31{,}56\, Q\ \text{hm}^3.$$

2. Die Einflüsse auf den Abfluß.

a) Einzugsgebiet (s. a. S. 91). Im Hinblick auf den „Abfluß‟ läßt sich das „Einzugsgebiet‟ (Sammelgebiet) einer Flußstelle kennzeichnen als die Zusammenfassung jener Geländeflächen, die letztlich alle in ein und denselben Vorfluter entwässern. Es deckt sich im allgemeinen mit dem „Niederschlagsgebiet‟. Die Grenzen der Einzugsgebiete bilden die *Wasser*scheiden, zu deren Aufsuchen man sich der Karten mit Höhenschichtenlinien (Meßtischblätter) bedient.

Bei *unterirdisch* verlaufenden Wasserscheiden deckt sich manchmal das Zuflußgebiet aus dem Grundwasser *nicht vollständig* mit dem Niederschlagsgebiet. Zum Beispiel wird in dem in Abb. 79 gezeigten Fall das gesamte *Sicker*wasser des Bergrückens $A S_0 B$ ($A =$ unterirdische Wasserscheide) dem Flusse F_2 zufließen und nur das Oberflächenwasser des Hanges $A S_0$ ($S_0 =$ oberirdische Wasserscheide) geht in den Fluß F_1. Die ausschließliche Verwendung der oberirdischen (orographischen) Wasser-

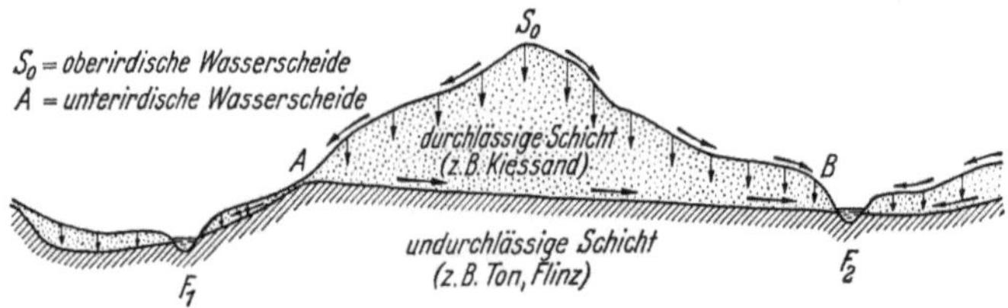

Abb. 79. Ober- und unterirdische Wasserscheide.

scheide S_0 zur Bestimmung der den beiden Flüssen F_1 und F_2 zugeordneten Einzugsgebiete führt zu falschen Abflußwerten für die beiden Flußgebiete.

Bei karstartigem Untergrund können, wie Trossbach[1] an den Flüssen Württembergs und Hohenzollerns gezeigt hat, die Abflußverhältnisse (Beziehungen zwischen Niederschlag und Abfluß) bis zur Unkenntlichkeit verhüllt werden, wenn man nicht auch die unterirdischen Wasserscheiden berücksichtigt, die sich aber je nach den Niederschlags- und nach den Wasserverhältnissen des Bodens ändern können. Die reichlichen Niederschläge folgen bei ihrer Versickerung den durch diese entstandenen Dolinen und Auswaschungsklüfte und fließen dabei häufig nicht dorthin, wo es die oberirdischen Wasserscheiden erwarten lassen.

Ähnliche Schwierigkeiten für die Festlegung der Einzugsfläche können in Niederungsgebieten auftreten (z. B. Verbindung des Oder- mit dem Wesergebiet durch die Grundwasserströme der Urstromtäler).

Je *kleiner* ein zu untersuchendes Einzugsgebiet ist, desto sorgsamer sind solche Möglichkeiten zu beachten und zu berücksichtigen, um

---

[1] Trossbach: Niederschlag und Abfluß in Württemberg und Hohenzollern. Mitt. d. Reichsverb. d. Dtsch. Wasserwirtsch. 1933. Nr. 36. Berlin-Halensee.

falsche Schlußfolgerungen zu vermeiden. Bei *großen* Einzugsflächen liegen die Gebiete, in denen der unterirdische Abfluß einen anderen Weg nehmen kann als der oberirdische, am Rand des Gesamteinzugsgebietes. Da außerdem das Abfließen an einer Stelle durch einen Zufluß aus einem Nachbargebiet vielfach wieder ausgeglichen wird, kann bei *großen* Sammelgebieten von der Berücksichtigung verschiedener Wasserscheiden (oberirdisch und unterirdisch) abgesehen werden.

Man beginnt die Unterteilung in Flußgebiete bzw. Einzugsgebiete mit der Abgrenzung der Meeresgebiete durch die Hauptwasserscheiden. Auf diese Weise werden die Flußgebiete 1. Ordnung abgetrennt, z. B.

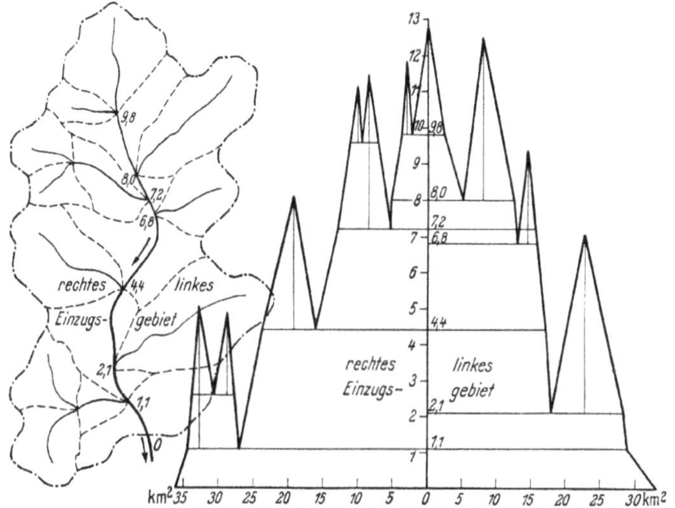

Abb. 80. Darstellung des Einzugsgebietes eines Flusses. (Nach STECHER.)

das Rheingebiet vom Donaugebiet. Dann folgt in gleicher Weise die Aufteilung in Flußgebiete 2. Ordnung, wie etwa das Neckargebiet oder Inngebiet.

Solche systematische Abgrenzungen bis hinauf zu den kleinsten Nebenflüssen der Quellgebiete werden von den einzelnen Landesstellen für Gewässerkunde ausgeführt und unter der Bezeichnung *Flächenverzeichnis* veröffentlicht. Die Lage der Flußstellen, auf die sich die einzelnen Flächenangaben beziehen, werden durch Flußkilometerangaben gekennzeichnet. Dabei wird die Flußkilometrierung meist von der Mündung, seltener von der Landesgrenze flußauf vorgenommen. Die Lage des Flußkilometers wiederum wird durch die Nennung des nächstgelegenen Ortes näher beschrieben.

Für die zeichnerische Darstellung von Einzugsgebieten ist in der Abb. 80 ein Beispiel nach STECHER gebracht. Links ist der Lageplan eines Einzugsgebietes dargestellt. Aus diesem ist der Zusammenhang zwischen Flußlänge und Größe des Einzugsgebietes hergeleitet, indem sowohl der Hauptfluß als auch die Nebenflüsse als gerade Linien dargestellt sind (Ordinaten). Die den besonders bezeichneten Flußkilometern zugeordneten Flächengrößen der Einzugsgebiete sind an diesen Punkten als Abszissen links und rechts von den Flußlinien aufgetragen, je nachdem, ob diese Flächenteile auf der linken oder rechten Flußseite liegen.

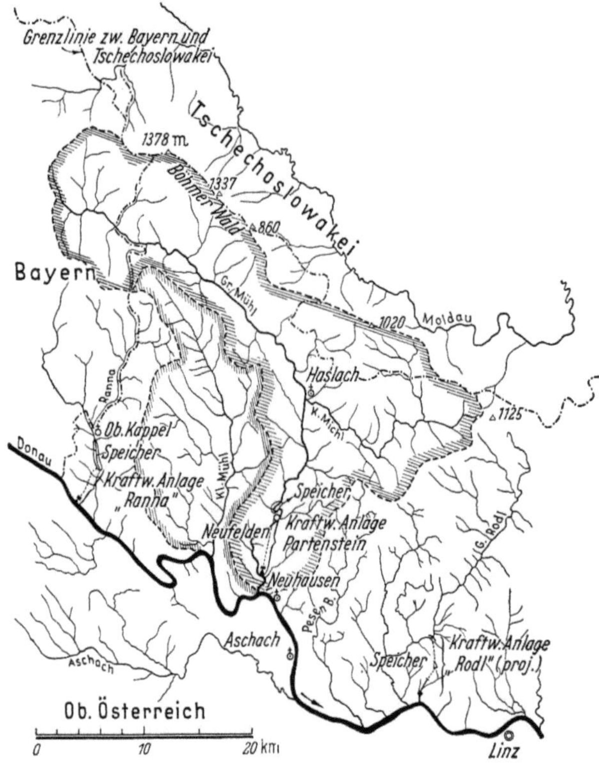

Abb. 81. Langgestrecktes Einzugsgebiet der Großen Mühl im Mühlviertel (Oberösterreich)[1].

b) Einfluß der Größe auf den Abfluß. Je größer ein Einzugsgebiet ist, desto stärker wird der Einfluß der *Dauer* der Niederschläge auf die Größe des Abflusses. Ein andauernder ausgedehnter Landregen ist hier von erheblich größerer Wirkung auf den Abfluß, als örtliche, selbst heftige Regengüsse. Je kleiner dagegen ein Einzugsgebiet ist, desto empfindlicher wird es für jeden Niederschlag, wobei Starkregen manchmal schon außerordentliche Hochwässer erzeugen können. In größeren,

---

[1] Aus GRANIGG: Die Wasserkraftnutzung in Österreich und deren geographische Grundlagen. Wien: Springer 1925.

klimatisch *nicht* einheitlichen Einzugsgebieten ist ein gleichzeitiges Zusammentreffen von Hochwasserwellen aus *allen* Teilgebieten *unwahrscheinlich*.

c) Einfluß der Form. In Einzugsgebieten, die eine im Verhältnis zur Breite *große Länge* besitzen (Abb. 81), tritt die größtmögliche Abflußmenge erst bei länger dauernden Niederschlägen auf. Bei kürzeren, gleichzeitig über das ganze Gebiet niedergehenden Regenfällen ist bereits ein Teil des im unteren Gebiet erfolgten Niederschlags abgeflossen, bis die von oben kommende Wassermenge den unteren Gebietsteil erreicht. Wenn dagegen die Regenwindrichtung mit der Fließrichtung des entwässernden Flusses übereinstimmt, überlagern sich die Abflüsse im unteren Teil des Einzugsgebietes, so daß große Abflußmengen auftreten; hat zudem das atmosphärische Schlechtwettergebiet die gleiche Geschwindigkeit wie die Abflußwelle, dann steigert sich die Abflußmenge möglicherweise auf das größtmögliche Maß.

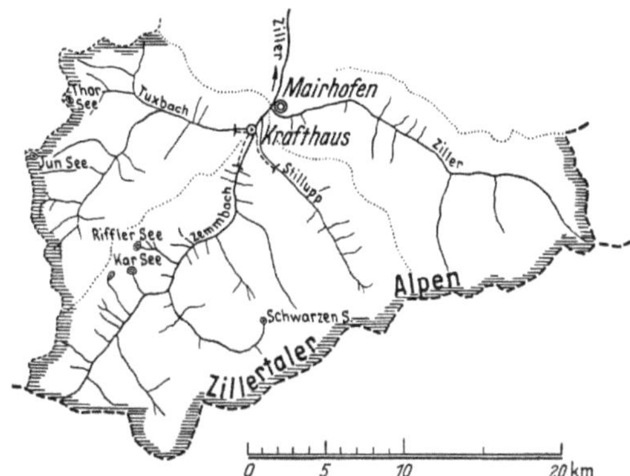

Abb. 82. Das fächerförmige Einzugsgebiet der Ziller bei Mairhofen im Zillertal[1].

Bei fächerförmiger Grundrißgestalt des Einzugsgebiets (Abb. 82) treten die größtmöglichen Abflußmengen schon bei kürzeren Niederschlägen auf, weil bei den ziemlich gleichen Abflußwegen der Zubringerrinnsale die Teilflutwellen derselben fast gleichzeitig unten eintreffen und sich dort vereinigen können (weiteres Beispiel: Illerquellgebiet im Allgäu).

Bei Einzugsgebieten von wechselnder Breite ist normalerweise nicht das ganze Gebiet und dessen Abflußzeit für die Bildung der Höchstwellen maßgebend, sondern nur ein Teil des Gesamtgebietes.

d) Bodenbeschaffenheit und Bewachsung. Aus den Versickerungsbedingungen (vgl. S. 121) ergibt sich, daß den oberirdischen Abfluß meist fördert, was die Versickerung vermindert oder ganz unterbindet (wenig durchlässige Schichtung, steile Hänge, geringer Pflanzenbewuchs, wenig und ungepflegter Wald, hoher Grundwasserstand, fehlende Bodendecke mit Saugwirkung; kräftiger Bodenfrost ohne Schneedecke; große mittlere Jahresniederschlagshöhe; große Regendichten). Die gegenteiligen Verhältnisse verringern den raschen Oberflächenabfluß, ver-

---

[1] Siehe S. 140, Fußnote.

gleichmäßigen ihn vielmehr. Viele abflußlose Mulden im Einzugsgebiet wirken in gleicher Richtung. In noch stärkerem Maße wird der Abfluß ausgeglichen durch große Seeflächen, Staubecken, ausgedehnte Überschwemmungsgebiete, auch Gletscher. Je mehr solche vorhanden sind und je größer ihre Fläche ist, um so günstiger gestalten sie die Abflußverhältnisse.

e) Meteorologische und klimatische Einflüsse. Entstehung des Abflußganges. Im ganzen gesehen, gestalten der Gang und die Höhe der Temperaturen, der jahreszeitliche Verlauf der 0°-Isotherme, der Gang und die absoluten Werte der Luftfeuchte, der Gang und die jeweilige

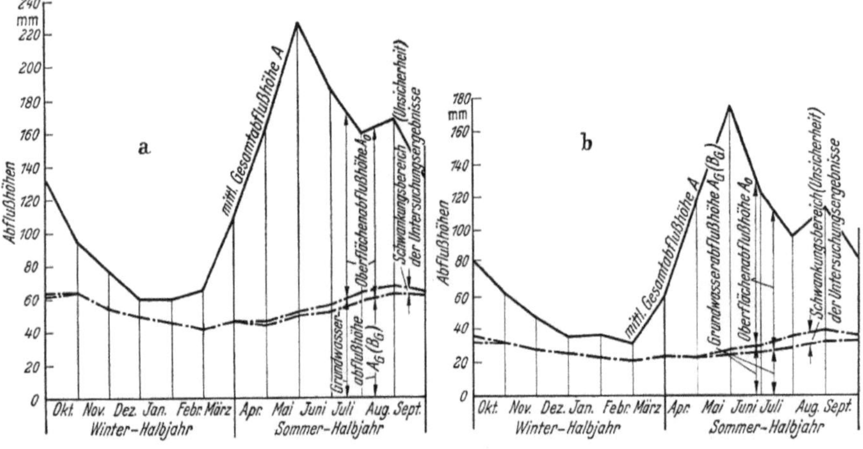

a) Nordgebiet (von Pegel Jettenberg bis Pegel Lenzing).
$F = 492$ km²: mittlere Höhe = 1206 m ü. N. N. (vgl. auch die Erläuterungen zu Abb. 72, S. 119).

b) Südgebiet (oberhalb Pegel Lenzing).
$F = 457$ km²; mittlere Höhe = 1354 m ü. N. N. (vgl. auch die Erläuterungen zu Abb. 73, S. 119).

Abb. 83 a u. b. Gang der mittleren Grundwasser-, Oberflächen- und Gesamtabflußhöhen für das Einzugsgebiet der *Saalach* oberhalb des Pegels Jettenberg für die Jahresreihe 1919 bis 1939.

Stärke der Niederschläge im Sammelgebiet zusammen mit den unter a) bis d) genannten Einflüssen des Einflußgebietes nicht nur die jeweilige Höhe, sondern auch den Charakter des Jahresabflußganges für das betrachtete Niederschlagsgebiet. In anschließenden Gebieten können die Bedingungen für den Abfluß anders geartet sein. Bei der Zusammenfassung solcher Teileinzugsgebiete flußabwärts erfährt dann auch der Abflußcharakter eine Umformung (Beispiel: Rhein bei Basel und bei Köln). Im fünften Abschnitt (II. Abflußmengen) wird darauf nochmals zurückgekommen.

Nachfolgend werden als Beispiel wiederum die beiden nebeneinanderliegenden alpinen Einzugsgebiete der *Saalach*[1] herangezogen (Abb. 83 a, b).

---

[1] ERTL: Der mittlere jährliche Gang des Wasserhaushaltes der Saalach. Arch. Wasserwirtsch. 1940. Nr. 54.

Die Darstellungen geben für die beiden Teilgebiete sowohl den Ge-samtabfluß h_A, als auch dessen Verteilung auf Oberflächen- und Grund-wasser- (unterirdischen) Abfluß für das mittlere Abflußjahr. Die Ab-bildungen zeigen sehr anschaulich die Verschiedenheit zweier solcher Teilabschnitte eines Sammelgebietes, die fast gleich groß, aber ver-schieden hinsichtlich Klimaverhältnissen, Schichtenaufbau und Vege-tation sind.

f) Abflußjahr. Von besonderer wasserwirtschaftlicher Bedeutung ist der jährliche Gang, die jährliche Periode des Wasserhaushalts mit ihrem besonders augenfälligen Schwankungsrhythmus. Veranlaßt durch das Wirken der meteorologischen Elemente, insbesondere der Temperatur und Niederschläge (Regen und Schnee), spiegelt sich dieser Rhythmus wider — in mehr oder weniger ausgeprägter wellenartiger Form — im Abfluß und damit auch im Wasserstand der Flüsse (vgl. Abb. 138). Diese Erscheinung gab Veranlassung zur Einführung des *Niederschlagsjahres* oder meteorologischen Jahres für die Jahresperiode des Niederschlags, und des *Abflußjahres* (hydrologisches Jahr, hydrographisches Jahr) für die Jahresperiode des Abflusses, genauer für jene *12monatige Periode, innerhalb welcher der gesamte gefallene Niederschlag (Regen und Schnee) dieser Zeitspanne auch zum Abfluß gelangt.*

Es ist leicht einzusehen, daß weder das Niederschlagsjahr, noch weniger aber das Abflußjahr mit dem Kalenderjahr zusammenfällt, noch daß deren Beginn für alle Gewässer gleich sein wird. Diese Ver-schiedenheit gilt insbesondere für Flachland- und Mittelgebirgsflüsse auf der einen Seite, für alpine Gewässer auf der anderen Seite.

In den Darstellungen der Abb. 85, S. 155 bis 157, wird diese Ver-schiedenheit sehr deutlich, und zwar sowohl für den Niederschlagsrhyth-mus (z. B. Oberer Neckar bei Horb, Main bei Zapfendorf) wie auch für den Abflußrhythmus (z. B. Murg bei Schönmünzach, Iller bei Immen-stadt). Bei den Beispielen der Abb. 85 beginnt die Auffüllung der Grund-wasservorräte meist im Verlaufe des September, so daß für alle diese Fälle nach obiger Kennzeichnung des Abflußjahres dieses etwa mit dem 1. Oktober beginnen müßte. Da, wo der winterliche Niederschlag in Form von Schnee fällt, der längere Zeit liegenbleibt, also erst später zum Ab-fluß gelangt, beginnt bereits im Herbst (Nov.) ein Aufbrauch von den Grundwasservorräten aus den Sommerhochwässern, wie das Beispiel Abb. 86, S. 158, zeigt. Hier läßt sich die obige Forderung für das Ab-flußjahr, nämlich einen vollkommenen Umsatz des innerhalb *dieses Zeitabschnittes* gefallenen Niederschlags zu umfassen, im üblichen Sinne nicht mehr erfüllen, wenn sich natürlich auch hier für langjährige Mittel-werte ein Abflußjahr wie etwa in Abb. 86 zugrunde legen läßt. Um für das Abflußjahr nun gleichwohl zu einer gewissen Einheitlichkeit zu kommen, haben die Landesstellen für Gewässerkunde für ihren Verwaltungsbereich einen einheitlichen Beginn festgelegt, der annähernd für die meisten Flüsse des Gebietes zutrifft. In Deutschland z. B. läßt man es meist mit dem 1. November, in Österreich mit dem 1. Dezember beginnen.

Häufig trifft dieser Beginn des Abflußjahres ungefähr mit dem tiefsten Stand der Wasserführung im Jahresrhythmus zusammen. So haben viele Flachland- und Mittelgebirgsflüsse im mitteleuropäischen Raum nördlich der Alpen im Durchschnitt der Jahre im November ihre kleinste Wasserführung (ihren niedersten Wasserstand). Dies gilt z. B. für den Rhein bei Düsseldorf, die Weichsel bei Thorn für das Jahrfünft 1906 bis 1910, für die Donau bei Schwabelweis im Mittel der Jahresreihe 1901 bis 1940.

Anders dagegen liegen die Verhältnisse für die Alpenflüsse. So tritt die kleinste Wasserführung des Inn bei Imst und der Salzach bei Bruck für das Jahrfünft 1906 bis 1910 je im Februar auf. Auch der Oberrhein zeigt im Mittel der Jahre 1905 bis 1923 für die 5 Meßprofile der Abb. 8, S. 21, das gleiche zeitliche Auftreten der niedersten Winterwasserführung, ebenso die Aare für die Jahre 1904 bis 1913 und die österreichische Mur für 14 Beobachtungsjahre. Die meisten *Schweizer* Flüsse mit hochalpinem oder alpinem Charakter haben im Februar die tiefsten Wasserstände, wogegen dort manche Gewässer des Jura und Voralpenlandes ihre niedersten Wasserstände in einem der Sommermonate zeigen, wie übrigens auch der Neckar, die Murg, der Main (Abb. 85). Von den Gewässern des *bayerischen Alpenvorlandes* hat der alpine Lech bei Füssen seine kleinste Wasserführung im Dezember oder Januar, die Isar bei München im November bzw. Dezember. Dagegen gehören der Inn und die Salzach zu den Donauzubringern mit kleinstem Wasserstand im Februar.

3. Ermittlungen der Abflußmengen.

Die Größe des Abflusses kann unmittelbar ermittelt werden durch die Messung der abfließenden Wassermengen mittels Pegelbeobachtungen und Geschwindigkeitsmessungen. Dies setzt voraus, daß der Wasserabfluß in einem geschlossenen Rinnsal erfolgt. Dieses Verfahren wird im 5. Abschnitt ausführlich behandelt. Erfolgt der Abfluß nicht in einem geschlossenen Gerinne, sondern „flächenhaft", so können die Abflußmengen nur noch mittelbar erfaßt werden durch Heranziehung der Niederschlags- und gegebenenfalls Verdunstungsbeobachtungen. Vielfach können auf diesem Wege nur mittlere Abflußmengen und zu erwartende Hochwassermengen einigermaßen erfaßt werden, wofür unten Formeln gegeben sind[1]. Diese Ermittlungen lassen in vielen Fällen nur

---

[1] Vgl. auch die Zusammenhänge zwischen Niederschlag N und Temperatur t auf S. 161ff.

eine begrenzte Genauigkeit hinsichtlich der Größe erwarten. Noch schwieriger liegen die Verhältnisse, wenn man auf diese Weise ein Bild über den zeitlichen Verlauf des Abflusses gewinnen will. Meist handelt es sich dabei um kleinere Einzugsgebiete, für die häufig nur wenige regelmäßig erfaßte gewässerkundliche Beobachtungsdaten vorliegen, weshalb es auch nicht möglich ist, dafür allgemeingültige Verfahrensweisen zur Ermittlung der Flüsse anzugeben. Hier wird man jeweils alle Möglichkeiten auszuschöpfen haben, welche das gewässerkundliche Wissen und seine Methoden bieten, um zu brauchbaren Ergebnissen zu gelangen, einschließlich des provisorischen Aufstellens von Regenmessern, Pegeln in Bächen bzw. Mengenmessungen mit dem Salzgeschwindigkeitsverfahren oder Meßflügel usw. (vgl. fünften Abschnitt).

Formeln zur Berechnung der mittleren Jahresabflußhöhen aus den Niederschlagshöhen.

a) KELLER hat für die nachgenannten Flußgebiete *besondere* Beziehungen[1] hergeleitet, die für $h_N > 600$ mm gelten:

$h_A = 0,3 (h_N - 380)$ als Mittel für das Rhein-, Weser- und linksseitige Elbegebiet;

$h_A = 0,4 (h_N - 470)$ als Mittel für das Oder- und rechtsseitige Elbegebiet.

b) Ähnlich wie die KELLERsche Gleichung für die Hauptlinie des Abflusses[1] ist die Formel von GRAVELIUS[2] für die mittlere Jahresabflußhöhe aufgebaut. Sie lautet:

$$h_A = h_{Agr} + \lambda (h_N - C).$$

Darin bedeuten:

h_{Agr} = perennierende (anhaltende) Grundwasserspeisung;
h_N = Regenhöhe des Normaljahres in mm Wassersäule;
C = Festwert;
λ = Beiwert, der sämtliche Umstände enthält, die neben h_N auf den Abfluß einwirken. Nach unserem heutigen Beobachtungsmaterial sinkt der Fehler von λ nicht unter $\pm 7\%$.

c) *Abschätzen der Abflußhöhe h_{A_2} aus der Abflußhöhe h_{A_1} eines anderen Gebietes.* Will man die Abflußhöhe h_{A_2} eines Einzugsgebietes E_2 abschätzen nach einem anderen Gebiet E_1 mit h_{A_1}, das hinsichtlich Verdunstung und Abfluß ähnliche Verhältnisse, aber ein h_{N_1} aufweist, das von h_{N_2} abweicht, dann kann die Verdunstungshöhe $h_{V_1} = (h_{N_1} - h_{A_1})$ des Gebietes E_1 nach E_2 übertragen, das heißt $h_{V_2} = h_{V_1}$ gesetzt werden. Damit ergibt sich die Abflußhöhe h_{A_2} zu:

$$h_{A_2} = h_{N_2} - (h_{N_1} - h_{A_1}) \text{ in mm}$$

---

[1] Die *allgemeinen* Beziehungen KELLERS für Mitteleuropa siehe S. 156.
[2] GRAVELIUS: Flußkunde, S. 158. Berlin u. Leipzig 1914.

Streck, Wasserwirtschaft. **10**

als näherungsweise zutreffender Wert. Mit $\alpha_2 = \dfrac{h_{A_2}}{h_{N_2}}$ wird der Abflußbeiwert (das Abflußverhältnis):

$$\alpha_2 = 1 - \frac{h_{N_1} - h_{A_1}}{h_{N_2}} \gtrless \alpha_1 = \frac{h_{A_1}}{h_{N_1}} \, .$$

Nur wenn $h_{N_2} = h_{N_1}$, wird auch $\alpha_2 = \alpha_1$, d. h. der Abflußbeiwert kann nur dann von einem Gebiet auf ein anderes übernommen werden, wenn die Niederschlagshöhen in beiden Gebieten gleich groß sind. Insoweit man Abflußbeiwerte heranzieht, müssen sie Mittelwerte aus langjährigen Beobachtungen von h_N und h_A darstellen, um brauchbar zu sein.

Berechnung der Abflußmengen mit empirischen Formeln.

In der wasserwirtschaftlichen (wasserbaulichen) Praxis kommt es immer wieder vor, daß man die Größe des Abflusses eines Gebietes abschätzen muß, der sich als Folge eines Katastrophenniederschlags ergeben könnte. Dabei sind gerade bei kleineren Gebieten die hydrologischen Verhältnisse oft sehr verwickelt und es fehlen häufig die Unterlagen, um Niederschlagshöhe und Abflußbeiwert einigermaßen zutreffend festzulegen. Versagen hierbei die genauen unmittelbaren Ermittlungen aus Abflußmessungen, wie sie im 5. Abschnitt noch behandelt werden, oder aus der genauen Kenntnis der Beziehung zwischen Niederschlag und Abfluß, dann muß man zu empirischen Formeln für den Höchstabfluß greifen. Ähnliches gilt übrigens manchmal auch für den niedrigsten Niederwasserabfluß.

Diese empirischen Formeln sind entweder aufgebaut auf ein gedachtes Zusammenwirken von Starkregen und Landregen, auf empirisch festgestellte Verhältniszahlen zwischen der Mittelwassermenge und Hochwassermenge oder auf Mittelwertbildung aus einer Statistik von Hochwassermengen eines Flußgebietes[1]. Da die Rechnungsergebnisse sehr unsicher sind (man beachte die Ergebnisse der Beispiele weiter unten), empfiehlt es sich meist, mehrere Formeln heranzuziehen, um damit durch kritische Abwägung zu einem Mittelwert zu kommen. Von den zahlreichen aufgestellten Formeln werden nachfolgend einige aufgeführt, deren Brauchbarkeit sich wiederholt erwiesen hat[2].

a) Ermittlung des Höchstabflusses.

α) Formel von HOFMANN (für bayerische hydrologische Verhältnisse aufgestellt) für Einzugsgebiete von 1 bis 200 km² Größe.

$$HHQ = m \, \frac{E}{\sqrt[3]{1 + E}} \left(1 - 0{,}4 \, \frac{E_w}{E}\right) \text{ in m}^3/\text{sek.}$$

---

[1] SCHAFFERNAK: Hydrographie S. 347. Wien: Springer 1935.

[2] Weitere Formeln sind z. B. in WEYRAUCH-STROBEL: Hydraulisches Rechnen, 6. Aufl., zu finden. Stuttgart: Konr. Wittwer 1930.

Darin bedeuten:

E = Einzugsgebiet in km²; E_W = bewaldeter Flächenanteil in km²; m = Beiwert, der vom Talgefälle abhängt.

$$\left.\begin{array}{l} m = 4{,}50 \\ m = 3{,}75 \\ m = 3{,}00 \end{array}\right\} \text{bei einem Durchschnittsgefälle in den zwei unteren Dritteln der Tallänge von} \left\{\begin{array}{l} \text{mehr als } 2\% \\ 2 \text{ bis } 0{,}5\% \\ \text{weniger als } 0{,}5\% \end{array}\right.$$

Für größere Niederschlagsgebiete in *Bayern* hat HOFMANN folgende Formel aufgestellt:

$$HHQ = \frac{3\,E}{(1 + E)^{29/100}} \sim 3\,E^{0{,}71} \text{ m}^3/\text{sek}.$$

β) Berechnungsweise des *Hydrologischen Zentralbüros Wien* (für österreichische Flußgebiete). Es wird hier die Annahme zugrunde gelegt, daß in einem Einzugsgebiet von der Größe E km² der Starkregen mit der größten Stundenniederschlagshöhe eine Fläche von 25 km² beregnet, während der übrige Teil des Einzugsgebietes einheitlich von einem 24stündigen Landregen betroffen wird.

Bezeichnet $h_{N,\,\text{Stunde}}$ die größte bekannte Stundenniederschlagshöhe in mm, $h_{N,\,\text{Tag}}$ die häufigste Tagesniederschlagshöhe in mm, die im betrachteten Einzugsgebiet beobachtet worden ist, E die Fläche des Einzugsgebietes in km², α den Abflußbeiwert, geschätzt nach den Tabellenwerten von ISZKOWSKI oder bekannt auf Grund anderweitiger Erfahrung, dann beträgt die *Katastrophenhochwassermenge*

$$HHQ = \alpha \left[\frac{h_{N,\,\text{Stunde}}}{3600} 10^3 \cdot 25 + \frac{h_{N,\,\text{Tag}}}{86\,400} 10^3 (E - 25) \right] \text{ in m}^3/\text{sek}.$$

Die Niederschlagshöhen sind in mm, das Einzugsgebiet E in km² einzusetzen.

Das erste Glied in der Klammer stellt die sekundliche Niederschlagsmenge des Starkregens für $E = 25$ km² dar (Dimensionen: $\frac{\text{mm/st}}{\text{sek/st}} \frac{\text{m}}{10^3\,\text{mm}} \text{km}^2\, 10^6\, \frac{\text{m}^2}{\text{km}^2} = 10^3 \text{ m}^3/\text{sek}$). Entsprechend gibt der 2. Summand die sekundliche Niederschlagsmenge des eintägigen Landregens für die Niederschlagsfläche $(E - 25)$ km².

Beispiel: Gesamteinzugsgebiet $E = 121$ km²; $h_{N,\,\text{Stunde}} = 58$ mm; $h_{N,\,\text{Tag}} = 62$ mm und $\alpha = 0{,}72$; daher

$$HHQ = 0{,}72 \left[\frac{58 \cdot 10^3 \cdot 25}{3600} + \frac{62 \cdot 10^3}{86\,400} \cdot (121 - 25) \right]$$
$$= 0{,}72\,[402 + 69]$$
$$= 340 \text{ m}^3/\text{sek}.$$

γ) Abflußformel von ISZKOWSKI[1]. Hier ergibt sich die Höchstabflußmenge auf Grund umfangreicher statistischer Erhebungen mit

$$HHQ = 10^{-3}\,c\,m\,h_{N,\,\text{Jahr}}\,E \text{ in m}^3/\text{sek}.$$

---

[1] ISZKOWSKI: Beitrag zur Ermittlung der Niedrigst-, Normal- und Höchstwassermengen auf Grund charakteristischer Merkmale der Flußgebiete. Z. öst. Ing.- u. Archit.-Ver., 1886, S. 69.

Darin bedeuten c einen vom Zustand des Bodens abhängigen Beiwert, m einen Faktor, der die Abminderung der Abflußmengen bei wachsender Einzugsfläche berücksichtigt. Die Werte für c und m ergeben sich aus den Tab. 37 u. 38. $h_{N,\,\text{Jahr}}$ ist die mittlere Jahresniederschlagshöhe des Untersuchungsgebietes in mm, E das Einzugsgebiet in km².

Tabelle 37. Beiwerte c und c_m. (Nach ISZKOWSKI.)

Geländegruppen in topographischer Beziehung	Beiwert c für den Geländezustand nach den Gruppen				Beiwert c_m
	I	II	III	IV	
Moraste und Tiefland	0,017	0,030	—	—	0,2
Niederung und flache Hochebene . . .	0,025	0,040	—	—	0,25
Teils Niederung, teils Hügelland	0,030	0,055	—	—	0,30
Nicht steiles Hügelland	0,035	0,070	0,125	—	0,35
Teils Mittelgebirge, teils Hügelland oder steiles Hügelland allein	0,040	0,082	0,155	0,400	0,40
Bodenerhebungen, wie Ardennen, Eifel, Westerwald, Vogelsberg, Odenwald u. Ausläufer größerer Gebirge, je nach Steilheit variierend, im Mittel	0,045	0,100	0,190	0,450	0,45
Bodenerhebungen, wie Harz, Thüringer Wald, Rhön, Frankenwald, Fichtelgebirge, Erzgebirge, Böhmerwald, Lausitzer Gebirge, Erlitzgebirge, Wiener Wald, je nach Steilheit usw., im Mittel	0,050	0,120	0,225	0,500	0,50
Bodenerhebungen, wie Schwarzwald, Vogesen, Riesengebirge, Sudeten, Beskiden, je nach Steilheit, im Mittel . .	0,055	0,140	0,290	0,550	0,55
Hochgebirge, je nach Steilheit	0,060 bis 0,080	0,160 bis 0,210	0,360 bis 0,600	0,600 bis 0,800	0,60 bis 0,65 bis 0,70

Tabelle 38. Beiwerte m. (Nach ISZKOWSKI.)

E	m	E	m	E	m	E	m	E	m
1	10,000	200	6,87	1400	4,320	8000	3,060	110000	1,980
10	9,5	250	6,70	1600	4,145	9000	3,038	120000	1,920
20	9,0	300	6,55	1800	3,960	10000	3,017	130000	1,855
30	8,5	350	6,37	2000	3,775	20000	2,909	140000	1,790
40	8,23	400	6,22	2500	3,613	30000	2,801	150000	1,725
50	7,95	500	5,90	3000	3,450	40000	2,693	160000	1,650
60	7,75	600	5,60	3500	3,335	50000	2,575	170000	1,575
70	7,60	700	5,35	4000	3,250	60000	2,470	180000	1,500
80	7,50	800	5,12	4500	3,200	70000	2,365	190000	1,425
90	7,43	900	4,90	5000	3,125	80000	2,260	200000	1,350
100	7,40	1000	4,70	6000	3,103	90000	2,155	225000	1,175
150	7,10	1200	4,515	7000	3,082	100000	2,050	250000	1,000

Für den Beiwert c sind 4 Gruppen von Bodenarten zu unterscheiden:

Gruppe I: Bei allen Bodenerhebungen für stark durchlässige Bodenarten mit normaler Vegetation oder für gemischte Bodenarten mit üppiger Vegetation und für Ackerland. Sie gibt bis $E = 4000$ km² bei kleineren Gebieten mit hohem Grundwasserstand zu geringe Mengen. Es ist daher bis $E = 1000$ km² die Gruppe II, zwischen 1000 und 4000 km² eine Kombination von I und II anzuwenden. Für $E < 1000$ km² findet Gruppe I nur bei sehr durchlässigen Bodenarten Anwendung.

Gruppe II: Für alle Flußgebiete bei gemischten Bodenarten mit normaler Vegetation im Hügelland und Gebirge oder bei gleichgedachten bis minderdurchlässigen Bodenarten mit normaler Vegetation im Flachland und leicht wellenförmigem Gelände. Bei größerer Erhebung ist für Gebiete bis $E = 150$ km² Gruppe III, dann bis $E = 1000$ km² eine Kombination von Gruppe II und III, von da ab Gruppe II anzunehmen.

Gruppe III: Bei undurchlässigen Bodenarten mit normaler Vegetation im steileren Hügellande und Gebirge bis $E =$ etwa 5000 km², von da an bis $E = 12\,000$ km² Kombination von Gruppe II und III, darüber hinaus Gruppe II evtl. Kombination von I und II. Für kleinere Gebiete mit bedeutenderem Gefälle bis $E =$ etwa 50 km² in Gruppe IV, von da bis $E =$ etwa 300 km² eine Kombination von III und IV anzuwenden.

Gruppe IV: Bei sehr undurchlässigen Bodenarten mit spärlicher oder gar keiner Vegetation in steilem Hügel- und Gebirgsland, sowie für HHQ bis $E = 300$ km².

Beispiel: Es soll hier wieder dasselbe Beispiel zugrunde gelegt werden, das oben für die Anwendung der Formel des Hydrographischen Zentralbüros Wien gebracht wurde. Aus Erhebungen sei eine mittlere Jahresniederschlagshöhe $h_{N,\,\text{Jahr}} = 1700$ mm festgestellt. Der Gesamtgröße des Einzugsgebietes von 121 km² entspricht in Tab. 38 ein Wert $m = 7,25$. Das Untersuchungsgebiet befindet sich am Rande des Hochgebirges mit mittelmäßig geneigten Hängen und normaler Vegetation. Seiner Größe und seinem Charakter nach ist es in die Gruppe III einzureihen, wobei der c-Wert mit etwa 0,25 eingeschätzt werden kann.

Damit

$$HHQ = 10^{-3} \cdot 0{,}25 \cdot 7{,}25 \cdot 1700 \cdot 121 = \mathit{373}\ \text{m}^3/\text{sek.}$$

δ) Abflußformel nach HOFBAUER. Sie lautet:

$$HHQ = 60\,\beta\,\sqrt{E}\ \text{in m}^3/\text{sek} \ (E\ \text{in km}^2).$$

Sie ist gültig für ein E, das zwischen 20 000 km² und 10 km² liegt (20 000 km² $> E >$ 10 km²).

$$\begin{aligned}
&\text{Für Flachland}\quad &\beta &= 0{,}25 \text{ bis } 0{,}35,\\
&\text{für Hügelland}\quad &\beta &= 0{,}35 \text{ bis } 0{,}50,\\
&\text{für Gebirgsland}\quad &\beta &= 0{,}5 \ \ \text{ bis } 0{,}70.
\end{aligned}$$

Das gewählte Beispiel gibt für $\beta = 0{,}5$

$$HHQ = 60 \cdot 0{,}5 \cdot \sqrt{121} = \mathit{330}\ \text{m}^3/\text{sek.}$$

Der Mittelwert aus den Ergebnissen der dreimaligen Anwendung des gewählten Beispiels auf die drei verschiedenen Formeln ergäbe ein $HHQ = {\sim}348$ m³/sek. Demgegenüber liefert die HOFMANNsche Formel ungünstigst ($m = 4{,}5$, $E_W = 0$) nur ein $HHW = 110$ m³/sek, d. i. weniger als $^1/_3$ der unter β) bis δ) ermittelten Werte.

b) Berechnung des niedersten Niedrigwasserabflusses.

ISZKOWSKI hat dafür eine empirische Formel aufgestellt. Er berechnet zunächst die mittlere Niederwassermenge MNQ eines Normaljahres mit

$$MNQ = 0{,}4\, v\, MQ \text{ in m}^3\text{/sek}$$

und nimmt für den niedersten Niederwasserabfluß die Hälfte von MNQ, also

$$NNQ = 0{,}2\, v\, MQ \text{ in m}^3\text{/sek.}$$

Dabei ist MQ der mittlere Jahresabfluß einer Jahresreihe, der mit folgender Beziehung berechnet wird:

$$MQ = 0{,}03171\, c_m\, h_{N,\,\text{Jahr}}\, E \text{ in m}^3\text{/sek.}$$

c_m ist ein Beiwert, der Geländeform und Bodenverhältnisse berücksichtigt (Tab. 37), $h_{N,\,\text{Jahr}}$ die mittlere Jahresregenhöhe in *Metern*, E das Einzugsgebiet in km² und v ein Beiwert, der die Abhängigkeit von der Bodenart und Vegetation, von der Gebietsgröße und der Regenverteilung ausdrückt (Tab. 39).

Tabelle 39. *Beiwerte v*. (Nach ISZKOWSKI.)

Terrainbeschaffenheit des Einzugsgebietes	v
Mittlere Bodengattungen mit normaler Vegetation	1
Für Wasserläufe, die durch Seen reguliert sind	1,5
Für mehr durchlassende und weniger bewachsene Bodenarten . .	0,4
Für weniger durchlassende und mehr bewachsene Bodenarten . .	0,8
Für undurchlässige Bodenarten im Flachland	1 bis 1,5
Für undurchlässige Bodenarten im Hügelland, abnehmend mit Abnahme der Vegetation	0,8 bis 0,5
Für undurchlässige Bodenarten im Gebirge	0,6 bis 0,3
Undurchlässige Bodenarten und kleine Bäche	bis 0,0

Bei $F \leqq 200$ km² und guter Vegetation ist das oben bestimmte v um 25 v. H. zu vergrößern.

$$\text{Bei}\quad\ \ 200 < F <\ \ 20000 \text{ bleibt } v \text{ unverändert,}$$
$$\text{bei}\quad 20000 < F <\ \ 50000 \text{ ist } v \text{ um 0 bis 15 v. H.,}$$
$$\text{bei}\quad 50000 < F < 100000 \text{ ist } v \text{ um 10 bis 50 v. H.,}$$
$$\text{bei}\ 100000 < F < 200000 \text{ ist } v \text{ um 50 bis 100 v. H.}$$

zu vergrößern.

Je gleichmäßiger die Niederschlagsverteilung, desto größer wird v, es kann in Gebieten mit Seeklima bis um 50 v. H. steigen.

V. Beziehung zwischen Niederschlag, Abfluß und Verdunstung.

1. Wasserhaushaltsbilanz[1].

Unter Wasserhaushalt versteht man in der Wasserwirtschaft die Bilanz aus den naturgegebenen Einnahmen und Ausgaben an Wasser für ein bestimmtes Einzugsgebiet. Der *Niederschlag N* (Regen, Schnee, Tau, Reif usw.) ist in dieser Bilanz der *einzige Einnahmeposten*. Dabei wird nur jenes N erfaßt, das die *Oberfläche des Einzugsgebietes* erreicht, wie auch nur jene Verdunstung V — einer der Ausgabeposten — bilanzmäßig berücksichtigt wird, die auf oder in der Erdoberfläche vor sich geht (in Übereinstimmung mit unseren bisherigen Annahmen). Dazu kommt die zurückgehaltene Wassermenge R („Rückhalt") als Schnee oder Eis, als Bodenfeuchte („Haftwasser") in den oberen Bodenschichten, als Rückhalt in stehenden Gewässern (Seen, Teiche, Sümpfe, Moore) und im Grundwasser. Nach Ablauf einer gewissen Zeit fließen auch diese Rückhaltwassermengen nach und nach ab oder sie verdunsten. Auf diese Weise ergibt sich noch ein Bilanzposten: Aufbrauch B früheren Niederschlags, um den sich der Rückhalt vermindert. Daher lautet die Bilanzgleichung:

$$N = A + V + (R - B).$$

Die Bilanz kann sich vereinfachen, einmal, wenn $B = 0$ (kein Aufbrauch, da Vorräte vorher erschöpft), oder wenn $R = 0$ (der schwache Niederschlag kann keine Rücklage bilden), oder wenn $N \sim 0$ und $R = 0$ (kein Niederschlag).

In Flußgebieten ist von den 5 Bilanzgrößen N immer, A meist meßbar, nicht aber V und $(R - B)$, die immer in Verbindung von $V + (R - B)$ auftreten. Nur am Lysimeter lassen sich V und $(R - B)$ als Einzelglieder trennen. Für Flußgebiete ist dagegen ihre Trennung einstweilen nur durch Hilfsmaßnahmen möglich, die sich zwar plausibel begründen lassen, deren Richtigkeit aber nicht streng beweisbar ist. Die Angaben über Niederschlag und Abfluß bleiben hiervon unberührt. Es sind daher alle auf Annahme beruhenden Folgerungen immer klar und deutlich gegen die sicheren Angaben über Niederschlag und Abfluß abzugrenzen (FISCHER).

Einfachere Verhältnisse ergeben sich, wenn die Bilanz für die Jahresmittel aus einer möglichst langen Jahresreihe[2] aufgestellt wird, weil sich

---

[1] FISCHER: Niederschlag, Abfluß und Verdunstung im Weser- und Allergebiet. Jb. Gewässerkde Norddeutschlands. Besond. Mitt. Bd. 7, Nr. 2, 1932 — Ziele und Wege der Untersuchungen über den Wasserhaushalt usw. Mitt. d. Reichsverbandes d. dtsch. Wasserwirtsch. 1936, Nr. 40.

[2] Nach WUNDT dürfte ein zwanzigjähriger Zeitraum genügen, um das Einschleichen von Fehlern zu vermeiden.

für eine solche Reihe R und B ausgleichen $(R - B) \sim 0$. Dies entspricht der Voraussetzung, daß sich in längeren Zeiträumen und für größere Gebiete die 3 wichtigsten Größen N, V, A das Gleichgewicht halten und um gewisse Mittelwerte schwanken. Insbesondere kann die Verdunstung für bestimmte Gebiete als ziemlich beständig angenommen werden, so daß sich dann A unter sonst gleichbleibenden Bedingungen gleichsinnig mit N ändert.

FISCHER hat seine, unter Anknüpfung an PENCK entwickelten Grundgedanken zur Erfassung des Wasserhaushalts eines Flußgebietes zum ersten Male praktisch für das *Weserquellgebiet* angewendet[1].

a) Wasserhaushalt für das Weserquellgebiet[1].

Die Untersuchung stützt sich auf die Jahresreihe 1896 bis 1915 und hat zur Grundlage die Wasserhaushaltsbilanz

$$N = A + V + (R - B).$$

Das Verfahren geht von folgenden Gedanken aus: Für eine genügende Zahl von N-Meßstationen und eine ausreichende Zahl von Meßprofilen in Flußgerinnen des untersuchten Einzugsgebietes, für welche jeweils die Meßergebnisse für die gleiche (möglichst lange) Jahresreihe vorliegen, lassen sich N und A für das Normaljahr[2] ermitteln aus

$$h_{V,\,\text{Jahr}} = h_{N,\,\text{Jahr}} - h_{A,\,\text{Jahr}},$$

wenn die Bilanzgrößen in mm Wassersäule zugrunde gelegt werden.

Diese vereinfachte Wasserhaushaltsbilanz ist für die Erfassung der wirklichen Gebietsverhältnisse zu ungenau, da sie auf die (täglichen, wöchentlichen, monatlichen) Schwankungen innerhalb der Jahresperiode noch keine Rücksicht nimmt. Um dies zu erreichen und dabei Rückhalt und Aufbrauch mitzuerfassen, muß von einer kleineren Zeiteinheit als das Jahr ausgegangen werden. Im vorliegenden Beispiel wurde der *Monat als Zeiteinheit* genommen. Der verbesserte Ansatz für die *Monats*werte des *Normal*jahres lautet nun

$$h_N = h_A + h_V + (h_R - h_B),$$

h_N und h_A sind auch für die Monatsansätze als bekannt vorauszusetzen. Der Klammerausdruck $(h_R - h_B)$ ist Rückhalt, wenn er positiv $(+)$, Aufbrauch, wenn er negativ $(-)$ ist. Seine Größe liegt fest, wenn außer h_N und h_A auch h_V ermittelt sind. *Diese Feststellung der h_V-Werte für die Monate des Normaljahres ist nun das Kernproblem der Aufgabe.* Es läßt sich wie folgt formulieren: Da die Glieder der Gleichung $h_{V,\,\text{Jahr}} = h_{N,\,\text{Jahr}} - h_{A,\,\text{Jahr}}$ die *Jahres*summe der Glieder der Gleichung für die *Monats*werte $\left(h_V = h_N - h_A - (h_R - h_B)\right)$ sind, muß die Jahres-

---

[1] Vgl. Literaturangabe Fußnote 1, S. 151.   [2] Mittelwerte aus der Jahresreihe.

verdunstungshöhe $h_{V,\,\text{Jahr}}$ durch einen bestimmten — in unserem Falle *monatlichen* — Gang der Verdunstung innerhalb einer Jahresperiode so aufgeteilt werden, daß der Klammerausdruck verschwindet, d. h. daß

$$\sum_{0}^{12\ \text{Monate}\ =\ 1\ \text{Normaljahr}} (h_R - h_B) = 0$$

wird. Für diese Aufteilung genügt die Kenntnis eines *relativen* Verlaufes der Verdunstung während eines Normaljahres, d. h. brauchbare Verhältniszahlen nach Zeit und Beobachtungsort, die hinreichend genau durch Verdunstungsmesser ermittelt werden.

Im vorliegenden Beispiel wurden aus den Ergebnissen von 177 Niederschlagsstationen durch räumliche Mittelwertbildung die mittleren h_N für die einzelnen Monate des Normaljahres errechnet und zur Niederschlags*gang*linie für das Normaljahr aufgetragen (Abb. 84). Entsprechend erhält man den monatlichen Gang von h_A. Die Fläche zwischen h_N- und h_A-Ganglinie stellt die jährliche Gesamtverdunstung des Einzugsgebietes dar. Diese wurde dann mit Benutzung des relativen Ganges der Gebietsverdunstung, den die Gefäßverdunstungsmessungen ergeben haben, auf das Normaljahr aufgeteilt und *so die Ganglinie der monatlichen Verdunstung h_V erhalten.* Aus der Beziehung

$$(h_R - h_B) = h_N - h_A - h_V$$

konnte nun die Größe des Klammerausdruckes für jeden Monat des Normaljahres ermittelt werden. Dieser ergab sich in dem Zeit-

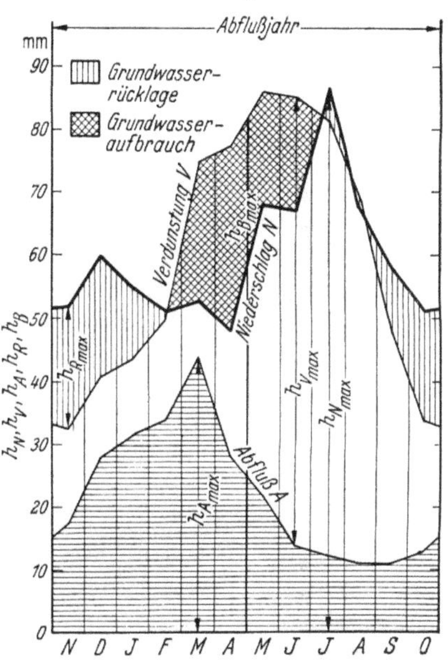

Abb. 84. Wasserhaushalt $N = A + V + (R - B)$ für das Weserquellgebiet für die Jahresreihe 1896 bis 1915. (Nach FISCHER.)

abschnitt vom *März bis Juni* als *negativ (Aufbrauch)* und vom *September bis Februar* als *positiv (Rücklage;* Grundwasserspeicherung). Bemerkenswert ist die Feststellung aus dem Ergebnis, daß die Verdunstung im *langjährigen Durchschnitt* für das untersuchte Gebiet im Monat *Juni* mehr als das 5fache des Abflusses, im Monat *Januar* dagegen der Abfluß fast das 3fache der Verdunstung beträgt (Abb. 84). Der große Verdunstungsverbrauch im Sommer kann, da N dafür nicht ausreicht, nur aus der Grundwasser-, Saug- und Haftwasserrücklage gedeckt werden, die sich während der Monate mit geringer Verdunstung gebildet hat.

Die Aufstellung einer solchen Wasserhaushaltsbilanz erfordert eine zeitraubende Arbeit, deren Schwierigkeiten sich steigern, wenn man außer den h-Werten auch noch die übrigen Posten der Bilanz in ihre Teile zerlegt und der Größe *und* dem zeitlichen Verlaufe nach erfaßt, wie es ERTL für das Saalach-Einzugsgebiet getan hat (siehe unten unter c).

b) Wasserhaushaltsuntersuchungen von WUNDT und TROSSBACH[1].

WUNDT und TROSSBACH haben, allerdings unter *einheitlicher* Zugrundelegung der von FISCHER aufgestellten v. H.-Sätze für die monatliche Verdunstung in Mitteleuropa (vgl. Tab. 27, S. 117) für 38 Flußgebiete die Wasserhaushaltsbilanzen aufgestellt, um den mittleren jährlichen Gang des Wasservorrats dieser Einzugsgebiete und seine Größe $+(R-B)$ am Ende jeden Monats zu ermitteln. Durch algebraische Summierung der Werte $(R-B)$ von Monat zu Monat, also durch fortlaufende Bildung der $\sum(R-B)$-Werte wird die bis zum Schluß des Monats jeweils eingetretene Gesamtänderung des Vorrats festgestellt. Daraus wird dann der mittlere jährliche Gesamtvorratsumsatz für jedes dieser Gebiete erhalten als Summe des jeweiligen größten positiven und größten negativen Wertes von $\sum(R-B)$. In Abb. 85a bis k sind einige dieser Wasserhaushalts- bzw. Wasservorratsbilanzen als Beispiele bildlich dargestellt, wobei die Zeiten der Vorratsbildung $[+(R-B)]$ und des Aufbrauches $[-(R-B)]$ durch verschiedene Schraffur besonders hervorgehoben sind.

c) Wasserhaushaltsuntersuchung des Saalachgebietes durch ERTL.

Soweit der Gesamtniederschlag des Jahres *nur* in Form von Regen fällt, geht die Vorratsbildung ausschließlich in den natürlichen evtl. auch künstlichen Speicherräumen (Grundwasser, Stauseen) vor sich. Läßt man die letzteren für die grundsätzlichen Überlegungen außer Betracht, dann stellen die $+(R-B)$-Werte in den Abb. 85 im wesentlichen eine Vergrößerung der Grundwasservorräte, die $-(R-B)$-Werte Aufbrauch von Grundwasser dar. Ganz anders und verwickelter werden die Verhältnisse des Vorratsumsatzes, wenn der *winterliche Niederschlag in Form von Schnee fällt und dieser für Wochen oder gar Monate liegenbleibt,* Verhältnisse, wie sie z. B. bei *alpinen* Einzugsgebieten gegeben sind.

Um zu zeigen, wie sich für solche *alpine* Flußgebiete die Wasserhaushaltsbilanzen gestalten können, soll hier als Beispiel das Ergebnis der

---

[1] TROSSBACH und WUNDT: Die natürliche Vorratsbildung in unseren Flußgebieten. Arch. Wasserwirtsch. 1940. Nr. 52. Bln.

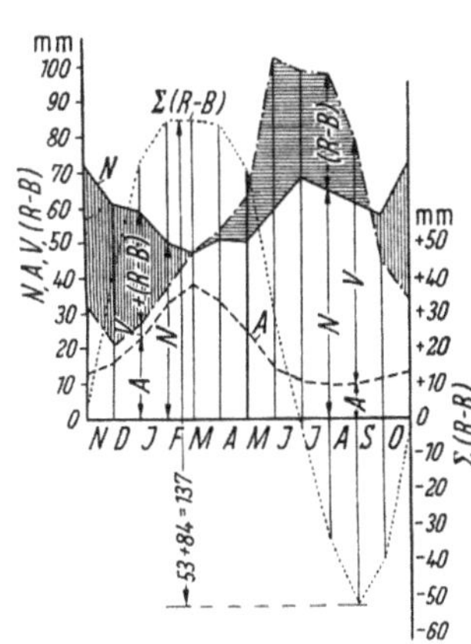

a) *Seine bis Paris.*
(Nordwestrand Mitteleuropas.)
42000 km². 1851/1900.
(PARDE: Fleuves et Rivières, Paris
1933. — KÖPPEN-GEIGER: Handb.
d. Klimatologie. Bd. III.)

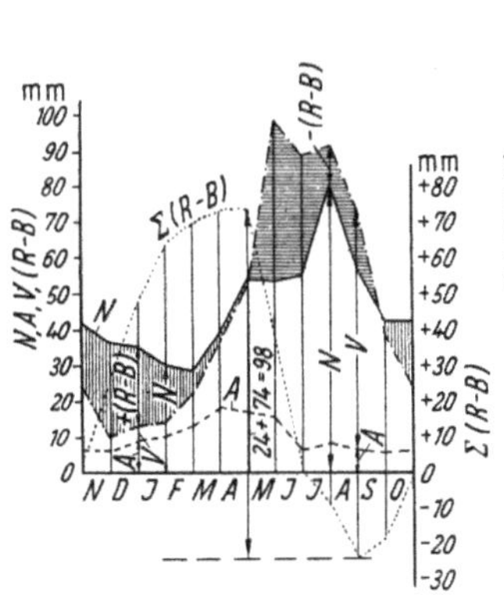

b) *Warthe bis Posen.*
(Nordostrand Mitteleuropas.)
24820 km². 1896/1905.
(FISCHER: Niederschlag und Ab-
fluß im Odergebiet. Jahrb. f.
Gew.Kde. Norddeutschld. Bd. 3,
Nr. 2 (1915).

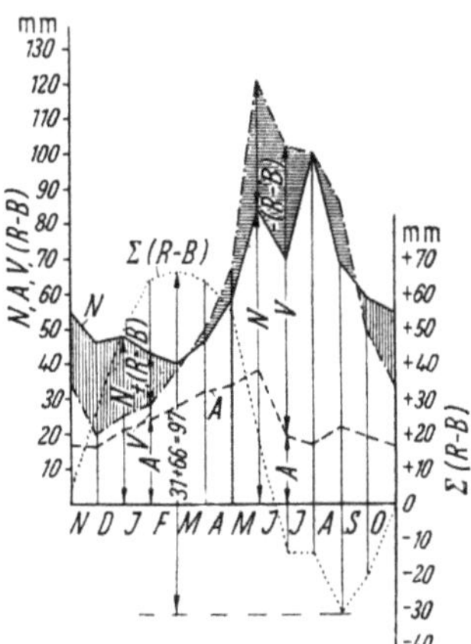

c) *Bober bis zur Mündung.*
(Mittelgebirgsfluß.)
5938 km². 1896/1905.
(Schrifttum wie bei b.)

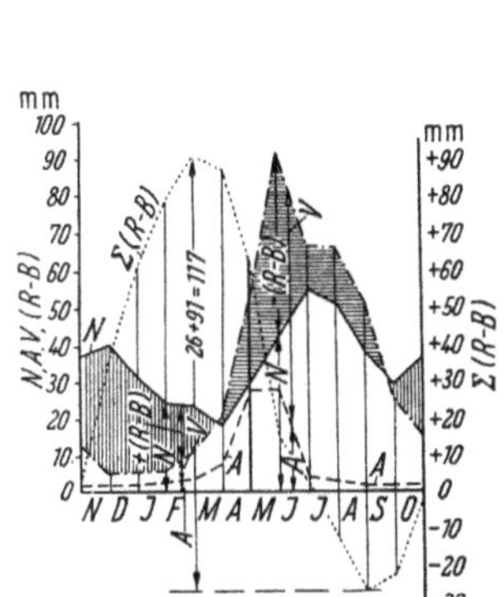

d) *Oberer Neckar bis Horb.*
(Inneres Mitteleuropa, im Lee des
Schwarzwaldes.)
1095 km². 1921/1933.
(TROSSBACH: Niederschlag u. Ab-
fluß in Württemberg und Hohen-
zollern. Mitt. d. Reichsv. d. Dtsch.
Wasserwirtsch. 1935, Nr. 36.)

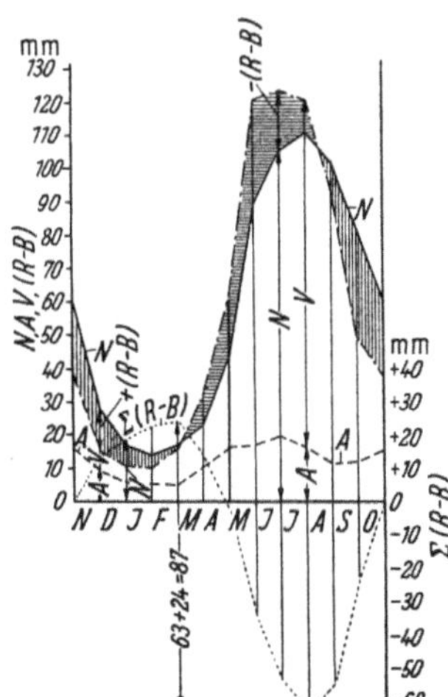

e) *Murg bis Schönmünzach.*
(Inneres Mitteleuropa, Regenluv
am Nordabhang des Schwarzwaldes.) 1081 km². 1921/1933.
(Schrifttum wie bei d.)

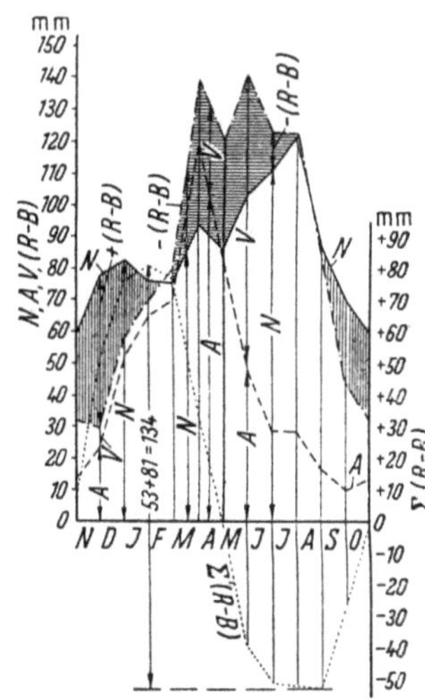

f) *Main bis Zapfendorf.*
(Inneres Mitteleuropa; Mittel-
gebirge.) 2758 km². 1901/1910.
(HAEUSER: Niederschlags-
belastung der bayerischen Flußgebiete. Bayr. Landesstelle f. Gewässerkunde 1927.)

Abb. 85 a—k. Wasserhaushaltsbilanzen und mittlere jährliche Vorratsumsätze.

Wasserhaushaltsuntersuchung der *Saalach*, wie es von Ertl[1] erarbeitet wurde, in den Abb. 86a bis d dargestellt werden.

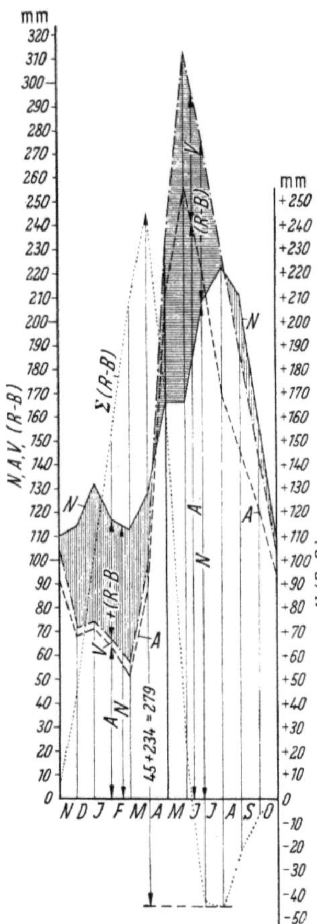

Abb. 85g. *Iller bis Immenstadt.* (Randzone der Nordalpen. Alpin mit Schneespeicherung.) 718 km². 1901/1910. (Haeuser: Niederschlagsbelastung der bayerischen Flußgebiete. Bayer. Landesstelle f. Gewässerkunde 1927.)

Vergleicht man diesen alpinen Wasserhaushalt, also etwa Abb. 86c bzw. 86d mit der Wasserhaushaltsbilanz des *alpinen* Iller-einzugsgebietes (Abb. 85g), so erkennt man, wie aufschlußreich die weitgehende Aufgliederung einer Wasserhaushaltsbilanz für *Alpengebiete* mit *mehrmonatiger Schneerücklage* ist. Nur durch eine solche Aufgliederung kann ein einigermaßen zutreffendes Bild über das wasserhaushaltmäßige Geschehen während eines Abflußjahres gewonnen werden. Beispielsweise lohnt die mühevolle Verarbeitung der *Schneeniederschläge* und *Schneerücklage* in der Bilanz mit der Erkenntnis, daß solche Gebiete im Winter *keine Grundwasser*rücklage bilden können, sondern dort *in dieser Zeit umgekehrt Grundwasseraufbrauch* vor sich geht. Die Rücklagenbildung kann erst erfolgen mit der Zunahme der Niederschlagsdarbietung N_0 während der Schneeschmelzemonate, vorausgesetzt, daß nicht ein Dauerföhn große Teile der Schneereserven in die Atmosphäre entführt.

2. Beziehung zwischen Niederschlag, Abfluß, Verdunstung und Temperatur — Abflußvermögen — nach Keller, Fischer, Wundt, Ertl[2].

Bei den nachfolgenden Betrachtungen sind stets die Jahresmittel aus langjährigen Beobachtungsreihen zugrunde gelegt.

---

[1] Ertl: Die Gestaltungsvorgänge am Saalachsee bei Reichenhall und an anderen Stauräumen in alpinen Gewässern. Dtsch. Wasserwirtsch. 1939 — Der mittlere jährliche Gang des Wasserhaushalts der Saalach. Arch. Wasserwirtsch. 1940, Nr. 54. Berlin. — Oexle: Zur Gewässerkunde der bayerischen Saalach. Jb. Gewässerkunde d. Dtsch. Reichs. Bes. Mitt. 1940, Nr. 1. Berlin.

[2] Keller: Niederschlag, Abfluß u. Verdunstung in Mitteleuropa. Jb. Gewässerkde Norddeutschlands. Bd. 1, Nr. 4. Berlin 1906. — Fischer: Abflußverhältnis, Abflußvermögen u. Verdunstung v. Flußgebieten Mitteleuropas. Zbl. Bauverw. 1925, H. 41. — Wundt: Das Bild des Wasserkreislaufs auf Grund früherer und

Trägt man nach KELLER in einem rechtwinkligen Koordinatensystem auf der Abszissenachse die Niederschlagshöhen, als Ordinaten die Abfluß- (bzw. Verdunstungshöhen), alles in mm, auf, dann erhält man für $V = 0$, also $N = A$ die sogenannte 1. Mediane, eine unter 45° durch den Nullpunkt gehende Gerade.

Nun ist aber immer Verdunstung V vorhanden ($N - V = A$), die mit wachsendem Niederschlag N zunimmt. Unter Berücksichtigung

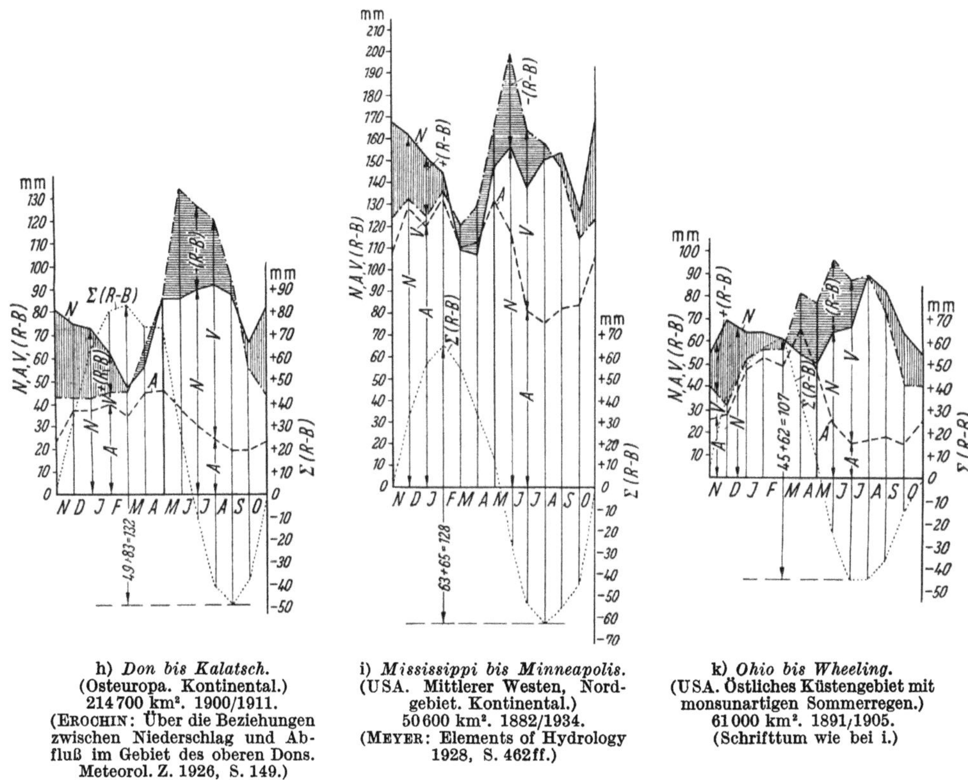

h) *Don bis Kalatsch.*
(Osteuropa. Kontinental.)
214 700 km². 1900/1911.
(EROCHIN: Über die Beziehungen zwischen Niederschlag und Abfluß im Gebiet des oberen Dons. Meteorol. Z. 1926, S. 149.)

i) *Mississippi bis Minneapolis.*
(USA. Mittlerer Westen, Nordgebiet. Kontinental.)
50 600 km². 1882/1934.
(MEYER: Elements of Hydrology 1928, S. 462ff.)

k) *Ohio bis Wheeling.*
(USA. Östliches Küstengebiet mit monsunartigen Sommerregen.)
61 000 km². 1891/1905.
(Schrifttum wie bei i.)

Abb. 85 a—k). Wasserhaushaltsbilanzen und mittlere jährliche Vorratsumsätze.

dieser Tatsache läßt sich die Verdunstungsgerade (*Verdunstungshauptlinie*) nach den von KELLER für Mitteleuropa gesammelten Beobachtungswerten darstellen durch

$$h_V = 0{,}058\,h_N + 405 \text{ in mm,}$$

wenn der Mittelwert $h_N \geqq 560$ mm.

neuer Forschungen. Mitt. Reichsverb. Wasserwirtsch. Nr. 44. Berlin 1938. — ERTL: Das Abflußvermögen der Gewässer im Raum der Nordalpen. Festschrift der Bayerischen Landesstelle für Gewässerkunde 1898 bis 1948. München: R. Oldenbourg 1950.

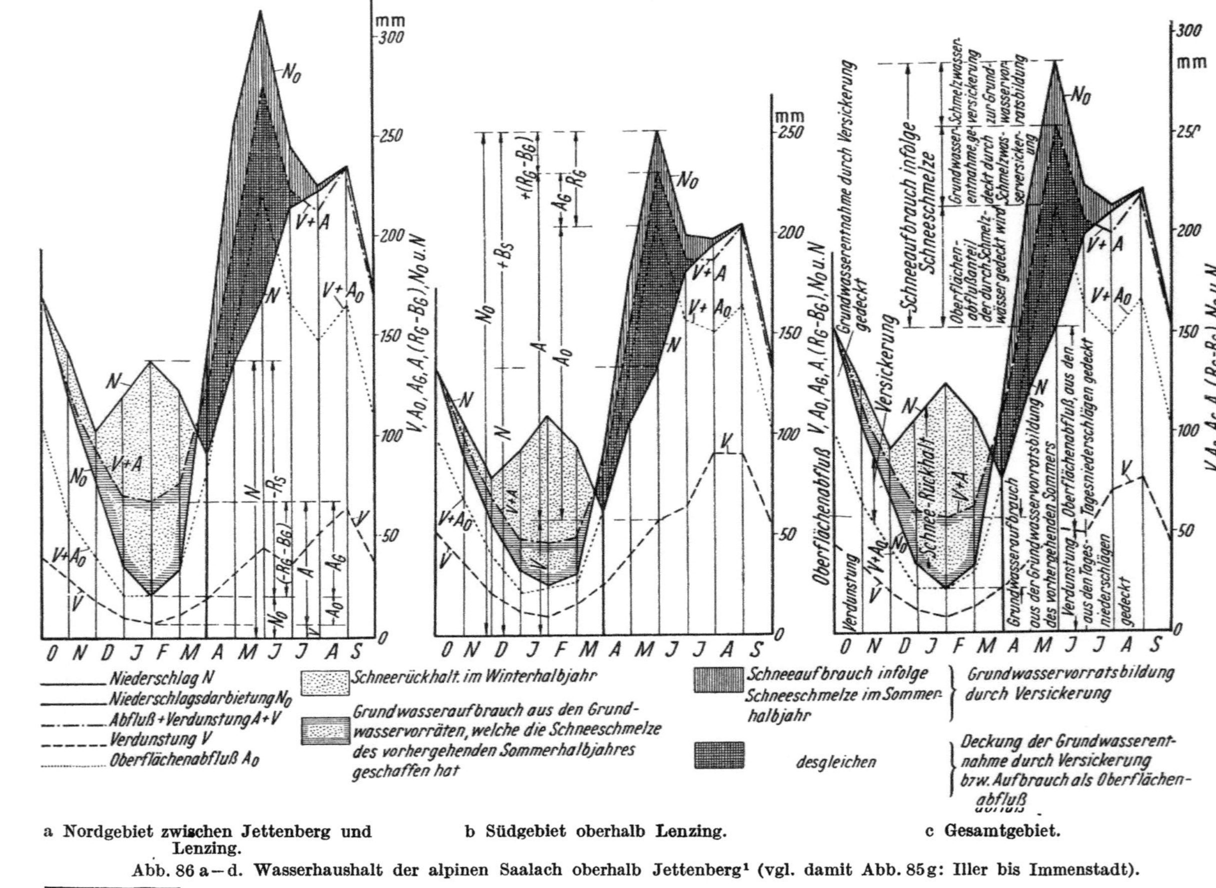

_____________ Niederschlag N
_____________ Niederschlagsdarbietung N₀
–·–·–·–·– Abfluß + Verdunstung A + V
– – – – – Verdunstung V
·············· Oberflächenabfluß A₀

Schneerückhalt im Winterhalbjahr

Grundwasseraufbrauch aus den Grundwasservorräten, welche die Schneeschmelze des vorhergehenden Sommerhalbjahres geschaffen hat

Schneeaufbrauch infolge Schneeschmelze im Sommerhalbjahr

desgleichen

Grundwasservorratsbildung durch Versickerung

Deckung der Grundwasserentnahme durch Versickerung bzw. Aufbrauch als Oberflächenabfluß

a Nordgebiet zwischen Jettenberg und Lenzing. b Südgebiet oberhalb Lenzing. c Gesamtgebiet.

Abb. 86 a—d. Wasserhaushalt der alpinen Saalach oberhalb Jettenberg[1] (vgl. damit Abb. 85g: Iller bis Immenstadt).

[1] Für die von ERTL festgelegte *obere* Grenze des Grundwasserabflusses.

Daraus ergibt sich für Durchschnittsverhalten die Abflußgerade (*Hauptlinie des Abflusses*), wenn die Ordinaten der Hauptlinie der Verdunstung — die letztere vermindert ja immer den Abfluß — von den Ordinaten der 1. Mediane abgezogen werden ($A = N - V$):

$$h_A = 0{,}948\,h_N - 405 \text{ in mm}$$

für $h_N \geqq 560$ mm.

Die *wirklich beobachteten* Wertepaare (N, A) und (N, V) liegen nur meist *nicht* auf diesen Hauptlinien des Abflusses bzw. der Verdunstung, sondern streuen beiderseits dieser Linien wegen ihrer Abweichung vom Durchschnittsverhalten. Um diesem Umstand Rechnung zu tragen, hat KELLER auch noch *obere* und *untere* Grenzlinien durch Gleichungen festgelegt (*Kellersche Bezugslinien*), die das *Abfluß*- bzw. *Verdunstungs*band begrenzen (Abb. 87).

Grenzlinien der *Verdunstung*:
untere Grenzlinie mit *sehr kleiner* Verdunstung:

$$h_V = 350 \text{ mm für } h_N \geqq 500 \text{ mm},$$

obere Grenzlinie mit *starker* Verdunstung:

$$h_V = 0{,}12\,h_N + 460 \text{ mm}$$

für $h_N \geqq 625$ mm.

Grenzlinien des *Abflusses*:
obere Grenzlinie (*großes* Abflußvermögen, *kleine* Verdunstung; Mittelgebirgs- und Alpenflüsse)[1]:

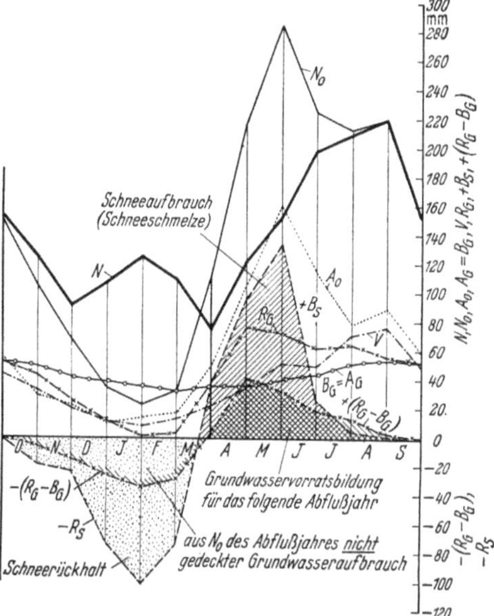

Abb. 86 d. Mittlerer jährlicher Gang der Wasserhaushaltselemente für das Saalach-Gesamtgebiet.

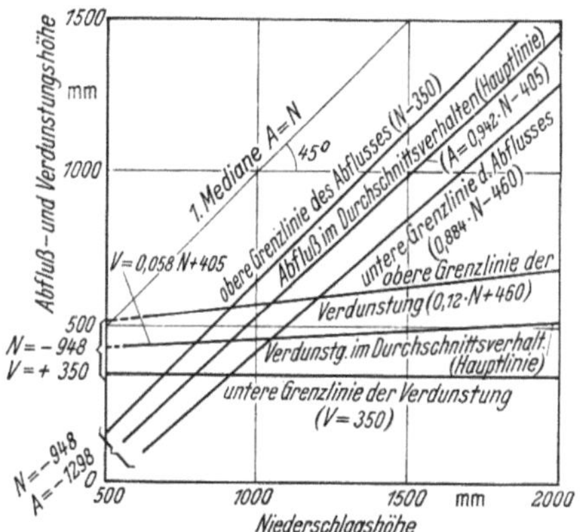

Abb. 87. KELLERS Bezugslinien für Mitteleuropa. (Der besseren Übersicht wegen wurden in der Abb. auch die in mm gemessenen Größen mit N, A, V bezeichnet.)

$$h_A = h_N - 350 \text{ mm} \quad \text{für} \quad h_N \geqq 500 \text{ mm},$$

untere Grenzlinie (*kleiner* Abfluß, *große* Verdunstung; Flachlandflüsse):

$$h_A = 0{,}884\,h_N - 460 \text{ mm} \quad \text{für} \quad h_N \geqq 625 \text{ mm}.$$

---

[1] Die Untersuchungen ERTLS ergaben für das *Inn*gebiet (Nordalpenraum) noch größere Abflüsse, als der KELLERschen *oberen Abflußlinie* entsprechen würde.

Es besteht also ein Zusammenhang zwischen der Lage der Wertepaare (N, A) und (N, V) eines bestimmten Gebietes: der Lage eines
Beobachtungspunktes (N, V) *unter* der Hauptlinie der Verdunstung
(V gegenüber dem Durchschnitt zu niedrig) entspricht eine Lage des
Punktes (N, A) (Abfluß) *über* der Hauptlinie des Abflusses, weil der
kleineren Verdunstung eine größerer Abfluß entspricht.

Zur genauen Erfassung des Sonderverhaltens hat nun FISCHER aus
den KELLERschen Gleichungen für den Büschel der Abfluß und Ver-
dunstungsstrahlen allgemeine Gleichungen entwickelt[1] durch Einführung einer Hilfsveränderlichen γ, die für jeden Strahl einen Festwert
hat, sich aber von Strahl zu Strahl ändert und stets dessen Richtungs-
konstante bildet. Der Wert γ kennzeichnet das Abfluß- bzw. Verdun-
stungsvermögen des untersuchten Gebietes. Für die Umrechnung des
KELLERschen λ-Wertes seiner Strahlenbüschel in γ hat FISCHER gesetzt:

$$\lambda = 0{,}942 + \frac{0{,}058}{6}\,\gamma\,.$$

Der Zusammenhang der beiden Werte ergibt sich aus der der Abb. 89
beigefügten Tabelle.

Damit erhält man **für die** *Abfluß*strahlenbüschel[2]:

$$h_A = (0{,}94 + 0{,}01\,\gamma)\,h_N - (405 - 9\,\gamma)\ \text{in mm},$$

für die *Verdunstungs*strahlenbüschel[2]:

$$h_V = (6 - \gamma)\,\frac{h_N}{100} + (405 - 9\,\gamma)\ \text{in mm}.$$

Die Werte $\gamma = 0$ (mittleres Verhalten), $\gamma = +6$ (*kleine* Verdunstung, *großer* Abfluß; Gebirgsflüsse), $\gamma = -6$ (*große* Verdunstung;
Flachlandflüsse) führen wieder auf die entsprechenden oben angegebenen Ansätze nach KELLER. Die Werte $\gamma = \pm 1$ bis ± 5 stellen zusätzliche Zwischenstufen des Verdunstungs- und Abflußvermögens dar.

Berücksichtigung der Temperatur.

KELLER hat bereits versucht, die Abhängigkeit der Verdunstung
von der mittleren Temperatur zu berücksichtigen, indem er für das gesamte Festland der Erde 3 Gruppen von Flußgebieten unterschied:
kalte mit durchschnittlich $1{,}6°$ C (E_1), gemäßigt warme mit durchschnittlich $9{,}7°$ C (E_2) und Tropengebiete mit durchschnittlich $24°$ C
(E_3) (Abb. 88).

Nachdem FISCHER auf die Notwendigkeit hingewiesen hatte, an
Stelle der nur 3 Temperaturen eine so enge Abstufung der Temperatur
zu gewinnen, daß letztlich für jede beliebige Temperatur der Abfluß

---

[1] FISCHER: Ziele und Wege. Zit. S. 151.   [2] Zahlenwerte abgerundet.

strahl gezogen werden könnte[1], löste WUNDT diese Aufgabe, indem er Abflußlinien für stetige Temperaturänderungen von 5° zu 5° aufstellte (Abb. 88; die eingetragenen. Punkte sind benutzte Beobachtungswerte)[2]. Das benutzte, gegenüber KELLER wesentlich umfangreicher gewordene Beobachtungsmaterial brachte eine Verbesserung der Temperatur-Abflußlinien besonders im Bereich der niederen Temperaturen.

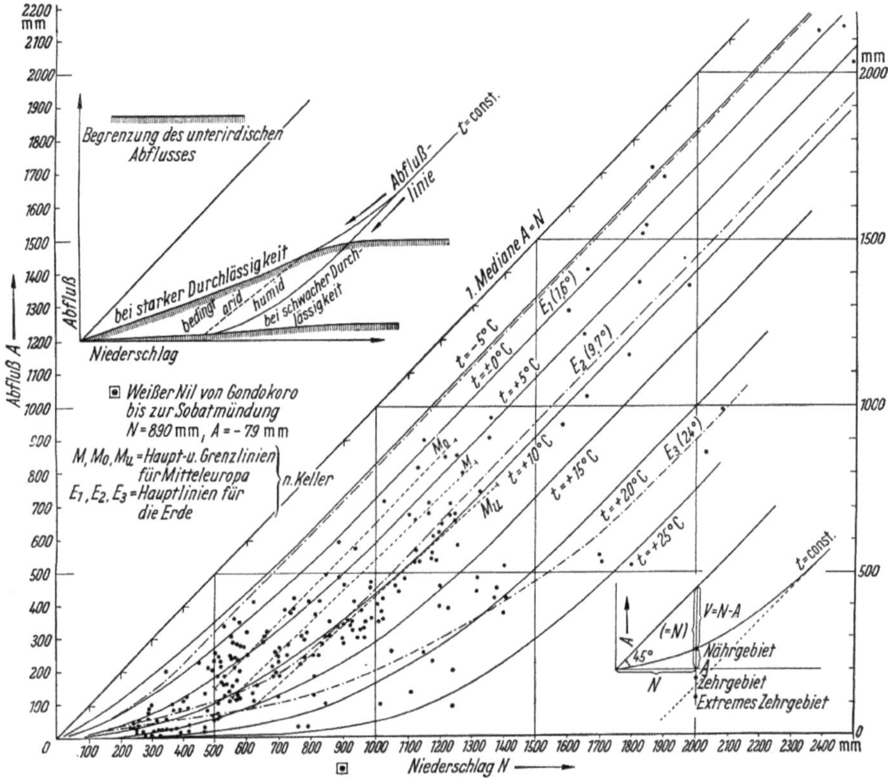

Abb. 88. Niederschlag N, Abfluß A und Verdunstung V bei veränderlicher Temperatur: $V = N - A$. Bezugslinien für das gesamte Festland der Erde. (Nach KELLER und WUNDT.)

Es ergaben sich außerdem bei niederen Temperaturen enger liegende Abflußlinien, als bei hohen, weil eben die Verdunstung rascher steigt, als die Temperatur.

Kennt man für ein bestimmtes Einzugsgebiet den mittleren Niederschlag N und die mittlere Temperatur t_0 °C, zwei Werte, die sich ver-

---

[1] FISCHER: Ziele und Wege. S. 51. Zit. S. 151.

[2] WUNDT: Das Bild des Wasserkreislaufes. Zit. S. 156 — Beziehung zwischen den Mittelwerten von Niederschlag, Abfluß, Verdunstung und Lufttemperatur für die Landflächen der Erde. Dtsch. Wasserwirtsch. 1937. H. 5 u. 6.

hältnismäßig genau erfassen lassen, ist aus den Abflußlinien (z. B. Abb. 88 oder 89) der gesuchte Abfluß leicht zu entnehmen. Dabei ist

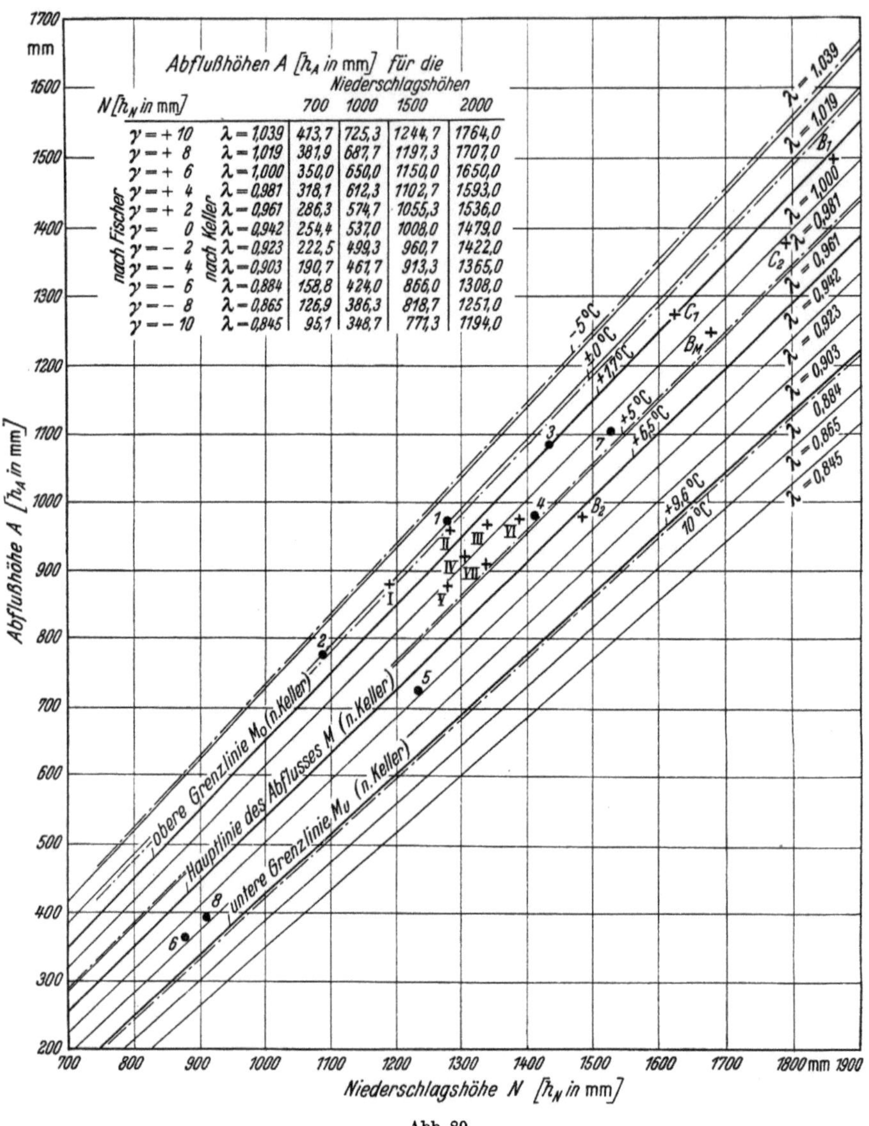

N [h_N in mm]		700	1000	1500	2000
$\gamma = +10$	$\lambda = 1{,}039$	413,7	725,3	1244,7	1764,0
$\gamma = +8$	$\lambda = 1{,}019$	381,9	687,7	1197,3	1707,0
$\gamma = +6$	$\lambda = 1{,}000$	350,0	650,0	1150,0	1650,0
$\gamma = +4$	$\lambda = 0{,}981$	318,1	612,3	1102,7	1593,0
$\gamma = +2$	$\lambda = 0{,}961$	286,3	574,7	1055,3	1536,0
$\gamma = 0$	$\lambda = 0{,}942$	254,4	537,0	1008,0	1479,0
$\gamma = -2$	$\lambda = 0{,}923$	222,5	499,3	960,7	1422,0
$\gamma = -4$	$\lambda = 0{,}903$	190,7	461,7	913,3	1365,0
$\gamma = -6$	$\lambda = 0{,}884$	158,8	424,0	866,0	1308,0
$\gamma = -8$	$\lambda = 0{,}865$	126,9	386,3	818,7	1251,0
$\gamma = -10$	$\lambda = 0{,}845$	95,1	348,7	771,3	1194,0

Abb. 89.

ein nicht ganz zutreffender mittlerer Temperaturwert für das Ergebnis bei weitem nicht so störend, wie ein unzutreffender N-Wert. Diese Sachlage und das verhältnismäßig ausgeglichene Klima Mitteleuropas

(t_0 nach WUNDT zwischen $+3°$ und $+10°$ C) erklärt es, daß die KELLERschen Bezugslinien auf die Temperatur keine Rücksicht nehmen.

Tatsächlich schwankt aber auch das Abflußvermögen A in Mitteleuropa in weiten Grenzen (für die KELLERschen Grenzwerte des Abflusses bei $N = 700$ mm um rd. 190 mm und bei $N = 1800$ mm um rd. 330 mm). Die Benutzung der Abflußstrahlen für einigermaßen verlässige Abflußbestimmungen setzt demnach in der Gleichung

$$\text{KELLER:} \quad h_A + 1298 = \lambda(h_N + 948)$$
$$\text{FISCHER:} \quad h_A = (0{,}49 + 0{,}01\,\gamma)\,h_N - (405 - 9\,\gamma) \left.\right\}\ \text{in mm}$$

außer N auch die Kenntnis des Wertes λ bzw. γ als des zahlenmäßigen Einflusses der Sondereigenschaften voraus[1]. Andererseits war dieser Einfluß auf den Wasserhaushalt bisher noch wenig erforscht. Dabei steigen gerade im mitteleuropäischen Raum die Ansprüche der Wasserwirtschaft auf Ermittlung der Wasserführung der Gewässer bis in die letzten Verästelungen der obersten Quellgebiete von Jahr zu Jahr. Ihre Befriedigung zwingt in sehr vielen Fällen auf die Heranziehung der Abflußstrahlen zur Bestimmung der Abflußhöhe als Mittelwert einer langen Jahresreihe.

Zusammenhang zwischen Temperatur und λ bzw. γ im nördlichen Alpenraum.

ERTL hat im Rahmen der wissenschaftlichen Untersuchungen der *Bayerischen Landesstelle für Gewässerkunde* das Abflußvermögen der Gewässer im Raum der Nordalpen untersucht[2], um den oft sehr starken zahlenmäßigen Einfluß von λ (γ) auf das Abflußvermögen alpiner Gebiete zu ermitteln, wobei er als besonders aufschlußreiches Beispiel die Inn-Teileinzugsgebiete wählte.

Seine Untersuchung stützt sich hauptsächlich auf das Einzugsgebiet des *Inn* vom Ursprung bis Wernstein kurz vor der Mündung in die Donau und greift dabei auch auf die angrenzenden Teilgebiete der Isar über. Die gewonnenen Ergebnisse können bei kritischer Verwertung auch in weiterem Rahmen Verwendung finden, da das Inneinzugsgebiet den gesamten Raum der *Nord*alpen von der Berninagruppe bis zum Dachstein fast auf seine ganze nordsüdliche Erstreckung umfaßt.

In einem alpinen Einzugsgebiet haben als Sondereigenschaften vor allem Bedeutung: seine Witterungsbedingungen, besonders die Wärme, und sein Schichtenaufbau, von dem ja weitgehend Stärke und Wachstum der Pflanzendecke abhängt. Als Grundlage für den Zusammenhang zwischen der mittleren Temperatur t_0 und der mittleren Höhenlage

---

[1] Vgl. den ERTLschen aus t_0 hergeleiteten λ-Wert für den Nordalpenraum auf S. 165.

[2] Festschrift 1898 bis 1948. München: R. Oldenbourg 1950.

ü. N. N. der Teilgebiete und der Gesamträume diente die EKHARTsche Kurve (Abb. 90)[1]. Dabei zeigt sich, daß die mittlere Wärme der jeweiligen Innräume (I bis VII, Abb. 90) nicht über $+5{,}8°$ C steigt, aber bis $-1{,}2°$ C absinkt. Zur Auswertung der gewonnenen Untersuchungsergebnisse wurden die Werte (N, A) in die KELLERschen Abfluß-strahlen für Mitteleuropa eingetragen. Die Schnittpunkte der $(N. V)$- bzw. (N, A)-Werte kommen fast durchweg *über* der Linie für das Durchschnittsverhalten zu liegen (Abb. 89). Nur die hauptsächlich im Alpenvorland liegenden Teilgebiete 5 (Reisach bis Wasserburg), 6 (Wasserburg bis Neuötting) und 8 (Simbach bis Wernstein), sowie das Saalachgebiet B_2 (südlich Saalfelden) fallen *unter* dieselbe. Das besagt, daß die in die Untersuchung einbezogenen Wasserläufe des Nordalpenraumes ein Abflußvermögen haben, das größer ist, als jenes des Durchschnittes der mitteleuropäischen Gewässer: ja, sie liegen z. T. sogar *über* der von KELLER angegebenen oberen

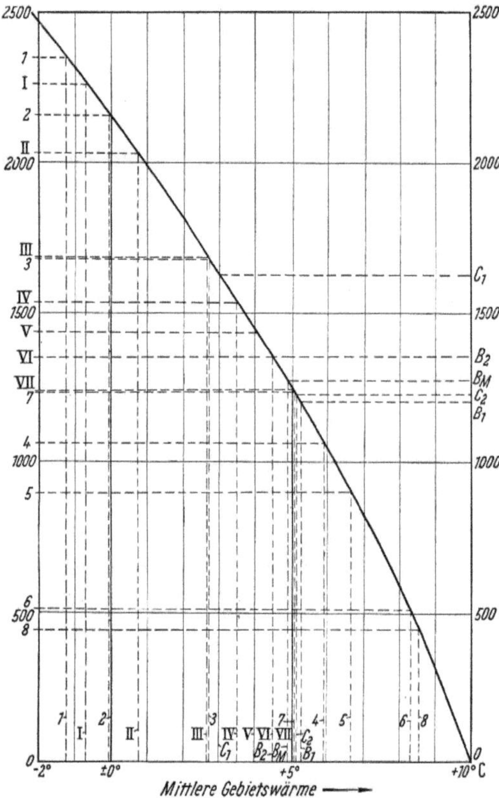

Abb. 90. Mittlere jährliche Wärmeänderung mit der Höhe für Alpengebiete. (Nach der EKHARTschen Kurve[2].)

Grenze von $\lambda = 1{,}000$, für sie gilt also $\lambda > 1$. Sie liegen also im Bereiche, in dem die Verdunstung mit zunehmender Niederschlagshöhe abnimmt, der Abfluß also über die Niederschlagsmehrung hinauswächst.

---

[1] Die Gewinnung der mittleren Höhenlage aus Schichtplänen geschieht analog der Ermittlung der mittleren Niederschlagshöhe (vgl. Abb. 60, S. 94; evtl. auch FISCHER: Ziele und Wege. Zit. S. 151). Bei der mittleren Temperaturbestimmung darf *keine* Umrechnung auf das Meeresniveau vorgenommen werden, sondern es ist die *wirkliche* Temperaturverteilung, wie sie im Gebiet selbst festgestellt wurde, zugrunde zu legen.

[2] EKHART: Mittlere Temperaturverhältnisse der Alpen usw. Met. Z. Bd. 56, Heft 1. Braunschweig 1939.

Die Ursache für dieses Verhalten ist nach ERTL wohl in einem durch die ungünstigen Witterungsbedingungen verursachten Absinken der mittleren Wärme unter den der Gebietshöhe entsprechenden Wert λ zu suchen.

Zur genaueren Klarlegung des Wettereinflusses auf den Wasserhaushalt der untersuchten Flächen wurde in Abb. 89 für jeden beobachteten Wert (N, A) der zugehörige Wert λ bestimmt und in Abb. 91 als Funktion der Temperatur aufgetragen. Die ausgleichende Kurve durch die so erhaltenen Punkte (λ, t_0) — es ist eine Parabel mit dem Scheitelpunkt $\lambda = +1{,}043$ und $t_0 = -7^\circ$ C — hat die Gleichung:

$$\lambda = 1{,}043 - \left(\frac{t_0 + 7}{42}\right)^2$$

bzw.

$$\gamma = 10{,}1 - 0{,}0567\,(t_0 + 7)^2,$$

woraus sich für verschiedene t_0-Werte die zugehörigen $\lambda(\gamma)$-Werte errechnen lassen.

Alle Schnittpunkte der *Gesamtgebiete* (I bis VII) liegen auf oder in nächster Nähe der Ausgleichskurve, diejenigen der *Teil*gebiete dagegen vielfach weitab von diesen. Der Unterschied muß demnach auf *Sonder*eigenschaften der letzteren zurückgehen, die bei ihrer Zusammenfassung zu größeren Flächen unwirksam werden. Zu diesen Sondereigenschaften zählt vor allem die Beschaffenheit des Untergrundes. Dieser kann innerhalb kleinerer Flächen durchweg aus Gesteinen bestehen, die sich völlig gleichartig zum Wasser verhalten. Mit zunehmender Größe der Einzugsräume

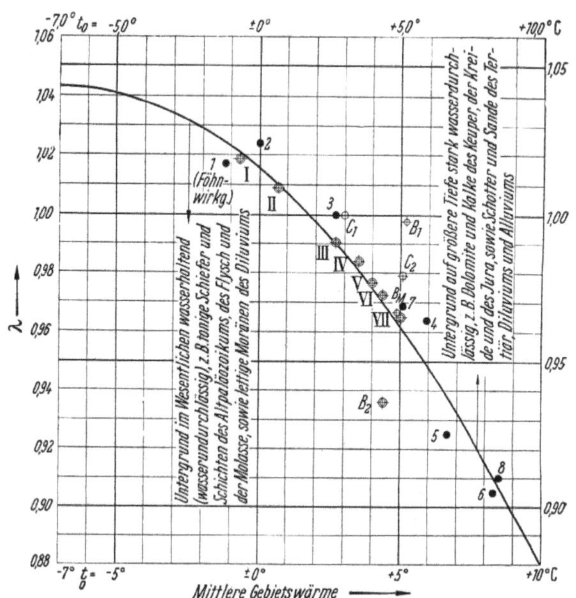

Abb. 91. Bezugskurve zwischen dem Beiwert λ und der Gebietswärme t° C. (Nach ERTL.)

werden aber die anstehenden Bodenarten in der Regel auch in dieser Hinsicht immer verschiedenartiger. Die Gebietseigenschaften nähern sich immer mehr einem Durchschnitt. Die stärksten Ausschläge beiderseits der Bezugskurve der Abb. 91, die die Beschaffenheit des Untergrundes wohl überhaupt hervorrufen kann, verursachen die Saalachteilgebiete B_1 und B_2, deren Sonderstellung (Klimaverhältnisse, Schichtenaufbau und Vegetation) bereits aus den früheren Ausführungen über dieses Einzugsgebiet hervorgeht. Der besonders durchlässige Raum B_1 hat dabei das (viel größere) Abflußvermögen eines fast um 3° C *kühleren* Gebietes, während die wasserhaltige (undurchlässige Fläche B_2 nur einen Abfluß hat, der dem eines um rd. 2,5° C *wärmeren* Raumes entspricht.

Zusammenfassend ergibt sich, daß die *über* der Parabel der Abb. 91 liegenden Punkte ausschließlich Räumen angehören, in denen das Wasser rasch in größere Tiefen absinkt und damit der Verdunstung entzogen wird. *Unter* ihr sind dagegen nur Einzugsgebiete zu finden, deren Untergrund im wesentlichen aus wasserhaltenden (wasserundurchlässigen) Schichten besteht. Lediglich im Innteilgebiet 1 (Engadin) wird durch *Föhn*wirkung das Abflußvermögen verringert entsprechend eines um 1° C wärmeren Raumes.

Für größere Gebiete, in denen sich die anstehenden Gesteine verschieden zum Wasser verhalten, kann also mit den beiden obigen Gleichungen für λ und A die Abflußhöhe aus t_0 und N berechnet werden. Bei kleineren Gebieten mit einheitlichem Untergrund muß der Wert t_0 in der Gleichung für λ verbessert werden, und zwar bis auf -3 bzw. $+2,3$° C.

Schließlich bestätigt auch die ERTLsche Untersuchung, daß der Begriff des „Abflußvermögens" eines Gebietes, indem er angibt, wie weit ein Punkt (N, A) nach oben oder unten von der Linie des Durchschnittsverhaltens abweicht, den Sondereigenschaften der einzelnen Räume weit besser gerecht wird, als dies das „Abflußverhältnis" $\alpha = \dfrac{A}{N}$ vermag[1].

Vierter Abschnitt.

Allgemeine Eigenschaften oberirdisch fließender Gewässer.

I. Talbildung und Flußlaufgestaltung[2].

Das oberirdisch abfließende Niederschlagwasser strebt, wie das zutage getretene Grundwasser, unter der zwingenden Wirkung der Schwere tiefer liegendem Gelände zu, sammelt sich dabei in Runsen

---

[1] Vgl. FISCHER: Ziele und Wege. Zit. S. 151.

[2] BANSE: Lehrbuch der organischen Geographie Berlin 1937. — FRANZIUS: Der Verkehrswasserbau. Berlin: Springer 1927. — GRAVELIUS: Flußkunde. Berlin 1914 — Hb. Ing.-Wiss. Teil III, Bd. 1. 4. Aufl. 1911 und Bd. 6. 4. Aufl. Leipzig: Wilh. Engelmann 1910. — MACHATSCHEK: Geomorphologie. Leipzig 1934.

Rinnen und Betten, und fließt in diesen immer weiter talabwärts, bis es sein Mündungsgewässer — d. i. im allgemeinen das Meer — erreicht und in dieses verströmt. Auf diesem Wege von den Quellverästelungen oben im Gebirge zur Mündung ist der Wasserlauf als Bach, Fluß, Strom die lebendige Ader seines Tales, das ihn begleitet und seinen Weg bestimmt.

Diese untrennbare Gemeinsamkeit zwischen Tal und Flußlauf bestand nicht schon immer. Sie ist vielmehr erst geworden, stellt das schließliche Endergebnis eines Millionen von Jahren hindurch währenden, höchst verwickelten Kampfes dar, der sich zwischen den gewaltigen *inneren* Kräften der Erde mit den zähen, beharrlichen und nicht weniger wirksamen äußeren Kräften abspielte. Die *gebirgsbildenden* (tektonischen) Kräfte formten die gewaltigen Gebirgsfalten, Mulden, Verwerfungs- und Spaltengräben, tiefen Einschnitte, wodurch dem Flußlauf sehr oft sein natürlicher Weg versperrt wurde, oder die ihm eine Fließrichtung aufzuzwingen strebten, die der geologischen Schichtung entspricht. Die *äußeren* Kräfte, voran die Gravitation, trachteten andererseits über die *Verwitterung* und *Erosion*, dem Flusse seine Bahn zu erzwingen und alle ihn hemmenden Hindernisse zu zerstören. In diesem Kampf der Naturkräfte um die Flußlaufgestaltung ist das eine Mal mehr die Gebirgsbildung, das andere Mal mehr die Erosion entscheidend gewesen. So entstanden im einen Fall die verschiedenen Formen der *tektonischen Täler* (z. B. Inntal von Landeck bis Wörgl, Vorderrhein, Donau- und Potal; Oberrheintal von Basel bis Mainz, Leinetal bei Göttingen usw.), im anderen Falle die *Erosionstäler* als Quertäler, Durchbruchs- und Urstromtäler (z. B. Ötztal, Zillertal; Inn bei Kufstein, Weser im Teutoburger Wald; Rhein- und Donaudurchbrüche; Urstromtäler in der norddeutschen Tiefebene).

Etwa seit der Eiszeit fehlen die Vorbedingungen für die gewaltigen tektonischen Kraftentfaltungen früherer geologischer Epochen, so daß von dieser Seite her keine *merkbare* Änderung der Flußtäler mehr eintrat. An ihrer Stelle war dann die Eiszeit innerhalb ihres Wirkungsbereiches mit ihren großen Tal- und Flußlaufstörungen wirksam. Auch aus diesen Katastrophenperioden sind die Flußläufe, wie vorher in der langen tektonischen Umgestaltungsepoche, stets vollständig verändert und in einem neuen Urzustand hervorgegangen. *Verwitterung* (Abb. 92), *Denutation*[1], *Erosion*[1] (Abb. 93), die übrigens zu keiner Zeit zu wirken aufgehört haben, sind heute noch daran, den bis zum Ende der Eiszeit

---

[1] Denutation = flächenhafte Abtragung durch Verwitterung aufgelockerten Gesteins infolge der Erdschwere, vielleicht beschleunigt durch Einwirkung ober- oder unterirdischen Wassers.

Erosion (Ausnagung) = Eintiefung infolge des Angriffes gesammelten Wassers auf Sohle (Tiefennagung) und Hänge (Seitennagung).

immer wieder gestörten Gleichgewichtszustand wiederherzustellen, d. h. die Flußläufe morphogenetisch „reif“ zu machen. Damit ist auch der „untrennbare Schatten“ der abtragenden Kräfte, nämlich die *Auflandung* (Ablagerung, Akkumulation) der erodierten Massen unausgesetzt „wirksam“ gewesen und weiterhin wirksam. Die äußeren Kräfte zielen letztlich auf Einnivellierung hin, d. h. auf Verminderung der Höhenunterschiede und auf Schaffung eines Talweges, dessen Gefälle von der Quelle bis zur Mündung stetig abnimmt entsprechend der stetigen Verkleinerung der Geschiebekörnung. Bei diesem hydrographisch-morphologischen Prozeß in den einzelnen natürlichen Flußstrecken müssen Senkungen und Hebungen der Fluß- und Talsohle

Abb. 92. Verwitterungsschuttkegel unter den Geißlerspitzen, Dolomiten.
(Aus Dtsch. Wasserwirtsch.)

eintreten, ebenso Laufverlegungen infolge Seitenerosionen bzw. Seitenauflandungen. Diese Vorgänge machen den Grundriß sowie den Längen- und Querschnitt eines Flußlaufes zu etwas dauernd Veränderlichem. Für die morphologische Entwicklungstendenz sind deshalb — neben den hydraulischen Faktoren — diese Formfaktoren, ihre Größe und der ihnen entsprechende Zustand im Zusammenhang mit der Geschiebeführung kennzeichnend. Sie werden naturgemäß für die verschiedenen Teilstrecken des Flußlaufes verschieden sein, weil ja auch die morphologischen Verhältnisse in ihnen verschieden sind: vorwiegend *Abtrag* im *Ober*lauf, Schwerstoff*transport* im *Mittel*lauf, *Auflandung* im *Unter*lauf.

Kennzeichnung der Wasserläufe. Die amtliche Hydrologie wie auch das Wassergesetz unterscheidet in einem Stromgebiet nur zwischen dem „Strom“ und seinen „Zuflüssen“, die erster, zweiter, dritter, vierter

Ordnung usw. sein können. Der „Strom" ist dabei jener Fluß eines zusammengehörigen Gewässernetzes, der die gesamten Abflußmengen schließlich in das Meer führt. Der Zufluß I. Ordnung mündet in den Strom, der Zufluß II. Ordnung in den Zufluß I. Ordnung usw. Die kleineren Flüsse an der Küste, die ebenfalls unmittelbar in das Meer münden, werden, besonders wenn auf dem Wege vom Ursprung zur Küste kein Gebirgsdurchbruch erfolgt, als *Küstenflüsse* bezeichnet.

Der *übliche* Sprachgebrauch bezeichnet die natürlichen Wasserläufe je nach der Größe als „Bach", „Fluß", „Strom", die künstlichen Wasserläufe mit „Kanal" oder „Graben". Die Grenzen sind dabei aber keineswegs eindeutig festgelegt, sondern fließend. Der „Strom" ist hier der wasserreiche, wasserwirtschaftlich und verkehrspolitisch wichtige natürliche Wasserlauf, besonders dann, wenn er dem Meere zufließt. Unter „Fluß" versteht man im allgemeinen ein großes fließendes Gewässer des Binnenlandes, das in einen Strom einmündet (z. B. Nekkar, Main, Saale Warthe usw.). Aber auch Gewässer, wie der Missouri und Rio

Abb. 93. Geländezerstörung durch Einwühlung der Bäche im Quellgebiet des Sylvesterbaches bei Toblach, Pustertal. (Wildbachverbauungssekt. Innsbruck.)

Negro werden als Flüsse bezeichnet, obwohl ihre Wasserführung weit größer ist, als z. B. jene der deutschen „Ströme", wie Rhein, Elbe usw. Noch unsicherer ist die Trennung zwischen „Fluß" und „Bach". Aus einer Vereinigung von „Bächen" entsteht ein „Fluß", andererseits ist der „Bach" das Anfangsglied des Flusses. Dabei spielt für die Bezeichnung die Wasserführung oder die Größe des Rinnsals oder das Gefälle keine entscheidende Rolle. Denn mancher Fluß, ja selbst Strom hat ein größeres Gefälle, als die meisten Bäche im Tiefland. Die Bezeichnung „Gebirgsfluß" will die schnelle („schießende", „reißende") Wasser- und große stoßweise Geschiebebewegung als wesentliches Kennzeichen eines solchen Gewässers zum Ausdruck bringen.

II. Laufentwicklung, Bett, Längs- und Querprofil[1].

1. Laufentwicklung und Bettausbildung.

Begriff Flußbett und Ufer. Jener Teil des Gewässerrinnsals, der bei mittleren Wasserständen vom Wasser bedeckt ist, wird als *Flußbett*, die beiderseitigen geböschten Randstreifen des Flußbettes, die dessen Anschluß an das Gelände herstellen, mit *Ufer* bezeichnet. Jene Uferstreifen, die über das Hochwasser hinausragen, heißen *Hochufer*. Unter *Vorländern* versteht man jene Flächen des Flußtales, die *über* Mittelwasser liegen und nur bei darüberliegenden (hohen) Wasserständen überflutet werden (Überschwemmungsgebiet). Sie trennen meist das „Ufer" vom „Hochufer".

Laufentwicklung und Bettausbildung im natürlichen Zustand. In Flußtälern, deren Boden aus früheren Ablagerungen und Anschwemmungen (meist Alluvionen, Diluvionen) besteht, sind die Flußbetten beweglich. Diese Auflandungen sind dabei oft von großer Mächtigkeit. So weist die Deckschicht zwischen Gelände und dem darunter anstehenden Fels im Inntal zwischen Innsbruck und Hall auf Grund von Bohrungen etwa 200 m, bei Wörgl noch rd. 100 m Mächtigkeit auf. Die diluvialen Ablagerungen der Eiszeiten im Raum der norddeutschen Tiefebene schwanken zwischen 40 und 200 m.

In einem solchen Untergrund kann sich die Erosionskraft des Wassers nach allen Seiten hin auswirken und sie sorgt für die Beweglichkeit der Flüsse, wenn sich diese noch in ihrem natürlichen Zustande befinden, d. h. wenn noch keine baulichen Eingriffe oder keine künstlichen Regelungen vorgenommen worden sind. Diese Beweglichkeit besteht sowohl hinsichtlich der beidseitigen Ufer (Beweglichkeit im Grundriß in der Längs- und Querrichtung) als auch in Bezug auf die Höhenlage der einzelnen Stellen der Flußsohle.

Jedes Hochwasser führt Geschiebe aus den Nebenflüssen und auch mitgerissenes Bodenmaterial aus Betten und Ufern des Hauptflusses mit sich fort. Mit fallendem Wasser spaltet er sich wieder in zahlreiche Arme, zwischen denen dann vielfach große abgelagerte Sand- und Schottermassen über die Wasserspiegelfläche hinausragen. Die nächste Hochflut schleppt sie wieder weg und treibt sie talab anderswohin, bringt aber dafür von oben neue Verwitterungsmassen. Dieser An- und Abtransport der Schwerstoffe geht im Rhythmus der zu Tal gehenden Hochwasserwellen, also mit Unterbrechungen und in wechselndem Ausmaß vor sich, die jeweilige Gewalt und Dauer der einzelnen Hochfluten widerspiegelnd. Daß damit auch der für die Schiffahrt besonders wichtige *Talweg* — das ist die Verbindungslinie der jeweils größten

---

[1] Vgl. dazu Literaturangaben auf S. 166.

Tiefen von Querschnitt zu Querschnitt — pendelt oder unterbrochen wird, ist einleuchtend. Bei dieser Beweglichkeit der natürlichen Flüsse ist es erklärlich, daß sie früher ganz anders ausgesehen haben wie heute.

Die Laufentwicklung eines ungebändigten Flusses ist aber nicht das Ergebnis rein zufälliger, willkürlicher Gestaltungsvorgänge. Die Natur strebt vielmehr für die Flüsse einen Gleichgewichtszustand zwischen Abtrag, Förderung und Auftrag des Geschiebes an. Das einfachste und sicherste Mittel zur Erreichung dieses Beharrungszustandes sind hier die Krümmungen. Sie verlängern den Flußlauf und vermindern dadurch das Durchschnittsgefälle, d. h. die lebendige Kraft des talabwärts fließenden Wassers so weit, bis eben dieses Gleichgewicht hergestellt ist.

In den ausgebogenen (konvexen) Ufern lagern sich Geschiebemassen ab, treten also Auflandungen, Verflachungen ein. In den Übergängen zwischen Krümmungen und Gegenkrümmungen finden ebenfalls Ablagerungen statt, die den oberhalb liegenden Kolken stets wie Schatten folgen. Es sind das die *Schwellen* oder *Furten* (Barren), deren Zustand für die Schiffahrt von besonderer Bedeutung ist. Die Hochwässer mit ihrem oft großen Geschiebegang haben ein größeres Gefällsbedürfnis als der Abfluß mit Normalwasserführung. Sie schaffen sich dieses, in dem sie ihre Laufrichtung strecken, wobei oft stärkere Laufkrümmungen mittels neuer Durchbrüche abgeschnitten werden. Diese bringen den Gleichgewichtszustand, den sich der Fluß vielleicht schon geschaffen hatte, wieder in Unordnung, womit das Spiel der Kräfte um den Beharrungszustand von neuem beginnt.

Die Eigenart eines Flusses spiegelt sich wider in der Beziehung, die zwischen seiner Länge mit allen Krümmungen (Lauflänge) und der Länge des Flußtales besteht. Man hat dafür den Begriff „*Laufentwicklung*" eingeführt und versteht darunter das Verhältnis:

$$\text{Laufentwicklung} = \frac{\text{Lauflänge} - \text{Tallänge}}{\text{Tallänge}}$$

Da die Saalach eine Lauflänge von 80 km, eine Tallänge von 74 km besitzt, beträgt ihre Laufentwicklung nur

$$\frac{80 - 74}{74} = 0{,}08 \ \text{oder} \ 8\,\%,$$

zeigt also eine gestreckte Form. Dagegen sind dort „*Talentwicklung*" und „*Flußentwicklung*" beträchtlich. Da diese allgemein definiert sind mit

$$\text{Talentwicklung} = \frac{\text{Tallänge} - \text{Luftlinienabstand}}{\text{Luftlinienabstand}},$$

$$\text{Flußentwicklung} = \frac{\text{Flußlänge} - \text{Luftlinienabstand}}{\text{Luftlinienabstand}},$$

wobei Luftlinienabstand = kürzeste Entfernung zwischen Quelle und Mündung (an der Saalach = 46 km), erhält man für diesen Fluß:

$$\text{Talentwicklung} \ \ = \frac{74-46}{46} = 0{,}61 = 61\%,$$

$$\text{Flußentwicklung} = \frac{80-46}{46} = 0{,}74 = 74\%.$$

2. Längsschnitt der Flüsse.

Begriff und Größe des Längsgefälles des Wasserspiegels. Unter Längsgefälle des Wasserspiegels versteht man die Änderung der Höhenlage desselben für eine bestimmte Länge des Wasserlaufes. Geht man bei dieser Bestimmung von der *Höhen*einheit aus, z. B. 1,0 m, dann gibt der Zahlenwert des Längsgefälles die Länge der Strecke an, auf der sich der Spiegel um 1,0 m absenkt. Legt man dagegen eine *Längen*einheit zugrunde, dann gibt das Längsgefälle die Änderung der Höhenlage des Wasserspiegels für diese Längeneinheit an. Beispiel: Die Längsgefälleangabe 1:4000 m besagt, daß sich der Wasserspiegel auf 4000 Länge um 1,0 m absenkt. Legt man dagegen die Längeneinheit für das gleiche Längsgefälle zugrunde, z. B. 1 km = 1000 m, dann heißt sein Zahlenwert 0,25:1000 = 0,00025. Dafür wählt man meist die Bezeichnung 0,25 $^0/_{00}$ (v.T.). Man spricht dann auch von dem „kilometrischen Gefälle" 0,25. Es handelt sich bei allen diesen Gefällsangaben um reine Verhältniswerte, d. h. um Zahlenwerte ohne Benennung und ohne Begrenzung der Ausdehnung der Länge bzw. Höhe nach („relatives Gefälle") (siehe auch S. 203). Neben diesem Gefällsbegriff wird der Ausdruck „Gefälle" auch noch dafür gebraucht, den zahlenmäßigen Höhenunterschied, d. h. das „absolute Gefälle" zwischen zwei gegebenen Wasserspiegeln — etwa in Metern — festzulegen (z. B. das Brutto- und Nettogefälle bei Wasserkraftanlagen).

Gestaltung des Längenschnitts von Flußläufen. Für zusammenhängende Betrachtungen, die den ganzen Flußlauf oder doch größere Abschnitte desselben zur Grundlage haben, kann die natürliche Wasserspiegellinie genau genug als zur Flußsohle parallel laufend angesehen werden. Damit zeichnen sich die für die Gestaltung der Flußrinne im Längsschnitt maßgebenden Einflüsse auch im Verlauf des Wasserspiegels längs des Flußlaufes ab.

Das Wasser eines Flußlaufes bewegt sich allmählich von der oft hoch oben im Gebirge gelegenen Quelle in stetigem Tiefersinken bis zur Höhe des Meeresspiegels hinab. Der Längenschnitt der Flußsohle ist dabei durch die topographische Gestaltung des Geländes sowie durch die, die Laufbildung bedingende Bodenart festgelegt, in die der Fluß sein Bett eingegraben hat. Schon ein flüchtiger Blick auf eine physikalische Landkarte bringt uns die gewaltigen Unterschiede zum Bewußtsein, die bei den verschiedenen Flüssen hinsichtlich dieser Verhältnisse vorliegen. So winden sich die ausgesprochenen Tieflandflüsse und -ströme mit kaum wahrnehmbarem Gefälle durch ausgedehnte Tiefebenen träge dem Meere zu. Wo dagegen ein Fluß in einem Gebirge liegt, kann es auch vorkommen, daß dieser fast senkrecht an einem steilen Gebirgshang herabstürzt (Abb. 94).

Anschauliche Beispiele dafür bieten einerseits der gewaltige Wolgastrom, dessen Quellgebiet auf der Waldaihöhe (Seligersee) nur etwa 320 m hoch liegt und der den Höhenunterschied von etwa 346 m — das Mündungsgebiet des Kaspisee liegt be-

Abb. 94. Wasserfall im Bergell (Südschweiz). (Nebenfluß der Maïra.)

kanntlich 26 m *unter* dem Spiegel des Schwarzen Meeres — auf einem über 3000 km langen Lauf ausgleicht, andererseits etwa die Reuß in der Schweiz, die den gewaltigen Höhenunterschied von ihrem Quell-

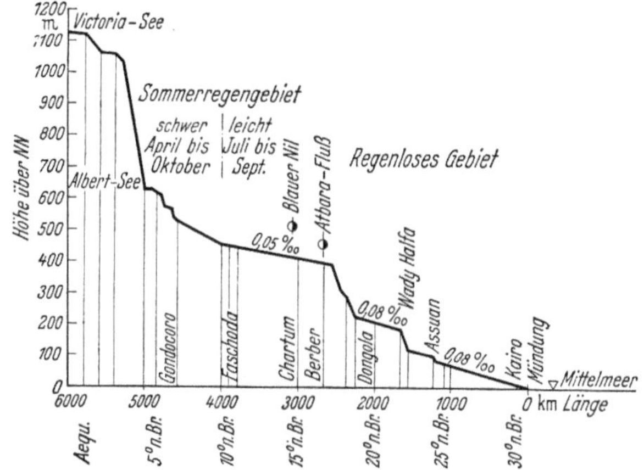

Abb. 95. Längenprofil des Weißen Nil.

gebiet bis zum Vierwaldstätter See (über 2000 m) auf nur wenig über 50 km Lauflänge überwindet (Abb. 96) oder der Tessin (Ticino) auf der Südseite der Schweizer Alpen, der die rd. 2240 m Höhenunterschied von seinem Ursprung am Nufenenpaß (2440 m) bis zu seiner Mündung in

den Langensee (Lago Maggiore, 197 m ü. N. N.) auf nur rd. 80 km Lauflänge hinter sich läßt.

Betrachtet man nun den Längenprofilverlauf eines bestimmten
Flusses vom Quellgebiet bis zur Mündung, so zeigt auch hier das
relative Gefälle in den einzelnen Teilstrecken große Verschiedenheiten:
es ist im allgemeinen oben im Gebirge am größten, wird im Hügelland
geringer und erreicht im angeschwemmten Boden der Tiefebene seinen
kleinsten Wert. Diese von oben nach unten vor sich gehende allmähliche Gefälleabnahme zeigt aber meist keine Stetigkeit. Sie erfolgt im

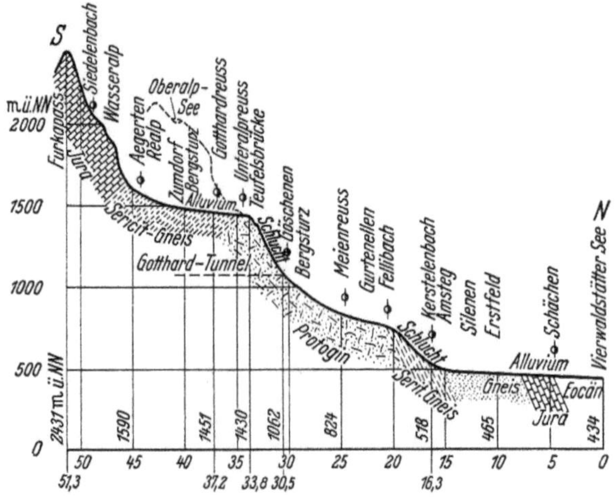

Abb. 96. Beispiel für ein Erosionstal. Längenschnitt der Reuß von der Furka bis zum Vierwaldstätter See (Schweiz).

gebirgigen *Oberlauf* stufenförmig (z. B. die Reuß, Abb. 96, und die
Bäche in den Hohen Tauern, Abb. 97, sowie der Oberlauf des Weißen
Nil, Abb. 95).

Dies gilt vor allem für die Erosionstäler (Quertäler), während die
tektonischen Längstäler auch im Gebirge wesentlich geringeres Fließgefälle aufweisen, wie beispielsweise die Möll, Drau, Salzach in Abb. 97
zeigen.

Vom unteren Ende dieser Stufen an zeigt das durchschnittliche Ge-
fällsverhältnis innerhalb der einzelnen Hauptstrecken des Flusses eine
allmähliche Verkleinerung (vgl. die Isar, Abb. 98). Diese Gefälleabnahme
ist eine unmittelbare Folge des allmählichen Kleinerwerdens des Geschiebes auf seiner Wanderung flußabwärts. Denn bei durchaus beweglicher Sohle ist das Längsgefälle in seiner Durchschnittsgröße abhängig
von der Geschiebegröße, dem Geschiebeweg und dem Geschiebeabrieb[1].

---

[1] PUTZINGER: Ausgleichsgefälle geschiebeführender Wasserläufe. Z. öst. Ing.-
u. Archit.-Ver. 1919, S. 110.

So weist der Rhonestrom zwischen Lyon und seiner Mündung ins
Mittelländische Meer zwei Stromabschnitte mit ganz verschiedenem
Gefälle auf: der obere zwischen Lyon und Arles mit *grobem Geschiebe*

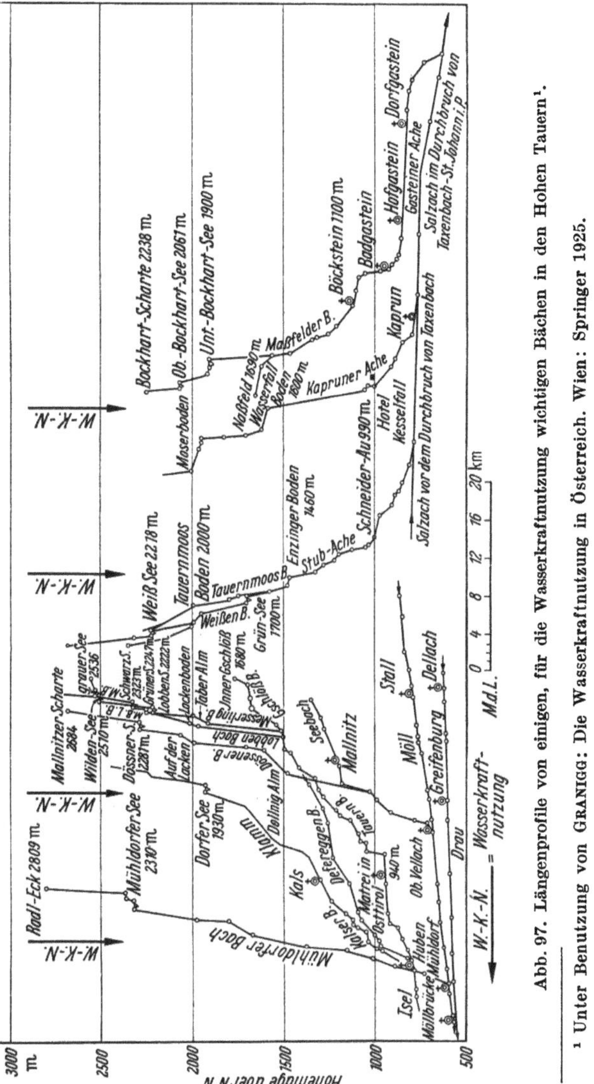

Abb. 97. Längenprofile von einigen, für die Wasserkraftnutzung wichtigen Bächen in den Hohen Tauern[1].

[1] Unter Benutzung von GRANIGG: Die Wasserkraftnutzung in Österreich. Wien: Springer 1925.

besitzt ein Längsgefälle bis zu 0,70⁰/₀₀, der untere 40 km lange Lauf
zwischen Arles und dem Mittelmeer, der nur mehr *feinen Sand* führt,
hat nur noch etwa 0,05⁰/₀₀ Gefälle. Ähnliche Verhältnisse liegen z. B.
vor an der Memel bei Kowno (Wiljamündung) mit Übergang von 0,24

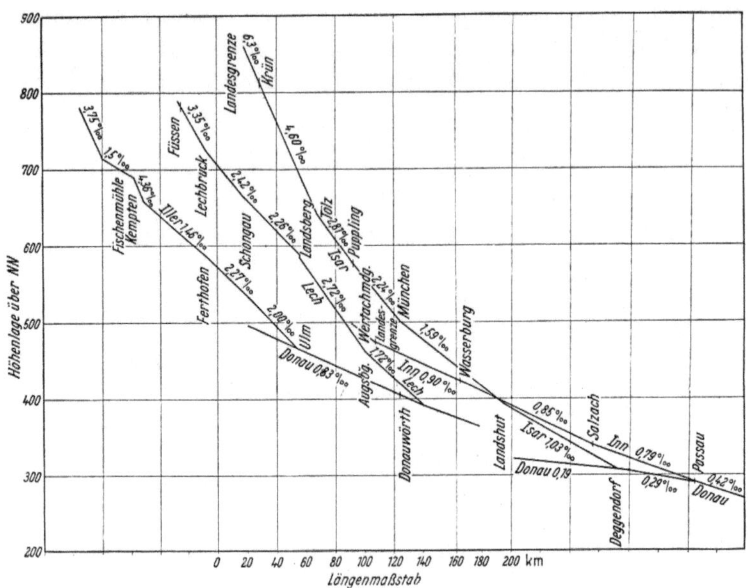

Abb. 98. Längsschnitt alpiner und voralpiner Flüsse der schwäbisch-bayerischen Hochebene
(Wasserkraftflüsse).

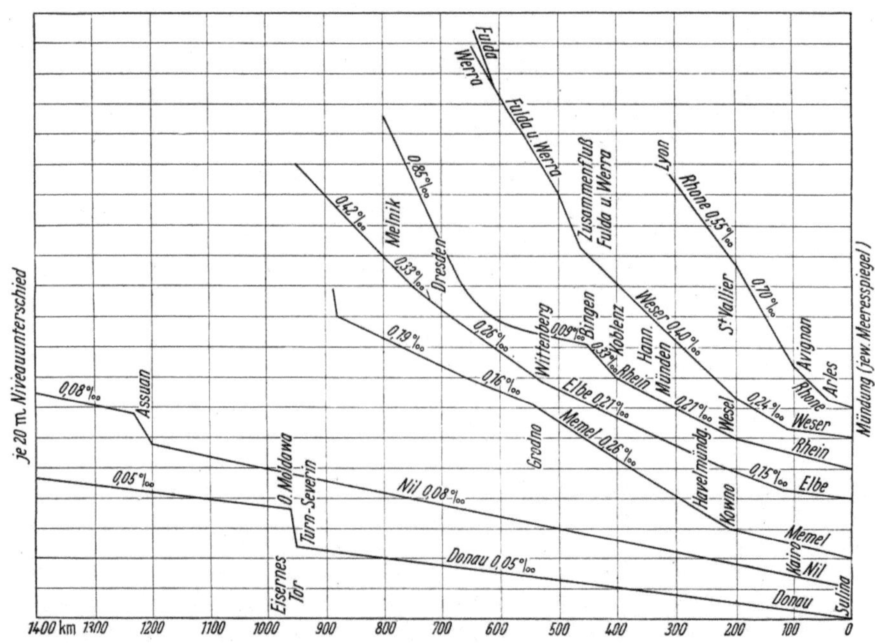

Abb. 99. Vergleichende Zusammenstellung der Längsschnitte einiger Ströme mit Schiffahrt.

auf 0,10 ⁰/₀₀, an der Weser abwärts der Allermündung, wo das Geschiebe plötzlich von Kies in feinen Sand und dementsprechend das Gefälle von 0,24 auf 0,08 ⁰/₀₀ übergeht (Abb. 99).

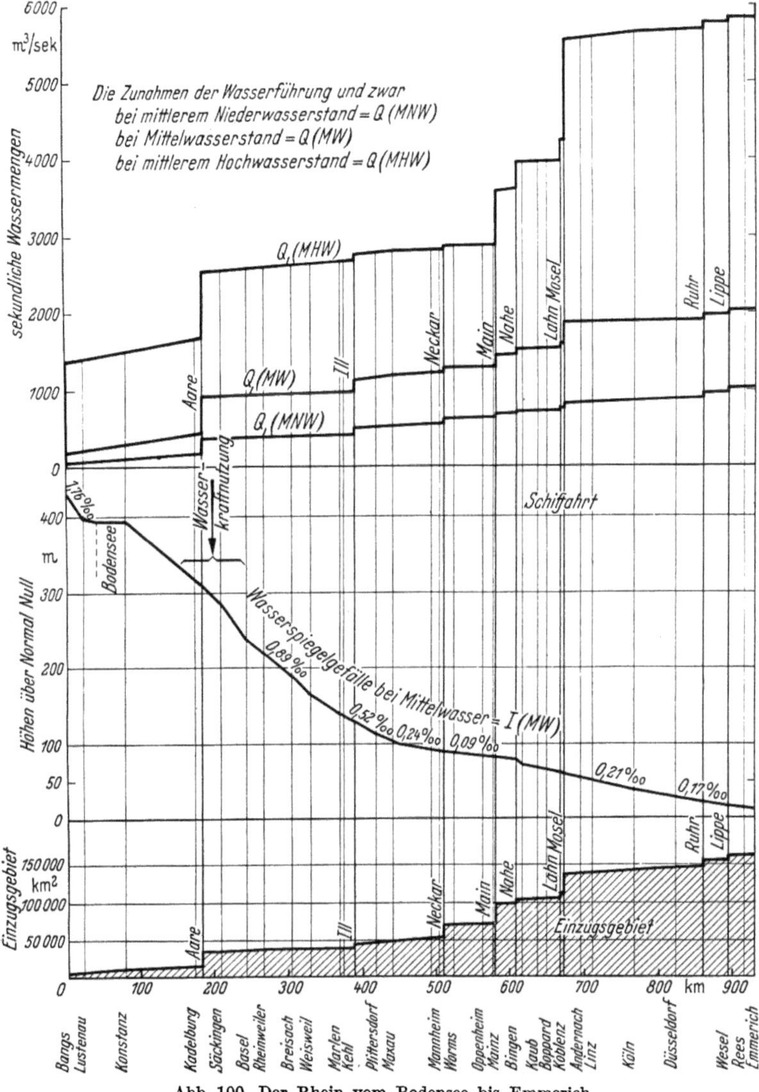

Abb. 100. Der Rhein vom Bodensee bis Emmerich.

Den Gegensatz zu der eben besprochenen Art von Gefällsbrechpunkten bilden jene, bei denen das relative Gefälle plötzlich erheblich zunimmt. Die Ursache hierfür kann in der geologischen Entwicklung liegen, sie kann aber auch durch Nebenflüsse bedingt sein, die in den Hauptfluß größere Massen anders gearteten, vor allem gröberen Geschiebes werfen. Beispiele für den ersteren Fall bilden die Zunahme des Gefälles der Memel bei Grodno von 0,16 auf 0,26 $^0/_{00}$ als Folge des Einströmens in das Durchbruchstal im ural-baltischen Höhenzug (Abb. 99), des Rheins bei Bingen (Abb. 100), der Donau am oberen Beginn des Eisernen Tores (Abb. 99) usw.

Als Beispiele für die zweite Ursache sei auf die Steigerung des Donaugefälles von etwa 0,29 auf 0,42 $^0/_{00}$ an der Innmündung (Abb. 98), auf die plötzliche Zunahme des Aaregefälles von 0,12 auf 1,66 $^0/_{00}$ an der Mündung der großen Emme hingewiesen, die der ersteren schweres Geschiebe in großen Massen zuführt; und das Geschiebe der Thur verursacht an der Mündung in den Rhein eine Gefällesteigerung in diesem von etwa 0,7 auf 1,1 $^0/_{00}$.

Vertikalbewegungen im Längenprofil. Diese treten in einer natürlichen Flußstrecke auf, in der Eintiefungs- oder aber Auftragstendenz vorliegt. In einem morphogenetisch fertigen Fluß mit beweglicher Sohle dagegen ist der Längsschnitt so lange unveränderlich, als sich an der Bettbreite und Bettform, der Lauflänge und an der Menge und Beschaffenheit des Geschiebes nichts ändert. Nun zeigt der Wasserspiegel, wenn man seine Gestaltung in den einzelnen Elementen des Flußlaufes betrachtet, bei verschiedenen Wasserständen verschiedene Formen im Längenschnitt. Beispielsweise besitzt er bei Niederwasser im Bereich des Übergangs von Krümmung zur Gegenkrümmung, also an den Barren der Furten ein etwas größeres Gefälle als in den Krümmungen selbst[1]. Es sind dort kleine Gefällsbrechpunkte vorhanden. Mit wachsendem Wasserstand gleichen sich diese kleinen Gefällsstufen immer mehr aus und verschwinden bei Hochwasser ganz infolge der dann lebhaften Umlagerung des Bodenmaterials, der größeren Wassertiefe und des dann etwas gestreckteren Laufes. Der Spiegel paßt sich damit mehr und mehr dem Durchschnittsgefälle des zugehörigen größeren Flußabschnittes an. Ähnlich liegen die Verhältnisse z. B. bei Schotterbänken, die ein Nebenfluß in einen Hauptfluß fördert und dort ablädt. *Diese* Veränderungen im Längenprofil des Wasserspiegels gehören zum Wesenszug des Flusses. Sie verschwinden mit dem Ablauf der Hochflut allmählich wieder, stellen also *keine bleibende* Veränderung in der bisherigen Stetigkeit des Längenprofils dar.

Anders liegen die Verhältnisse bei *künstlichem* Eingriff in die Abflußverhältnisse eines Flusses, wenn z. B., im Rahmen einer Flußregulierung etwa bei dem Ausbau fester Ufer die Strombreite zu knapp bemessen und so die abfließende Wassermenge zu straff zusammen-

---

[1] Vgl. dazu STRECK: Grund- u. Wasserbau in praktischen Beispielen. Bd. II. Aufg. 8, S. 63. Berlin/Göttingen/Heidelberg: Springer 1950.

gefaßt wurde. Denn die dadurch bewirkte zu große Wassertiefe vergrößert die Schleppkraft, die nun *mehr* Geschiebe stromab zu befördern vermag als vorher. Damit ist der vorher bestandene Gleichgewichtszustand zwischen Abtrag, Förderung und Auftrag gestört, und die überschüssige Räumkraft des Flusses gräbt dessen Sohle im Bereich der verbauten Strecke ab, womit ein Absinken des Wasserlaufes verbunden ist. So ergab sich für das Längenprofil des Rheins zwischen Basel und Freiburg nach der Regelung eine fortschreitende Senkung des Wasserspiegels, die seit 1840 bei Eichwald bereits 3 m überschritten hat. Eine solche Gleichgewichtsstörung im Regime einer Flußstrecke pflanzt sich nach oben und unten fort, nach oben wegen des gegenüber früher größer gewordenen Gefälles, nach unten wegen der vergrößerten Geschiebeabfuhr. Da, wo das Arbeitsvermögen des Flusses nicht mehr ausreicht, diesen erhöhten Geschiebetransport zu bewältigen, bleibt ein Teil desselben liegen, führt also zu Auflandungen und Spiegelhebungen. Der vorbeschriebene Prozeß wird erst nach und nach hinsichtlich Wirksamkeit und Ausdehnung erkennbar und *dauert meist sehr lange, bis ein neuer Gleichgewichtszustand erreicht ist.*

Im modernen Wasserbau spielt der Einbau von großen Stauwehren in die Flüsse eine große und sehr wichtige Rolle als Mittel für die Befriedigung verschiedenster wasserwirtschaftlicher Bedürfnisse (Verbesserung der Schiffahrt, Wasserkraftnutzung, Wasserentnahme für verschiedene Zwecke, Hebung des Wasserspiegels für die Landwirtschaft usw.). Der durch solche Wehre bewirkte, oft erhebliche Aufstau des Wasserspiegels bedeutet aber bei geschiebeführenden Flüssen einen schwerwiegenden Eingriff in das bestehende Gleichgewicht in der Geschiebeführung[1]. Denn durch die Stauwirkung wird das Spiegelgefälle auf oft weite Strecken stromaufwärts außerordentlich verringert. Entsprechend nimmt die Sohlengeschwindigkeit ab und das von oben kommende Geschiebe bleibt daher zunächst im Bereich der Staugrenze liegen, während die schwebenden Feststoffe erst allmählich mit der weiteren Abnahme der mittleren Fließgeschwindigkeit in den einzelnen Lotrechten zum Absitzen kommen. So tritt nach und nach von der Staugrenze ausgehend eine Verlandung nach unten (Stauraum) und oben (ungestauter Flußlauf) ein (Abb. 101)[1].

Unterhalb des stauenden Bauwerks nimmt das nun fast geschiebefrei abfließende Wasser von der Sohle so lange Geschiebe auf, bis der

---

[1] Vgl. u. a. SCHREITMÜLLER u. OEXLE: Die morphologische Umgestaltung der geschiebeführenden Flüsse im Zusammenhang mit der Großwasserkraftausnützung Wasserkraft-Jb. 1930/31, S. 208. — SCHOKLITSCH: Stauraumverlandung und Kolkabwehr. Wien: Springer 1935.— ERTL: Die Gestaltungsvorgänge am Saalachsee bei Reichenhall und an anderen Stauräumen in alpinen Gewässern. Dtsch. Wasserwirtsch. 1939.´

Durchfluß wieder so mit Geschiebe gesättigt ist, wie das vor dem Aufstau der Fall war. Diese Geschiebeaufnahme erfolgt auf eine lange

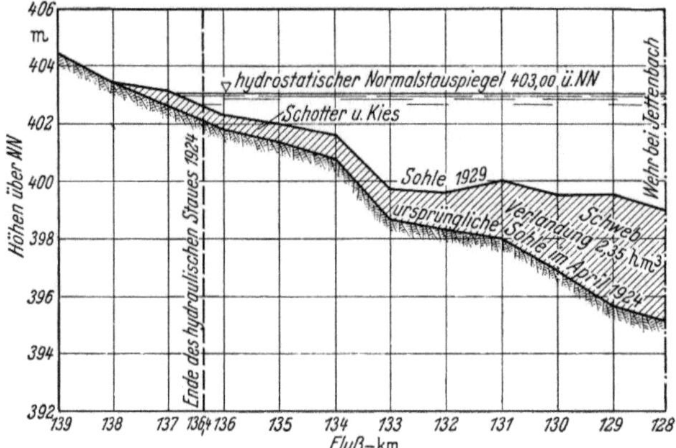

Abb. 101. Verlandung des Stauraumes oberhalb des Innwehres Jettenbach in den ersten 5 Jahren nach Betriebnahme.

Strecke, aber in abnehmendem Maße, da die Sättigung des Durchflusses mit Geschiebe mit der Entfernung vom Wehr ja ständig zunimmt.

Findet am Wehr seitliche Wasserentnahme statt, z. B. für die Speisung eines Wasserkraftkanals, ist also die durch das Wehr im Flusse ab-

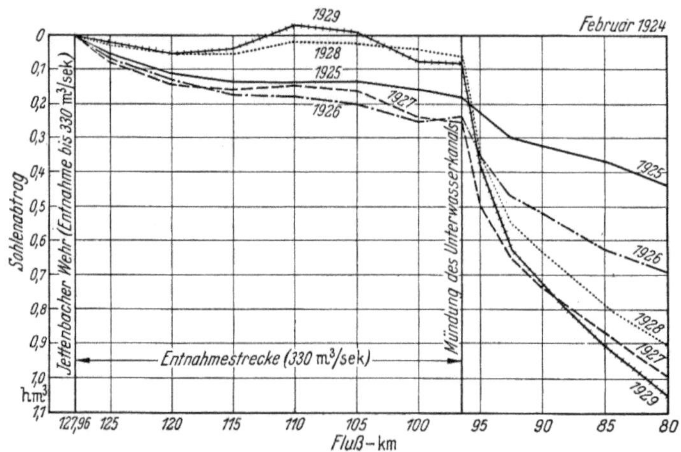

Abb. 102. Abtrag und Wiederauflandungen im Innbett unterhalb des Jettenbacher Wehres nach Inbetriebnahme der Innkraftstufe Jettenbach-Töging im Februar 1924[1].

gehende Wassermenge kleiner, als sie dort früher war, dann verringert sich damit auch das Arbeitsvermögen in der Entnahmestrecke, und die

---

[1] Nach Schreitmüller und Oexle: Zit. S. 179.

Eintiefung der Flußsohle geht langsamer vor sich bis zu der Stelle, wo die Entnahmewassermenge wieder in den Fluß zurückgeführt wird.

Wenn der Stauraum verlandet ist, so wandert ein Teil des von weiter oben kommenden Geschiebes wieder durch die Regulierorgane des Stauwerks, und der vorherige Abtragsprozeß unterhalb desselben kehrt sich in eine Wiederauflandung um, die so lange anhält, bis unterhalb der Entnahmestrecke wieder das ursprüngliche Gefälle erreicht ist. In der Entnahmestrecke dagegen bildet sich ein Gefälle aus, das im Endzustand steiler ist, als das ursprüngliche, weil ja die durch die verminderte Durchflußmenge verringerte Schleppkraft zum Ausgleich ein größeres Gefälle benötigt, um die Geschiebemassen abzuschleppen. Die Abb. 102 zeigt diese morphologischen Vorgänge an Hand der abgetragenen bzw. wieder aufgeschütteten Geschiebemassen sehr anschaulich.

3. Der Flußquerschnitt.

a) Querschnittsform. Beschaffenheit des Bettes.

Die Querschnittsform wird bestimmt durch den Verlauf der benetzten Bettoberfläche quer zur Laufrichtung. Ihre Ermittlung erfolgt durch Querprofilaufnahmen. Sie ändert sich häufig nicht nur mit den verschiedenen Flußwasserständen (NW, MW, HW), sondern sie ist auch von Natur aus in der Längsrichtung — selbst auf kurze Flußstrecken — stark wechselnd. Dies gilt vielfach auch für Flußstrecken, deren Sohle in ein festes, widerstandsfähiges Massengestein eingegraben ist (Abb. 103). Besonders groß ist der Formwechsel bei geschiebeführenden Gebirgsflüssen. Je häufiger und beträchtlicher sich das Arbeitsvermögen des Wassers ändert und die Widerstandsfähigkeit des Bettes wechselt, desto veränderlicher und unbeständiger wird auch die Gestalt des Bettes sein. Jeder Umstand dagegen, welcher die *Veränderlichkeit* der angreifenden oder widerstehenden Kräfte *beschränkt*, wird auch die *Veränderungen* des Bettes *verringern*.

In der Natur vollzieht sich die Stabilisierung dieser Kräfte schrittweise vom Oberlauf bis zur Mündung. Oben im Gebirge, wo die Flußoder Bachsohle noch mit schwerem Geröll bedeckt ist und vielfach gewaltige Felsblöcke trägt, sind die Unebenheiten so groß, daß es oft kaum möglich ist, zu sagen, wo das Wasser aufhört bzw. die Sohle und das Ufer anfängt. In diesem Bereich der Flüsse sind Querprofilaufnahmen häufig nur schätzungsweise möglich (Abb. 103 u. 150a, b).

Erst weiter talab nehmen die Querschnitte der Gebirgsflüsse bestimmte Formen an, die sich, wenigstens bei niedrigen Wasserständen, einigermaßen verläßlich aufnehmen lassen. Hier treten in den Krümmungen bereits *Kolke*, in den Zwischengeraden *Furten* auf, wie bei den Mittelläufen der Flüsse, die in diluviale Böden eingebettet sind. Der

Unterschied gegen die letzteren besteht aber darin, daß die Flußsohle besonders im Bereich des *Gebirgsschotters* in *dauernder* Bewegung ist. Zwar hat sich auch hier schon der Widerstand der Sohle gegenüber der Räumkraft des Flusses erhöht, ist aber noch nicht stark genug zur Herstellung eines Gleichgewichtszustandes. Besonders bei hohen Wasserständen ist die Sohle überall in starker Bewegung, und es ist schwer fest-

Abb. 103. Melazzafluß im Centovallital (nördlich des Lago Maggiore, Südschweiz). Felsenbett.

stellbar, in welcher Tiefe unter der Bettoberfläche diese Bewegung aufhört, wie mächtig also diese bewegte Schotterschicht ist. Kennzeichnend für die Querprofile solcher Flußstrecken sind die sogenannten „wandernden Kiesbänke" (z. B. Oberrhein zwischen Basel und Lauterburg, Oder, Drau, Loire usw.). *Bei ihrem Wandern talab nehmen sie die Krümmungskolke und Untiefen der Furten und auch den Talweg mit, so daß die Kolke über die geraden Strecken hinweg, die Untiefen durch die Krümmungen hindurchwandern.*

Im Gegensatz dazu liegen die Krümmungskolke und Übergangsuntiefen in den Mittelläufen der morphogenetisch reifen Flüsse, die im

Diluvium eingeschnitten sind, im allgemeinen fest. Zwar wandert auch hier Geschiebe talab, besonders bei höheren Wasserständen, und verändert die Sohlenlage in den Querschnitten der Krümmungen und Furten, aber nach Rückgang des hohen Wasserstandes stellt sich der ursprüngliche Zustand hinsichtlich Querschnittsform und Längsgefälle

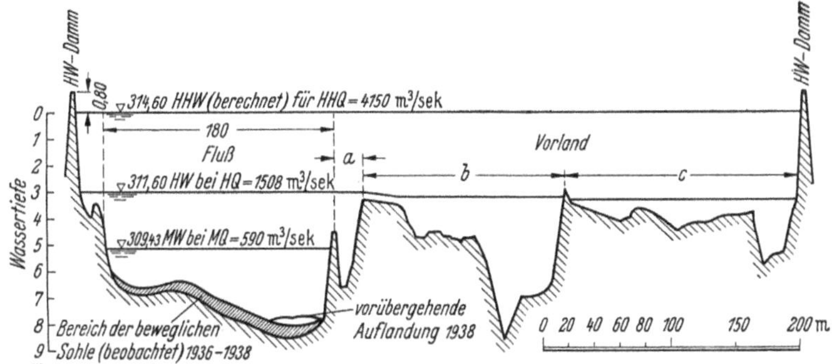

Abb. 104. Querprofil der Donau bei km 2280,13 (unterhalb der Isarmündung).

jeweils wieder mehr oder weniger ein. Es handelt sich hier um eine Wechselwirkung zwischen Längs- und Querprofil, auf das weiter unten noch zurückgekommen wird.

Bei einem solchen regelmäßig verlaufenden Hoch- und Niederpendeln der Sohle wird davon gesprochen, daß die Sohle bei steigendem

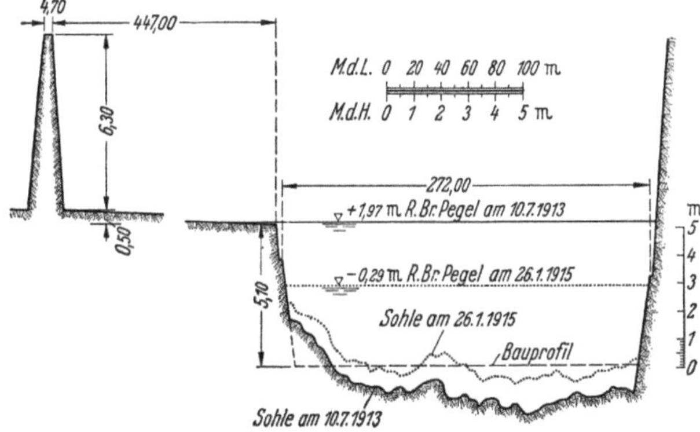

Abb. 105. Normalquerschnitt des Wiener Donaudurchstiches mit beweglicher Sohle (20 fach überhöht).

Wasserstand „ausgezogen" wird und bei fallendem Wasser oder bei länger andauerndem Niederwasserstand wieder auflandet. In einem anderen Querschnitt kann der umgekehrte Fall eintreten. Beispiele für eine solche Sohlenbewegung bieten ein Querschnitt der Donau unterhalb der Isarmündung in Abb. 104 und ein Normalprofil des Wiener Donaudurchstiches in Abb. 105.

Als weitere Beispiele für Flußquerschnitte mit beweglichem Bett möge der Meßquerschnitt der Donau bei Dillingen dienen (Abb. 106). Die Sohlenänderung im letzteren Fall ging, wie die Untersuchungen der dort vorgenommenen zahlreichen Messungen gezeigt haben, bei konstantem Geschwindigkeitsbeiwerte c und unveränderlichem Spiegelgefälle J vor sich.

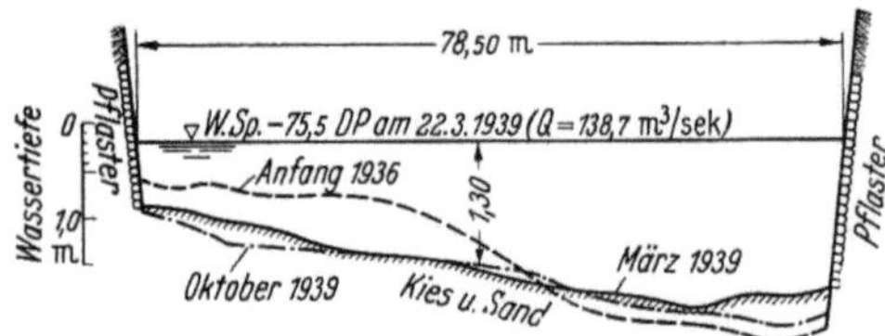

Abb. 106. Sohlenänderung in einem Meßquerschnitt der Donau bei Dillingen bei konstantem K und J (10fach überhöht).

Grundformen. Zur erleichterten Berechnung der Abflußvorgänge hat man versucht, aus den so verschiedenartigen Querschnittsformen eine *Grundform* herzuleiten. Die Erkenntnis, daß in *natürlichen unverbauten* Wasserläufen keine Querschnittsformen mit scharfen Böschungsecken vorkommen, führte zur naheliegenden Annahme einer Grundform mit stetig gekrümmter Bettlinie, nämlich der *quadratischen Parabel* (Abb. 110) (DU BUAT, TEUBERT, SASSE[1]).

KREUTER[2] vertrat dagegen die Ansicht, daß der Vorzug großer Einfachheit für die Berechnungen, den

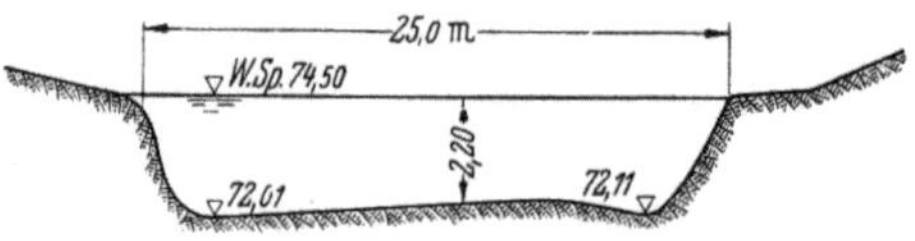

Abb. 107. Querprofil der Leine unterhalb Gronau. Gebrochenes Trapezprofil (2fach überhöht).

die quadratische Parabel als Umrißlinie biete, kein Grund wäre, die *Trapez*form zu verwerfen. Insbesondere dürfe diese Tatsache nicht dazu verleiten, aufgenommene Naturprofile (vgl. dazu die Abb. 104, 105, 106, 107, 108, 111a u. b), die nicht entfernt an eine Parabel erinnern,

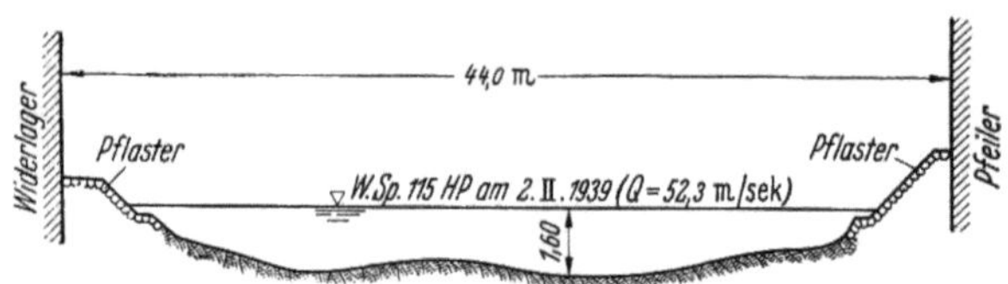

Abb. 108. Main in Hallstadt. Eingeknicktes Muldenprofil (2fach überhöht).

durch Parabeln zu ersetzen. Die Trapezform ist für die regelmäßige Geschiebeführung nicht nur theoretisch am günstigsten, sondern sie hat

---

[1] SASSE: Parabeltheorie in ihrer Anwendung auf die Bewegung des Wassers in der Saale und Unstrut. Z. Archit.- u. Ing.-Ver. zu Hannover 1890. — OPEL: Das parabolische Profil, polygonalbegrenzte Querprofile und Bestimmung der Stromquerschnitte im Flußgebiet. Dtsch. Bauztg. 1886.

[2] KREUTER: Der Flußbau. Hb. Ing.-Wiss. III. T. 6. Bd. 4. Aufl. S. 18. Leipzig: W. Engelmann 1910.

sich auch tatsächlich eingestellt und erhalten an *künstlichen* (geregelten) Flußstrecken, wo die Geschiebeführung regelmäßig vor sich geht, z. B. am Inn, an der Isar und an der Rienz. Hier ist allerdings der unver-

Konstruktionsbeschreibung:

1. Tangente t_1 in I in Böschungsneigung (im Beispiel 2füßig);
2. Tangente t_2 in II ist an der Stelle $t = R$ und geht durch II', wobei
   $$\overline{\text{II' IV}} = (t_{max} - R);$$
3. Tangente t_4 in IV ist waagrecht;
4. Tangente t_2 in III wird erhalten:
   a) „2" ist der Schnittpunkt der Tangente, t_2 und t_4;
   b) „1" liegt auf $\overline{\text{II—IV}}$ $\perp$ über „2";
   c) „III" halbiert Strecke $1—2$;
   d) $\overline{3—IV} = \overline{1—III} = \overline{2—III}$, daher ist die Tangente t_3 in III eine Parallele durch III zu $\overline{\text{II—IV}}$.

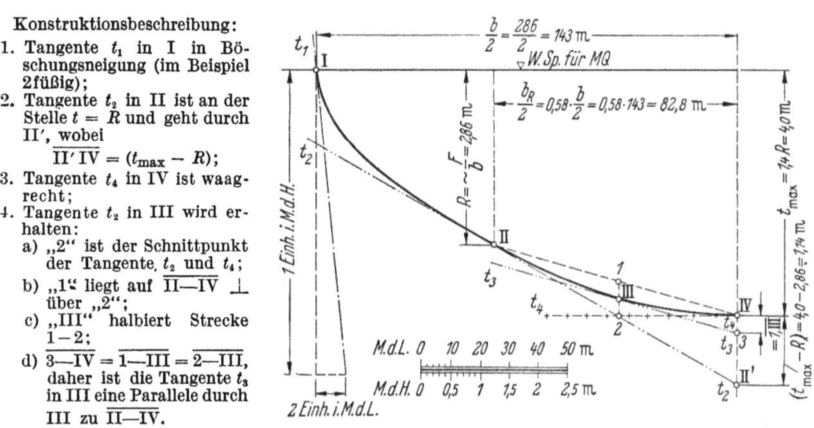

Abb. 109. Muldenform nach Winkel als Regelungsquerschnitt (Regelquerschnitt) für das Weichselgebiet ($F = 820$ m² Wasserquerschnitt) (20fach überhöht).

mittelte Übergang von der Sohle zur Böschung durch künstliche Baufüße (Steinwurf, Steinvorfuß) gesichert.

Neuerdings hat Winkel[1] die Parabelform als Grundform für unannehmbar bezeichnet mit dem Hinweis, daß der Querschnitt in der geraden Strecke des Stromüberganges in sandigen Böden (z. B. Diluvium) erfahrungsgemäß *muldenartige* Form aufweise. In Abb. 109 ist ein *Mulden*profil für das Weichselgebiet nach den Konstruktionsvorschlägen Winkels dargestellt und in Abb. 110 sind für den gleichen Wasserquerschnitt ($F = 820$ m²) und die gleiche Flußbreite $b = 286$ m die

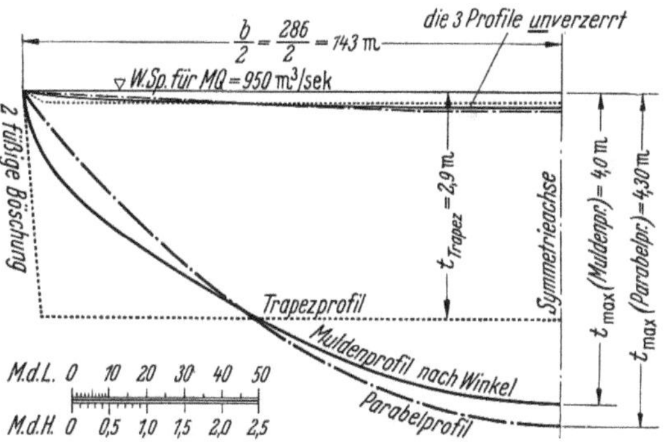

Abb. 110. Vergleich verschiedener Grundformen von Flußquerschnitten mit gleichen Flächen ($F = 820$ m²) (20fach überhöht und unverzerrt).

3 Grundformen, nämlich das Trapez, die quadratische Parabel und die Muldenform, berechnet und zum Vergleich übereinander aufgetragen.

---

[1] Winkel: Die Grundlagen der Flußregelung einschl. Stauregelung und Theorie der Schiffahrtsschleusung. S. 27. Berlin: W. Ernst u. Sohn 1934. — Grundsätzliches zur planmäßigen Flußregelung Dtsch. Wasserwirtsch. 1940, S. 382.

Im Bereich des Mittelwasserspiegels ergibt sich für die Parabel ein Böschungsverhältnis $\operatorname{ctg}\alpha = m = {\sim}16:1$. Nimmt man demgegenüber eine zweifüßige Böschung ($\operatorname{ctg}\alpha = m = 2$) als erwünschte Böschungsneigung an, dann wird die gekrümmte Sohlenlinie in der Nähe der Ufer nach unten und außen gebogen. Die Erhaltung der Querschnittsgröße $F = 820$ m² erfordert dann eine Hebung der Sohlenlinie beiderseits der Mittelachse. So wird aus dem Parabelprofil zwanglos ein Muldenprofil. Dieses ist also dadurch gekennzeichnet, daß es aus einer Kurve besteht. die an der Sohle in der Mitte eine waagrechte, am Wasserspiegel eine sich mit der Böschung deckende Tangente besitzt.

Allgemein kann man feststellen, daß die Natur eine einzige, allgemeingültige Grundform für den Bettquerschnitt *nicht* kennt. Für den Naturzustand des Flusses steht nur das eine fest: die dauernde Änderung seines Laufes im Gelände als Folge des dauernden Formwandels des Bettes. Denn erst diese Veränderlichkeit des Querschnitts zwingt den Fluß zu den ständigen Änderungen seiner Lage, seines Laufes. Die Voraussetzung für die Schaffung stabiler Verhältnisse für den Bettgrundriß bildet demnach die Festlegung der geeigneten Querschnittsform. Diese muß so gestaltet sein, daß sie gegenüber dem Arbeitsvermögen der zu Tal flutenden Wassermassen stabil wird. Dabei ist die Schaffung dieses Gleichgewichtszustandes für eine bestimmte Flußstrecke *keineswegs* von *einer einzigen*, ganz bestimmten *Bettquerschnittsform* abhängig. Im gleichen Geländeabschnitt ist für denselben Fluß vielmehr eine ganze Reihe von Querschnittsformen brauchbar, ohne daß es uns möglich wäre, zwingend eine der Bettformen als die absolut beste bezeichnen zu können[1]. Als zweckmäßiger Weg, aus dieser Schwierigkeit bei der Wahl der Querschnittsform herauszukommen, hat sich das Heraussuchen einer *Musterstrecke* erwiesen. Darunter versteht man eine solche Teilstrecke des in Frage kommenden Flußabschnittes, die bereits im Beharrungszustand ist, in der also die Spiegelgefälle dem Charakter dieser Strecke gut angepaßt sind, weil eben ihre Querschnitte in Krümmungen und Übergängen bereits gleichmäßige und beständige Formen aufweisen. Diese „Normal"profile, „Schul"querschnitte bestimmen dann die „Grundform". In vielen Fällen können auch Modellversuche unter Auswertung der auf diesem Forschungsgebiete gewonnenen neuen Erkenntnisse und Erfahrungen die Frage nach einer zweckmäßigen Profilform beantworten[2].

Hochwasserprofile. Nicht immer faßt das eigentliche Bettprofil alle vorkommenden Abflußmengen. Vielfach findet bei Wasserständen, die

---

[1] FRANZIUS: Der Verkehrswasserbau. S. 140. Berlin: Springer 1927.

[2] Vgl. z. B. WITTMANN: Wasserbauliche Forschung. Dtsch. Wasserwirtsch. 1939 — Geschiebetrieb und Flußregelung. Dtsch. Wasserwirtsch. 1942. — WITTMANN u. BÖSS: Wasser- und Geschiebebewegung in gekrümmten Flußstrecken. Berlin: Springer 1938.

über das MW (MQ) hinausgehen, ein Ausufern statt, wobei das Ufergelände überschwemmt wird. Wo nicht natürliche Hochufer der Ausbreitung des Wassers Halt gebieten, müssen zur Abwendung von Hochwasserschäden Deiche angelegt werden. So entstehen sogenannte Doppelprofile, wie sie die Abb. 104 und 105 zeigen.

b) Wasserspiegellinie im Flußquerschnitt.

Der glatte, waagerechte Wasserspiegel, der als vereinfachende Annahme beim Eintragen in Querprofile und bei hydrotechnischen Berechnungen zugrunde gelegt wird, ist in der Natur meist nicht vorhanden. Die stärkste und mit großer Regelmäßigkeit auftretende Abweichung von dieser Annahme liegt in den Krümmungsquerschnitten vor.

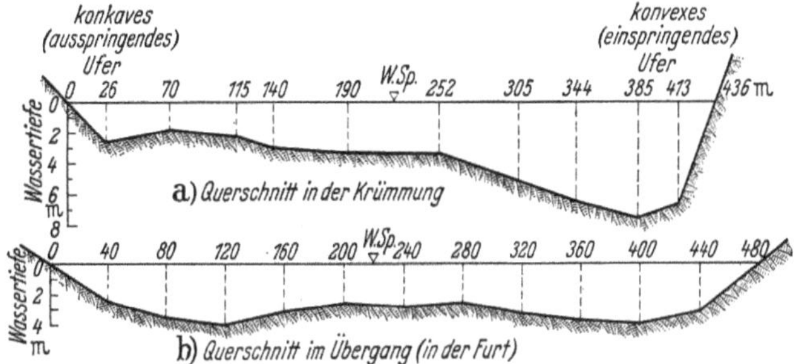

Abb. 111 a u. b. Typische Querprofile im Weichselstromgebiet (10fach überhöht).

Dort weist der Spiegel am konkaven Ufer eine Überhöhung auf und zeigt über den Querschnitt hin eine gekrümmte Form mit der *hohlen* Seite nach *unten* (Abb. 113a, b, c)[1].

Nach WITTMANN erreicht die Überhöhung des Wasserspiegels in Krümmungen am Oberrhein bei einem Gefälle J von $0{,}8\,^0/_{00}$, einem $v = 2{,}80$ m/sek und einem Krümmungshalbmesser von 1300 m Werte bis 0,30 m.

c) Größe des Querschnitts.
Seine geometrischen und hydraulischen Größen.

Die Größe F (*Profilgröße*) wird bestimmt durch den Inhalt der Wasserquerschnittsfläche, die unten und an den beiden Seiten von der Sohle und den Böschungen (dem sogenannten *benetzten Umfang p*) und oben vom Wasserspiegel von der Breite b begrenzt ist.

Eine weitere wichtige Formgröße des Querprofils bildet der *benetzte Umfang p*. Er ist die Linie, längs der eine lotrechte Wasserquerschnitts-

---

[1] Böss: Die Berechnung mittels der Potentialtheorie in WITTMANN und Böss: Wasser- und Getriebebewegung in gekrümmten Flußläufen. Berlin: Springer 1938.

fläche Sohle und Böschungen berührt und damit benetzt. Da die von oberstrom kommenden Wassermengen über diesen benetzten Umfang hinwegfließen und dabei dessen Reibungswiderstand überwinden müssen, hängt vom Grad seiner Rauhigkeit und von seiner Länge die Größe

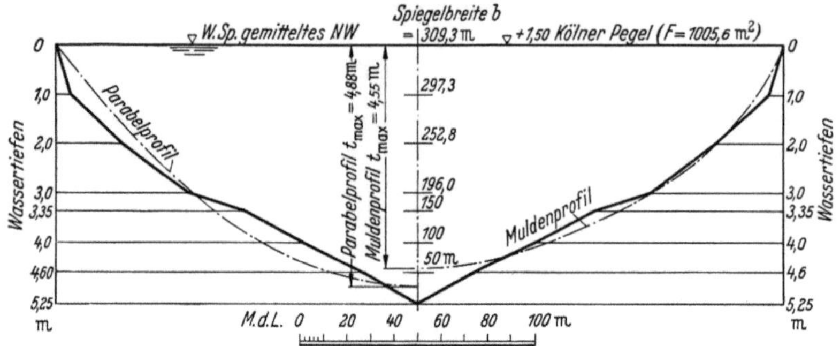

Abb. 112. Durchschnittsprofil des Rheins unter NW-Spiegel zwischen Koblenz und der holländischen Grenze. (Nach Jasmund.) (20fach überhöht.) Zum Vergleich wurden ein flächengleiches Parabelprofil und Muldenprofil (nach Winkel) einkonstruiert.

$$\text{Parabelprofil: } t_{max} = \frac{3 \cdot F}{2 \cdot b} = \frac{3 \cdot 1005,6}{2 \cdot 309,3} = 4,88 \text{ m};$$

$$\text{Muldenprofil (vgl. Abb. 109): } R = \sim \frac{F}{b} = \frac{1005,6}{309,3} = 3,26 \text{ m};$$

$$t_{max} = 1,4 \cdot R = 1,4 \cdot 3,26 = 4,55 \text{ m}; \quad \frac{b_R}{2} = 0,58 \cdot \frac{b}{2} = 0,58 \cdot 154,65 = 89,6 \text{ m}.$$

des abbremsenden Widerstandes ab. Daraus ergibt sich, daß für eine gegebene Profilgröße F der benetzte Umfang p zu einem Minimum werden muß, wenn dieser abbremsende Widerstand möglichst klein werden soll.

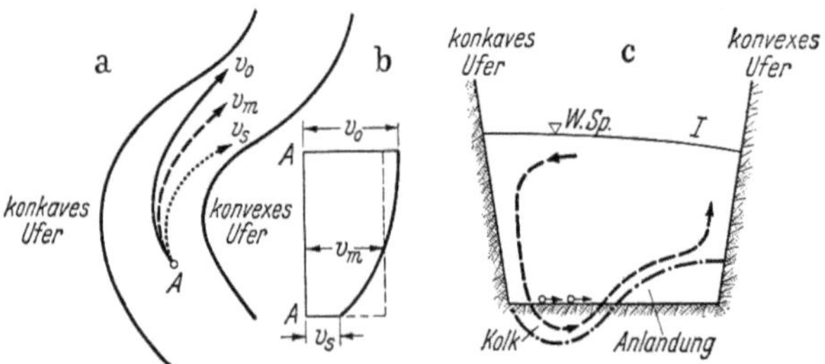

Abb. 113 a—c. Bewegung der Wasserfäden in der Flußkrümmung.

Dies führt dann zu dem sogenannten *Minimum*querschnitt[1], der aber fast nur bei künstlichen Gerinnen (Werkkanal, Entwässerungsgraben usw.) Anwendung findet. In besonderen Fällen kommen auch minimumähnliche Querschnitte in der Natur vor, z. B. bei den Krümmungsquer-

---

[1] Streck: Grund- und Wasserbau in praktischen Beispielen. Bd. II. Aufg. 5, S. 36. Berlin/Göttingen/Heidelberg: Springer 1950.

schnitten gewundener Flußläufe (vgl. Abb. 111a; *jeder dreieckförmige Wasserquerschnitt ist ein Minimumquerschnitt!*). Der Quotient F/p drückt den sogenannten *hydraulischen Radius* (Profilradius) R in m aus. Er stellt die *Formgröße* des Querschnitts dar und soll den Einfluß der *Form* zahlenmäßig zum Ausdruck bringen.

Die bisher besprochenen Beziehungen sind ausschließlich *Meßgrößen des Querschnitts* (Profilgrößen, Profilform), die in m (t, b, p, R) oder m² (Querschnitt F) gemessen werden. Dazu kommen noch die *hydraulischen Grundwerte des Querprofils*, nämlich der Geschwindigkeitsbeiwert c, und das im Querschnitt vorhandene *Spiegelgefälle* J in der Fließrichtung des Gewässers[1]. Der Geschwindigkeitsbeiwert ist ein Erfahrungswert, der die verschiedensten Deutungen erfahren hat. Er wird einmal als „Festwert" für ein bestimmtes Sohlenmaterial betrachtet („Rauhigkeitsziffer") z. B. von MANNING, STRICKLER, FORCHHEIMER. Die weitere Abhängigkeit des c von der Profilform steckt dann implizite im Exponenten α von R ($\alpha = \tfrac{2}{3}$ bei MANNING und STRICKLER bzw. 0,7 bei FORCHHEIMER statt $\alpha = \tfrac{1}{2}$). In Tab. 40 wurde der Anteil von R (und J) an der Größe von c in den dafür in Frage kommenden Fällen 4 bis 9 aus dem Ansatz $f(R^x, J^y)$ bzw. $f(t_m^{x'}, J^{y'})$ abgespalten und dem Ansatz für c beigefügt. Bei den Ansätzen 1 bis 3 sind die Abhängigkeiten des c von der Rauhigkeitsziffer und dem hydraulischen Radius R bereits im c ausgedrückt, in 3 (bei GANGUILLET-KUTTER) kommt auch noch J als Abhängige für c hinzu. Die Ansätze 7 bis 10 verzichten auf eine besondere, veränderliche Rauhigkeitsziffer, machen c vielmehr zu einer Funktion von t_m (10) bzw. von t_m und J (7 bis 9), wobei im Falle 7 die Exponenten ihrerseits wieder von J abhängig sind.

Die Meßgrößen und hydraulischen Größen zusammen dienen letztlich dazu, die durch den Querschnitt abfließende Wassermenge Q in m³/sek größenmäßig festzulegen mit dem Ansatz.:

$$Q = v_m F.$$

v_m stellt dabei die „mittlere" Profilgeschwindigkeit dar, die definiert ist durch den Ausdruck

$$v_m = \frac{Q}{F} \quad \text{in m/sek.}$$

v_m ist also nur ein „gedachter" Wert, der nicht vorhanden ist und deshalb auch nicht gemessen werden kann.

---

[1] Die vielfach übliche Bezeichnung k (statt c) für den Geschwindigkeitsbeiwert wurde hier deshalb nicht gewählt, um zu vermeiden, daß dieser Faktor mit einer konstanten Größe (einem Zahlenwert) verwechselt wird (vgl. Tab. 40, c-Ansätze 1 bis 10).

Tabelle 40. *Ausdrücke für den Geschwindigkeitsbeiwert c mit und ohne Rauhigkeits-beiwert für den Ansatz $v_m = c\sqrt{RJ}$ bzw. $v_m = c\sqrt{t_m J}$.*

Nr.	Name[1]	Geschwindigkeitsbeiwert c [1]	Bezeich-nung der Rauhigk.-Z.	v_m
1	BAZIN	$\dfrac{87}{1 + \dfrac{\gamma}{\sqrt{R}}}$	γ	$c\sqrt{RJ}$
2	KUTTER	$\dfrac{100\,R}{m + \sqrt{R}}$	m	$c\sqrt{RJ}$
3	GANGUILLET-KUTTER	$\dfrac{23 + \dfrac{1}{n} + \dfrac{1{,}55}{J^{\,0}/_{00}}}{1 + \left(23 + \dfrac{1{,}55}{J^{\,0}/_{00}}\right)\dfrac{n}{\sqrt{R}}}$	n	$c\sqrt{RJ}$
4	MANNING	$\dfrac{1}{n}\sqrt[6]{R}$	n	$c\sqrt{RJ}$
5	GAUCKLER-STRICKLER	$k_{st}\sqrt[6]{R}$	k_{st}	$c\sqrt{RJ}$
6	FORCHHEIMER	$\dfrac{1}{n}\sqrt[5]{R}$	n	$c\sqrt{RJ}$
7	MATAKIEWIECZ	$35{,}4\,J^{10\,J-0{,}007}\,t_m^{1/5}$	—	$c\sqrt{t_m J}$
8	WINKEL	$(185 - 210\,J^{1/14})\,J^{1/14}\,R^{3/14}$	—	$c\sqrt{RJ}$
9	GRÖGER	$0{,}2 < t_m < 2{,}0:\ 23{,}781\,J^{-0{,}042}\,t_m^{0{,}276}$ $t_m > 2{,}0:\ 22{,}11\,J^{-0{,}07}\,t_m^{0{,}08}$	—	$c\sqrt{t_m J}$ $c\sqrt{t_m J}$
10	HESSLE	$25\left(1 + 0{,}5\sqrt{t_m}\right)$	—	$c\sqrt{t_m J}$
11	VAN RINSUM[2]	$K_s + \dfrac{\pi}{4} K_I =$ Gesamter mittlerer Geschwindigkeits-beiwert in einer Lot-rechten von der Tiefe t_0 $K_s =$ Geschwindigkeitsbeiwerts-anteil an der Sohle in einer Lotrechten des Querschnitts von der Tiefe t_0 $\dfrac{\pi}{4} K_I = 0{,}785\,K_I = K_{Im} =$ mittl. Geschwindigkeitsbeiwert K_{Im} näherungsweise $= 23$	—	$c\sqrt{t_0 J}$ $= v_m$ für eine *Lot-rechte* des Quer-schnitts von der Tiefe t_0

Die Spalte „Bezeichnung der Rauhigk.-Z." trägt für die Nummern 7 bis 11 die Beschriftung: ohne Rauhigkeitsziffer.

---

[1] Zahlreiche Literaturangaben siehe in WEYRAUCH-STROBEL: Hydraulisches Rechnen. 6. Aufl. Stuttgart: Konr. Wittwer 1930.

[2] Vgl. dazu auch S. 196 u. 197.

Tabelle 41. *Rauhigkeits- bzw. Geschwindigkeitsbeiwert zu den Formeln in Tab. 40*[1].

Nr.	Beschaffenheit des Gerinnes	n	m	γ	$\frac{1}{n}$	k_{st}
1	gehobeltes Holz; Zementglattstrich; glatte Metallfläche	0,010	0,1	−0,043 bis +0,06	92	100
2	ungehobelte Bretter; Beton glatt geputzt	0,012	0,2	0,06 bis 0,16	83	90
3	Quaderwände; Eisenrohre	0,0135	0,35	0,18	74	80
4	sorgfältiges Bruchsteinmauerwerk; ältere Betonflächen	0,015	0,50	0,30	67	70
5	normales Bruchsteinmauerwerk; gut geschalter Beton, unverputzt . . .	0,017	0,70	0,46	59	60
6	unbefestigte Erdsohle; feiner Kies mit viel Sand; grobes Bruchsteinmauerwerk	0,02	1,0	0,85	50	50
7	regelmäßige Querschnitte von Kanälen u. Flüssen, Böschungen und Sohle in Erde (Kies mittel etwa 20/40/60 mm, rein)	0,025	1,5	1,30	40	40
8	wie bei 7, aber in Bewegung befindl. Geschiebe, Verkrautung, Kies 50/100/150 mm	0,030	2,0	1,75	33,3	35
9	stark geschiebeführende Flüsse; Wildbäche, kopfgroße Steine	0,035	2,5	1,95	28,6	28
10	unregelmäßige Wandungen; rauh aus dem Felsen gesprengt	0,040	3,0	2,10	25,0	25

Mittlere Profilgeschwindigkeit v_m.

Für die rein *rechnerische* Erfassung von v_m wurden zahlreiche Beziehungen aufgestellt, die sich fast alle auf die Form der meist benützten Gleichung von BRAHMS-CHÉZY bringen lassen.

$$v_m = c\sqrt{RJ} \quad \text{in m/sek,}$$

womit die Abflußmenge Q wird

$$Q = v_m F = c\sqrt{RJ}\,F \quad \text{in m}^3\text{/sek.}$$

Wie vielfach der Geschwindigkeitsbeiwert c formelmäßig variiert wurde, zeigt Tab. 40. Der hydraulische Radius R wird, wie oben schon erwähnt, ausgedrückt durch F/p. Bei im Verhältnis zur Tiefe großer Gewässerbreite b nähert sich die Größe von p dem Wert b. Drückt man nun die veränderliche Wassertiefe t_0 noch durch die mittlere Tiefe t_m, die benetzte Querschnittsfläche F durch $b\,t_m$ aus, so ergibt sich

womit

$$R = \frac{F}{p} = \sim \frac{F}{b} = \frac{b\,t_m}{b} = t_m,$$

$$v_m = c\sqrt{t_m J}$$

---

[1] Vgl. auch STRECK: Grund- und Wasserbau in praktischen Beispielen. Bd. II. Anhang Tafeln 1 u. 2, und die dort gegebenen zahlreichen Anwendungsbeispiele. Berlin/Göttingen/Heidelberg: Springer 1950.

wird. Die Verhältnisse für eine solche Näherungsannahme liegen meist
bei natürlichen Flüssen vor. Bei ihnen wurde auch sehr viel Gebrauch
davon gemacht (vgl. in Tab. 40 die Ansätze 7 bis 10, mit denen speziell
die Abflußverhältnisse in *natürlichen Flüssen* zu erfassen versucht werden!). Durch diese vereinfachende Annahme ($R \sim t_m$) können nun erhebliche Fehler entstehen. Denn indem $F = b\, t_m$ gesetzt wird, geht der
an der Sohle unregelmäßig verlaufende Querschnitt in ein Rechteck
über. Dieses Schicksal trifft *jeden* Querschnitt vom gleichen F und b,
ganz gleich, wie immer auch die wirkliche geometrische Gestalt des

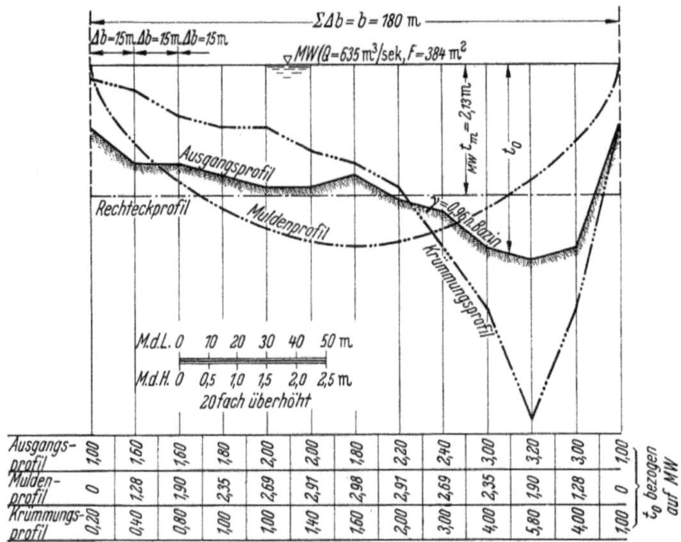

Ausgangs-profil	1,00	1,60	1,60	1,80	2,00	2,00	1,80	2,20	2,40	3,00	3,20	3,00	1,00	t_0 bezogen auf MW
Mulden-profil	0	1,28	1,90	2,35	2,69	2,91	2,98	2,91	2,69	2,35	1,90	1,28	0	
Krümmungs-profil	0,20	0,40	0,80	1,00	1,00	1,40	1,60	2,00	3,00	4,00	5,80	4,00	1,00	

Abb. 114. Zusammenhang zwischen Querschnittsform und Gefälle J bei vier formverschiedenen Flußquerschnitten mit gleichem F, b und Q. (Vgl. dazu die Tabelle 42.)

Querschnitts aussehen mag (vgl. die 4 flächengleichen, aber vollkommen verschieden geformten Querschnitte von gleicher Spiegelbreite in
Abb. 114). Diese verschiedenen Querprofile sind alle wie Rechtecke von
der Tiefe t_m und der Breite b behandelt. Es ist klar, daß damit der
„*Form*faktor“ $\sqrt{t_m}$ seiner Aufgabe, nämlich den Einfluß der *Form* auf-
zuzeigen, nicht genügen kann. Man denke da z. B. an die Aufgabe, den
Zusammenhang zwischen der Querschnitts*form* und dem *Spiegelgefälle*
klarzulegen.

Man könnte hier vielleicht den Einwand machen, daß sich in solchen
Fällen (natürliche Flüsse) t_m von R so wenig unterscheidet, daß die
obigen Überlegungen keine praktische Bedeutung haben. Um diesen
Einwand zu überprüfen, wollen wir einmal — van RINSUM[1] folgend —

---

[1] Vgl. z. B. van RINSUM: Der Abfluß in offenen natürlichen Wasserläufen.
2. Aufl. Berlin: W. Ernst u. Sohn 1950.

zur Untersuchung des Formfaktors zweckmäßig den umgekehrten Weg gehen, indem wir gerade *die Unstetigkeit der Wassertiefen* des Querschnitts *im einzelnen*, d. h. in den verschiedenen Lotrechten von der Tiefe t_0 erfassen. Statt $\sqrt{R}$ wird also $\sqrt{t_0}$ als formbestimmende Größe gesetzt, und für das Produkt $\sqrt{R} \cdot F$ der BRAHMS-CHÉZYschen Gleichung ergibt sich für den ganzen Querschnitt entsprechend $\int_0^b \sqrt{t_0}\,(t_0\,db)$, wenn db die Breite des zu einem Lot gehörigen Flächenstreifens bedeutet. Da

$$Q = v\,F = c\,\sqrt{R\,J}\,F = c\,\sqrt{J}\int_0^b \sqrt{t_0}\,(t_0\,db),$$

läßt sich auch schreiben

$$\frac{Q}{c\,\sqrt{J}} = \sqrt{R}\cdot F = \int_0^b t_0^{3/2}\,db.$$

Daraus

$$\sqrt{R}_{\text{Soll}} = \frac{\int_0^b t_0^{3/2}\,db}{F} \quad\text{und}\quad R_{\text{Soll}} = \frac{\int_0^b (t_0^{3/2}\,db)^2}{F^2}$$

Dieser Wert für R stellt den jeweiligen „Profilradius" dar für die verschiedenen Querschnittsformen, der die Form vollkommen berücksichtigt.

Wendet man obigen Ansatz für R für die in Abb. 114 gegebenen 4 Profile für MW an, und setzt $Q, c, b, F =$ konst., dann erhält man die in Tab. 42 zusammengestellten Werte für den Formfaktor (Profilradius) R_{Soll} und das ihm zugeordnete Gefälle[1].

Tabelle 42.

Profilform	$\dfrac{F}{b} = t_m$	$R_{\text{Soll}} = \dfrac{\sum_0^b (t_0^{3/2}\,\varDelta b)^2}{F^2}$	$\varDelta R$	Zugehöriges Spiegelgefälle J	$\varDelta J$
	m	für MW in m	in %	in °/₀₀	in %
Rechteck.	2,13	2,13	0	0,472	0
Ausgangsprofil	2,13	2,23	$+\ 5$	0,45	-5
Muldenprofil	2,13	2,42	$+14$	0,415	-12
Krümmungsprofil . . .	2,13	2,64	$+24$	0,381	-19

Die Berücksichtigung der Profilform führt also auf wesentlich größere R_{Soll}-Werte, als sich aus der bisherigen Definition des „hydraulischen Radius" ergibt, so daß — und das ist vielleicht überraschend — *auch R, nicht nur t_m,* wenigstens in Fällen, wie den angeführten (ungleichmäßig verlaufende Sohle), *keineswegs als Kennwert für die Quer-*

---

[1] STRECK: Grund- und Wasserbau in praktischen Beispielen. Bd. II. Aufgabe 8, S. 63. Berlin/Göttingen/Heidelberg: Springer 1950.

schnittsform ausreicht. Der Fehler von 24 % beim Krümmungsprofil kann hier unter keinen Umständen mehr als zulässige Ungenauigkeit infolge einer vereinfachenden Annahme angesehen werden. Hier tritt der Cha-

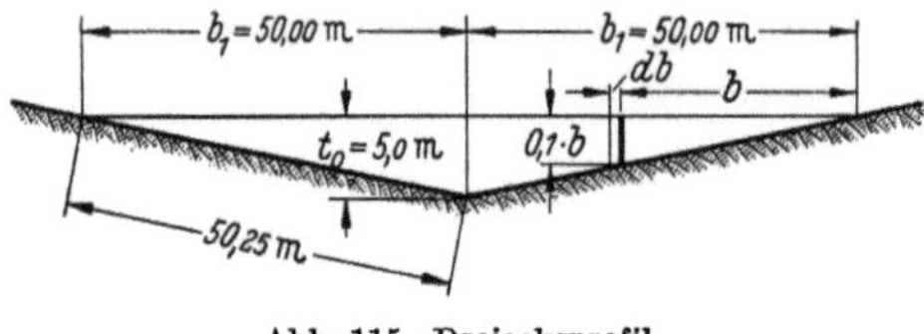

Abb. 115. Dreiecksprofil.

rakter des R in seiner bisherigen Deutung als „Ausgleichswert" mit seinen damit zusammenhängenden Schwächen deutlich in Erscheinung. Wäre der Querschnitt nicht ein eingeknicktes, sondern ein reines Dreieckprofil, dann wäre der Unterschied noch größer. Setzen wir im Dreieckprofil der Abb. 115 $t_0 = (0,1\,b)$ (b als unabhängige Veränderliche betrachtet), dann erhalten wir

$$R_{\text{Soll}} = \left(\frac{2\int_0^{b_1}(0,1\,b)^{3/2}\,db}{F}\right)^2 = \left(\frac{2\cdot\dfrac{(0,1\cdot50)^{5/2}}{0,1\cdot5/2}}{F}\right)^2 = \left(\frac{2\cdot223,5}{F}\right)^2 = \left(\frac{447}{F}\right)^2.$$

Andererseits ist

$$F = \frac{2\cdot50\cdot5,0}{2} = 250\ \text{m}^2;\qquad R = \frac{F}{p} = \frac{250}{2\cdot50,25} = 2,49\ \text{m}.$$

Da

$$R_{\text{Soll}} = \left(\frac{447}{250}\right)^2 = 1,787^2 = 3,195\ \text{m}$$

wird, ist es 28 % größer als $R = \dfrac{F}{p} = 2,49$ m.

Man beachte hier übrigens, daß *alle* Dreieckprofile sogenannte „günstigste Profile" sind, bei denen der hydraulische Radius einen *Größt*wert erreicht, andererseits der Gefällsaufwand J zum Transport der gegebenen Wassermenge Q ein Kleinstwert wird. Da das Krümmungsprofil der Abb. 114 wie schon oben erwähnt, näherungsweise als eingeknicktes Dreiecksprofil betrachtet werden kann, erklärt sich auch das große R_{Soll} und das kleine zugeordnete J in Tab. 42.

Die oben gezeigte Problematik des „Kennwertes R" kann auch noch anschaulich gemacht werden, wenn man sich ein Krümmungsprofil ein-

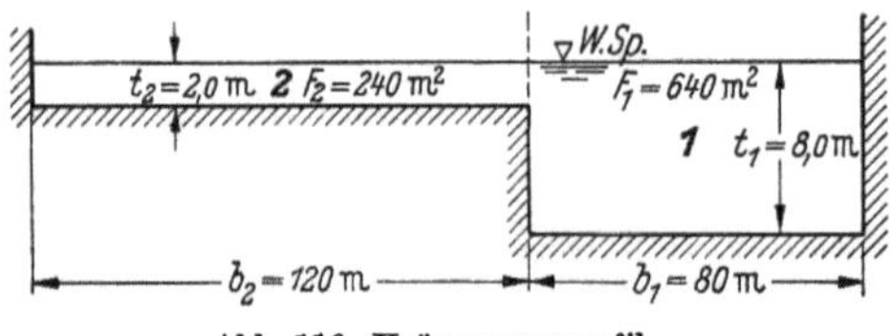

Abb. 116. Krümmungsprofil.

mal schematisch als ein aus einem tiefen und einem flachen Gerinneteil zusammengesetztes Profil vorstellt. Man kommt damit zu Verhältnissen, wie sie für Hochwasserprofile häufig vorliegen (Abb. 116). Man setzt hier bekanntlich den hydraulischen Radius *nicht* mit

$$R = \sim\frac{F}{b} = \frac{640+240}{120+80} = \frac{880}{200} = 4,40\ \text{m}$$

an, sondern pflegt das Profil in die beiden Teile ① und ② zu zerlegen und das R für jeden Teil gesondert zu bestimmen, setzt also $R_1 = {\sim}t_1 = 8{,}0$ m und $R_2 = {\sim}t_2 = 2{,}0$ m. Für festwertiges c und J würde sich dann für die Abflußmenge Q ergeben:

$$Q = c\,\sqrt{J}\,t_1^{1/2}\,t_1\,b_1 + c\,\sqrt{J}\,t_2^{1/2}\,t_2\,b_2 = c\,\sqrt{J}\,[\,t_1^{3/2}\,b_1 + t_2^{3/2}\,b_2\,].$$

Für den Klammerausdruck erhält man:

$$[8{,}0^{3/2} \cdot 80 + 2{,}0^{3/2} \cdot 120] = 1810 + 340 = 2150 \text{ m}^{5/2}.$$

Wollte man das Doppelprofil aus irgendwelchen Gründen doch als einheitliches Profil betrachten, dann wäre für Q zu setzen.:

$$Q = c\,\sqrt{J}\,[R^{1/2}\,(F_1 + F_2)].$$

R ist aber dann zu ermitteln aus

$$R_{\text{Soll}} = \frac{\sum\limits_0^b (t_0^{3/2}\,\Delta b)^2}{F^2} = \frac{(8{,}0^{3/2} \cdot 80 + 2{,}0^{3/2} \cdot 120)^2}{880^2} = 5{,}95 \text{ m}.$$

womit $\sqrt{R_{\text{Soll}}} = 2{,}44$ m$^{1/2}$ wird und

$$[R^{1/2}\,(F_1 + F_2)] = 2{,}44 \cdot 880 = 2150 \text{ m}^{5/2}$$

in Übereinstimmung mit der oben vorgenommenen üblichen Berechnungsweise. Auch hier ist die Differenz zwischen $R = 4{,}40$ m und $R_{\text{Soll}} = 5{,}95$ m erheblich. Je ausgeglichener das Profil wird, desto geringer wird der Unterschied der Ergebnisse, die die beiden Ansätze für R liefern, und für das Rechteck (bzw. breite Trapez) wird der Unterschied überhaupt Null.

Auch bei tiefen trapezförmigen Kanalprofilen mit verhältnismäßig kleiner Sohlenbreite besteht diese Divergenz zwischen

$$R = \frac{F}{p}$$

und

$$R_{\text{Soll}} = \frac{\sum\limits_0^b (t_0^{3/2}\,\Delta b)^2}{F^2}$$

(Abb. 117).

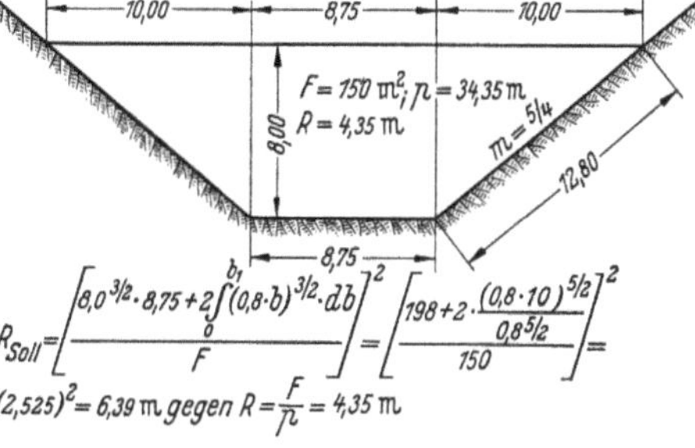

Abb. 117. Trapezprofil (Innwerk).

Da aber die c- bzw. γ-Werte über den Profilradius $R = \dfrac{F}{p}$ bei Messungen hergeleitet wurden[1], wird der Fehler bei Bestimmung von v und Q wieder mehr oder weniger kompensiert. Möglicherweise ist die über die Berechnungsmenge Q hinausgehende Fördermenge, die da und dort nach Inbetriebnahme solcher Kanäle festgestellt wurde, zum Teil auf das

---

[1] Siehe Fußnote S. 196.

vorhandene R_Soll zurückzuführen und nicht auf geringere Rauhigkeitsverhältnisse, als vorher angenommen wurde. Nachprüfungen nach dieser Richtung wären sehr erwünscht.

d) Erfassung der Abflußverhältnisse für natürliche geschiebeführende Flüsse nach VAN RINSUM[1].

Die Schwäche der Fließformeln (vgl. Tab. 40) besteht darin, daß sie einen Ausdruck für die mittlere Geschwindigkeit v_m des ganzen Abflußquerschnitts geben, ohne daß sie die Entstehung dieses v_m aus den wirklich vorhandenen Geschwindigkeiten in den Flächenelementen berücksichtigen; daß die veränderliche Wassertiefe t_0, die ja in Beziehung zur Geschwindigkeit steht, durch eine mittlere Wassertiefe t_m (oder R) ersetzt wird, obwohl die Tiefe in einer von 1 verschiedenen Potenz (meist $^1/_2$) verwendet wird; daß der hydraulische Radius $R = \dfrac{F}{p}$ (statt t_m) ebenfalls nur einen Ausgleichswert darstellt, der als Kennwert für die Querschnitts*form nicht ausreicht*; und daß diese Ausgleichswerte t_m bzw. R im Geschwindigkeitsbeiwert stecken und diesen verfälschen.

Bei seinen Abflußuntersuchungen geht VAN RINSUM, wie schon oben erwähnt, den umgekehrten Weg: er erfaßt die für den Abfluß maßgebenden Größen da, wo sie g e m e s s e n werden, d. i. in den *Meßlotrechten des Querschnitts*. Die Tatsache, daß die *mittlere Geschwindigkeit in einer Meßlotrechten* um so größer ist, je größer die Querschnittstiefe t_0 ist, zeigt die Abhängigkeit von v_m und t_0. Sie läßt sich ausdrücken durch

$$v_m = C\, t_0^x.$$

Mit der daraus hergeleiteten Geschwindigkeitsfläche

$$f_v = C\, t_0\, t_0^x$$

wird die Abflußmenge

$$Q = \int_0^b C\, t_0^{1+x}\, db.$$

Mit diesem Ansatz ist nur das theoretisch festgehalten, was bei der Abfluß*messung* praktisch ausgeführt wird. An Stelle von t_m und dem Summenbegriff F in den sonst üblichen Geschwindigkeitsformeln ist ausschließlich t_0 getreten. Ferner ist die *mittlere Geschwindigkeit im Querschnitt v_m* verschwunden und durch eine Funktion von t_0 und einen Beiwert C ersetzt. Um die Übereinstimmung vorstehender Gleichung hinsichtlich der Dimension mit der vorherrschenden Auffassung herzustellen, ist der Exponent $x = \tfrac{1}{2}$ zu setzen, also

$$Q = \int_0^b C\, t_0^{3/2}\, db.$$

---

[1] VAN RINSUM: Der Abfluß. Zit. S. 192. — Kritische Stellungnahme dazu siehe HENSEN: Über die Anwendbarkeit der VAN RINSUMschen Gedanken über die Geschwindigkeitsverteilung in natürlichen Wasserläufen auf Flachlandflüsse. Z. Wasserwirtsch. 42. Jahrg. Nr. 9 u. 10. 1952.

Die Klärung der Frage, auf welchen Umständen die Veränderlichkeit des Beiwertes C beruht, ergab sich aus der Untersuchung der *Geschwindigkeitsverteilung im Meßlot.* Auf Grund eingehender Nachprüfungen von Messungen wurde die Deutung der *Geschwindigkeitskurve* im Meßlot als *Viertelellipse* bestätigt (Abb. 118). Außerdem wird hier die Geschwindigkeit im Meßlot in zwei Anteile aufgespalten: in die Sohlengeschwindigkeit v_S und in die Geschwindigkeit für den aufsteigenden Ast v_I. Als Funktion der Räumkraft des Flusses (Beobachtungen über die Geschiebeführung!) muß die Geschwindigkeit v_S im allgemeinen eine *endliche* Größe haben.

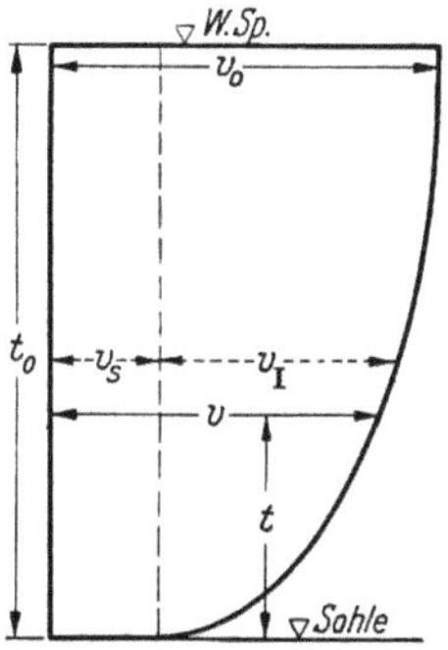

Die Ansätze für die beiden Geschwindigkeitsanteile lauten mit den Bezeichnungen VAN RINSUMS:

Abb. 118. Geschwindigkeitskurve als Viertelellipse. (Nach VAN RINSUM.)

$$v_S = k_S \sqrt{t_0\,J}\,;$$

$k_S =$ Erfahrungsbeiwert, $t_0 =$ Tiefe der Meßlotrechten, $J =$ Wasserspiegelgefälle;

$$v_I = \mu\,\sqrt{(2\,t_0\,t - t^2)\,J}\,;$$

$\mu =$ Erfahrungswert; $t =$ Tiefenlage des Meßpunktes, bezogen auf die Sohle als Nullpunkt.

$$v = v_S + v_I$$
$$= k_S\sqrt{t_0\,J} + \mu\,\sqrt{(2\,t_0\,t - t^2)\,J}$$

und für $\dfrac{t}{t_0} = \gamma$ wird

$$v = v_S + \mu\,t_0\,\sqrt{J}\,\sqrt{2\,\gamma - \gamma^2}\,.$$

k_S ist *kein* Festwert, was der veränderlichen Räumkraft entspricht. Eine alles umfassende Gesetzmäßigkeit dafür war bisher nicht zu erkennen. Sie ist als Erfahrungszahl anzusprechen.

Dagegen läßt μ eine solche umfassende *Gesetzmäßigkeit* erkennen. Aus Untersuchungen ergab sich der Ansatz $k_I = \mu\,t_0^x$, wobei $x = \tfrac{1}{2}$ am besten zutrifft, also $k_I = \mu\sqrt{t_0}$. Dieses Produkt ist nach den Feststellungen VAN RINSUMS *festwertig* (als ausgleichender Mittelwert $k_I = \sim 29$).
Somit

$$v = \left(k_S + k_I\sqrt{2\gamma - \gamma^2}\right)\sqrt{t_0\,J}$$

und für den Mittelwert in der Lotrechten (Viertelellipse!)

$$v_m = \left(k_S + \frac{\pi}{4}\,k_I\right)\sqrt{t_0\,J}\,.$$

Dabei ist

$$k_{I\,m} = \frac{\pi}{4}\,k_I = 0{,}785 \cdot 29 = \sim 23\,,$$

womit

$$v_m = (k_S + 23)\sqrt{t_0\,J}\,.$$

Macht man v_m unabhängig von der Profilform, indem man setzt $v_{rm} = \dfrac{v_m}{\sqrt{t_0}}$, dann ergibt sich

$$\frac{v_{rm}}{\sqrt{J}} = k_S + 23, \quad \text{also} \quad k_S = \frac{v_{rm}}{\sqrt{J}} - 23.$$

Durch diese Darstellungsweise gewinnt man einen Überblick über die verschiedene Größe des Geschwindigkeitsbeiwertes und somit über die „Rauhigkeit" an den einzelnen Punkten der Sohle.

Für $k_S + 23 = c$ ($=$ Geschwindigkeitsbeiwert nach unserer früheren Bezeichnungsweise [S. 189]) wird schließlich

$$v_m = c \sqrt{t_0 J} \quad \text{und} \quad Q = \int_0^b c \sqrt{t_0 J}\,(t_0\,db) = \int_0^b \left(c\sqrt{J}\right) t_0^{3/2}\,db.$$

Die Funktion $f(t_0^{3/2})$ bezieht sich nur auf den Querschnitt und die davon abhängigen Meßzahlen. Sie ist der Ausdruck für seine *Größe* und seine *Form*. Der zweite Bestandteil $\left(c\sqrt{J}\right)$ enthält das Produkt aus dem veränderlichen Gefälle und dem veränderlichen Beiwert. Da f_v, die Geschwindigkeitsfläche in der Lotrechten, und t_0 unmittelbar gegeben sind, läßt sich dieser zweite Anteil rückläufig und eindeutig für jede Lotrechte berechnen aus:

$$c\sqrt{J} = \frac{f_v}{t_0^{3/2}} = v_{rm}.$$

Für konstantes J läßt sich ansetzen:

$$Q = \sqrt{J} \int_0^b c\, t_0^{3/2}\,db.$$

Ist auch c festwertig ($= c_m$), oder aber ist das Produkt $c\sqrt{J}$ unveränderlich, dann ist

$$Q = \left(c_m \sqrt{J}\right) \int_0^b t_0^{3/2}\,db.$$

van Rinsum glaubt auf Grund seiner Untersuchungen, daß diese c-Werte — wenigstens bei *größeren natürlichen Flüssen mit Geschiebeführung*, z. B. Donau — *nach oben und unten in ihrer Größe begrenzt* seien. Er hat gefunden[1]:

1. an geschiebeführenden Flüssen als *obere* Grenze $c = 46$ bis 48; er vermutet, daß dieser obere Grenzwert an geschiebeführenden Flüssen schon bei $t_m = \sim 1{,}80$ m erreicht wird *und von da ab bei steigendem Wasserstand unabhängig von* t_m *und* J *in dieser Größe verharrt*,

2. bei kleineren Flüssen mit verkrauteter Sohle oder auf Rasen ($v_s \sim 0$) als *untere* Grenze $c = 23$;

---

[1] van Rinsum: Untersuchungen über die Hochwasserführung der bayerischen Donau und des Mains. Sonderdruck aus der Dtsch. Wasserwirtsch. Jahrg. 1940. H. 7 u. 8, S. 16.

3. dazwischen einen Ausgleich, der mit der Tiefe zunimmt, aber im einzelnen Fall verschieden zu bewerten ist.

Bei den sorgfältig durchgeführten Wassermessungen an der Donau hat VAN RINSUM festgestellt, daß der dort verwendete Geschwindigkeitsbeiwert nach HESSLE für hohe Wasserstände um 26% größer war, als er gemäß der tatsächlichen Messungsergebnisse hätte in Wirklichkeit sein sollen. Auch die Formeln von BAZIN und GANGUILLET-KUTTER scheinen zu große Werte zu ergeben. Dies wird darauf zurückgeführt, daß in diesen Formeln der c-Wert stetig mit der Tiefe t_m zunimmt, wogegen die c-Werte in ihrer Höhe begrenzt sein müßten.

Die Formelansätze VAN RINSUMs für den Abfluß erheben nicht den Anspruch nun in jedem Falle an Stelle der bisher gebrauchten Geschwindigkeitsformeln verwendet zu werden. Denn sie setzen für die in Frage kommende Flußstrecke, für die sie verwendet werden sollen, bereits sorgfältig durchgeführte Wassermessungen voraus, die nun nach den entwickelten Grundsätzen weiter aufzuschließen sind (vgl. S. 374 ff.). Im anderen Falle wird die Durchführung neuer Messungen empfohlen, um daraus die notwendigen Erfahrungsbeiwerte abzuleiten, wodurch größere Verschätzungen ausgeschlossen werden (c!). ,,Dieses Vorgehen wird dem Wesen des ewigwechselnden Abflusses viel besser gerecht als eine feste Formel mit schwer erfaßbaren, oft nicht erkennbaren Voraussetzungen"[1].

In übrigen wurde schon darauf hingewiesen, daß hauptsächlich bei niederen Wasserständen (kleinen t_0-Werten) auf die Ermittlung der $f(t_0)^{3/2}$ *nicht* verzichtet werden kann. Handelt es sich dagegen um höhere Wasserstände (HQ) oder um trapezförmige natürliche Querschnitte mit größerer Breite zwischen den Baufüßen (Sohle ziemlich waagerecht und wenig veränderlich), dann verringert sich der Einfluß der Form, und es kann in der üblichen Weise mit dem Mittelwert $F\sqrt{t_m}$ gerechnet werden. In diesem Falle wird sich die weitere Beurteilung des Abflusses ausschließlich auf den Anteil $k_m\sqrt{J}$ beschränken.

Gleiches kann man im allgemeinen auch von den *künstlichen Gerinnen* sagen, wenn es sich nicht gerade um hohe und schmale Trapezquerschnitte handelt. Denn diese künstlichen Gerinne besitzen im allgemeinen vollkommen regelmäßige Querschnittsform über ihre ganze Längsstreckung, außerdem meist auch eine gleichmäßige Beschaffenheit der Gerinnewandung und damit eine vergleichmäßigte Strömung bei in der Regel wenig schwankenden Wasserständen. Geschiebeführung fehlt meist ganz (bei Flußkraftwerken in geschiebeführenden Flüssen vorhanden!). Es läßt sich deshalb bei solchen Gerinnen der Einfluß der Rauhigkeit auf die Größe der mittleren Profilgeschwindigkeit verhält-

---

[1] VAN RINSUM: Der Abfluß. Zit. S. 192.

nismäßig verlässig durch Messung und Beobachtung feststellen, so
daß auch die Wahl der bisher gebrauchten Rauhigkeitsziffern (γ, m,
n, c_{st}) keine besonderen Schwierigkeiten bieten und ihre Verwendung
keinen zu großen Fehler verursachen dürfte. Der fehlerhafte Ansatz
des Geschwindigkeitsbeiwertes bzw. der Fließformel (t_m oder R statt t_0)
ist mit der Größe der Rauhigkeitsziffer durch ihre Herleitung weitgehend kompensiert. Damit soll aber keineswegs gesagt sein, daß es
nicht höchst erwünscht, ja notwendig wäre, die VAN RINSUMschen Untersuchungen weiterzuführen, um schließlich auch hier durch ausreichende
Kennzeichnung der Gewässer durch k-Werte mit seinen Abflußbezieh-
ungen im Bedarfsfalle auch *ohne* vorherige Wassermessungen arbeiten
zu können. Dies gilt insbesondere für die einfacher liegenden Verhältnisse nichtgeschiebeführender Flüsse.

III. Vermessung des Flußlaufes und ihre kartographische Verarbeitung.

1. Geodätische Vorarbeiten.

Um über die zahlreichen und verschiedenartigen, oft langsam und
kaum sichtbar vor sich gehenden Veränderungen des Wasserlaufes, z.B.
hinsichtlich der Lage und Ausdehnung der Verlandungen (Kiesbänke)
und abbrüchigen Uferstrecken, hinsichtlich der Größe und Form der
Querprofile usw., jederzeit einen verlässigen Überblick zu besitzen, sind
ständige geodätische und hydrometrische Ermittlungen notwendig.
Diese müssen um so häufiger und umfassender durchgeführt werden, je
stärker und vielseitiger diese Änderungen sind. Besonders bei kleinen
Wasserläufen sollten sich diese Vermessungen nicht auf den eigentlichen
Flußschlauch beschränken, sondern das ganze Talgelände einschließen.

Bei größeren Flüssen und Strömen bildet die *Grundlage ein Polygon-
zug* auf jedem Ufer des Gewässers, auf welchen sich dann die Stückvermessung aufbauen kann. Die Polygonzüge ihrerseits sind an einem Drei-
eckpunkt der Landestriangulation angeschlossen. Mit Hilfe des so gewonnenen Grundnetzes können nun nicht nur alle für den Flußschlauch,
den Strom- und Uferbau wichtigen Vermessungen vorgenommen werden, sondern es kann auch die Stückvermessung aller Gegenstände erfolgen, die für die Ent- und Bewässerung, für die Verhältnisse der Vorländer, für die Deichverbände, für den Verkehr und die Nutzung der
Ufer von Bedeutung sind. Hierbei können die Photogramme usw. und
die Luftbildaufnahmen wertvolle Dienste leisten. Die letzteren bedingen
allerdings einen stets gleichen Wasserstand (am besten GW).

Die *Längeneinteilung des Flußlaufes* erfolgt in der Mittellinie. Bei
Einmündungen von Nebenflüssen kommt der Nullpunkt in den Schnittpunkt der Mittellinie des Nebenflusses mit der Uferlinie des Haupt-

flusses zu liegen. Für die Längeneinteilung des Nebenflusses wird flußaufwärts kilometriert. Bei Strömen findet man sowohl stromabwärts laufende (Rhein, Elbe), als auch stromaufwärts zählende Kilometereinteilung (Donau).

Die *Höhenvermessung* wird auf NN = Normalnull bezogen. Jedes Land hat seinen eigenen Horizont. Die Angaben des nivellement général de la France beziehen sich auf die Nullpunkte zu Marseille und Le Havre. In Österreich wurde früher im allgemeinen das Mittelwasser der Adria bei Triest zugrunde gelegt. In Ägypten dient das Mittelwasser des Roten Meeres als Nullpunkt aller Höhen, während die Schweiz einen Höhen-

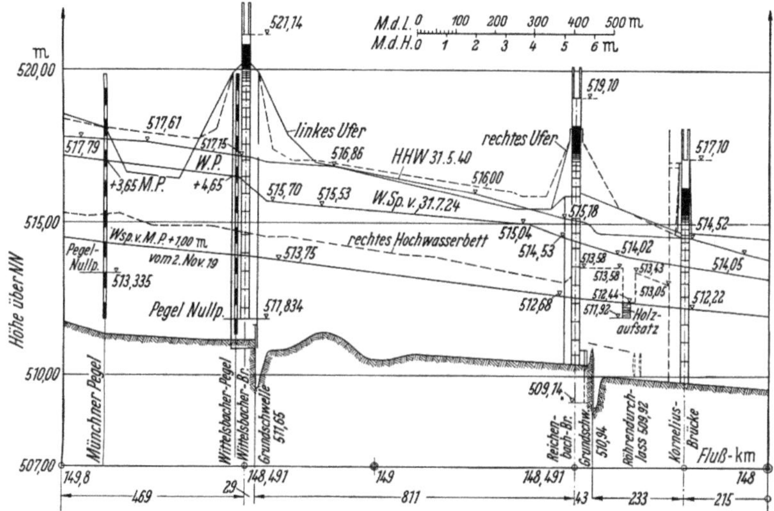

Abb. 119. Längenprofilaufnahme der Isar in München-Süd.

festpunkt im Hafen bei Niton am Genfer See besitzt. Das Normalnull in Deutschland wird durch den an der Sternwarte zu Berlin gesetzten Normalhöhenpunkt festgelegt und soll nach den Messungen der Landesaufnahme in gleicher Höhe liegen mit dem Nullpunkte des Pegels zu Amsterdam (37 m unter dem Normalhöhenpunkt der Berliner Sternwarte). Der Nullpunkt des Pegels zu Amsterdam seinerseits entspricht nicht ganz der mittleren Höhe der Nordsee, sondern liegt 149 mm über dem Mittelwasser der Zuidersee bei Amsterdam[1].

Die Höhenvermessung für wasserbauliche Zwecke erstreckt sich auf alle für das Gewässer und den Wasserabfluß wichtigen Gegenstände, wie den Nullpunkt der Pegel und Wasserstandsmarken, Drempel- und Fachbaumoberkanten von Schleusen und Sielen, der Wehrrücken und

---

[1] JASMUND: Fließende Gewässer in Hdb. Ing.-Wiss. III. Teil. Bd. 1. 4. Aufl., S. 368.

Brückenunterkanten, der Leinpfade, Bohlwerke, Kaimauern und Gebäude, der Kronen der Deiche, der Höhen der Ufer und der Stromsohle und vor allen Dingen der Höhen der einzelnen Wasserstände, um daraus das bei den verschiedenen Wasserständen auf den einzelnen Flußstrecken herrschende Gefälle zu ermitteln.

Abb. 119 gibt einen Ausschnitt einer Längenprofilaufnahme der Isar in München-Süd. Für die Darstellung der Längenprofile größerer Flüsse pflegt man den Längenmaßstab 1:50000 (Rhein) bis 1:100000 (Elbe) bei meist 1000facher Verzerrung für den Höhenmaßstab zugrunde zu legen.

2. Hydrometrische Aufnahmen.

a) Festlegung des Wasserspiegels im Längenschnitt.

Wie schon der Augenschein lehrt, ist die Wasserspiegelfläche keine Ebene, sondern setzt sich aus unregelmäßig geformten, gekrümmten und windschief verzogenen Flächenstücken zusammen, die infolge der Pulsationen, der Turbulenz und der vom Wind verursachten Wellen ständige, wenn auch kleine Veränderungen aufweisen. In Krümmungen kommt dazu noch die Spiegelüberhöhung am konkaven Ufer. Schließlich ändert sich das Gefälle vielfach auch mit den steigenden oder fallenden Wasserständen. Daraus entspringen die Schwierigkeiten bei der Aufnahme der Spiegellinien, die naturgemäß um so größer sind, je kürzer die aufzunehmende Flußstrecke ist. Dabei ist die Kenntnis zuverlässiger Gefällswerte für die meisten wasserwirtschaftlichen Aufgaben, aber auch für gewässerkundlich-wissenschaftliche Zwecke notwendig.

Je nach dem anzustrebenden Genauigkeitsgrad wird der Wasserspiegellängsschnitt nur am linken Ufer oder nur am rechten Ufer oder im Stromstrich oder an mehreren der bezeichneten Stellen zugleich aufgenommen und dann gemittelt. Es ist dabei wiederum eine Frage der geforderten Genauigkeit, ob die eingemessenen Wasserspiegelpunkte so dicht aufeinanderfolgen, daß sich die Wasserspiegellinie als stetiger Linienzug darstellen läßt, oder ob die Nivellementpunkte weiter auseinandergerückt werden, wobei im Grenzfall einer rohen Annäherung bis auf die Aufnahme von zwei Wasserspiegelpunkten herabgegangen werden kann, z. B. zwei benachbarten Pegeln. Man erhält damit aber nur ein mittleres Gefälle zwischen diesen beiden Punkten, aber keinen genauen Wasserspiegelgefälleverlauf längs dieser Strecke.

Das Wasserspiegellängenprofil in Abb. 120 sei durch Mittelwertbildung aus den 3 Längenprofilen am linken und rechten Ufer sowie im Stromstrich gewonnen worden. Dann ist das Gefälle J

$$J = \frac{\text{absolutes Gefälle}}{\text{Länge des Stromfadens}} = \frac{\Delta h}{\Delta s} = \sin\alpha$$

als der praktisch genauest erfaßbare Wert des relativen Wasserspiegelgefälles für die Strecke Δs anzusehen. Da der Winkel α in den meisten Fällen der natürlichen Gewässer klein ist, unterscheiden sich $\sin\alpha$ und $\tan\alpha$ auch nur ganz wenig voneinander, so daß man

$$\sin\alpha = \tan\alpha$$

setzen kann. Für $\alpha = 1°10'$ ist $\sin\alpha = \tan\alpha = 0{,}02036$, was einem Gefälle von $\sim 2\%$ (Wildbachgefälle) entspricht. Damit erhält man

$$J = \frac{\Delta h}{\Delta x} = \frac{h}{L}.$$

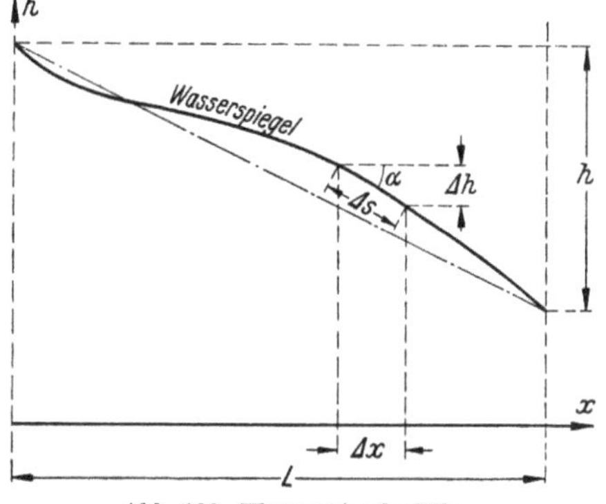

Abb. 120. Wasserspiegelgefälle.

Für $L = 1000$ m und $h = 0{,}45$ m wird $\tan\alpha = J = \dfrac{0{,}45}{1000} = 0{,}00045$ $= 0{,}45$ v. T. $= 0{,}45\,^0/_{00}$.

Zur *raschen* Durchführung einer Wasserspiegelfixierung — dies ist notwendig, um den Einfluß von Spiegelschwankungen infolge von Wasserstandsänderungen möglichst auszuschalten — setzt man längs des Wasseranschlags am Ufer Wasserspiegelpflöcke an den erkennbaren Brechpunkten des Gefälles oder an Hektometerpunkten oder sonst geeigneten Stellen, und versieht ihren Kopf mit einem Nagel, dessen Höhe einnivelliert wird. Das Nehmen der Abstichmaße vom Kopf zum Wasserspiegel wird in einem Zuge durchgeführt.

Statt Abstichpfählen können auch Nivellierlatten für Wasserspiegelfestlegungen verwendet werden, die fest oder schwimmend angeordnet sein können. Für die in Abb. 121 schematisch dargestellte feste Anordnung ergibt sich der Abstand h des Wasserspiegels von der Visierebene des Nivellierinstruments zu

$$h = l_1 + l_2 - t'.$$

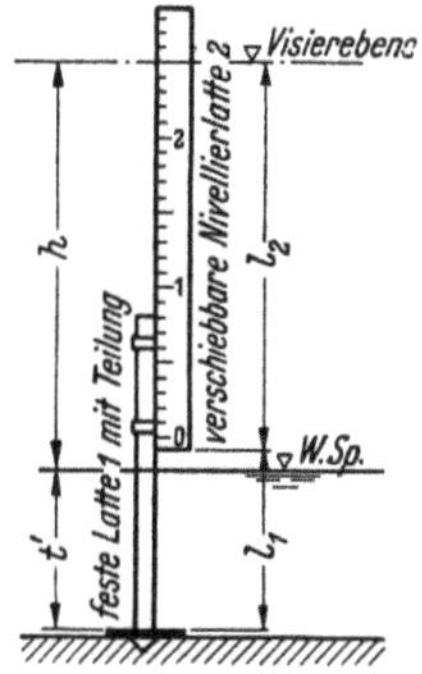

Abb. 121.
Feste Nivellierlatte.

Bei sehr geringen Höhenunterschieden der Wasserstände empfiehlt sich wegen der immer vorhandenen periodischen kleinen Wasserspiegelschwankungen zur Erhöhung der Genauigkeit die Verwendung einer hydrometrischen Nivellierlatte mit *Beruhigungsgefäß*, wie sie von SCHAFFERNAK vorgeschlagen wurde[1]. Bei schwimmender Aufstellung wird die Nivellier-

---

[1] SCHAFFERNACK: Die Ermittlung der Wasserspiegellage offener Gerinne. Öst. Wochenschr. öffentl. Baudienst. 1916. H. 37.

latte durch ein Boot oder einen eigenen Schwimmkörper, wie ihn z. B. die Anordnung nach KRENZER zeigt (Abb. 122)[1] zur Meßstelle gebracht. Letztere Anordnung wurde an der bayerischen Donau zur Wasserspiegelaufnahme im Stromstrich, also längs des Talweges versucht.

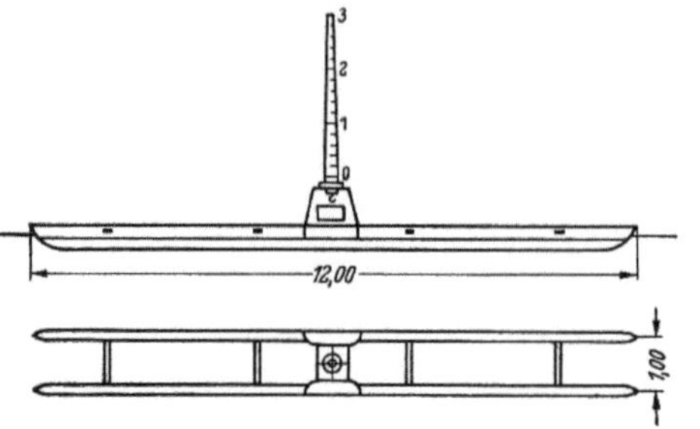

Abb. 122. Schwimmende Nivellierlatte. (Nach KRENZER.)

Sehr wichtig und wertvoll sind Hochwasserspiegelfixierungen. Sie sind aber möglichst bald nach dem Ablauf der Hochwasserwellen durchzuführen, wobei Treibzeug- und Schwemmselablagerungen den erreichten Höchstwasserstand gut kennzeichnen. Bei nachträglicher Benützung von Hochwassermarken für die Scheitel außerordentlicher Hochwässer der Vergangenheit, an Gebäuden, Brückenpfeilern ist Vorsicht geboten, da es sehr leicht möglich ist, daß sich inzwischen die Abflußprofile geändert haben (Eintiefung, Auflandung, Änderungen durch Regelungen).

b) Querprofilaufnahmen.

Sie haben die Aufgabe, ein möglichst verlässiges Bild von der Gestaltung des Flußgrundes (der Flußsohle der Breite und Länge nach) zu geben. Die Aufnahmen erfolgen auf Grund von Breiten- und Tiefenmessungen. Ihr Ergebnis wird so aufgetragen, daß das linke Ufer links, das rechte Ufer rechts erscheint, die Strömungsrichtung also der Blickrichtung des Beschauers folgt. Auf den Ufern werden die Messungen durch Nivellements, im Fluß durch Peilungen ausgeführt. Je nach dem besonderen Zweck, dem sie dienen sollen, werden Niedrigwasser- und Mittelwasser-Querprofilaufnahmen gemacht. Sie bilden die Grundlage für die Eintragung der Tiefenlinien in den Lageplänen und deren dauernde Kontrolle, ferner für die Berechnungen der Profilgrößen bei Flußregelungen, für die Durchführung der Massenberechnungen für Baggerungen, für die Klärung der Vorflutverhältnisse durch Festlegung der *wirksamen* Durchflußquerschnitte etwa *zwischen* Buhnenfeldern (Mittelwasserregelung) und *über* denselben (bordvolle Profile), aber auch für die Bestimmung des hydraulisch am wenigsten leistungsfähigen Querschnitts zur Gewährleistung der Hochwasserabfuhr, für die Festlegung und Kontrolle der Fahrwassertiefe für die Flußschiffahrt, insbesondere auch für die Ermittlung des Talweges usw. Es gibt keine wasserwirtschaftliche Aufgabe an einem Flusse oder im Zusammenhang

---

[1] KRENZER: Z. Wasserkr. u. Wasserw. München 1924.

mit einem Fluß, bei der man auf die Kenntnis des Verlaufs des Flußgrundes verzichten könnte. Sie ist genau so wichtig, wie die Kenntnis

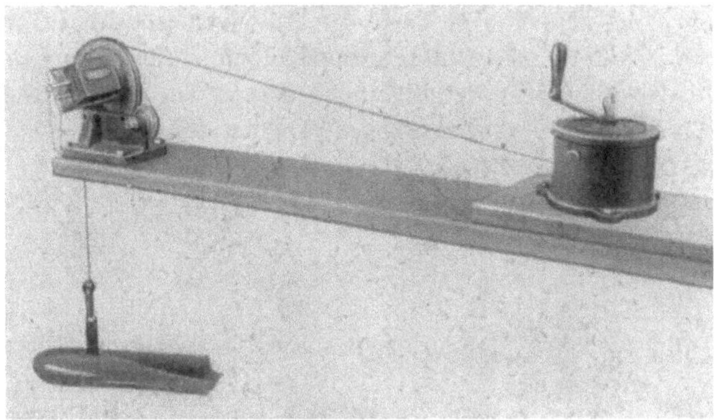

a Loteinrichtung aufgestellt.

des Spiegelverlaufs im Fluß-
längsschnitt.

Für die Durchführung
der Peilungen werden je nach
der Größe des Gewässers verschiedene Mittel und Methoden angewendet. Bei kleineren Flüssen von geringerer
Tiefe erfolgt die Profilaufnahme der Tiefe nach ent-
weder mit der Peilstange mit
Grundplatte (Sumpfplatte)
zur Verhinderung des Ein-
sinkens in den leichten Fluß-
grund oder mit plattfisch-
förmigen Peilloten mit und

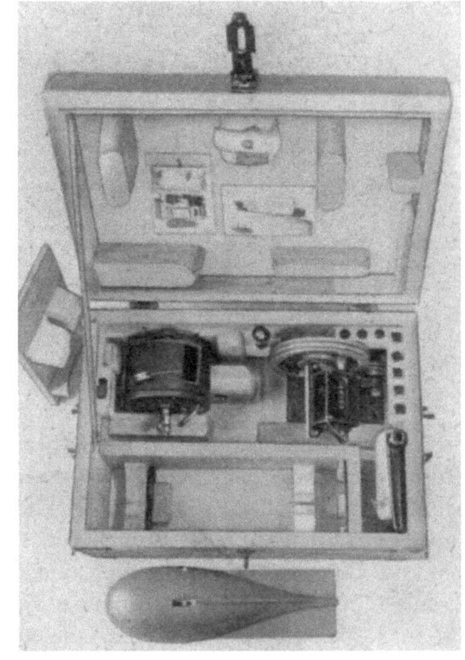

b Loteinrichtung im Transportkasten.

Loteinrichtung besteht aus:
1. plattfischförmigem Lotgewicht
von 12 kg aus Blei;
2. Meßrad für den Lotdraht, mit
Zählwerk mit springenden Ziffern, Zählwerk mit Nullstellung, Ablesung von 1
zu 1 cm;
3. kleiner Winde für den Lotdraht;
4. Lotdraht in Form eines Stahl-
drahtes von 0,7 mm Stärke.

Abb. 123a u. b. Loteinrichtung mit plattfischförmigem Lotgewicht. (Nach A. Ott, Kempten/Allgäu.)

ohne Grundtaster (Abb. 123a). Die rundgehobelten Peilstangen sind
meist mit weißer Ölfarbe gestrichen und besitzen eine durch schwarze

und rote Ringe gekennzeichnete Dezimetereinteilung, wobei dann die halben Dezimeter geschätzt werden.

Wenn die Wassertiefen zu groß werden (>5 m), kommen nur noch die Peillote nach Abb. 123 in Betracht. Dieselben sind an Leinen oder Drahtseilen befestigt, die ebenfalls eine Längenmaßeinteilung besitzen. Das Peillot wird entgegen der Strömung oder in der Fahrtrichtung des Meßbootes ausgeworfen und angezogen, wenn es den Boden erreicht hat. Dann wird die Tiefe abgelesen.

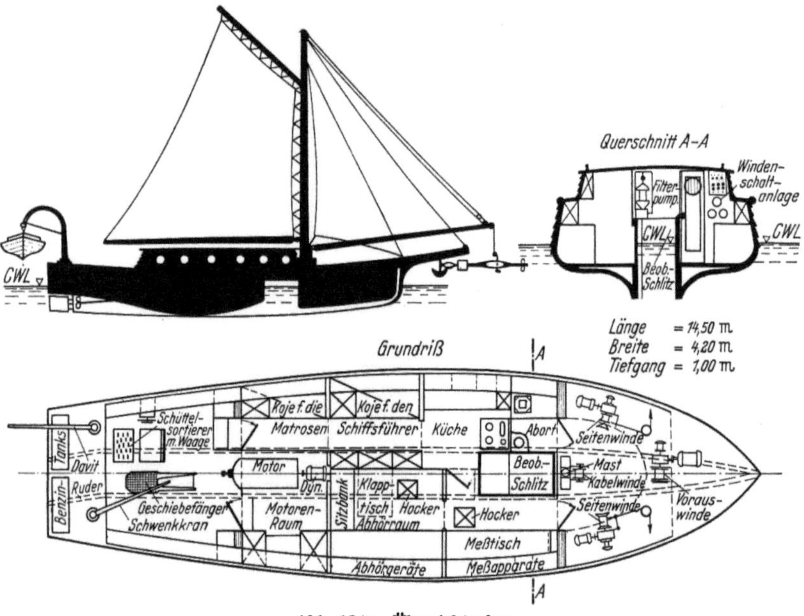

Abb. 124 a. Übersichtsplan.

Abb. 124 a—c Staatliches Meßschiff „Alberich" mit vollautomatischer Meßausrüstung. (Nach Dr. TÜRK.)

Zur genauen Festlegung der Stellen, wo Tiefenpeilungen vorgenommen worden sind, muß eine *Breiten*messung des Flußquerschnitts durchgeführt werden. Dies geschieht bei kleineren Gewässern auf dem Meß-steg, manchmal auf einer Brücke, sonst mittels Drahtseilen, die aus verzinkten Drähten gesponnen sind, und die an den Enden Ösen besitzen, um sie an einem Flußufer an einem Pfahl oder Anker befestigen zu können. Meist ist alle 5 m eine Längenmarke angebracht. Am anderen Ufer wird die Seilwinde unter Anspannung des Seiles verankert. Wo Schiffahrt vorhanden ist, müssen besondere zusätzliche Sicherungsmaß-nahmen getroffen werden. Die Tiefenmessung erfolgt hier meist von einem möglichst leichten Kahn aus, der in stromrechter Lage von Hand an dem Peildraht entlanggezogen wird. Der Abstand der einzelnen Peilstriche wird bei kleineren Wasserläufen auf 1 m, bei mittleren Flüssen auf 2,5 m, bei größeren Strömen auf etwa 5 m bemessen. Es ist nicht ratsam, bei Querprofilaufnahmen über 5 m Abstand hinauszugehen.

Abb. 124 b. Ansicht des stationären vollautomatischen Meßgeräts. (Nach Dr. TÜRK.)

Dagegen kommen bei Peilungen in der *Längs*richtung auch größere Abstände in Betracht.

Eine Vereinfachung und Mechanisierung der Profilaufnahmeverfahren versuchen die verschiedenen Systeme von *selbstzeichnenden Peilapparaten* (*Profilschreibern, Profilographen*), die alle in Verbindung mit

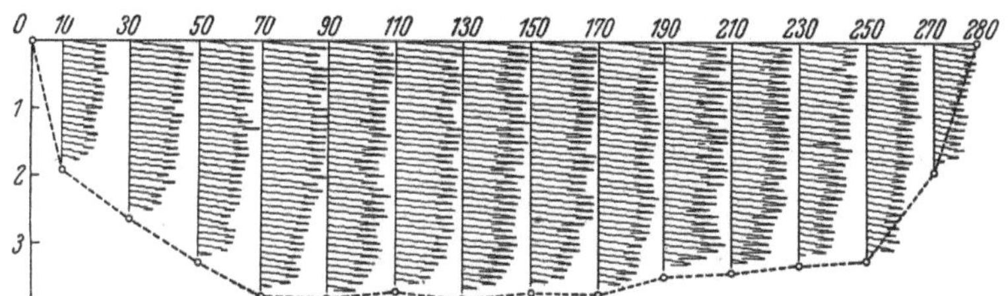

Abb. 124 c. Vollautomatisch aufgenommenes Querprofil und Abflußdiagramm.

Schiffen Verwendung finden. Die Benutzung von besonders eingerichteten *Meßschiffen* (Abb. 124 u. 125) für die verschiedenen gewässerkundlichen Ermittlungen bei größeren Flüssen hat die automatische Profilaufnahme nicht nur wesentlich vereinfacht, sondern auch wirtschaftlicher gestaltet durch Herabsetzung der Kosten für diese Arbeiten, und zwar sowohl bei der Durchführung der Messungen als auch bei ihrer Auswertung. Als Beispiel sei auf das staatliche Meßschiff

„Alberich" der Ministerialabteilung für Wasser- und Straßenbau, Karlsruhe, mit dem vollautomatischen Meßgerät Dr. Türk[1] hingewiesen (Abb. 124a, b, c).

Während hier die mechanische Peilung noch durch die Aufzeichnung der Vertikalbewegungen des Schwimmflügels vom Wasserspiegel bis zur Flußsohle erfolgt, haben die für die Siamesische Regierung auf der deutschen *Bauwerft in Elsfleth* nach den Vorschlägen von Prof. Agatz hergestellten und ausgerüsteten Meßboote für Peilungen eine *Echolot*anlage, die erlaubt, in der Sekunde etwa 15 Lotungen durchzuführen, wobei im allgemeinen Tiefen von etwa $1/2$ bis 1 m an unter Kiel gemessen werden können. Die Ablesegenauigkeit beträgt dabei etwa 10 cm. Der zugehörige *Echograph* liefert die fortlaufende Tiefenkurve längs des gefahrenen Kurses[2]. Diese flachgehenden Schiffe (Tiefgang 1,0 m bei voller Ausrüstung einschließlich Besatzung) dienen der Vermessung von Flüssen und Küstengewässern von etwa 1 bis 6 m

a Meßboot mit ausgelegtem Strömungsmesser.

b Innenansicht des Meßraumes.

Abb. 125a u. b. Peil- und Vermessungsboote der Elsflether Werft für Siam.

Wassertiefe (neben der Feststellung der Wasserstände bzw. Wassertiefen jene, der Stärke und Richtung der Strömungen, des Salz- und

---

[1] Sonderbericht Deutschland der VI. Baltischen Hydrologischen Konferenz, August 1938.

[2] Agatz: Peil- und Vermessungsboote für Siam. Ztrbl. Werft, Reederei, Hafen. 1939. H. 14. Berlin: Springer.

Schwebestoffgehaltes des Wassers und der Zusammensetzung des See-
bodens) (Abb. 125a u. b)[1].

Leider ist die Verwendung des Echolots für Flußgrundaufnahmen
z. Z. noch auf sehr kleine Fließgeschwindigkeiten ohne Geschiebe- oder
Sandführung beschränkt.

3. Planlegung.

Die Verarbeitung der geodätischen und hydrometrischen Messungsergebnisse erfolgt in *Karten*. Je nach dem Sonderzweck, dem solche
Karten dienen sollen, unterscheidet man *Strom*karten und sogenannte
*Übersichts*karten. Während die *ersteren* vorzugsweise angefertigt werden,
um den baulichen und wirtschaftlichen Zustand der einzelnen Strom-
strecken in seinen Abmessungen festzulegen, dienen die *letzteren* hauptsächlich dazu, entweder die allgemeinen, dem Stromtal im großen an-
haftenden Eigenarten festzulegen (*Stromtal*karten), oder die bei
Hochwasser herrschenden Verhältnisse klarzulegen und festzuhalten
(*Hochwasser*karten), oder der Festlegung des Gewässernetzes, der Wasserscheiden des Stromes und aller seiner Zubringer, sowie Angabe der
Größe der einzelnen Einzugsflächen, der Pegelstationen und Wetter-
warten (*Stromgebiets*karten). Durch Eintragung der Linien gleicher
Niederschlagshöhen (Isohyeten) entstehen daraus die *Regen*karten. Von
Bedeutung für die Speisung der Wasserläufe sind ferner auch noch die
*Bewaldungs*karten und die *geologischen* Karten. Die *Höhen*karten schließ-
lich geben mit ihren Höhenschichtlinien einen Überblick über die
orographische Formung des Geländes.

Stromkarten. Die Auftragung erfolgt gewöhnlich auf einzelnen
Blättern in der Größe 75 × 100 cm, und zwar im allgemeinen so, daß
das Wasser von *links nach rechts* oder von *unten nach oben* fließt. Der
Maßstab beträgt normalerweise 1:5000, bei kleineren Flüssen, wie
Weser, Saale, Havel 1:2000. Erst wenn die Stückvermessung im Plan
eingetragen ist, kann die Mittellinie des Flußlaufes auf der Karte festgelegt werden. Damit ist die Grundlage für eine *Stationierung* der
Stromlänge und für die Übertragung der Lage der einzelnen Stationen
aus dem Plan ins Feld gegeben.

Je nach dem Zwecke, für den die Karten bestimmt sind, erfolgt nun
ihre weitere Bearbeitung. Dabei empfiehlt sich die *topographische* Bearbeitung unter Verwendung der dafür festgelegten Signaturen, weil
sich von topographischen Karten jederzeit ein photolithographischer
Abzug herstellen läßt. Sollen in die Karte die für verschiedene Wasserstände aufgenommenen Wasserspiegelgrenzen an Hügeln oder an Dünen
im Flußgebiet nachträglich eingezeichnet werden, dann sind auch die
zugehörigen Pegelstände im Plan nachzutragen. Diese Wasserspiegel-

---

[1] Vgl. S. 208, Fußnote 2.

linien stellen, was wohl zu beachten ist, Kurven dar, die je nach dem Gefälle oft sehr beträchtlich von der Horizontalen abweichen. Bei Eintragung der *Tiefen*linien für die *unter Wasser* gelegenen Teile des Flußbettes (Isobathen) ist wesentlich, daß der Tiefenwechsel deutlich zum Ausdruck kommt.

Übersichtskarten. (Stromkarten, Hochwasserkarten, Stromgebietskarten usw.). Die *Stromtalkarten*, die ein Bild von der Lage und Entwicklung des ganzen Stromtales geben wollen, haben zweckmäßig die Meßtischblätter 1:25000 zur Grundlage. Besonders wichtig ist bei ihnen die Darstellung der eingepolderten Flächen mit allen ihren Haupt- und Nebendeichen, Schleusen, Binnenentwässerungsgräben, Sielen usw. Sie enthalten die Grenzen der Winter- und Sommerdeichpolder, die Überschwemmungsgrenze bei früheren Deichbrüchen und die Lage alter Durchbruchstellen, die Verkehrswege und ihre Höhenlage, die Telegraphen- und Telephonstationen nebst ihren Bestellbezirken, Sitz und Wirkungsbereich der Landräte und Deichhauptleute, Wasserbauinspektoren und Strombaumeister. Die *Hochwasser*karten sollen alles enthalten, was mit dem Hochwasser zusammenhängt, vor allem die Höhen der Vorländer (durch Kotierung oder Wasserspiegelkurven), ferner die Grenzen des Hochwasserspiegels. Da ihr Maßstab für Ströme 1:10000 beträgt, können sie durch Verkleinerung und Zusammenstellung der Stromkarten gewonnen werden, wobei die Feldvermessung bis einschließlich der Deiche und Hochufer zu ergänzen ist.

Die Darstellung der *Stromgebiets*karten, die ebenfalls auf Meßtischblättern beruhen, wurden weiter oben bereits angegeben. Ihr Maßstab ist etwa 1:200000. Sie bilden die Grundlage für die Feststellung des Zusammenhangs zwischen Wassermenge und Stromgebiet.

Fünfter Abschnitt.

Wasserstände und Abflußmengen oberirdisch fließender Gewässer.

I. Wasserstände (Pegelstände).

1. Begriff und wasserwirtschaftliche Bedeutung der Wasserstände.

Bei der quantitativen „Bewirtschaftung"[1] des in Rinnsalen abfließenden Wassers kommt vor allem zwei Größen eine besondere Bedeutung zu: den *Wasserständen* und den *Wassermengen*.

---

[1] Wassergütewirtschaft siehe Abschnitt 11.

Im 3. Abschnitt wurden bereits die Faktoren behandelt, von denen die jeweilige Wasserführung eines Gewässers abhängt. Mehr oder weniger regenreiche Tage wechseln mit trockenen warmen Tagen oder aber mit Frostperioden (Winter, Hochgebirge). Damit schwankt auch die Abflußmenge des Flusses, der den Vorfluter des Einzugsgebietes bildet, von einem Tag zum anderen. Diesen wechselnden Abflußmengen sind jeweils bestimmte *Wasserstände* zugeordnet. Dabei versteht man unter *Wasserstand (Pegelstand)* eines fließenden (sowie stehenden) Gewässers *die Höhe, bis zu welcher der Wasserspiegel in bezug auf eine festgelegte und unveränderliche Höhenteilung reicht*, bis zu welcher also *das Bett des Gewässers* (beim *Grund*wasser der *Grundwasserträger*) *mit Wasser gefüllt ist*.

Die am Flusse lebenden Menschen wenden ihr Interesse in erster Linien den *Schwankungen der Wasserstände* zu. Für sie gehört ja der Fluß zu ihrem Lebensraum, er ist ihnen vielfach wichtiger Wirtschaftsfaktor, Quell der Entspannung und Erholung, aber auch Gefahrenherd, und am herrschenden Wasserstand und seinen Bewegungstendenzen vermögen sie festzustellen, ob er für ihre Zwecke und Erwartungen günstig ist oder ob er gefahrdrohende Werte aufweist. SHAKESPEARE[1] hat dieser Abhängigkeit vom Wasserstand treffend Ausdruck verliehen, wenn er Antonius zu Cäsar sprechen läßt:

> „So ist der Brauch: sie messen dort den Strom
> nach Pyramidenstufen; daran sehen sie,
> nach Höhe, Tief' und Mittelstand, ob Teuerung,
> ob Fülle folgt. Je mehr der Nil gewachsen,
> je mehr verspricht er; fällt er dann, so streut
> der Sämann auf den Schlamm und Moor sein Korn,
> und erntet bald nachher ..."

Steigt der Wasserstand *zu* hoch an, erreicht er also *Hochwasser-stände* und beginnt auszuufern, so bedrohen die Fluten des Gewässers die Siedlungen der Anwohner mit ihren Gütern, ihren landwirtschaftlichen Kulturen, die vorhandenen Entwässerungen, die Umschlagplätze an den Ufern, möglicherweise sogar das Leben der Menschen selbst, haben also Not und Schrecken im Gefolge. Es müssen deshalb Abwehr- und Schutzmaßnahmen gegen diese Gefahren getroffen werden. Fällt der Wasserstand dagegen zu stark ab, erreicht also *Niedrigwasserstände*, dann liegt ebenfalls ein wasserwirtschaftlich schädlicher Wert des Wasserstandes vor. Er hemmt oder verhindert die Schiffahrt, hat Bedeutung für die Abladetiefe der Schiffe und erschwert die Bereitstellung des für die verschiedensten wasserwirtschaftlichen Bedürfnisse benötigten Wassers in ausreichender Menge, da ja dieser Niedrigwasserstand eine Folge der sehr kleinen Wasserführung ist.

---

[1] SHAKESPEARE in Antonius und Kleopatra, II. Akt, 7. Szene.

Schon daraus ergibt sich die Tatsache, daß die Lösung mancher wasserwirtschaftlicher Aufgaben in erster Linie oder überhaupt nur von der Kenntnis des Wasser*standes* abhängt. Dies trifft z. B. auch noch zu bei der Festlegung von Rechtsverhältnissen bei Wasserkraftanlagen, für die Zuflußeinrichtungen von Bewässerungsanlagen, sowie bei der Voraussage über die Fahrwassertiefe für Schiffahrt und Flößerei. Ferner sind die Wasserstände und ihre Schwankungen (insbesondere *HW*) für alle Wasserbauten, aber auch sonstigen Bauten an oder in Flüssen von *größter Bedeutung.* Schon die Baubetriebsplanung bei der Ausführung solcher Bauten (Wehre, Schleusen, Kraftwerke, Brückenpfeiler u. dgl.) ist aus wirtschaftlichen Gründen in erheblichem Umfang abhängig von diesen Wasserstandsschwankungen besonders nach oben (Abdämmung der Baugruben gegen das vorbeifließende Wasser, Wasserhaltung der Baugruben usw.). *Gerade für die Unterschätzung der Wichtigkeit der letzteren Tatsache wurde schon sehr viel Lehrgeld bezahlt.*

Die aus der Natur des Gewässers und seines Einzugsgebietes sich ergebenden oberen und unteren *Grenz*wasserstände können unter besonderen Umständen noch *über-* bzw. *unterschritten* werden. Zum Beispiel kann beim Abtreiben einer Eisdecke beim Eisaufbruch der *Abfluß unter*halb der dabei möglicherweise auftretenden Eisstopfungen vorübergehend *ganz aufhören,* der Wasserstand also bis auf den Spiegel der dort zurückbleibenden Tümpel *fallen,* wogegen *ober*halb durch Stauwirkungen Wasserstands*hebungen von nicht absehbarem Ausmaße* eintreten können. Solche, durch Störung des Abflusses bedingte Erscheinungen stellen jedoch Sonderfälle dar. Aber ihre besonders bei Stauwirkungen oft hervorgerufenen Katastrophen riesigen Ausmaßes machen es notwendig, wasserbauliche Maßnahmen zu treffen, die geeignet sind, solche Eisstopfungen ganz zu verhindern oder wenigstens ihre Ausmaße möglichst klein zu halten.

2. Größe der Wasserstandsschwankungen und vereinbarte Kennzeichnung der Grenz- und Mittelwerte der Wasserstände (und Abflußmengen).

a) Größe der Wasserstandsschwankungen.

Zwischen Wasserständen und Niederschlägen besteht über die Abflußmengen ein enger Zusammenhang, insofern sich für die verschiedene Stärke und die wechselnde Art, in der ein Flußeinzugsgebiet überregnet wird, verschiedene Schwankungen des Wasserstandes einstellen. Für diesen Zusammenhang zwischen Wasserstandshöhe und Niederschlagsstärke und -umfang lassen sich aber *keine* allgemeingültigen Vergleichsschlüsse von einem Einzugsgebiet auf ein anderes ziehen. So schwankt der Wasserstand des Rheins weit stärker als derjenige der *Oder* und

Elbe, und deren Stände wieder mehr als die Stände von *Spree* und *Havel*. Je vielseitiger der Witterungscharakter eines Stromeinzugsgebietes ist, je verschiedenartiger die Bodenverhältnisse in demselben sind und je stärker das Gefälle des Gewässers selbst ist, desto lebhafter ist im allgemeinen seine Wasserstandsbewegung. Bei sehr gleichmäßiger Witterungsgestaltung über dem Einzugsgebiet dagegen, bei ergiebiger Speisung des Gewässers aus dem Grundwasser, bei sehr großer Wasserführung schon unter normalen Verhältnissen (sehr großer Strom!) und bei kleinem Spiegelgefälle verringern sich die Wasserstandsschwankungen von einem Tag zum anderen und besonders innerhalb der Tagesstunden. Große natürliche und künstliche Seeflächen (z. B. Hochwasserrückhaltebecken!) führen zu einer — manchmal ergiebigen — Vergleichmäßigung der Wasserstände durch ihr Rückhaltevermögen (Retension) und begünstigen damit jedwede Wasserbewirtschaftung.

Die Hochwasserstände betragen immer ein Vielfaches der Wasserstandshöhen bei Mittelwasser oder gar bei Niederwasser. Die mittlere NW-Tiefe der Elbe unterhalb Magdeburg z. B. beträgt nur 1,20 m, steigt bei MW bis auf etwa 2,4 m und erreicht bei HW Stände bis zu 7,5 m Wassertiefe. Ähnlich liegen die Verhältnisse in der Weser bei Minden (NW-Tiefe 1,1 m, MW-Tiefe 2,1 m, HHW-Tiefe über 7 m). Der Rhein bei Köln hat eine Tiefe bei MNW von 2,5 m, bei MW von 5,3 m und bei HHW von rd. 12 m.

b) Vereinbarte Kennzeichnung der Grenz- und Mittelwerte der Wasserstände (in cm) und Abflußmengen[1] (in m³/sek).

Unter den sämtlichen möglichen Wasserständen zwischen niedrigstem Niederwasser und höchstem Hochwasser gibt es nun für jeden Fluß und jede Beobachtungsstelle an demselben einige Werte, die für die Wasserstands- und Abflußverhältnisse kennzeichnend sind. Sie werden als *Hauptzahlen der Wasserstände* bzw. *Abflußmengen* bezeichnet. Um dafür in ganz Deutschland einheitliche Begriffsbestimmungen und Bezeichnungen zu schaffen, wurden 1925 in München von den deutschen Landesstellen für Gewässerkunde folgende Bezeichnungen für Wasserstände und Wassermengen vereinbart:

Tabelle 43.

α) *Grenz- und Mittelwerte der Wasserstände (cm) und Abflußmengen (m³/sek).*

1. NNW = niedrigster überhaupt bekannter Wasserstand, gegebenenfalls zu trennen in NNW überhaupt, NNW eisfrei;

   NNQ = kleinste überhaupt bekannte Abflußmengen.

---

[1] Der Einfachheit und Übersichtlichkeit wegen sind die Bezeichnungen für die Wassermengen gleich hier mit aufgeführt worden.

2. NW = niedrigster Wasserstand eines Zeitraumes (z. B. der Abflußjahre 1921 bis 1940), gegebenenfalls zu trennen wie NNW;

  NQ = kleinste Abflußmengen eines Zeitraumes (z. B. der Abflußjahre 1921 bis 1940).

3. MNW = mittlerer niedrigster Wasserstand (mittlerer Niedrigstand, Mittelniedrigwasser) eines Zeitraumes, z. B. MNW 1896 bis 1925 ($=$ Mittel der 30 niedrigsten Wasserstände der Jahresreihe 1896 bis 1925) oder Jan. MNW 1906 bis 1925 ($=$ Mittel aus den niedrigsten Wasserständen der 20 Januar-Monate der Jahre 1906 bis 1925);

  MNQ = mittlerer kleinster Abfluß innerhalb eines Zeitraumes (zu bilden wie bei MNW).

4. MW = mittlerer Wasserstand (arithmetisches Mittel der täglichen Wasserstände) eines betrachteten Zeitraumes, z. B. MW 1910 bis 1929 ($=$ Mittel der sämtlichen täglichen Wasserstände der 20 Abflußjahre 1910 bis 1929 $=$ Mittel der 20 mittleren Jahreswasserstände in den Abflußjahren 1910 bis 1929) oder Aug. MW 1906 bis 1935 ($=$ Mittel aus den mittleren Wasserständen der 30 Augustmonate);

  MQ = mittlere Abflußmengen eines Zeitraumes (zu bilden sinngemäß wie bei MW).

5. MHW = mittlerer höchster Wasserstand (mittlerer Hochwasserstand) eines betrachteten Zeitraumes (siehe MNW);

  MHQ = mittlere größte Abflußmenge (mittlere Hochwassermenge) eines Zeitraumes (s. MNQ).

6. HW = höchster Wasserstand (höchster Hochwasserstand) eines betrachteten Zeitraumes (sinngemäß wie NW);

  HQ = größte Abflußmenge (größte Hochwassermenge) eines Zeitraumes (vgl. HW).

7. HHW = der überhaupt bekannte höchste Wasserstand;

  HHQ = die überhaupt bekannte größte Abflußmenge.

Bemerkungen. Bei 2. bis 6. muß der zugehörige Zeitraum ersichtlich sein. Ohne Zusatz beziehen sich die Bezeichnungen auf das Jahr. MNW ergibt sich, indem der niedrigste Wasserstand jedes einzelnen Jahres der betrachteten Jahresreihe festgestellt und aus diesen Werten das Mittel gebildet wird, ebenso MNQ, indem die kleinste Abflußmenge jedes einzelnen Jahres aufgesucht und aus diesen Werten das Mittel genommen wird (siehe oben unter 3.). In entsprechender Weise sind MNW und MNQ für einen Monat zu verstehen, und in den Ländern, die eine feststehende Einteilung des Jahres in ein Winter- und Sommerhalbjahr haben, auch MNW und MNQ des Winters oder des Sommers (siehe weiter unten!). Wie Winter und Sommer abgegrenzt sind (Einteilung des Abflußjahres)[1] muß gesagt werden. Für die Werte MHW und MHQ treten an die Stelle der unteren Grenzwerte die oberen.

Die zu einem der Symbole 1. bis 7. zusammengehörigen Buchstaben dürfen niemals voneinander getrennt werden. Etwaige Zeitangaben sind, soweit sie nicht aus tabellarischer Anordnung ersichtlich sind, in folgender Weise hinzuzufügen:

Nov. MW 1906 bis 1935,
Wi. MNW 1911 bis 1930,
So. MHQ 1910 bis 1929.

Während die Abkürzung der Monatsnamen und Halbjahre durch einen Punkt kenntlich gemacht werden, werden die Symbole 1. bis 7. *ohne* Punkt geschrieben.

---

[1] Begriff des Abflußjahres siehe S. 143.

β) Bezeichnung der Wasserstände und Abflußmengen nach der Dauer.

Es ist eine Bezeichnungsweise sowohl nach der *Unter-* wie nach der *Über-schreitungsdauer* vorgesehen. Beide sind in folgender Art voneinander zu unter-scheiden:

$\overline{30}\ W$ der an 30 Tagen des Jahres *über*schrittene, oder gerade vorhandene Wasser-stand. Mit ihm fällt zusammen:

$\underline{335}\ W$ der an 335 Tagen des Jahres *unter*schrittene oder gerade vorhandene Wasser-stand (vgl. dazu die Erläuterungen auf S. 234 ff.).

Ohne weiteren Zusatz beziehen sich die Bezeichnungen wieder auf das Jahr. Zeitangaben sind hier rechts von W oder Q hinzuzufügen, wie folgende Beispiele zeigen:

$\overline{60}\ W$ Wi. 1901/20 = der in den Wintern 1901 bis 1920 durchschnittlich an 60 Ta-gen überschrittene oder gerade vorhandene Wasserstand;

$90\ Q$ So. 1901/20 = die in den Sommern 1901 bis 1920 durchschnittlich an 90 Ta-gen unterschrittenen oder gerade vorhandene Abflußmenge.

Der in einem (in einer Reihe von Jahren) ebensooft über wie unterschrittene Wasserstand (= gewöhnlicher Wasserstand) wird mit GW, entsprechend die gleich oft über- wie unterschrittene Abflußmenge mit GQ (= gewöhnliche Abfluß-menge) bezeichnet[1].

Zusatz für den Rhein.

Der durch internationale Vereinbarung festgelegte „gleichwertige Wasser-stand" wird mit GlW bezeichnet. Hier bedeutet GlW einen durch Vereinbarung festgelegten Wasserstand bestimmter Über- oder Unterschreitungsdauer.

γ) Sonderbezeichnungen der Wasserstände für die Schiffahrt.

$N\,sch\,W$ = niedrigster schiffbarer Wasserstand, d. i. jener Wasserstand, bei dessen *Unter*schreitung die planmäßige Fahrwassertiefe nicht mehr vorhanden ist;

$H\,sch\,W$ = höchster schiffbarer Wasserstand, d. i. jener Wasserstand, bei dessen *Über*schreitung die Schiffahrt eingestellt werden muß (bestimmt durch Lage der Brückenunterkante, Höhe der Ausuferung, Geschwindigkeit der Strömung).

GlW = siehe oben.

δ) Weitere Symbole für besondere Wasserstände und Wassermengen (als Beispiele).

$Q(MNW)$ = die dem Wasserstande MNW entsprechende Wassermenge Q;

$Q(MW)$ = die dem mittleren Wasserstand MW entsprechende Wassermenge Q;

$W(NNQ)$ = der der Wassermenge NNQ entsprechende Wasserstand;

$W(MQ)$ = der der mittleren Abflußmenge entsprechende Wasserstand.

3. Wahl des Pegelprofils.
Meßeinrichtungen zur Bestimmung des Pegelstandes.

Erst wandte sich das Interesse an Wasserstandsbeobachtungen aus Selbsterhaltungstrieb der Anlieger den Gefahrenwasserständen zu, deren Höhenlage man irgendwie durch Zeichen festzuhalten trachtete.

---

[1] Es sei hier schon darauf hingewiesen, daß $MW > GW$, wie übrigens auch $MQ > GQ$ und $MQ > Q(MW)$.

Die wachsenden landwirtschaftlichen Interessen führten dann zu einer regelmäßigen und dauernden Wasserstandsbeobachtung (Wassermarqueure, eingeführt durch EYTELWEIN zu Beginn des 19. Jahrhunderts[1]). Schließlich erforderten dann die zusammengefaßten Interessen verschiedenartiger Wirtschaftszweige, die immer mehr an Bedeutung gewannen (Landwirtschaft, Binnenschiffahrt und schließlich die moderne Wasserkraftnutzung neben dem nach wie vor notwendigen Hochwasserschutz), aus wirtschaftlichen, technischen und auch aus wasserrechtlichen Gründen eine einheitliche Regelung des Beobachtungsdienstes, eine Verbesserung der Beobachtungsmittel und eine Verfeinerung und Vereinheitlichung der Auswertungsverfahren.

Aus den vereinzelten Beobachtungsstellen (Pegelorten), deren Lage übrigens oft durch Zufälligkeiten bedingt war, entwickelte sich nach und nach ein planvoll angelegtes Netz von Pegelstationen in den Einzugsgebieten der Flußsysteme[2]. Für die *Verteilung der Pegelstellen in einem Flußgebiet* gilt heute der Grundsatz, sie am Hauptfluß oberhalb und unterhalb von Einmündungsstellen größerer Zubringer und am Zubringer selbst in der Mündungsstrecke zu setzen. Bei großem Abstand zweier maßgebender Zubringer sollten in der Zwischenstrecke des Hauptflusses je nach Länge dieser Strecke ein, evtl. sogar mehrere Pegel angeordnet sein. Die Auswahl geeigneter Beobachter zwingt manchmal allerdings dazu, von diesen Grundsätzen abzuweichen (Bindung an größere Ortschaften oder Wasserwerksanlagen, oder an Brücken und Stege wegen der günstigeren Anbringung der Pegellatten). Die Angabe der Lage der Pegelstellen an den Flüssen erfolgt mit Hilfe der vorhandenen Flußkilometrierung.

Anforderungen an eine Pegelstelle. Das Querprofil des Flusses, in dem ein Pegel angebracht werden soll, darf nur von den natürlichen Verhältnissen des Wasserabflußrinnsals beeinflußt werden. Die Wasserspiegellage an der Pegelstelle darf also nicht im Bereich irgendeiner Stauwirkung liegen, wie sie durch ein unterhalb liegendes Wehr oder durch die Wasserstandsschwankungen eines stromab einmündenden Zubringers hervorgerufen werden können. Der Fluß soll sich im Bereich der Pegelstelle im Gleichgewichtszustand befinden, so daß sich die Flußsohle im Pegelprofil im Laufe der Zeit weder eintieft noch aufhöht. Ebenso soll Sicherheit gegen Verkrautung gegeben sein. Ein dichter Untergrund soll die Abführung der gesamten von oben zufließenden Wassermengen gewährleisten. Die Verbindung zwischen dem freien Wasser und dem

---

[1] JAKOBY: Beitrag zur Geschichte der Pegel. Bautechn. 1925.

[2] RUNDO: Die Arbeitsmethoden auf dem Gebiet des Pegelwesens und deren Vereinheitlichung. III. Hydrologische Konferenz der Baltischen Staaten. 1930. — Amtliche Pegelvorschriften d. Reichs- u. Preuß. Verkehrsministers u. des Reichs- u. Preuß. Ministers f. Ernährung u. Landwirtsch.

Pegel muß ständig vorhanden sein, darf durch nichts verhindert werden. Andererseits ist der Pegel so anzubringen, daß er nicht beschädigt werden kann durch Treibzeug, durch Eis oder durch die Schiffahrt. Dies erfordert oft besondere Vorkehrungen, zumal der Pegel ja möglichst am Talweg angebracht sein soll. Lotrechte Pegel und Kammern, auch in Böschungsnischen bieten Schutz und verkleinern die Wellenschwingungen. Schräge Lattenpegel erfordern ein in der Flucht gut abgeglichenes Uferdeckwerk und ein Sicherung gegen Setzungen der Böschung. Bei Pegelstationen mit Schächten oder Rohren kann das Einfrieren der Schwimmer verhindert werden durch Einschütten von Mineralöl in den Schacht. (Ölschicht größer als stärkste Eisschicht!). In den folgenden Abbildungen werden manche der genannten Gesichtspunkte noch anschaulicher gemacht.

Meßeinrichtungen[1]. Diese sind je nach Bedeutung der Pegelstelle für die Hydrographie des Gebietes, je nach den wasserwirtschaftlichen Zwecken, dem das beobachtete Gewässer zu dienen hat, aber auch je nach den natürlichen Gegebenheiten des letzteren am Pegelort nach Art, Ausstattung und Sonderkonstruktion sehr verschieden.

In einfachster Weise erfolgt die Feststellung des jeweiligen Wasserstandes durch Ablesen der Spiegellage mittels eines entsprechenden Höhenmaßstabes. Für untergeordnete Messungen vorübergehenden Charakters kann dies mit Hilfe von *Wasserspiegelpflöcken* geschehen. Der Pflock wird im seichten Uferwasser eingetrieben, sein Kopf einnivelliert und die Wasserspiegellage durch Abstichmaße festgelegt. Bei länger dauernden Beobachtungen provisorischen Charakters trägt man den Höhenmaßstab auf einer hölzernen Latte auf (*hölzerner Lattenpegel*). Dieser Pegel muß dann so im Wasser angebracht sein, daß der Spiegel den Maßstab unmittelbar benetzt, der Wasserstand also leicht ablesbar wird.

Für ständige Beobachtungsstellen werden genau geteilte und zwecks leichter Ablesbarkeit verschiedenartig gestaltete lattenförmige Pegel aus dauerhaftem Metall, meist aus Eisen, aufgestellt (*eiserne Lattenpegel*). Die Teilung ist aus verschiedenfarbigen Ölfarben, Emaille, Porzellan gefertigt, um neben guter Ablesbarkeit eine ausreichende Widerstandsfähigkeit gegen die Klimaeinflüsse zu bieten. Die Abb. 126 möge als Beispiel dienen. Manchmal sind die bereits erwähnten, geneigt angeordneten Pegel (*Böschungspegel*) vorteilhaft. Der in Abb. 127 gezeigte Typ wird zweckmäßig in einem Böschungsschlitz angebracht. Der Lattenpegel hat sich wegen seiner robusten Ausführung gut bewährt.

---

[1] Wassergeräte für Abfluß und Wasserstände. Landesanstalt f. Gewässerkunde. Berlin 1938. — SCHAFFERNAK: Hydrographie. Wien: Springer 1935. — Schriften der Herstellerfirmen.

Statt einen Höhenmaßstab selbst in das Wasser zu stellen, kann man die Wasserspiegellage durch einen Schwimmer mittels Gestänge oder Seilzug zunächst auf eine Zeigervorrichtung und mit dieser dann auf einen, mit Meßeinteilung versehenen Pegelmaßstab oder auf ein meist kreisrundes Zifferblatt übertragen. Diese Vorrichtung empfiehlt sich besonders bei schlechten Sichtverhältnissen für die Ablesung, sowie bei unruhigem Wasser (Wellengang, Brandung). Zur Dämpfung der Wasserspiegelschwankungen infolge unruhiger Wasseroberfläche ist der Wasserspiegel im Pegelrohr mit Rohöl bedeckt. Besonders für die Schiffahrt ist es oft nützlich, den jeweils herrschenden Wasserstand auf weite Entfernungen sichtbar zu machen. Abb. 128 zeigt einen *Rollbandpegel* für diese Zwecke.

.Für sehr viele wasserwirtschaftliche Bedürfnisse ist es zweckmäßig, häufig sogar unerläßlich, *den Wasserstandsverlauf ununterbrochen verfolgen zu können*. Man hat dafür *selbstschreibende Schwimmpegel* (*Schreibpegel, Limnigraphen*) verschiedenster Konstruktionen entwickelt. Sie haben alle gemeinsam die Vereinigung

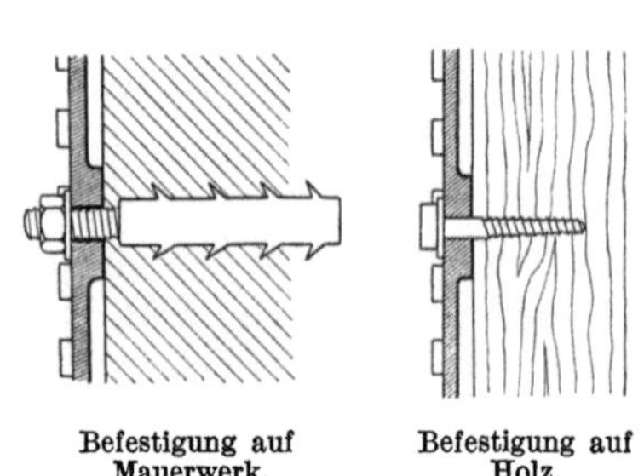

Befestigung auf Mauerwerk.   Befestigung auf Holz.

Abb. 126. Gußeiserne Pegelskalen, Teilung reliefartig. (Nach OTT, Kempten.)

des Prinzips des Schwimmerpegels mit einer selbsttätigen Schreibvorrichtung, mit welcher die Spiegelschwankungen in einem, den fallweisen Bedürfnissen (vorhandene größte Spiegelschwankung) angepaßten Übersetzungsverhältnis auf einem Registrierpapier aufgezeichnet werden. Diese Zeichnung gibt dann den *Gang des Wasserstandes*, das *Limnigramm*, wieder. Abb. 129 zeigt ein solches Limnigramm für 7 Umdrehungen der Schreibtrommel. In diesem Falle ist der Schreibapparat so eingerichtet, daß sich der Schreibkopf nach jeder Umdrehung ruckweise senkt (z. B. nach jedem Tagesablauf), so daß hier der Registrierstreifen trotz

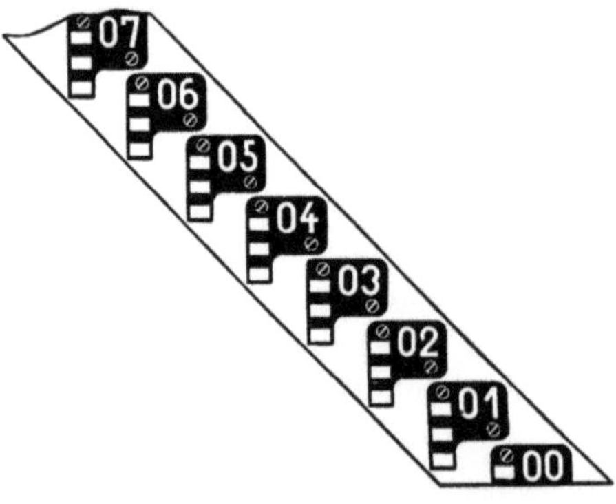

Abb. 127. Präzisions-Böschungspegel mit Porzellanteilung. Bauart SEIBT-FUESS. (Nach FUESS, Berlin.)

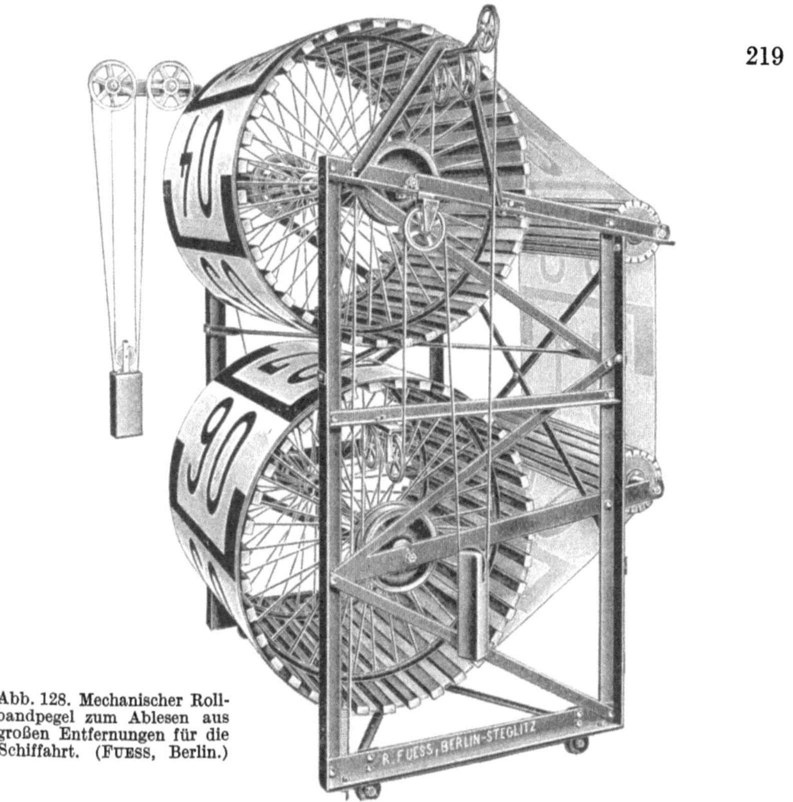

Abb. 128. Mechanischer Rollbandpegel zum Ablesen aus
großen Entfernungen für die
Schiffahrt. (FUESS, Berlin.)

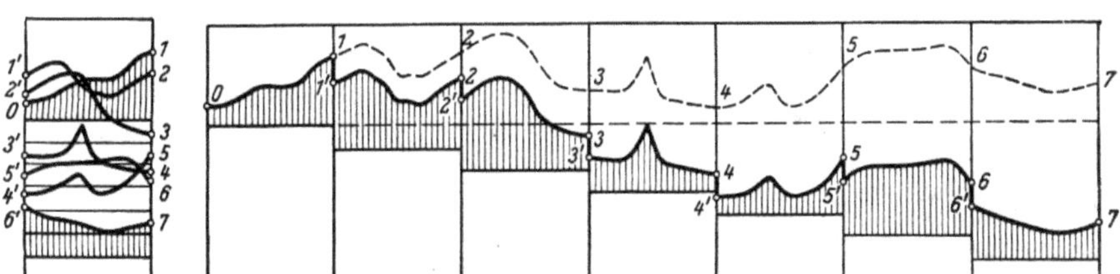

Abb. 129. Diagramm eines Pegels mit mehrmaliger Trommelumdrehung und *ruckweiser* Absenkung
des Schreibkopfes nach jedem Umgang. (Nach OTT, Kempten.)
Links die wirkliche Aufschreibung für 7 Trommelumläufe, rechts die auseinandergezogene Kurve *1*,
1′, 2, 2′, ..., *5, 5′, 6, 6′, 7* und darüber punktiert die auf einheitliche Grundlinie reduzierte
Kurve *1, 2*, ..., *5, 6, 7*.

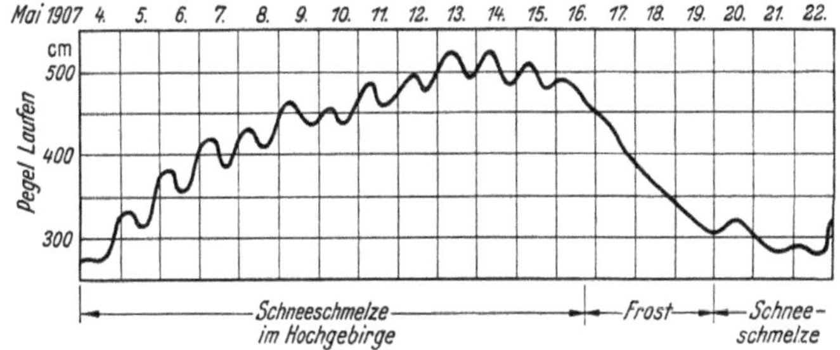

Abb. 129a. Schreibpegelaufnahmen von Taufluten (Spiegelschwankungen infolge Schneeschmelze
von Tag zu Tag) in der Salzach bei Laufen. (Nach SCHAFFERNAK.)

kleinen Trommeldurchmessers 7 Tagesaufzeichnungen wiedergibt. Die Abb. 130 zeigt einen Konstruktionstyp von solchen Schreibpegeln mit *mechanischer* Übertragung des Wasserstandes auf die Schreibtrommel.

Da, wo Wert auf rascheste fortlaufende Übermittlung des jeweiligen Pegelstandes gelegt werden muß (z. B. bei Wasserkraftanlagen, vor allem aber bei der Wasserstandsvorhersage), benützt man selbsttätig arbeitende *Wasserstands-Fernmeldeanlagen* (*Fernpegel*). Die Fernleitung kann dabei auf mechanischem, hydraulischem, pneumatischem oder elektrischem Wege vor sich gehen. Sie bestehen alle aus einer Einrichtung zur Messung der Wasserstandsänderungen am eigentlichen Pegelort (Geber), aus der Fernleitung und aus einem oder mehreren Empfängern, die die Meldungen dann auf ein Zeiger- oder Schreibgerät übertragen. Die mechanische Übertragung benützt Schnur- oder Drahtzug (bis etwa 30 m Fernleitungsweg), die hydraulische Fernleitung bedient sich des Prinzips der kommunizierenden Röhren. Sie ist nur auf kurze Entfernungen verwendbar und häufig mit einer weitreichenden elektrischen Fernleitung gekuppelt. Mit der Druckluft- (pneumatischen) Fernleitung können bis zu 300 m Entfernung überbrückt werden. Die elektrische Fernübertragung kann durch ein Ruhestrom- und ein Arbeitsstromsystem erfolgen. Beiden gemeinsam ist ein durch einen

Abb. 130. Selbsregistrierender Schreibpegel mit doppelter Aufzeichnungsmöglichkeit durch Anordnung einer Nachlaufspindel und eines Reserveschreibhebels. (Nach KILLI, München.)

Abb. 130a. Aufstellung eines transportablen Schreibpegels System KILLI (München) im Schwarzen Regen (Bayr. Wald).
(Dr. SCHÖNHUBER, Höllensteinkraftwerk.)

Schwimmer betätigtes *Schaltwerk*, das nach einer bestimmten Spiegelschwankung jeweils einen Stromimpuls auslöst. Die Stromstöße bewirken auf elektromagnetischem Wege die Einstellung der Zeiger oder Schreibfedern der Empfänger.

Die Abb. 131, 132 u. 133 zeigen Beispiele für die Anordnung von Pegeln für verschiedene örtliche Verhältnisse und Bedürfnisse, während in den Abb. 134 u. 135 schematische Anordnungen für das Zusammenwirken mehrerer Pegel bei verschiedenen wasserwirtschaftlichen Anlagen dargestellt sind.

Für besonders genaue Festlegung der Wasserspiegellage bei Meßwehren in der Natur, insbesonders aber bei der Grundlagen- und Zweckforschung in den wasserbaulichen Versuchsanstalten, die immer mehr an Bedeutung gewinnt, ist der *Stechpegel* ein unentbehrliches Instrument geworden (Abb. 136).

Pegelnullpunkt. Bei den Wasserstandsbeobachtungen werden lediglich die dauernden örtlichen Veränderungen, also die örtlichen Spiegelschwankungen festgestellt. Deshalb wäre es vom Standpunkt der Wasserstandsablesungen aus gesehen, gleichgültig, in welcher

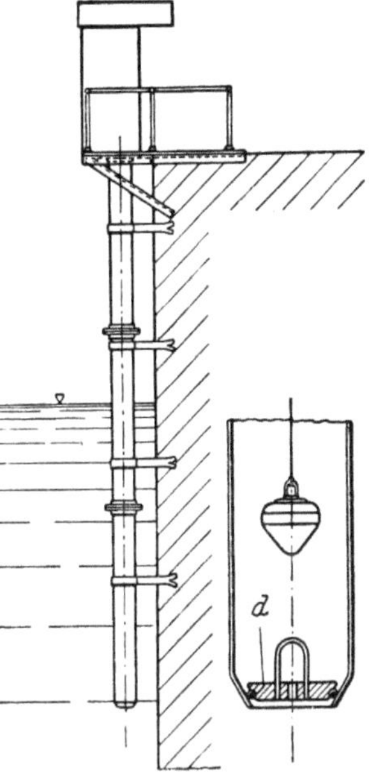

Abb. 131. Anordnung eines Schreibpegels an einer Kaimauer.
(Nach OTT, Kempten.)

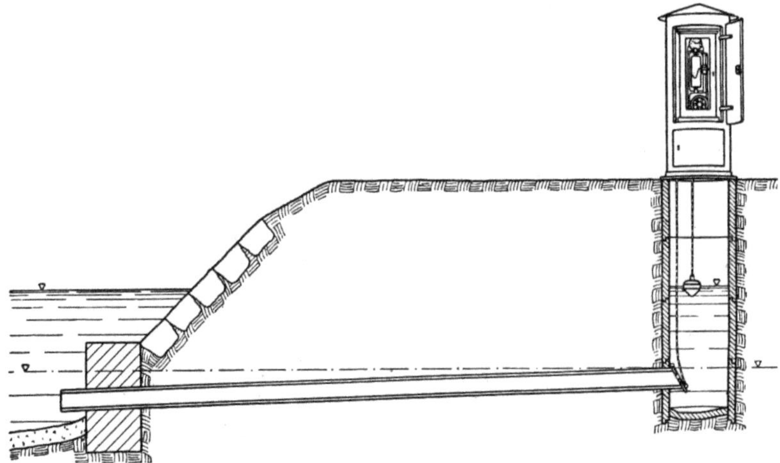

Abb. 132. Anordnung eines Schreibpegelhäuschens über einem Brunnen aus Betonröhren.
(Nach OTT, Kempten.)

Höhenlage man den Nullpunkt des Pegels anbringt. Tatsächlich hat man ihn früher in den verschiedenen Ländern auch in verschiedenen Niveaus angeordnet. Aus praktischen Gründen wird *neuerdings* der *Pegelnullpunkt so tief gelegt, daß auch bei kleinsten Wasserständen negative Ablesungen nicht vorkommen können.* Bei Neuorientierungen von Pegelnullpunkten

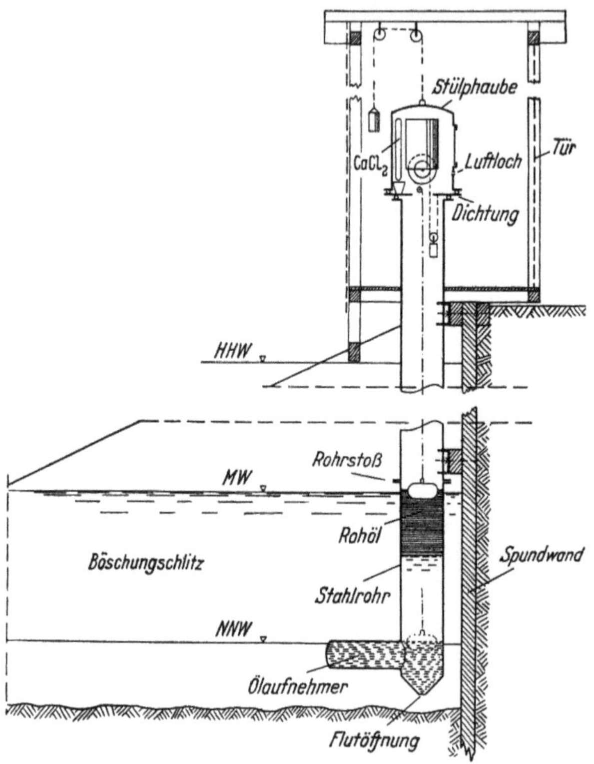

Abb. 133. Schutz eines Schwimmerschreibpegels gegen Feuchtigkeit und Vereisung.
(Nach OTT, Kempten.)

(Tieferlegung) sollte man die Senkung, auch aus praktischen Erwägungen, um *ganze Meter* vornehmen. Im übrigen sollte aber die einmal gewählte Nullpunktlage in Zukunft unverändert beibehalten werden, damit die im Laufe langer Jahresreihen festgestellten Pegelstände untereinander vergleichbar bleiben. Um diese unveränderte Lage des Nullpunktes stets einwandfrei nachprüfen und überwachen zu können, muß der Nullpunkt des Pegels an *mindestens einen zuverlässigen Fixpunkt durch Höhenmessung angeschlossen werden.* Auf diese Weise wird auch die *absolute Höhenlage des Nullpunktes und* damit *aller Wasserstände festgelegt,* die man bei wasserwirtschaftlichen Aufgaben stets benötigt. Eine etwaige Veränderung des Nullpunktes oder der Fixpunkte ist sorgfältig festzustellen und in den Pegelakten zu vermerken. In Abb. 137 ist der Zusammenhang zwischen Pegelstand und Wasserspiegelkote (= Höhenlage des Wasserspiegels ü. N. N.) dargelegt.

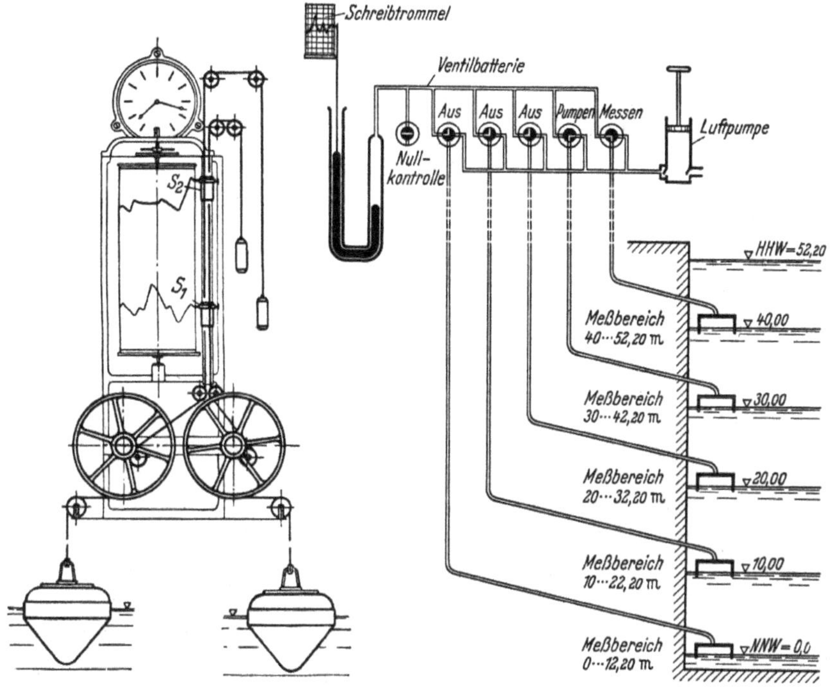

Abb. 134. Schreibpegel mit gleichzeitiger Aufschreibung zweier voneinander unabhängiger Wasserstände. (Nach OTT, Kempten.)

Abb. 135. Schema einer Druckluft-Fernpegelanlage mit 5 Tauchglocken zur Aufzeichnung von Wasserstandsschwankungen bis 52 m, z. B. bei einem Stausee. (Nach FUESS, Berlin.)

4. Auswertung der Pegelstandaufzeichnungen.

a) Pegellisten.

Ausführung der Messung. Die *Ablesungen* der Wasserstände an den Lattenpegeln wird in Deutschland durch die Landesstellen für Gewässerkunde veranlaßt und kontrolliert. Die Ablesung erfolgt im *allgemeinen täglich einmal, und zwar immer zur gleichen Stunde.* (7 Uhr oder 12 Uhr). Bei Hochwasser oder Eisgang wird die Wasserstandsfeststellung mehrmals im Verlaufe eines Tages vorgenommen. Im Flutgebiet richtet sich die Beobachtungszeit nach dem Eintritt des Hochwassers (Flut) und Niedrigwassers (Ebbe). Schreibpegel besorgen die Aufzeichnungen selbsttätig und dauernd.

Pegellisten. Die Ableseergebnisse werden in sogenannte *Pegellisten* eingetragen, von den gewässerkundlichen Anstalten gesammelt und überprüft, für das Abflußjahr übersichtlich (zeitlich) geordnet[1] und zusammengefaßt dann in den Jahrbüchern veröffentlicht[2]. Dabei werden die niedrigsten und höchsten Wasserstände jedes Monats, ebenso die Wasserstände jener Tage, an denen Eisgang stattfand, hervorgehoben. Die beiden monatlichen Extremwasserstände (NW, HW), sowie die errechneten Mittelwasserstände (MW) für jeden

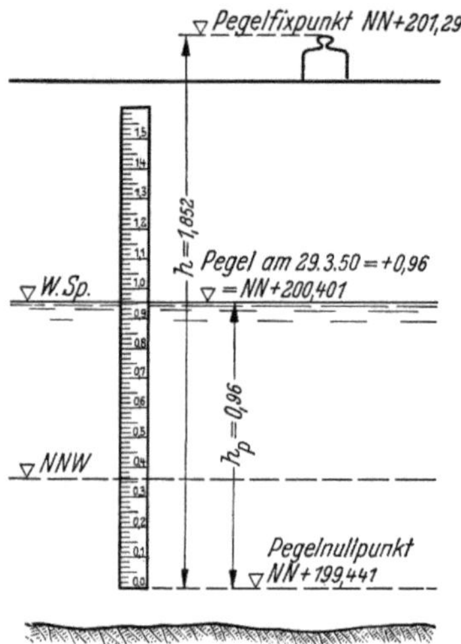

Pegelfixpunkt: NN + 201,293.
Pegelnullpunkt: 201,293 − 1,852 = NN + 199,441.
Pegel (Wasserstand): h_p + 0,96 m.
Wasserspiegelkote bei diesem Pegel:
   199,441 + 0,96 = NN + 200,401.

Abb. 137. Zusammenhang zwischen Pegelstand und Wasserspiegelkote.

Abb. 136. Stechpegel.
(Nach Ott, Kempten.)

Monat werden außerdem als *Hauptzahlen* gesondert aufgeführt. Darunter folgen die ebenfalls errechneten Hauptzahlen für eine Jahresreihe (MNW, MW, MHW), vgl. dazu S. 213ff. zum Zwecke des Vergleichs. Weiter folgen die äußersten Wasserstände des in Frage stehenden Abflußjahres und zum Vergleich die überhaupt bekannten äußersten Wasserstände (NNW und HHW) und schließlich die mittleren Werte der Hauptzahlen (NW, MNW, MW, MHW, HW)

---

[1] Bei der Pegelliste handelt es sich wissenschaftlich-statistisch um die Bearbeitung einer Beobachtungsreihe zur Aufstellung einer „Urliste".

[2] Rundo: Die hydrographischen Institutionen Europas. Wasserkr.-Jb. 1928 bis 1929, 1930. München: Pflaum-Verlag. — III. Hydrologische Konferenz der Baltischen Staaten. 1930.

der Vergleichsreihe für Winter und Sommer, sowie Gesamtjahr aufgeführt und dazu die mittleren Werte von NW, MW, HW für Winter. Sommer und das gesamte Abflußjahr. Ein Beispiel gibt die Pegelliste (Tab. 44) für den *Donaupegel Wien-Nußdorf* im *Abflußjahr 1939* mit der Vergleichsreihe 1926 bis 1935.

b) Wasserstandsganglinie $h_P = f(t)$.

Um von dem Verlauf der Wasserspiegelschwankungen eines Gewässers ein anschaulicheres Bild zu bekommen, als dies die Zahlenreihen der Pegellisten vermögen, trägt man die beobachteten Pegelstände, Tag für Tag, beginnend mit dem 1. Tag des *Abfluß*jahres als Ordinaten auf. Der durch Verbindung dieser Punkte erhaltene Linienzug gibt den *Gang der Wasserstände* und heißt *Wasserstandsganglinie* (Pegelganglinie). Diese stellt, in dem hier die abgelesenen Pegelstände ihrem *zeitlichen Verlauf nach* geordnet werden, eine Beziehung her zwischen *Wasserständen und Kalenderzeit* $\left(h_P = f(t)\right)$.

Solche Pegelganglinien eines Flusses zeigen — analog den weiter unten behandelten Ganglinien der Abflußmengen — einen, die besondere Eigenart eines Flusses kennzeichnenden Verlauf, wie dies auch beim Gang der Niederschläge, dem Gang der Temperatur der Fall ist, und spiegeln weitgehend die Beschaffenheit des Einzugsgebietes wider.

In Abb. 178, S. 278, sind die Wasserstandsbeobachtungen der Tab. 44 aufgetragen. Dazu ist folgendes zu sagen: das Kennzeichnende einer solchen Pegelganglinie *für ein Jahr* ist ihr ausgesprochen *individueller* Charakter. Sie gibt zwar mit den wechselnden Wasserstandshöhen ein gewisses Spiegelbild für den Ablauf des klimatischen Geschehens im Einzugsgebiet während des Beobachtungsjahres. Im übrigen ist ihr Verlauf mit den absoluten Größen aber stark zufallsbedingt.

Wie groß der Unterschied der Pegelganglinien für zwei Abflußjahre werden kann, soll Abb. 138 veranschaulichen. Es handelt sich dabei um die Wasserstandsbeobachtungen am *Pegel Wien-Reichsbrücke*, und zwar für das *nasse Abflußjahr 1910* und das *trockene Abflußjahr 1921*. Der Wasserstands*unterschied* erreicht hier, wenn man für beide Ganglinien jeweils das arithmetische Mittel der täglichen Pegelablesungen für das ganze Abflußjahr bildet, also MW 1910 und MW 1921 berechnet, für diese Mittelwerte den beachtlichen Betrag von $+61$ bis $(-69) = 130$ cm. Auf immer gleichen Wasserstand abgeglichen, würde also *im nassen Jahr 1910 der Pegel ständig 130 cm höher gelegen sein, als im trockenen Jahr 1921*.

Vergleicht man die einzelnen Spiegelschwankungen der beiden Abflußjahre untereinander, so zeigt sich zwar das individuelle Gepräge im Gang jedes dieser Jahre. Andererseits fällt aber auf, daß sowohl 1910. als auch 1921 die Wasserspiegel im April, Mai, Juni Stände erreichten.

die teilweise erheblich höher liegen als in den übrigen Monaten dieser
2 Abflußjahre. Das wird noch deutlicher, wenn man für beide Jahre jeweils
die *arithmetischen Mittel der Monatswasserstände* bildet, also Nov. *MW*
1910, Dez. *MW* 1910 usw. bzw. Nov. *MW* 1921, Dez. *MW* 1921 usw. berechnet und aufträgt, wie es ebenfalls in Abb. 138 geschehen ist. Diese
höheren Wasserstände im Frühjahr bzw. anfangs des Frühsommers sind
bedingt durch die Tatsache, daß das Einzugsgebiet der Donau, besonders durch Inn und Salzach als Zubringer, weit in die vergletscherten
Zentralalpen hineinreichen und daher in jedem Jahr mit der Schnee- und

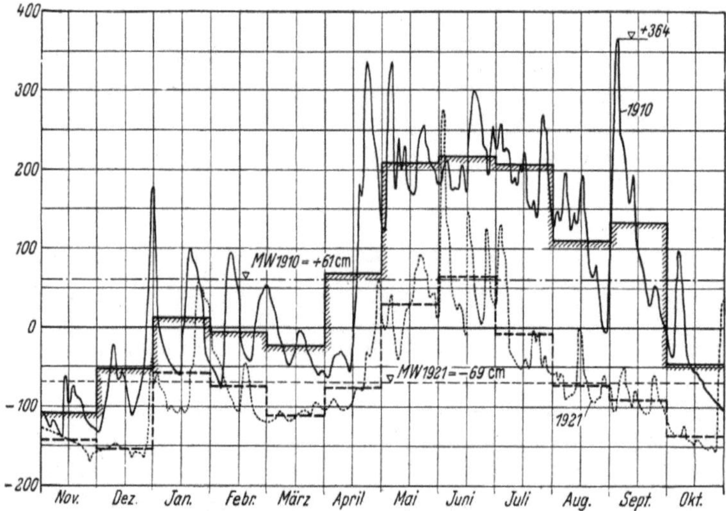

Abb. 138. Pegelganglinien der Donau am Pegel Wien-Reichsbrücke für das naße Abflußjahr 1910
und das trockene Abflußjahr 1921, sowie Ganglinien der Monatsmittel der Wasserstände für
diese Jahre.

Gletscherschmelze in dem genannten Zeitabschnitt höhere Wasserspenden aufzuweisen hat, die die höheren Pegelstände verursachen.
Denn auch im trockenen Jahr sorgt die dann sogar ergiebigere Gletscherschmelze für höhere Stände. Letztere sind daher ein *Wesenszug* der
Ganglinie der Donau, der hauptsächlich temperaturbedingt ist. Er zeigt
sich deshalb nicht nur am Pegel Wien-Reichsbrücke, sondern an allen
Donaupegeln stromauf von Wien, und zwar um so ausgeprägter, je
weniger ihn Zuflüsse mit anderem Abflußcharakter abschwächen. Bei
Behandlung der Abflußmengenganglinien wird darauf nochmals zurückgekommen (S. 277). So, wie die Donau, haben alle fließenden Gewässer
im Durchschnittsverhalten einen ihnen eigentümlichen Grundcharakter,
über den sich allerdings die hydrometeorologisch bedingten Zufälligkeiten
lagern, die im Verlaufe eines Abflußjahres auftreten, jedes Jahr anders
sind und den obenerwähnten individuellen Wesenszug aufrechterhalten.

Tabelle 44. *Pegelliste, Wasserstände.*

Donau. Pegel: Wien-Nußdorf. Abflußjahr 1939. 1934,1 km oberhalb der Mündung (Sulina). $PN = +156,50$ m ü. A.[1] $E = 101707$ km². Beobachtet um 8 Uhr (April bis Sept. 7 Uhr).

Tag	Nov. cm	Dez. cm	Jan. cm	Febr. cm	März cm	April cm	Mai cm	Juni cm	Juli cm	Aug. cm	Sept. cm	Okt. cm
1.	155	152	143*	176	204	242	242	432	332	296	218	232
2.	153	150	144*	167	207	263	248	403	313	284	215	224
3.	152	149	130	159	211	277	245	381	324	280	218	213
4.	150	148	131	151	204	294	235	365	367	280	226	206
5.	151	148	132*	140	197	313	235	363	355	276	231	205
6.	165	148	133*	*131*	189	347	238	363	336	270	225	*202*
7.	330	155	133*·	135	*185*	382	240	365	318	273	223	206
8.	316	171	140*	134	293	410	234	362	313	296	254	217
9.	247	174	131	134	426	438	*233*	367	323	327	265	260
10.	210	166	128	*131*	415	449	239	367	313	297	266	297
11.	193	166	126	136	395	430	269	371	311	304	247	301
12.	183	161	123	309	386	412	281	373	350	280	230	319
13.	175	157	*119*	372	370	408	298	368	352	268	217	351
14.	167	156	120	330	342	404	299	374	324	269	*211*	333
15.	161	153	122	314	304	400	295	430	296	271	218	324
16.	159	148	122	263	282	397	320	501	286	294	258	309
17.	156	145	122	238	263	393	335	458	286	402	235	303
18.	153	141	132	221	247	369	335	402	288	448	249	291
19.	152	131*	155	207	236	353	334	420	289	433	260	292
20.	155	129*	189	201	225	338	339	441	280	364	286	293
21.	150	118*	219	205	219	313	334	450	274	310	286	295
22.	*149*	116*	249	220	214	286	369	417	*273*	274	339	316
23.	*149*	112*	252	212	207	270	444	408	275	256	344	335
24.	179	122*	235	203	207	267	569	417	278	247	326	335
25.	178	118*	225	194	209	269	579	404	324	239	311	394
26.	169	106*	224	192	217	260	536	394	335	240	298	418
27.	167	*103**	226	194	224	247	485	381	336	234	290	423
28.	164	113*	222	196	234	240	468	377	348	236	274	414
29.	156	124*	210		242	*237*	468	379	349	230	262	387
30.	153	122*	196		236	*237*	485	*359*	345	*224*	248	374
31.	·	134*	194		235		442		327	*224*		360
Σ	5297	4336	5127	5665	8025	9945	10713	11892	9820	8926	7730	9429

Hauptzahlen für die einzelnen Monate von 1939.

am ...	22/23.	27.	13.	6./10.	7.	29./30.	9.	30.	22.	30./31.	14.	6.
NW ...	149	*103*	119	131	185	237	233	359	273	224	211	202
MW ..	177	140	165	202	259	332	346	396	317	288	258	304
HW ...	330	174	252	372	426	449	*592*	501	367	448	344	423
am ...	7.	9.	23.	13.	9.	10.	24./22⁰⁰	16.	4.	18.	23.	27.

Hauptzahlen für die einzelnen Monate der Reihe 1926 bis 1935.

MNW.	178	147	150	141	175	214	257	299	271	243	205	179
MW ..	222	188	204	205	229	282	337	375	342	326	254	224
MHW.	292	273	311	326	303	353	459	496	455	468	342	835

Äußerste Wasserstände von 1939:

NW 103 cm 27. Dez. 1938 HW $\left\{ \begin{array}{l} \text{ungeh.}^2 \\ \text{überh.} \end{array} \right\}$ 592 cm 24. Mai.

Überhaupt bekannte äußerste Wasserstände:

NNW 95 cm 15. Febr. 1929, HHW $\left\{ \begin{array}{l} \text{ungeh.} \\ \text{überh.} \end{array} \right\}$ 862 cm 17. 9. 1899.

Hauptzahlen für Halbjahre und Jahr in cm:

	Winter					Sommer					Jahr				
	NW	*MNW*	*MW*	*MHW*	*HW*	*NW*	*MNW*	*MW*	*MHW*	*HW*	*NW*	*MNW*	*MW*	*MHW*	*HW*
1926/35	95	127	222	473	638	130	178	309	572	662	95	127	265	573	662
1939	103		212		449	202		318		592	103		265		592

Eisverhältnisse 1939: Eisbewegung an 23 Tagen (*).

____

[1] ü.A. = über Adria. — [2] ungeh. = ungehemmt (durch Eisstoß oder Eisaufbruch).

Daß die Kenntnis des *Grundcharakters* eines Flusses hinsichtlich seines jährlichen Pegelganges wasserwirtschaftlich von größter Bedeutung ist, darauf sei hier nochmals besonders hingewiesen. Man denke beispielsweise an die günstigen Zeiten mit ausreichender Fahrtiefe in der Schiffahrt, aber auch an den Beginn eines Wasserbaues mit Baugruben, den man naturgemäß in die Zeit mit normalerweise niederen Wasserständen legt, wenn der Fluß nach seinem Pegelgang überhaupt einen solchen Zeitabschnitt erwarten läßt.

Da irgendeine Jahresganglinie zufallsbedingt ist, wie etwa jene des Jahres 1910 vom Pegel Wien-Reichsbrücke für sich allein betrachtet, gibt uns erst der *Vergleich einer größeren Zahl solcher Jahresganglinien* die Möglichkeit, über das Zufällige der Pegelstandsbewegungen hinweg das *Wesensgemäße des Jahresspiegelverlaufes* zu erkennen (z. B. Vergleich der Gänge von 1910 und 1921; nur reichen die beiden allein noch nicht aus). Ebenso lassen uns erst über viele Jahre erstreckte Pegelbeobachtungen und ihre Auswertungen feststellen, ob irgendeine zufällig herausgegriffene Ganglinie etwa den Spiegelverlauf eines nassen, trockenen oder mittleren Jahres wiedergibt. Zum Beispiel wurden die Pegelaufzeichnungen von *Wien-Nußdorf* für 1939 (Tab. 44) verglichen mit den Ergebnissen der Wasserstandsbeobachtungen der Jahresreihe 1926 bis 1935. Daraus ergibt sich für den Wert MW 1939 die gleiche Größe wie für den Wert MW 1926 bis 1935, nämlich 265 cm, d. h. die Wasserstandsganglinie 1939 gehört einem Abflußjahr an mit — im langjährigen Durchschnitt — *mittleren* (normalen) Wasserstandsverhältnissen. Der *Begriff* „mittleres Jahr" („Normaljahr") hinsichtlich des Pegelganges kennzeichnet also eine Wasserstandsganglinie, deren Spiegelschwankungen im Jahresdurchschnitt einen Pegelwert ergeben, der dem MW-Wert einer längeren Jahresreihe gleich ist oder doch nahekommt und deren Gangcharakteristiken annähernd übereinstimmen.

Noch ein Beispiel für die Wichtigkeit der genauen Kenntnis der Wasserstände vieler aufeinanderfolgender Jahre (große Jahresreihen)! In Abb. 139 sind die höchsten, mittleren und niedrigsten Jahreswasserstände am *Donaupegel Schwabelweis* (bei Regensburg) vom Jahre 1884 bis 1940 aufgetragen. Hier handelt es sich *nicht* um den Gang der *täglichen* Pegelstände, sondern um Linienzüge, welche den jeweils höchsten, mittleren und niedrigsten beobachteten Pegelwert jedes Jahres der Reihe verbindet, und zwar in der Reihenfolge der Kalenderjahre. Auch ein solcher, den zeitlichen Verlauf von Beobachtungen aufzeigender Linienzug kann mit Ganglinie bezeichnet werden.

In der Abb. 139 ist zunächst zu beachten, daß der Nullpunkt dieses Pegels am 18. August 1939 um 2,0 m tiefer gelegt wurde, so daß von diesem Zeitpunkt ab für die Wasserstandsablesungen die in der Darstellung rechts eingetragene Pegelskala gilt. Nun zu den Verbindungslinien der 3 Gruppen von Wasserständen! Allen drei Linien ist die Tendenz gemeinsam, nach rechts abzusinken, also mit dem Fortschreiten der Beobachtungsjahre zu fallen. Diese Tatsache tritt noch klarer hervor, wenn man die Einzelwerte von je 10 aufeinanderfolgenden Jahren zusammenfaßt und deren Mittelwerte bildet, die strichpunktiert in der Abbildung eingetragen sind. Besonders kräftig ist das Fallen der mitt-

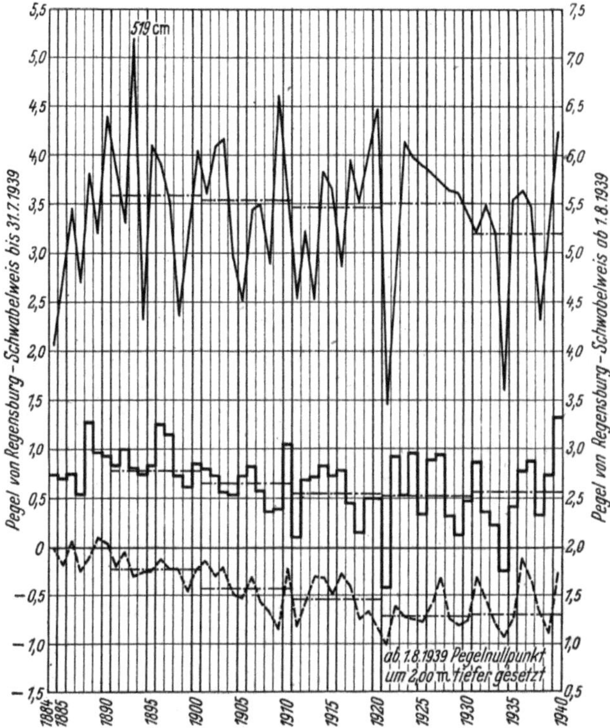

Abb. 139. Höchste, mittlere und niedrigste Jahreswasserstände am Donaupegel zu Schwabelweis von 1884 bis 1940. (Nach OEXLE.)

leren *NW*-Linie von Jahrzehnt zu Jahrzehnt bis 1920. Dies ist ein untrügliches Zeichen dafür, daß sich die *Flußsohle* im Schwabelweiser Pegelprofil von 1884 bis 1920 *um etwa 40 bis 50 cm eingetieft hat*, entsprechend dem Absinken der mittleren *NW*-Werte um diesen Betrag während des vorgenannten Zeitraumes. Die Darstellung zeigt weiterhin, daß diese Sohlenbewegung seit 1920 ziemlich zur Ruhe gekommen ist oder doch nur sehr langsam weitergeht. Solche Beobachtungen der Sohlenlage von Pegelquerschnitten sind sehr wichtig, weil nur durch sie Änderungen des Wasserstandes richtig gedeutet und falsche Ansätze der Beziehungen zwischen Wasserständen und Abflußmengen vermieden werden können[1]. Solche langjährige Wasserstandsfeststellungen geben aber nicht nur für die Sohlenlage im Pegelprofil selbst wertvolle Aufschlüsse, sondern auch über die im Laufe des Zeit erfolgten Änderungen der oberhalb und unterhalb anschließenden Flußstrecken, wenn für diese Feststellungen keine unmittelbaren Messungen (Wasserspiegelfixierungen, Querschnitts- und Talwegaufnahmen) zur Verfügung stehen.

c) Wasserstandshäufigkeitslinie (Häufigkeitsstufen).

Pegelhäufigkeitsliste. Statt daß die Wasserstände dem zeitlichen Verlauf nach aneinandergereiht werden, wie das bei den Pegellisten und Ganglinie der Fall ist, können sie auch noch *der Größe nach* geordnet werden durch vorherige Feststellung ihrer *Häufigkeiten*. Man kann nämlich die Frage stellen, wie *häufig*, d. h. an wieviel Tagen eines Beobachtungszeitraumes sich der Wasserstand auf einer bestimmten Pegelhöhe bewegt hat. Genau genommen hätte man diese Frage auf alle vorhandenen Pegel der zugrunde gelegten Pegellisten zu erstrecken. Zur Verkürzung dieser zeitraubenden Arbeit beschränkt man sich aber darauf, an Stelle aller benetzten Zentimeter der Pegelskalen *Pegelstufen* zugrunde zu legen, die von zwei bestimmten Pegelhöhen begrenzt sind und stellt die Frage, *an wie vielen Tagen sich der Wasserstand innerhalb dieser Pegelstufe bewegt hat*. Je nach dem gewünschten Genauigkeitsgrad schwankt eine solche Pegelstufe zwischen 5 und 25 cm. In den meisten Fällen dürfte eine Stufenhöhe von 10 cm entsprechen. Die Häufigkeiten der einzelnen Pegelstufen erhält man durch Auszählen aus den Pegellisten. Führt man dieses Verfahren für die Pegelliste der Tab. 44 (Wasserstand des Pegels Wien-Nußdorf für das Abflußjahr 1939) durch, so erhält man die Häufigkeitszahlen der Tab. 45. In letzterer sind also für die der *Größe nach* geordneten Pegelstufen die Häufigkeiten, wie sie sich auf Grund der Pegelliste ergeben haben, eingetragen.

Bei der listenmäßigen Auszählung der Häufigkeiten werden jene Wasserstände bzw. Wasserstandsstufen nicht als aufgetreten berücksichtigt, die zwar beim raschen Steigen oder Fallen des Wassers benetzt wurden, also wirklich vorhanden waren, aber infolge der täglich nur einmal erfolgenden Pegelablesung listenmäßig nicht erfaßt werden. Zum Beispiel erscheinen beim Steigen des Pegels von 444 cm auf 569 cm (23./24. Mai 1939) innerhalb von 24 Stunden nur die beiden genannten Pegelstände in der Pegelliste, wogegen natürlich auch alle anderen Wasserstände zwischen 444 und 569 cm innerhalb 24 Stunden vorhan-

---

[1] Das VAN RINSUMsche Verfahren zur kritischen Prüfung der *Abflußkurve* bietet auch die Möglichkeit, Sohlenänderungen aus den Wassermeßergebnissen festzustellen, vgl. VAN RINSUM: Die Abflußkurve. Arch. Wasserwirtsch. 1941. Nr. 65. Berlin. — Vgl. auch S. 380 dieses Buches.

den waren. Die Häufigkeit dieser Wasserstände bzw. der in Frage kommenden Pegelstufen beträgt für diese Spiegelhebung nur Bruchteile von Tagen. In der Praxis kann in den allermeisten Fällen auf die Berücksichtigung solcher Feinheiten verzichtet werden. Auf diese Sachlage ist es auch zurückzuführen, daß sich für 6 Pegelstufen in Tab. 45 die Häufigkeit Null ergibt. Beim Steigen und Fallen des Spiegels wurden diese Bereiche der Pegelskala zwar benetzt. Da dies aber außerhalb der *normalen* Beobachtungszeitpunkte vor sich ging und wir auf Berücksichtigung von Bruchteilen von Tagen verzichten, treten sie in der Aufstellung über die Häufigkeiten nicht in Erscheinung.

Tabelle 45. *Pegelhäufigkeit und Benetzungsdauer (Überschreitungs- und Unterschreitungsdauer) des Abflußjahres 1939 am Pegel Wien-Nußdorf.*

Pegelstufe von bis in cm	Häufigkeit des Auftretens Tage	Benetzungs- bzw. Überschreitungsdauer Tage	Unterschreitungsdauer Tage
579 bis 570	1	1	365
569 bis 560	1	2	364
559 bis 550	0	2	363
549 bis 540	0	2	363
539 bis 530	1	3	363
529 bis 520	0	3	362
519 bis 510	0	3	362
509 bis 500	1	4	362
499 bis 490	0	4	361
489 bis 480	3	7	361
479 bis 470	0	7	358
469 bis 460	2	9	358
459 bis 450	2	11	356
449 bis 440	4	15	354
439 bis 430	5	20	350
429 bis 420	3	23	345
419 bis 410	7	30	342
409 bis 400	8	38	335
399 bis 390	5	43	327
389 bis 380	5	48	322
379 bis 370	8	56	317
369 bis 360	13	69	309
359 bis 350	6	75	296
349 bis 340	6	81	290

Pegelstufe von bis in cm	Häufigkeit des Auftretens Tage	Benetzungs- bzw. Überschreitungsdauer Tage	Unterschreitungsdauer Tage
339 bis 330	16	97	284
329 bis 320	9	106	268
319 bis 310	13	119	259
309 bis 300	6	125	246
299 bis 290	17	142	240
289 bis 280	14	156	223
279 bis 270	12	168	209
269 bis 260	14	182	197
259 bis 250	4	186	183
249 bis 240	16	202	179
239 bis 230	22	224	163
229 bis 220	14	238	141
219 bis 210	16	254	127
209 bis 200	14	268	111
199 bis 190	8	276	97
189 bis 180	4	280	89
179 bis 170	6	286	85
169 bis 160	10	296	79
159 bis 150	22	318	69
148 bis 140	13	331	47
139 bis 130	15	346	34
129 bis 120	11	357	19
119 bis 110	6	363	8
109 bis 100	2	365	2
	365		

Vielleicht fällt manchem Leser auf, daß *in der Pegelliste* (Tab. 44) für den Monat Mai die *Hervorhebung eines HW-Wertes als oberer Extrem-*

wert fehlt. Dieser maximale Wasserstand ist zwischen den beiden Beobachtungszeitpunkten vom 24. Mai 7^{00} und 25. Mai 7^{00} aufgetreten, nämlich am 24. Mai 22^{00} abends mit 592 cm, und wurde durch Sonderbeobachtung außerhalb der normalen Ablesezeit festgestellt; daher das Fehlen dieses Wertes in der Pegelliste, die ja nur die „normalen" Ablesungen enthält, die alle zur gleichen festgesetzten Beobachtungszeit vorgenommen wurden. Daher findet sich dieser Extremwert nur unter den Hauptzahlen der einzelnen Monate des Jahres 1939 mit einem entsprechenden Vermerk aufgeführt.

Hat man Pegellisten für eine größere Zahl von Jahren auszuwerten, dann ist die Gesamthäufigkeitszahl für jede Pegelstufe durch die Anzahl der zugrunde gelegten Beobachtungsjahre zu dividieren. Die so erhaltenen Häufigkeiten bilden dann die *mittleren Häufigkeiten* der untersuchten Jahresreihe.

Pegelhäufigkeitslinie. Die zeichnerische Auftragung der Häufigkeiten führt zur sogenannten *Häufigkeitslinie.* Man zieht — nach den Regeln der graphischen Statistik — in den Stufenmitteln Parallele zur Zeitachse, trägt auf diesen in einem geeigneten Zeitmaßstab (Tage) die zugehörigen Stufenhäufigkeiten auf und verbindet die erhaltenen Punkt entweder *staffelförmig*, wie es im vorliegenden Beispiel (Abb. 140) geschehen ist, oder aber *polygonal* (Abb. 178, S. 278).

d) Wasserstandsdauerlinie (*Über- bzw. Unterschreitungsdauerlinie*).

Die *Wasserstandsdauerlinie* kann man sich entstanden denken einmal unmittelbar aus der *Wasserstandsgang*linie, indem man die dort *dem Kalenderablauf nach* aufgetragenen Pegelstände nunmehr *der Größe nach* geordnet aufzeichnet, oder aber aus der *Häufigkeitslinie* durch Bildung von deren *Summenlinie.*

Dauerlinie aus der Ganglinie. In diesem Falle bildet man für jede Pegelstufe, und zwar jeweils an deren unterem Ende (Stufenende), die Summe aller jener Zeitabschnitte, während der dieses Stufenende vom Wasserspiegel überschritten oder doch mindestens erreicht wurde. Darnach sind die zu summierenden Zeitabschnitte also jene Sehnenabschnitte in der Wasserstandsganglinie, deren Lage mit der Wasserspiegelhöhe der unteren Stufenbegrenzung zusammenfällt. In Abb. 178 bilden die Strecken *a, b, c, d* solche Sehnenabschnitte am unteren Ende des Pegelintervalls 159 bis 150 cm, und die Strecken *e, f, g, h, i* die Sehnenabschnitte am unteren Ende der Stufe 439 bis 430 cm. Führt man die Summierung der Sehnenabschnitte (Zeitabschnitte) für alle Pegelstufen durch und trägt die jeweiligen Summenwerte stets in Höhe des unteren Randes der zugehörigen Pegelstufe auf, so erhält man eine Punktreihe, deren Verbindung zu einem Linienzuge die *Wasserstandsdauerlinie* ergibt. Meist ist der Zeitmaßstab für letztere ein anderer wie

für die zugehörige Ganglinie. In diesem Falle müssen die summierten
Sehnenabschnitte entsprechend den beiden Maßstabsverhältnissen um-
gerechnet werden, wie es z. B. in Abb. 178 für die Herleitung der
Wasserstandsdauerlinie (Jahresdauerlinie der Wasserstände) des Pegels
Wien-Nußdorf vom Jahre 1939 geschehen ist.

Dauerlinie aus der Häufigkeitslinie bzw. Häufigkeitsliste. Summiert
man die aus einer Pegelliste hergeleiteten Häufigkeitszahlen schrittweise von Stufe zu Stufe, beginnend bei der *höchsten* benetzten Pegelstufe, so erhält man für jedes Pegelintervall mit den Zwischensummen-

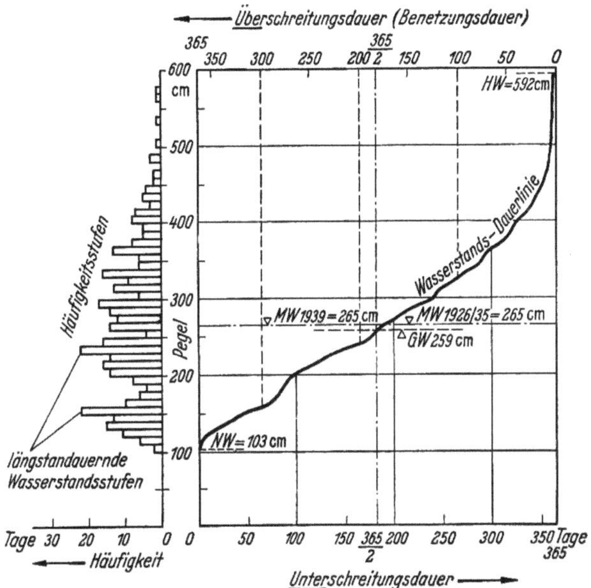

Abb. 140. *Pegel*häufigkeiten und Benetzungsdauer (*Über*- bzw. *Unter*schreitungsdauer) der Donau
am Pegel Wien-Nußdorf im Abflußjahr 1939. (Pegelhäufigkeitsstufen und Benetzungsdauerlinie.)

werten *die Zahl der Tage*, d. h. diejenige *Zeitdauer*, während der diese
Stufen jeweils *überschritten* oder doch *erreicht*, in jedem Falle also *benetzt* waren. Man bezeichnet deshalb diese Zwischensummenwerte mit
Überschreitungs- bzw. *Benetzungsdauer.* In Tab. 45 sind diese Zwischensummenwerte für das Beispiel Pegel *Wien-Nußdorf* gebildet. Werden
diese nun jeweils am *unteren Ende* der Stufe, der sie zugeordnet sind,
aufgetragen, wiederum beginnend mit der *höchsten* benetzten Pegelstufe, dann entsteht durch Verbindung der so erhaltenen Punkte wiederum die Wasserstandsdauerlinie (Abb. 140). Wie sich aus ihrer Entstehung ergibt, stellt sie die Summenlinie der Häufigkeiten der Wasserstände dar. Da bei dieser Auftragungsweise (Antragen der Summen-
zwischenwerte jeweils am *unteren* Ende der zugehörigen Stufe!) die

Dauerlinie für jeden Pegelstand angibt, wie oft er im Jahr erreicht oder *überschritten*, also benetzt wurde, hat man die Dauerlinie auch mit Linie der *Überschreitungsdauer* bzw. *Benetzungsdauer* bezeichnet. In Abb. 140 ist beispielsweise das untere Stufenende des Intervalls 309 bis 300, also der Wasserstand 300 cm an insgesamt 125 Tagen vorhanden oder überschritten, dieser Pegel also an 125 Tagen benetzt worden ($\overline{125\,W}$ 1939; vgl. S. 215).

Statt von der Frage nach der *Über*schreitungsdauer kann man natürlich auch von jener nach der *Unter*schreitungsdauer ausgehen mit dem Ziele, festzustellen, während welcher Zeitdauer innerhalb eines Jahres irgendeine Pegelstufe *unter*schritten wird. Es ist dabei jeweils vom *oberen* Ende einer Stufe auszugehen und die Summierung hat beim *niedrigsten* Pegelintervall zu beginnen. Auch diese Rechnung ist in Tab. 45 durchgeführt. Entsprechend hat die Auftragung der Zwischensummenwerte bei der *tiefsten* Pegelstufe anzufangen und muß stets am *oberen* Ende der Stufen erfolgen. Man kommt damit zur *Unterschreitungsdauerlinie*. Da die *Über*schreitungsdauer am *unteren* Ende der Stufen, die *Unter*schreitungsdauer dagegen an deren *oberen* Ende gemessen werden, kommen diese zwei Dauerzahlen für die zugehörigen aufeinanderfolgenden Pegelstufen auf die gleiche Waagerechte zu liegen, ihre Summe muß daher stets 365 Tage ergeben, d. h. die *Überschreitungsdauerlinie ist identisch mit der Unterschreitungsdauerlinie*. Zum Beispiel beträgt in Tab. 45 die *Über*schreitungsdauer für die Stufe 239 bis 230 cm 224 Tage ($\overline{224\,W}$ 1939), die *Unter*schreitungsdauer für die Stufe 229 bis 220 cm 141 Tage ($\underline{141}\,W$ 1939). Nach obigen Ausführungen liegen die beiden Werte auf der gemeinsamen Stufengrenze, und ihre Summe ergibt 365 Tage. Es liefern also beide Dauerzahlen beim Auftragen *ein und denselben Punkt*. Dies trifft für alle Stufen zu, wie man sich leicht überzeugen kann. Ob man also von der *Über*schreitung oder *Unter*schreitung der Wasserstände ausgeht, in jedem Falle erhält man *ein und dieselbe Dauerlinie*.

In Abb. 140 ist an den beiden Enden der Dauerlinie insofern noch eine Berichtigung angebracht, als ihr unteres Ende nicht zum unteren Stufenende 100 cm führt, sondern beim Wasserstand 103 cm endet, weil *dieser* Wasserstand dem beobachteten niedrigsten Pegel des untersuchten Abflußjahres entspricht ($NW = 103$ cm am 27. Febr. 1939; vgl. Tab. 44). Andererseits hört die Dauerlinie *nicht* mit dem *oberen Ende des Intervalls* 579 bis 570 cm auf, sondern beim Wasserstand *592* cm, da dieser *HW*-Pegel durch eine Beobachtung außer der Reihe (am 24. Mai 1939, 22^{00} abends) tatsächlich festgestellt wurde.

Die Abb. 140 weist außerdem noch einige wichtige Eintragungen auf. Es wurde darin zunächst der „*gewöhnliche Wasserstand*" *GW* mit 259 cm ermittelt. Er ist dadurch gekennzeichnet, daß er an ebenso vielen Tagen des Jahres überschritten als unterschritten wird, liegt also bei $\frac{365}{2}$ Tage. Ferner wurde der *mittlere* Wasserstand MW 1939 mit 265 cm eingetragen, der übereinstimmt mit dem $M\dot{W}$ 1926 bis 1935, woraus sich ergibt, daß die Dauerlinie des Jahres 1939 jener eines *mittleren* Jahres (*Normaljahres*) entspricht.

Man kann sich übrigens die MW-Waagerechte noch dadurch entstanden denken, daß man die zwischen Dauerlinie und Abszissenachse liegende Fläche in ein flächengleiches Rechteck von gleicher Abszissenlänge verwandelt. Denn dann gibt die Höhe des Rechteckes die MW-Wasserstandshöhe an, d. h. die obere Rechteckseite deckt sich mit der MW Waagerechten.

Die Wasserstands*dauer*linie ist bei sehr vielen Aufgaben der Gewässerkunde und der Wasserwirtschaft ein unentbehrliches Hilfsmittel zu ihrer Lösung. So braucht man sie überall da, wo die Wasserstände nach der Betriebsdauer unterschieden werden. Man spricht z. B. von einem Betriebswasserstand, der an n Monaten oder m Tagen überschritten wird. In der *Schiffahrt* kann auf diese Art die Zahl der Tage festgestellt werden, für welche Schiffahrt in Frage kommt. Bei *Wasserkraftanlagen* bildet die *Wasserstandsdauer*linie die Grundlage für die *Gefälledauer*linie und damit für die Leistungsschwankungen, die sich als Folge der Gefälleschwankungen, d. h. also als Folge der Wasserstandsschwankungen ergeben. Und in der Gewässerkunde dienen Dauerlinien beispielsweise, wie weiter unten gezeigt wird, zur Bestimmung gleichwertiger Wasserstände, aber z. B. auch zur Feststellung der (relativen) Sohlenveränderungen eines Pegelprofils in Verbindung mit einem Vergleichsprofil[1].

Die Aufstellung von Dauerlinien ist natürlich nicht an ein Jahr oder eine Jahresreihe gebunden (Jahresdauerlinie und mittlere Jahresdauerlinie). Man kann sie für jedes Viertel- oder Halbjahr, für jeden Monat einer langen Jahresreihe auftragen (z. B. „mittlere Novemberdauerlinie 1901 bis 1930"), wie etwa auch für jeden Monat irgendeines beliebigen Jahres („Novemberdauerlinie 1923": vgl. z. B. Abb. 188 u. 189). Dabei ist die Dauerfeststellung nicht nur auf die Kollektive Wasserstände und Wassermengen beschränkt. Sie erfaßt auch die Dauerangaben für Reihen anderer Kollektive. In der Wasserkraftwirtschaft (Energiewirtschaft) z. B. haben die Dauerlinien für die Wassernutzleistung, Netzbelastung usw. eine große Bedeutung. Zur Beurteilung von Speichervorgängen über längere Zeiträume hinweg sind Dauerlinien in der Regel *nicht* geeignet. Im allgemeinen lassen sich aber, genau so wie in Ganglinien, auch in Dauerlinien Summen, Unterschiede, Produkte von zwei

---

[1] Vgl. SCHAFFERNAK: Hydrographie, S. 275. Wien: Springer 1935.

oder mehr Grundgrößen (Kollektiven) auf besonders einfache Weise rechnerisch oder graphisch ermitteln oder darstellen[1].

e) Pegelbezugslinien.

Nur in seltenen Ausnahmefällen werden die Wasserstandsaufzeichnungen gerade für jenen Flußquerschnitt vorliegen, in dem z. B. ein wasserwirtschaftliches Bauwerk errichtet werden soll. Es lassen sich aber für einen beliebigen Flußquerschnitt B aus den Aufzeichnungen für den nächstliegenden Pegel A die Pegelstände unter Benutzung der sogenannten *Pegelbezugslinien* rekonstruieren. Diese Linie gibt die Beziehung an, die zwischen den Wasserständen an den Pegeln A und B besteht.

Zunächst ist auch bei B ein Pegel zu setzen (*Bezugspegel*) und regelmäßig zu beobachten. Zur Aufstellung der Bezugslinie darf man nun

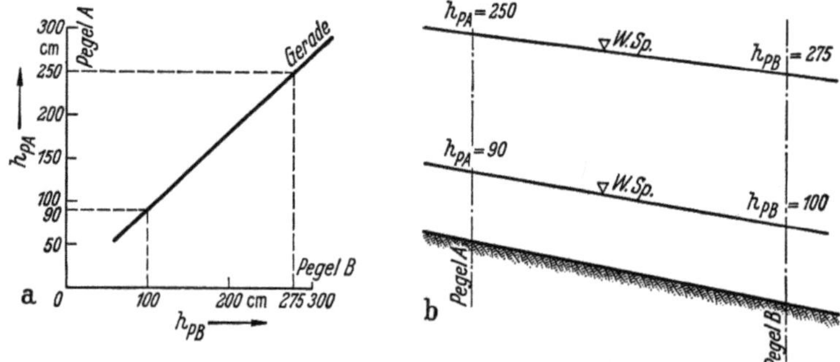

Abb. 141 a u. b. Pegelbezugslinie für gleiche Form der Pegelquerschnitte.

nicht gleichzeitige Pegelstände von A und B (h_{PA} und h_{PB}) benützen. Vielmehr sollen nur jene Stände herangezogen werden, die einem *Beharrungszustand* zugehören, d. i. ein Zeitabschnitt, in dem die Pegelstände nur ganz geringe oder gar keine Veränderungen aufweisen. Gleichbleibende Pegelstände von kurzer Dauer ergeben sich auch für die Scheitel- und Talpunkte der Wasserstandsganglinien (wegen letzterer vgl. z. B. die Abb. 138 und Abb. 178). Da diese Scheitel- und Talpunkte in den Ganglinien beider Pegelorte deutlich hervortreten, bilden diese Pegelpaare geeignete Punkte der gesuchten Bezugslinie. Sie berücksichtigen gleichzeitig auch die Zeitfolge der Wasserstände. Man nennt solche Pegelpaare (h_{PA}, h_{PB}) *gleichwertige Wasserstände*. Voraussetzung für die Aufstellung einer Bezugslinie mit solchen Wertepaaren für h_P ist allerdings, daß zwischen A und B kein nennenswerter Zufluß erfolgt, so daß durch diese Profile jeweils die gleichen Wassermengen laufen.

---

[1] LUDIN: Wasserkraftanlagen. 1. Hälfte. Handbibliothek Bauingenieure von Otzen. 3. Teil, 8. Bd. Berlin: Springer 1934.

Bei ziemlich gleicher Form der Profilquerschnitte wird die Bezugslinie eine Gerade (Abb. 141a u. b), sonst stellt sie eine gekrümmte Linie dar (Abb. 142).

Will man den Zeitunterschied in der Ablesung und die abweichende Form der Pegelquerschnitte ausschalten, so läßt sich dies erreichen durch die Ermittlung der Wasserstände gleicher Benetzungsdauer (Wasserstandsdauerlinie; vgl. dazu Abb. 140). In Abb. 143 haben die Abszissen der Punkte A', B' und C' gleiche Benetzungsdauer, die zugehörigen Pegelstände h_{PA}, h_{PB} und h_{PC} sind daher gleichwertig. Mit solchen gleichwertigen Pegelständen läßt sich nun die Bezugslinie festlegen.

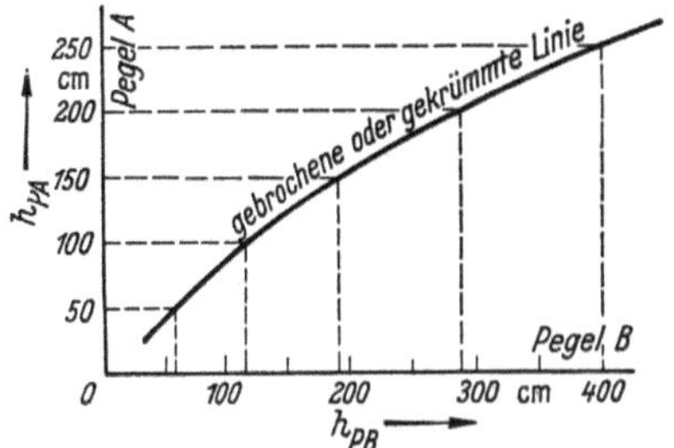

Abb. 142. Pegelbezugslinie für ungleiche Form der Pegelquerschnitte.

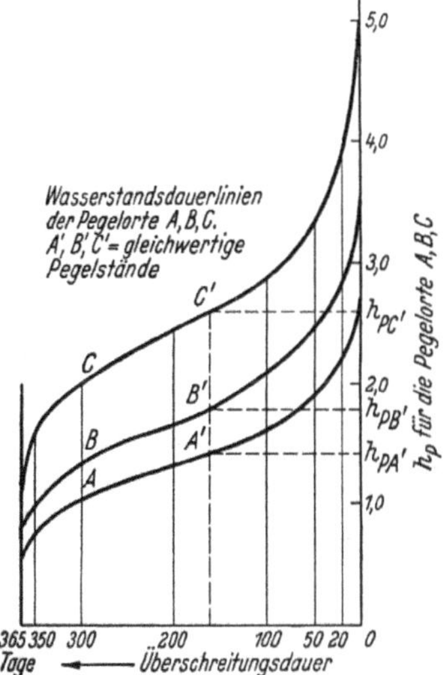

Abb. 143. Dauerlinien gleichwertiger Pegelstände.

II. Abflußmengen.

1. Übersicht der Verfahren zur unmittelbaren Messung der oberirdisch abfließenden Wassermengen.

Im allgemeinen wird man bei Vorhandensein eines geschlossenen Gerinnes wegen der *verlässigeren Ergebnisse* auf die *unmittelbare* Mengenbestimmung zurückgreifen, da die Zuverlässigkeit der Wassermengenbestimmung eine wichtige Voraussetzung dafür ist, daß ein wasserwirtschaftliches Vorhaben seinen Zweck in sachlicher (wasserwirtschaftlicher) wie auch in betrieblicher (finanzieller) Hinsicht voll erfüllt. Diese Erkenntnis war ja auch mit einer der Impulse für die Verbesserung der Meßmittel und Meßverfahren in neuester Zeit, wodurch die *Hydrometrie* eine erhebliche Ausweitung erfahren hat.

Vorweg sei gleich festgestellt, daß unter den Einrichtungen für die unmittelbare Wassermengenbestimmung in natürlichen Gerinnen und nicht zu kleinen künstlichen Kanälen die Messung mit dem hydrometrischen Flügel auch heute noch das meist verwendete Gerät bildet. Sie wird deshalb weiter unten ausführlich behandelt. Nun gibt es daneben auch noch *andere* Meßverfahren, die für gewisse gewässerkundliche, wasserwirtschaftliche oder wissenschaftliche Aufgabenstellungen Vorteile hinsichtlich Meßgenauigkeit, praktischer Anwendbarkeit und Kostenaufwendungen bieten können. In manchen Fällen, wo die Flügelmessung nicht anwendbar ist, erweisen sie sich sogar als unentbehrlich. Deshalb soll dem Leser zunächst eine kurze *Übersicht* über die verschiedenen Meßverfahren und die dabei verwendeten Meßgeräte oder Meßeinrichtungen gegeben werden.

Diese lassen sich in 4 Gruppen unterscheiden[1]:

Gruppe A.

Unmittelbare Messung der in einer bestimmten Zeit durch ein Profil gehenden Wassermenge dem Gewicht oder Volumen nach.

a) *Meßbehälter.* Er gibt zeitliche Mittelwerte.

b) *Kippgefäße.* Erlaubt Dauermessung von a). Anwendung bei *kleinen* Durchflußmengen (z. B. bei *Quellschüttungen*).

Gruppe B.

Feststellung der Geschwindigkeit v (Anströmgeschwindigkeit) einzelner Wasserfäden, daraus rechnerische Ableitung der mittleren Profilgeschwindigkeit v_m und der Durchflußmenge $Q = v_m F$ ($F =$ Durchflußquerschnitt).

a) *Hydrometrischer Flügel.* Gerät für die unmittelbare Feststellung der Größe der Anströmgeschwindigkeit einzelner Wasserfäden aus der Umdrehungszahl der Flügelschraube (vgl. S. 244ff.).

b) *Staurohr* (PITOT-Röhre). Messung des hydrodynamischen Druckes (Staudruckes) der Wasserfäden bis 2,0 m/sek; daraus Berechnung der Geschwindigkeit v. Relative mittlere Abweichung etwa $+0,8$ v. H. Anwendung: Laboratorium. Hier ist die Kleinheit des Meßgerätes ein besonderer Vorteil.

c) *Hitzdraht.* Ausnützung der Erscheinung, daß ein elektrisch geheizter Platindraht beim Vorbeistreichen einer Flüssigkeit seine Temperatur und damit seine Leitfähigkeit um so stärker ändert, je größer die Fließgeschwindigkeit ist. Die Temperaturänderung ist dabei das Maß für die Strömungsgeschwindigkeit. Die Messung der Änderung der Leitfähigkeit erfolgt durch eine WHEATSTONEsche Brücke. Verwendungsaussichten für das Laboratorium.

d) *Schwimmer*[2]. Messung der *Oberflächen*geschwindigkeit (*Oberflächen*schwimmer aus Holzkugeln oder Holzscheiben mit Fähnchen) und der *Tiefen*geschwindigkeit (*Tiefen*schwimmer aus unten beschwerten Holzstäben oder aus mit Bleischrot ausgewogenen Glasflaschen). Geringe Genauigkeit.

Gruppe C.

Verfahren zur unmittelbaren Erfassung der *mittleren* Durchflußgeschwindigkeit v_m, woraus sich dann die Abflußmenge mit $Q = v_m F$ ergibt.

---

[1] SCHAFFERNAK: Hydrographie. Wien: Springer 1935. — Vgl. auch OTT: Instrumentenkunde der praktischen Hydrometrie. Kempten. — KIRSCHMER und ESTERER: Die Genauigkeit einiger Wassermeßverfahren. Z. VDI. Nr. 44 (1930) (mit besonders ausführlichem Literaturnachweis über Hydrometrie). Weitere Literaturquelle siehe Fußnote 3, S. 244.

[2] UHDEN: Fortschritte in der Hydrometrie. Berlin: Krieg-Verlag 1940.

a) *Meßschirm.* Bewegen eines den ganzen Querschnitt ausfüllenden Schirmes (Weiterentwicklung der Idee des Stabschwimmers). Meßgenauigkeit ± 2 v.H., bei Verfeinerung des Meßverfahrens Verbesserung bis $\pm 0{,}2$ v.H. Verwendung nur in ganz regelmäßigen, nicht zu großen Gerinnen (Laboratorien)!

b) *Salzgeschwindigkeitsverfahren* von ALLEN[1]. Verwertung der Tatsache, daß eine in fließendes Wasser eingespritzte Salzlösung, die Salzwolke, wie ein Schwimmer die Geschwindigkeit des Wasserfadens annimmt bzw. sich wie ein Meßschirm mit der mittleren Abflußgeschwindigkeit v_m weiterbewegt, wenn sich die Salzwolke über den ganzen Durchflußquerschnitt ausbreitet. Die Feststellung des Durchganges der Salzwolke erfolgt über die veränderte Leitfähigkeit vermittels Elektroden. Anwendung vor allem bei Rohrleitungen.

Gruppe D.

Sie umfaßt alle jenen mittelbaren Meßverfahren, bei denen mit Hilfe anderer Bestimmungsstücke, die sich einfach messen lassen, wie Wasserstand, hydraulischer Druck oder Sättigungsgrad einer Mischung, die Durchflußmenge berechnet wird auf Grund theoretisch oder empirisch ermittelter Zusammenhänge zwischen der Durchflußmenge und diesen Bestimmungsstücken.

a) *Mengenmessung mit Hilfe des Meßwehres.* Hier bildet die *Überfallhöhe* das Maß für die Durchflußwassermenge (Überfallwassermenge). Für genaue Messungen kommen nur *vollkommene* Überfälle in Frage mit guter Belüftung des Überfallstrahles und ohne seitliche Einschnürung. Das scharfkantige Meßwehr mit diesen Einrichtungen stellt nach REHBOCK[2] ein Meßgerät dar, das bei der Verwendung der μ-Werte nach der Gleichung

$$\mu = 0{,}605 + \frac{1}{1000\,h_0} + 0{,}08\,\frac{h_0}{w}$$

($h_0 =$ Überfallhöhe, $w =$ Wehrhöhe)

bei bester Ausführung und Handhabung eine Unsicherheit von höchstens $\pm 0{,}5$ v.H. aufweist. Die Gleichung ist gültig für den Bereich $0{,}02 < h_0 < 0{,}3$ m. Der Anwendungsbereich der Meßüberfälle ist naturgemäß beschränkt.

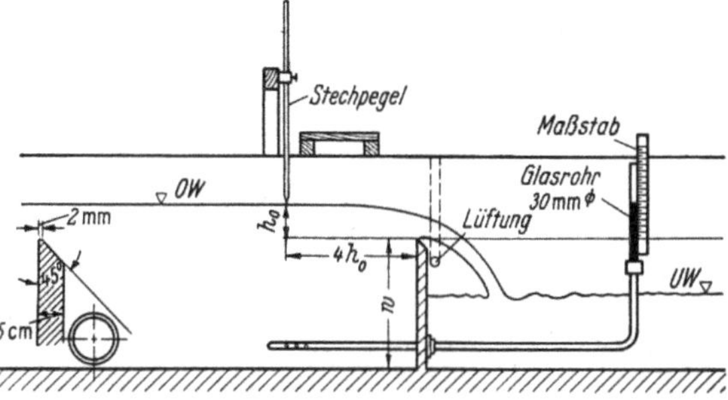

Abb. 144. Meßwehr nach den Normen des Schweizerischen Ingenieur- und Architektenvereins.

Abb. 144 gibt ein Meßwehr nach den Normen des Schweizerischen Ingenieur- und Architekten-Vereins wieder.

---

[1] ALLEN u. TAYLOR: The salt velocity method of water measurement. Trans. Amer. Soc. mech. Engrs. 1923.

[2] REHBOCK: Die Stetigkeit des Abflusses bei scharfkantigen Wehren. Bauingenieur 1930. H. 48.

b) *Mengenmessung mit der Danaide.* Sie besteht aus einem Behälter, dessen Boden eine Anzahl von Ausflußöffnungen mit genau gleichem Durchmesser aufweist, wodurch die gesamte Durchflußmenge entsprechend der Zahl der Öffnungen geteilt wird. Wegen der Gleichheit der einzelnen Ausflußöffnungen genügt meist die Mengenmessung *eines* Ausflußstrahles mittels einer Dezimalwaage. Die Genauigkeit bis etwa $\pm 0{,}2$ v. H. Die Anwendung ist auf kleine Durchflußmengen (Laboratorien) beschränkt.

c) *Venturimesser (Staudruckmeßgerät).* Der Venturimesser[1] beruht auf der Erscheinung, daß bei einer sich konisch verjüngenden und wieder erweiternden Druckrohrleitung an dieser Doppeltrichterstelle wegen der Kontinuität des Durchflusses eine Beschleunigung der Fließbewegung eintritt. Dieser Beschleunigung

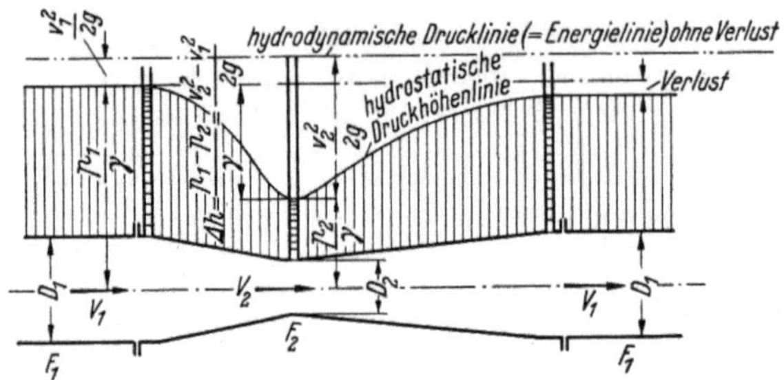

Abb. 145. Schematischer Schnitt durch einen Venturimesser.

entspricht eine Verminderung des hydrostatischen Druckes, die man messen kann und die ein ausgezeichnetes Maß zur Bestimmung der durchströmenden Flüssigkeitsmenge bildet. Dabei ist (vgl. Abb. 145)

$$Q = \alpha \sqrt{2 g \, \Delta h} \; \frac{\frac{\pi}{4} D_2^2}{\sqrt{1 - \left(\dfrac{D_2}{D_1}\right)^4}} = \mu \sqrt{2 g \, \Delta h} \; \frac{\pi D_2^2}{4} = \mu' F_2 \sqrt{\Delta h} \, .$$

Der HERSCHELsche Venturimesser hat vielfache Abänderungen erfahren. Man benutzt heute Stauscheiben (kleinste Baulänge!), Stauflansche, Staudüsen, Venturirohre mit Staudüsen und Venturirohre mit Doppelkonus (2 Beispiele in Abb. 146 u. 147). Alle diese Konstruktionen bezwecken, auf möglichst einfache Weise die Einengung eines Durchflußquerschnittes zu bewerkstelligen.

Die Genauigkeit der Ablesung der Druckdifferenz hängt wesentlich von der richtigen Druckabnahme, die meist kurz vor und hinter dem Staudruckgerät vorgenommen wird, und von der Übertragung der Druckgrößen p_1 und p_2 ab.

Bei Staudruckgeräten, die mit Behältermessung geeicht sind, kann eine Genauigkeit von $\pm 0{,}5$ v. H. erreicht werden, wenn man beim Messen nur im Bereich des geradlinig verlaufenden Teils der Eichkurve bleibt.

---

[1] HERSCHEL: The venturi meter by Cl. Herschel. Read before the Amer. Soc. Civ. Eng., 1887 — (Die Entdeckung VENTURIS i. J. 1797 wurde von HERSCHEL i. J. 1887 zum ersten Male zu Meßzwecken ausgewertet.)

Während die bisher behandelten Staudruck-Meßgeräte nur für Wassermengenmessungen in geschlossenen, unter Druck durchflossenen Rohrleitungen bestimmt sind und hier eine außerordentlich weitverbreitete Anwendung gefunden haben (z. B. bei Wasserwerken der Trinkwasserversorgung, bei Wasserkraftanlagen, Talsperren usw.),

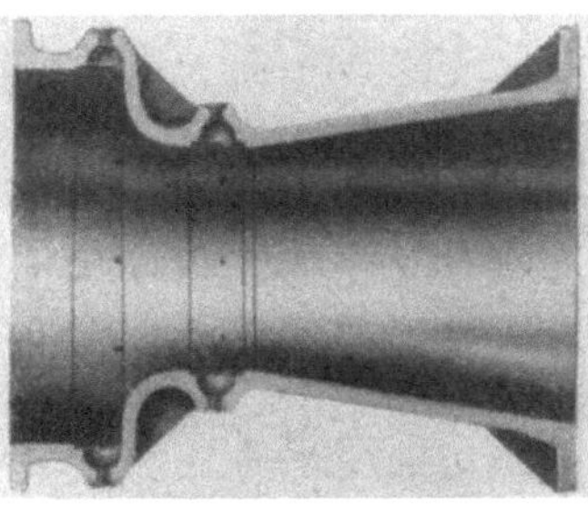

Abb. 146. Kurz-Venturirohr von 300 bis 2000 mm Durchmesser. (Ausführung Bopp und Reuther.)

Abb. 147. Venturi-Normblende mit Ringkammern. (Siemens u. Halske.)

wurde in der jüngsten Zeit auch ein *Venturi-Meßverfahren für offene Kanäle* entwickelt (*Venturi-Kanalmesser*).

Die Querschnittsverengung wird hier bewirkt durch seitliche Einschnürung (allmähliche Zusammenführung der Kanalseitenwände) und gegebenenfalls auch durch eine Bodenschwelle (Abb. 148). Der verengte Querschnitt wird allmählich wieder auf den ursprünglichen größeren Querschnitt übergeführt. Die Wassertiefe des durchfließenden Wassers sinkt dabei an der engsten Stelle auf die Tiefe h_2 ab. Der Spiegelunterschied $(h_1 - h_2)$ an der engsten Stelle ist ein Maß für die Durchflußmenge. Unter Berücksichtigung des rechteckigen Querschnitts ergibt sich *ohne* Schwelle[1]:

$$Q = \alpha\, b_2\, \sqrt{g}\; T\, h_1^{3/2},$$

wobei $T = \left(\dfrac{h_2}{h_1}\right)^{3/2}$. h_1 läßt sich durch den Schwimmerpegel genau feststellen und h_2 ergibt sich wegen $\dfrac{dQ}{dh_2} = 0$ ($Q =$ Maximum!) zu $h_2 = \dfrac{2}{3} H$. Ohne Bodenschwelle ist dabei T im Meßbereich konstant.

Mit Bodenschwelle ist T abhängig vom Ausdruck $\left(\dfrac{b_2}{b_1}\; \dfrac{h_1}{h_1 + a}\right)$ und kann für jedes h_1 unter Berücksichtigung der Ausbaugrößen b_1, b_2 und a schließlich dem Diagramm der Abb. 149 entnommen werden. Dieser Wert für T ist dann in obige Gleichung einzuführen.

---

[1] Uhden: Fortschritte der Hydrometrie. Kult.-techn. Abhandlg. H. 2. Berlin: Krieg-Verlag.

Wegen seiner geringen Empfindlichkeit gegen Verunreinigungen und der dadurch bedingten Betriebssicherheit wird der offene Venturi-Kanal-

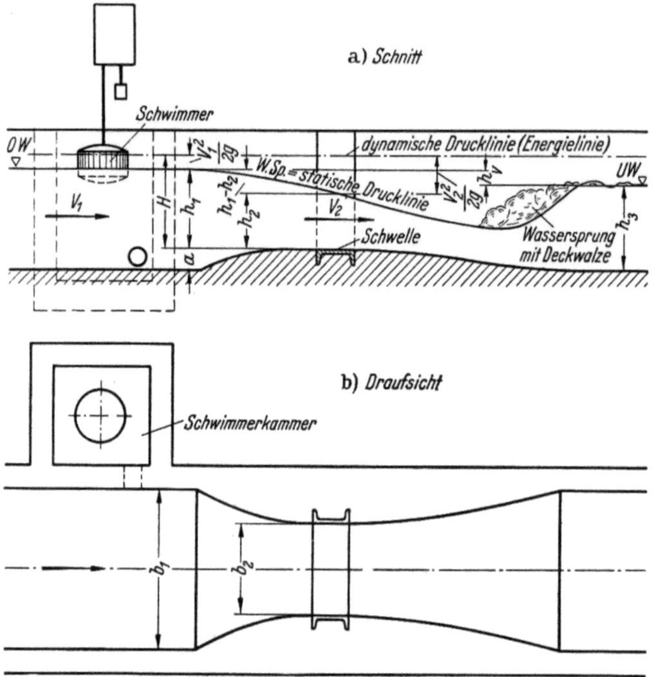

Abb. 148. Schematische Darstellung eines Venturi-Kanalmessers mit seitlicher Einschnürung und Bodenschwelle.

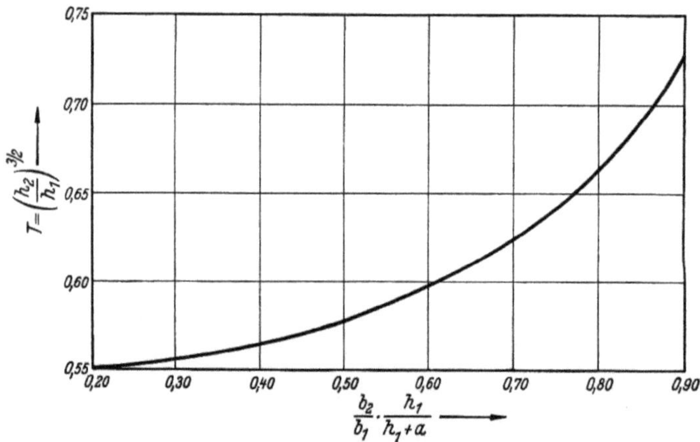

Abb. 149. Diagramm zur Bestimmung des Faktors $T = \left(\dfrac{h_2}{h_1}\right)^{3/2}$. (Nach FUESS, Berlin-Steglitz.)

messer bei Abwässerkanälen, aber auch bei Bewässerungsanlagen aller Art gern benutzt. Die Meßgenauigkeit liegt bei ± 2 v. H.

d) Mengenmessung durch *plötzliche Energievernichtung und Beobachtung des Druckanstiegs* (GIBSON-Verfahren[1]). Bei diesem Verfahren wird aus dem Druckanstieg, der während des Sperrens eines Abschlußorgans

Abb. 150a. Einspritzstelle an der Leutasch oberhalb Mittenwald. OTTscher tragbarer Einspritztank mit 120 l Fassungsraum; Ausflußmenge max 0,4 l/sec, ausreichend für Wildbäche mit bis zu 4 m³/sec Wasserführung.

(z. B. Leitapparat einer Turbine) in der Druckleitung durch Abbremsen der in Bewegung befindlichen Flüssigkeitsmasse entsteht, auf die Durchflußmenge geschlossen, die vor der Sperrung durch die Leitung floß. Die Aufzeichnung geschieht mittels eines Druckschreibers[2].

Die erzielte Genauigkeit ist ähnlich wie bei hydrometrischen Flügeln[3]; seine Verwendung ist beschränkt auf Rohrleitungen.

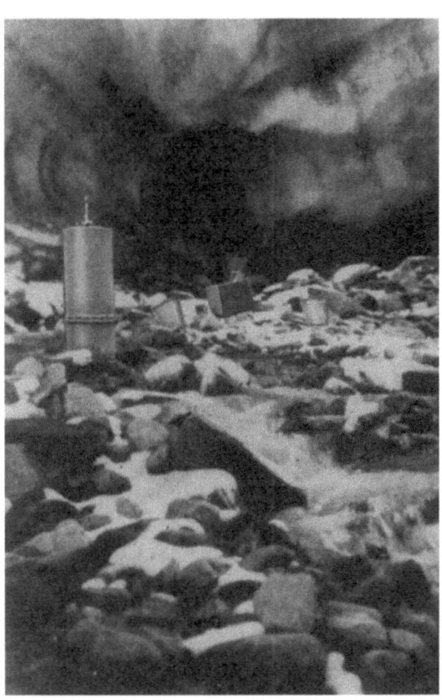

Abb. 150b. Messung des Abflusses ∞ im Gletschertor des Karlinger Gletschers (Tauerngebiet). (Nach OTT, Kempten.) Die Abbildung zeigt ein typisches Beispiel für die vorteilhafte Verwendung des Salzverdünnungsverfahrens.

[1] GIBSON: The GIBSON method and apparatus for measuring the flow of water in closed conducts. Trans. Amer. Soc. mech. Engrs. 1923.

[2] THOMA: Über den Genauigkeitsgrad des GIBSONschen Meßverfahrens. Mitt. Hydraul. Inst. T.-H. München. 1926, H. 1.

[3] KIRSCHMER: Vergleichsmessungen am Walchensee. Z. VDI. 1930, H. 17.

e) *Salz- und Farbverdünnungsverfahren*[1]. Es beruht auf dem Schluß auf die Durchfluß*menge* aus dem Sättigungsgrad der Mischung einer strömenden Flüssigkeit mit einer Lösung eines chemischen Stoffes, die dauernd in gleicher und bekannter Menge zugeführt wird. Die Kenntnis des Durchflußquerschnittes ist dabei *entbehrlich,* die *Schräg*anströmung ist *ohne Bedeutung.*

Die zuzuführende Lösung kann eine *heiße Quelle* von bekannter Ergiebigkeit sein (*thermisches* Verfahren durch Bestimmung der Anfangs- und Mischtemperatur); oder eine Salzlösung z. B. Kochsalz (*chemisches* Verfahren durch Bestimmung der Verdünnung mittels Titration, bzw. *elektrisches* Verfahren durch Bestimmung der Verdünnung über die Beobachtung der elektrischen Leitfähigkeitsänderung); oder ein *Farbstoff*

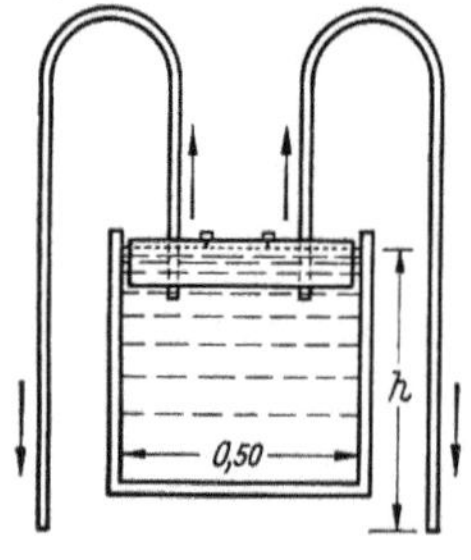

Abb. 151. Schnitt durch das Einspritzgefäß. (Nach LERNHARDT.)

(chromatisches oder kolorimetrisches Verfahren durch Bestimmung der Verdünnung mit einem Kolorimeter)[2].

Dieses Verfahren eignet sich besonders zur Wassermengenbestimmung in kleinen Abflußrinnsalen bei strudelndem, also stark turbulentem Durchfluß, wie er den Wildbächen eigentümlich ist. Seine Vorzüge treten also gerade da besonders in Erscheinung, wo die Flügelmessung schwierig oder unmöglich wird (Abb. 150a u. b, 151).

Unter günstigen Meßverhältnissen kann man beim Salzmischungsverfahren mit einer Unsicherheit zwischen $+1,4$ v. H. und $-1,2$ v. H. rechnen. Bei seiner Verbindung mit der Flügelmessung lassen sich fast alle praktisch auftretenden Aufgaben zur Messung der Durchflußmengen lösen.

2. Abflußmengenmessung mit Hilfe des hydrometrischen Flügels (Meßflügels)[3].

a) Der Meßflügel und seine Eichung.

Auf Seite 238 wurde bereits die Aufgabe des hydrometrischen Flügels wie folgt gekennzeichnet: Feststellung der Größe der Anströmgeschwindigkeit einzelner Wasserfäden aus der Umdrehungszahl der

---

[1] SCHAFFERNAK: Hydrographie. Zit. S. 238.

[2] LÜTSCHG: Bericht auf der Tagung des deutschen hydraulischen Ausschusses am 4. Nov. 1929 (Z. Wasserkr. u. Wasserw. 1928). — OESTERLE: Die direkte potentiometrische Salzbestimmung verdünnter Salzlösungen bei Wassermessungen (Salzverdünnungsverfahren). Z. Wasserkr. u. Wasserw. 1934, H. 13 u. 14. — KIRSCHMER: Z. Wasserkr. u. Wasserw. 1931 und 1937. — UHDEN: Fortschr. der Hydrometrie. Kulturtechn. Abh. Bd. II. Berlin: Krieg-Verlag 1940.

[3] HENN: Grundlagen der Wassermessung mit hydrometrischen Flügel. VII. Schrifttum. VDI-Forschungsheft 385. Ausgabe B. Bd. 8. Juli/Aug. 1937. (171 Literaturangaben).

Flügelschraube. Diese Meßaufgabe erfüllt die *Flügelschaufel*. Zusammen mit ihrer leicht drehbaren *Achse*, deren *Lagerung* und dem *mechanischen Zählwerk* oder *elektrischen Meldemechanismus* zur Registrierung der Umdrehungen bildet sie das Aggregat des „*Flügelkörpers*". Dieser muß nun so durch den Meßquerschnitt geführt werden, daß die Wassergeschwindigkeit überall verlässig festgestellt werden kann. Dazu bedarf es noch besonderer *Führungsvorrichtungen* am Meßgerät. Beide, Flügelkörper und Führungsvorrichtungen, zusammen stellen nun das dar, was man als „Meßflügel" zu bezeichnen pflegt[1].

Die bei uns im Gebrauch befindlichen Meßflügelausrüstungen zeigen eine außerordentliche Vielfalt in *jedem* ihrer Konstruktionselemente. Beim Flügelkörper ist diese Vielzahl der Formen aber nur *zu einem Teil*

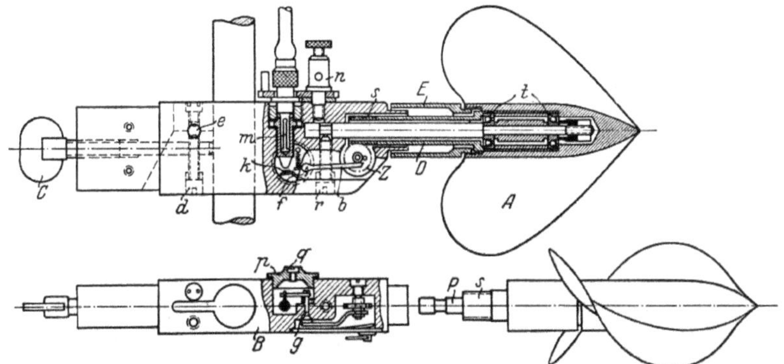

Abb. 152. Der vielgebrauchte OTT-Flügel V (Universalflügel) mit Kugellager und Öldichtung (Schraubendurchmesser 12, 8,6 cm; entspr. Steigung 25 oder 50 bzw. 12,5 bzw. 12,5 cm). Antriebschnecke 1gängig; 10 oder 20 Umdrehungen je Kontakt, 2gängig 5 oder 10 Umdrehungen je Kontakt; 5gängig 2 oder 4 Umdrehungen je Kontakt. (Nach OTT, Kempten.)

durch die verschiedenen Meßaufgaben und Meßbedingungen, also *natürlich* bedingt. In einem sehr erheblichen Maße beruhen die zahlreichen Konstruktionsformen auf „Parallelkonstruktionen, Zufälligkeiten und Beharrungserscheinungen"[1]. Im Verfolg der Bestrebungen, wie für den Wasserstandsbeobachtungsdienst in Deutschland auch für die gewässerkundliche Meßtechnik zu einheitlichen Vorschriften zu kommen, hat die Landesanstalt für Gewässerkunde und Hauptnivellement im Jahre 1938 neben den gewässerkundlichen Anstalten und wissenschaftlichen Stellen auch die wasserbautechnischen und kulturbautechnischen Dienststellen aufgefordert, ihre meßtechnischen Erfahrungen in den Dienst dieser Bestrebungen zu stellen.

α) *Flügelkörper*. Dessen wichtigster Bestandteil ist die auf leicht drehbarer horizontaler Achse sitzende *Flügelschaufel* (z. B. Abb. 152,

---

[1] Meßgeräte für den Abfluß und Wasserstand. VI. Baltische Hydrologische Konferenz. Berlin 1938. Landesanst. Gewässerkunde u. Hauptnivellement.

Abb. 152a u. b), deren Formen der zylindrischen Schraubenfläche entnommen sind. Dieses Schaufelrad wird durch die kleinere oder größere Anströmgeschwindigkeit in kleinere oder größere Rotationsbewegung versetzt. Die Zahl der Umdrehungen in der Zeiteinheit bildet dabei ein Maß für die Fließgeschwindigkeit der auf die Flügelschraube aufstoßenden Wasserfäden (Drehgeschwindigkeit des Flügelrades *annähernd proportional* der Wassergeschwindigkeit).

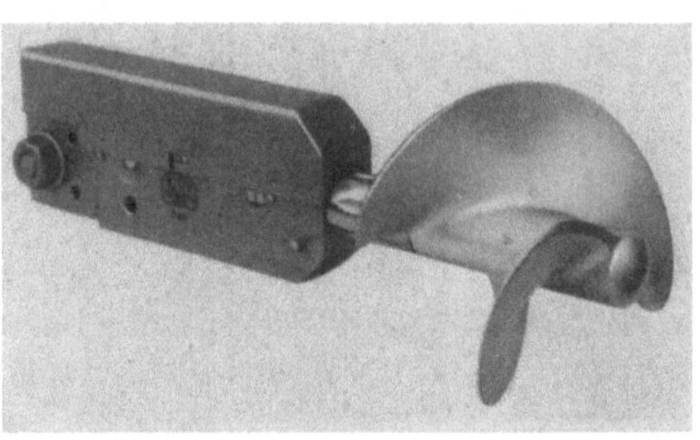

Abb. 152a. Komponentenschaufel A aus Bronze (10 cm Dmr., 12,5 cm Steigung), ist innerhalb der Schräganströmungswinkel von ±50° kompensiert. Besonders geeignet für Wirkungsgradmessungen an Niederdruckkraftanlagen mit v bis 2,5 m/sek.

Die Flügelschraube kann nun nach 3 Richtungen hin variiert werden. Einmal kann dies geschehen nach der *Form der Schraube selbst* (geradlinige Schraube, Cykloide, Hyperbel, Parabel, Komponentenschaufel[1]).

Eine weitere Formungsmöglichkeit bei der Flügelschaufel bietet die Variierung der *Ganghöhe*. Je geringer diese ist, um so größer wird vergleichsweise die Meßempfindlichkeit. Man wählt die Steigung im allgemeinen so, daß sich bei den hauptsächlich vorkommenden Wassergeschwindigkeiten weder zu große noch allzu kleine Umlauf-

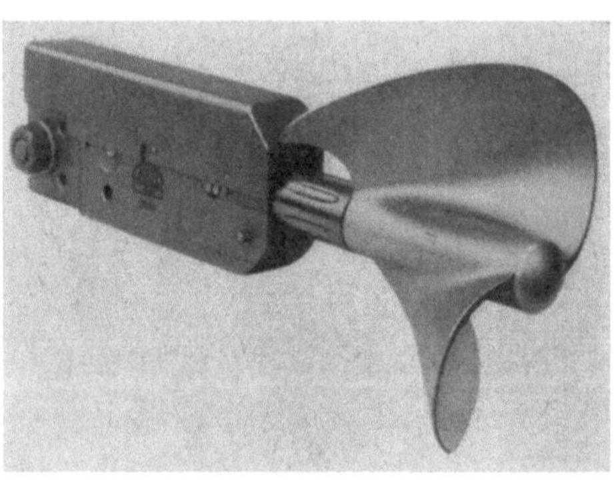

Abb. 152b. Komponentenschaufel F aus Bronze (12,5 cm Dmr., 25 cm Steigung); ist innerhalb der Schräganströmungswinkel von ±20° kompensiert. Hauptsächlich geeignet für Wirkungsgradmessungen an Hochdruckkraftanlagen mit v bis 5 m/sek sowie für Flußmessungen.

zahlen ergeben. Um bei Messungen mit Gruppenkontakten (Kontakte nach 10 und 20 Schaufelumdrehungen) gut meßbare Zeitabstände zu erhalten, empfiehlt es sich, je nach den gegebenen Verhältnissen, Flügel mit Schaufelsteigungen von 12,5, 25 und 50 cm zu wählen.

---

[1] Die Vollkomponentenschaufeln, von OTT, Kempten, entwickelt 1951, sind so gestaltet, daß sie auch bei Schräganströmung die Wassergeschwindigkeit senkrecht zum Meßprofil genau angeben, also $v = V \cdot \cos\alpha$, wobei $V = $ max Wassergeschwindigkeit im Meßpunkt ohne Rücksicht auf die Strömungsrichtung $\alpha = $ Anströmwinkel zur Senkrechten zum Meßprofil.

Einen dritten Formfaktor, der von Einfluß ist auf die Beziehung Umdrehungszahl—Wassergeschwindigkeit bietet die *Größe* des Schaufel-

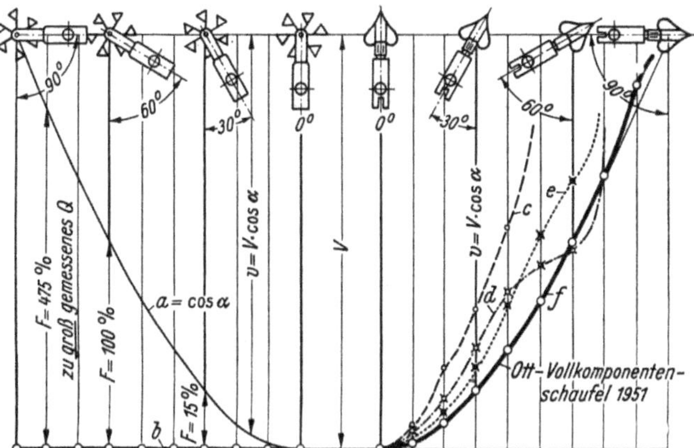

Abb. 152c. Einfluß von Schrägströmungen auf Schalenkreuzflügel (mit *senkrechter* Achse)[1] einerseits, sowie auf Schraubenflügel (mit *horizontaler* Achse) andererseits. *c, d, e* Schraubenflügel verschiedener Herstellerfirmen. *f* OTT-Vollkomponentenschaufel ab 1951 (D.R.P. a.).

rad*durchmessers.* So geht z. B. bei dem Killiflügel Type UF 3 (Abb. 153) die Anlaufgeschwindigkeit von etwa 4 cm/sek auf etwa 3 cm/sek herunter, wenn der Flügelschraubendurchmesser von 7 cm auf 10 cm ver-

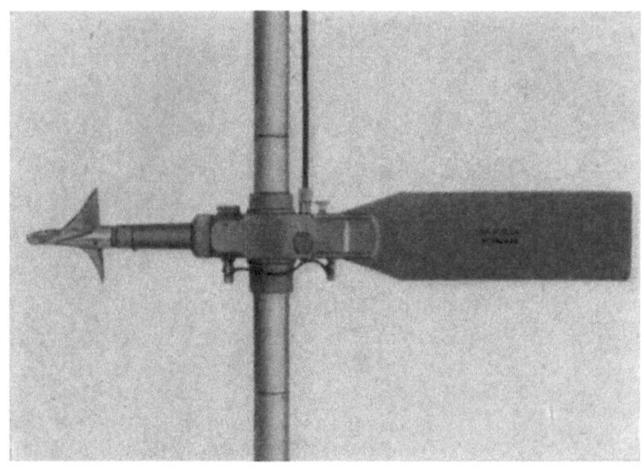

Abb. 153. KILLI-Flügel UF (Universalflügel) Schraubendurchmesser 7 cm; Anlauf je nach Lager bei 10 bzw. 6 bzw. 4 cm/sek.

größert wird. Als Normal-Schaufeldurchmesser gelten 12 cm, die in seichten Gewässern bis auf etwa 6 cm heruntergehen können.

Zum Schutz gegen Beschädigung der Schaufeln wird, besonders bei Flügeln mit Spitzenlagerung, um das Flügelrad vielfach ein Schutzring

---

[1] messen immer v_{max}.

angebracht. Dieser beeinträchtigt die Meßgenauigkeit keineswegs, ja bei wirbelnder oder schräg zur Flügelachse verlaufender Strömung wird sie

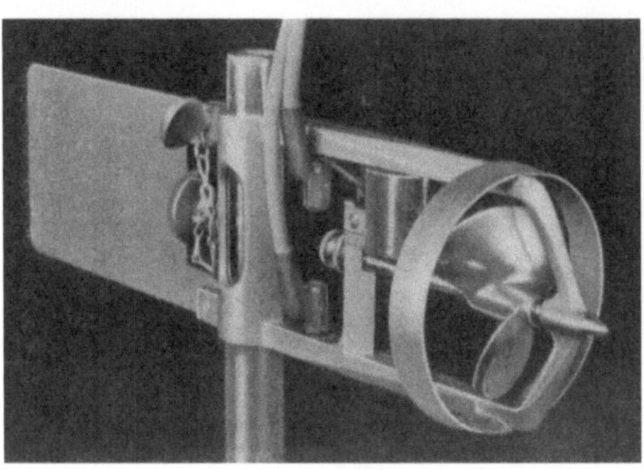

Abb. 154. Kleiner Ringflügel X. Achse in Spitzenlagern, Kontakt offen. (OTT, Kempten.) In stark Sand führendem Wasser günstig wegen geringer Möglichkeit zur Verschmutzung.

sogar günstig beeinflußt (Abb. 154).

2. Ein weiterer wichtiger Teil des Flügelkörpers ist das *Lager* für die Schaufelachse, das als Halslager, Kugellager (Abb. 152 [*t*]), Rollenlager und Spitzenlager ausgeführt wird. Von dieser Art der Lagerung ist der Reibungswiderstand des Flügels und damit die Größe der

Anlaufgeschwindigkeit, bei der sich der Flügel zu drehen beginnt („anspricht"), abhängig. Je feiner die Achslagerung ausgeführt wird, desto kleiner wird die Anlaufgeschwindigkeit, um so empfindlicher wird aber

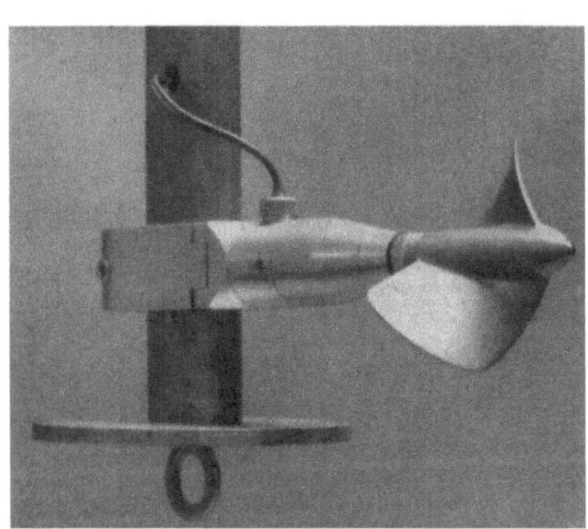

Abb. 155. AMSLER-Flügel Nr. 7 mit Batterie und Signalapparat. Spezialflügel zur Messung der Geschwindigkeiten in Gletscherbächen oder sonstigen stark sandführenden Gewässern. Flügelraddurchmesser 9 cm, Anlaufgeschwindigkeit bei etwa 12 cm/sek. (AMSLER, Schaffhausen.)

auch der Flügel gegenüber größeren Wassergeschwindigkeiten, um so begrenzter wird also sein Anwendungsbereich (Eignung nur für Messung kleiner Geschwindigkeiten). Bei $v > 0,5$ m/sek tritt der Einfluß der Reibung zurück, die Tourenzahl der Flügelschaufel hängt dann fast nur noch von deren Form ab.

Von Bedeutung ist die Frage hinsichtlich der Wasserzugänglichkeit oder des Wasserabschlusses der Lager. Einen *vollkommenen* Schutz der Kugellager bietet der

OTTsche Universalflügel V (Abb. 152). Noch weiter geht die Konstruktion des Flügels Nr. 7 von AMSLER, Schaffhausen (Abb. 155). Denn hier wird nicht nur das Lager, sondern auch noch der Zählmechanismus durch *eine patentierte Drucköllkammer* gegen den Wasserzutritt und damit gegen das Eindringen der feinen Sandteile, der „Gletschermilch", geschützt.

3. Der dritte Zubehörteil zum Flügelkörper sind die Einrichtungen zur Feststellung der Zahl der in der Zeiteinheit vollführten Umdrehungen der Flügelschaufeln, also die *Zähl- und Signalvorrichtungen*. Sie bestehen in einer Schnecke (ein- oder zweigängig), die die Umdrehungen der Flügelschaufel auf ein mit einem Kontaktstift versehenes Zahnrad, das Kontaktrad, oder — bei Verzicht auf elektrische Übertragung — auf zwei mit Bezifferung versehene Zahnräder überträgt und die durch Schnurzug ein- und ausgerückt werden können (*mechanisches Zählwerk*, Abb. 156). Besitzt das in die eingängige Schnecke eingreifende Zahnrad n Zähne, dann entsprechen n Schaufeldrehungen 1 Zahnradumdrehung, bei zweigängiger Schnecke $n/2$ Schaufeldrehungen 1 Zahnradumdrehung. Bei Vorhandensein eines Kontaktstiftes erfolgt also für je n bzw. $n/2$ (bei zweigängiger Schnecke) Schaufelumdrehungen *ein* Kontakt, bei 2, 4 Kontaktstiften bei eingängiger Schnecke nach $n/2$, $n/4$, bei

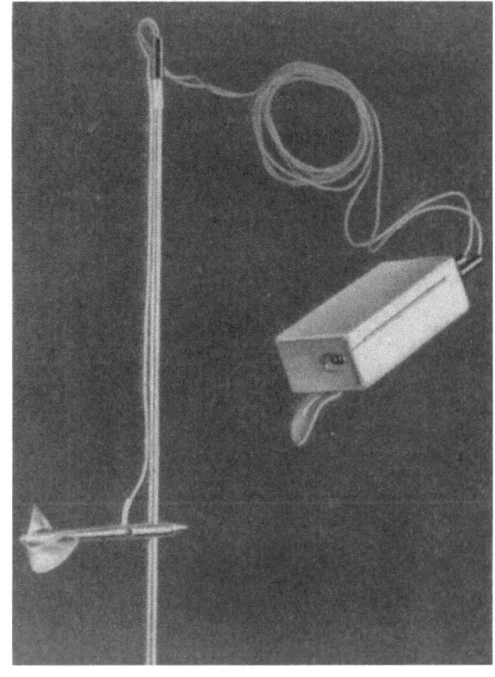

Abb. 156. Kleinflügel in Verwendung mit Zählwerk. (OTT, Kempten.)

4 Schaufeln: Nr.   1   2   3   4
                         (Komponentenschaufel)

Steigung   5   10   25   50
bis v = m/sek 0,5   1   2,5   5

Verwendung: hauptsächlich in wasserbaulichen Versuchsanstalten.

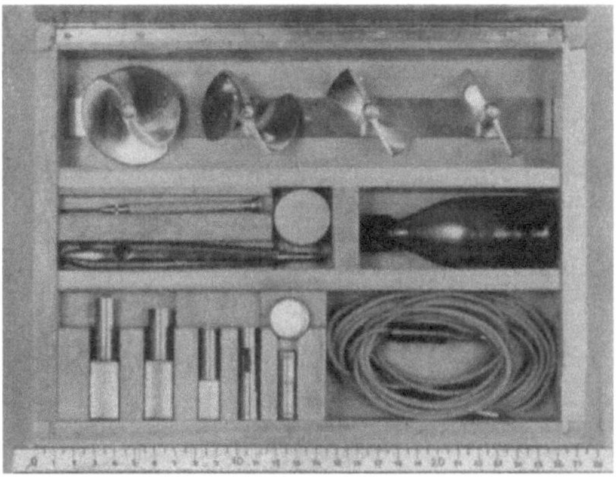

Abb. 156a. Die 4 Schaufeln zum OTT-Kleinflügel. (OTT, Kempten.)

Abb. 157. Stoppuhrschalter mit Summer, zum Schalten der Stoppuhr durch den Flügelkontakt.
Ingangsetzen und Anhalten der Stoppuhr erfolgt elektrisch. (OTT, Kempten.)

Abb. 158a. Bandchronograph mit 6 Schreibfedern. (OTT, Kempten.)

Abb. 158b. Bandchronograph mit 12 Schreibfedern. (OTT, Kempten.)

zweigängiger nach $n/4$, $n/8$ Umdrehungen des Flügelrades *ein* Kontakt.

Wegen des bequemen Gebrauches verwendet man statt mechanischer Zählwerke meist *elektrische Signaleinrichtungen*, die durch Kabel mit den Flügelkontakten verbunden sind und dauernd die Umdrehungsgeschwindigkeiten anzeigen. Als Signalapparate werden verwendet *elektrische Klingel* (Summer), *Telephonhörer* und bei umfangreicheren Messungen selbstregistrierende Apparate (elektrische Tourenzähler, Bandchronographen (Abb. 158a u. b) oder vollautomatische (rechnende) Selbstschreiber für Abflußmengenmessungen nach TÜRK (vgl. Abb. 124b u. c, S. 207).

β) Führungsvorrichtungen. Zum Unterschied gegenüber den Flügelkörpern ist die Verschiedenheit der in Verwendung befindlichen Führungsvorrichtungen durch

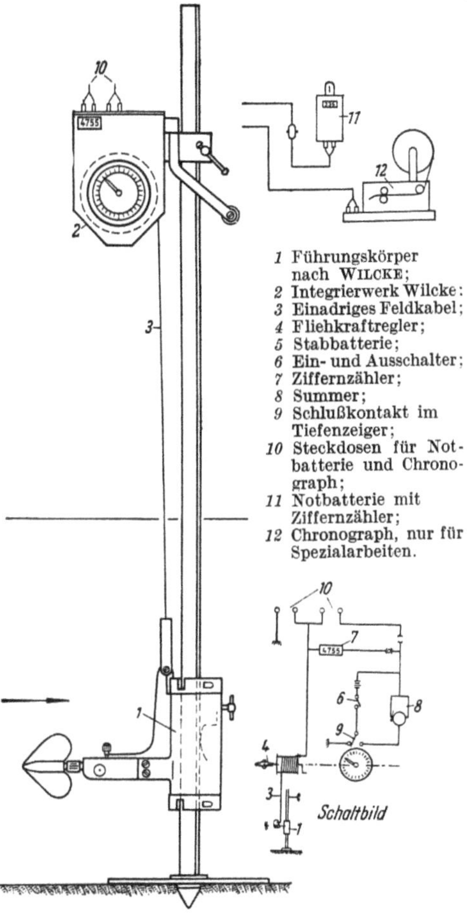

Abb. 159. Gleitflügel an 32 mm-Stange mit Integrierwerk Wilcke. (OTT, Kempten.)

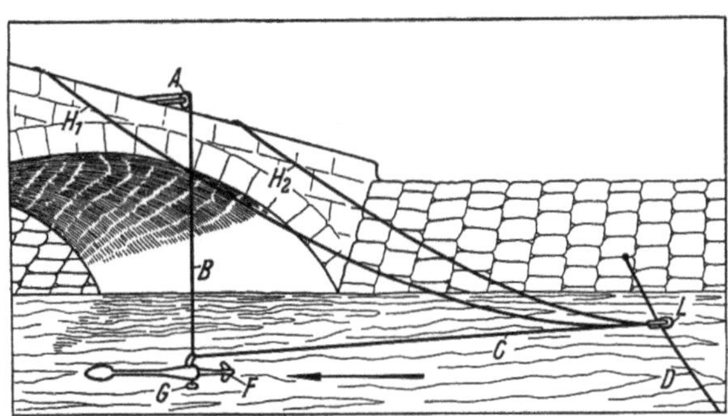

Abb. 160. Messung mit gefesseltem Schwimmflügel von einer Brücke aus. (OTT, Kempten.)

die sehr großen Unterschiede in der Eigenart und Größe der Gewässer (Wassertiefe, Strömungsgeschwindigkeit, Turbulenz) *natürlich* bedingt.

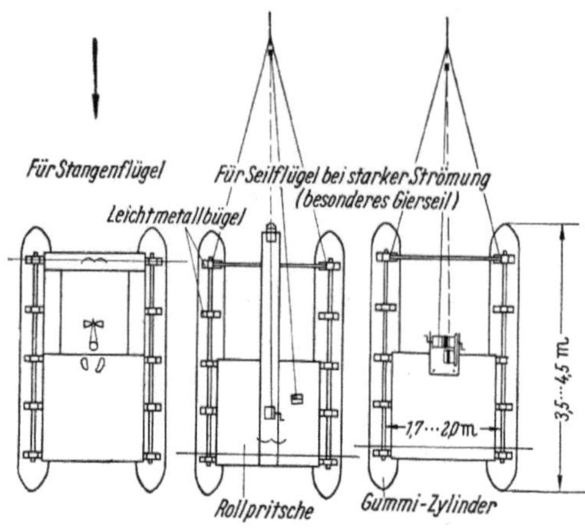

Abb. 161. Zerlegbares Meßfloß nach WILCKE.
(Nach OTT, Kempten.)

So gebraucht man Führungen an aufstehenden und hängenden Stangen von verschiedener Länge, Stärke und Querschnittsform (rund, oval, stromlinienförmig) je nach Meßtiefe, Strömungsdruck und Standort des Beobachters (Abb. 159), sowie Seilführungen in verschiedener Stärke und Anordnung (Abb. 160). Entsprechend ergeben sich Arbeitsweisen von besonderen Meßstegen oder vorhandenen Brücken (Abb. 160), von angehängten oder mit eigener Kraft im Meßquerschnitt gehaltenen Fahrzeugen aus (Abb. 161 u. 161a).

Die wasserwirtschaftliche Betriebskontrolle fertiger Anlagen erfordert vielfach Einbauten von Meßflügeln für Dauergebrauch. In anderen

Abb. 161a. Wassermessung mit einem Flachboot im Schwarzen Regen.

Fällen, besonders z. B. bei Großwasserkraftanlagen, werden ganze Ketten von Flügeln an geeigneten Tragkonstruktionen zusammengefaßt, um eine Wassermessung möglichst rasch unter Zuhilfenahme eines Bandchronographen und gleichzeitig mit möglichster Genauigkeit durchzuführen. Als Beispiel dafür ist eine solche Meßvorrichtung des Rheinkraftwerkes Rheinfelden in Abb. 162 dargestellt.

γ) *Flügeleichung.* Der *Zusammenhang zwischen der Drehzahl des Flügelrads und der Anströmgeschwindigkeit der Wasserfäden* wird empirisch durch Eichung des Flügels ermittelt[1].

Besitzen die anströmenden Wasserfäden die Geschwindigkeit v (m/sek), ist die Ganghöhe (Steigung) der Schraubenfläche k und ist die Umdrehungszahl der Schaufel in der Zeiteinheit, die Drehzahl, gleich n

Abb. 162. Meßrahmen System BITTERLI-Rheinfelden für gleichzeitige Messung mit bis zu 30 und mehr Flügeln. Die Bewegung der Rahmen erfolgt mit der im Hintergrund sichtbaren Winde. Vertikale Stangen 54×27 mm, horizontale Stangen 75×35 mm Querschnitt. Führungswagen den Dammbalkenschlitzen angepaßt und mit federnden Laufrollen versehen. (Nach OTT, Kempten.)

(Drehzahl/sek), dann besteht bei achsialer Anströmung unter der Voraussetzung eines ideellen, reibungsfreien Bewegungsvorganges des Wassers wie der Schaufel die geometrische Beziehung

$$v = k\,n \quad \text{(ideelle Flügelgleichung).}$$

k gibt die Tangente des Neigungswinkels α der ideellen Flügelgleichungslinie mit der n-Achse ($k = \mathrm{tg}\,\alpha$); $v = k\,n$ stellt eine Gerade durch den Ursprung dar.

Wegen der mechanischen und hydraulischen Widerstände (Reibungs- und Formwiderstände sowie Turbulenz) ist diese ideelle Flügelgleichung zu berichtigen. Sie ergibt eine Hyperbel. In den allermeisten

---

[1] OTT: Theorie und Konstantenbestimmung des hydrometrischen Flügels. Berlin: Springer 1925

Fällen kann diese Hyperbel durch zwei sich schneidende Gerade ersetzt werden (Abb. 163)

$$v = a + b\,n,$$
$$v = a' + b'\,n,$$

wobei die eine den Bereich der kleineren, die andere jenen der größeren Drehzahlen erfaßt. In manchen Fällen fallen beide Gerade zu einer zusammen, so daß dann die Flügelgleichung die einfache Form annimmt:

$$v = a + b\,n.$$

Die *Eichungen* der hydrometrischen Flügel erfolgen heute fast durchweg in stehendem Wasser[1,2], wobei der Meßflügel mit bekannter Vor-

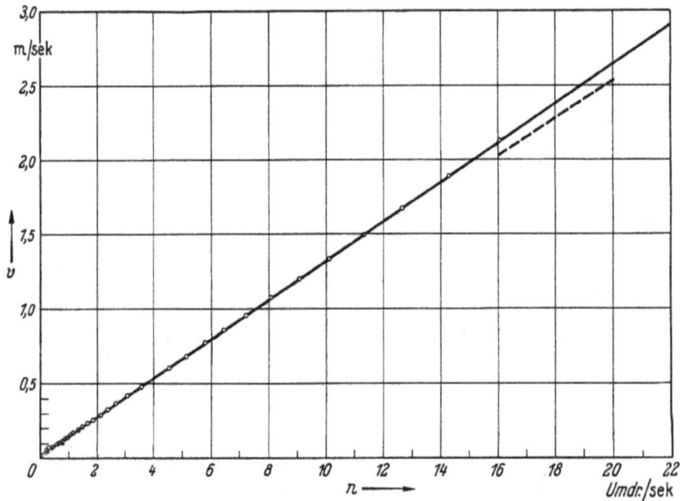

Abb. 163. Eichung des OTT-Flügels Nr. 1149 mit 32 Fahrten am 29. 6. 1937.
Flügelgleichungen: 1) $v = 0{,}020 + 0{,}12647 \cdot n$ für $n \leqq 3{,}4$; 2) $v = 0{,}13235 \cdot n$ für $n \geqq 3{,}4$.

schubgeschwindigkeit v geschleppt wird. Aus der Drehzahl n_1 im Bereich des stationären, d. h. des mit der Zeit *unveränderlichen* Bewegungszustandes des Meßwagens mit der Vorschubgeschwindigkeit v_1 ergibt sich $v_1 = f(n_1)$. Für verschiedene Vorschubgeschwindigkeiten erhält man dann weitere Wertepaare v und n. Trägt man diese nun auf und legt durch die so erhaltene Punktreihe die Schwerlinie, so erhält man auf diesem graphischen Wege die Linie der Flügelgleichung und empirisch die Flügelgleichung selbst.

In Abb. 163 ist die Eichlinie eines Flügels System OTT (Kempten) mit den Meßpunkten aufgetragen[3].

---

[1] Siehe S. 253, Fußnote.

[2] Vgl. dazu auch SCHAFFERNAK: Hydrographie. Zit. S. 238ff.

[3] Eichung des Verfassers mit dem OTTschen Meßwagen in der Versuchsanstalt f. Wasserbau der T.-H. München.

Nach den neuesten Untersuchungen von NATERMANN[1] ist die Drehgeschwindigkeit der Flügelschaufeln auch abhängig von der Art des zur Flügelölung verwendeten Öles und von der Temperatur. Deshalb ist mit dem Eichergebnis die Charakteristik des bei der Eichung im Flügel befindlichen Öles (meist wird es Spindelöl von 5,2 Englergraden bei 15° C sein) und die Temperatur anzugeben, bei der die Eichung stattfand. Bei der Benützung des Flügels ist ebenfalls die Wassertemperatur zu bestimmen, um die Berichtigung der sich aus der Eichkurve ergebenden Geschwindigkeit vornehmen zu können. Abb. 164 erlaubt

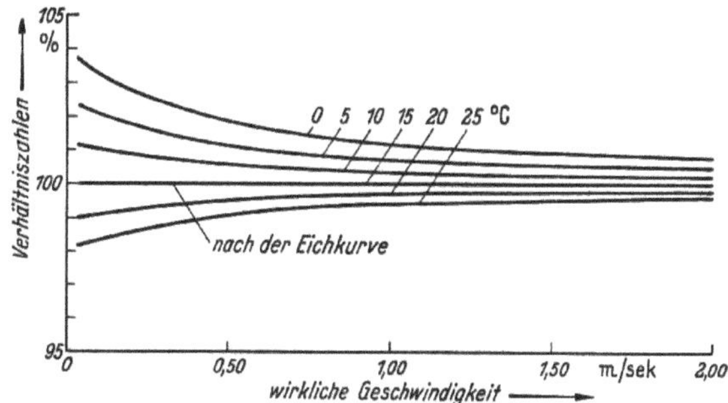

Abb. 164. Auf der Eichkurve abgelesene und wirkliche Wassergeschwindigkeiten in Abhängigkeit von der Wasserwärme bei Spindelöl von 5,2 Englergrade bei 15° C. (Nach NATERMANN.)

dann den Korrekturfaktor aufzusuchen. Bei 0° Wasserwärme ist z. B. die tatsächliche Wassergeschwindigkeit bei kleinen Fließgeschwindigkeiten bis 3,7% größer, als die von der Eichkurve angegebene.

Meßgenauigkeit. Unter den günstigsten Vorbedingungen (z. B. in einer wasserbaulichen Versuchsanstalt, die mit verlässigen Meßeinrichtungen ausgestattet ist) beträgt beim Punktmeßverfahren die mittlere Abweichung −0,4 v. H. von der Urmessung (Behältermessung), wobei mit einer größten Streuung der Meßwerte von ±1,2 v. H. gerechnet werden muß. Es kann sohin die Unsicherheit einer Einzelmessung gegenüber der Urmessung zwischen +0,9 v. H. und −1,7 v. H betragen[2].

b) Durchführung der Flügelmessung und ihre Auswertung.

α) *Durchführung der Messung.* Das Kennzeichnende für Flügelmessungen ist die Ermittlung der Anströmgeschwindigkeit in einzelnen Punkten, um dann daraus die *mittlere* Geschwindigkeit v_m in den einzelnen Meßloten (m/sek) herzuleiten. Die mit der Wassermessung ver-

---

[1] NATERMANN: Über die Zuverlässigkeit der Flügelmessungen. Die Wasserwirtsch. 1950/51. S. 274.

[2] KIRSCHMER u. ESTERER: Die Genauigkeit einiger Wassermeßverfahren. Z. VDI. Zit. S. 238.

Tabelle 46. *Protokoll für Durchflußmengen-*

Nr. der Lot- rechten	Abstand vom Nullpunkt auf dem linken / rechten Ufer m	Wassertiefe in der Lotrechten t_0 m	Beginn und Ende der Messung in der Lotrechten	Tiefe der Flügelachse unter dem Wasser- spiegel m	Dauer der Messung ($\geqq$ 100 sek) Sekunden	Zahl der Flügel- umdrehungen während der Messung
1	2	3	4	5	6	7

bundene gleichzeitige *Aufnahme des Meßprofils* (Durchflußprofils) F (m²) erlaubt dann über die Beziehung

$$Q = \int\limits_0^b v_m \, df$$

die Abflußwassermenge Q (m³/sek) zu ermitteln.

Bei *Meßprofilen* handelt es sich um Gewässerquerschnitte, für deren Auswahl ähnliche Überlegungen maßgebend sind wie bei der Auswahl eines Pegelprofils (S. 216). Wenn irgend angängig, wird man zur Wassermessung ein Pegelprofil benutzen. Ist das nicht möglich, wird man mit Überlegung einen anderen geeigneten Flußquerschnitt zur Wassermessung auswählen. Dieser Querschnitt sollte in einer möglichst regelmäßigen, ziemlich geraden Flußstrecke liegen. Das Profil soll frei sein von Staueinfluß (auch Windstau), von Inseln, Einbauten, aber auch von Wasserwalzen, Luftbeimischung und Pflanzenwuchs. Die Profilform soll möglichst bei allen Wasserständen gleich, die Sohle möglichst unveränderlich, das Gefälle gleichmäßig bleiben.

Die Aufnahme des Querprofils muß mit großer Peinlichkeit durchgeführt werden, da ja die Abflußmenge auch von der Querschnittsgröße abhängt. Nach der Aufnahme des Profils muß entschieden werden, wohin die Meßlotrechten I, II, III … gelegt werden.

Bisher war es üblich, sie möglichst an den Sohlenbrechpunkten anzuordnen, um die Querschnitts*form* zu berücksichtigen (vgl. Abb. 165 und Tab. 47). Neuerdings schlägt van Rinsum vor, die Lotrechten mit durchaus *gleichen* Abständen einzuteilen, um die Berücksichtigung des Gewichts der Geschwindigkeitskurven mit den zugehörigen Breiten bei der Mittelwertsbildung zu vereinfachen. Soweit es die örtlichen Verhältnisse erfordern, könnten dann noch zusätzliche Lotrechte eingeschaltet werden, die aber dann bei der Berechnung der Mittelwertskurve mit einem verminderten Gewicht zu berücksichtigen sind[1]. Wählt man die *Zahl* der Lotrechten nicht zu knapp, dann werden sich solche Zwischenschaltungen meist vermeiden lassen.

---

[1] v. Rinsum: Der Abfluß in offenen natürlichen Wasserläufen. S. 42. Zit. S. 192.

Messungen (Muster für das Feldbuch).

Zeitdauer von 100 Umdrehungen Sekunden	Mittlere Geschwindigkeit m/sek	Wasserstandsbeobachtungen			
		Zeit	Hauptpegel cm	Hilfspegel cm	Bemerkungen
8	9	10	11	12	13

Nun zur Unterteilung der *Lotrechten* von der Tiefe t_0! Da die Meßpunkte nächst der Sohle und knapp unter dem Wasserspiegel am ehesten äußeren Hemmungen unterworfen, also unsicher sind, sollte an mindestens noch 3 Punkten, also im ganzen an *mindestens* 5 Punkten gemessen

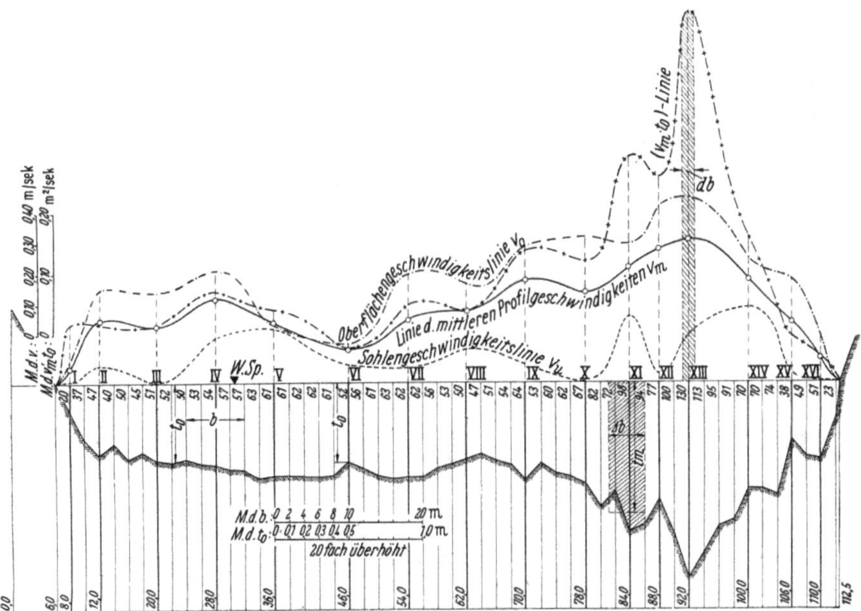

Abb. 165. Meßprofil mit den Ergebnissen der Geschwindigkeitsmessungen.

werden (Ausnahmen: bei den Uferlotrechten und bei Tiefen t_0 unter 0,50 m; bei diesen aber unter allen Umständen einen Punkt bei $t = 0{,}4\,t_0$, gemessen von der *Sohle* aus). Im Hinblick auf die Krümmung der Geschwindigkeitskurve (Viertelellipse nach VAN RINSUM) sollten sich die Meßpunkte nach der Tiefe zu häufen, d. h. ihre Abstände nach unten zu abnehmen. Die Zahl der Unterteilungspunkte richtet sich natürlich nach der vorherrschenden Tiefe und soll für möglichst viele Lotrechte

Streck, Wasserwirtschaft.   17

beibehalten werden. Als allgemeines Einteilungsverhältnis, *von der Sohle aus gerechnet*, wird vorgeschlagen:

$$t = 0{,}05 \quad 0{,}10 \quad 0{,}15 \quad 0{,}30 \quad \textit{0,40} \quad 0{,}60 \quad 0{,}80 \; \text{W.Sp.} \; (\times t_0).$$

Bei geringer Tiefe wird die Zahl der Punkte eingeschränkt. Doch wird der Wert $0{,}40\, t_0$ *immer* verwendet, weil er nahe dem Mittelwert v_m der Geschwindigkeitskurve liegt.

Die Messung selbst wird am besten und zuverlässigsten nach dem *Punktmeß*verfahren durchgeführt, wobei die sämtlichen Punkte eines Lotes — von unten her beginnend — durchgemessen werden, ehe das Meßgerät an die nächste Vertikale verholt wird. Andere Meßverfahren sind die *Pendelpunkt*messung und das *Integrations*verfahren. Während der Messung muß dauernd darauf geachtet werden, ob der Flügel einwandfrei arbeitet, d. h. nicht behindert ist durch Schwemmsel und Geschiebegang, insbesondere auch nicht durch letzteren irgendwie beschädigt wird. Daß man sich vor Durchführung der Messung davon überzeugen muß, ob der zu benutzende Flügel in Ordnung ist[1], d. h. ob die zugrunde zu legende Eichkurve für denselben noch Gültigkeit besitzt, ist wohl selbstverständlich.

Die Meßergebnisse werden laufend in das Feldbuch eingetragen (etwa nach dem Muster der Tab. 46)[2].

β) Auswertung der Messungen. Sie erfolgt meist graphisch. Zunächst werden mit Hilfe der Linie der Flügelgleichungen die Anströmgeschwindigkeiten aus den, für die einzelnen Meßpunkte festgestellten Schraubenumdrehungszahlen in der Sekunde ermittelt. In Abb. 163 entsprechen z. B. 5 Umdrehungen in der Sekunde einem $v = 0{,}66$ m/sek. (Aus der zugehörigen Flügelgleichung $v = 0{,}13235\, n$ ergäbe sich für $n = 5$ Umdrehungen/sek $v = 0{,}662$ m/sek). Trägt man nun für jedes Meßlot in den einzelnen Meßpunkten die ermittelten v-Werte normal zur Vertikalen an und verbindet deren Endpunkte durch eine Linie, wobei jede Glättung dieser Linie vermieden werden muß, so erhält man die *Vertikalgeschwindigkeitslinien*. Diese sind jeweils bis zum Wasserspiegel und bis zur Sohle fortzuführen. Sie geben die Geschwindigkeitsverteilung in jeder Meßlotrechten an.

In Abb. 165 ist in 20facher Überhöhung ein Flußquerprofil dargestellt, in dem eine Wassermessung durchgeführt wurde. Der Wasserspiegel liegt auf Niedrigwasserstand (NW). Zur Messung war das Profil in 16 Meßlote (I, II, III … bis XVI) eingeteilt. Das Ergebnis der Flügelmessungen zeigen die Vertikalgeschwindigkeitslinien der Abb. 166.

---

[1] Zur Vermeidung einer Verharzung der Flügel sollten sie alljährlich gründlich mit Benzin entölt und dann frisch geölt werden. Immer das gleiche Öl nehmen oder neu eichen!

[2] WITTMANN: „Wasserwirtschaft" in SCHLEICHER: Taschenbuch f. Bauing. Berlin/Göttingen/Heidelberg: Springer 1949.

An diesen Auftragungen fällt sofort die große Unregelmäßigkeit hinsichtlich der Größe der Geschwindigkeiten an den verschiedenen Stellen

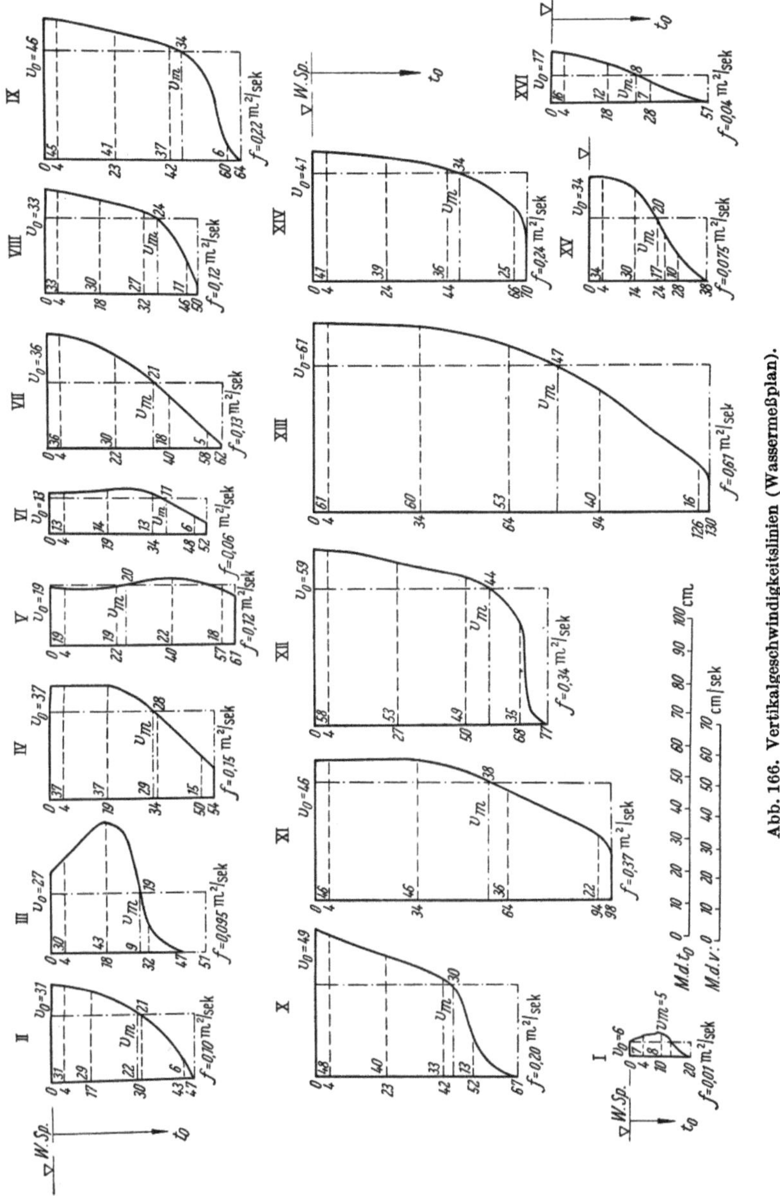

Abb. 166. Vertikalgeschwindigkeitslinien (Wassermeßplan).

des untersuchten Wasserquerschnittes auf. Die Geschwindigkeiten ändern sich nicht nur mit der Tiefe, sondern auch mit dem Abstand von

17*

Tabelle 47.

Profilgrößen	Profilabschnitt (Meßlot)																$\Sigma \Delta F = F$ bzw. $\Sigma q = Q$
	I	II	III	IV	V	VI	VII	VIII	IX	X	XI	XII	XIII	XIV	XV	XVI	
Meßlottiefe des Profilabschnitts . . . . . t_0	0,20	0,47	0,51	0,54	0,61	0,52	0,62	0,50	0,64	0,67	0,98	0,77	1,30	0,70	0,38	0,51	
Profilabschnittsbreite . Δb	4,00	6,00	8,00	8,00	9,00	9,00	8,00	8,00	8,00	7,00	5,00	4,00	6,00	7,00	5,00	4,50	
Mittlere Geschwindigkeit im Meßlot . . . . . v_m	0,05	0,21	0,19	0,28	0,20	0,11	0,21	0,24	0,34	0,30	0,38	0,44	0,47	0,34	0,20	0,08	
Mittlere Profilabschnittstiefe . . . . t_m	0,19	0,44	0,50	0,54	0,61	0,59	0,61	0,55	0,56	0,69	0,86	0,90	1,10	0,80	0,57	0,37	
Profilabschnittsfläche $(t_m \Delta b) = \Delta F$	0,76	2,60	3,97	4,35	5,48	5,30	4,85	4,44	4,52	4,85	4,30	3,62	6,58	5,61	2,87	1,64	65,74
Durchflußmenge im Profilabschnitt . . $(v_m f) = q$	0,04	0,55	0,75	1,22	1,10	0,58	1,02	1,06	1,54	1,45	1,63	1,60	3,10	1,96	0,57	0,13	18,30
$v_m t_0$	0,01	0,10	0,095	0,15	0,12	0,06	0,13	0,12	0,22	0,20	0,37	0,34	0,61	0,24	0,075	0,04	

den Ufern. Wenn dafür nun auch keine absolute Gesetzmäßigkeit besteht, welche sich genau mathematisch ausdrücken läßt, so zeigt sich doch einwandfrei der Einfluß der Rauhigkeit an der Sohle und an den Uferböschungen auf die Größe der Geschwindigkeit der einzelnen Wasserfäden. Denn nach unten und nach den Ufern zu nehmen die Geschwindigkeiten ausnahmslos ab. Außerdem ergeben sich die geringeren Oberflächengeschwindigkeiten an seichteren Stellen, das größte v_0 aber an der tiefsten Stelle (vgl. die v_n- bzw. v_0-Linien in Abb. 165.)

Sehr anschaulich kommen diese eben gekennzeichneten Tatsachen in Abb. 167 zum Ausdruck, in der für das Meßprofil die Linien gleicher Geschwindigkeiten (Isotachen) eingetragen sind. Es ist nützlich, sich dieses Strömungsbild seinem Wesen nach gut einzuprägen und an dessen Unregelmäßigkeiten zu denken, wenn man für so einen Querschnitt einmal mit der *mittleren Profilgeschwindigkeit* v_m rechnet, damit man konstruktiv keine Fehlschlüsse macht.

Um dieses *gedachte* mittlere v zu ermitteln, kann man verfahren wie folgt: zunächst bestimmt man für *jedes* Meßlot des Profils,

d. h. für *jede* Vertikalgeschwindigkeitslinie die *mittlere* Geschwindigkeit v_m. Zu diesem Zweck stellt man durch Planimetrieren die Größe
der Geschwindigkeits*fläche* f für jedes Lot fest, die von der Vertikalgeschwindigkeitslinie auf der einen Seite, dem Meßlot auf der anderen
Seite, oben vom Wasserspiegel und unten von der Sohle begrenzt ist.
Daraus ergibt sich dann für jede Meßvertikale $v_m = \dfrac{f}{t_0}$

$$\left(\text{z. B. im Lot XI der Abb. 166:} \quad v_{m_{\mathrm{XI}}} = \frac{0{,}37\ (\text{m}^2/\text{sek})}{0{,}98\ (\text{m})} = 0{,}38\ \text{m/sek}\right).$$

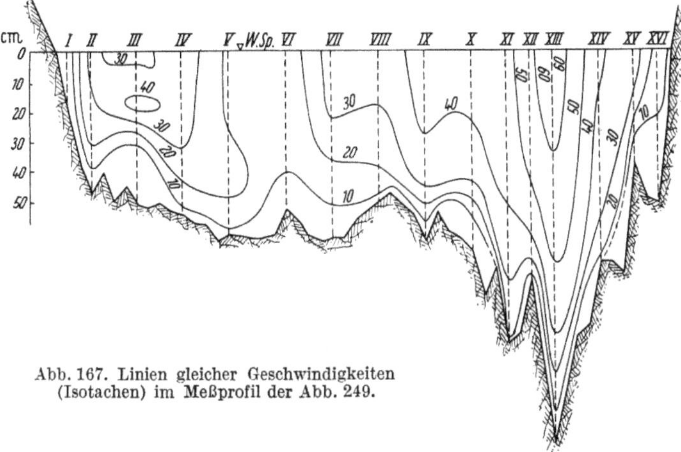

Abb. 167. Linien gleicher Geschwindigkeiten
(Isotachen) im Meßprofil der Abb. 249.

Hat man für diese Flächenermittlung keinen Planimeter zur Hand,
so könnte man sich damit behelfen, daß man die Vertikalgeschwindigkeitslinie unter möglichst guter Anschmiegung an die Geschwindigkeitslinie durch einen gebrochenen Linienzug ersetzt. Ermittelt man nun die
zu den geraden Strecken der Linie gehörigen Flächenteile Δf der Geschwindigkeitsfläche $f_1 = \Delta t_1\, v_1$; $f_2 = \Delta t_2\, v_2 \ldots$, und bildet von unten
(Sohle) nach oben (Wasserspiegel) schrittweise die Summen dieser
Flächenteile

$$\Delta f_1,\ \Delta f_1 + \Delta f_2 \ldots \text{bis} \sum_1^n (\Delta f),$$

so stellt die letztere Summe wieder die Größe der Vertikalgeschwindig-
keitsfläche dar. Dann muß aber auch gelten: $\sum\limits_1^n (\Delta f) = v_m\, t_0$, woraus

$$v_m = \frac{\sum\limits_1^n (\Delta f)}{t_0} \quad \text{folgt.}$$

Im gewählten Beispiel ist $\sum\limits_1^5 (\Delta f) = 3768\ \text{m}^2/\text{sek}$, also

$$v_m = \frac{\sum\limits_1^5 (\Delta f)}{t_0} = \frac{3768}{98} = 38{,}4\ \text{cm/sek}.$$

In Abb. 168 ist diese *Flächensummenlinie* punktiert mit einem beliebigen Maßstab aufgetragen.

Nun läßt sich dieses Ermittlungsverfahren mit der Flächensummenlinie auch noch rein *graphisch* durchführen, ohne daß erst die Flächensummen gebildet zu werden brauchen. Zu diesem Zwecke werden die Schnittpunkte der Mittellinie der Teilflächentrapeze mit dem Vertikalgeschwindigkeitspolygon M_1, M_2 ... M_n nach oben auf die Wasserspiegellinie projiziert (N_1, N_2 ... N_n) und der Fußpunkt des Meßlotes als Pol gewählt, die Poldistanz also $x = t_0$ gesetzt. Der Polstrahl durch

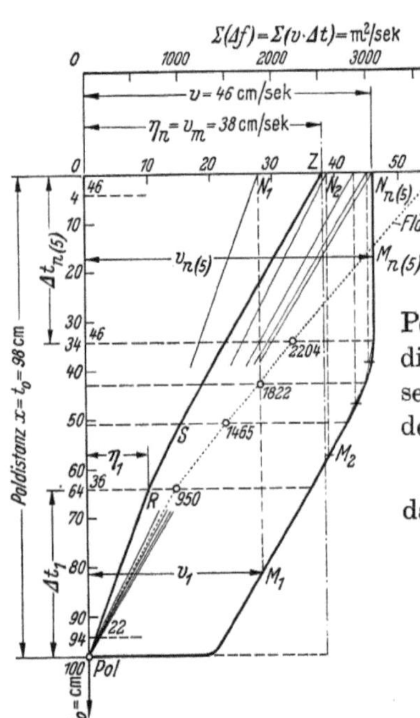

Abb. 168. Rechnerische und zeichnerische
Ermittlung des v_m für ein Meßlot
(Lot XI der Abb. 166).

N_1 trifft dann die obere Begrenzungsparallele der Teilfläche 1 im Punkt R, die Parallele zum Polstrahl N_2 durch R schneidet die entsprechende Trapezbegrenzung in S, usf. (Abb. 168). Mit der Parallelen zu dem letzten Polstrahl N_n vervollständigt sich dann die Flächensummenlinie bis zum Wasserspiegel, den sie im Punkt Z schneidet. Nun gilt nach Abb. 168:

$$\frac{t_0}{\Delta t_1} = \frac{v_1}{\eta_1},$$

daraus

$$\eta_1 = \frac{v_1 \Delta t_1}{t_0} = \frac{\Delta f_1}{t_0}.$$

Für die Endordinate gilt schließlich

$$\eta_n = \frac{\sum\limits_1^n (\Delta f)}{t_0} = \frac{f}{t_0},$$

oder, da $f = v_m t_0$,

$$\eta_n = \frac{v_m t_0}{t_0} = v_m.$$

d. h. die graphisch gefundene Flächensummenlinie *schneidet auf der Wasserspiegellinie als Endordinate unmittelbar die mittlere Geschwindigkeit v_m für das untersuchte Meßlot ab.*

Auch dieses Verfahren ist für das Meßlot XI der Abb. 166 in Abb. 168 durchgeführt und ergibt ebenfalls $v_m = 38$ cm/sek. Wie man leicht erkennt, wäre man durch den Ansatz $\dfrac{\Sigma(\Delta f)}{t_0}$ und der Benützung des Geschwindigkeitsmaßstabes für die Auftragung der $\dfrac{\Sigma(\Delta f)}{t_0}$-Werte schon durch das rechnerische Verfahren zu den schließlich graphisch gefundenen Flächensummenlinien gelangt.

Im *Wassermeßplan* (Abb. 166) sind für alle Meßlote die mittleren Geschwindigkeiten v_m ermittelt und eingezeichnet. Außerdem wurden in Abb. 165 die gewonnenen 16 v_m-Werte aufgetragen, ebenso die entsprechenden v_o- und v_u-Werte und durch Kurven verbunden.

Nun bleibt noch die Frage nach der Größe der Abflußwassermenge Q beim Meßwasserstand (während der Messung). Denn schließlich ist ja die Wassermessung wegen der Bestimmung dieses Q durchgeführt worden. Die mittlere Geschwindigkeit v im Gesamtmeßprofil, die ja ebenfalls von Interesse ist, ergibt sich nach Kenntnis von Q (über den Querschnitt F) sehr einfach mit $v = \dfrac{Q}{F}$.

Die Durchflußmenge kann auf folgendem Wege ermittelt werden:

Das Produkt $v_m\, t_0$ stellt die Abflußmenge für jedes Meßlot bei der Streifenbreite 1,0 dar. Für eine Streifenbreite db ergibt sich also

$$dq = v_m\, t_0\, db$$

und

$$Q = \int\limits_0^b dq = \int\limits_0^b v_m\, t_0\, db\,.$$

Trägt man nun über dem Wasserspiegel in den Meßlotrechten die jeweils zugeordneten Werte $v_m\, t_0$ auf und verbindet deren Endpunkte, so erhält man die $(v_m\, t_0)$-*Linie* (Abb. 165). Die *Fläche*, welche von dieser Linie oben und dem Wasserspiegel unten eingeschlossen ist, stellt das Integral $\int\limits_0^b v_m\, t_0\, db$, also die Gesamtdurchflußmenge Q dar, die man einfach durch Planimetrieren der vorgekennzeichneten $(v_m\, t_0)$-Fläche erhält. Die mittlere Profilgeschwindigkeit v ergibt sich wieder aus $v = \dfrac{Q}{F}$ wie beim ersteren Verfahren.

Ein zeichnerisches Verfahren zur Ermittlung von Q hat PAWELKA entwickelt (wiedergegeben in SCHOKLITSCH: Wasserbau, 1. Aufl., Bd. I, S. 92).

γ) *Unvollständige Messungen.* Man versteht darunter vereinfachte Wassermessungen zur näherungsweisen Bestimmung der Abflußmengen. Führt man eine solche Messung mit hydrometrischen Flügeln durch, dann besteht die Vereinfachung darin, daß man in der Meßlotrechten nur 2 Messungen in $^1/_5 t_0$- und $^4/_5 t_0$-Tiefe, oder — besser — in $^1/_6 t_0$ und $^5/_6 t_0$-Tiefe durchführt. Das v_m in jeder Meßlotrechten (jeder Meßlamelle) ergibt sich dann aus der Näherungsformel[1]:

$$v_m = \tfrac{1}{2}\,(v_{1/5} + v_{4/5}) \quad \text{bzw.} \quad v_m = \tfrac{1}{2}\,(v_{1/6} + v_{5/6})\,.$$

Beschränkt man sich nur auf *eine* Messung in jedem Lot, dann führt man sie wiederum im $0{,}4\, t_0$, von *der Sohle* aus gemessen, durch, und

---

[1] OTT: Instrumentenkunde der praktischen Hydrometrie. Kempten.

zwar aus dem weiter oben angegebenen Grund, setzt also für die mittlere Geschwindigkeit je Lot

$$v_m = v_{0,4}.$$

Bei Hochwasserständen muß man sich häufig auf Schwimmermessungen an der Oberfläche, also auf die Feststellung der v_0 beschränken. Man versucht dann das Verhältnis der mittleren Querschnittsgeschwindigkeit v_m zur Oberflächengeschwindigkeit herzustellen $\left(\dfrac{v_m}{v_{0\,m}}\right)$. Die Aufgabe hat in zwei Schritten zu erfolgen: zunächst Vergleich zwischen v_{0m} und v_{mb} (= mittlere Geschwindigkeit der Breite), da diese 2 Größen hydraulisch gleichwertig sind $\left(\zeta = \dfrac{v_{mb}}{v_{0\,m}}\right)$. Diese Verhältniszahl ist im wesentlichen eine Funktion der *Rauhigkeit* des Bettes $\left(\zeta = \sim \dfrac{k_m}{k_m+6}; \; k_m = \text{Geschwindigkeitsbeiwert nach van Rinsum}\right)$. Der zweite Schritt ist die Feststellung des Verhältnisses $\eta = \dfrac{v_m}{v_{mb}}$. Diese Verhältniszahl ist ausschließlich durch die *Form* des Querschnittes bedingt. Damit ergibt sich nun das gesuchte Verhältnis:

$$\eta\,\zeta = \frac{v_m}{v_{0\,m}}.$$

Schwankt der Geschwindigkeitsbeiwert k_m zwischen 25 und 50, wie es meist für natürliche Flußläufe zutrifft, dann nimmt ζ von 0,81 bis 0,89 zu. Je größer die Rauhigkeit ist, um so kleiner wird ζ. η wird für den rechteckigen Querschnitt = 1, für ein Dreieckprofil = 1,20. Der Faktor wird also um so größer, je größer die Tiefenunterschiede in einem Querschnitt sind (bei geschiebeführenden Flüssen η bis etwa 1,3 ungünstigst). η kann aus dem gegebenen Querschnitt unmittelbar berechnet werden. Die beiden Werte sind zwei gegen 1 konvergierende Zahlen. Bei den vorstehenden Betrachtungen ist das Gefälle als festwertig angenommen, so daß es aus der Betrachtung ausgeschieden werden konnte, was aber nicht immer zulässig ist[1].

Die Schwierigkeiten bei diesem Verfahren ergeben sich, abgesehen von der Annahme der richtigen Größe der Faktoren ζ und η, aus der Unsicherheit der Oberflächengeschwindigkeitswerte, selbst wenn solche in genügend großer Zahl ermittelt worden sind.

Die Berechnung der Wasserführung über die Untersuchung des Zusammenhanges von v_m und der *größten* Oberflächengeschwindigkeit $v_{0\,max}$, wofür auch schon Beziehungen aufgestellt wurden, ist nicht zu empfehlen, es sei denn, daß man sich mit ganz grober Annäherung begnügt.

---

[1] van Rinsum: Der Abfluß. Zit. S. 192. — Beiträge zur Gewässerkunde. Festschrift d. Bayer. Landesst. f. Gewässerkde. S. 111.

c) Feststellung des mittleren Meßwasserstandes.

Wenn die Wasserspiegellage während der Wassermessung nicht konstant bleibt — bei länger dauernden Messungen muß damit immer gerechnet werden —, ist es notwendig, den *mittleren Meßwasserstand* zu ermitteln. Dies ist einfach, wenn die Spiegelschwankung während der Flügelmessungen innerhalb des Bereichs von nicht mehr als 5 cm blieb. Denn dann ergibt sich der mittlere Meßwasserstand, dem die festgestellte Abflußmenge zugeordnet ist, als arithmetisches Mittel aus dem aufgetragenen niedersten und höchsten Spiegelstand.

Gehen die Schwankungen über 5 cm hinaus, so müssen die Teilwassermengen, die sich in den verschiedenen Meßloten bei verschiedenen Pegelständen ergeben, auf den *mittleren* Meßwasserstand umgerechnet werden, was auf graphischem oder rechnerischem Wege geschehen kann. Dabei versteht man hier unter *mittlerem Meßwasserstand* jenen errechneten Ausgleichspiegel, der sich ergibt, wenn die Summe der auf ihn

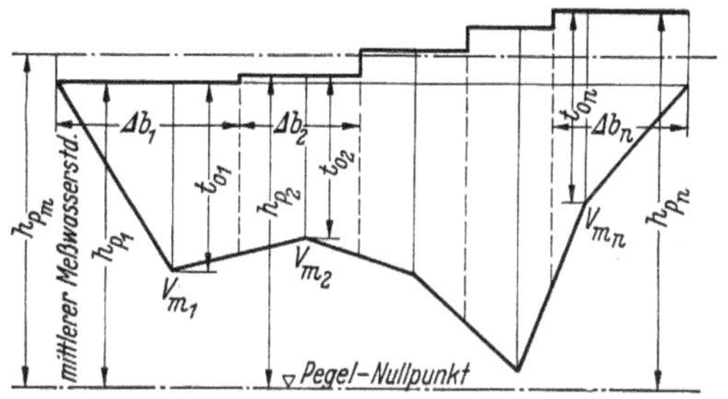

Abb. 169. Ermittlung des mittleren Meßwasserstandes.

umgerechneten Teilwassermengen gleich ist der Summe der *gemessenen* Teilwassermengen[1]. Setzt man unter Bezug auf Abb. 169[2]:

$$h_{P_m} = \frac{\Sigma\,(\Delta b\,v_m\,h_P)}{\Sigma\,(\Delta b\,v_m)}$$

oder im Hinblick auf die einzelnen Meßlamellen

$$h_{P_m} = \frac{[\Delta b_1\,v_{m_1}\,h_{P_1} + \Delta b_2\,v_{m_2}\,h_{P_2} + \cdots \Delta b_n\,v_{m_n}\,h_{P_n}]}{[\Delta b_1\,v_{m_1} + \Delta b_2\,v_{m_2} + \cdots \Delta b_n\,v_{m_n}]},$$

so stellt der mittlere Meßwasserstand das *gewogene* Mittel aus den Wasserständen in den einzelnen Meßlotrechten dar, wobei als Gewichte die Produkte $\Delta b\,v_m$ einzuführen sind, die man aus den gemessenen Teilwassermengen q mittels Division durch die Peiltiefe t_0 erhält.

Die *zeichnerische* Ermittlung des mittleren Meßwasserstandes erfolgt am zweckmäßigsten nach den Regeln für Abflußmengenmessungen der preußischen Landesanstalt für Gewässerkunde.

Wenn der Wasserstand während der Messung einigermaßen gleichmäßig gestiegen ist, genügt es nach FRANZIUS[3], als mittleren Meßwasser-

---

[1] VÖGERL: Wassermessung bei veränderlichem Pegelstand. Wasserwirtschaft, Wien Nr. 25 (1929).

[2] SCHAFFERNAK: Hydrographie. Zit. S. 238.

[3] FRANZIUS: Der Verkehrswasserbau S. 116. Berlin: Springer 1927.

stand jenen zugrunde zu legen, der während der Ausmessung in der Lamelle mit der größten Wassertiefe (größtem t_0) vorhanden war. Die Ermittlung der neuen Vertikalgeschwindigkeitskurven erfolgt hier dann nach dem HARLACHERschen Verfahren[1].

3. Abflußkurven ($Q = f(h_P)$). Ihre Entstehung und Beurteilung.

a) Abflußkurven bei offenen Gewässern (ungehemmter Abfluß).

Der Verlauf der Wasserstandsganglinien zeigt, daß sich der Durchfluß in einem natürlichen Gewässer unausgesetzt ändert. Diese Änderungen sind zwar der Wasserspiegellage nach verhältnismäßig einfach dauernd verfolgbar, es ist aber mit Rücksicht auf die Aufwendungen *unmöglich*, diese Durchflußänderungen *der Menge nach laufend* (etwa täglich wie bei den Pegelständen) *zu messen*, um auch über *deren* Gang ein verläßliches Bild zu gewinnen. Über diese Schwierigkeiten hilft nun die Erfahrungstatsache hinweg, daß *zwischen dem Pegelstand h_P und der Abflußmenge eine gesetzmäßige Beziehung besteht*. Dieser Zusammenhang läßt sich durch eine Kurve $Q = f(h_P)$ ausdrücken und führt den Namen *Abflußkurve* (auch Durchflußlinie, Konsumtionskurve, Schlüsselkurve) (Abb. 170). Sie ergibt sich nach Auftragung der Meßpunkte, die aus einer Reihe von Wassermengenmessungen bei verschiedenen Pegelständen gewonnen worden sind, als *ausgleichende* Kurve (Schwerlinie, gefühlsmäßig gezogen) durch dieselben.

Mit Hilfe der Meßpunkte (Meßwertepaare Q, h_P) könnte die Abflußkurve für jedes Meßprofil auch *analytisch* ermittelt werden etwa nach der allgemeinen quadratischen Gleichungsform

$$Q = a + b\,h_P + c\,h_P^2 \ldots$$

oder unter Benutzung der parabolischen Kurve n-ter Ordnung (HARLACHER: Die hydrometrische Arbeit in der Elbe bei Tetschen. Prag 1883):

$$Q = K\,(h_P + h_{P_0})^n,$$

wobei h_{P_0} den Wasserstand angibt, bei dem die Durchflußmenge $Q = 0$ wird. Da aber die nachfolgenden Verfahren viel mehr Möglichkeiten bieten zur kritischen Beurteilung der vielerlei Einflüsse, die letztlich die Abflußkurve nach Lage und Form bedingen, sind sie den Verfahren zur analythischen Herleitung der Abflußkurve weit überlegen. Er wird hier deshalb von der weiteren Behandlung der letzteren abgesehen.

Damit die Beziehung zwischen Wasserstand und Wassermenge nicht einem fortgesetzten Wandel unterworfen ist, sollte der Maßquerschnitt,

---

[1] HARLACHER: Die Messungen in der Elbe und Donau und die hydrometrischen Apparate und Methoden des Verfassers. Leipzig 1881. (Vgl. dazu die Kritik in SCHAFFERNAK: Hydrographie, S. 114.)

für den sie gilt, hinsichtlich seiner Lage, Größe und *Form*, sowie im Hinblick auf das Spiegelgefälle in seinem Bereich möglichst unveränderlich sein. Im übrigen sollte das Meßprofil den bereits auf S. 256 erwähnten Bedingungen genügen.

Nun ist ein erheblicher Teil unserer Flüsse, wie früher gezeigt wurde, für große Teile seiner Längserstreckung morphogenetisch noch nicht reif. Außerdem erzwingen die vielfältigen wasserwirtschaftlichen bedingten künstlichen Eingriffe in das Regime der Flüsse ständige Umbildungen der Betten, insbesondere der Sohlen und Spiegelgefälle.

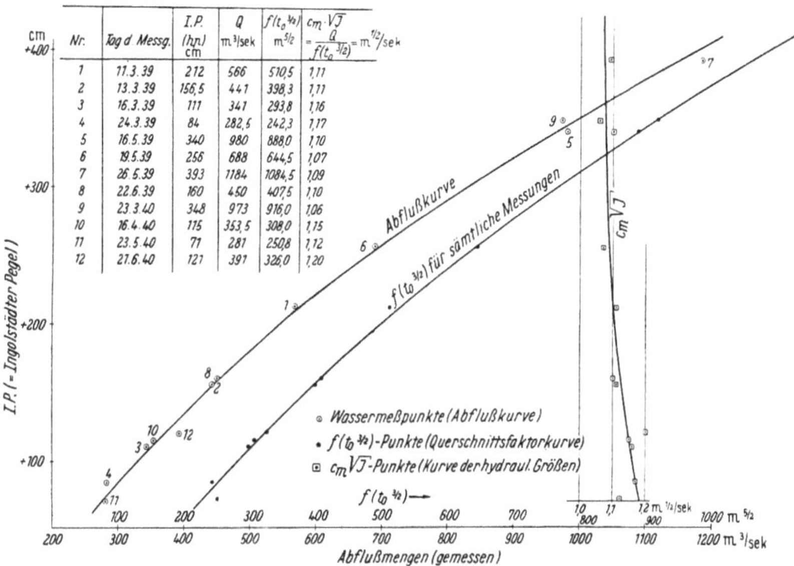

Nr.	Tag d. Messg.	I.P. (hₚ) cm	Q m³/sek	f(t₀¹/²) m⁵/²	cm·√J = Q/f(t₀³/²) = m¹/²/sek
1	11.3.39	212	566	510,5	1,11
2	13.3.39	156,5	441	398,3	1,11
3	16.3.39	111	341	293,8	1,16
4	24.3.39	84	282,5	242,3	1,17
5	16.5.39	340	980	888,0	1,10
6	19.5.39	256	688	644,5	1,07
7	26.5.39	393	1184	1084,5	1,09
8	22.6.39	160	450	407,5	1,10
9	23.3.40	348	973	916,0	1,06
10	16.4.40	115	353,5	308,0	1,15
11	23.5.40	71	281	250,8	1,12
12	27.6.40	121	391	326,0	1,20

Abb. 170. Abflußkurve der Donau bei Ingolstadt (Reichsautobahnbrücke) $(E = 20\,023\ km^2)$. Während der Messungen fand Geschiebebewegung an der Sohle statt, doch herrschte im Profil Gleichgewichtszustand.

Unter diesen Umständen ist die Voraussetzung für stabile Meßprofilverhältnisse auch bei noch so sorgfältiger Auswahl derselben meist nur angenähert und dann auch nur für verhältnismäßig kurze Zeitspannen (kurze Jahresreihen) gegeben. Vielfach reicht diese so erwünschte Stabilität nicht einmal über wenige Jahre hinweg.

Diese Querschnitts- und Gefälleunstetigkeiten erfordern eine ständige Überprüfung der vorhandenen Abflußkurven bzw. deren Berichtigung, eine Aufgabe, die für die staatlicherseits eingerichteten und kontrollierten Meßprofile von den Landesstellen für Gewässerkunde durchgeführt wird. Manchmal hat aber auch der außerhalb dieser Dienststellen stehende Ingenieur bei wasserwirtschaftlichen Aufgaben aus Pegelbeobachtungen und eigenen Wassermessungen Abflußkurven aufzustellen und auf ihre laufende Gültigkeit zu beurteilen, um verhängnisvolle Fehlschlüsse aus unzuverlässigen Schlüsselkurven hinsichtlich der Wasserdarbietung zu vermeiden. Voraussetzung für eine solche Beurteilung ist, daß alle Messungen in ein und demselben Querprofil vorgenommen werden, daß ferner eine genügende Anzahl von Geschwindigkeitsbeobachtungen in einer ausreichenden Zahl von Meßlotrechten vorliegen und daß die Vertikalgeschwindigkeitskurven nicht allzu unregelmäßig verlaufen. Die Beurteilung der Abflußkurven selbst kann dann nach den folgenden Kriterien vorgenommen werden.

Wie oben gezeigt, stellt die Abflußkurve die ausgleichende Linie dar, die durch die aufgetragenen Meßpunkte gefühlsmäßig als Schwerlinie gezogen wird. Diese Punkte werden gegenüber der eingemittelten Linie streuen. Dies kann verursacht sein durch die *unvermeidlichen* Fehler, die jeder Wassermessung anhaften — bei peinlich sorgfältiger Messung können diese Fehler innerhalb der Fehlergrenze von 5 v. H. gehalten werden —, das Streuen kann aber auch *möglicherweise* bedingt sein durch *Änderung der hydraulischen Grundlagen*. Bei der graphischen Ausgleichung der Meßpunkte (Schwerlinie) werden nun *alle* Ursachen, die zur Streuung der Meßpunkte Anlaß geben, *gleich* behandelt. Wenn es sich bei der Streuung *nur* um *unvermeidliche* Fehler handelt, dann ist gegen die gefühlsmäßige Einlegung einer Ausgleichslinie nichts einzuwenden. Im *anderen* Falle muß aber eine Anpassung der Abflußkurve an die veränderten hydraulischen Verhältnisse erfolgen, wenn die Schlüsselkurve die wirklich bestehenden Beziehungen zwischen Pegelstand und Durchflußmenge geben soll.

Manchmal kann schon durch kritische Sonderung der Meßpunkte ein mindestens näherungsweise brauchbares Beurteilungsergebnis erzielt werden. Als Beispiel dafür mögen die Meßergebnisse in der *Regnitz* bei *Pettstadt* dienen (Abb. 171)[1]. Kennzeichnet man hier die Meßpunkte nach der Meßzeit, wie es in Abb. 171 geschehen ist, so übersieht man leicht, daß die *nach* dem März 1937 erhaltenen Meßpunkte zu einer *anderen* Abflußkurve gehören müssen als die *früheren*, bis Februar 1937 ermittelten Werte. Diese Änderung der Abflußkurve ist hier die Folge eines Absinkens der mittleren Sohlenlage seit Mätz 1937, also die Folge einer Sohlen*eintiefung* (vgl. die Auftragung der mittleren Sohlenänderungen in Abb. 171).

Solche Querschnittsänderungen pflegt man bei Flüssen mit *beweglicher Sohle* über die Festlegung der *mittleren Sohlenlagen* zu ermitteln, indem deren Unterschied von einer Messung zur anderen als *Maß*grundlage dient für die Verschiebung der Abflußkurve in lotrechter Richtung (aufwärts bei Hebung; Auflandung, abwärts bei Senkung, Eintiefung).

---

[1] van Rinsum: Die Abflußkurve. Arch. Wasserwirtsch. Nr. 65. 1941. Berlin: Reichsverband d. Dtsch. Wasserw.

Es kann auch vorkommen, daß von einer Messung zur anderen bei *unveränderter* mittlerer Sohlenlage und *unverändertem* Sohlenmaterial gleichwohl eine *völlige Verlagerung der Sohle* innerhalb des Profils eingetreten ist, die erhebliche Änderungen in der Wasserführung zur Folge hat.

Deshalb hat VAN RINSUM zur Beurteilung des Verhaltens der hydraulischen Gegebenheiten im Meßquerschnitt ein neues Verfahren

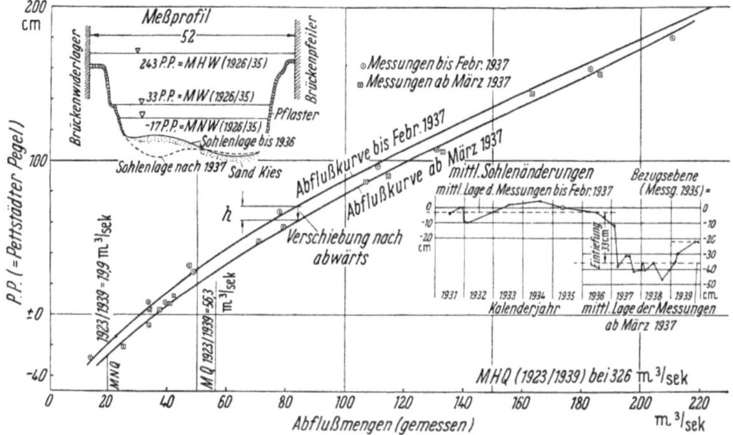

Abb. 171. Abflußkurve der Regnitz bei Pettstadt ($E = 7000$ km²). Kräftige Sohleneintiefungen und Umformung ab März 1937 (im Mittel 33 cm) als Folge von Regelungsmaßnahmen (größeren Baggerungen unterhalb des Meßprofils von 1934 bis 1936).

entwickelt[1,2]. Er setzt für jedes Meßlot $v = c\,\sqrt{t_0\,J} = \left(c\,\sqrt{J}\right)t_0^{1/2}$ und erhält dann für die Durchflußmenge

$$Q = \int\limits_0^b \left(t_0^{3/2}\,db\right)\left(c\,\sqrt{J}\right) = f\left(t_0^{3/2}\right)f'\left(c\,\sqrt{J}\right).$$

Der *erste* Faktor $f(t_0^{3/2})$ erfaßt *alle* Größen, die sich auf die *geometrischen* Querschnittsverhältnisse beziehen (Lage, Größe und Form des Querschnitts). Für die Beurteilung des Einflusses einer Querschnittsänderung auf den Durchfluß ist deshalb dieser „Querschnittsfaktor" allein maßgebend. Derselbe kann immer auf Grund der Profilvermessung eindeutig bestimmt werden.

Der *zweite* Faktor, das Produkt aus dem meist veränderlichen Beiwert c und der Wurzel aus dem ebenfalls meist veränderlichen Gefälle J enthält die *hydraulischen* Größen des Profils. Die Größe dieses

---

[1] Vgl. Fußnote S. 268.

[2] VAN RINSUM: Die Abflußkurve. Dtsch. Wasserwirtsch. 1941, H. 6 — Untersuchung über die Hochwasserführung der bayerischen Donau und des Mains. Dtsch. Wasserwirtsch. 1940, H. 7 u. 8.

Faktors erhält man rückwärts für das durch Messung bekannte Q eindeutig aus

$$f(c\sqrt{J}) = \frac{Q}{\int\limits_0^b (t_0^{3/2})\,db}\,.$$

Für unveränderliches c_m liefert der Quotient einen Maßstab für das herrschende Gefälle J.

Es läßt sich also die Abflußkurve in die beiden Teilkurven $f(t_0^{3/2})$ $= f(t_0^{1/2}\,F)$ und $f'(c_m\sqrt{J})$ aufteilen, wodurch jeder Faktor und damit so-

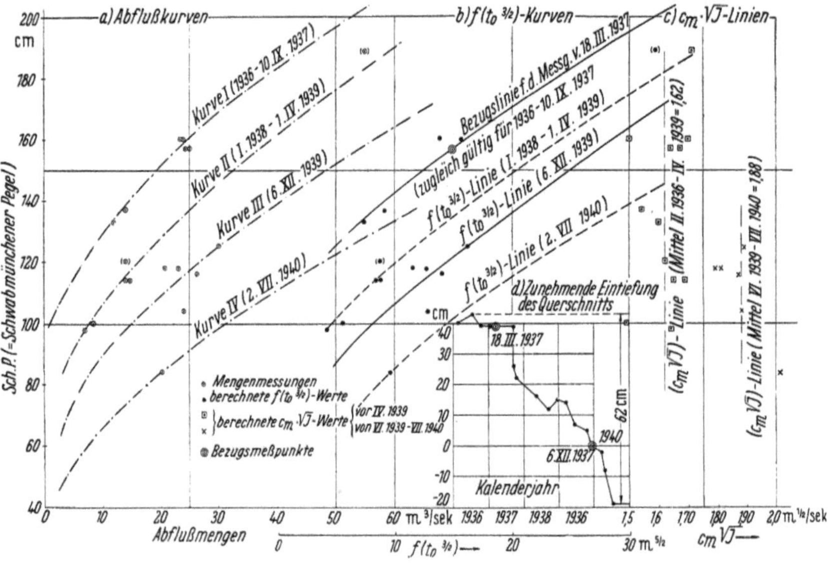

Abb. 172. Abflußkurven der Wertach in Schwabmünchen ($F = 940$ km²). Analyse der Abflußmengenmessungen eines voralpinen Flusses, der sich seit Jahren ständig eintieft. (Nach van Rinsum.) (18 Messungen vom 19. 2. 1936 bis 2. 7. 1940.)

wohl die mittlere Sohlenlage als auch das Gefälle, jedes für sich prüfbar wird (vgl. die Beispiele in den Abb. 170, 171, 172)[1].

Als Beispiel für die Beurteilung der Abflußverhältnisse bei einem *sich ständig eintiefenden* Fluß wurde in Abb. 172 die Untersuchung des *Wertach*abflusses bei *Schwabmünchen* graphisch dargestellt. Mit der Eintiefung geht hier Hand in Hand eine Zunahme von $(c_m\sqrt{J})$, so daß in der Gleichung für *Q beide* Faktoren $(f(t_0^{3/2})\ und\ c_m\sqrt{J})$ wachsen und deshalb kein Ausgleich stattfindet, sondern sich ständig neue Abflußkurven

---

[1] Wegen weiterer Anwendungsbeispielen siehe: van Rinsum: Die Abflußkurve. Zit. S. 268 — Der Abfluß in offenen natürlichen Wasserläufen. Mitteilg. aus dem Gebiet des Wasserbaues und der Grundbauforschung 1950, H. 7. Berlin: W. Ernst u. Sohn. — Streck: Grund- u. Wasserbau in prakt. Beispielen. Bd. II. Aufg. 44, S. 530. Berlin/Göttingen/Heidelberg: Springer 1950.

ergeben. In solchen Fällen eröffnet das genaue Beurteilungsverfahren
für die Abflußkurven besonders wertvolle Einblicke in die gesetzmäßigen
Zusammenhänge für den Abfluß.

Besonderheiten der Abflußkurven. Bei einer sprunghaften Unstetigkeit des Profils tritt auch eine entsprechende Unstetigkeit (Knick) in
der Abflußlinie ein. Eine
weitere Eigenheit der Ab-
flußkurve bildet die sogenannte Hochwasserschleife.
Da bei steigendem Hoch-
wasser (meist) ein größeres
Spiegelgefälle (größeres v)
vorhanden ist, als bei fallendem Wasser, so wird auch
in bezug auf ein und den-
selben Pegelstand die Ab-
flußmenge bei steigendem
Hochwasser größer sein als
bei zurückgehendem Hoch-

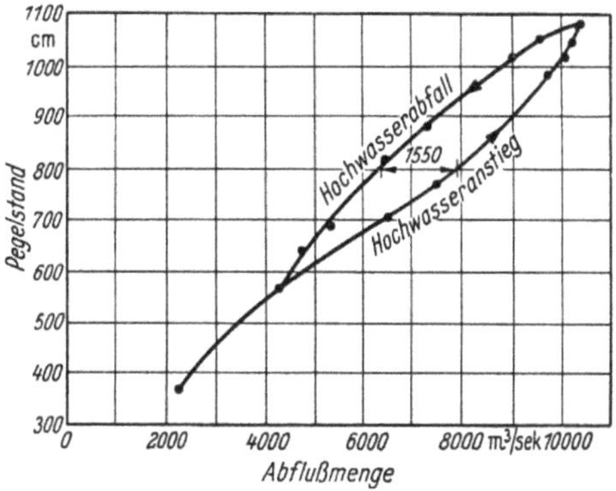

Abb. 173. Abflußmengenschleife für einen Hochwasserablauf im Ohio bei Wheeling, USA.

wasser. Dies führt bei der Auftragung der Abflußkurve zu einer Schleife
im Bereich der Hochwasserpegelstände (vgl. die Abb. 173). Ob allerdings solche Schleifen bei hohem Wasserständen immer entstehen oder
aber nur unter bestimmten Voraussetzungen, diese Feststellung muß
weiteren genauen Beobachtungen vorbehalten bleiben.

b) Abflußkurve bei Eisstand[1]. (Gehemmter Abfluß.)

Ähnlich, wie eine Unbeständigkeit der Lage, Form und Größe des
Flußbettes oder des Spiegelgefälles vermag auch eine geschlossene Eisdecke bei Eisstand eine, und zwar meist sogar sehr große Veränderung
der Abflußkurve hervorzurufen. Je länger dabei die winterliche Vereisung andauert, um so bedeutungsvoller wird diese Beeinflussung des
Wasserführungsvermögens eines Flußquerschnittes für gewässerkundliche Fragen und wasserwirtschaftliche Belange (Wasserkraftnutzung
Schiffahrt usw.).

Die Änderung der Durchflußverhältnisse infolge Vereisung hat folgende Hauptursachen: die feste Eisdecke schwimmt zwar auf der Wasserfläche, taucht aber naturgemäß mit dem größten Teil seiner Dicke
in den Abflußquerschnitt hinein und vermindert diesen dabei erheblich.
Verstärkt kann die Querschnittseinengung noch werden durch Grundeis
und Sulzeis[2], die sich unter die feste Kerneisdecke schieben (Abb. 174).

---

[1] Über „Eisverhältnisse in Gewässern" vgl. S. 334.

[2] NOVOTNY: Nicht permanente Bewegung des Wassers in natürlichen Gerinnen.
Öst. Wschr. öffentl. Baudienst. 1915.

Ferner muß das Wasser nach Bildung der Eisdecke an deren — mindestens anfänglich — oft sehr rauhen Unterfläche vorbeifließen, wodurch sich die zunächst nur auf Sohle und Böschungen beschränkte Reibungsfläche auch noch auf die Oberfläche erstreckt und die Fließgeschwindigkeit verringert. Schließlich kann auch das Wasserspiegelgefälle J durch die Bildung einer geschlossenen Eisdecke, aber auch noch nachher während des Bestehens des Eisstandes erhebliche Veränderungen erfahren.

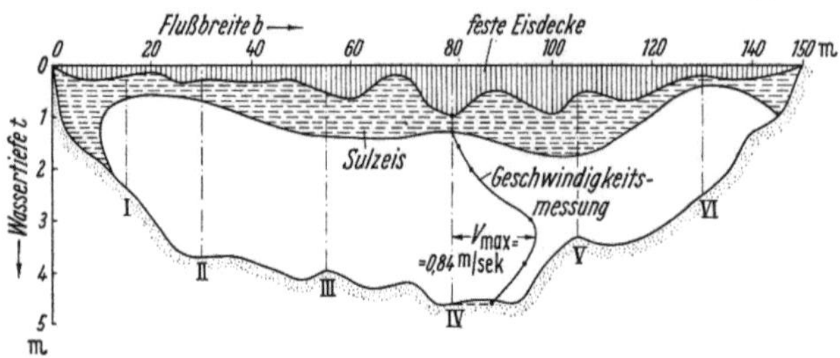

Abb. 174. Vereistes Querprofil der Memel mit Eintragung einer der Geschwindigkeitskurven (21. XII. 1927.) (Nach KOLUPAILA.) (10fach überhöht.)

Damit gilt aber die für das offene („sommerliche") Querprofil ermittelte Abflußkurve nicht mehr. Zur notwendigen Feststellung der „Winter-Durchflußmenge" geht man nun verschiedene Wege. Das sicherste, freilich aber auch umständlichste und manchmal nicht ungefährliche Verfahren ist die *Geschwindigkeitspunktmessung unter der Eisdecke* (Herstellung von Öffnungen in derselben). Sie erlaubt die Abtastung und Ausmessung der Durchflußfläche und die Ermittlung der Vertikalgeschwindigkeitskurven vermittels der Flügelmessung analog wie bei der Messung in offenen Gewässern. Daraus läßt sich dann die Durchflußmenge unter dem Eis berechnen. Da die Eisdecke schwimmt, gibt ihre Oberfläche das Wasserspiegelgefälle und gestattet dann auch den Wert c als Funktion der Rauhigkeit zu berechnen. Schwierigkeiten ergeben sich für dieses Verfahren da, wo die Dauer des Eisstandes nicht ausreicht, die erforderliche Zahl von Messungen durchzuführen. Dies gilt vor allem für mitteleuropäische Verhältnisse, während in Osteuropa mit den stets wiederkehrenden langen Vereisungszeiten seiner Flüsse bessere Voraussetzungen dafür vorliegen.

Den vorgenannten Schwierigkeiten trägt das folgende Verfahren Rechnung. Es besteht darin, Messungen in eisfreien benachbarten Meßprofilen vorzunehmen, um durch Vergleiche auf die Durchflußmenge im gehemmten Profil zu schließen. In Schweden und Nordamerika wurde dieser Ermittlungsweg zu einem graphischen Verfahren entwickelt. Dieser Weg ist unsicher, einmal, weil durch rasches Fortschreiten der Vereisung flußaufwärts die oberhalb liegenden Meßstellen nach und nach ausgeschaltet werden können, zum anderen, weil die Wasserstandsänderungen in den nicht vereisten Lücken verschiedenen Ursachen entspringen können und deshalb leicht zu falschen Rückschlüssen Veranlassung geben.

Ferner läßt sich, wie es z. B. in Litauen geschieht, die Winterabflußmenge aus der ungehemmten Durchflußmenge durch Benützung eines Faktors ε berechnen, der das Verhältnis zwischen Winter- und Sommerabflußmenge angibt. Diese Methode geht von der Annahme aus, daß die Abweichung der Durchflußmengenlinie in der Hauptsache durch die Vergrößerung der Wandrauhigkeit verursacht würde, demgegenüber die Wirkung der Profilverkleinerung zurückträte[1]. Setzt man für flache Flüsse die mittlere Fließgeschwindigkeit nach GAUCKLER-STRICKLER zu $v_m = c\, t_m^{2/3}\, J^{1/2}$, dann ist bei einer Flußbreite b und c_1 für ungehemmten Abfluß die Sommerwassermenge für $F = b\, t_m$

$$Q_1 = b\, c_1\, t_m^{5/3}\, J^{1/2}.$$

Beträgt für gehemmten Abfluß der Geschwindigkeitsbeiwert c_2 und hat die mittlere lichte Durchflußhöhe unter der Eisdecke von der Dicke t_1 die Größe $t_0 = t_m - t_1$, so wird der hydraulische Radius

$$R \sim \frac{F}{2\,b} = \frac{t_m - t_1}{2}$$

und die Durchflußmenge

$$Q_2 = b\, c_2 \left(\frac{(t_m - t_1)}{2}\right)^{2/3} (t_m - t_1)\, J^{1/2},$$

$$Q_2 = 0{,}63\, b\, c_2\, (t_m - t_1)^{5/3}\, J^{1/2}.$$

Somit

$$\varepsilon = \frac{Q_2}{Q_1} = 0{,}63\, \frac{c_2}{c_1}\, \frac{(t_m - t_1)^{5/3}}{t_m^{5/3}} = 0{,}63\, \frac{c_2}{c_1} \left(1 - \frac{t_1}{t_m}\right)^{5/3}{}^{2}.$$

Daraus kann ε berechnet werden. Die anzusetzenden Größen für die rechte Seite erfordern allerdings erst deren Herleitung aus Durchflußmengenmessungen bei verschiedenen Pegelständen ohne und mit Flußvereisung.

An diesen Ansätzen fällt auf, daß der Einfluß der Gefälleänderung J unberücksichtigt geblieben ist ($J_1 = J_2 = J$). Bei den Geschwindigkeitsmessungen VAN RINSUMS an der Donau im Januar 1940 war das J von $0{,}4\,^0/_{00}$ bei ungehemmtem Abfluß auf $0{,}15\,^0/_{00}$ im eisbedeckten Fluß zurückgegangen. Dem *allein* entspricht schon eine Änderung in der

---

[1] Nach den Meßergebnissen der VAN RINSUMschen Untersuchungen an der Donau scheint dies nicht zuzutreffen (vgl. VAN RINSUM: Abflußkurve. Arch. Wasserwirtsch. Nr. 65, S. 92ff.).

[2] KOLUPAILA: Die Berechnung der Winterabflußmengen. II. Balt. hydrolog. u. hydrometr. Konferenz. Tallin 1928. Vgl. dazu auch die Berichte 17 A, 17 C u. 3 B der VI. Balt. hydrologischen Konferenz 1938. Berlin. — Statt nach FORCHHEIMER wurde oben mit GAUCKLER-STRICKLER gerechnet zur Erlangung eines Ergebnisses, das mit dem Rechenschieber gerechnet werden kann, was beim Exponenten 1,7 (statt oben 1,67) *nicht* möglich ist.

Wasserführung im Verhältnis $\dfrac{J_2^{1/2}}{J_1^{1/2}} = \dfrac{0{,}15^{1/2}}{0.40^{1/2}} = 0{,}61$. Der obige Ansatz für ε setzt also voraus, daß $J_2 = J_1 = J$, d. h. daß das Gefälle bei Eisstand gleich jenem bei ungehemmtem Abfluß ist. Es müßte also bei den Abflußmengenmessungen diese Bedingung erfüllt sein.

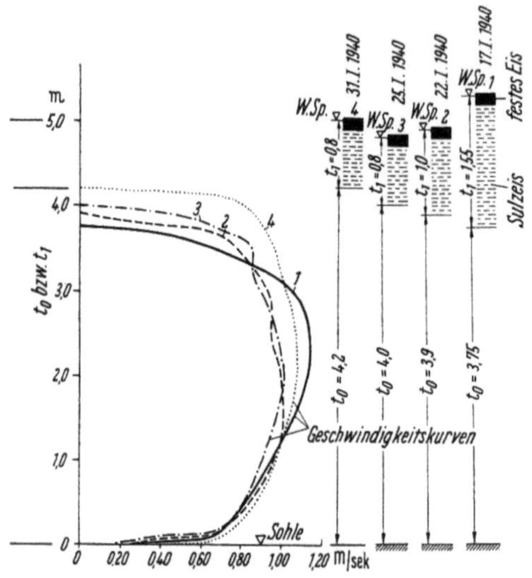

VAN RINSUM[1] hat versucht, die Lösung der hier gestellten Aufgabe auf theoretisch-rechnerischem Wege zu finden. Dabei geht er von idealisierten Vertikalgeschwindigkeitskurven aus. Die Grundlage dazu bilden Geschwindigkeitsmessungen in der Donau. In Abb. 175 sind davon die Ergebnisse von 4 verschiedenen Meßtagen für die Meßlotrechte im Stromstrich aufgetragen, während Abb. 176 die idealisierten Geschwindigkeitskurven für einen Meßtag zeigt. Über die Gleichung $v = c\sqrt{t_0\,J}$, angesetzt für die Form der Geschwindigkeitskurve (Abb. 176) kommt

Abb. 175. Geschwindigkeitsmessungen unter dem Eis in der Donau bei km 2280,5.

VAN RINSUM zunächst auf den Beiwert

$$\alpha_1 = \frac{v_{m_2}}{v_{m_1}},$$

der dem Einfluß des Eises auf die *Form* der Geschwindigkeitskurve Rechnung trägt. Der Einfluß der Gefälleänderung wurde schon oben angesetzt. Er liefert den Beiwert

$$\alpha_2 = \sqrt{\frac{J_2}{J_1}}.$$

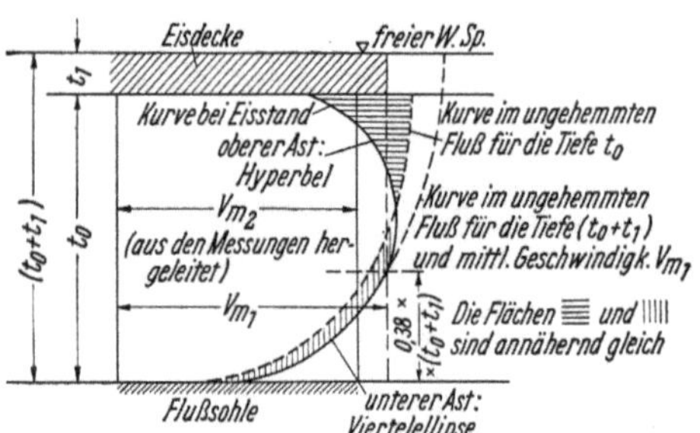

Abb. 176. Idealisierte Geschwindigkeitskurven. (Nach VAN RINSUM.)

Der Einfluß der Veränderung des Geschwindigkeitsbeiwertes c_m (Verkleinerung) wird zahlenmäßig aus den Messungen bei gehemmtem (c_{m_2}) und ungehemmtem (c_{m_1}) Abfluß bestimmt und so der Beiwert

$$\alpha_3 = \frac{c_{m_1}}{c_{m_2}}$$

---

[1] Siehe Fußnote S. 268.

gefunden. Ähnlich rechnet sich der Einfluß der Verkleinerung des wirksamen Abflußquerschnittes aus den Ausmessungen und Peilungen zu

$$\alpha_4 = \frac{F_2}{F_1},$$

woraus Q_2 (gehemmt) $= \alpha_1 \, \alpha_2 \, \alpha_3 \, \alpha_4 \, Q_1$ (ungehemmt).

Da die idealisierte v-Kurve in der Natur vielfach nicht vorhanden ist, ergeben sich für dieses Verfahren schon aus diesem Grunde ebenfalls Unsicherheiten. Gleichwohl hat es den Vorzug, jede der maßgebenden Einflußgrößen für sich prüfen zu können.

4. Auswertung der Wassermengenermittlungen.

a) Abflußmengenliste.

Die Abflußkurve eines Meßprofils bildet den „Schlüssel" $Q = f(h_P)$ für den dort gegebenen Zusammenhang zwischen den beobachteten Wasserständen $h_P = f(t)$ und den Abflußmengen $Q = f(t)$. Denn mit ihrer Hilfe läßt sich für jeden beliebigen Pegelstand des Profils die je-

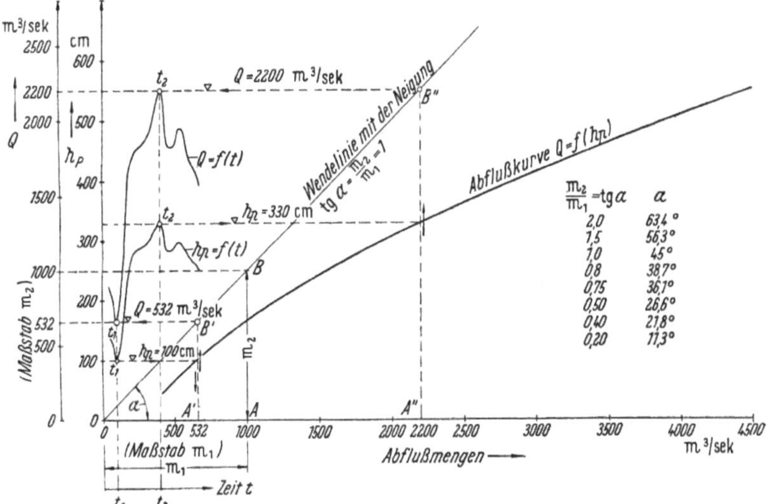

Abb. 177. Abflußkurve (Schlüsselkurve $Q = f(h_P)$) des Pegels Wien-Nußdorf (mit Wendelinie zur Auftragung bzw. Bestimmung der $Q = f(t)$ aus $h_P = f(t)$ über $Q = f(h_P)$).

weils zugeordnete Durchflußmenge feststellen. Damit können die Pegellisten nach den Abflußmengen hin aufgeschlossen werden.

Dies geschieht am zweckmäßigsten, indem zu jeder Pegelliste eine *Abflußmengenliste* aufgestellt wird. So wurde mittels der Abflußkurve des Pegels Wien-Nußdorf (Abb. 177) aus der Wasserstandsliste der Tab. 44, S. 227, die Abflußmengenliste (Tab. 48) für das Abflußjahr 1939 hergeleitet, indem für jeden Tag jeden Monats entsprechend dem

Tabelle 48. *Abflußmengenliste.* (*Wassermengen.*) Donau. Pegel: Wien-Nußdorf. Abflußjahr 1939. 1934,1 km oberhalb der Mündung (Sulina). $P.N. = +156{,}50$ m ü. A.[1] $E = 101707$ km². Beobachtet um 8 Uhr (April bis Sept. 7 Uhr).

Tag	Nov. m³/sek	Dez. m³/sek	Jan. m³/sek	Febr. m³/sek	März m³/sek	April m³/sek	Mai m³/sek	Juni m³/sek	Juli m³/sek	Aug. m³/sek	Sept. m³/sek	Okt. m³/sek
1.	953	936	887*	1070	1250	1500	1500	3160	2210	1910	1340	1430
2.	942	925	892*	1020	1270	1650	1550	2870	2050	1810	1320	1380
3.	936	920	815°	975	1290	1760	1530	2660	2140	1780	1340	1310
4.	925	914	821	931	1250	1890	1460	2510	*2530*	1780	1390	1260
5.	931	914	826	870	1200	2050	1460	2490	2420	1750	1430	1250
6.	1010	914	832	*821*	1150	2340	1480	2490	2250	1710	1390	*1230*
7.	*2200*	953	832	843	*1120*	2670	1490	2510	2090	1730	1370	1260
8.	2080	1040	870	837	1880	2940	1450	2480	2050	1910	1590	1330
9.	1540	*1060*	821	837	*3090*	3220	*1440*	2530	2140	2170	1670	1630
10.	1290	1010	804	*821*	2980	*3340*	1480	2530	2050	1920	1680	1920
11.	1180	1010	793	848	2790	3140	1700	2570	2030	1970	1540	1950
12.	1110	986	777	2020	2710	2950	1790	2580	2370	1780	1420	2100
13.	1060	964	*755*	*2570*	2560	2920	1920	2540	2390	1690	1330	2380
14.	1020	958	760	2200	2300	2880	1930	2590	2140	1700	*1290*	2220
15.	986	942	771	2060	1970	2840	1900	3140	1910	1710	1340	2140
16.	975	914	771	1650	1800	2810	2110	*3900*	1830	1890	1620	2020
17.	958	898	771	1480	1650	2770	2240	3430	1830	2860	1460	1970
18.	942	876	826	1360	1540	2550	2240	2860	1840	*3320*	1550	1870
19.	936	821*	953	1270	1460	2400	2230	3030	1850	3170	1630	1880
20.	953	810*	1150	1230	1390	2260	2270	3250	1780	2500	1830	1890
21.	925	750*	1340	1250	1340	2050	2230	3350	1740	2030	1830	1900
22.	*920*	740*	1550	1350	1310	1830	2550	3000	*1730*	1740	2270	2080
23.	*920*	720*	*1570*	1300	1270	1710	3280	2920	1740	1600	*2320*	2240
24.	1090	771*	1460	1240	1270	1680	4730	3000	1770	1540	2160	2240
25.	1080	750*	1390	1180	1280	1700	4870	2880	2140	1480	2030	2780
26.	1030	690*	1380	1170	1330	1630	4310	2780	2240	1490	1920	3010
27.	1020	*675*	1390	1180	1380	1540	3730	2660	2250	1450	1860	*3060*
28.	1000	725*	1360	1190	1450	1490	3540	2620	2350	1460	1740	2970
29.	958	782*	1290		1500	*1470*	3540	2640	2360	1420	1650	2720
30.	942	771*	1190		1460	*1470*	3730	*2450*	2330	*1380*	1550	2590
31.		837*	1180		1460		3690		2170	*1380*		2460

Hauptzahlen für die einzelnen Monate von 1939.

am ...	22./23.	27.	13.	6.,10.	7.	29./30.	9.	30.	22.	30./31.	14.	6.
NW ..	920	*675*	755	821	1120	1470	1440	2450	1730	1380	1290	1230
MW ..	1090	870	1030	1270	1670	2250	2430	2810	2090	1870	1630	2020
HW ..	2200	1060	1570	2570	3090	3340	*5050*	3900	2530	3320	2320	3060
am....	7.	9.	23.	13.	9.	10.	24./22^{00}	16.	4.	18,	23.	27.

Hauptzahlen für die einzelnen Monate der Reihe 1926 bis 1935.

MNW.	1090	911	926	883	1080	1320	1630	1970	1770	1520	1260	1100
MW ..	1400	1170	1310	1330	1450	1850	3210	2680	2400	2240	1630	1410
MHW.	1920	1910	3110	2430	2020	2460	3560	3920	3480	3640	2380	2300

Äußerste Abflußmengen und -spenden von 1939:

NQ 675 m³/sek, Nq 6,64 l/sek km² } 27. Dez. 1938 $\qquad$ HQ 5050 m³/sek, Hq 49,7 l/sek km² } 24. Mai 1939.

Überhaupt bekannte äußerste Abflußmengen und -spenden:

NNQ 635 m³/sek, NNq 6,24 l/sek km² } 15. Febr. 1929 $\qquad$ HHQ 10400 m³/sek, HHq 102 l/sek km² } 17. Sept. 1899.

Hauptzahlen der Abflußmengen (m³/sek) und -spenden (l/sek km²) für Halbjahre und Jahre.

	Winter					Sommer					Jahr				
	NQ Nq	MNQ MNq	MQ Mq	MHQ MHq	HQ Hq	NQ Nq	MNQ MNq	MQ Mq	MHQ MHq	HQ Hq	NQ Nq	MNQ MNq	MQ Mq	MHQ MqH	HQ Hq
1926 bis 1935	635 6,24	799 7,86	1420 14,0	3700 36,4	5750 56,5	815 8,01	1090 10,7	2110 20,7	4720 46,4	6120 60,2	635 6,24	799 7,86	1750 17,3	4730 46,5	6120 60,2
1939	675 6,64		1360 13,4		3340 32,8	1230 12,1		2140 21,0		5050 49,7	675 6,64		1750 17,2		5050 49,7

[1] ü. A. = über Adria.

beobachteten Pegelstand die Abflußmenge in m³/sek eingetragen ist. Diese Liste enthält auch wieder die Hauptzahlen der Abflußmengen für die einzelnen Monate des Jahres 1939, die entsprechenden Hauptzahlen der Jahresreihe 1926 bis 1935 und die überhaupt bekannten Extremwerte für Abflußmengen und -spenden. Den Abschluß bilden die Hauptzahlen für die Reihe 1926 bis 1935, sowie für das untersuchte Jahr 1939 für Winter, Sommer und Jahresmittel.

b) Abflußmengenganglinie $(Q = f(t))$.

An Hand der Liste der Abflußmengen werden die letzteren nun Tag für Tag, dem kalendermäßigen Ablauf der Zeit nach aufgetragen. Man erhält so wieder einen mit der Zeit, und zwar unstetig fortschreitenden Ablauf schwankender Größen (sekundliche Durchflußmengen), die man mit *Abflußmengenganglinie* $Q = f(t)$ bezeichnet. Natürlich läßt sich diese Ganglinie auch unmittelbar aus der Wasserstandsganglinie $h_P = f(t)$ mit Hilfe der Schlüsselkurve $Q = f(h_P)$ und der „Wendelinie" gewinnen, wie es in Abb. 177 für 2 h_P-Werte gezeigt und in Abb. 178 vollkommen durchgeführt wurde. Die Wendelinie erlaubt dabei den Abszissenmaßstab m_1 der Abflußkurve (m³/sek) graphisch auf einfache Weise in den Ordinatenmaßstab der Wassermengenganglinie (und Wassermengendauerlinie) vom Maßstabverhältnis m_2 (m³/sek) überzuführen. Für den Punkt der Pegelganglinie $h_P = 100$ cm wird zunächst über die Abflußkurve die zugehörige Wassermenge $Q = 532$ m³/sek aus dem Abszissenmaßstab vom Maßstabverhältnis m_1 festgestellt (A'). Soll nun der Ordinatenmaßstab der Wassermengenganglinie das Maßstabverhältnis m_2 erhalten, dann gilt für das beliebige ΔOAB: $\operatorname{tg} \alpha = \dfrac{m_2}{m_1}$. Die sämtlichen Ordinatenmaßstabspunkte für m³/sek liegen also mit ihrem oberen Endpunkt auf einer Geraden durch den Ursprung mit der Neigung α gegen die Horizontale, und zwar senkrecht über den zugehörigen Abszissenmaßstabspunkten. Diese Gerade bezeichnet man mit Wendelinie. Im obenerwähnten Beispiel liegt B' auf der Wendelinie senkrecht über A'. Die Waagerechte durch B' markiert dann auf dem Ordinatenmaßstab die Wassermenge 532 m³/sek. Gleichzeitig ergeben sich für die Pegelganglinienpunkte $h_P = 100$ bzw. 330 cm zu den Zeiten t_1 und t_2 senkrecht darüber die entsprechenden Wassermengenpunkte 532 bzw. 2200 m³/sek. Auf diese Weise ist die Abflußmengenganglinie der Abb. 178 entstanden.

Die *Abflußmengen*ganglinien haben einen *ähnlichen* Verlauf wie die zugehörigen *Pegel*ganglinien. Die Abweichungen in vertikaler Richtung sind eine zwingende Folge des gekrümmten Verlaufs der Abflußkurve.

Eine wichtige Eigenschaft der Wassermengenganglinie ergibt sich daraus, daß ihre Ordinaten — die Abflußmengen Q — eine Funktion

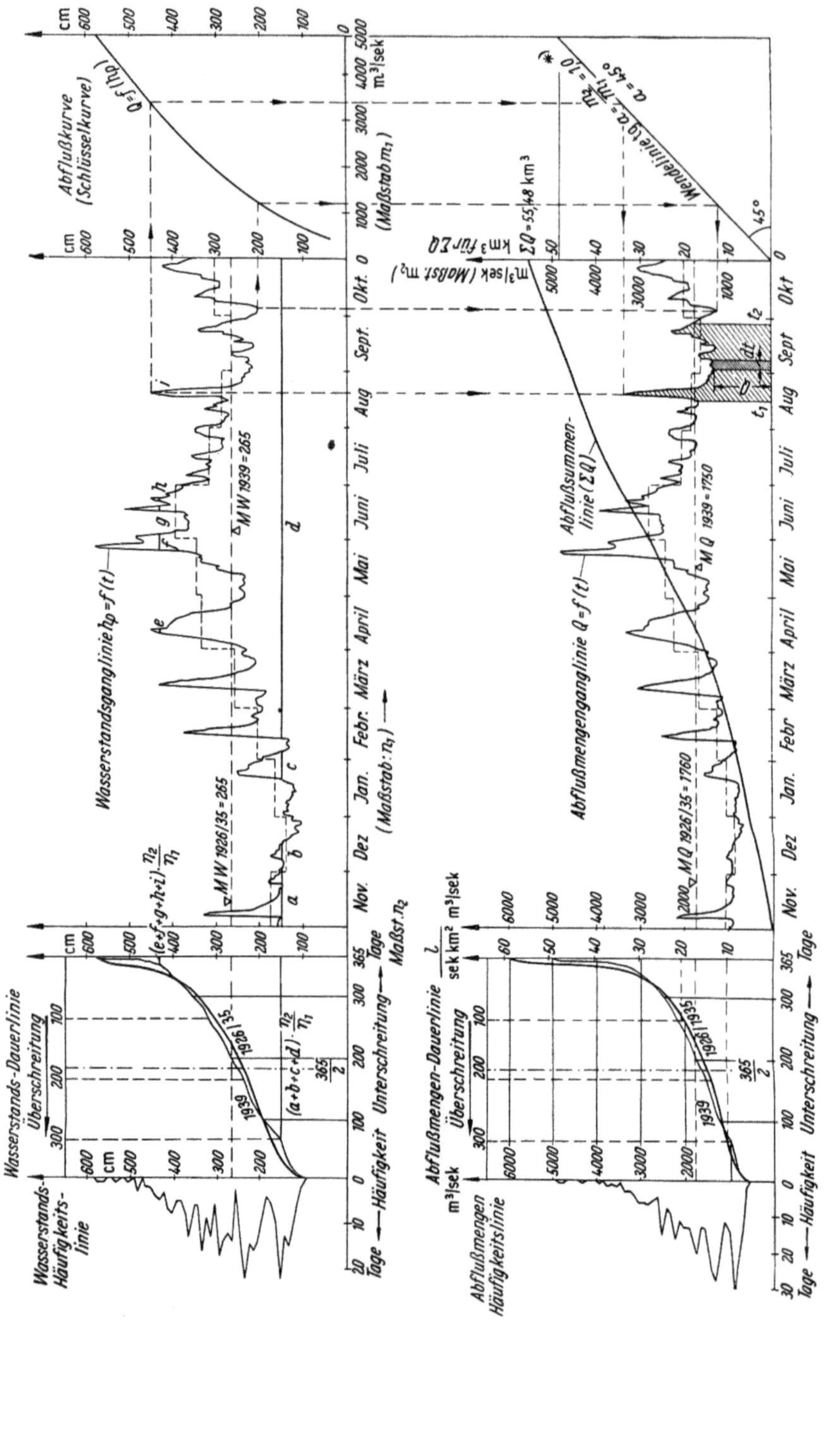

Abb. 178. Zusammenfassende Darstellung der Entwicklung und des Zusammenhangs der Wasserstands- und Wassermengenlinien am Beispiel des Pegels Wien-Nußdorf für das Abflußjahr 1939. (Ganglinien, Häufigkeitslinien, Dauerlinien, Summenlinien $\sum Q$).

der Zeit t sind, so daß $\int_{t_1}^{t_2} Q\, dt = \dfrac{\mathrm{m}^3}{\mathrm{sek}} \cdot \mathrm{sek} = \mathrm{m}^3$ die *summierte* Abflußmenge vom Zeitpunkt t_1 bis t_2, die *gesamte* Fläche zwischen Ganglinie und Abszissenachse von $t_1 = 0$ bis $t_2 = 365$ Tagen die *gesamte Jahresabflußmenge (Wasserfracht)* Q_{Jahr} darstellt.

Der Gang der Wassermengen zeigt, wie der Gang der Wasserstände, besondere Eigentümlichkeiten, die er *im Durchschnittsverhalten* beibehält. Sie sind in gleicher Weise wie die Wasserstände bedingt durch die Höhenlage der Quellgebiete, durch die Bodenbeschaffenheit und Bodenbewachsung, aber auch durch die besonderen Klimaverhältnisse des Einzugsgebietes. Eine besondere Rolle spielen dabei die mittlere Wetterlage des Flußgebietes und der Verlauf der mittleren Isothermen in demselben. Denn an dem Vordringen der Nullisotherme im Frühjahr nach Norden, Osten (ins Binnenland) und Süden (hinauf ins Hochgebirge) hängen Zeitpunkt und Ausmaß des Abschmelzens der aufgespeicherten Schnee- und Eismassen ab.

Diese Einflüsse verursachen bei einem Flachland- und Mittelgebirgsfluß naturgemäß einen anderen Verlauf der durchschnittlichen Ganglinien als etwa bei Flüssen alpinen Charakters. Einige Beispiele sollen diese Unterschiede veranschaulichen.

Zunächst der *Main* bei *Schweinfurt* (Abb. 179)! Er besitzt die charakteristische Wasserführung eines Flachlandflusses mit in den Sommermonaten geringeren, in den Wintermonaten größeren Wassermengen. Die Zeit der Wasserklemme erstreckt sich im allgemeinen auf die Monate Juni bis Oktober, die kleinste durchschnittliche Abflußmenge hat im langjährigen Mittel der Monat August. Die Mehrzahl der Hochwässer fließt in den Monaten Januar bis März ab; sie entstehen in der Regel, wenn die Überregnung des Einzugsgebietes mit einer Schneeschmelze verbunden ist. Es sind aber Hochwässer zu allen Jahreszeiten möglich. Für den Zusammenhang zwischen Niederschlag, Verdunstung und Abfluß ist die Tatsache beachtenswert, daß die *niederschlagsärmere* Winterzeit die *höchste* Wasserführung aufweist, während sie ihr *Minimum* in den *niederschlagsreicheren* Sommermonaten erreicht[1]. Dies ist vor allem auf die starke Verdunstung im Sommer infolge der hohen mittleren Temperatur und der Hauptwachstumsperiode der Vegetation zurückzuführen.

Besonders deutlich wird das kennzeichnende durchschnittliche Verhalten einer Jahresabflußganglinie, wenn für eine längere Jahresreihe die mittleren Monatsabflußmengen aufgetragen werden, wie es in Abb. 180 geschehen ist. Es sei aber schon hier ausdrücklich darauf hingewiesen, daß solche mittleren Ganglinien für eine Reihe praktischer

---

[1] Vgl. dazu die Niederschlagstabellen S. 89 ff.

wasserwirtschaftlicher Untersuchungen deshalb unbrauchbar sind, weil die tatsächlich vorhandenen Spitzen in den Mittelwerten untergehen und so zu falschen Schlüssen verleiten könnten.

Nun wieder zur Abb. 180. Die Ähnlichkeit der Ganglinien der *Weser* (unterhalb der Diemel), des *Mains* (bei Wertheim) und der *Ruhr* (bei Mühlheim) kennzeichnet diese Flüsse als typisch gleichgeartet. Ihre größte Wasserführung fällt jeweils auf den Monat März, ihr kleinster

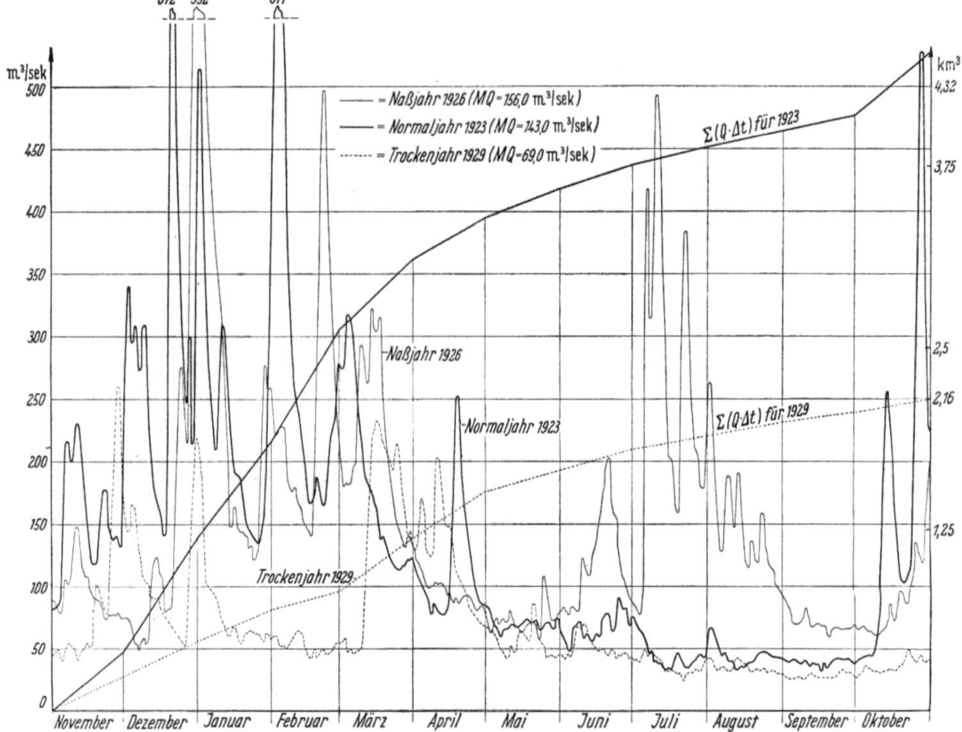

Abb. 179. *Main bei Schweinfurt.* Abflußmengenganglinien eines Flachlandflusses.

Abfluß trifft auf den August. Schon etwas verschieden davon sind die durchschnittlichen Ganglinien der *Spree* in ihrem Oberlauf (bei Beskow) und der *Havel* (bei Rathenow), wenngleich auch hier noch die höchsten mittleren monatlichen Abflußmengen in den März fallen und die kleinsten Werte im Juli bzw. August auftreten. Je weiter man vom Unterrhein in der norddeutschen Tiefebene nach Osten geht, um so mehr verlagert sich die monatsmittlere Höchstwasserführung vom Februar und März (*Elbe* und *Oder*) auf April (*Bug, Narew, Memel*) in Übereinstimmung mit dem Abwandern der Nullisothermen nach Osten und Norden im Frühjahr, so daß auch hier die Temperatur ein bestimmender Faktor für die Charakteristik des mittleren Abflusses ist.

Nun zu den Flüssen, die einem alpinen Einzugsgebiet zugehören. Als erstes Beispiel dafür diene der *Lech* bei Füssen (Abb. 181). Bei einem Vergleich mit Abb. 179 zeigt sich ohne weiteres der Unterschied: in den Monaten März und April, wenn in den Flachland- und Mittelgebirgsflüssen die winterliche hohe Wasserführung wieder stark zurückgeht, fängt sie bei den ausgesprochen alpinen Gewässern, wie etwa beim Lech in Füssen, unmittelbar am Rand der Nordalpen, erst zu steigen an.

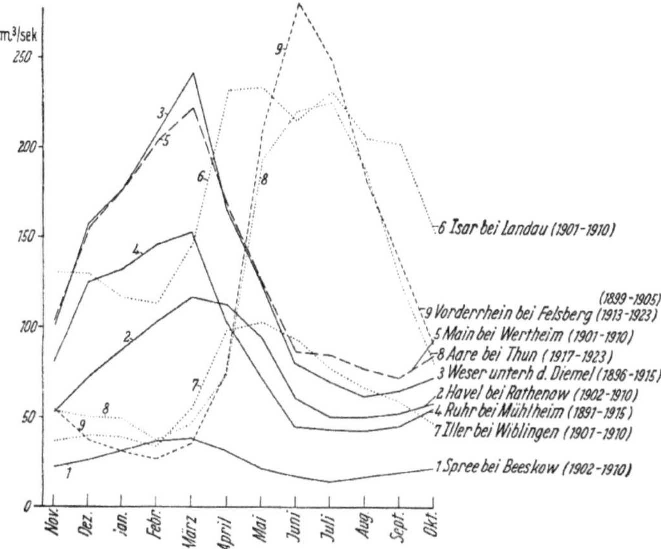

Abb. 180. Der mittlere Jahresabflußgang von Flachland- und Mittelgebirgsflüssen, sowie von alpinen Flüssen verschiedenen Grades zum Vergleich ihrer Charakteristiken.

Denn erst in den genannten Monaten rückt die Nullisotherme stetig weiter in die Hochregion der Berge hinauf und gibt hinter bzw. unter sich den Abschmelzprozeß frei. Dazu liegen die Niederschläge in den Frühjahrs- bzw. Sommermonaten Mai bis September über dem Jahresdurchschnitt. Die geringste Wasserführung haben im allgemeinen die Monate November bis Februar, wenn die an sich unterdurchschnittlichen Niederschläge als Schnee fallen und deshalb nur wenig zum Abfluß beitragen, so daß der Abfluß in der Hauptsache aus den im Sommer angesammelten Grundwasserreserven gespeist werden muß. Die durch die reichlichen sommerlichen Niederschläge wieder aufgefüllten Grundwasserräume beginnen sich bereits im Herbst mit dem allmählichen Abnehmen der Niederschläge wieder zu leeren. Ähnliche Abflußgangverhältnisse liegen bei der Iller vor (vgl. S. 156, Abb. 85g).

Durch die Aufnahme „voralpiner", z. T. durch Seen in ihrer Wasserführung abgeglichenen Zubringer (Amper, Würm), deren Gang von
einem früheren Beginn der Schneeschmelze bestimmt ist, als in den
Gebirgshöhenlagen, zeigt z. B. der mittlere Gang der *Isar* bei Landau,
etwa 30 km oberhalb ihrer Mündung in die Donau, eine veränderte
Charakteristik des Abflußganges gegenüber jener der Iller und des Lech

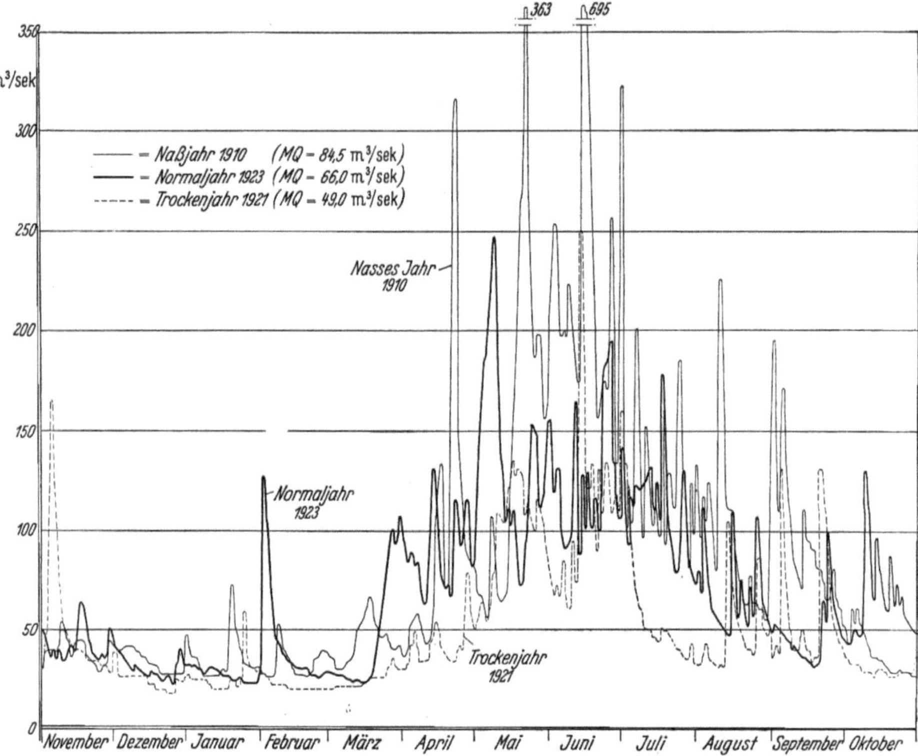

Abb. 181. *Lech bei Füssen.* Abflußmengenganglinien eines Hochgebirgsflusses mit typisch
alpinem Charakter.

(Abb. 180). Ein besonders kennzeichnendes Beispiel für eine solche Umformung der Gangcharakteristik folgt weiter unten.

Als Beispiel für einen Fluß mit *hochalpinem vergletschertem* Einzugsgebiet soll der bayerische *Inn* dienen. Dabei werden diesmal für Vergleichszwecke die Wassermengenermittlungen von zwei Pegelstationen
herangezogen: jene von *Reisach* (bei Niederaudorf) an der bayerisch-
österreichischen Grenze (Abb. 182), wo dieser Fluß die letzte Gebirgs-
barre durchbrochen hat und auf die bayerische Hochebene austritt, und
jene von *Simbach* unterhalb der Mündung der Salzach, die selbst hochalpinen Charakter trägt (Abb. 183). An der ersteren Beobachtungsstelle

ist eine Abflußcharakteristik vorhanden, die noch frei von irgendwelchen abgleichenden voralpinen Einflüssen ist, während dies für die Beobachtungsergebnisse der zweiten Pegelstation nicht mehr zutrifft. Dafür sorgen die voralpinen Zubringer: Alz, Mangfall und Isen, ferner zehn zum Inngebiet gehörende und mehr oder weniger ausgleichend wirkende Seen mit zusammen 119,6 km² Oberfläche, sowie verschiedene größere

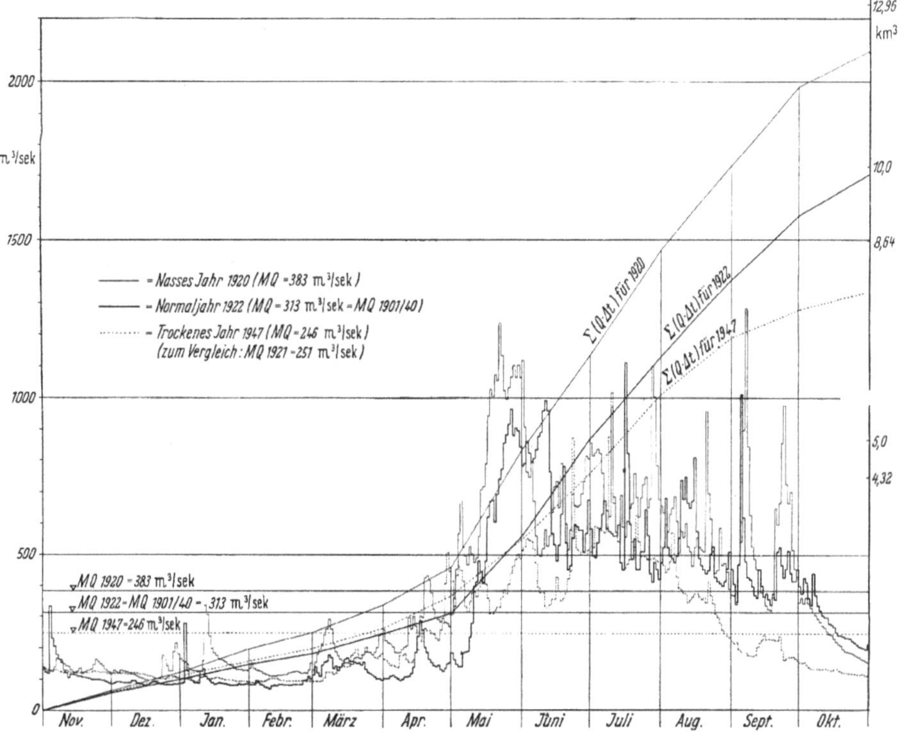

Abb. 182. *Inn bei Reisach* (an der bayer.-österreich. Grenze). Abflußmengenganglinien eines Hochgebirgsflusses mit *stark vergletschertem* Einzugsgebiet (*hochalpine* Wasserführung).

Moore (z. B. Aibling und Bernau südlich des Chiemsees). Deshalb werden die Ganglinien des Inn bei Reisach und die daraus hergeleiteten Summenlinien dessen hochalpine Charakteristik klarer zeigen als jene von Simbach.

Bekanntlich reicht das Einzugsgebiet des Inn bei Reisach (also *ohne* Salzacheinzugsgebiet) weit in die Zentralalpengebiete hinein, und sein Bett ist Vorflutrinne für die Abflüsse der großen Gletschergebiete der Bernina, der Albulaalpen, Silvrettagruppe, der Ötztaler-, Stubaier- und Zillertaler Alpen. Der dadurch bedingte hochalpine Charakter des Inn weist gegenüber den übrigen südbayerischen Flüssen, auch soweit sie

alpines Gepräge zeigen, größere Unterschiede zwischen Sommer und
Winterwassermenge auf. Die Zeit der Wasserklemme erstreckt sich im
allgemeinen auf die Monate November bis Februar (vgl. Abb. 182).
Bis Ende Februar haben alle 3 Summenlinien die geringste Steigung.
Größere Hochwässer sind hier im Winter seltener (Abb. 182), aber
— wie das „Normal"jahr 1923 der Abb. 183 zeigt — nicht aus-

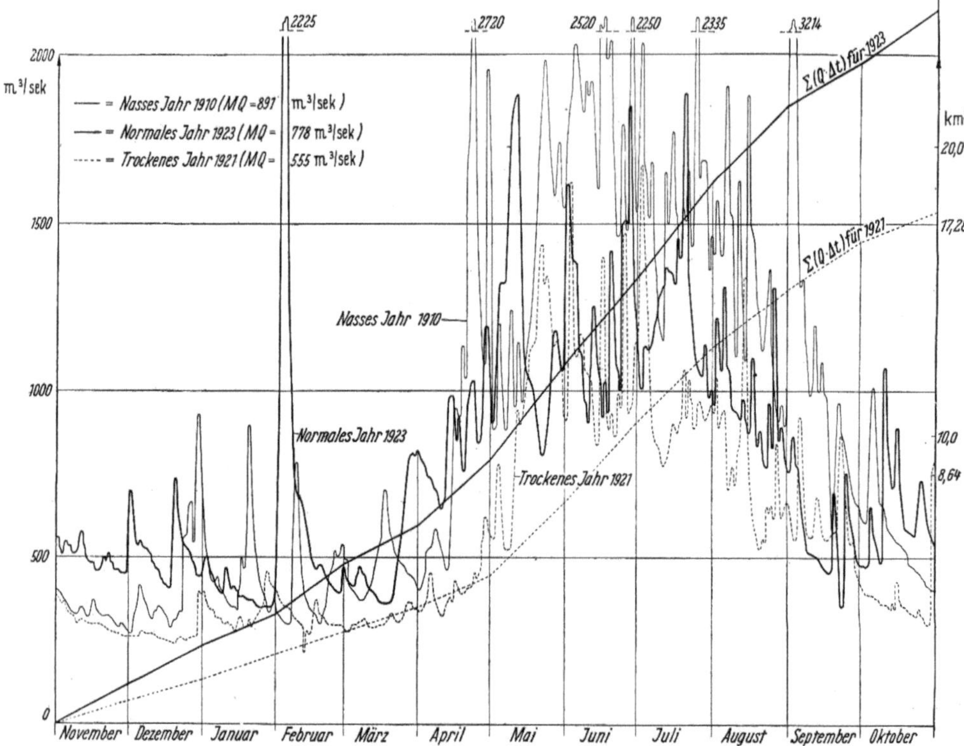

Abb. 183. *Inn bei Simbach.* Abflußmengenganglinien zweier hochalpiner Flüsse (Inn und Salzach),
beeinflußt durch die abgleichende Wirkung voralpiner Gewässer.

geschlossen. Kennzeichend für die hochalpinen Flüsse ist, daß sich ihre
große Wasserführung in den Monaten Mai mit August (Summenkurven
in Abb. 182 u. 183) nicht nur auf das Abschmelzen des im Winter in den
Hochlagen gefallenen Schnees stützt — in schneearmen Wintern oder
bei andauerndem Föhn werden dann auch diese Wasserreserven klein —,
sondern daß ihre Beständigkeit in den genannten Monaten auf eine
kräftige Speisung durch die *Gletscher*schmelze zurückzuführen ist, die
ihrerseits von *den winterlichen Niederschlägen* weitgehend *unabhängig*
ist. Abb. 184 gibt ein Bild vom Gang der gemittelten Monatsabflüsse
eines großen Gletschers in der Schweiz. Die hochalpinen Flüsse setzen

sich aus derartigen mehr oder weniger zahlreichen Einzelgletscher-
abflüssen zusammen und geben in ihrer Summe den Hauptanteil der
Sommerwasserführung solcher Flüsse. Da mit Niederschlägen in den
höheren alpinen Regionen meist starker Temperaturrückgang, also auch
Rückgang der Gletscherschmelze verbunden ist, bilden die überdurch-
schnittlichen Sommerniederschläge zum Teil einen Ausgleich für die
zurückgegangenen Gletscherabflüsse, der nicht verdunstende und versickernde Niederschlagsrest setzt sich auf *diese* Gletscherabflüsse als
Hochwasserspitze auf. Diese Zusammenhänge erklären es, daß besonders die zwei Summenlinien für nasses und normales Jahr in Abb. 182
während der Monate Mai bis August wenig voneinander abweichende

durchschnittliche Neigungswinkel besitzen (angenähert gleiche sekundliche Abflußmengen im Durchschnitt
dieser Zeit [$\operatorname{tg}\alpha = Q$]) und daß auch
in einem trockenen Jahr für den
gesamten Zeitabschnitt die durchschnittliche sekundliche Wassermenge
wenig von derjenigen eines Normaljahres abweicht (Abb. 182 u. 183).
Wenn diese typischen Merkmale der
Jahressummenlinien bei hochalpinen
Gewässern in Abb. 183 (hier sind nur
die Normaljahr- und Trockenjahr-
Summenlinien gegeben) nicht mehr
in der ausgeprägten Weise wie in
Abb. 182 in Erscheinung treten, so
dürfte dies auf die bereits obenerwähnten voralpinen Einflüsse zu-

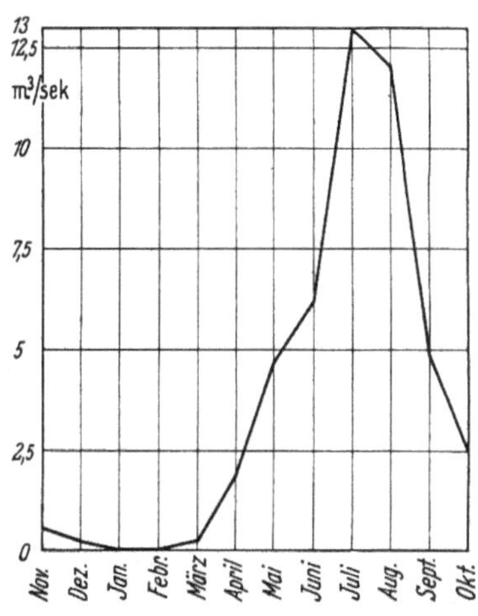

Abb. 184. Jahresgang des Abflusses des
unteren Grindelwaldgletschers im Jahre 1923
($E = 44{,}5$ km²). (Monatsabflüsse gemittelt.)

rückzuführen sein. Wie aus den Ganglinien ersichtlich, wird insbesondere
auch die Summenlinie für das nasse Jahr 1910 eine wesentlich größere
Neigung mindestens während der Monate Mai, Juni und Juli aufweisen
als $\sum (Q\,\varDelta t)$ für 1923. Soviel zur Charakteristik des Innflusses!

Die gute Brauchbarkeit der Summenlinie für solche kritische Betrachtungen zeigt sich nochmals beim Vergleich der Charakteristiken
der Flüsse Main (Abb. 179) und Inn (Abb. 182).

In Abb. 180 sind als Beispiele für 2 weitere hochalpine Flüsse die
monatsmittleren Abflußganglinien der *Aare* am *Thunersee* und des
Vorderrheins bei *Felsberg* aufgetragen. Bei der Aare zeigt sich das oben
über die Charakteristik hochalpiner Flüsse Gesagte besonders deutlich.

Mit dem Schwanken der Tages- und Nachttemperaturen über den
Schnee- und Gletscherflächen schwankt auch die Höhe der Schmelzwassermenge während dieser Zeit, so daß sich ein *Tages*gang derselben

herausbildet (Taufluten), der besonders in den Gletscherbächen in Erscheinung tritt. Durch die verschiedenen Fließwege bzw. Fließzeiten wird dieser Rhythmus meist verwischt. Unter günstigen Umständen, besonders nach längeren niederschlagsfreien und heißen Sommertagen lassen sich diese Taufluten in ausgesprochen hochalpinen Flüssen manchmal aber auch noch weitab von den Schnee- und Gletscherfeldern beobachten (Abb. 129a S. 219). Sie stellen dann als kurzperiodische Schwankungen (Tag) gewissermaßen die Oberschwingungen dar, die den langperiodischen Schwankungen (Wochen, Monate) als Hauptschwingungen überlagert sind.

Ganz allgemein wird der zeitliche Verlauf der Wassermengen im Zuge der Ganglinie in mehr oder weniger zahlreichen großen und kleineren Schwankungen erfolgen. Das gilt auch sinngemäß für die Wasserstandsganglinie. Ein Kriterium dafür, ob dieser zeitliche Ablauf als „ruhig" oder „unruhig" anzusprechen ist, bietet die Anzahl der Schnittpunkte, die sich ergeben, wenn man mit Waagerechten die Spitzen der Ganglinie schneidet. Trägt man nach LUDIN die Anzahl $2s$ aller Schnitte,

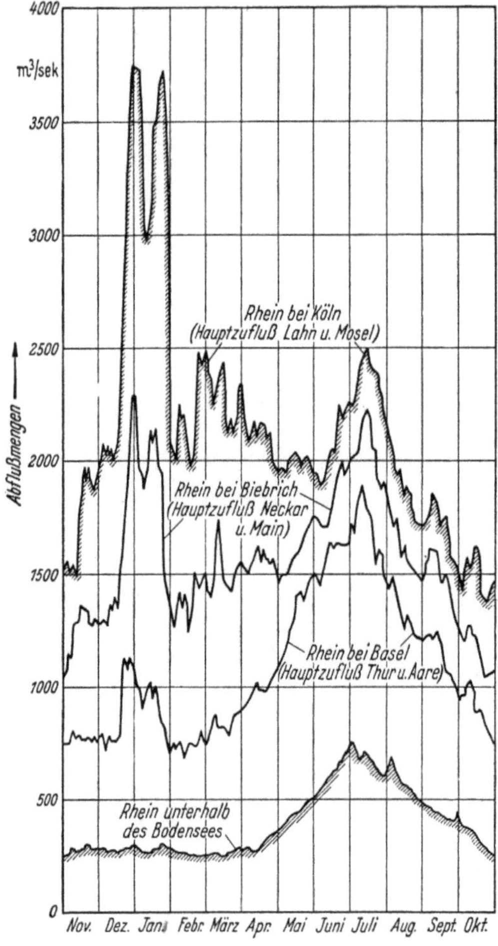

Abb. 185. Umwandlung der Charakteristik des Jahresabflußganges eines Flusses durch Überlagerungen mit anderen Abflußcharakteristiken. (Beispiel: Rhein zwischen Bodensee und Köln.) (Nach WITTMANN.)

die sich aus s Spitzen ergeben, waagerecht als Funktion von Q (bzw. h_P) auf, so erhält man die „*Wechselhaftigkeit*- oder *Frequenzzahl*" als Kriterium für ruhigen oder aber unruhigen Verlauf der Ganglinie[1].

---

[1] LUDIN: Wasserkraftanlagen. I. Hälfte. Hdb. Bauingenieure. Berlin: Springer 1943.

Es wurde schon erwähnt, daß durch die Vermischung verschiedener geophysikalischer und klimatischer Gebietseigenschaften die ursprüngliche *Flußcharakteristik*, das „Regime“, stark ver*ändert* werden kann. Beispiele dafür bieten der Rhein und der Rhonestrom. Am Ausfluß aus dem Bodensee besitzt der jährliche Abflußgang des *Rheins* noch hochalpinen Charakter, allerdings — besonders in seinen Spitzen — abgeglichen, „beruhigt“ durch das Rückhaltvermögen des Bodensees (vgl. Abb. 8, S. 21). Während der Zufluß der Aare den Hochgebirgscharakter weiter verstärkt und wieder unruhiger gestaltet, führt die vorher erfolgte Einmündung des Thurflusses mit seinem Mittelgebirgscharakter bereits zur Auflagerung der üblichen Spitzen im Winter. Mit der weiteren Aufnahme von Flüssen vom Mittelgebirgstyp wandelt sich die Gangcharakteristik des Rheinstromes unterhalb von Basel immer mehr ab, und bei seinem Durchfluß durch Köln überwiegt bereits der Mittel-

gebirgs- bzw. Flachlandscharakter über das frühere rein hochalpine Abflußregime. Der sommerliche „alpine“ Höcker bleibt aber bis zur Mündung erhalten (Abb. 185).

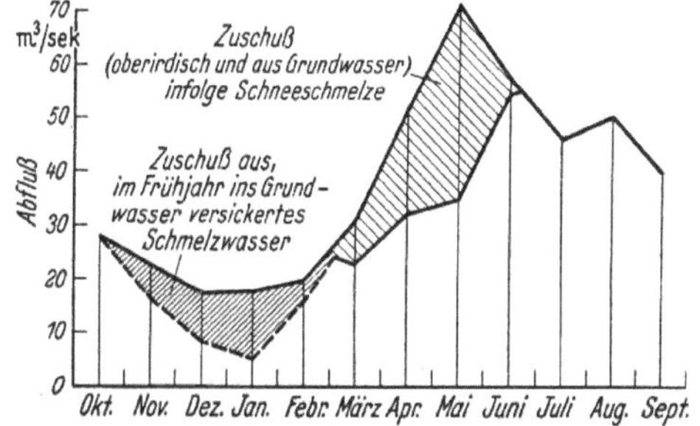

Abb. 186. Angenäherter Schmelzwasseranteil an der Abflußmenge im mittleren Jahresgang der *Saalach* bei *Jettenberg.*

Bei dem *Rhone*strom verläuft die Wasserführung in ähnlicher Weise, da die Saône und die oberhalb von Avignon aus den Cevennen kommenden Flüsse Ardèche und Ceze mit ihren Mittelgebirgstypen den ursprünglich rein hochalpinen Charakter umgestalten. Die linksseitigen alpinen Zuflüsse Arve, Isère und Durance hemmen zwar diesen Umformungsprozeß, vermögen ihn aber nicht ganz auszuschalten.

Um ein Bild zu bekommen, welchen Anteil die Schmelzwassermengen der winterlichen Schneerücklage am Jahresgang eines alpinen Flusses etwa haben können, wurden diese an Hand der Untersuchung des Wasserhaushalts der Saalach für den Pegel Jettenberg zu ermitteln versucht (vgl. Abb. 86c, S. 158) und in Abb. 186 dargestellt.

c) Abflußmengenhäufigkeitslinie und Abflußmengendauerlinie
(Linie der Über- bzw. Unterschreitungsdauer der Abflußmengen).

Wie aus den Pegellisten die Häufigkeiten der Wasserstände hergeleitet wurden, lassen sich aus den Abflußmengenlisten die Häufigkeiten der verschiedenen Wassermengen ermitteln. In Tab. 49 ist dies wiederum für den Pegel *Wien-Nußdorf* des Abflußjahres 1939 geschehen. Gleichzeitig wurden darin die Tage der *Über*schreitungsdauer und der *Unter*-

schreitungsdauer für die angenommenen Wassermengenintervalle eingetragen. Die Eigenschaften der Glieder des Mengenkollektivs, nämlich die Häufigkeiten, sind in Abb. 187 dargestellt. Ebenso ist dort die Abflußmengendauerlinie eingezeichnet, analog wie in Abb. 140, S. 233 die Wasserstandsdauerlinie (vgl. dazu auch die Ausführungen auf S. 230ff.). Diese Mengendauerlinie kann entstanden gedacht werden einmal aus der Abflußmengenganglinie entsprechend dem Verfahren, wie es für die Wasserstandsdauerlinie in Abb. 178 angedeutet ist, oder aus der Wasserstandsdauerlinie mit Hilfe der Schlüsselkurve und Wendelinie, oder — weil die Häufigkeitslinie auch bereits vorliegt — am einfachsten als

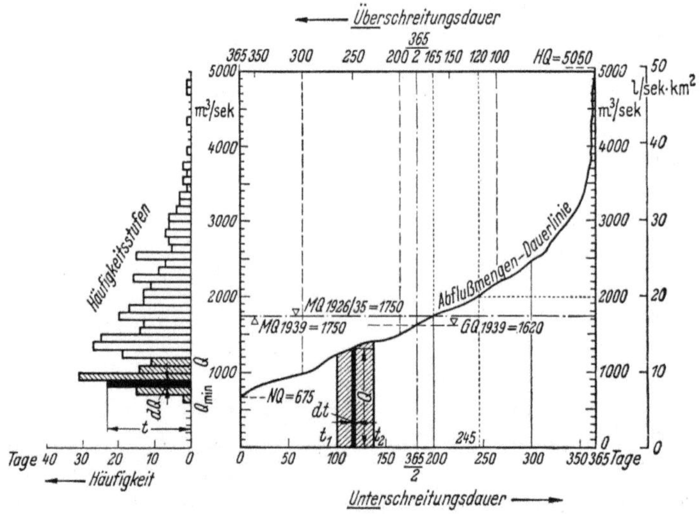

Abb. 187. Abfluß*mengen*häufigkeit und -dauerlinie (*Über*- bzw. *Unter*schreitungsdauer) der Donau am Pegel Wien-Nußdorf im Abflußjahr 1939.

Summenlinie dieser Häufigkeitslinie. Nach dem bei der Wasserstandsdauer Gesagten dürfte diese Auftragung an Hand der Tabelle 49 keine Schwierigkeiten bereiten.

Manchmal ist es bequemer, die gesamte Beobachtungsdauer = 1 zu setzen und die Über- bzw. Unterschreitungsdauer in v. H. anzugeben. Dann ist $T + T' = 1$.

Für das Beispiel der Donau bei Wien-Nußdorf (Abb. 187) ist das untere Ende der Dauerlinie auf NQ 1939 = 675 m³/sek festzulegen, das obere Ende bis HQ 1939 = 5050 m³/sek zu verlängern (vgl. die Hauptzahlen für die einzelnen Monate von 1939 der Tab. 48: 24. Mai 22⁰⁰ Uhr).

Aus der Dauerlinie ergeben sich folgende wichtige gewässerkundlich-statistische Werte: GQ = 1620 m³/sek; MQ = 1750 m³/sek; MQ 1926 bis 1935 = 1750 m³/sek.

Als Beispiel: die Wassermenge $MQ = 1750$ m³/sek ist an 200 Tagen *unter*schritten ($\underline{200\,Q}$) bzw. an 165 Tagen *über*schritten ($\overline{165\,Q}$); für 2000 m³/sek gilt: $\underline{244\,Q}$ bzw. $\overline{121\,Q}$.

Tabelle 49. *Wassermengenhäufigkeit und Überschreitungs- bzw. Unterschreitungsdauer des Abflußjahres 1939 am Pegel Wien-Nußdorf.*

Abflußmengenstufe von bis in 10m³/sek	Häufigkeit des Auftretens Tage	Überschreitungsdauer Tage	Unterschreitungsdauer Tage	Abflußmengenstufe von bis in 10m³/sek	Häufigkeit des Auftretens Tage	Überschreitungsdauer Tage	Unterschreitungsdauer Tage
489 bis 480	1	1	365	269 bis 260	5	50	320
479 bis 470	1	2	364	259 bis 250	15	65	315
469 bis 460	0	2	363	249 bis 240	7	72	300
459 bis 450	0	2	363	239 bis 230	9	81	293
449 bis 440	0	2	363	229 bis 220	16	97	284
439 bis 430	1	3	363	219 bis 210	11	108	268
429 bis 420	0	3	362	209 bis 200	13	121	257
419 bis 410	0	3	362				
409 bis 400	0	3	362	199 bis 190	13	134	244
				189 bis 180	17	151	231
399 bis 390	1	4	362	179 bis 170	20	171	214
389 bis 380	0	4	361	169 bis 160	13	184	194
379 bis 370	2	6	361	159 bis 150	14	198	181
369 bis 360	1	7	359	149 bis 140	25	223	167
359 bis 350	2	9	358	139 bis 130	27	250	142
349 bis 340	1	10	356	129 bis 120	19	269	115
339 bis 330	3	13	355	119 bis 110	11	280	96
329 bis 320	3	16	352	109 bis 100	14	294	85
319 bis 310	4	20	349				
309 bis 300	6	26	345	99 bis 90	31	325	71
				89 bis 80	23	348	40
299 bis 290	6	32	339	79 bis 70	15	363	17
289 bis 280	7	39	333	69 bis 60	2	365	2
279 bis 270	6	45	326		365		

Da für die Abflußmengendauerlinie genau so wie für die Abflußmengenganglinie die Beziehung gilt: $\int_{t_1}^{t_2} Q\,dt = F_Q$, stellt in Abb. 187 die Fläche zwischen Dauerlinie und Abszissenachse von $t_1 = 0$ bis $t_2 = 365$ Tagen die *Gesamtdurchflußmenge* im Pegelprofil Wien-Nußdorf des Abflußjahres 1939 dar.

Ein wichtiges Kriterium für die Dauerlinie ist ihre *Steigung*. Sie ist um so größer, je kleiner der entsprechende Wert der Häufigkeit ist, d. h. die Steigung der Dauerlinie ist verhältnisgleich dem reziproken Wert der Häufigkeit.

d) Aufgelöste Jahresmengen-Dauerlinien
(Monats-, Vierteljahres-, Halbjahres-Dauerlinien).

Wie gezeigt wurde, ist das Kennzeichnende der *Dauer*linie die Ordnung der Ordinaten (Wasserstände, Wassermengen usw.) *der Größe nach,* wogegen die *Gang*linien diese Ordinaten *dem zeitlichen Verlaufe nach* dar-

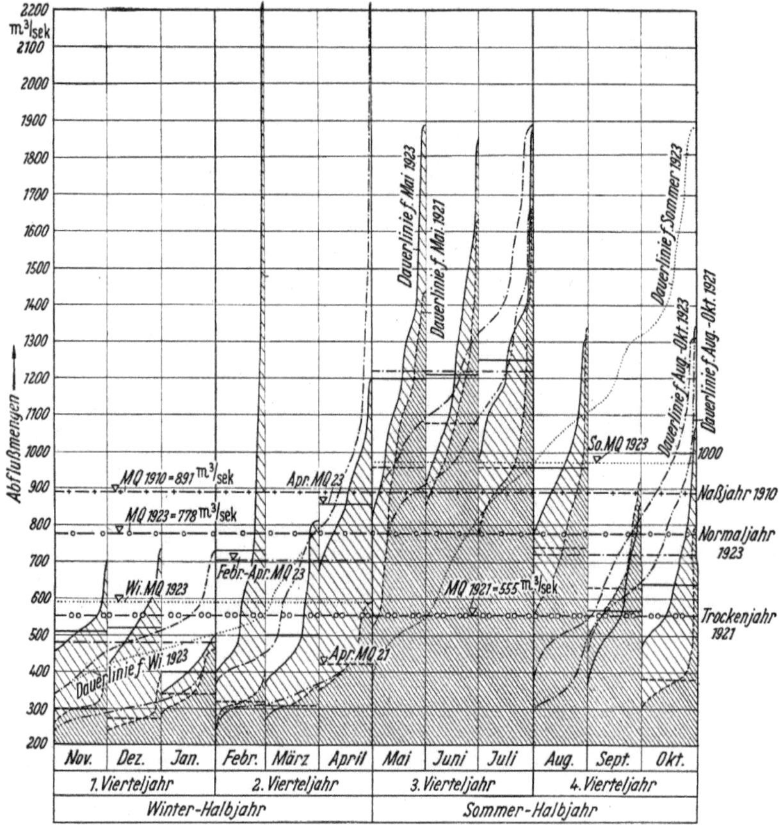

Abb. 188. Monats-, Viertel- und Halbjahres-Dauerlinien des *Inn* bei *Simbach* für das Normaljahr 1923 und zum Vergleich Monats- und Vierteljahres-Dauerlinien für das *Trocken*jahr 1921.

stellen. Diese Ordnung der *Größe nach* bei den Dauerlinien ist eine große Vereinfachung, wenn es nicht auf die zeitliche Verteilung der darzustellenden Einzelgrößen (Wasserstände, Wassermengen usw.), etwa ihre zeitlichen Unstetigkeiten (Schwankungen) ankommt, sondern nur auf die Häufigkeiten des Auftretens dieser Ordnungsgrößen, wie etwa in dem Beispiel aus der Wasserkraftwirtschaft auf S. 297.

In manchen Fällen, wenn es sich darum handelt, zwei voneinander unabhängige Ganggrößen zusammen zu verarbeiten, wie z. B. Wasser-

darbietung und Energiebedarf bzw. Wassernutzleistung und Netzbelastung in der Wasserkraftwirtschaft, muß man gegebenenfalls auf
die jahreszeitlichen oder monatlichen Dauerlinien zurückgreifen[1]. In
den Abb. 188 u. 189 sind für den *Inn* (einschließlich Salzach) bei *Sim-*

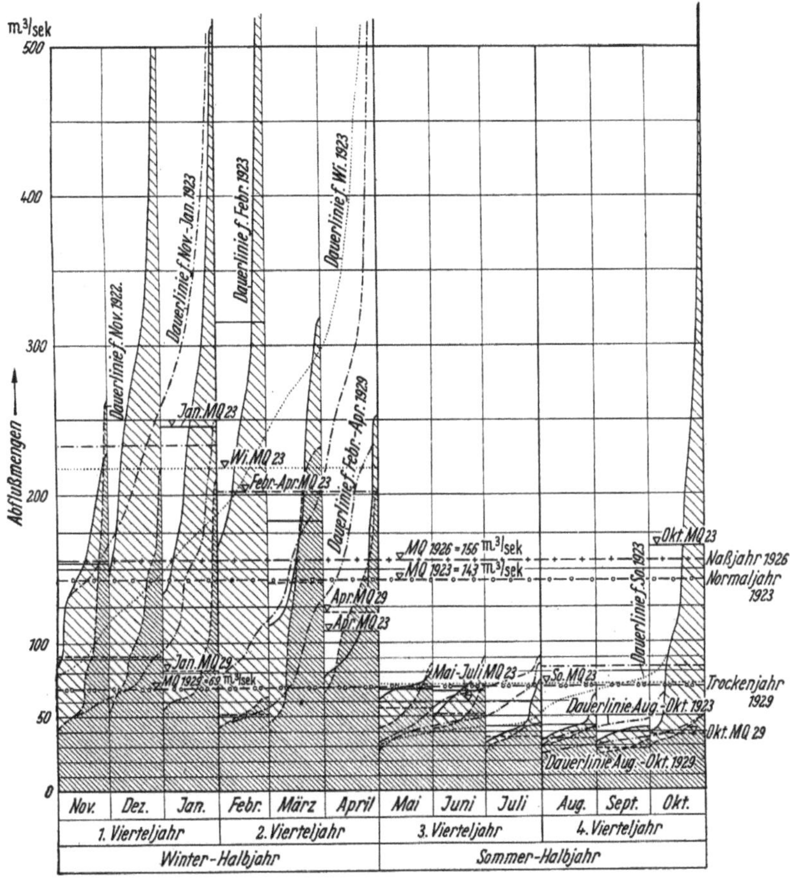

Abb. 189. Monats-, Viertel- und Halbjahres-Dauerlinien des *Main* bei *Schweinfurt* für das *Normal-*
jahr 1923 sowie Monats- und Vierteljahres-Dauerlinien für das *Trocken*jahr 1929.

bach für das Normaljahr 1923 und das Trockenjahr 1921, sowie für den
Main bei *Schweinfurt* für das Normaljahr 1923 und das Trockenjahr
1929 die *Monats-* und *Vierteljahres*dauerlinien dargestellt, für die Nor-
maljahre auch noch die *Halbjahres*-Dauerlinie. Die Monatsdauerlinien
vereinigen in sich den Vorteil einer Ordnung der Abflußmengen der
Größe nach mit dem sonst nur der Ganglinie zukommenden Vorteil,

---

[1] LUDIN: Wasserkraftanlagen. Hdb. Bauing. III. Teil, 8. Bd. 1. Hälfte, S. 48.
Berlin: Springer 1934.

nämlich den Abfluß dem zeitlichen Verlauf nach verfolgen zu können (Abflußcharakteristik).

Man erkennt aus den Darstellungen den Vorteil des Wasserhaushalts des Mains gegenüber jenem des Inn für die *allgemeine* Energieversorgung, insofern dort dem üblichen größeren Energiebedarf der Wintermonate auch eine größere Wasserdarbietung im Winterhalbjahr entspricht. Anders ist es beim Inn. Hier fällt die große Wasserführung in die Zeit des geringeren sommerlichen Überlandbedarfs. So ist es auch wasser- bzw. energiewirtschaftlich verständlich, daß die gewaltigen hydroelektrischen Energiemengen des Inn zunächst weniger zur Überlandversorgung als für die Energiebedarfsdeckung von anpassungsfähigen elektrochemischen und elektrometallurgischen Betrieben (z. B. Karbid-, Kalkstickstoff-, Aluminïumproduktion) benützt wurden. Bei der vorstehenden Wasserhaushaltsbetrachtung blieb natürlich die jeweilige absolute Größe der Wasserdarbietungen beider Flüsse außer Betracht. In diesem bedeutungsvollen Belange liegen die Verhältnisse umgekehrt.

Der an Hand von Jahresdauerlinien entwickelte Leistungsplan der Abb. 192 ließe sich natürlich auch für Monatsdauerlinien bilden, womit man für bestimmte Ausbaugrade die Bedarfsdeckungsmöglichkeiten *während der einzelnen Monate des Jahres* erhalten würde.

Für Wasserhaushaltsuntersuchungen von Großspeichern sind Dauerlinien in der Regel *nicht* geeignet. Bei derartigen Wasserwirtschaftsplänen verwendet man die Zeitsummenlinien (Bedarfssummen- und Zuflußsummen-Ganglinien usw., vgl. S. 302ff.).

Sechster Abschnitt.

Weitere wasserwirtschaftliche Verfahren.

I. Wasserwirtschaftliche Kennwerte.

1. Grundwerte hinsichtlich des wasserwirtschaftlichen Betriebs.

Bisher wurde stets die *gesamte* durch ein Flußprofil gehende Wassermenge der Betrachtung unterzogen. Diese steht aber *in den meisten Fällen nicht vollkommen zur Bewirtschaftung zur Verfügung.* Zur Kennzeichnung der in Betracht kommenden wasserwirtschaftlichen Werte unterscheidet Ludin[1] folgende Begriffe (Abb. 190):

a) die in der *Zeiteinheit vorhandene Wassermenge* Q_0 (Wasserdarbietung); sie entspricht dem Gang des Gesamtzuflusses in m³/sek. Diese Wassermenge steht aber, wie eben erwähnt, für *einen* Zweck meist nicht vollkommen zur Verfügung;

---

[1] Ludin: Wasserkraftanlagen. Zit. S. 291.

b) die *Abzüge* Q'; sie sind α) *rechtlich* bedingt, z. B. durch schon vorhandene oder geplante andere Wassernutzungsrechte, wie Siedlungswasserwirtschaft, Bewässerung, Wasserkraftnutzung, Schiffahrt, Fischereiwesen, Naturschutz, Landschaftspflege und -gestaltung; β) bedingt durch Verdunstung und Versickerung in den natürlichen Flußgerinnen, Kanälen, Speicherräumen;

c) die *verfügbare Was-* *sermenge* Q_1 (das verfügbare Wasserdargebot) als verbleibende Wassermenge nach Verminderung des Zuflusses infolge der vorgenannten Abzüge, also $Q_1 = Q_0 - Q'$ m³/sek;

d) die *erfaßbare Was-* *sermenge* Q_e; von der verfügbaren Wassermenge Q_1 kann nur jener Anteil für den ins Auge gefaßten wasserwirtschaftlichen Zweck „erfaßt" werden, für den die geplanten Anlagen (z. B. Ableitungskanäle, Schluckvermögen der Turbinen beim Fluß-kraftwerk usw.) bemessen (ausgebaut) sind. Diese Bemessung setzt also der erfaßbaren Wassermenge eine obere Grenze ($Q_e = Q_v$). Im übrigen ist $Q_e < Q_v$, wenn auch $Q_1 < Q_v$;

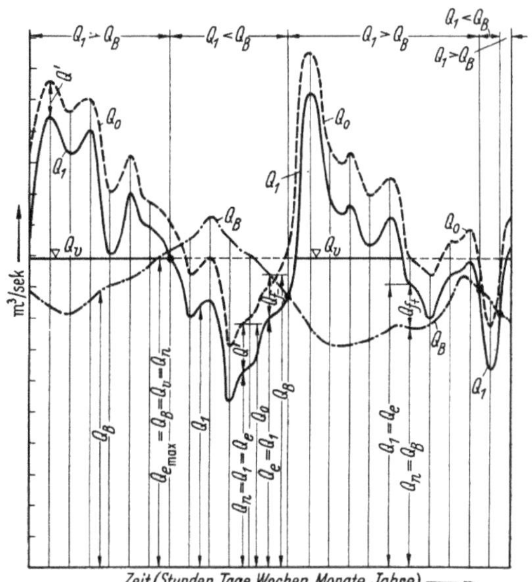

Abb. 190. Wasserwirtschaftliche Grundwerte.

e) die obere Grenze für die größte erfaßbare Wassermenge bildet die *Vollwassermenge* Q_v [siehe unter d)];

f) der Vollwassermenge Q_v steht die *Bedarfswassermenge* Q_B gegen-über. Diese kann nur bis max Q_v voll befriedigt werden;

g) die *nutzbare Wassermenge* Q_n ist im allgemeinen wieder nur der Bruchteil der erfaßbaren Wassermenge Q_e, der sich zeitlich mit dem Bedarf Q_B deckt. Es wird $Q_n (= Q_e) < Q_B$, wenn $Q_B > Q_1$, und $Q_n < Q_e$ für $Q_B < Q_1$ (wenn $Q_1 < Q_v$). Für die obere Grenze von Q_n gilt: $Q_n = Q_v$, wenn $Q_1 \geqq Q_v$ und $Q_B \geqq Q_v$;

h) die *Frei-* und *Fehlwassermengen* geben den Unterschied der erfaß-baren Wassermenge gegenüber der Bedarfswassermenge, und zwar für *Überschuß* (Freiwasser) $Q_{f+} = Q_e - Q_B$, für *Mangel* (Fehlwasser) $Q_{f-} = Q_e - Q_B$ ($Q_e < Q_B$, also Q_f negativ).

2. Kennwerte nach dem Grad der Beständigkeit des Wassermengendargebotes:

a) ständiges Wasserdargebot;

b) im Jahreslauf unständiges Wasserdargebot;

c) im Tageslauf unständiges Wasserdargebot (Freiwassermenge).

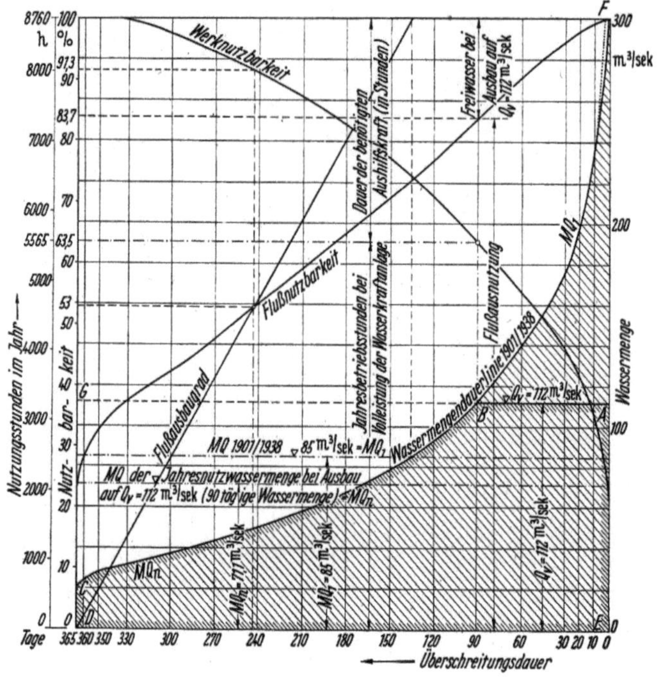

Abb. 191. Werk- und Flußnutzbarkeit (Lech bei Landsberg 1901/1938). (Die Hochwasserspitze über 300 m³/sek ist aus Darstellungsgründen [Maßstäbe!] weggelassen.)

3. Kennwerte für Ausbau und Ausnutzung (Abb. 191):

a) MQ_1 = mittlere verfügbare Wassermenge (Abb. 191; in diesem Beispiel ist $Q_0 = Q_1$ gesetzt);

b) Q_v = Vollwassermenge;

c) MQ_e = mittlere erfaßbare Wassermenge;

d) MQ_n = mittlere nutzbare Wassermenge;

e) MQ_f = mittlere Fehl- (—) oder Freiwassermenge (+).

4. Für die Wasserkraftwirtschaft haben noch folgende Kennwerte besondere Bedeutung (Abb. 191):

a) Flußausbaugrad: $\dfrac{Q_v}{MQ_1}\left(\text{Flächen }\dfrac{AGDE}{FBCDE}\right)$;

b) Flußnutzungsgrad (Flußnutzbarkeit): $\dfrac{MQ_n}{MQ_1}$ $\left(\text{Flächen } \dfrac{ABCDE}{FBCDE}\right)$;

c) Werknutzungsgrad (Werknutzbarkeit): $\dfrac{MQ_n}{Q_v}$ $\left(\text{Flächen } \dfrac{ABCDE}{AGDE}\right)$.

II. Leistungsplan eines Flußkraftwerks (nicht speicherfähiges Laufwerk).

1. Arbeit (Energie) und Leistung einer Wasserkraft.

Wenn sich ein Wasservolumen von der Größe V und dem Raumgewicht $\gamma = 1\,\text{t/m}^3$ auf irgend einem Wege in der Zeit t sek um die Höhe h m senkt, dann leistet die Schwerkraft dabei die ideelle *Arbeit* E_i:

$$E_i = 1\,V\,h = \text{mt}.$$

Die in der Zeiteinheit (in der Sekunde) geleistete Arbeit wird als *Leistung N* bezeichnet. In unserem Falle ist somit die ideelle Leistung N_i

$$N_i = \frac{E_i}{t} = \text{mt/sek}.$$

Zum Ausdruck E_i/t kommt man auch, wenn man das in der Zeiteinheit (sek) absinkende Wasservolumen bestimmt, also setzt V/t m³/sek. V/t stellt dann die sekundliche Wassermenge dar, die wir mit Q zu bezeichnen pflegen. Denn nun wird:

$$N_i = 1\,\frac{V}{t}\,h = 1\,Q\,h = \frac{\text{t}}{\text{m}^3}\,\frac{\text{m}^3}{\text{sek}}\,m = \text{mt/sek} = \frac{E_i}{t}.$$

Wie immer bei technischen Verwertungen ergeben sich Verluste, welche die ideelle Arbeit von E_i auf E bzw. die Leistung von N_i auf N verringern. Das Verhältnis E/E_i bzw. N/N_i stellt den Wirkungsgrad der Anlage dar. Bringt man oben in dem Ansatz für N_i bei Q und h die Verluste in Abzug, die bereits auf dem Wege zur Kraftmaschine (Turbine) und von dieser zum Unterwasser (UW) auftreten, setzt also für $Q = Q_n$, für $h = h_n$ und damit für E_i bzw. N_i:

$$E_i = 1\,V_n\,h_n \quad \text{bzw.} \quad N_i = 1\,Q_n\,h_n,$$

dann stellt das Verhältnis E/E_i bzw. N/N_i den oben noch nicht berücksichtigten Turbinenwirkungsgrad η_T dar, also

$$\frac{E}{E_i} = \frac{N}{N_i} = \eta_T,$$

und die Nutzleistung an der Turbinenwelle wird

$$N = \eta_T\,Q_n\,h_n\;\text{mt/sek}.$$

Da

$$1\,\text{mt/sek} = 13{,}3\,\text{PS} = 9{,}8\,\text{kW},$$

ergibt sich an der Triebwelle der *Turbine*:

$$N = 13{,}3\ \eta_T\ Q_n\ h_n = \mathrm{PS}$$

bzw.

$$N = \ \ 9{,}8\ \eta_T\ Q_n\ h_n = \mathrm{kW}$$

und an der *Schalttafel* im Werk

$$N = 9{,}8\ \eta_T\ \eta_G\ Q_n\ h_n = \mathrm{kW},$$

wenn η_G den Generatorwirkungsgrad (Wirkungsgrad der Dynamomaschine) bezeichnet.

Soll auch noch der Verlust im *Umspanner* (Transformator) berücksichtigt werden, dann ist N auch noch mit η_U zu multiplizieren.

Die Wirkungsgrade η_T, η_G und η_U einer Wasserkraftanlage sind innerhalb bestimmter Grenzen veränderlich entsprechend den Betriebsverhältnissen (Beaufschlagungswassermenge, Nutzfallhöhe, Belastung; aber auch Abnutzung).

Bildet man das Mittel der Jahresleistung MN an den Generatorklemmen in kW und multipliziert sie mit der Anzahl der Jahresstunden (8760), so erhält man die Jahresarbeit (Jahreserzeugung E) in kWh, also

$$E_{\mathrm{Jahr}} = 8760\ MN = \mathrm{kWh}.$$

2. Größen des Leistungsplanes.

Die Hauptgrößen des Leistungsplanes sind a) die Wassermengendauerlinie; b) die Nutzgefälledauerlinie; c) die Leistungsdauerlinie.

a) Die **Wassermengendauerlinie** des für die Ausnutzung in Frage kommenden Flußprofils muß gegebenenfalls auf die verfügbare Wassermenge Q_1 reduziert werden. Im übrigen kommt nur jener Teil der ihr zugeordneten Abflußmenge in Betracht, der durch die Ausbaugröße der Anlage begrenzt ist (Vollwassermenge Q_v).

b) Die **Gefälledauerlinie** ergibt sich im allgemeinen als Differenz zweier Wasserstandsdauerlinien, nämlich der Wasserstandsdauerlinie im Oberwasser (OW) am Krafthaus und jener im Unterwasser (UW) am Krafthaus. Diese beiden wiederum sind aus den entsprechenden Wasserstandsganglinien herzuleiten (oder aus den Häufigkeiten der Wasserstände an diesen Stellen).

c) Die **Leistungsdauerlinie** ergibt sich durch Rechnung unter Benutzung der Formel für die Leistung N an der Turbinenwelle oder an den Generatorklemmen in kW. Sie weist zwei Äste auf: der eine ist jenem Teil der Wassermengendauerlinie zugeordnet, für welche die Wassermengen kleiner als Q_v sind, der andere der Vollwassermenge Q_v (Abb. 192). Bei Aufteilung der Gesamtleistung in mehrere Maschinenaggregate ergeben sich in der Leistungsdauerlinie wegen der veränderlichen Wirkungsgrade bei wechselnden Beaufschlagungen noch Veränderungen, so daß sie sich schließlich aus leicht gekrümmten Linien zusammensetzt, die mit Knickpunkten aneinanderstoßen. Die Leistungsdauerlinien der Abb. 192 berücksichtigen diese Tatsache nicht. Sie können aber als ausgleichende Linien der praktisch wirklich vorhandenen Leistungsdauerlinien betrachtet werden[1].

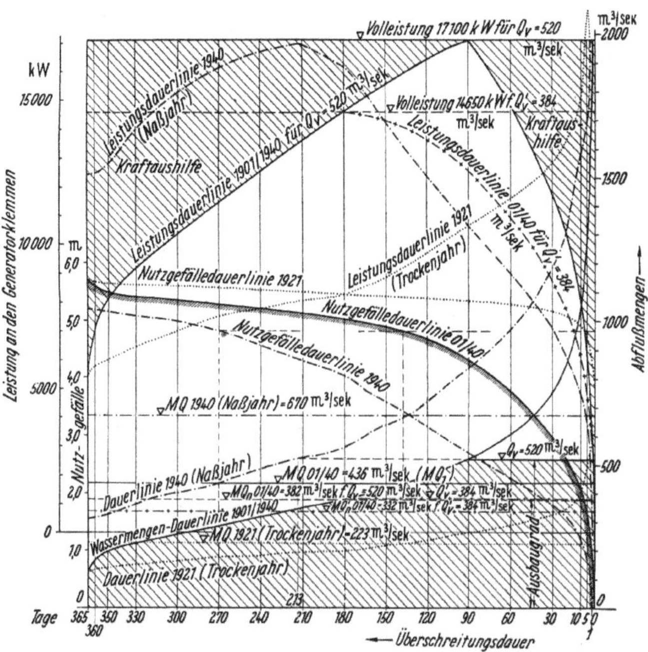

Abb. 192. Leistungsplan eines Flußkraftwerkes für zwei verschiedene Ausbaugrade für eine langjährige Reihe. Leistungsänderungen in einem nassen und trockenen Jahr.

3. Flußkraftwerk als einfaches Beispiel.

Dem Beispiel der Abb. 192 liegt der Gedanke zugrunde, in einen für *HHW* beiderseits eingedeichten Fluß ein Flußkraftwerk einzubauen. Flußkraftwerke ähnlicher Art sind im Oberrhein (Hochrhein, vgl. S. 18), im Inn, in der Donau, im Main, im Neckar, in der Weser, im Lech, in der Iller, in der Saalach usw. ausgeführt. Die Wasser*menge* des Beispiels entspricht etwa den Abflußverhältnissen, wie sie z. B. an der Donau stromab von Regensburg vorliegen[2].

Um den Oberwasserspiegel durch Aufstau nicht stärker anzuspannen, als es bei *HHW* geschieht, soll das Stauziel durch den *HHW*-

---

[1] Vgl. dazu die Erläuterungen zur Ermittlung der Leistungsdauerlinie auf S. 299.

[2] Damit soll natürlich *nicht* zum Ausdruck gebracht werden, daß nun die Donau von Regensburg stromab überall ohne Einschränkungen für die Errichtung solcher Flußkraftwerke geeignet sei. Man denke z. B. nur an hohe Hochwasserdämme, die einem *Dauer-HHW*-Stand ausgesetzt sind, ohne die für diese Belastung notwendige Dammdicke zur Aufnahme der Sickerlinie zu haben.

Spiegel am Wehr festgelegt gedacht sein. Das bewegliche Wehr sei also so bemessen, daß es das HHQ ohne wesentlichen Überstau abzuführen vermag. Das Kraftwerk selbst soll, um den HHQ-Durchfluß im Flußprofil nicht zu hemmen, seitwärts des Wehres in einer buchtartigen Erweiterung angeordnet werden.

Zunächst wurde die Wassermengendauerlinie für die Jahresreihe 1901 bis 1940 aufgetragen. Ihr entspricht ein MQ 1901 bis 1940 $= 436$ m³/sek (MQ_1).

Das Nutzgefälle ergibt sich hier ganz einfach aus dem jeweiligen Spiegelunterschied zwischen dem Wasserspiegel oberhalb und unterhalb der Stauwand der beweglichen Wehrverschlüsse. Dieser ist am größten bei NNQ (NNW-Wasserstand im $U.W.$) und wird nahezu Null bei HHQ-Wasserführung (HHW-Wasserstand). Aus den Häufigkeiten dieser Spiegelunterschiede leitet sich dann die Gefälledauerlinie her[1].

Legt man als Ausbaugrad die 90tägige Wassermenge zugrunde, d. h. jene Abflußmenge Q_v, die an 90 Tagen vorhanden ist oder überschritten wird, dann ergibt sich für die Jahresreihe 1901 bis 1940 die Vollwassermenge Q_v zu 520 m³/sek und die gemittelte Nutzwassermenge MQ_n 1901 bis 1940 zu 382 m³/sek. Zu der Wahl der Ausbauwassermenge sei folgendes bemerkt: die 90- bis 120tägige Abflußmenge wird bei Staukraftwerken (Flußkraftwerken) üblicherweise gewählt bei mittleren oder kleineren Abflußmengen. Bei Flüssen mit großen Durchflußmengen und großen Schwankungen der Nutzfallhöhen geht man bei Ausnutzung in Flußkraftwerken für den Ausbau auf die 150- bis 200tägige Wassermenge zurück. Um zu zeigen, wie sich dies leistungsmäßig auswirkt, wurde im vorliegenden Beispiel — allerdings nur für die Jahresreihe 1901 bis 1940 — auch noch ein Ausbau auf die 180tägige Wassermenge zugrunde gelegt mit $Q_v' = 384$ m³/sek.

Die wichtigsten wasserwirtschaftlichen Kennwerte ergeben für die beiden angenommenen Ausbaugrade folgende Werte:

a) $Q_v = 520$ m³/sek.

$$\text{Flußausbaugrad:} \quad \frac{Q_v}{MQ_1} = \frac{520}{436} = 119\,\% ;$$

$$\text{Flußnutzbarkeit:} \quad \frac{MQ_n}{MQ_1} = \frac{382}{436} = 87,5\,\% ;$$

$$\text{Werknutzbarkeit:} \quad \frac{MQ_v}{Q_v} = \frac{382}{520} = 73,5\,\% .$$

b) $Q_v' = 384$ m³/sek.

$$\text{Flußausbaugrad:} \quad \frac{Q_v'}{MQ_1} = \frac{384}{436} = 88\,\% ;$$

$$\text{Flußnutzbarkeit:} \quad \frac{MQ_n'}{MQ_1} = \frac{332}{436} = 76\,\% ;$$

$$\text{Werknutzbarkeit:} \quad \frac{MQ_n'}{Q_v'} = \frac{332}{384} = 86,5\,\% .$$

---

[1] Vgl. auch S. 296, 2, b.

Zur Ermittlung der Leistungdauerlinie wurden der Einfachheit wegen *betriebsdurchschnittliche* Wirkungsgrade angenommen, und zwar für $\eta_T = 0{,}85$ und $\eta_G = 0{,}91$, womit für die Berechnung der Leistung allgemein angesetzt wurde

$$N = 9{,}8 \cdot 0{,}85 \cdot 0{,}91 \, Q_n \, h_n = \underline{7{,}57 \, Q_n \, h_n} = kW.$$

Das Ergebnis der Berechnung der Leistungsgrößen für die Dauerlinie ist für die beiden angenommenen Ausbaugrade für die Reihe 1901 bis 1940 in Abb. 192 aufgetragen. Die Kraftaushilfe für $Q_v = 520$ m³/sek, die notwendig wäre, wenn ein gleichwertiges Energiedargebot in Höhe von 17100 kW das ganze Jahr über gefordert würde, ist in Abb. 192 schraffiert hervorgehoben. Aus dieser Darstellung ist auch ersichtlich, inwieweit sich die Kraftaushilfe für $Q_v = 384$ m³/sek im Endergebnis verringert.

Um auch zu zeigen, wie das Leistungsdargebot in einem nassen und einem trockenen Jahr vom langjährig gemittelten Dargebot (1901 bis 1940) abweicht, wurden aus dieser langen Reihe das nasseste Jahr 1940 und das trockenste Jahr 1921 herausgegriffen und auch dafür jeweils der Leistungsplan dargestellt. Im *nassen* Jahr steht dem günstigeren Wasserdargebot eine Verschlechterung der Nutzgefälleverhältnisse wegen des durchschnittlich höheren Wasserstandes gegenüber (vgl. Nutzgefälledauerlinie 1940). Diese divergierenden Wirkungen gleichen sich ziemlich aus, so daß das Jahresenergiedargebot nicht wesentlich verschieden von jenem des gemittelten Jahres der Reihe ist. Im *trockenen* Jahr ist trotz der günstigeren Gefälledauerlinie die kleinere Wasserführung prozentual weit wirksamer als jene, so daß sich ein gewaltiger Leistungsabfall bei der Dauerlinie zeigt.

III. Speicherung und Wasserwirtschaftspläne dafür.

1. Zusammenhang zwischen Wasserdargebot und Wasserbedarf.

Der Zufluß als *Wasserdargebot* ist naturgegeben, also *nicht vermehrbar*, und *schwankend* von Tag zu Tag, von Jahreszeit zu Jahreszeit, von Jahr zu Jahr. Er schwankt zwischen NW und HW, und es lassen sich lediglich im Hinblick auf die Abflußcharakteristik und innerhalb deren Schwankungsgrenzen Vorhersagen für die Wasserführung machen. Dabei ist dieses fluktuierende Wasserdargebot *ohne künstliche Eingriffe zeitlich nicht verschiebbar*.

Anders liegen die Verhältnisse beim *Wasserbedarf*. Hier gibt es Bedürfnisse, die zeitlich mehr oder weniger verschiebbar sind, etwa beim gewerblichen und industriellen hydroelektrischen Energieverbrauch (elektrochemische und elektrometallurgische Produktionen). Sie können sich dem Wasserdargebot, so wie es auftritt (zeitlich und größenmäßig), weitgehend anpassen. In wesentlich engerem Rahmen anpassungsfähig ist z. B. schon der hydroelektrische Energiebedarf etwa in der Landwirtschaft für den Getreidedrusch im Herbst und Winter. Die große Mehrzahl der Wasserbedürfnisse tritt dagegen in bestimmter Größe und zu bestimmten Zeiten auf, sie sind also ebenfalls *zeitlich nicht verschiebbar*, z. B. der tägliche und jahreszeitliche Trink- und industrielle Brauchwasserbedarf, die landwirtschaftliche Bewässerung, die Aufhöhung der Fahrwassertiefen bei Schiffahrtswegen, die tages- und jahreszeitlichen hydroelektrischen Energiebedürfnisse in den Städten und in der Überlandversorgung.

Dem Ausgleich zwischen Wasserdargebot und Wasserbedarf der Zeit und der Menge nach dient die *Wasserspeicherung*.

2. Speicherwirtschaft.

a) Gestaltung der Speicher.

Am einfachsten ist es, wenn ein schon in der Natur vorhandenes Becken in Form einer Geländemulde mit dichtem Untergrund oder in Form eines natürlichen Sees als Speichernutzungsraum herangezogen werden kann. Dabei nützt man *natürliche Seen* durch Absenkung (z. B. Walchensee im derzeitigen Ausbaustadium, Schluchseewerk, Gosausee im Salzkammergut [Oberösterreich], Achensee [Tirol], Ritomsee [Schweiz]) oder durch Aufstau (z. B. Spulersee [Vorarlberg]) oder durch beides. Der wohl häufigste Fall der Speichernutzung ist die Heranziehung *natürlicher Talbecken*, die *künstlich* durch Talsperren (massive Bauwerke oder Erddämme) abgeschlossen werden (z. B. Edertalsperre, Solinger Talsperre, Talsperre von Marklissa, Wäggitalsperre in der Schweiz, Hoover-Sperre im Colorado River, USA, Nilsperre bei Assuan usw.). In besonderen Fällen (Pumpspeicherung) werden auch vollkommen *künstliche* Becken geschaffen, sei es durch Aushub, sei es durch Anlage einer allseitigen Umwallung (vgl. S. 11). Allerdings ist ihre Größe beschränkt wegen ihrer hohen Herstellungskosten (Tagesspeicher, höchstens Wochenspeicher).

Wasserwirtschaftlich besonders vorteilhaft ist es, wenn ein solcher Speicher mehreren wasserwirtschaftlichen Nutzungen gleichzeitig dient (Wasserteilung bzw. Ausnutzung desselben Wassers für mehrere Zwecke [z. B. Energiegewinnung und landwirtschaftliche Bewässerung usw.]).

b) Beziehungswerte und Ausbaugrößen der Speicher.

Die wichtigste Beziehungsgröße eines Speichers ist sein *Nutzraum*, seine Fassung (Kapazität) S_n in hm³ bzw. km³. Diese Größe stellt den Raum zwischen *Stauziel* und dem *Absenkziel* dar. Darüber hinaus ist es manchmal zweckmäßig oder sogar notwendig, noch weitere Spiegelmarken festzulegen (Abb. 193). So kommt man nach oben aus Hochwasserschutzgründen zum *außergewöhnlichen Stauziel*. Dies ist meist die Mauerkronenhöhe oder die Überfallkrone der Hochwasserentlastung. Der Raum zwischen gewöhnlichem und außergewöhnlichem Stauziel stellt dann den „*gewöhnlichen*" *Hochwasserschutzraum* dar. Darüber hinaus kann noch ein unbedingt „*äußerstes*" *Stauziel* und damit ein für Bedarfszwecke nicht nutzbarer *außergewöhnlicher Hochwasserschutzraum* vorgesehen werden.

Bei ausgesprochenen Hochwasserschutzspeichern (z. B. Marklissa [S. 12] und Mauer in Oberschlesien) bildet der Hochwasserschutzraum den größeren Teil des Beckennutzinhalts, weil eben der wasserwirt-

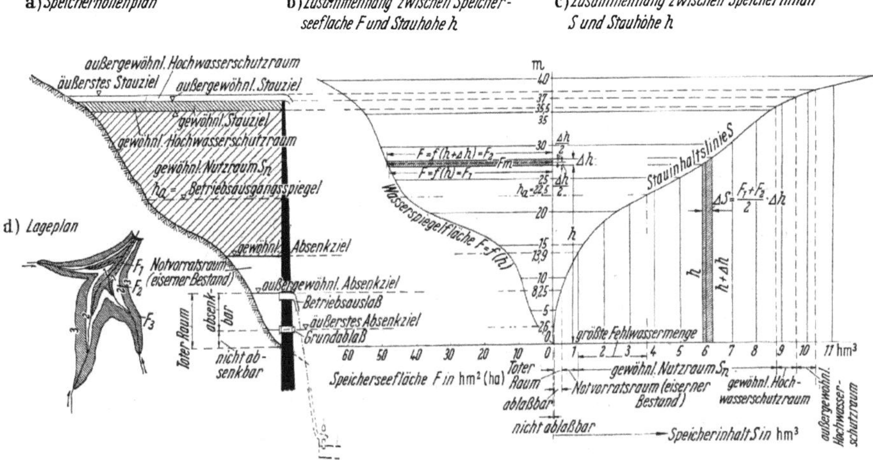

Abb. 193. Speicherschaubild.

schaftliche Nutzungs- (Bedarfs-) Zweck hier in der Hauptsache und in erster Linie in der Gewährleistung des Hochwasserschutzes besteht, oder doch bestehen sollte, andere Nutzungszwecke (z. B. Energiegewinnung) diesem Hauptzweck also unterzuordnen sind.

Der Raum unterhalb des gewöhnlichen Absenkzieles bildet einen *Notvorratsraum*, den sogenannten „eisernen Bestand". Er ist nach unten begrenzt durch die Höhenlage der Betriebsauslässe (*außergewöhnliches Absenkziel*.) Darunter liegt der *tote Raum*, der nicht mehr nutzbar ist. Wenn die Grundablässe nicht so angeordnet sind, daß der gesamte tote Raum entleert werden kann, ergibt sich für diesen noch eine Unterteilung in einen ablaßbaren und einen nicht ablaßbaren Raum.

Aus dem Vorstehenden ergibt sich der Gesamtspeicherraum als Summe von totem Raum + Notvorratsraum + (gewöhnlichem) Nutzraum + Hochwasserschutzraum + außergewöhnlichem Hochwasserschutzraum.

Starke Schwerstofführung des Zubringers zum Speicherraum macht es manchmal notwendig, diesen von vornherein' größer anzulegen, als der wasserwirtschaftliche Bedarf erfordert. Da sich, wie schon früher gezeigt (z. B. Inn oberhalb Jettenbach, Abb. 101, S. 180), die Verlandung in einem Stauraum auf die *ganze* Staustrecke verteilt, muß sich auch der „Verlandungsschutzraum" einer solchen Speicheranlage über die gesamte Länge des Speicherraumes erstrecken. Wie schnell eine solche Auflandung vor sich gehen kann, zeigt das Beispiel des aufgekiesten Stauraumes des Saalachspeichers bei Reichenhall. Dies ist bei der Wahl von Speichern besonders an geschiebeführenden Gebirgsflüssen wohl zu beachten.

Speicherleistung. Hier wird unterschieden zwischen *Speicher- oder Rückhaltvolleistung* und *Aufbrauchleistung*[1]. *Erstere* stellt die größtmögliche Aufspeicherung in der Zeiteinheit (m^3/sek) dar und ist für Talsperrenbecken bei *natürlicher* Zuleitung gleich dem Wasserführungsvermögen des Zubringerflusses, also *nach oben unbegrenzt,* bei *künstlicher* Zuleitung begrenzt durch das Wasserführungsvermögen dieser Zubringerleitung. Die *Aufbrauchvolleistung* ist gleich der *Volleistung* der *Speise*auslässe. Mit der veränderlichen Fallhöhe des Speichers schwankt auch die Aufbrauchvolleistung.

Die *Speicherausnutzung* ist der Quotient aus der Summe der Entnahmen $\sum Q_a$ eines Jahres und dem Speichernutzungsraum S_n, also

$$\frac{\sum Q_a}{S_n}.$$

Fassungsvermögen und Leistung eines Speichers müssen bei Aufstellung von Wasserhaushaltplänen (Wasserwirtschaftsplänen) immer nebeneinander berücksichtigt werden, wenn naheliegende Fehlschlüsse vermieden werden sollen (LUDIN). Dabei versteht man unter *Wasserhaushaltplan* (Wasserwirtschaftsplan) eine systematische Zusammenstellung der Beziehungen zwischen *Zufluß* und *Zeit* (Zufluß-*Summen*ganglinie) und *Verbrauch* (*Bedarf*) und *Zeit* (Bedarfs-*Summen*ganglinie)[2], sowie den daraus abgeleiteten *Speicherinhalts-, Wasserstands-,* evtl. *Fallhöhen-* und *Leistungsganglinien*[3].

Die *erforderliche* Speichergröße ergibt sich für *gegebene* Zufluß- und Bedarfsverhältnisse sehr anschaulich aus der Auftragung der beiden Summenganglinien im Wasserwirtschaftsplan.

c) Beckenschaubild (Spiegelflächenlinie und Speicherinhaltslinie).

Das Beckenschaubild dient als Grundlage für die Durcharbeitung eines Wasserwirtschaftsplanes. Es stellt den Zusammenhang der Stau-

---

[1] LUDIN: Wasserkraftanlagen. Zit. S. 286.

[2] STRECK: Grund- und Wasserbau. Bd. II. Berlin/Göttingen/Heidelberg: Springer 1950.

[3] Vgl. dazu die noch folgenden Beispiele.

höhe h mit der Speicherseefläche F einerseits, mit der Speicherinhaltslinie S andererseits, sowie mit dem Speicherhöhenplan dar (Abb. 193).

Mit Hilfe der Schichtlinien der topographischen Karte wird für die
verschiedenen Stauspiegelhöhen h (im Beispiel der Abb. 193 für je 5 m
Höhenunterschied) jeweils die Größe der Seefläche F planimetrisch ermittelt (im Lageplan der Abb. 193d für die Schichtlinie *1* die Fläche F_1,
für *2* die Fläche F_2 usw.) und zu einer stetigen Linie aufgetragen
(Abb. 193b), nämlich zu der Wasserspiegelflächenlinie $F = f(h)$.

Die Fläche zwischen dieser Linie $F = f(h)$ und der Ordinatenachse
(für $F = 0$; Stauhöhenmaßstabsordinate der Abb. 193b u. c) stellt nun
den Beckeninhalt (Stauinhalt) S dar, demnach z. B. der Flächenstreifen
zwischen $h = 27$ und 28 m den Stauinhalt $\varDelta S$ zwischen diesen beiden
Niveauebenen. Näherungsweise kann er angesetzt werden mit

$$\varDelta S = \frac{F_1 + F_2}{2}\,\varDelta h;$$

genauer wird er nach der SIMPSONschen Regel berechnet mit

$$\varDelta S = \tfrac{1}{6}\,\varDelta h\,(F_1 + 4\,F_m + F_2)\,.$$

Hat man die Wasserspiegellagen zur Ermittlung der $\varDelta S$-Werte bereits dem Relief des Beckens gut angepaßt, dann genügt die Verwendung der einfacheren Formel für $\varDelta S$. Die Speicherinhaltslinie S als
Integralkurve der Spiegelflächenlinie wird dann in bezug auf die zugeordneten Stauhöhen aufgetragen (Abb. 193,c).

d) Verwendete Speichergrößen.

α) **Kleinspeicher** (Tagesspeicher, Wochenspeicher). Sie dienen einem
kurzfristigen Ausgleich zwischen Wasserdargebot und Wasserbedarf[1].
Beim (natürlichen oder künstlichen) *Tagesspeicher* wird der innerhalb
24 Stunden erfaßbare Zufluß dem tagsüber schwankenden Bedarf angepaßt (z. B. für Trinkwasserversorgung, Wasserkraftwirtschaft). Bei
den *Wochenspeichern* werden vor allem die am Wochenende (Samstag-
nachmittag und Sonntag) anfallenden Freiwassermengen auf die übrigen Arbeitstage verteilt. Diese Speicherung läßt sich verbinden mit dem
Ausgleich der Tagesschwankungen[2].

β) **Großspeicher** (Jahresspeicher, Überjahresspeicher). Der *Jahresspeicher* dient dazu, im einzelnen Jahr das jahreszeitlich schwankende
Wasserdargebot durch Speicherung so zu bewirtschaften, daß es sich
dem jahreszeitlichen Gang des mittleren Tagesbedarfes möglichst weitgehend anpaßt. Im *Überjahresspeicher* werden die Unterschiede zwischen
der Zuflußmenge einer langen Reihe aufeinanderfolgender einzelner
(mittlerer [normaler], nasser und trockener) Jahre und den Wasser-

---

[1] Vgl. die Beispiele der Abb. 196, 197, 198.   [2] Vgl. Beispiel Abb. 200.

bedürfnissen — es handelt sich meist um mehrere, verschieden geartete — soweit wie möglich ausgeglichen (vgl. Beispiel Abb. 200).

e) Wasserwirtschaftsplan (Wasserhaushaltplan) und Bestimmung der Speichergröße.

Die Ausgangsgrundlagen für einen Wasserwirtschaftsplan bilden an sich die Zuflußmengen- und Bedarfsmengenganglinien (Abb. 194). In dieser Form sind sie allerdings für die Herleitung des Wasserwirtschaftsplanes noch nicht geeignet. Aus diesem Grunde entwickelt man diese

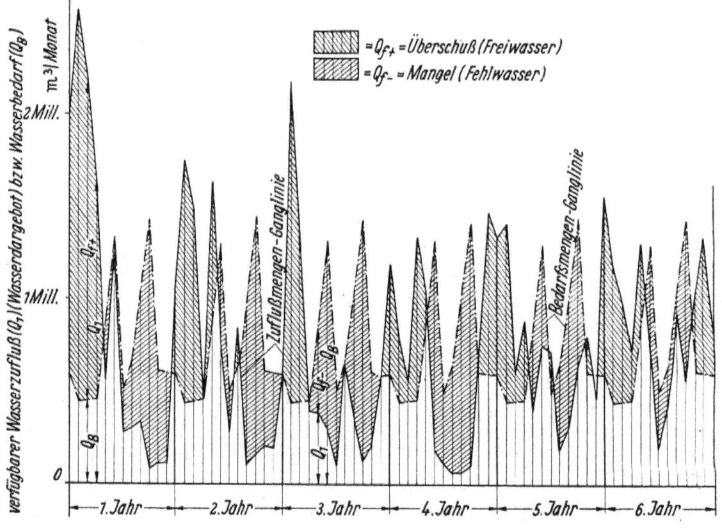

Abb. 194. Monatliche Zufluß- bzw. Bedarfsmengenganglinien.

Ganglinien auf rechnerischem oder graphischem Wege weiter zu ihren *Summenganglinien* (Zeitsummenlinien, Zeitsummenganglinien, Summenlinien schlechthin)[1].

In Abb. 195 ist das *graphische* Verfahren mit dem *Tangentenmaßstab* gezeigt. Gegeben ist dort die Zuflußmengenganglinie Q_Z (Ordinaten in m³/sek). In der rechten Abbildung ist der Tangentenmaßstab für dieses Beispiel aufgetragen. Als Abszissenmaßstab wurde dabei $b = 6$ Tage gewählt, um eine geeignete Darstellung der gesuchten Summenlinie zu gewährleisten. Im übrigen stimmt die Maßstabseinheit (1 Tag) mit jener der Zuflußganglinie (linke Abbildung) über in. Die Ordinaten im *Tangenten*maßstab messen ebenfalls m³/sek; der gewählte Maßstab dafür ist bedingt durch die gewünschte Art der Darstellung der Summen-

---

[1] Streck: Grund- und Wasserbau. Bd. II, Aufgabe 51. Berlin/Göttingen/Heidelberg: Springer 1950.

linie. Die Maßstabseinheit (1 m³/sek) weicht daher von jener für die, Zuflußganglinie ab.

Wie sich nun aus Abb. 195 ergibt, läßt sich für die Änderung $d\eta$ der Summenlinie im Zeitabschnitt dt setzen:

$$d\eta = x\,dt.$$

Andererseits ist (schwarzes Dreieck in der Abbildung)

$$\mathrm{tg}\,\alpha = \frac{d\eta}{dt}.$$

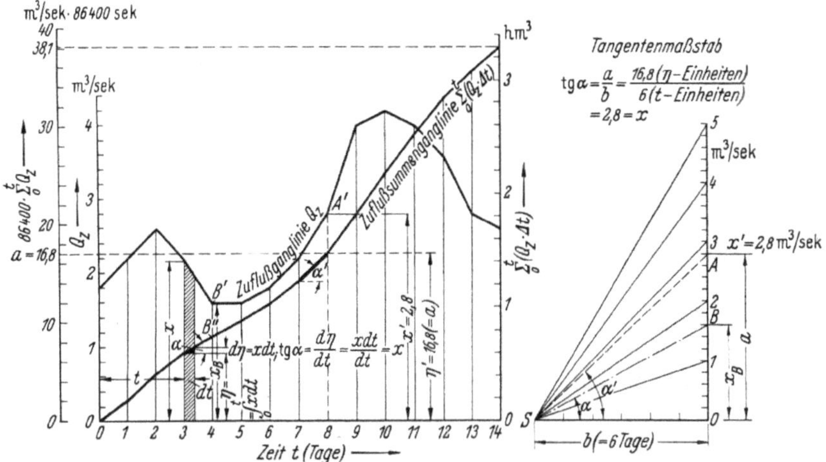

Abb. 195. Überführung der Zuflußganglinie Q_Z in die Zuflußsummenganglinie $\overset{t}{\underset{0}{\sum}}(Q_Z \cdot \varDelta t)$ mit Hilfe des Tangentenmaßstabes.

Mit dem vorstehenden Ansatz für $d\eta$ erhält man dann

$$\mathrm{tg}\,\alpha = \frac{x\,dt}{dt} = x,$$

d. h. einem Ordinatenwert x der Ganglinie Q_Z entspricht im Tangentenmaßstab eine ganz bestimmte Neigung α des von S ausgezogenen Strahles. Zieht man nun entsprechend den Q_Z-Werten Schritt für Schritt Parallelen zu den zugehörigen Strahlen des Tangentenmaßstabes, vom Koordinatenursprung aus beginnend, so erhält man die Summenlinie $\overset{t}{\underset{0}{\sum}}(Q_Z\,\varDelta t)$.

Der Maßstab für $\overset{t}{\underset{0}{\sum}}Q_Z \cdot 86\,400$ (in der Abbildung links) verkleinert sich gegenüber den Ordinaten des Tangentenmaßstabes auf $\dfrac{1}{b} = \dfrac{1}{6}$ und gegenüber dem Ordinatenmaßstab der Zuflußganglinie auf $\dfrac{1}{b\,1{,}25} = \dfrac{1}{7{,}5}$, da letztere 1,25 mal größer ist, als den Ordinaten-

.einheiten des Tangentenmaßstabes entspricht. Damit wird für $\sum\limits_{0}^{t} (Q_Z\,\Delta t)$ für $t = 14$ Tage der Wert $38{,}1 \cdot 86\,400$ hm³ $= \underline{3{,}29}$ hm³.

Liegt die Summenganglinie einmal vor, so läßt sich für jede beliebige Stelle derselben mit Hilfe des Tangentenmaßstabes der zugehörige Q_Z-Wert der Zuflußganglinie ermitteln, indem die Summenlinie an dieser Stelle parallel durch S in den Tangentenmaßstab verschoben wird (z. B. $\overline{SA}$ für $\sum\limits_{0}^{8\,\mathrm{Tg}} (Q_Z\,\Delta t)$). Dann ist $\operatorname{tg}\alpha = \dfrac{a}{b} = \dfrac{16{,}8}{6} = 2{,}8$ m³/sek $= x$ $(a = \eta' = 16{,}8$, Abb. 195 links).

Hat man auf die vorstehende Weise oder auf einem anderen Wege, etwa rechnerisch, die Summenlinien für Q_Z und Q_B aufgetragen, so läßt sich der notwendige Speicherinhalt, der Gang des Seespiegelstandes usw. bestimmen. Bei reinen Wasserkraftspeichern trägt man zur $\sum Q_Z$-Linie die Leistungsbedarfssummenlinie (kWh) auf. Daraus lassen sich dann die Q_B-Summenlinie (m³), Speicherinhalt (hm³), Seespiegelgang (m), Gefällegang (m), sowie die Nutz-, Überschuß- und Fehlwassermengen (m³), evtl. Leistungen (PS bzw. kW), herleiten.

Für die Ermittlung der Summenlinien können dabei je nach dem geforderten Grad der Genauigkeit die Monatswerte oder die 10-Tage-Werte, also $\Delta t = 1$ Monat oder $\Delta t = 10$ Tage zugrunde gelegt werden.

Praktische Anwendung findet der Wasserwirtschaftsplan in erster Linie bei Planung und Betriebsführung der Großspeicher und bei Seeregulierungen. Aber auch bei Kleinspeichern, besonders mit unterbrochenem Betrieb, benötigt man die Summenlinien zur genauen Verfolgung der Betriebsvorgänge der Speicherung.

Außer mit dem Wasserwirtschaftsplan läßt sich der Speicherwasserhaushalt auch rechnerisch unter Heranziehung der Wassermengenbilanz in der Zeiteinheit erfassen:

Zufluß Q_Z — Abfluß Q_a = Speichermenge Q_S. Ist dabei $Q_S > 0$, dann liegt Aufspeicherung vor, ist $Q_S < 0$, findet Entnahme aus dem Speicher statt. Setzt man die augenblickliche Seespiegelfläche $F = f(h)$ und die Wasserstandsänderungen im Speicher mit dh/dt an, dann ist die augenblickliche Änderung des Speicherinhalts $f(h)\dfrac{dh}{dt}$ und die Wassermengenbilanz lautet:

$$Q_Z - Q_a = f(h)\frac{dh}{dt}$$

oder

$$Q_Z\,dt - Q_a\,dt = f(h)\,dh.$$

Für große Seespiegelfläche und verhältnismäßig kleinen Schwankungsbereich zwischen dem oberen und unteren Grenzwert für den Seespiegel, also für Verhältnisse, wie sie z. B. häufig bei Hochwasserrückhaltuntersuchungen von natürlichen Seen vorliegen, kann angenähert $f(h) = F =$ konstant gesetzt werden, so daß

$$Q_Z\, dt - Q_a\, dt = F\, dh.$$

In der Praxis werden die Zeitintervalle als endliche Werte Δt (oft Stunden) und daher auch die Spiegeländerungen mit endlichen Δh-Werten zugrunde gelegt, so daß sich für veränderliche Seespiegelflächen schreiben läßt:

$$Q_Z\, \Delta t - Q_a\, \Delta t = f(h)\, \Delta h.$$

Dabei ist $Q_Z =$ vorhandene bzw. verfügbare Zuflußmenge Q_0 bzw. Q_1, $Q_a =$ Summe der Bedarfswassermengen Q_B, alles in m³/sek. Die Integration dieser grundlegenden Differential- (Differenzen-) Gleichung ergibt unter anderem die Beckeninhalts- und die Spiegelganglinie[1].

f) Beispiele für Speicherbemessung und Wasserwirtschaftspläne.

α) *Tagesspeicher für durchgehenden n-stündigen Betrieb.*

Wenn der Bedarf während des Betriebs ziemlich unveränderlich bleibt, dann entspricht dieser Betriebsweise ein $Q_B = \dfrac{24}{n} Q_Z =$ Ausbauwassermenge Q_a und ein Speicherinhalt $S_{n\,\max} = (24 - n)\, 3600\, Q_Z = 3600\, (24 - n)\, \dfrac{n}{24}\, Q_a = 150\, (24 - n)\, n\, Q_a$. Das Produkt $(24 - n)\, n$ erreicht seinen Größtwert für $n = 12$ st, d. h. der größte Beckeninhalt für gegebenes Q_Z wird für diese Betriebsdauer von 12 Stunden notwendig und beträgt dann $S_{n\,\max} = 21\,600\, Q_B$, d. s.

$$\frac{21\,600}{86\,400} = \frac{1}{4} = 25\,\% \text{ des Tagesbedarfes } Q_B.$$

In dem gewählten Beispiel der Abb. 196 ist ein 10 stündiger durchgehender Wasserbedarf (von 8 h bis 18 h) vorausgesetzt, also $n = 10$ st.

Im Falle 1 ist für die Zeit von 18 h bis 8 h $Q_B = 0$. Von 8 h bis 18 h steht ein $Q_B = \frac{24}{10}\, Q_Z = 2{,}4 \cdot 7 = 16{,}8$ m³/sek $= Q_a$ zur Verfügung, wobei $Q_Z = 7$ m³/sek. Der Betrieb erfordert ein $S_{n\,\max} = 150 \cdot (24 - 10) \cdot 10\ 16{,}8 = 353\,000$ m³ $= 0{,}353$ hm³.

Im Fall 2 ist für die Zeit von 18 h bis 8 h ein Wasserbedarf von $Q_B = 3$ m³/sek vorgesehen, die Speicherung in dieser Zeit erreicht daher nur $S_{n\,\max} = 0{,}202$ hm³. Von 8 h bis 18 h wird der gesamte Zufluß $Q_Z = 7$ m³/sek *und* der vorgenannte Beckeninhalt aufgebraucht, so daß $Q_B'' = 12{,}6$ m³/sek erreicht.

Schließlich ist noch an den Fall 3 gedacht, bei dem von dem Zufluß von 7 m³/sek *ständig* $Q_B' = 3$ m³/sek für schon *früher vorhandene* Wasser-

---

[1] Ein Zahlenbeispiel für die Verwendung dieser Gleichung beim Seerückhalt (Retensionsgleichung) findet sich in STRECK: Grund- und Wasserbau in praktischen Beispielen. Bd. II. Berlin/Göttingen/Heidelberg: Springer 1950.

bedürfnisse verbraucht werden. Bei der unveränderten Beckengröße von $S'_{n\,max} = 0,202\,\text{hm}^3$ muß jetzt der *neue* Wasserbedarf auf $9,6\,\text{m}^3/\text{sek}$ verkleinert werden, damit er aus dem Beckeninhalt und dem um $3\,\text{m}^3/\text{sek}$ zu vermindernden Zufluß gedeckt werden kann.

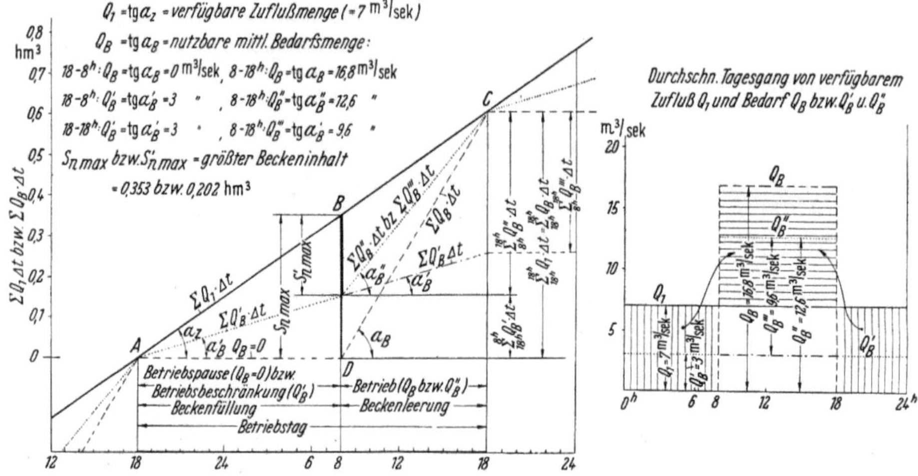

Abb. 196. Wasserwirtschaftsplan für einen Tagesspeicher.

β) *Tagespumpspeicher einer Wasserversorgungsanlage.*

Der Gang des täglichen Trinkwasserbedarfs ist in einer Nebendarstellung der Abb. 197 gegeben. Daraus wurde die zugehörige Summenlinie $\sum\limits_{0}^{24\,h} Q_B\,\Delta t$ gebildet und in der Abbildung aufgetragen. Der Trinkwasserbedarf Q_B während eines Tages berechnet sich für den Ort von 20000 Einwohnern (E) und den größten Tagesverbrauch von $100\,\text{l/E}$ zu $\dfrac{20000 \cdot 100}{1000\,\text{l/m}^3} = 2000\,\text{m}^3$. Die prozentuale Verteilung dieses Verbrauches auf die einzelnen Stunden des Tages ist in der Abbildung unten bei der Zeitachse eingetragen, woraus der oben erwähnte Tagesbedarfsgang ermittelt wurde.

Dieser Tagesbedarf von $2000\,\text{m}^3$ muß nun durch den Pumpbetrieb gedeckt werden. Da dieser von 6 h bis 11 h und von 13 h bis 18 h angesetzt ist, also für 10 Stunden, ergibt sich eine notwendige Pumpleistung von $\dfrac{2000}{10 \cdot 3600} = 0,0555\,\text{m}^3/\text{sek} = 55,5\,\text{l/sek}$ bzw. von $\dfrac{2000}{10} = 200\,\text{m}^3/\text{st}$. Damit läßt sich auch die $\sum Q_Z\,\Delta t$ sofort auftragen, und es zeigt sich, daß um 6 h der größte Fehlbetrag (Mangel) $S_{n_f}\,(-)$ auftritt. Dieser wird bis etwa 7 h ausgeglichen, und dann ergibt sich ein Überschuß, der um 18 h seinen größten Wert $S_{n_v}\,(+)$ erreicht, aber bereits bis 24 h wieder voll aufgebraucht ist. Würde nun der Betrieb der Anlage so eingerichtet, daß zunächst in den Speichern die Wassermenge S_{n_F} gepumpt und dann — etwa um 6 h — mit der Versorgung begonnen und gleichzeitig — entsprechend dem Pumpfahrplan — weiter

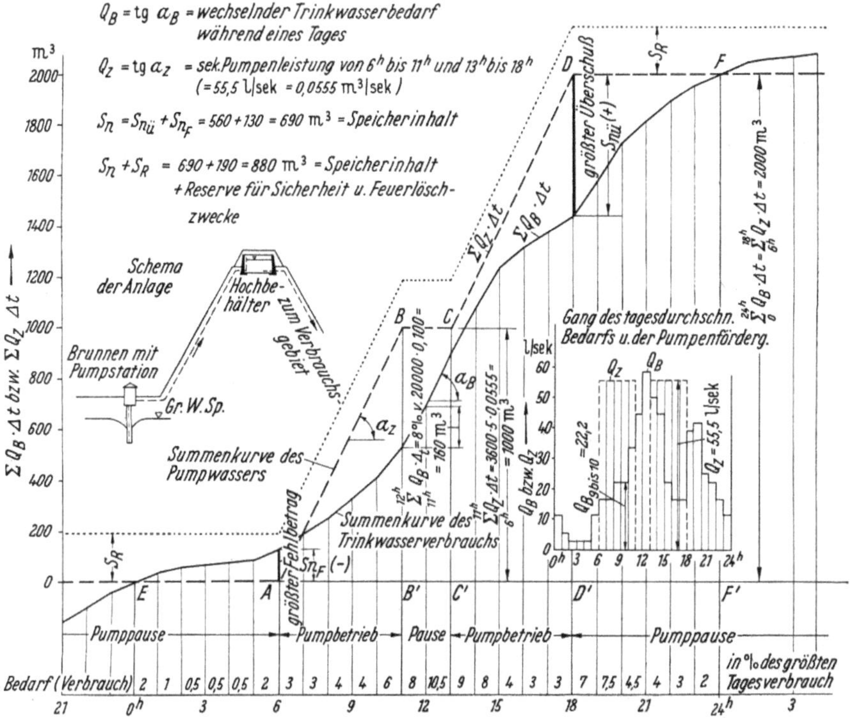

Abb. 197. Wasserwirtschaftsplan eines Pumpspeichers einer Wasserversorgungsanlage für einen Ort mit 20000 Einwohnern. (Größter Tagesverbrauch = 100 l/E.)

gepumpt würde, dann wäre der Speicherinhalt um 18 h: $S_{n_F} + S_{n_U}$. Da der letztere Anteil des Behälterinhalts bereits um 24 h aufgebraucht ist und von 0 h bis 6 h auch die Wassermenge S_{n_F} in Anspruch genommen wurde, muß also der Behälter den *Gesamtinhalt*

$$S_n = S_{n_F} + S_{n_U}$$

erhalten, um den Versorgungsbedürfnissen gerecht zu werden. Dazu kommt dann noch die übliche Reserve S_R für Feuerlöschzwecke und Sicherheit, so daß sich schließlich ein Speicherinhalt ermittelt von

$$S_{n\,max} = S_{n_F} + S_{n_U} + S_R.$$

Die Zahlenwerte des Beispiels sind aus der Abbildung zu entnehmen. Würde man die $\sum Q_Z \Delta t$-Linie noch etwas nach rechts rücken, also die Pumpzeiten etwas später legen, ergäbe sich ein noch etwas kleinerer

Speicherinhalt. Andererseits könnte man die $\sum Q_Z \Delta t$-Linie nach links verschieben, also die Pumpzeiten in die Nacht verlegen, um mit billigerer Energie zu arbeiten. Dann würde aber, wie man sich leicht überzeugen kann, der benötigte Behälterinhalt einschließlich der Reserven nahezu an 2000 m³ herankommen. Man sieht also, daß es nicht ganz gleichgültig ist, welche Pumpzeiten man für den Versorgungsbetrieb ansetzt.

γ) *Pumpspeicherwerk für die Elektrizitätsversorgung.*

Die mangelnde Übereinstimmung zwischen Energiebedarf und Energiedargebot, die sich insbesondere bei nichtspeicherfähigen Lauf-

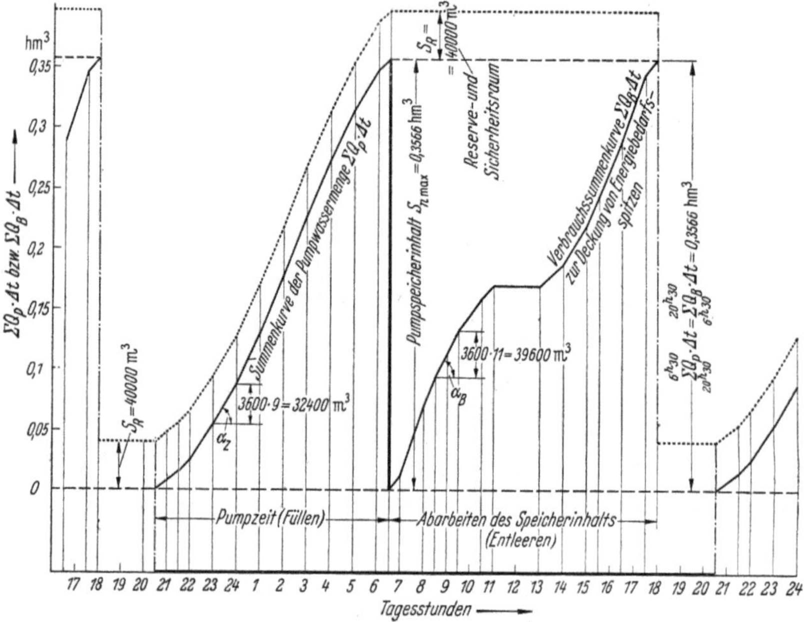

Abb. 198. Wasserwirtschaftsplan eines Pumpspeicherwerks für die Elektrizitätsversorgung.

kraftwerken durch ungenutzten Wasserabfluß während der belastungsschwachen Zeiten (Nacht!) bemerkbar macht oder die bei Verwertung dieser Überschußenergie nur sehr geringe wirtschaftliche Erträge liefert, führt neuerdings in wachsendem Maße zur „Veredelung" dieser „Abfallenergie" über die *Pumpspeicherung.* Man benutzt dabei die Überschußenergie, um Wasser in den Speicher hochzudrücken und in Zeiten des „Spitzenbedarfs" mit diesem hochgepumpten Wasser über Turbinen und Stromerzeuger hochwertige „Spitzenenergie" der Elektrizitätsversorgung zuzuführen. Beispiele mit künstlichen Becken: Herdecke, Waldeck, Niederwartha, Schwarzenbach- (Murg-) Werk, Schluchsee; Wäggital in Verbindung mit Großspeicher.

Für das vorliegende Beispiel ist in Abb. 198a der Tagesgang der verfügbaren Pumpwassermenge aufgetragen, und in Abb. 199 ist

das Schema eines Wasserkraft-Pumpenspeicherwerks unter Anlehnung an die Anlage Herdecke gegeben (vgl. dazu auch S. 11). Die Verwertung der gespeicherten Pumpwassermengen soll planmäßig nach Abb. 198a erfolgen. Die Summenkurven für Q_P und Q_B sind in Abb. 198 aufgetragen. Sie ergeben einen notwendigen Pumpspeicherraum $S_{n\,max} = 0{,}357$ hm³, wozu noch ein Sicherungsraum (eiserner Bestand) $S_R = 40000$ m³ hinzukommt.

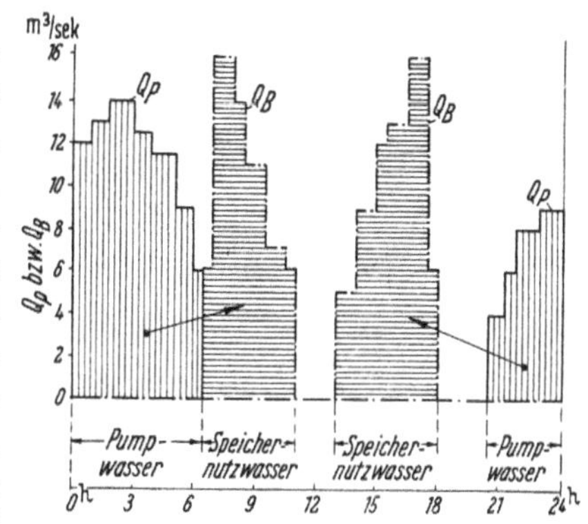

Abb. 198a. Tagesgang von Q_P und Q_B der Abb. 198.

Abb. 198b gibt die betriebsdurchschnittlichen Wirkungsgrade und Verluste bei Pumpspeicherungen nach LUDIN wieder. Darnach werden für jedes zugeführte kW an Pumpleistung nur rd. 0,53 kW Leistung zurückgewonnen. Deshalb erfordert die An-

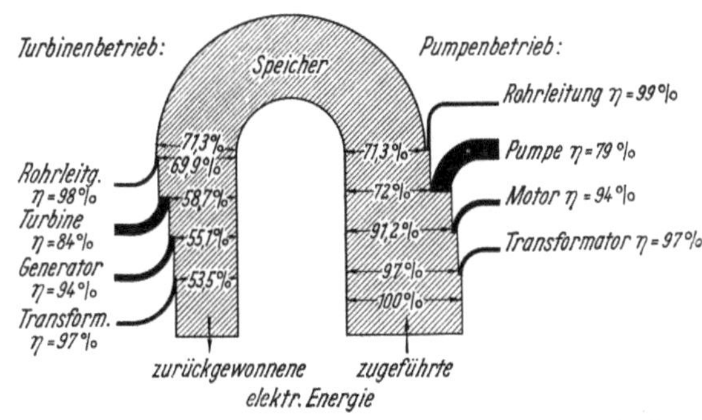

Abb. 198b. Wirkungsgrade und Verluste im Betriebsdurchschnitt bei Pumpspeicherung. (Nach LUDIN.)

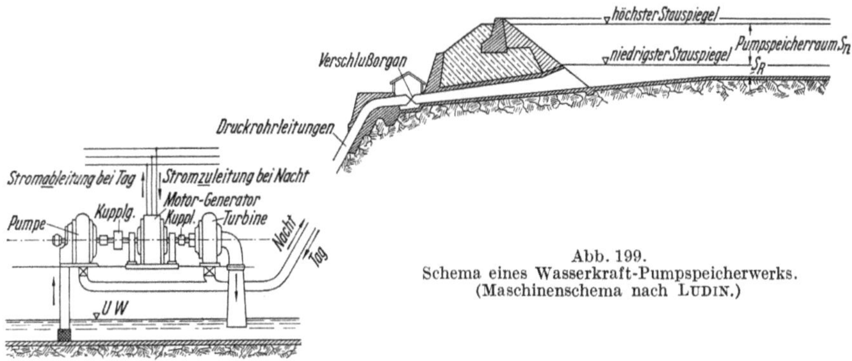

Abb. 199.
Schema eines Wasserkraft-Pumpspeicherwerks.
(Maschinenschema nach LUDIN.)

lage eines solchen Pumpspeicherwerks eine genaue wirtschaftliche Prüfung und eine sorgfältige Durcharbeit des Entwurfs auf höchstmögliche Wirtschaftlichkeit. Besonders wirtschaftlich wird eine Pumpspeicherung, wenn sie in Verbindung mit einem Großspeicher (Talsperre) oder See angelegt wird, wenn sich also die zusätzlichen Kosten der Einrichtungen im wesentlichen auf die Ergänzung der maschinellen Anlagen beschränken (Wegfall der hohen Kosten für eine künstliche Beckeneindämmung und evtl. jener für eine besondere Rohrleitung, die wirtschaftlich auch sehr ins Gewicht fällt).

Besitzt ein Pumpspeicherbecken auch noch einen natürlichen Zufluß, dann setzt sich die $\sum (Q_Z \, \Delta t)$-Linie aus Q_Z und Q_P zusammen, im übrigen bleibt das Verfahren unverändert.

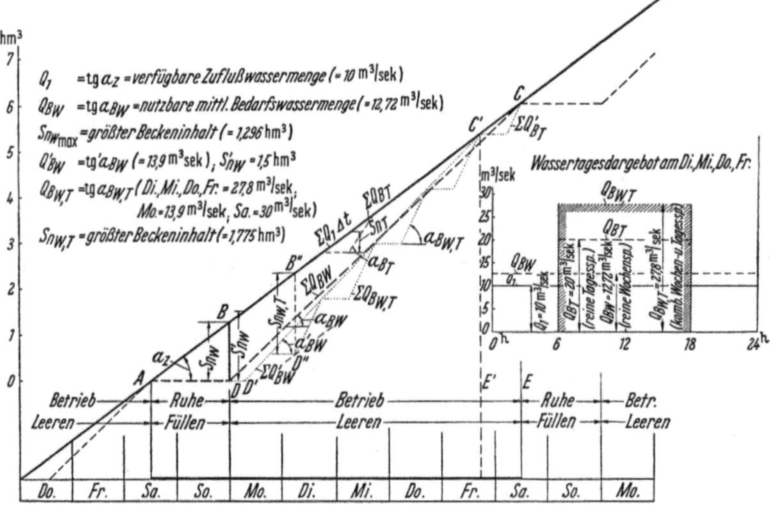

Abb. 200. Wasserwirtschaftsplan eines Wochenspeichers und eines kombinierten Wochen- und Tagesspeichers.

δ) *Wochenspeicher.*

Diese werden vor allem bei Wasserkraftanlagen verwendet, bei denen am Wochenende (vom Samstag mittag bis Sonntag mitternacht) Betriebsruhe herrscht. Im Beispiel der Abb. 200 ist die verfügbare Zuflußmenge $Q_1 = 10$ m³/sek als gleichbleibend für die Woche angenommen. Läßt man diese Zuflußmenge nun während der Betriebsruhe von Samstag 12 h bis Sonntag 24 h nicht ungenutzt abfließen, sondern speichert sie, dann erhöht sich die mittlere nutzbare Wassermenge Q_{BW} während der Woche auf 12,72 m³/sek. Der erforderliche größte Beckeninhalt ergibt sich dabei zu $S_{n_{W\,max}} = 1,296$ hm³. Allgemein gilt für diesen Fall:

$$Q_{BW} = \frac{7}{5,5}\, Q_1 = 1,27\, Q_1 \ \text{m}^3/\text{sek}$$

und

$$S_{n_{W\,max}} = (7 - 5,5) \cdot 86400\, Q_Z = 129600\, Q_Z \ \text{m}^3/\text{sek} = 1,296\, Q_Z \ \text{hm}^3.$$

Dauert die Wochenendpause von Samstag mittag 12 h bis Montag 6 h, erhöht sich Q'_{B_W} auf 13,9 m³/sek bei einem erforderlichen Beckeninhalt $S'_{n_W} = 1,5$ hm³.

Legt man dagegen den Fall zugrunde, daß auch noch an den Betriebstagen von 0 h bis 6 h und von 18 h bis 24 h Betriebspause herrscht, dann könnte ein Wasserbewirtschaftungsplan zugrunde gelegt werden, wie er in Abb. 200 einpunktiert ist. Die dabei zur Verfügung stehenden $Q_{B_W,\,T}$ sind in der Abbildung angegeben. $S_{n_W,\,T}$ erhöht sich in diesem Falle auf 1,775 hm³.

ε) Überjahresspeicher mit unbeschränkter Speichergröße und Vollausgleich[1]

Die Ganglinie des Zuflusses ist für die einzelnen Monate von 6 Jahren als Anwendungsbeispiel in Abb. 194 aufgetragen[2]. Der Wasserverbrauch setzt sich hier aus mehreren Teilbedürfnissen zusammen: 1. Verbrauch zur Speisung eines Schiffahrtkanals; er ist für Januar bis Juni mit 0,17 m³/sek, für Juli bis Dezember mit 0,23 m³/sek gefordert; 2. Bedarf zur Bewässerung von Wiesen; es sind dafür für die zweite Hälfte des April und für den ganzen Mai, ferner für die Zeit von Mitte August bis Ende September je 0,31 m³/sek vorzusehen; 3. Verdunstungsverluste; sie stellen einen unvermeidlichen, weil naturgegebenen Verbrauch (ohne Nutzung) dar. Die Verdunstungshöhe ist mit 590 mm je Jahr als Mittelwert angenommen. Die Verdunstungsmenge ist mit der wechselnden Größe der Seespiegeloberfläche $F = f(h)$ veränderlich, kann also erst dann mit den wirklichen „Bedarfs"mengen in Ansatz gebracht werden, wenn die Spiegelschwankungen h aus dem Wasserwirtschaftsplan hergeleitet sind. In der monatlichen Bedarfsganglinie der Abb. 194 ist der Einfachheit halber der Verdunstungsverbrauch bereits entsprechend den tatsächlich auftretenden Spiegeländerungen berücksichtigt. Die prozentuale Verteilung der Verdunstung das Jahr über wurde nach FISCHER, Tab. 27, S. 117, angenommen. Die Gesamtverbräuche sind durch Probieren bereits so bemessen, daß sich ein Vollausgleich zwischen Dargebot und Bedarf über die 6 Jahre hinweg ergibt (genau wird der Vollausgleich schon Ende November des 6. Jahres erreicht).

In Abb. 201 a wurden die tabellarisch ermittelten Summenwerte der Zuflüsse und Verbräuche in einem *rechtwinkligen* Koordinatensystem

---

[1] Vgl. auch STRECK: Grund- und Wasserbau in praktischen Beispielen. Bd. II. Zit. S. 304, Aufgabe 51.

[2] Die Wahl von nur 6 Jahren für die Reihe geschah, um die Darstellung im Druck noch übersichtlich genug gestalten zu können. In praktischen Fällen wird man die Reihe über möglichst viele zusammenhängende Jahre erstrecken, für die verlässige Wassermengenmessungen vorliegen, um die klimatisch bedingten Zuflußschwankungen in den verschiedenen Jahren möglichst ganz zu erfassen.

aufgetragen und so die Zuflußsummen- und Bedarfssummenlinie gewonnen. Aus ihnen ergibt sich, daß erst im September des 3. Jahres ein Schneiden der $\sum(Q_1\,\Delta t)$-Linie mit der $\sum(Q_B\,\Delta t)$-Linie stattfindet, d. h. daß der Überschuß dieser mehr als $2^1/_2$ Jahre — im Speicherbecken als aufgespeichert angenommen — zu diesem Zeitpunkt vollkommen aufgebraucht ist. Vom September des 3. Jahres bis Mitte Februar des 4. Jahres herrscht Mangel vor, dann tritt bis Juli des 4. Jahres wieder Überschuß ein, auf den bis Ende des 5. Jahres wieder Mangel folgt usw.

Aus dem Wasserwirtschaftsplan ist auch ersichtlich, daß der aufgespeicherte größte Überschuß vom Ende März des 1. Jahres nicht ausreicht, um die Wasserbedürfnisse über die ganze Jahresreihe hinweg zu decken, da ja auch noch der größte Fehlbetrag vom Ende September des 4. Jahres gedeckt werden muß. Der größte, zum Ausgleich notwendige Beckeninhalt muß demnach sein

$$S_{n\,\text{max}} = 5{,}059 + 2{,}693 = 7{,}752 \text{ hm}^3.$$

Besonders deutlich zeigt diesen Zusammenhang die *Differenzenlinie* $\sum(Q_1\,\Delta t) - \sum(Q_B\,\Delta t)$ (Abb. 201 b), die mit größerem Ordinatenmaßstab aufgetragen ist.

In Abb. 193 ist das zugehörige Speicherschaubild dargestellt. Aus ihm ergeben sich die zusätzlichen Speichergrößen, die in Abb. 201 noch ergänzend eingetragen sind. Das Schaubild ermöglicht auch die Herleitung und Verfolgung der Seespiegelschwankungen (Abb. 201 c), die für das Beispiel im Maximum 21,6 m erreichen, aus dem Zusammenhang zwischen der Seespiegelfläche $F = f(h)$ und den Seeständen h.

Nun noch einen kurzen Hinweis hinsichtlich des Speicherbetriebs! Damit während des sechsjährigen Betriebs im Rahmen des gegebenen $\sum(Q_1\,\Delta t)$ und angenommenen $\sum(Q_B\,\Delta t)$ nie ein Defizit in der Bedarfsdeckung eintreten kann, muß der Betrieb bei einem Beckeninhalt begonnen werden, der gleich dem größten vorkommenden Fehlbetrag ist, d. h. der Stausee muß zu Beginn einen Spiegelstand $h_a = 22{,}5$ m aufweisen. Dann wird er Ende März des 1. Jahres das gewöhnliche Stauziel erreichen und bis Ende September des 4. Jahres unter Schwankungen auf das gewöhnliche Absenkziel absinken, um dann, ebenfalls unter Schwankungen, am Ende des 6. Jahres (genau Ende November des 6. Jahres) den Ausgangsspiegel $h_a = 22{,}5$ m wieder zu erreichen[1].

In Abb. 202 ist für die gleichen wasserwirtschaftlichen Grundlagen der Wasserwirtschaftsplan mit *schiefwinkligen* Koordinaten aufgetragen.

---

[1] Dabei ist mangels zuverlässiger Annahmen vorausgesetzt, daß sich der Zuflußgang innerhalb von 6 Jahren in der in Abb. 194 dargestellten Weise immer wiederholt, was meist nicht einmal annäherungsweise zutrifft. Es werden sich aber ungünstigere Jahresreihen durch günstigere ausgleichen, solange keine Klima*änderungen*, sondern nur Klima*schwankungen* vorliegen. Dies ist besonders zu erwarten, wenn man lange Jahresreihen zugrunde legt.

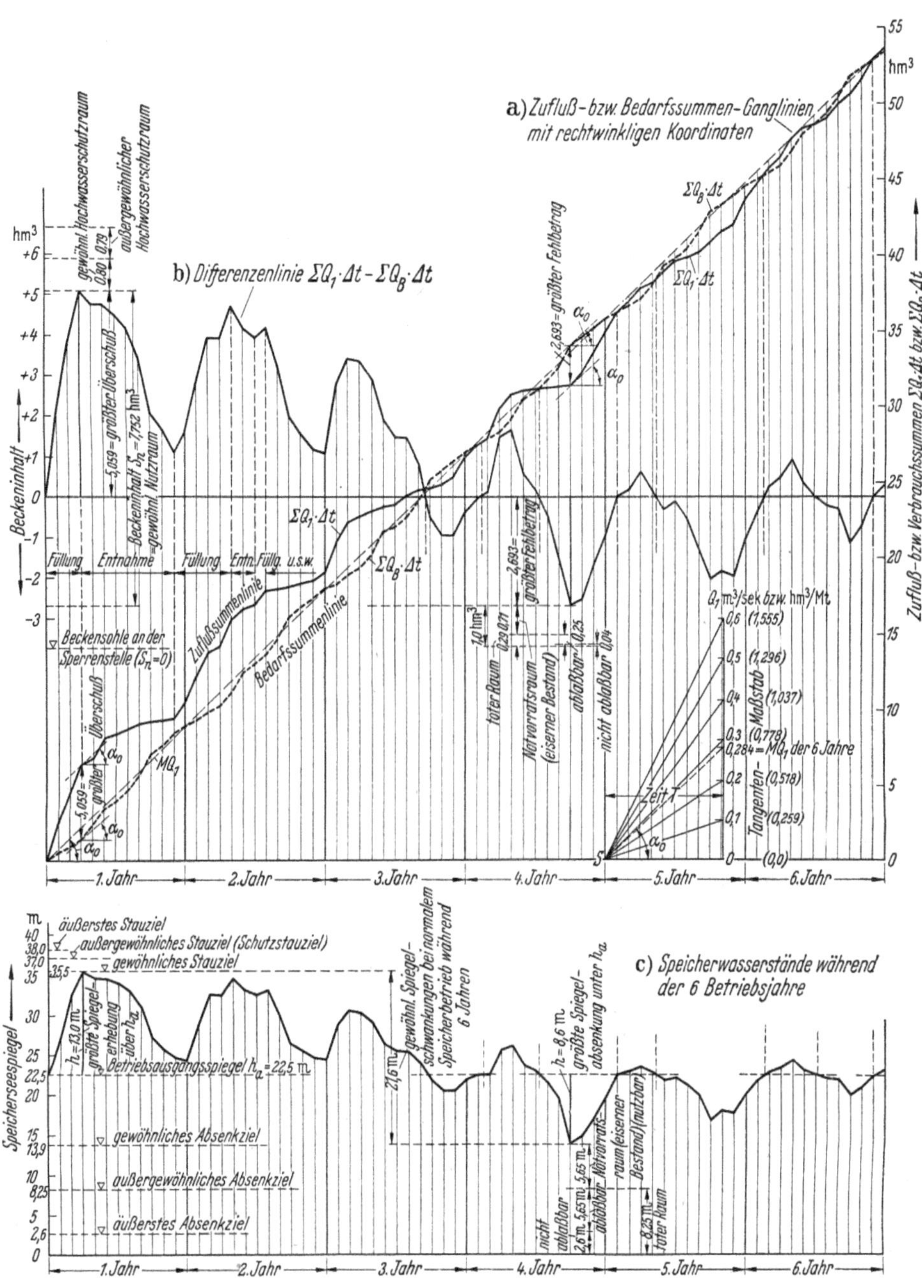

Abb. 201. Wasserwirtschaftsplan für einen Überjahresspeicher bei unbeschränkter Speichergröße.

Ihr Vorteil besteht darin, daß man damit die kleinen Maßstäbe bei Auftragung der Summenganglinien für lange Jahresreihen vermeiden kann.

Bei Besprechung des Tangentenmaßstabes (Abb. 195) wurde bereits gezeigt, daß die Tangente des Neigungswinkels α im Punkt B'' der Summenlinie gleich ist der zugehörigen Mengenganglinienordinate x_B (in m³/sek) im Punkt B', d. h. der zum Punkt B'' gehörige Teil der

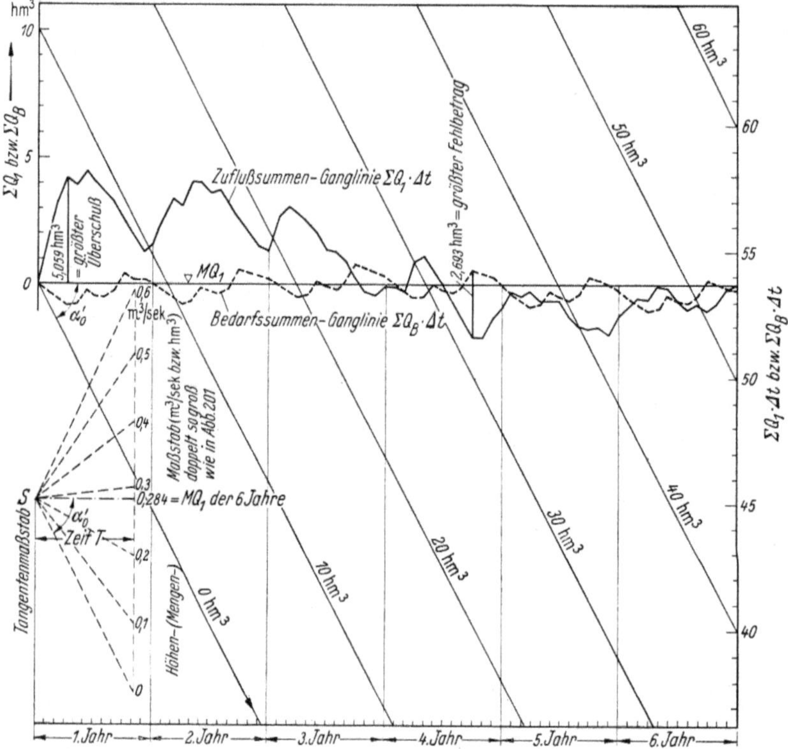

Abb. 202. Zufluß- bzw. Bedarfssummen-Ganglinien mit schiefwinkligen Koordinaten.

Summenlinie ist parallel dem Strahl SB des Tangentenmaßstabes. In Abb. 201 kann man sich die beiden Summenlinien nun ebenfalls aus dem Tangentenmaßstab entstanden denken, indem — entsprechend den von $t = 0$ schrittweise aufeinanderfolgenden Q_1- bzw. Q_B-Werten (m³/sek oder hm³/Mt; Ganglinien der Abb. 194!) — vom Ursprung des Koordinatensystems ausgehend die entsprechenden Strahlen des Tangentenmaßstabes parallel in den Summenplan verschoben werden, wobei die jeweilige Parallele vom Beginn eines Zeitabschnittes (Monat) bis zum Ende desselben reicht. Der *kleine* Maßstab beim *recht*winkligen Koordinatensystem läßt dieses Verfahren allerdings ungenau werden, so daß

für diese Darstellung zweckmäßiger von der Tabellenberechnung ausgegangen wird.

Günstiger liegen die Verhältnisse beim schiefwinkligen Koordinatensystem, weil es die Annahme eines größeren Maßstabes erlaubt. Man
kommt zu diesem Koordinatensystem, wenn man den Strahl für
Q_1 $(Q_B) = 0$ m³/sek bzw. hm³/Mt nicht mehr waagrecht legt, sondern
schräg nach unten zieht unter Vergrößerung des Ordinatenmaßstabes
im Tangentenmaßstab. Besonders vorteilhaft ist es, dabei von der mittleren zufließenden (verfügbaren) Wassermenge MQ_1 auszugehen. Ihre
Summenlinie verbindet geradlinig den Anfangspunkt der $\sum (Q_1 \Delta t)$-
Linie mit deren Endpunkt am Ende der Jahresreihe (in Abb. 201 eingetragen). Um diesen geradlinigen Summenstrahl pendelt die $\sum (Q_1 \Delta t)$-
Linie. Identifiziert man nun die Waagerechte durch den Ursprung mit
der $\sum (MQ_1 \Delta t)$-Linie, wählt also den Tangentenmaßstab so, daß der
Strahl für MQ_1 vom Pol S aus waagerecht verläuft, dann markiert diese
Horizontale auf dem Höhen- (Mengen-) Maßstab in unserem Falle den
Wert 0,284 m³/sek. 0,284 Mengeneinheiten nach unten in einem geeignet
gewählten Maßstab abgetragen, ergibt dann den Nullpunkt des Höhenmaßstabes und seine Verbindung mit dem Pol S die Richtung der
schiefen Abszissenachse durch den Wirtschaftsplan-Nullpunkt 0. Der
horizontale Zeitmaßstab wurde im behandelten Beispiel (Abb. 202) so
groß wie in Abb. 201 angenommen $(= T)$, der Höhenmaßstab doppelt
so groß. Damit ist auch der Summenmaßstab zu verdoppeln. Nun
lassen sich die schrägen Summenmaßstabslinien parallel zur Abszissenachse (0 hm³) im Abstand von 10 hm³ zu 10 hm³ ziehen. Das weitere
Verfahren verläuft nun ganz so, wie eben skizziert.

Zieht man es vor, auch bei dieser Darstellung die Summenwerte erst
rechnerisch zu erfassen und dann aufzutragen, so ist nur zu beachten,
daß die Summenwerte von den schrägen Summenmaßstabswerten
(10 hm³, 20 hm³ ...) *senkrecht* nach oben oder gegebenenfalls nach unten
abzutragen sind. Um beim Ziehen der parallelen Summenmaßstabslinien keine zu großen Ungenauigkeiten zu erhalten, empfiehlt es sich,
den Wert $\sum\limits_{0}^{6\ \text{Jahre}} (MQ_1 \Delta t)$ zu bilden. Damit erhält man einen Punkt des
Summenmaßstabes auch auf der *rechten* Begrenzung des Wasserwirt-
schaftsplanes, so daß sich der Maßstab auch hier einwandfrei auftragen
läßt (Kontrolle für die schrägen Parallelen!).

$\zeta)$ *Überjahresspeicher bei beschränkter (gegebener) Beckengröße S_n.*

Gegeben sei wieder die Zuflußsummenganglinie $\sum (Q_1 \Delta t)$ (Abb. 202),
außerdem der auf $S_n = 4$ hm³ begrenzte Speicherinhalt. Die Entnahme-
(Bedarf-) Menge sei gleichbleibend. Die Auftragung des Wasserwirtschaftsplanes erfolgt wieder in schiefwinkligen Koordinaten (Abb. 203).

Zur Ermittlung der möglichen Entnahme trägt man nun $S_n = 4\,\mathrm{hm^3}$ an einem Talpunkt der Zuflußsummenlinie — in unserem Beispiel von A aus — als Ordinate (lotrecht!) auf und verbindet den erhaltenen Punkt B mit der nächsten Zuflußsummenspitze C. Dann ergibt die Neigung α der Verbindungslinie BC die mögliche Entnahme $\mathrm{tg}\,\alpha$ im Zeitraum zwischen C und B. Andererseits ergibt die Verbindungslinie BC' eine mögliche Entnahme $\mathrm{tg}\,\alpha' > \mathrm{tg}\,\alpha$[1]. Für die Reihe von 6 Jahren ist nur beim kleinsten Wert von $\mathrm{tg}\,\alpha$ ein voller Ausgleich für $S_n = 4\,\mathrm{hm^3}$ möglich. Die Parallele zu BC durch den Ursprung ergibt die mögliche Entnahmesummenlinie in unserem Beispiel. Trägt man nun vom

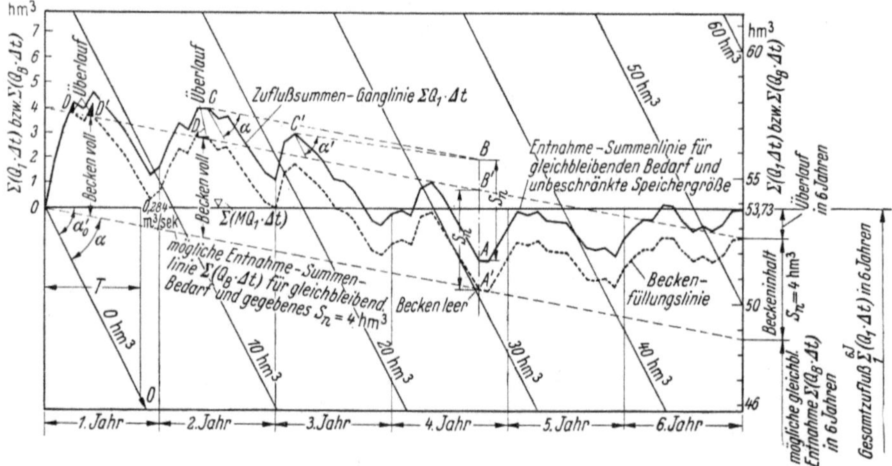

Abb. 203. Wasserwirtschaftsplan für einen Überjahresspeicher bei beschränkter (gegebener) Beckengröße S_n (im 2. Jahr D'' statt D).

Punkt A' den gegebenen Speichernutzinhalt $S_n = 4\,\mathrm{hm^3}$ lotrecht auf und zieht durch den erhaltenen Punkt B' eine Parallele zur möglichen Entnahmesummenlinie, dann schneidet diese Linie die $\sum (Q_1\,\Delta t)$ im Punkt D. Zu diesem Zeitpunkt ist der Speicher gefüllt, und der Zuflußüberschuß läuft von da ab über das Übereich (ungenutzt) ab, solange der Neigungswinkel α der $\sum (Q_1\,\Delta t)$-Linie größer ist als α. In dieser Zeit bleibt das Becken gefüllt. Erst wenn α größer ist als der Neigungswinkel der Zuflußsummenlinie, wird Wasser aus dem Speicher entnommen. Dieser Vorgang wiederholt sich bei D' und D''. Die Beckenfüllungslinie, deren Ermittlung aus Abb. 203 hervorgeht, berührt in A' die Entnahmesummenlinie; denn zu diesem Zeitpunkt ist das Becken leer.

---

[1] Man beachte, daß die Winkel α jeweils von der Parallelen zur schief liegenden Abszissenachse aus gemessen werden.

η) *Graphische Ermittlung der Zufluß- und Abflußsummenlinie für ein künstliches Hochwasserrückhaltbecken.* (Nach SCHAFFERNAK[1].)

Hier ist der über dem Grundablaßscheitel liegende Stauraum als Hochwasserschutzraum für einen kleineren Fluß gedacht. Seine Inhaltskurve $V = f(h_p)$ ist in Abb. 205 auf der rechten Seite gegeben. Ferner ist die Abflußmengenlinie im Tangentenmaßstab in Abb. 204 her-

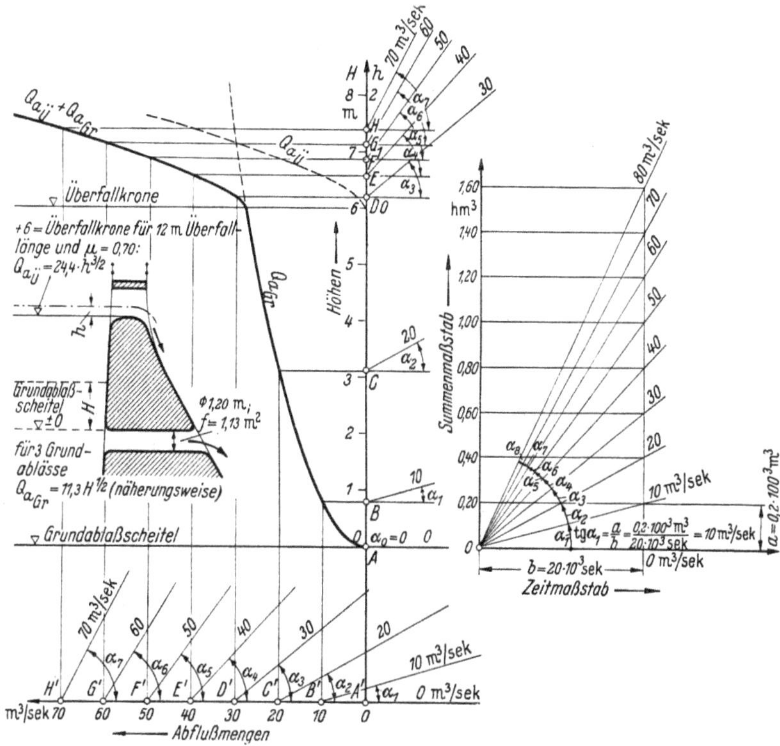

Abb. 204. Abflußmengenlinie im Tangentenmaßstab für die Summenlinie, dargestellt für den Abfluß eines künstlichen Hochwasserspeichers. (Nach SCHAFFERNAK.)

geleitet und gegeben Schließlich liegt der Gang des Speicherwasserspiegels für einen gegebenen Zeitabschnitt ($t = 100 \cdot 10^3$ sek $= 1,16$ Tg $= 27,8$ st) vor. Er möge durch einen Schreibpegel aufgezeichnet sein (vgl. dazu Abb. 135, S. 223) und ist *spiegelbildlich*, also mit steigendem Wasser nach unten in Abb. 205 eingetragen. Es sollen für den vorliegenden Zeitraum an Hand der graphisch gegebenen Größen die Summenlinien des Abflusses sowie des Zuflusses ebenfalls graphisch ermittelt werden.

---

[1] SCHAFFERNAK: Hydrographie. Zit. S. 238.

Zunächst zur Abflußmengenlinie! Es ist vorgesehen, daß beim Einfließen einer Hochwasserwelle in das Rückhaltebecken 3 Grundablässe
geöffnet werden, wenn der Speicherspiegel so weit gestiegen ist, daß er
den Grundablaßscheitel benetzt. Für die Leistung dieser 3 Grundablässe
wurde zur Vereinfachung der Aufgabe *näherungsweise* die Beziehung zugrunde gelegt:
$$Q_{a_{Gr}} = 11,3\ H^{1/2}\ \text{m}^3/\text{sek}.$$

(Dieser Ansatz wäre dann vollkommen zutreffend, wenn das Unterwasser, in
das die 3 Ablaßrohre entleeren, ebenfalls bis zum Scheitel der Rohre reichen

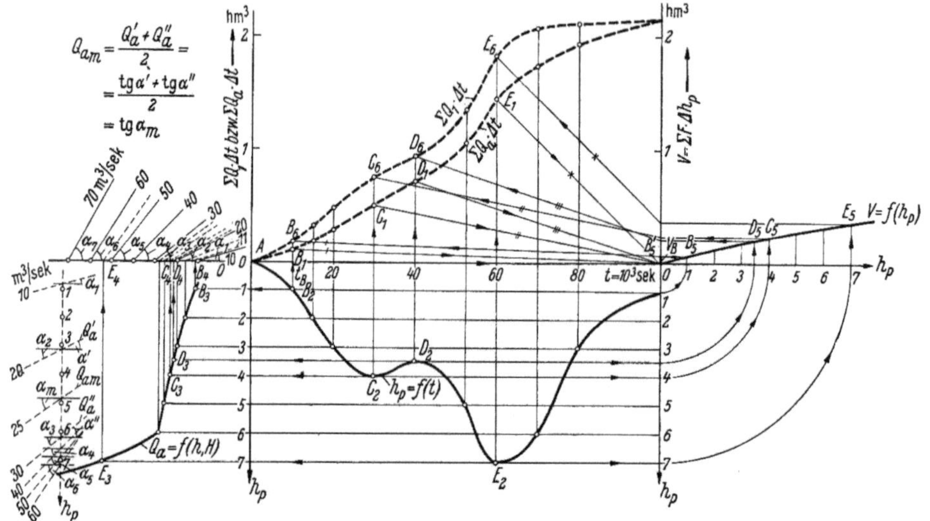

Abb. 205. Graphische Ermittlung der Zufluß- und Abflußsummenlinie ($\sum Q_1 \cdot \varDelta t$ u. $\sum Q_a \cdot \varDelta t$) bei
gegebenem Gang des Speicherspiegels ($h_p = f(t)$), der Speicherrückhaltkurve des Hochwasserschutz-
raumes ($V = f(h_p)$) und der Abflußkurve ($Q_{a_{Gr}} = Q_{a_{\overline{U}}} + Q = f(h, H)$) nach Abb. 204).
(Vgl. auch SCHAFFERNAK: Hydrographie S. 403.)

würde [Ausfluß unter Wasser[1]]. Bei tieferem Unterwasserstand geht natürlich
etwas mehr Wasser ab. Bei der rechnerischen Erfassung wäre dabei zu beachten,
daß für $H < \sim 1,1\ \dfrac{v^2}{2\,g}$ [vgl. Schemabild links in Abb. 204] die Rohre nicht voll
gefüllt sind.)

Erreicht der Speicherspiegel die Überfallkrone (selbsttätig wirkende
Hochwasserentlastungsanlage), dann beginnt auch hier Speicherwasser
abzufließen gemäß der Beziehung (vollkommener Überfall)[1]

$$Q_{a_{\overline{U}}} = 24,4\ h^{3/2}.$$

Die Abflußwassermenge setzt sich also allgemein zusammen aus

$$Q_a = Q_{a_{Gr}} + Q_{a_{\overline{U}}},$$

wobei für $h = 0$ auch $Q_{a_{\overline{U}}} = 0$ wird.

---

[1] STRECK: Grund- und Wasserbau in praktischen Beispielen zit. S. 304.
S. 677 u. 678.

Die Abflußkurve als Funktion der Seestände ist in Abb. 204 aufgetragen. Rechts ist der Tangentenmaßstab gezeichnet, aus dem die Beziehungen zwischen Q_a und tgα abgelesen werden können. Dieser Maßstab läßt sich auch auf die Abszissenachse der Abflußkurve sowie auf deren Ordinatenachse übertragen.

Nun wurde bereits früher gezeigt (S. 305), daß die Tangente der Neigungswinkel der Zufluß- oder Abflußmengensummenlinien an einer bestimmten Stelle derselben die sekundliche Zufluß- bzw. Abflußmenge in m³ angibt. Umgekehrt ist demnach arctgQ_a (bzw. Q_1) $= \alpha =$ dem Neigungswinkel α der entsprechenden Summenlinie für die Stelle Q_a bzw. $Q_1 = $ m³/sek. Es läßt sich darnach der Tangentenmaßstab der Abflußmengen Q_a der Abb. 204 unmittelbar verwenden zum Auftragen der $\sum(Q_a \varDelta t)$-Linie. Da andererseits gemäß der Seerückhaltgleichung (S. 307)

$$V + \sum(Q_a \varDelta t) = \sum(Q_1 \varDelta t),$$

kann aus der bereits als gegeben zu betrachtenden Summe der linken Gleichungsseite unmittelbar auch die Zuflußsummenlinie festgestellt werden.

Zur Durchführung des graphischen Verfahrens wurde die Abflußkurve der Abb. 204 nach Abb. 205 übertragen und dort auf der linken Seite ebenfalls, wie die Wasserstände, spiegelbildlich aufgezeichnet und dazu auf der Abszissenachse der Tangentenmaßstab. Wenn man beim Übertragen Maßstabsänderungen vornimmt, so achte man darauf, daß die Verhältniswerte des ursprünglich gewählten Tangentenmaßstabes der Abb. 204, rechts, auch nach den Änderungen erhalten bleiben. Statt die Abflußkurve und den zugehörigen waagerechten Tangentenmaßstab zu benutzen, könnte man auch — etwa aus Gründen der Raumersparnis beim Zeichnen — den Tangentenmaßstab der Ordinatenachse für die Q_a-Werte benutzen, wie er in Abb. 205 ganz links strichliert angedeutet ist. Im vorliegenden Falle bietet aber der waagerechte Tangentenmaßstab in Verbindung mit der Abflußkurve den Vorteil des bequemen Interpolierens.

Das Verfahren zur Gewinnung der Summenlinien selbst ist nun sehr einfach. Zum Beispiel ergibt für den Zeitpunkt t_B der Ordner (die Senkrechte) durch t_B auf der Wasserstandsganglinie den Punkt B_2, dem auf der Wassermengenlinie links der Punkt B_3 und lotrecht darüber der Punkt B_4, d. h. die Abflußmenge $Q_{a_B} = 11$ m³/sek, entspricht. Die Parallele zu tg$\alpha = 11$ m³/sek durch A schneidet auf dem Ordner durch t_B den Punkt B_1 ab. Durch den Linienzug $B_2 B_5$ ergibt sich das Rückhaltvolumen V_B. Zieht man zu $B_1 O$ die Parallele $B_5' B_6$, so schneidet diese auf dem Ordner durch t_B den Punkt B_6 der $\sum(Q_1 \varDelta t)$ ab. Analog ergibt der Linienzug $C_1 C_2 C_3 C_4$ den Punkt C_1, der Linienzug $C_2 C_5 C_6$ den Punkt C_6 usw.

Wie man leicht übersieht, weist die Konstruktionszeichnung zahlreiche Hilfslinien auf, die zwar den Gang des Verfahrens sehr deutlich machen, aber für die Durchführung des Verfahrens selbst nicht unbedingt notwendig sind. So läßt sich z. B. die Größe $V_B = \overline{1\,B_5} = \overline{O\,B_5'} = \overline{B_1\,B_6}$ unmittelbar aus der V-Kurve entnehmen und auf dem Ordner durch B_6 auftragen usw. Es empfiehlt sich, die Übertragungen zur Vereinfachung und Erzielung größerer Genauigkeit mittels Maßstab und Zirkel vorzunehmen. Darüber hinaus lohnt es sich, das graphische Verfahren mit einer tabellarischen Rechnung zu koppeln.

Siebenter Abschnitt.

Hochwasser. Gewässervereisungen. Wasserstandsnachrichtendienst.

I. Hochwasser.

Aus den fortlaufenden Schwankungen der Wasserstände bei den Wasserstandsganglinien bzw. der Wassermengen bei den Mengenganglinien heben sich einzelne Schwankungsspitzen durch ihre Höhe besonders heraus. Man vergleiche dazu die Abb. 138, S. 226, und insbesondere die Abb. 179 u. 183. Solche hohe Wasserstände bzw. Wasserführungen bezeichnet man mit „Hochwasser". Dabei sind die Pegelstände solcher Hochwasser und damit auch deren Abflußmengen selbst wieder stark schwankende Größen, die um die Werte MHW bzw. MHQ pendeln. Man spricht demgemäß von kleinen, mittleren und großen Hochwassern. Aus diesen Hochfluten verschiedenen Ausmaßes ragen dann wieder die höchsten HW bzw. größten HQ eines Zeitraumes heraus. Sie werden noch übertroffen von den höchsten, überhaupt bekannten Wasserständen (HHW) bzw. den größten, überhaupt bekannten Abflußmengen (HHQ), mit denen sie ihr historisch verbürgtes Maximum erreichen (außerordentliche Hochwasser).

Neben dieser Unterscheidung der Hochwasser dem Wasserstand bzw. der Größe der Wassermenge nach gibt es noch eine Unterscheidung der Hochfluten dem jahreszeitlichen Auftreten nach. Man spricht dabei von Sommerhochwassern, Winter- bzw. Frühjahrshochwassern und von Eishochwassern. Letztere werden unter „Gewässervereisung" behandelt.

Da es außerhalb des Bereichs menschlichen Könnens liegt, Naturkatastrophen an sich zu verhindern (z. B. außergewöhnliche Niederschläge, außerordentliche Vereisung, ungewöhnlich rasche Schneeschmelze), die zu katastrophalen Hochwassern führen, kann es sich nur darauf konzentrieren, deren Wirkungen einzudämmen und abzuschwächen. Dazu bedarf der Mensch einer möglichst genauen *Kata-strophenchronik*, aus der er Lehren und Erfahrungen ziehen kann.

1. Arten der Hochfluten.

a) Sommerhochwasser.

Sie sind nur auf sommerliche Regengüsse zurückzuführen, haben ihren Ursprung deshalb hauptsächlich in den niederschlagsreicheren gebirgigen Gegenden, und zwar dort, wo die regenführenden Winde, die im mitteleuropäischen Raum nördlich der Alpen aus nordwestlicher Richtung kommen, gestaut und zum Entleeren gezwungen werden. Die im Windschatten, etwa des Schwarzwaldes, Taunus, Sauerlandes, Harzes, Erzgebirges usw., gelegenen Räume sind der Sommerhoch-wasserbildung nicht so ausgesetzt.

Aus dieser Sachlage ergibt sich auch, daß die höher gelegenen Quell-gebiete der Flüsse an den Entwicklungen der Sommerhochfluten stärker beteiligt sind als das Flachland, d. h. daß die Häufigkeit dieser Hoch-wasser überall stromabwärts abnimmt. JASMUND gibt für diese Annahme folgende Zahlen: am Rhein von 72 auf 25 v. H., an der Weser von 11 auf 8 v. H., an der Elbe von 31 auf 17 v. H. und an der Weichsel von 50 auf 15 v. H. An der Ems und Lippe kennt man eigentliche Sommerhoch-fluten kaum.

Für die Wasserstandshöhe dieser Hochfluten sind ausschlaggebend die Stärke und Dauer der Niederschläge und deren gebietliche Verteilung. Zum Beispiel treffen an der Oder die Wellen der Gebirgsquell-flüsse nur dann zusammen, wenn der größte Niederschlag in den Sudeten um einen Tag später fällt als in den Beskiden. Im übrigen entstehen die meisten Sommerhochwasser der Oder aus den Wolkenbrüchen im Bober- und Queisgebiet (vgl. S. 12).

Der hochwasserreichste Strom Deutschlands ist die Donau (vgl. Tab. 50). Von den 171 Hochwassern über 950 m³/sek, die von 1884 bis 1940 am Schwabelweiser Pegel unterhalb Regensburg festgestellt wur-den, trafen 69 auf das Sommerhalbjahr. Diese große Hochwasserhäufig-keit an der Donau hängt unter anderem damit zusammen, daß sie an-genähert parallel mit dem Zuge der Alpen nach Osten fließt, also in der Bewegungsrichtung vieler barometrischer Tiefs verläuft mit ihren

Tabelle 50. *Durchschnittliche jährliche Häufigkeit von Hochwassern.*

Bezeichnung des Flusses	Rhein	Ems	Weser	Elbe	Oder	Weichsel	Pregel	Memel	Neckar	Main	Donau
Zahl der Hochfluten im Jahresdurchschnitt	1,5	0,5	0,9	1,7	2,0	2,7	1,0	1,8	0,7	0,6	3,0

besonders starken Niederschlägen am Nordrand der Alpen, deren Abfluß ihr durch die rechtsseitigen Gebirgsnebenflüsse zuströmt. Im Frühsommer lagern sich auf diese Regenflutwellen noch die Schmelzwasserfluten der Gebirgshochlagen auf und verstärken die Donauhochwässer (kräftige Hochwasserwellen der Iller, des Lech und der Isar).

Die Sommerhochwasserwelle ist gekennzeichnet durch kurzen und stürmischen Verlauf mit steil ansteigendem Vorderast und ebenfalls rasch abfallendem hinterem Ast (vgl. Abb. 209 u. 210).

b) Winter- bzw. Frühjahrshochwasser.

Unter Winterhochwassern versteht man alle vom 1. November bis 30. April auftretenden Hochfluten. Sie beruhen auf der Schmelze der während der Wintermonate fallenden Schneemassen und sind deshalb eine alljährliche Erscheinung. Wird das Tauwetter von Regenfällen begleitet und erfolgt der Abfluß über den gefrorenen Boden hinweg, der keine Versickerung zuläßt, so fließt das Hochwasser als verhältnismäßig kurze hohe Welle ab. Diese Verhältnisse findet man vor allem im Tiefland. Über die Gebirgshänge mit ihren an sich größeren Schneemassen steigt die Nullisotherme erst später und nur zögernd in die Höhe (Nachtfröste, Temperaturrückfälle auch am Tage). Der Abfluß des Schmelzwassers (Tauflut) selbst erfährt außerdem eine Verzögerung durch Wald und sonstige Bodenbedeckung, so daß sich hier die Schneeschmelze im allgemeinen in die Länge zieht und die Abflußwellen an Höhe verlieren. Das Extrem ergibt sich im Hochgebirge mit seinem auf mehrere Monate verteilten Abschmelzprozeß und einem Abflußgang, wie ihn etwa Abb. 182 veranschaulicht.

Zu diesem meteorologisch bedingten Gegensatz zwischen Tiefland und Gebirge kommt nun noch der Einfluß des Klimas. Die Isothermen verlaufen im mitteleuropäischen Raum im Winter von Nord nach Süd, im Sommer von West nach Ost. Die Schwenkung von Süd nach Ost erfolgt im Frühjahr, wobei dann die Erwärmung im Osten nach Norden fortschreitet. Das führt einmal dazu, daß die Winterhochwasser im Westen Deutschlands bereits abgelaufen sind, wenn die Frühjahrshochwasser etwa der Weichsel der Ostsee zuströmen. Infolge der erwähnten Isothermenschwenkung beginnt hier außerdem die Schneeschmelze im Quellgebiet etwas früher als im Unterlauf, was einer Überlagerung der Abschmelzwellen und der Entstehung großer Frühjahrshochfluten Vorschub leistet.

Aus dem eben Gesagten ist verständlich, daß die Häufigkeit der *Winterhochfluten* in den deutschen Strömen vom Oberlauf zum Unterlauf zunimmt: an der Weichsel von 50 auf 85 v. H., an der Oder von 45 auf 89 v. H., an der Elbe von 70 auf 83 v. H., am Rhein von Waldshut bis Bingen von 28 auf 75 v. H. Man kann auch sagen, daß die Winterhochfluten um so mehr überwiegen, je mehr das Stromgebiet vom See-klima beherrscht wird.

Bei der hochwasserreichen bayerischen *Donau* treffen von den 171 bei Schwabelweis beobachteten Hochfluten der obengenannten Jahres-reihe 102 auf das *Winterhalbjahr.* Auch die *5 bekannten größten* Hoch-wasser der untersuchten Reihe dieser Station mit über 2100 m³/sek liegen im *Winterhalbjahr*: 1 im Dezember, 2 im Januar, 1 im Februar und 1 im März. Davon erreichte die Hochflut vom 31. Dezember 1882 ein $HQ = 3050$ m³/sek. Am 31. März 1845 gingen nach Schätzungen 3200 m³/sek durch dieses Profil.

Zusammenfassend läßt sich sagen: bei den flachen und massiveren Flutwellen des Winters ist die Gefahr, daß sich die Größtmengen minde-stens teilweise vereinigen, gewöhnlich größer als bei den spitzen, zeit-lich kurzen Sommerflutwellen, wobei die ausgesprochenen Flachland-gewässer meist überhaupt nicht in größere Erregung geraten. Die Som-merhochfluten in den Ober- und Mittelläufen der Flüsse werden dabei am bedeutendsten, wenn lang andauernde, starke Regengüsse (Land-regen) über alle Teile dieser Einzugsräume verbreitet sind, die Taufluten des Winters werden es, wenn nach anhaltendem Frost plötzlich Tau-wetter mit Regengüssen eintritt und sich über das ganze Stromgebiet verbreitet.

c) Außerordentliche Hochwasser.

Bei ihnen handelt es sich um jene seltenen Hochfluten, bei denen derartige Ausuferungen stattfinden und die elementaren Kräfte großer Wassermassen in so außerordentlichem Maße entfesselt wurden, daß dieses Naturereignis in die Geschichte der betroffenen Siedlungen des Tales einging. Vielerorts erinnern auch die überlieferten Hochwasser-marken an solche außerordentliche Hochwasser und führen uns anschau-lich die Höhe der dabei erreichten Wasserstände vor Augen. Es ist dabei nur an jene Marken gedacht, deren unveränderte Lage bis heute ver-bürgt ist[1].

Zu solchen außerordentlichen Hochfluten rechnet man z. B. jene der Donau Anno 1501, des Rheins im Jahre 1784, der Elbe 1785 und der nordwestdeutschen Flüsse im Februar 1946. In Frankreich gab es im Frühjahr 1856 an Rhone und Loire solche außerordentliche Hochfluten, in Bayern und Österreich im September 1899, in Bayern außerdem 1845 und 1909 (Abb. 206), am Lech 1910, an der Isar und Mangfall Ende Mai 1940.

Von dem obengenannten Donau-HHW (HHQ) des Jahres 1501 be-sitzen wir noch verlässige Hochwassermarken in Passau ($h_P = 1129$ cm),

---

[1] Vgl. auch die zahlreichen wissenschaftlichen Untersuchungen über die Hoch-fluten in unseren Strömen. Literaturangaben dazu siehe z. B. im Hdb. Ing.-Wiss. III. Teil, 1. Bd., S. 321.

Engelhartszell ($h_P = 1132$ cm), Linz ($h_P = 798$ cm) und Melk ($h_P = 988$ cm). Aus diesen Pegeln wurde der Wasserstand im Profil Wien-Nußdorf mit $h_P = 700$ cm hergeleitet[1], dem dort eine Abflußmenge von etwa 14000 m³/sek entspricht. Im Vergleich dazu hatte das oben ebenfalls erwähnte Katastrophenhochwasser vom September 1899 „nur“ ein $HHQ = 10400$ m³/sek, wogegen das größte HQ im Zeitraum 1926 bis 1935 lediglich 6050 m³/sek erreichte. Der Wasserstand von 1501 lag bei Engelhartszell etwa 2 m, bei Melk etwa 1,5 m und bei Wien-Nußdorf rd. 1 m über dem Spiegel von 1899. Ebenso liegen die alten, auf ihre

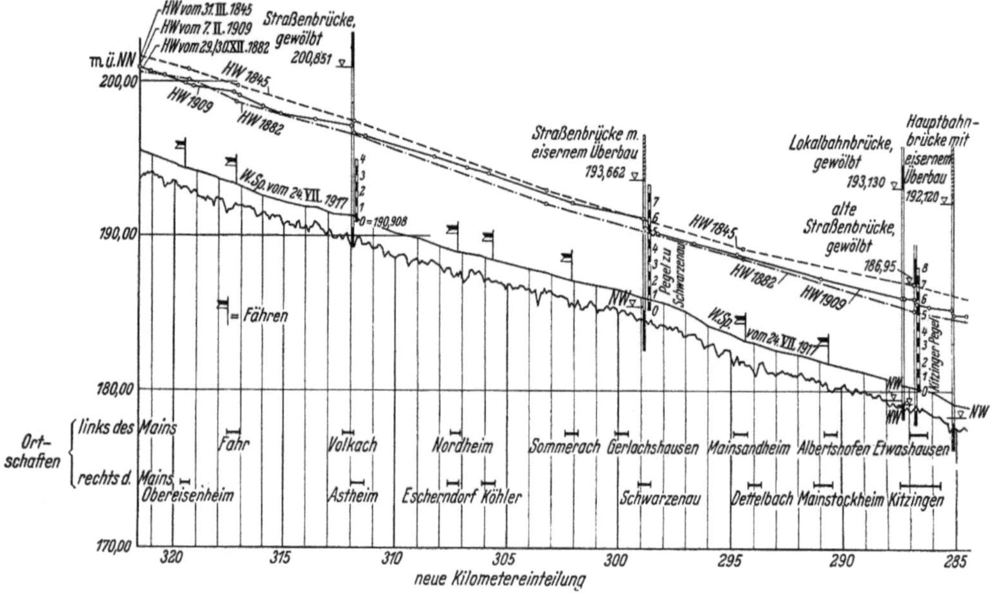

Abb. 206. Spiegelverlauf dreier Hochwässer des Mains oberhalb von Kitzingen.

Richtigkeit überprüften Hochwassermarken von 1784 in Bonn und Köln am Rhein und jene von 1785 in Torgau und Wittenberg an der Elbe um 2 bis 3 m über allen sonstigen, regelmäßig wiederkehrenden Hochwasserständen.

Es ist nun die Frage naheliegend und wichtig, ob mit solchen außerordentlichen HW-Ständen bzw. außerordentlichen HQ-Wasserführungen auch in Zukunft gerechnet werden muß, da ja schließlich nicht nur die Kotierung der Hochwasserdeichkronen und die richtige Bemessung des Hochwasserabflußquerschnittes, sondern auch die hochwassersichere Anordnung der wasserwirtschaftlichen Anlagen dort davon abhängt. Die Schwierigkeit bei Beantwortung dieser Frage besteht meist darin,

---

[1] SCHAFFERNAK: Hydrographie. S. 326. Wien: Springer 1935.

zuverlässig festzustellen, welche Querschnittsverhältnisse, insbesondere welche Sohlenlage einem bestimmten HHW (z. B. jenem der Donau des Jahres 1501) zugeordnet war. Denn es ist sehr wohl denkbar, daß ein bestimmtes HHW vergangener historischer Zeiten zwar außerordentliche Wasserstände aufwies, daß aber der Abfluß auf einer gegenüber späteren Beobachtungen wesentlich höher liegenden Sohle vor sich gegangen ist, so daß das zugehörige HHQ damals nicht die Werte erreicht hat wie große Hochwasser der jüngeren Vergangenheit. Je weiter eine solche bekannte größte Hochflut zurückliegt, um so unsicherer können die Unterlagen für die Bestimmung der damaligen Abflußverhältnisse werden.

Unabhängig davon kann es aber in jedem Flusse zu jeder Zeit durch das Zusammenwirken besonders ungünstiger meteorologischer, klimatischer und orographischer Einflüsse zur Entstehung solcher außerordentlicher Hochfluten kommen. Sie sind eben unabwendbar, wie die Witterungs- und sonstigen natürlichen Verhältnisse auch unabwendbar sind. Ihr Eintreten ist sogar um so wahrscheinlicher, je weiter ihr letztes Auftreten zurückliegt.

Im allgemeinen ist es bei uns in Deutschland meist üblich, bei neu zu errichtenden wasserwirtschaftlichen Anlagen entweder das in seiner Größe zuverlässig bekannte HHQ zugrunde zu legen, oder aber die 50-, evtl. auch noch die 100jährige Hochwassermenge zu berechnen, wobei man mit Hilfe der zuverlässig beobachteten Hochwassermengen die Kurve der wahrscheinlichen Häufigkeit der HQ aufträgt und daraus das HQ der gewünschten Häufigkeit entnimmt[1]. Im Beispiel der Abb. 207 entspricht das HQ 1899 der Hochflut, die durchschnittlich einmal in 100 Jahren, und das HQ 1501 jenem Hochwasser, das durchschnittlich einmal in 3000 Jahren auftritt.

In den USA wird neuerdings für die Bemessung der Überfälle und anderer Entlastungsbauwerke bei Talsperren nicht mehr das bekannte (beobachtete) HHQ zugrunde gelegt, sondern das 1000jährige und in Falle sehr wichtiger Sperren sogar das 10000jährige HHQ vorausberechnet nach dem Wahrscheinlichkeits-Berechnungsverfahren von GAIL A. HALHAWAY[2]. Dazu sagt LEWIN: „Da HALHAWAY im Büro des Corps of Engineers beschäftigt ist, und da dieses Büro mit der Überwachung von allen Einbauten an schiffbaren Flüssen beauftragt ist, wie eine Bau-

---

[1] GRASSBERGER: Die Anwendung der Wahrscheinlichkeitsrechnung auf die Wasserführung der Gewässer. Wasserwirtschaft, Wien 1932. — HAZEN: Flood flows, a study of frequencies and magnitudes. New York 1930. — SCHAFFERNAK: Hydrographie. Wien: Springer 1935.

[2] LEWIN: 10 Jahre Talsperrenbau in den Vereinigten Staaten. Vortrag gelegentlich der Tagung des deutschen Wasserwirtschafts- und Wasserkraftverbandes, München 1949.

polizei in Deutschland, so ist es zu erklären, daß diese Hochwasservoraussagemethode sozusagen ein Gesetz, obwohl ein ungeschriebenes geworden ist." —

Die Abwendung oder doch Herabminderung der drohenden Gefahren, die sehr große Hochwasser für die Ufergebiete und damit für Gut

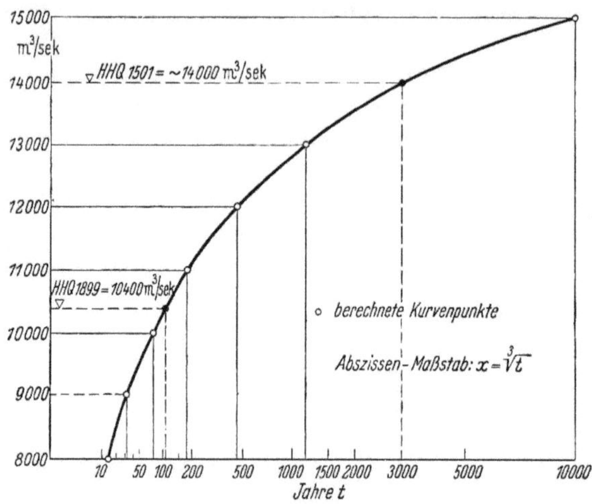

Abb. 207. Wahrscheinlichkeit für das Auftreten von HHQ der Donau bei Wien. (Nach GRASSBERGER.)

und Leben der dort siedelnden Anwohner schlechthin, aber auch für die dort in rascher Folge entstandenen wertvollen und meist unentbehrlich gewordenen wasserwirtschaftlichen Anlagen im und am Flusse in sich

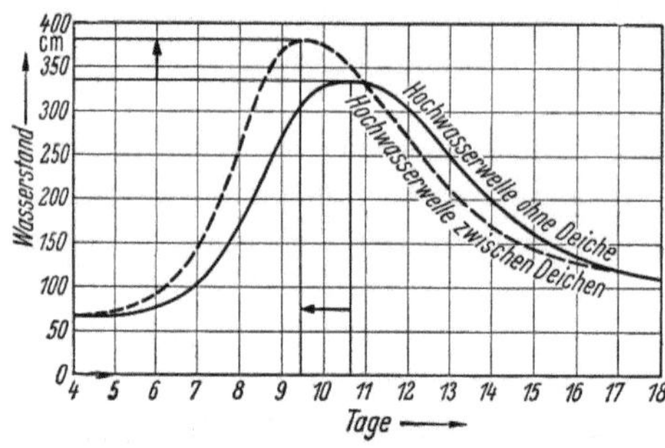

Abb. 208. Einfluß von Hochwasserdeichen auf Flutwellen.

bergen, haben zu umfangreichen und kostspieligen Hochwasserschutzbauten Veranlassung gegeben. Früher bestanden sie fast ausschließlich und auch heute bestehen sie in den meisten Fällen aus Hochwasserdämmen (Deichen) und in Durchstichen zur Kürzung des Wasserweges und damit Vergrößerung des Gefälles. Solche Deiche fassen das Wasser zusammen und verhindern die Ausuferungen (Überflutungen). Dies führt in der Regel zur beschleunigten Abführung der Hochwasserwelle. Letztere wird dabei im vorderen Ast steiler und im Scheitel höher (Hebung des Hochwasserspiegels! Abb. 208), der Abfluß wird turbulenter. In der gleichen Richtung wirken übrigens auch die Entwässerungen von natürlichen Rückhaltebecken (z. B. Trockenlegung von

Mooren), so daß *nach* solchen wasserwirtschaftlichen Maßnahmen oft viel höhere HW-Wasserstände auftreten als vorher. In diesen Fällen werden mindestens die HW-, wenn nicht auch die HQ-Spitzen gerade *wegen* der Schutzmaßnahmen gegen die Hochfluten vergrößert.

Daß auch noch andere Ursachen zur Verstärkung selbst der HHW bzw. HHQ führen können, dafür können als Beispiel die Hochwasser-katastrophen des Jahres 1937 im Mississippigebiet genannt werden[1].

2. Die Hochwasserwelle und ihr Ablauf.

a) Darstellung der Hochwasserwelle.

Eine Hochwasserwelle läßt sich auf verschiedene Arten graphisch darstellen. Trägt man z. B. für ein bestimmtes Pegelprofil die während des Durchlaufens eines Hochwassers beobachteten Wasserstände bzw. die daraus hergeleiteten (oder vielleicht gemessenen) Wassermengen über der Abszissenachse als Achse des Zeitablaufes in Stunden des in Betracht kommenden Tages oder in Tagen des in Frage kommenden Monats auf, so erhält man das Bild des *zeitlichen Ablaufes der Hochwasserwelle* (Hochwasser*gang*), wie er in dem genannten Pegelprofil vor sich gegangen ist [vgl. die Wellen des Isar-HHW Ende Mai 1940 in München und des katastrophalen Sommer-HQ des Queis im Juli 1897 in den Abb. 209 u. 210, den Hochwasserpegelgang der Katastrophen-Hochflut des Lech für die jeweils im Wellenscheitelpunkt angegebene Pegelstelle in der Abb. 211, sowie den Verlauf der Hochwasserwellen des Queis im Oktober bis November 1930 (Abb. 212)[2], schließlich den

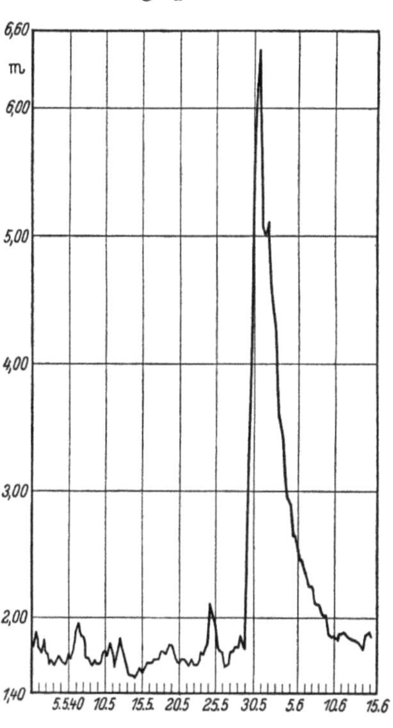

Abb. 209. Ganglinie des Isarpegels in München (Bogenhausen) beim Hochwasser vom 30. 5. 40 mit 4. 6. 40.

[1] Floods in the United States of America. Engng 1937. — I. Tennessee Valley experiment. II. Water conversation and flood control. III. Navigation and power on the Tennessee. IV. River and region. V. River development on trial. Engng News-Rec. Bd. 117. 1936. — Text of act providing for government operation of Muscle Shoals and creation of the Tennessee Valley Authority. Commercial and Financial Chronicle. Bd. 136. 1933.

[2] Vgl. Beispiel für die Bewirtschaftung der Hochwasser-Talsperre im Queis bei Marklissa S. 12.

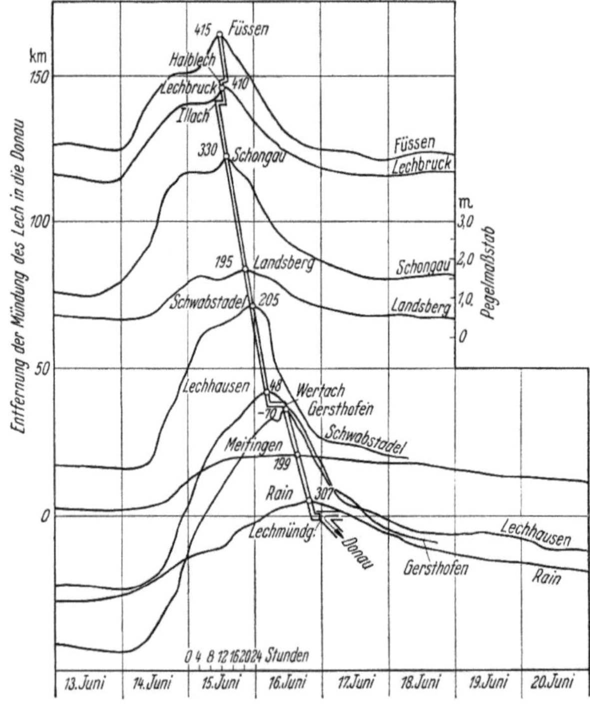

Abb. 210. Das Katastrophen-Sommerhochwasser des Queis im Juli 1897. Es gab Veranlassung zur Errichtung der Hochwasserschutztalsperre bei Marklissa und bildete die Grundlage für die Bemessung des Hochwasserschutzraumes.

Abb. 211. Verlauf des Lechhochwassers vom 13. bis 20. Juni 1910. Die Ziffern bedeuten den bei dieser Hochflut erreichten höchsten Stand am Pegel des genannten Orts.

Gang der Hochwasserdurchflußmengen des Elbe-*HHQ* 1890 für verschiedene Pegelstellen (Abb. 213)].

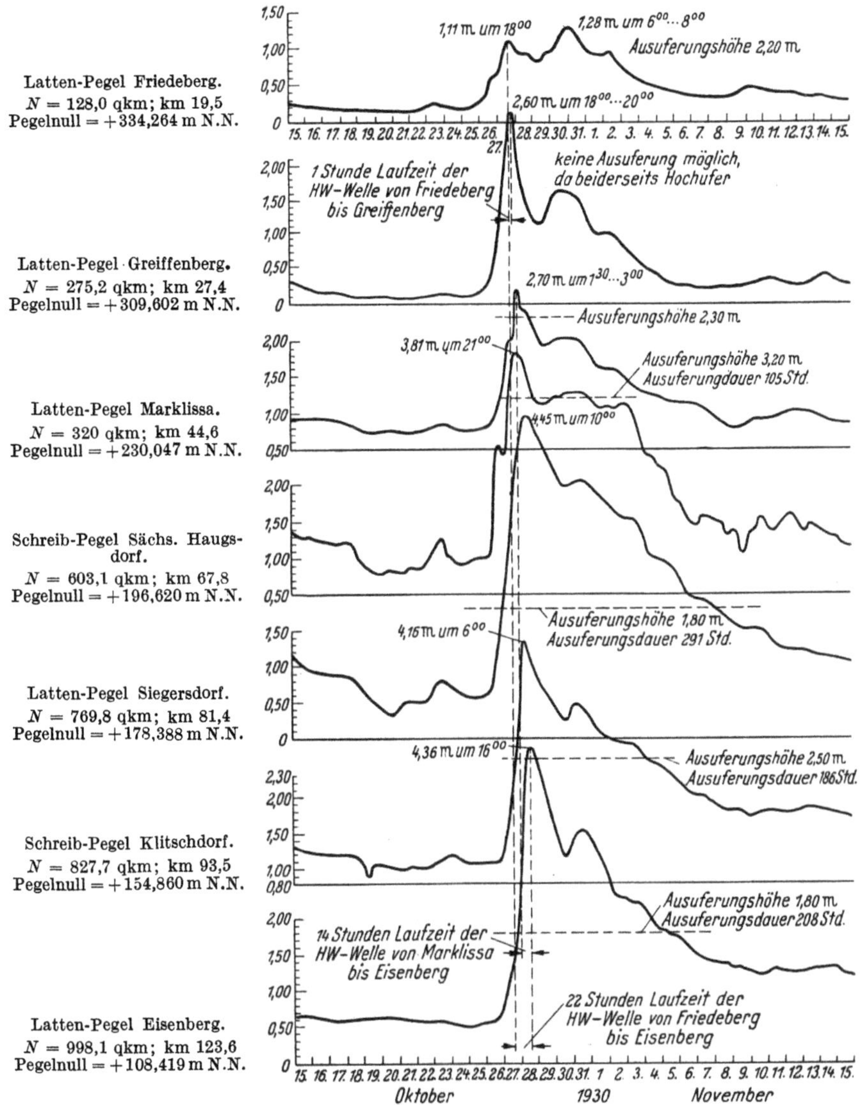

Abb. 212. Verlauf der Hochwasserwellen des Queis im Oktober/November 1930. (Nach Roschke.)

Dagegen kommt man zum *Momentanbild der Hochwasserwelle*, welche in einem Flusse talab geht, wenn die Wasserstände für die dort aufeinander folgenden Orte alle zum *gleichen* Zeitpunkt festgestellt und im

Längsprofil des Flusses aufgetragen werden. Es ist dabei aber notwendig, daß sämtliche Wasserstände mit ihren auf die gleiche Horizontalebene bezogenen Höhen, am besten mit den Spiegelkoten ü. N. N. aufgetragen werden. Abb. 214 gibt ein solches Momentanbild der Welle in schematischer, stark überhöhter Darstellung und die Veränderung der-

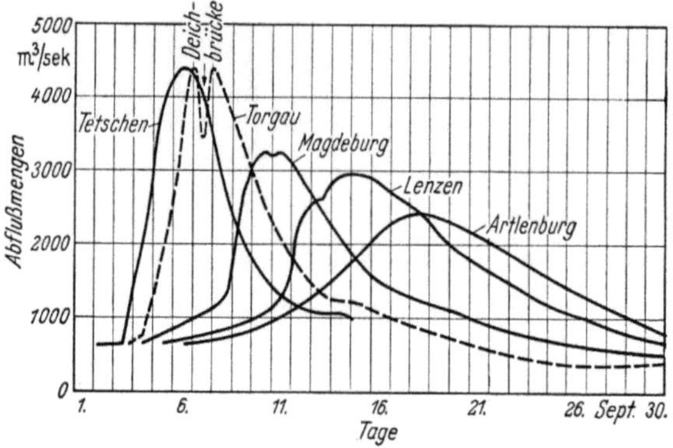

Abb. 213. Die Hochwasserwelle der Elbe im September 1890.

selben beim Talablaufen. Im Entstehungsgebiet des Hochwassers ist die Krümmung des Scheitels der Welle im allgemeinen am kleinsten. Im Verlauf ihres Weges flußabwärts nimmt der Krümmungsradius mehr und mehr zu, d. h. die Welle verflacht sich unter gleichzeitiger Verringerung der Scheitelhöhe, sie fließt gleichsam auseinander. Dies kommt da-

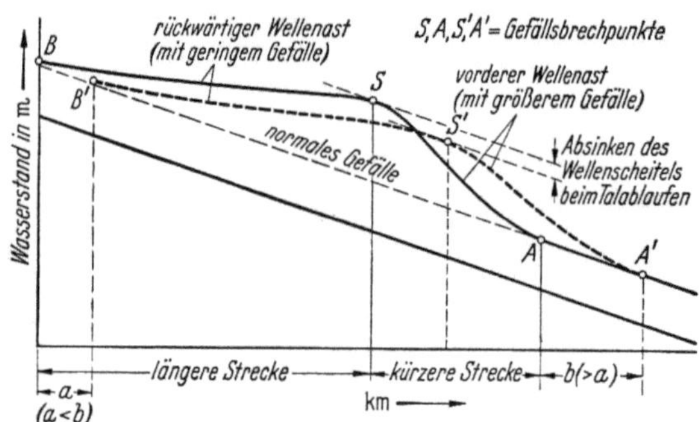

Abb. 214. Hochwasserwelle im Längsschnitt.

her, daß der vordere Teil der Welle entsprechend dem dort vorhandenen größeren Spiegelgefälle eine größere Fließgeschwindigkeit besitzt als ihr rückwärtiger Teil[1]. Die dadurch bedingte Geschwindigkeit des Wellenscheitels beträgt bis zum $^7/_4$fachen der mittleren Fließgeschwin-

---

[1] Vgl. dazu z. B. auch TOLKMITT-ZANDER: Grundlagen der Wasserbaukunst 3. Aufl. S. 114ff. 1940.

digkeit. Das Auseinanderfließen der Welle führt auch zu einer Abnahme der größten *sekundlichen* Abflußmenge.

Der Scheitel der Welle ist in den allermeisten Fällen eindeutig. Er ist dadurch gekennzeichnet, daß hier das Gefälle eine Änderung erfährt (Gefällsbrechpunkt). Ein näherungsweises äußeres Merkmal für den Durchgang des Wellenscheitels ist die Änderung der Trübung der Fluten: sie nimmt hinter ihm ab. Gleichzeitig vermindert sich das Treibzeug und Schwemmsel und hört mit dem Zurückgehen des Wasserstandes und der Abnahme der Abflußmengen bald ganz auf. Im übrigen gleicht keine Hochwasserwelle der anderen, ganz gleich, welche Art der Darstellung man wählt.

Da sich Hochwasserwellen oft über viele hundert Kilometer des Flußlaufes erstrecken, der Wellenberg sich andererseits nur wenige Meter über den normalen Spiegel erhebt, hat das Momentanbild der Hochwasserwelle auch noch im stark überhöhten Maßstab eine sehr flache Krümmung. In vielen Fällen stören überdies die Zubringer noch das Wellenbild, weshalb man für die Darstellung der Hochwasserwellen heute meist die in den Abb. 211 u. 212 gezeigte Darstellungsform wählt.

b) Fortbewegungsschnelligkeit der Hochwasserwelle.

Die Schnelligkeit, mit der sich der Wellenscheitel flußabwärts bewegt, wird durch die Feststellung des Zeitpunktes dieses Höchststandes

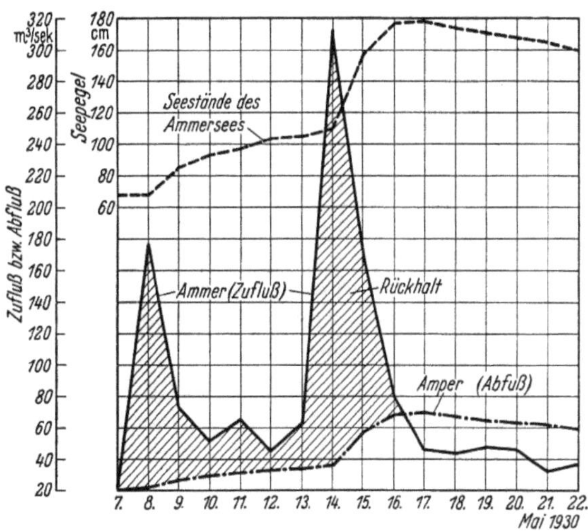

Abb. 215. Durchgang eines Hochwassers durch den Ammersee (Oberbayern). (Mai 1930.)

in den aufeinanderfolgenden Pegelstationen bestimmt. Ihre Kenntnis ist für den Hochwassernachrichtendienst unerläßlich.

Die Schnelligkeit, mit der sich Hochwasserwellen stromab wälzen, kann außerordentlich verschieden sein. Auch Wellen mit gleicher Höhe können sich wegen des verschiedenen Gefälles der vorderen Wellenäste mit ganz verschiedenen Schnelligkeiten bewegen. Dabei spielt die Art, wie Wellen entstehen, eine große Rolle (Grundwasserspeisung durch das Hochwasser, mittlere Wassertiefe, Spiegelgefälle), wenn auch diese Zusammenhänge noch nicht ausreichend geklärt sind. Bei im wesentlichen gleichbleibender Strombreite besitzen *hohe* Flutwellen im allgemeinen eine *größere* Schnelligkeit als niedrigere Wellen. An der Elbe vermindert sich die Wellenschnelligkeit von 8 bis 10 km/st bei Leitmeritz auf 2 bis 3 km/st von der ehemaligen sächsisch-preußischen Grenze an, also dort, wo das Grundwasserbecken größeren Umfang annimmt.

Den Einfluß eines Sees auf den Hochwasserablauf zeigt die Darstellung des Ammerhochwassers vom Mai 1930 in Abb. 215. Die große Seeoberfläche von rd. 48 km² ergibt eine starke Abgleichung der Hochwasserwelle, hat also eine stark zurückhaltende (ausgleichende) Wirkung, die den Kraftwerken an der Amper selbst und der Isar als Vorfluter der Amper zugute kommt.

II. Gewässervereisung.

Bei der Eisbildung hat man gewässerkundlich 3 voneinander abweichende Erscheinungsformen zu unterscheiden: das *Gletschereis*, das *Auftreten des Eises* in *stehenden* Gewässern und die *Eisbildung* in *fließenden* Gewässern.

1. Gletschereis.

Seine große wasserwirtschaftliche Bedeutung wurde bereits bei der Besprechung der Wasserführung hochalpiner Flüsse erwähnt[1]. Die folgenden Zahlen wollen diese Tatsache nochmals deutlich machen.

Das Rheinquellgebiet umfaßt 686 km² Firn und Eis, das Donau-Gletschereinzugsgebiet etwa 782 km². Die *mittlere* sekundliche Schmelzwassermenge, welche diese beiden natürlichen, aus Firn und Gletscher bestehenden Wasserreserven während eines Jahres den beiden zugehörigen Stromgebieten spenden, beträgt je rd. 70 m³/sek. Im *Sommer* steigert sich die Schmelzwassermenge für beide Ströme auf 300 m³/sek und darüber. Nach SCHMIDT-THOME[2] beträgt der Gletscherwasseranteil am *Rhein*wasser bei *Ruhrort* noch:

im Jahresmittel . . . . 5 bis 7 v. H.
im Sommer . . . . 20 bis 25 v. H.
im Winter . . . .   bis 1 v. H.

---

[1] Vgl. S. 283.

[2] SCHMIDT-THOME: Der Einfluß der Alpengletscher auf den Wasserhaushalt der süddeutschen Flüsse. Vortrag auf der wasserwirtschaftlichen Tagung München 1949.

Für den *Inn* bei Kufstein (Reisach; vgl. Abb. 183) lauten die entsprechenden Zahlen

im Jahresmittel . . . . 20 bis 25 v. H.
im Sommer . . . . 40 bis 50 v. H.
im Winter . . . .　　　bis　5 v. H.

Die Donauwasserführung unterhalb Passau enthält noch etwa die Hälfte dieser v. H.-Anteile an Gletscherwasser, sie dürften also denen des Mittelrheins ungefähr entsprechen. Wichtig ist, daß dieser sommerliche Zuschuß an Gletscherschmelzwassern vom Niederschlag insofern unabhängig ist, als er in niederschlagsarmen Jahren aus der Substanz der aus der Eiszeit stammenden verfestigten Wasserreserven erfolgt. Diesen Zustand, daß der Wasserhaushalt von Rhein und Donau (letztere unterhalb Passau) in einem Jahr mehr, in einem anderen wieder weniger, durch Aufbrauch der Gletschersubstanz auf seiner derzeitigen Größe gehalten wird, haben wir seit etwa 90 Jahren. Der unaufhaltsame Rückgang der Gletscher und deren gleichzeitig starkes Zusammensinken spricht dafür eine beredte Sprache. Stieg doch der jährliche Flächenverlust der Gletscher in den letzten Jahren bis auf 0,8 v. H. und darüber. Wenn sich die sekulare Klimaschwankung, in der wir stehen, als eine einseitige Klimaänderung herausstellen sollte, ergäben sich daraus schon in verhältnismäßig naher Zukunft außerordentliche wasserwirtschaftliche Folgen für die Energiewirtschaft am Oberrhein und am Inn, sowie für die Schiffahrt auf Rhein und Donau.

Unter diesen Umständen kommt den Gletschervermessungsarbeiten (Feststellung der Größe der Gletscherquerschnitte, der Geschwindigkeit der Eisbewegung und der jährlichen Lageänderung der Gletscherzungen) immer größere gewässerkundliche Bedeutung zu. Da die Umwandlung des Gletschereises in Schmelzwasser, die sogenannte *Gletscherablation*, abhängig ist von der Größe des Niederschlages und der Lufttemperatur, evtl. auch vom Sättigungsfehlbetrag im Gletschereinzugsgebiet, werden auch diese meteorologischen Feststellungen immer dringlicher (Aufstellung einer genügenden Zahl von Totalisatoren in den Gletschereinzugsgebieten).

2. Eis in stehenden Gewässern.

Die Eisbildung ist eine Funktion sowohl der Luft- als auch der Wassertemperatur. Dabei spielen sich im stehenden Wasser Konvektionsbewegungen ab, die hervorgerufen werden durch die verschiedenen Raumgewichte γ des Wassers bei verschiedenen Wassertemperaturen, wobei γ mit abnehmenden Wärmegraden wächst, bei $+4°$ C (und 760 mm Luftdruck) den höchsten Wert seiner Dichte erreicht und dann mit weiter fallender Temperatur wieder an Raumgewicht verliert. Demgemäß schichtet sich das Wasser der Seen nach seinem Eigengewicht, d. h. bei reinem Wasser nach der Temperatur.

Wenn im Herbst die Einstrahlung in die oberen warmen Wasserschichten nachläßt und die wachsenden Nächte die Ausstrahlung der Wasserwärme verstärken, tritt zunächst Abkühlung der oberen Wasserschichten ein. Das dadurch schwerer werdende Wasser sinkt nun nach unten, und zwar so weit, bis es eine Wasserschicht von gleicher Temperatur erreicht. Verhältnismäßig wärmere Wasserschichten steigen dafür nach oben (Konvektion). Dieser Prozeß setzt sich mit fortschreitender Jahreszeit fort, immer tiefere Schichten werden in den Bereich der nächtlichen Zirkulationsströmungen einbezogen. Dabei rückt die obere Grenze der *Sprungschicht* — d. i. jene Wasserschicht, in der ein plötzlicher, starker, sprungweiser Rückgang der Temperatur erfolgt (i. M. in 10 bis 20 m Tiefe) — immer tiefer hinab, bis im Spätherbst oder zu Winterbeginn die Temperaturgleiche erreicht ist, die in tieferen Seen bei etwa $+4°$ C liegt (in seichteren Seen bei etwa $+5$ bis $6°$ C). Da bei einer weiteren Abkühlung unter $+4°$ C die Wasserdichte wieder kleiner wird, findet nunmehr keine Konvektion mehr statt; es bilden sich vielmehr wieder waagerechte Temperaturschichten heraus, bei denen sich das kälteste Wasser an der Oberfläche ansammelt. Sinkt dabei die Wassertemperatur an der Oberfläche bis auf etwa $+2°$ C herab bei *Luft*temperaturen *unter* Null, dann kann die Spiegelfläche in wenigen Stunden so weit erkalten, daß die Eisbildung, von den Ufern ausgehend, beginnt. Sie setzt sich dann rasch über die gesamte Seefläche fort, wobei Windstille und Schneefall den Vorgang begünstigen. Die geschlossene Eisdecke schützt dann die darunterliegenden Wasserschichten vor weiterer Abkühlung. Während des Winters nimmt die Eisdecke — wenn auch langsam — so lange an Stärke zu, bis sich Wärmezufuhr aus der umgebenden Luft und Wärmeausstrahlung der Eisfläche das Gleichgewicht halten. Umgekehrt vermindert sich die Eisschicht bei ansteigenden Lufttemperaturen gleichzeitig von oben wie auch von unten her; sie wird schließlich morsch (fault aus).

3. Eis in fließenden Gewässern.

a) Vorgang der Eisbildung.

Die mehr oder weniger starke Turbulenz fließenden Wassers verändert den Vorgang der Eisbildung gegenüber den stehenden Gewässern in erheblichem Maße. Denn jetzt tritt die Eisbildung erst ein, wenn die Temperatur der ganzen bewegten Wassermasse auf nahezu $0°$ abgesunken ist und wenn dabei die Lufttemperatur etwa 3 bis 5 Tage auf $-4°$ C oder darunter beharrt. Sie beginnt damit, daß sich mikroskopisch kleine Eisnadeln bilden. Da an den Ufern die Fließgeschwindig-

keit klein ist und da und dort auch Stützpunkte für die kleinsten Eis-
teile vorhanden sind, findet dort zuerst das Zusammenwachsen dieser
kleinsten Teile statt unter Bildung von *Randeis* (*Saumeis*), das zusam-
menhängend und durchsichtig wie das Eis in stehenden Gewässern ist.
Bei anhaltendem Frost schließen sich auch die im Fluß an der Wasseroberfläche treibenden Eisnadeln zusammen und frieren aneinander, wodurch ein *Eisbrei* (*Sulzeis*, *Tost*) entsteht, der allmählich um Eiskerne
festfriert und dann als scheibenartig geformtes Treibeis abschwimmt[1].
Sein Aussehen ist zum Unterschied vom Randeis milchigweiß. Man sagt:
„Der Strom geht mit Eis." Dieser Zustand tritt um so leichter ein, je
kleiner die Wasserführung ist.

Eine andere Art des Flußeises ist das *Grundeis*. Es entsteht durch
Zusammenschluß von kleinen Eisnadeln an im Wasser treibenden
Schwebstoffteilchen. Dieses Eis ist undurchsichtig und schwammig. Da
es sich hauptsächlich an Sohlenvorsprüngen, besonders in seichten Flußstrecken festsetzt, hat man es mit Grundeis bezeichnet (Unterwasser-
eis). Es kann manchmal mehrere Meter Mächtigkeit erreichen. Meist
wird es schon vorher durch Auftriebswirkung an die Oberfläche gehoben,
wo es vom Eistost und treibenden Randeisplatten leicht durch seinen
Schlamm- und Sandgehalt unterschieden werden kann. Die Flußvereisung führt zu einer vollen Reinigung des Wassers von schwebenden
Teilchen, so daß es kristallklar wird.

Bei anhaltendem Frost wird die treibende Eismenge immer größer
und bedeckt immer größere Teile der Flußbreite. Man bezeichnet dies
mit *Eistrieb*. Erreicht der Eistrieb 1,0, d. h. wird die ganze Flußbreite
vom Treibeis bedeckt, so bedarf es nur eines geringen Anlasses, um die
treibenden Eismassen zum Stillstand zu bringen.

b) Eisstand, Eisaufbruch, Eisversetzung (Eishochwasser).

Ein *Eisstand* (*Eisstoß*) entsteht dadurch, daß Randeis- und Treib-
eisschollen zusammenwachsen und eine feste Barre quer über den ganzen Fluß hinweg bilden. Den Anstoß dazu geben meist Eisstauungen an
Felsriffen, Brückenpfeilern, in Flußverbreiterungen mit kleinen Wassertiefen, in scharfen Flußkrümmungen mit den üblichen Sandbänken an
der Krümmungsinnenseite oder in Staustrecken mit geringer Oberflächengeschwindigkeit, wo sich das Treibeis auf dem Grunde oder am
Randeis festsetzt, zusammenfriert und *Standeis* bildet. Die von oben
nachkommenden Schollen werden an solchen Barren aufgehalten, schieben sich dabei teilweise auf die Barre und unter dieselbe und vergrößern

---

[1] Fänner: Der Eisstoß der Donau. Z. öst. Ing.- u. Archit.-Ver. 1888. —
Fritsch: Die Eisverhältnisse der Donau in Österreich. Denkschrift der Akademie
der Wissenschaften in Wien. Bd. 18.

die nun geschlossene Eisdecke nach oben, der Eisstoß „baut vor". Dies
geschieht mit der großen Geschwindigkeit von 0,1 bis 0,8 km/st (an
der Donau zwischen Passau und Regensburg bis etwa 17 km/Tag). An
der bayerischen Donau sind solche, den Eisstand begünstigende Stellen,

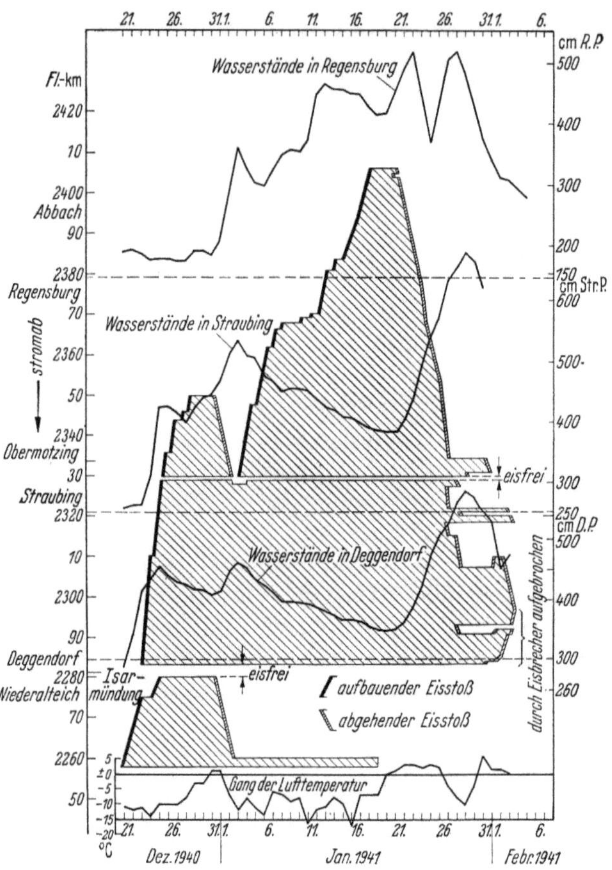

Abb. 216. Darstellung des Donau-Eisstoßes 1940/41 im Bezirk des Wasserstraßenamtes Regensburg.
(Nach Unterlagen der Rhein-Main-Donau AG.)

nachdem die Felsen am Hönigstein beim Bau der Kachletstufe beseitigt
worden sind, vom Kachletstausee aufwärts, von der Isarmündung diesen
Fluß aufwärts, von der Deggendorfer Straßenbrücke aufwärts, oberhalb
Straubing und beim Kloster Weltenburg oberhalb Kehlheim. Abb. 216
gibt eine graphische Darstellung des Donaueisstoßes im strengen Winter
1940 bis 1941 für einen Teil dieser Strecke mit dem Gang der Wasserstände für die Pegel Regensburg, Straubing und Deggendorf und dem
Gang der mittleren Lufttemperaturen für die Beobachtungstage. Die

Abb. 217 bis 220 zeigen Aufnahmen von Eisansammlungen bzw. Eisständen an Donau und Main[1].

Abb. 217. Eisstoß an der alten Donaubrücke in Regensburg. (Februar 1929.)

Mit dem Auftreten des Eisstandes ist eine Veränderung der Wasserspiegellage verbunden. Da sich der benetzte Umfang und — wenigstens

Abb. 218. Eisstand unter der alten Mainbrücke in Würzburg.

zunächst — auch die Rauhigkeit vergrößert, verkleinern sich der hydraulische Radius R, der Geschwindigkeitsbeiwert c und die mittlere Ge

---

[1] Die Aufnahmen wurden mir freundlicherweise von der Rhein-Main-Donau A G.
zur Verfügung gestellt.

schwindigkeit v. Das heißt der zwischen Eisdecke und Sohle verbliebene freie Flußschlauch (Röhre) kann die von oben kommende Wassermenge Q

Abb. 219. Stehendes Eis unterhalb Himmelstadt am Main.

bei der Spiegellage für ungehemmten Abfluß nicht mehr fördern[1]. Daher geht der Wasserstand zu Beginn des Eisstandes schnell empor und fällt

Abb. 220. Eisstauung im Main in Würzburg am 13. März 1929.

andererseits beim Einsetzen des Eisganges (Eisaufbruch) ebenso steil ab (Abb. 216). Eine ähnliche Wirkung (Spiegelhebung) kann übrigens

---

[1] STRECK: Grund- und Wasserbau in praktischen Beispielen. Bd. II. Aufgabe 47. Berlin/Göttingen/Heidelberg: Springer 1950.

auch eine größere Grundeisansammlung an der Sohle wegen der dadurch bedingten Abflußhemmung hervorrufen, ohne daß es schon zu einem Eisstand gekommen zu sein braucht. Beim Lösen der schwammigen Grundeisbänke von der Sohle und Aufsteigen zum Spiegel erfolgt im Wasserstand ein starker Abfall. Die vielerlei, von Fall zu Fall zahlenmäßig immer wieder veränderten Einflüsse machen es schwer, solche Abflußhemmungen ohne Wassermengenmessungen unter dem Eise oder mittels Vergleichsmessungen durch hydraulische Berechnungen allein zahlenmäßig zu erfassen[1].

Bezeichnet Q_0 jene Wassermenge, welche nach der Abflußkurve für *freien* Querschnitt dem *beobachteten* Wasserstand bei Eisstand entsprechen würde, Q_1 die durch den vereisten, also gehemmten Querschnitt bei den *gleichen beobachteten* Wasserstand tatsächlich abfließende Wassermenge, dann gibt das Verhältnis Q_1/Q_0 den Grad der Abflußhemmung. Aus Abflußmessungen zu Beginn des Eisstandes wurde das Verhältnis Q_1/Q_0 bis zu $0,2 = 20$ v. H. festgestellt. Durch die allmähliche Glättung der Bettwandungen steigt dieses Verhältnis bei langer Andauer des Eisstoßes bis auf $0,6 = 60$ v. H. an. Bei Abflußhemmung besonders durch starke Rand- und Grundeisbildungen kann Q_1/Q_0 oft schon vor Eintritt des Eisstandes kleiner als $1,0$ werden.

Diese Störungen des Zusammenhangs zwischen Wasserstand und Wassermenge bei ungehemmtem Abfluß erschweren bei allen Flüssen mit winterlicher Vereisung die statistische Erfassung des lückenlosen Jahresgangs der Wassermengen, besonders bei langer Dauer des Eisstandes (an der Donau z. B. im Winter 1879/80 von Anfang Dezember bis Ende Februar, 1928/29 von Anfang Januar bis nach Mitte März). In Osteuropa sind die Flüsse Jahr für Jahr auf Monate in Eisfesseln gehalten. Zum Beispiel beträgt die Zahl der Eistage an der Düna bei Riga im 100jährigen Mittel 124 Tage; im Winter 1941 bis 1942 erreichte dort die Vereisung sogar 165 Tage.

Wasserwirtschaftlich führt der Eisstand auf schiffbaren Flüssen zur Einstellung des Schiffahrtsbetriebs, vermindert die Energieproduktion der von der Vereisung betroffenen Flußkraftwerke und verhindert bis zur Bildung einer tragfähigen Eisdecke den evtl. vorhandenen Fährenbetrieb für Personen und Fahrzeuge.

Noch größere und gefährlichere Schadenwirkungen kann der Eisstand aber noch in sich bergen; sie können mit dem Auflösen der Eisdecke, dem *Eisaufbruch (Eisstoßabgang)* eintreten. Zermürben Sonneneinstrahlung und Tageslufttemperaturen über Nullgrad das Eis von oben, und nagt wärmer gewordenes Flußwasser die Eisdecke von unten

---

[1] HAHN: Der Abfluß in vereisten und verkrauteten Wasserläufen. Dtsch. Wasserwirtsch. 1942, S. 419.

her an, so geht der Eisstand von oben nach unten fortschreitend in kleinen Teilen ab, ohne in einem Zuge durchzureißen: *der Eisstoß fault dann aus*, wie es z. B. an der Donau im März 1929 und beim Eisstand 1942 geschah. Hierbei treten keine besonderen Schadenwirkungen auf. Wird dagegen die Frostperiode durch Tauwetter, verbunden mit Regenfällen und Schneeschmelze, abgelöst, so daß die Wasserführung stärker anwächst, dann kann es zu einem *Eishochwasser* mit katastrophalen Auswirkungen kommen. Der vermehrte Wasserzufluß zum Eisstand verursacht eine von oben nach unten fortschreitende Hebung der Eisdecke, die sich da und dort im ganzen in Bewegung setzt, dann aber in große Schollen zerbricht. Unter der Wirkung des erhöhten Wasserdrucks aus den durch den vorherigen Eisstoß geschaffenen Stauräumen setzt sich das ganze Trümmerfeld der Eisdecke im großen Gefälle des Eisstandes in Bewegung. Mit einer Geschwindigkeit, die oft das 6 bis 7fache der Fortpflanzungsschnelligkeit einer eisfreien Hochwasserwelle beträgt, werden die Eismassen von den zu Tal drängenden Wassermengen stromab geschoben (,,*Eisaufbruch*"). ,,Vor den zerstückelten und sich zusammenschiebenden Eismassen staut sich das Wasser auf, dringt als Flutwelle stromabwärts, bringt auch hier die Decke zum Aufbruch und Abtrieb, zermalmt das Eis untereinander und schwemmt sämtliche Eisblöcke gleichsam als eine große Geröll- oder Schuttmasse mit sich fort. Das Wasser ist allerdings kaum sichtbar; ein mehrere Meter hoher ungeheuerer Berg von zerstückeltem Eis rückt lawinenartig talwärts (JASMUND)[1]."

Findet der Eisaufbruch größere Hindernisse, so daß die von oben kommenden Wasser-Eismassen nicht sofort durchbrechen können, dann stauen die festgesetzten, übereinandergeschobenen Berge von Eistrümmern die nachfolgenden Wassermengen und führen immer wieder zu verheerenden Überflutungen. So verursachten z. B. die *Eisversetzungen (Eisverstopfungen)* in der Donau nach dem kalten Winter 1837 bis 1838 Überflutungen auf etwa 480 km Uferlänge und setzten mehr als 600 000 ha Ländereien unter Wasser. In der Stadt Budapest wurden dabei verschiedene Stadtteile 1,5 bis 2,6 m hoch überflutet, 2882 Häuser stürzten ein, 1368 wurden beschädigt[2].

In jüngster Zeit (22. März 1947) wurde das Oderbruchgebiet von einer verheerenden Eishochwasserkatastrophe heimgesucht durch eine äußerst starke Eisversetzung in der Oder oberhalb Küstrin, in deren Folge zwei große Deichbrüche eintraten, durch die etwa 2200 m³/sek in 2 Strömen nach Wriezen und Freienwalde vordrangen und bis zum

---

[1] JASMUND: Fließende Gewässer. Hdb. Ing.-Wiss. II. Teil. I. Bd. S. 329. Leipzig: W. Engelmann 1911.

[2] LASZLOFFY: Das Hochwasser im Jahre 1838 und die Regulierung der Donau. Wasserbauliche Mitteilungen. Budapest 1938.

Abb. 221. Durch den Eisstoß zerstörte Transportbrücke bei der Mainstaustufe Goßmannsdorf
am 31. Januar 1941. (Rhein-Main-Donau AG.)

Abb. 222. Durch Vereisung verursachte Schäden an einer Wehrklappe.
(Rhein-Main-Donau AG.)

4. April das gesamte Oderbruchgebiet (70000 ha) in einen großen See verwandelten[1], allenthalben riesige Schäden verursachend.

Das Kennzeichnende für diese Eishochwasser ist die Tatsache, daß die dabei auftretenden Katastrophenwasserstände meist mehr von der Höhe der stauenden Eisbarre als von der Größe der Hochwassermenge bestimmt werden, und so die eisfreien *HHW*-Stände oft weit übertreffen. Abb. 221 zeigt eine durch Eisstoß zerstörte Transportbrücke bei Goßmannsdorf am Main.

Frost und Vereisung rufen auch an den im Wasser stehenden *fertigen* Bauten manchmal empfindliche und oft schwer zu beseitigende

Abb. 223. Eisbeseitigung am Walzenwehr der Mainstaustufe Viereth. (Rhein-Main-Donau AG.)

Schäden hervor. So zeigt Abb. 222 Undichtigkeiten am Klappendrehpunkt und an den Klappenseitendichtungen eines Wehrverschlusses der Staustufe Haarbach am Main, die durch Vereisung verursacht worden sind.

Besonders wichtig für die Regelung des Eisganges in Flüssen, in denen Stauwerke stehen, ist die tunliche Freihaltung der Wehrverschlüsse von Eis, um sie dauernd betriebsfähig zu erhalten (Problem der elektrischen Nischenheizung), wenn es nicht angeht, die Schützen während der Frostperiode einfach einfrieren zu lassen. Abb. 223 zeigt die Eisfreimachung eines Walzenwehres der Mainstaustufe Viereth der Rhein-Main-Donau AG.

---

[1] DEHNERT: Die Wiederherstellung des im Frühjahr 1947 zerstörten Oderbruch-Hauptdeiches. Bautechnik 1949, S. 13.

III. Wasserstandsnachrichtendienst.

1. Aufgabenstellung.

Die immer größer und vielseitiger werdenden wasserwirtschaftlichen Interessen steigern auch das Bedürfnis nach einem immer zuverlässigeren und immer weiter vorausschauenden Nachrichtendienst über die zu erwartenden Wasserstände bzw. Wassermengen der fließenden Gewässer. Ursprünglich waren es lediglich die großen, der Wirtschaft eines Stromtales durch Hochwasser drohenden Gefahren, die eine besondere Fürsorge entstehen ließen, um bei hohem Wasser Wasserstandsnachrichten schnellstens flußabwärts zu verbreiten und gegebenenfalls die Anwohner auf Grund der harten Deichordnungsbestimmungen zur Verteidigung der Deiche aufzurufen (Hochwasserwarndienst).

Inzwischen haben die gewaltigen technischen Fortschritte besonders auf dem Gebiete des Nachrichtenwesens, aber auch die theoretischen und erfahrungswissenschaftlichen Erkenntnisse über den Zusammenhang zwischen Niederschlag und Temperatur (Wetterlage) einerseits, Wasserstand und Wassermenge andererseits den früheren Hochwasserwarndienst zu einem sehr rasch arbeitenden und in seinen Ergebnissen vielfach sehr brauchbaren Instrument entwickelt für die am Flusse gelegenen wasserwirtschaftlichen Anlagen. Es sind aber auch die an den modernen Wasserstandsnachrichtendienst herangetragenen Aufgaben vielseitiger und schwieriger geworden.

Zwar hat der Hochwassernachrichtendienst immer noch seine große Bedeutung für die Vorausbestimmung der bei einer bestimmten Hochwasserlage zu erwartenden höchsten Pegelstände für die einzelnen flußab folgenden Ufergemeinden und Anlagen. Daneben sind für die Regelung des Schiffahrtverkehrs (z. B. zulässige Ladetiefe) die Vorausbestimmungen der zu erwartenden Fahrwassertiefen nötig, insbesondere das Eintreten des höchsten oder niedrigsten schiffbaren Wasserstandes ($HschW$ oder $NschW$), bei dessen Über- bzw. Unterschreitung der Schiffahrtsverkehr eingestellt werden muß. Auch ein wirtschaftlicher Betrieb von Wasserkraftanlagen bedarf der Wasserstandsvorhersage, da sich aus ihr die zu erwartende verfügbare Energieausbeute herleiten läßt und damit auch die über die Verbundwirtschaft etwa heranzuziehenden Ersatzleistungen aus Wärmekraftwerken oder anderen Wasserkraftanlagen. Dabei kann der Energieausfall auf Hochwasser, Flußvereisung oder Niedrigwasserführung (Wasserklemme) zurückzuführen sein. Auch auf anderen Gebieten der Wasserwirtschaft ist die Kenntnis der voraussichtlichen Abnahme der Wasserführung in einem Flußlauf während einer längeren niederschlagsfreien oder doch sehr niederschlagsarmen Zeit sehr erwünscht, in der sich die Abflußmenge lediglich aus dem unmittelbar zulaufenden Grundwasser und der Schüttung von Quellen zusammensetzt. Bei Speicherbecken treten wieder andere Aufgaben an den Wasserstandsnachrichtendienst heran. So kann es erwünscht sein, vorauszuwissen, mit welchen Zuflußmengen im nächsten Monat zu rechnen sein wird, um den Betrieb entsprechend regulieren zu können.

Der Wasserstandsnachrichtendienst kann also je nach dem Zweck, dem er zu dienen hat, vorwiegend die Hochwasser- oder Niederwasservorhersage zum Ziele haben; letztere kann in jedem dieser Fälle kurz- oder langfristig sein. Die kurzfristige Vorhersage beschränkt sich auf Stunden oder Tage, die langfristige Voraussage dagegen hat die Angabe der Wasserstände auf Monate und längere Zeiträume zum Ziele. Ferner kann es sich beim Wasserstandsnachrichtendienst einmal um einen Wasserlauf handeln mit kleinem einheitlichem Einzugsgebiet, also geringer Laufzeit (z. B. der Obermain), oder um einen großen Fluß mit Teileinzugsgebieten, die klimatisch und morphologisch stark voneinander abweichen (z. B. der Rhein).

2. Verfahren der Vorhersage[1].

Die Voraussage kann von verschiedenen Grundlagen ausgehen: a) von der *Wetterlage* (Wettervorhersage), b) von den *Niederschlägen* und *Temperaturen*, c) von den *Pegelständen* oder *Teilwassermengen*.

a) Vorhersage aus der Wetterlage.

Die Beobachtung der Wetterlage bietet eine wertvolle Unterstützung bei der Auswertung der gewässerkundlichen Beobachtungen, aus denen die Vorhersage hergeleitet wird. Zum Beispiel erlaubt sie bei Hochwasserlage wichtige Schlüsse auf die nachfolgende Tendenz der Wasserspiegellage (weiteres Steigen oder Rückgang!). Darüber hinaus ist aber die Wettervorhersage noch nicht in der Lage, rechtzeitig genügend zuverlässige und ausreichende Angaben über Eintritt, Stärke, Ausdehnung und Gang der Niederschläge sowie der Abflußhöhe bereitzustellen. Für das kleine Einzugsgebiet von Graz (Mur- und Mürztal) liegt eine erfolgreiche Anwendung des Verfahrens durch BRATSCHKO vor[2].

b) Vorhersage aus den Niederschlägen.

Dieses Verfahren wurde von BELGRAND entwickelt und 1856 zum ersten Male an der Seine eingerichtet[1, 3]. Neuere Verfahren auf dieser Grundlage sind:

---

[1] WALLNER: Die Hochwasservoraussage. Berlin: Springer 1938. — SCHAFFERNAK: Hydrographie. Zit. S. 326.

[2] BRATSCHKO: Versuch einer kurzfristigen Niederschlagsvorhersage. Wasserwirtsch. 1933. Nr. 16. Wien.

[3] BELGRAND: La Seine, études hydrauliques. Paris 1873.

α) **Voraussage nach dem Flutplanverfahren** in Anlehnung an das bei der Siedlungswasserwirtschaft (Ortsentwässerung) gebräuchliche Verfahren[1]. Es eignet sich nur für kleine Einzugsgebiete. Seine Anwendung beruht auf folgenden Annahmen: überall im Einzugsgebiet zu gleicher Zeit gleiche Regenstärke und gleiche Regendauer, gleicher Abfluß von der Flächeneinheit, der — ohne Berücksichtigung der Fließzeit — sofort in den nächstgelegenen Punkt des Hauptflusses oder Nebenflusses gelangt. Wegen der nur rohen Schätzung der zur Berechnung gebrauchten Größen (Querschnittsform, Wandrauhigkeit, Gefälle) und wegen der Vernachlässigung der Speicherwirkungen im Schnee und Grundwasser ergeben sich bei diesem Verfahren unzuverlässigere Ergebnisse als bei anderen Voraussagemethoden.

β) **Voraussage mittels Durchflußmengenzuwachslinien**[2]. Hier wird mit Hilfe von graphisch dargestellten Beziehungen zwischen Niederschlag und Durchflußmengenzuwachs am Voraussagepegel die Mengenganglinie punktweise ermittelt. Ebenso wird auch für Tauwetter, Schnee und Frost der Durchflußmengenzuwachs (+ oder —) in m³/sek aus vorgenommenen Beobachtungen festgestellt. Die Mengenzuwachswerte werden mit der Trockenwettermenge (Trockenwetterkurve S. 381) addiert und so der voraussichtliche Ablauf vorausgesagt.

Das Verfahren liefert für die Stelle des Flusses, für die die Vorhersage aufgebaut ist, brauchbare Voraussagen und ist daher besonders für Wasserkraftanlagen geeignet, weniger dagegen für ein ganzes Flußsystem mit vielen Voraussagepunkten.

c) Voraussage aus den Pegelständen.

α) *Mit Benutzung der Wassermengen.* Man bringt hier die vorhandenen Reihen von Wasserstandsbeobachtungen der verschiedenen Pegelstationen hinsichtlich der Flutwellenscheitel in Beziehung (z. B. für die Donaustrecke Passau—Linz die Pegel Engelhartszell und Linz)[3]. Zur Verbesserung ging man dabei über die Abflußkurven (Schlüsselkurven) auf die Abflußmengen über, wobei man allerdings die Abflußkurven für die Hochwasserstände erst aus Hochwasserprofil- und Oberflächengeschwindigkeitsmessungen ergänzen mußte. Zur Vermeidung von etwaigen, dann aber meist nicht bekannten Fehlern in der Abflußkurve (infolge von Änderungen in der Sohlenlage oder im Gefälle) baut man die Voraussage nicht mehr auf die gesamten sekundlichen Wassermengen,

---

[1] SPRENGEL: Über die Vorausbestimmung von Flußhochwasser unter Anwendung des Verzögerungsplanes. Z. dtsch. Archit.- u. Ing.-Ver. Berlin 1913.

[2] BRATSCHKO: Die Ganglinie der Murg als Funktion der Witterung im Einzugsgebiet. Wasserwirtschaft, Wien 1928, Nr. 13. — Ausführlicheres darüber auch in SCHAFFERNAK: Hydrographie. Zit. S. 326.

[3] ROSENAUER: Die Wasserstandsvorhersage für die oberösterreichische Donaustrecke. Wasserwirtschaft, Wien 1926, Nr. 8 — 1930, Nr. 36.

sondern auf die *Änderungen* der Wassermengen auf, indem man ebenso von den Wasserstands*änderungen* ausgeht. Dies läuft auf die Erzielung einer größeren Genauigkeit hinaus. Die ausreichende Kenntnis der Besonderheiten des Flußgebietes, der Abflußmengen und der Fortpflanzungszeiten der Flutwellen ist die Voraussetzung für verlässige Ergebnisse des Vorhersagedienstes nach diesem Verfahren. Die Pegelprognose an der Donau in Österreich erfolgt auf 1 Tag, die Fehler liegen im Mittel bei 3 cm.

Der Wasserstand der *Elbe* in *Tetschen* (Tschechoslowakei) wird nach dem Verfahren von Harlacher seit 1874 aus den Wasserständen von Brandeis an der Elbe, Prag an der Moldau und Laun an der Eger vorausgesagt. Die drei genannten Oberstationen haben für die Vorhersage den besonderen Vorzug, daß die dortigen Wasserstandshebungen 24 Stunden später in Tetschen eintreffen. Der Durchfluß der Elbe bei Tetschen ergibt sich danach aus der Summe der Durchflüsse bei Brandeis, Prag und Laun, vermehrt um 10 v. H. für die Zwischengebiete. Diese Durchflüsse werden mittels Pegelablesungen über ihre Abflußkurven festgestellt. Aus der Abflußkurve für Tetschen ergibt sich dann für die obige Wassermengensumme der zugeordnete Pegelstand. Die Ergebnisse sind im Mittel auf 5 cm genau.

β) Ohne Benutzung der Abflußmengen. Nachdem sich zwei weitere für die Eigenart der Rheinhochwasserwellen erarbeitete Verfahren — das eine unter Honsells Leitung ab 1883 entwickelt, das andere 1903 von der Rheinstrombauverwaltung vorgeschlagen — nicht bewährten, wurde 1928 das nachfolgende Verfahren zuerst an der *Oder* ausgebildet und dann auch an der *Weser* mit Erfolg angewandt. Es hat wiederum *nur Wasserstände zur Grundlage.* Dabei werden aus den Einzelbeobachtungen der Scheitelstände kleinerer und höherer Anschwellungen von Pegel zu Pegel unmittelbar die zugehörigen Wasserstände ermittelt, die gemäß der Laufgeschwindigkeit der Flutwelle in entsprechender Form nacheinander an den stromab folgenden Pegelstellen immer wieder aufzutreten pflegen. Zur Ermittlung der zusammengehörigen Wasserstände bedient man sich des sogenannten *Wellenbildes,* das ist die sorgfältige Aufzeichnung einer größeren Zahl von Wellen eines Hochwassers für eine Reihe von Pegeln, zwischen denen die Beziehungen ermittelt werden sollen. Daraus lassen sich mit einiger Genauigkeit die zusammengehörigen Wasserstände finden.

Die Laufzeiten der Wellenscheitel können, wenn auf der Flußstrecke nur geringe Speisung aus dem Zwischengebiet erfolgt, mittels Schreibpegel festgestellt werden. Bei Lattenpegeln ist man auf die Sorgfalt und Einsicht der die Pegelbeobachtung besorgenden Personen angewiesen.

Dieses Verfahren gibt die *verhältnismäßig* besten Voraussagewerte für die Hochwasser*scheitel.* Gleichwohl treten aber bei ihm zum Teil erhebliche Abweichungen ein.

d) Langfristige Vorhersage.

Auch bei dieser Voraussage gibt es Verfahren, die auf Niederschlagsbeobachtungen aufbauen, und zwar mit oder ohne Verbindung mit meteorologischen Beobachtungen unter Benutzung der mittleren Trokkenwetterkurve (vgl. das von v. KESSLITZ entwickelte Verfahren zur Vorausberechnung von Monatsmittelwerten der Abflußmengen)[1]. Die Schwierigkeiten liegen hier bei der Ermittlung der benötigten Beiwerte. Zu einer langfristigen Voraussage z. B. für den folgenden Monat kommt man auch über die Niederschlagsbeobachtung, wobei mit dieser für die einzelnen Monate die Kombinationen der Niederschlagshöhen jener Monate ausfindig gemacht werden, die für den Abfluß des Voraussagemonats maßgebend sind[1].

Schließlich wurde auch versucht aus den Wasserständen eine langfristige Voraussage herzuleiten, indem die Wasserstandsganglinie mit Hilfe des *Glättungsverfahrens* durch Synthese ihrer Elementenwellen schrittweise aufgebaut wird[2].

Lediglich bei einigen Flüssen Schwedens und Nordamerikas, welche die Abflüsse aus Seengebieten bilden, hat diese Art der Vorhersage bisher einen Erfolg gebracht, da dort die ausgleichende Wirkung durch den Seerückhalt, bei dem die kurzperiodischen Störungen infolge örtlicher Starkregen verschwinden, die Aufgabe etwas vereinfacht.

3. Organisation des Vorhersagedienstes.

Die Erfahrung zeigt, daß in Stunden der Gefahr die Zahl und Art der Nachrichtenwege nicht groß genug sein kann. Man benutzt:

selbständige Wasserfernmeldeanlagen;
Hochwasserfernsprechleitungen;
die staatlichen Fernsprechleitungen;
Botengang für die letzten Verzweigungen;
Rundfunk für die Bekanntgabe der Voraussagen.

In den Vereinigten Staaten von Amerika hat der Wasserstandsnachrichtendienst in allerjüngster Zeit eine weitere Vervollkommnung erreicht, indem in besonderen Registrier- bzw. Rechenmaschinen unter Benutzung von vorbereiteten gelochten Karten in kürzester Frist die für die Vorhersage notwendigen Berechnungen automatisch ausgeführt und deren Ergebnisse in ebenso kurzer Zeit durch Radio den einzelnen Flußstationen mitgeteilt werden.

---

[1] v. KESSLITZ: Über verschiedene Methoden zur Vorausberechnung von Monatsmittelwerten der Wasserführung österreichischer Alpenflüsse. Wasserwirtschaft, Wien 1928, Nr. 7, 8, 9.

[2] WALLÉN: Les prévisions des niveaux d'eau et des débits en Suède. — STREIFF: On the investigation of cycle and the relation of the BRÜCKNER — and solarcycles. Month. Weath. Rev. USA. 1926.

Achter Abschnitt.

Die Schwerstoffe in den offenen Gewässern.

I. Herkunft der Schwerstoffe.

In den Flußbetten bewegen sich mit den Wassermassen auch noch feste Körper, *Schwerstoffe*, talab. Je nachdem, ob sich diese im Wasser schwebend bewegen oder an der Sohle als Geröll, Kies, Sand gleitend, rollend oder springend flußabwärts wandern, spricht man entweder von *Schweb* (Sinkstoff) oder von *Geschiebe* (vgl. a. S. 168 u. 170).

Die Herkunft der Schwerstoffe läßt sich zurückführen

1. auf die dauernd wirksame *Verwitterung* der gewachsenen Gebirge und der dort lagernden losgewetterten Gesteinsmassen, die hauptsächlich durch die auflösende chemische Wirkung des Wassers (*Korrosion*) im Verein mit häufigen kräftigen Temperaturwechseln verursacht werden. In den gewaltigen erdgeschichtlichen Zeiträumen wurden auf diese Weise riesige Verwitterungsmassen (Gesteinsteile aller Größen bis herunter zum feinsten Sand und Ton) angehäuft;

2. auf die *Erosion* des fließenden Wassers und der Gletscher, die gleichfalls einen gewaltigen Beitrag zu den auf der Erde vorhandenen Schuttmassen, Sand- und Tonablagerungen geleistet hat;

3. auf den *Abrieb*. Auf ihrem Transportweg talwärts werden die Gesteinsbrocken verschiedener Größe und Konsistenz durch das Gegeneinanderreiben und -stoßen abgerundet, zerbrochen, zerquetscht, zermahlen, und zwar die leichteren und weicheren zwischen den schwereren und härteren.

II. Der Schweb (Sinkstoff, Schwemmstoff).

Die Bedeutung der Schwebstofführung für das Regime eines Gewässers ergibt sich aus der Tatsache, daß z. B. der Inn bei Neuötting im Durchschnitt der Jahre 1930 bis 1941 je Jahr 3,2 Millionen Tonnen Schweb mitgeführt hat und daß die Schwerstoffablagerungen im Saalachsee zu $^1/_4$ aus Geschiebe und zu $^3/_4$ aus Schwebmassen bestehen. Wegen ihrer starken Schleifwirkung an Bauwerks- und Maschinenteilen (Turbinenschaufeln!) sind die Abflußwässer vieler, in hartes Urgestein eingebetteter Gletscher qualitativ ungünstig. Sie enthalten viel harten, scharfkantigen Gletscherabrieb, der diesen Gewässern auch in niederschlagsfreien Zeiten während der Abschmelzperiode ein milchig-trübes Aussehen verleiht (Gletschermilch). Beispiele dafür sind der Tuxbach in den Zillertaler Alpen, der Ruetzbach des Stubaier Gebietes, der Inn, der Rhonefluß oberhalb des Genfer Sees usw. Vielfach sind kostspielige Anlagen notwendig, um durch die Reinigung des Wassers die schädlichen Wirkungen zu beseitigen oder doch wenigstens herabzumindern (Sandkläranlagen!).

Die Kenntnis der Schwebführung eines Gewässers ist überall da von besonderer Wichtigkeit, wo die Verlandung eine Rolle spielt, z. B. bei allen Aufgaben des Flußbaues (Auflandung der Vorländer) und der Wasserkraftnutzung, darüber hinaus aber auch da, wo man für wasserwirtschaftliche Verwendungszwecke ein Wasser von bestimmter Qualität benötigt.

1. Grenze zwischen Schweb und Geschiebe. An sich hängt es von der Größe der Fließgeschwindigkeit und der Stärke der dabei auftretenden wirbelnden Bewegung (Turbulenz) ab, bis zu welcher Korngröße die Schwebstoffe von der Strömung schwebend talwärts getragen werden. Bei der Wechselhaftigkeit dieser naturgegebenen Verhältnisse ist es kaum möglich, etwa aus der Sinkgeschwindigkeit die Grenze zwischen Schweb und Geschiebe herzuleiten. Die Bayerische Landesstelle für Gewässerkunde bestimmte diese Grenze auf Grund von Siebuntersuchungen entnommener Wasserproben. Diese Messungen wurden an 13 verschiedenen Stellen im oberen Donaugebiet durchgeführt. Dabei fanden sich in dem Schweb der Wasserproben nur 0,1 v. H. Körner *über* 1 mm Größe. Die Grenze zwischen Schweb und Geschiebe wurde deshalb von dieser Untersuchungsanstalt von 3 mm auf 1 mm Körnung herabgesetzt[1]. Das berührt aber die Tatsache nicht, daß sich in den *Geschiebe*siebproben, die einem Flusse entnommen werden, manchmal erhebliche Mengen an Körnungen unter 1 mm enthalten sind. Es ist hier kaum möglich, festzustellen, ob diese feinen Körner als „Geschiebe" oder als „Schweb" an die Entnahmestelle gelangt sind.

2. Schwebmessung. Bei dieser geht man von der Schwebmenge aus, die in der Raumeinheit Wasser enthalten ist (Schwebdichte in kg Schweb je m³ Wasser bzw. in l/m³). Diese Menge mit der sekundlichen Wassermenge vervielfacht, ergibt die Schwebführung in der Zeiteinheit (kg/sek bzw. l/sek) (*Schwebtrieb*) und deren Summierung über die Zeit (z. B. Jahr) die gesamte Schwebmenge, z. B. Jahresschwebfracht (in t bzw. m³).

Für die Umrechnung von Raumgewicht auf Raummengen rechnete die Bayerische Landesstelle für Gewässerkunde zunächst mit $\gamma = 1{,}35$ t/m³ entsprechend einem Porenverhältnis von $\varepsilon = 0{,}51$, später mit $\gamma = 1{,}1$ t/m³ $(\varepsilon = 0{,}60)$ (ERTL)[2]. Der Schwebtrieb vergrößert das Einheitsgewicht

---

[1] DÜLL: Ermittlung der Schwebstoffführung in natürlichen Gewässern. Z. Bautechn. 1929, H. 35 u. 38. — VAN RINSUM: Die Schwebstofführung der bayerischen Flüsse. Festschrift der Bayerischen Landesstelle für Gewässerkunde. München: R. OLDENBOURG 1950.

[2] OEXLE: Die Schwebstoff- oder Schwemmstofführung der geschiebeführenden Flüsse in Bayern. Z. Wasserkr. u. Wasserw. 1936, H. 11. — ERTL: Die Gestaltungsvorgänge am Saalachsee bei Reichenhall und an anderen Stauräumen in alpinen Gewässern. Sonderdruck aus „Dtsch. Wasserwirtsch." 1939.

des Wassers gegenüber seinem ungetrübten Zustand, vermindert die Abflußgeschwindigkeit des Wassers und erhöht damit das notwendige Fließgefälle[1].

Die Entnahme der Wasserproben bei *Einzelmessungen* wird in *Bayern* an der Oberfläche im Stromstrich vorgenommen, in *Finnland* an einer beliebigen Stelle nahe der Oberfläche, in *Schweden* bei geringen Wassertiefen in einem Meter Tiefe bzw. bei Tiefen über zwei Meter in der halben Tiefe. GLUSCHKOFF[2] empfiehlt dagegen, die Proben in je einem Fünftel der Flußbreite, vom Ufer aus gemessen, und zwar in 0,6 m Tiefe zu entnehmen.

Bei Auswertung der mittels Eimer entnommenen Schöpfproben erwies sich das Absitzenlassen in eingeteilten Standgläsern für die Schwebmengenbestimmung dem Volumen nach (in cm^3) als ungenau. Deshalb ging man zur Gewichtsbestimmung (in kg/cm^3) über durch Abfiltrieren, Trocknen und Wiegen des abgesetzten Schwemmstoffes. Da die Ergebnisse beim Filtrieren mit Filtertüchern wegen deren veränderlicher Durchlässigkeit zu ungenau waren, benutzt die Bayerische Landesstelle für Gewässerkunde nur noch Papierfilter, wenn dieses Verfahren auch mehr Zeit erfordert.

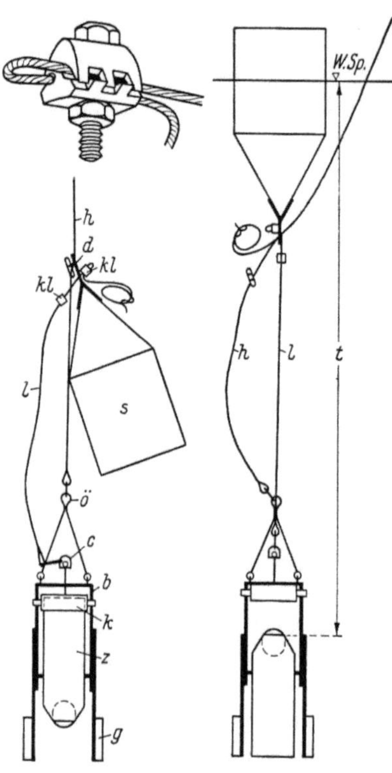

Abb. 224. Schöpfgefäß. (Nach HÖCHSTETTER.) *b* Bügel, *c* Öse, *d* Doppelöse, *g* Gewicht, *h* Halteseil, *k* Kappe, *kl* Klemmschrauben, *l* Löseseil, *j* Öse, *s* Schwimmer, *z* zylindrisches Schöpfgefäß.

Wenn man Schwebmessungen durchführen will, die sich über den ganzen Durchflußquerschnitt erstrecken (*Vollmessungen*), dann ist es nötig, daß sich das Schöpfgefäß an jeder Meßstelle schließt, ehe es aus dem Wasser gezogen wird. Dieser Forderung entspricht das HÖCHSTETTERsche Auffanggerät (Abb. 224)[3]. Es besteht aus einem frei

---

[1] Ein Zahlenbeispiel dazu in STRECK: Grund- und Wasserbau in praktischen Beispielen. Bd. II, Aufgabe 48, S. 577. Berlin/Göttingen/Heidelberg: Springer 1950.

[2] JAKUSCHOFF: Die Schwebstoffbewegung in Flüssen in Theorie und Praxis. Z. Wasserwirtsch. 1932, H. 5 bis 11.

[3] DÜLL: Ermittlg. der Schwemmstofführung. Zit. S. 351 — SCHAANK: Ingenieur 1937 und LEPPNIK: III. Hydrol. Konferenz der baltischen Staaten 1930.

schwebenden Zylinder z, der nach dem Herablassen auf die vorher eingestellte Tiefe umkippt und Wasser schöpft, bis der aufsteigende Gummiball die Öffnung schließt. Die aufsteigenden Luftblasen zeigen die Beendigung der Füllung an, worauf der ganze Apparat mittels Haspel und Halteseil eingeholt wird. Eine Schöpfprobe faßt 2 Liter. Das Gerät erlaubt Entnahme bis zu $^1/_2$ m über der Sohle. Das ist eine Schwäche der Apparatur, weil gerade über der Sohle im Stromstrich nach Schweizer Untersuchungen das Wasser mit Schweb besonders angereichert ist.

Bei vorstehendem Meßverfahren muß gleichzeitig auch die im Bereich des Wasserschöpfers herrschende Fließgeschwindigkeit des Wassers

mit einem hydrometrischen Flügel festgestellt werden. Da im allgemeinen die Schwebstoffe im Wasserquerschnitt so stark durchgewirbelt werden, daß keine Beziehung zwischen Entnahmestelle einerseits, Gehalt an Schwebstoffen und Wassergeschwindigkeit andererseits erkennbar ist, dienen die sogenannten Vollmessungen nur dazu, die Einzelmessungen ab und zu zu überprüfen.

Außer den Schöpfgefäßen nach HÖCHSTETTER und GLUSCHKOFF

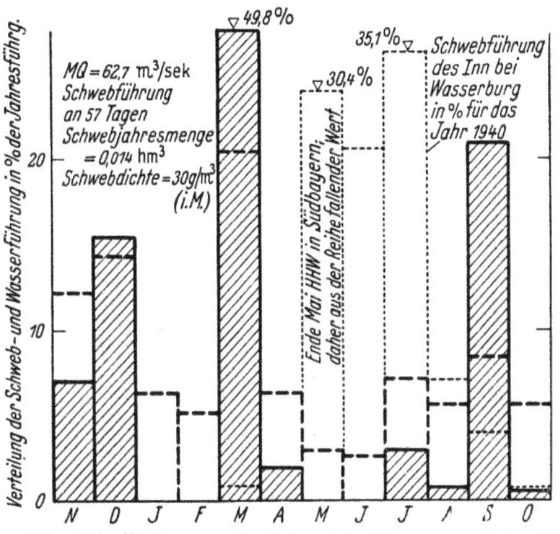

Abb. 225. Jahresgang der Schwebstoffführung und der MQ des Mains in Hallstadt für das Jahr 1940. (Jahreszeitlicher Abfluß nicht streng naturgebunden.)
—— Schwebführung 1940 in %,
- - - Wasserführung in % des Jahresabflusses.

wurden auch noch Trübemesser auf *photoelektrischer Grundlage* zur Bestimmung der Schwebstoffführung entwickelt[1]. Dabei fließt das Wasser zwischen Photozelle und Lichtzelle, wodurch je nach Trübung (Schwebstärke) ein verschieden starker Photostrom entsteht, den man an einem Galvanometer mißt. Diese Anordnung kann dazu dienlich sein, die feinsten Schwebteilchen, die durch die Filterporen bei der Untersuchung zu Verlust gehen, zu erfassen. Wenn es sich darum handelt, die verschiedenen Korngrößen festzustellen, aus denen der Schweb zusammengesetzt ist, dann kann auf die von den Bodenmechanikern entwickelten Verfahren (Schlemmanalysen) zurückgegriffen werden[2].

---

[1] ESTERER: Mitt. Forsch.-Inst. Wasserbau. München 1935, H. 3. — KALITIN: Nachr. Inst. Meliorationswesen d. Landwirtsch. Kommis. Leningrad 1924 u. 1926.
[2] Zum Beispiel SCHULTZE-MUHS: Bodenuntersuchungen für Ingenieurbauten. Berlin/Göttingen/Heidelberg: Springer 1950.

3. Messungsergebnisse. In den Abb. 225 bis 227 sind die Ergebnisse der Schwebmessungen im *Inn* in *Wasserburg* für die Reihe 1930 bis 1941 und zum Vergleich jene im *Main* in *Hallstadt* für das Jahr 1940 aufgetragen, sowie der *Gang* der Häufigkeit der Schwebstoffführung in Tagen, der Schwebstoff*jahresmenge* in hm³ und der *MQ* in m³/sek. Die Auftragungen lassen erkennen, daß die Schwebführung im allgemeinen mit der Wasserführung des Flusses wächst. Es lassen sich aber keine gesetzmäßigen Beziehungen zwischen der Größe der Schwebstoffführung einerseits, dem Wasserstand oder der Durchflußmenge andererseits ableiten. Ferner besteht keine Übereinstimmung zwischen dem Beginn der Schwebführung und der zugeordneten Größe der Wasserführung. Das Ausmaß der Schwebführung wird vielmehr durch zahlreiche Einflüsse bedingt, wie etwa das jahreszeitliche Auftreten der Anschwellung, Art und Ausdehnung des Niederschlags (Land- oder Gewitterregen), der zur Schwebführung führt, Schneeschmelze im Gebirge,

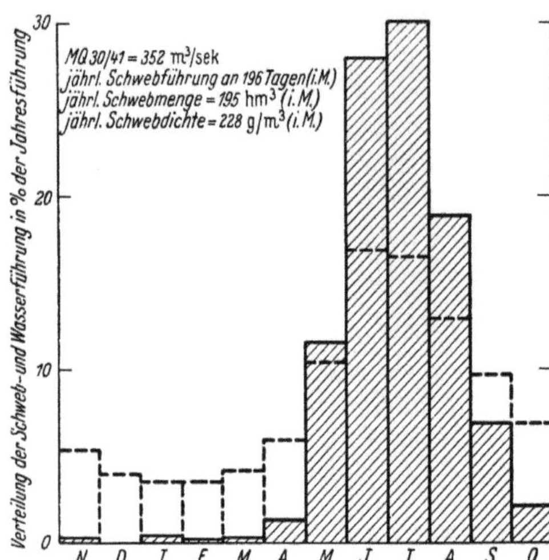

Abb. 226. Mittlerer Jahresgang der Schwebstoffführung und der *MQ* des Inns in Wasserburg für die Jahresreihe 1930 mit 1941. (Jahreszeitlicher Abfluß streng naturgebunden!)
—— Schwebführung im Mittel der Jahresreihe in %,
- - - Wasserführung in % der Jahresreihe.

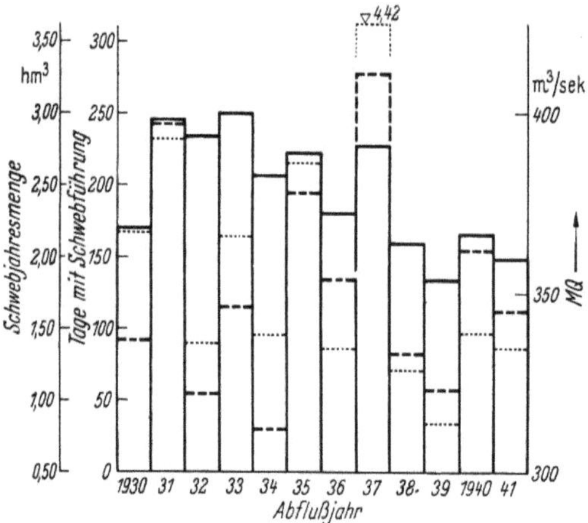

Abb. 227. Schwebstoffführung des Inns in Wasserburg für die Jahresreihe 1930 mit 1941.
—— Gang der Häufigkeit der Schwebführung in Tagen,
----- Gang der Schwebjahresmenge in hm³.
- - - Gang der *MQ*.

Wachstumsentwicklung (Schutz des Bodens vor Abschwemmungen), Bodenschichtung (verschiedenes Verhalten der Gesteine hinsichtlich Abrieb und Verwitterung). Bei dieser Sachlage bildet das dauernde

systematische Messen der Schwebführung die einzige Möglichkeit, diese
planmäßig zu erfassen.

III. Das Geschiebe.

Die Bedeutung der Schwerstoffe für die morphologischen Gestaltungsvorgänge in den Flüssen geht aus den Ausführungen auf S. 170ff. hervor.

1. Vorgang bei der Geschiebebewegung.

Über den Vorgang der Geschiebebewegung läßt sich folgendes sagen: Legt man die Grenze zwischen Schweb und Geschiebe nach ERTL (S. 351) mit 1 mm Korngröße zugrunde, dann werden immer gewisse Geschiebekörnungen in Bewegung sein, ohne daß letztere durch die üblichen groben Untersuchungsverfahren (Metallrohr, Peilrohr[1]) feststellbar wäre. Dieser Teil der Geschiebebewegung hat aber mengenmäßig, d.h. praktisch keine Bedeutung.

Zur Kennzeichnung des Beginns der Geschiebebewegung hat man verschiedene Vorschläge gemacht, z. B. Feststellung des Wasserstandes, bei dem sich der Fluß durch die aufgewirbelt mitgeführten Schwebstoffe stark zu trüben beginnt (Grenzwasserstand). Eine genauere Abgrenzung erzielt man durch Feststellung *jenes* Bereiches der Wasserführung, bei dem sich die Sohle aufzulockern beginnt und sich so eine Zustandsänderung ankündigt[2]. Nach zahlreichen Messungen tritt diese Änderung immer ein, wenn ungefähr die gleiche Wasserführung beim Steigen durchschritten wird. Aus diesem Zustand des Anlaufens der Geschiebebewegung folgt dann bei weiterer Zunahme des Durchflusses der Zustand der allgemeinen Bewegung aller Korngrößen des Geschiebes. Bei weiterer Zunahme des Abflusses (HQ bis HHQ) tritt eine weitere Steigerung der Bewegung ein durch Zunahme der Fließgeschwindigkeiten auch an der Sohle und durch die außerordentliche Turbulenz. Vorher nur rollende oder gleitende Geschiebebrocken (die größeren Körnungen) gehen nun ebenfalls in einen schwebenden Zustand über; die Sohle bildet sich völlig um (Abb. 234[3], S. 366). Die hier in Bewegung geratene Geschiebe*menge* ist aber, weil dieser Vorgang jeweils von kurzer Dauer ist, im Vergleich zur bewegten Geschiebemenge eines *Jahres*, klein.

Mit zurückgehendem Wasser nimmt auch die Geschiebebewegung wieder ab. Dabei verschieben sich aber die Zustandsgrenzen gegenüber der wachsenden Geschiebebewegung. Beim Wiedererreichen des Zu-

---

[1] Vgl. Wasserkraftjahrbuch 1927, S. 242.
[2] Verfahren der Bayerischen Landesstelle für Gewässerkunde.
[3] BITTERICH: Geschiebetrieb und Flußbreite. Unveröffentl. Diss. Karlsruhe 1939.

standes der Ruhe ist der Sohlenzustand aber meist ein anderer als vorher beim Beginn der Bewegung. Die feineren Bestandteile sind bei dem abgelaufenen Geschiebegang aus der Deckschicht des Geschiebes herausgespült worden, so daß nunmehr — nach Wiedereintritt der Ruhe — die Sohle ein grobsteiniges Gefüge aufweist und demgemäß eine größere Rauhigkeit als früher besitzt. Es bedarf eines Zeitabschnittes ruhigen Abflusses (wenig veränderliche Wasserstände) zur Glättung der Sohle durch Ablagerung feiner gekörnten Geschiebes, so daß sich auch die ursprüngliche Rauhigkeit wieder einstellt. Dagegen läßt die Wühlkraft aufeinanderfolgender Hochwasserwellen die Sohle nicht zur Ruhe und damit nicht zur Ausbildung eines Gleichgewichtszustandes kommen (Veränderlichkeit der Größe des Anteils k des Geschwindigkeitswertes). Hierin liegt die Schwierigkeit bei der Festsetzung der maßgebenden Rauhigkeit (Rauhigkeitsziffer, Geschwindigkeitsbeiwert) für einen Bauentwurf in einem geschiebeführenden Fluß[1].

2. Einflußgrößen auf die Geschiebebewegung.

Offensichtlich handelt es sich bei der Geschiebebewegung um einen ziemlich verwickelten Vorgang, der im allgemeinen von folgenden Faktoren abhängt: Zustand des Geschiebes (Korndurchmesser, Eigengewicht im Wasser, Kornform, Mischungsverhältnis, Zusammenkittung der Betteilchen); Durchflußwassermenge (Gefälle und Tiefe, Geschwindigkeitsverteilung, Turbulenz); Zustand des Rinnsals (Querschnittsform und Sohlenrauhigkeit, Sohlengefälle, Krümmung des Rinnsals); sonstige Faktoren (relative Rauhigkeit, Eigengewichtskomponente in der Bewegungsrichtung, Bewegung als Schwebstoff, Richtung des Stromangriffes).

Diese Vielzahl und Uneinheitlichkeit der Bestimmungsgrößen verringert sich, wenn man einen bestimmten Fluß oder Flußabschnitt ins Auge faßt. Denn in solchen Sonderfällen kann man annehmen, daß viele der vorgenannten Faktoren für die verschiedenen Querschnitte des untersuchten Gewässers oder eines Abschnittes davon weitgehend übereinstimmen und daß dies auch für die Geschiebezusammensetzung gilt. Es bleibt aber noch ein mehr oder weniger großer Rest von Einflußgrößen, die der Berechnung von Geschiebebewegungen und -mengen auch heute noch Schwierigkeiten bereiten. Diese Sachlage zwingt dazu, fortlaufend systematische Geschiebebeobachtungen und -messungen an geschiebeführenden Flüssen durchzuführen.

---

[1] Oexle: Die Schwebstoff- und Schwemmstofführung. Zit. S. 351. — Ertl: Die Gestaltungsvorgänge am Saalachsee. Zit. S. 351. — van Rinsum: Der Abfluß in offenen natürlichen Wasserläufen. Berlin: Ernst u. Sohn 1950. — Bitterich: Geschiebetrieb und Flußbreite. Zit. S. 355.

3. Schleifwirkung des Geschiebes.

Soweit diese lediglich den Abrieb verursacht, hat sie hauptsächlich Interesse für die Zusammensetzung der Korngrößen in den flußabwärts aufeinanderfolgenden Querprofilen. Die Schleifwirkung erstreckt sich aber auch auf Bauwerksteile, über die das Geschiebe hinweggeht, und verursacht da manchmal erhebliche Schäden. Selbst hartes Gestein, Beton, Stahl wird davon betroffen. Ein sehr anschauliches Bild über das Ausmaß solcher Schleifschäden bei großen Geschwindigkeiten gibt

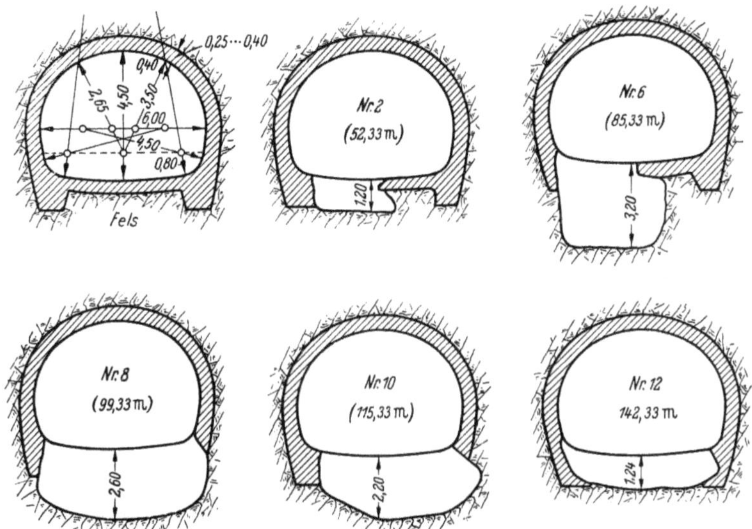

Abb. 228. Ausschliff im Umleitungsstollen der Mollaro-Sperre am Noce. Juli 1927 bis Februar 1929. Größte Geschwindigkeit bis 12 m/sec. (Nach CAMPINI.)

Abb. 228. Am Dörverdener Wehr an der Weser wurden Gußstahlplatten von Griessäulen 10 cm stark abgeschliffen.

4. Geschiebemessungen.

Geschiebeauffanggeräte. Das in der Zeiteinheit durch das Meßprofil gehende Geschiebe (in kg/sek bzw. m³/sek der Trockenmasse) wird mit Geräten gemessen, die auf den SCHAFFERNAKschen Fangbeutel zurückgehen[1]. Daraus hat sich dann einerseits der Geschiebefangkasten von BORN für Feingeschiebemessung in Flachlandflüssen (Abb. 229)[2], andererseits der Geschiebefangkorb von EHRENBERGER-MÜHLHOFER mit

---

[1] SCHAFFERNAK: Neue Grundlagen für die Berechnung der Geschiebeführung. Wien 1922.

[2] BORN: Erhebung über Sinkstoff und Geschiebeführung in Flußläufen. Mitget. auf der II. Baltischen hydrologischen und hydrometrischen Konferenz, 1928.

Tiefen- und Seitensteuer, sowie Grundtaster für Messung von Grob-
geschiebe in Gebirgsflüssen (Inn in Tirol) (Abb. 230)[1] entwickelt. Durch
eine strömungsrichtige Formgebung und durch entsprechendes Gewicht
können die Steuerflächen und die Verspannung durch den Vorausdraht
wegfallen. Das Geschiebe treibt in diesem Falle ohne Staubildung in den
Fangkasten bzw. in den darin befindlichen eigentlichen Auffangkorb
hinein (Türk)[2] (Abb. 231).

Die Messungen in der Natur werden dann wie die Flügelmessungen
bei Ermittlungen der Sohlengeschwindigkeiten durchgeführt. Für die
Auswertung ermittelt man zunächst das Gewicht der aufgefangenen

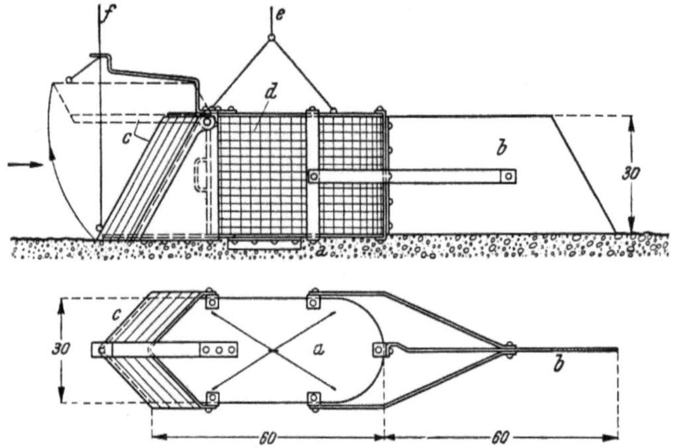

Abb. 229. Geschiebefangkasten für Feingeschiebe. (Nach Born.)
a Gerippe; *b* Steuer *c* visierartige Klappe; *d* Fangkasten; *e* Tragseil; *f* Hubseil für die Klappe.

Geschiebemenge in der Zeiteinheit (sek) auf je 1 m Flußbreite (*Geschiebetrieb* in kg/sek m). Bildet man nun aus den so erhaltenen Einzel-
werten des Geschiebetriebs den Mittelwert und vervielfacht diesen mit
der Gesamtbreite des *geschiebeführenden* Streifens, dann erhält man die
Geschiebemenge in kg/sek. Wie beim Schweb ergibt sich dann auch hier
die Raummenge in m³/sek aus dem Raumgewicht.

Zur Erzielung brauchbarer Meßergebnisse (Feststellung des Wir-
kungsgrades) müssen die Auffanggefäße vorher geeicht werden durch
Vorversuche entweder mit einem kleineren Modellfanggerät oder gleich
mit den in der Natur zu verwendenden Geräten[3]. In letzterem Falle muß

---

[1] Mühlhofer: Untersuchungen über die Schwebstoff- und Geschiebeführung
des Inns. Wasserwirtschaft, Wien 1933, Nr. 1 u. 2.

[2] Türk: Methodik der Geschiebemessung. Bericht für die VI. Baltische hydrologische Konferenz. Berlin 1938.

[3] Ehrenberger: Geschiebemessungen in Flüssen mittels Auffanggeräten und
Modellversuche mit letzteren. Z. öst. Ing.- u. Archit.-Ver. 1933.

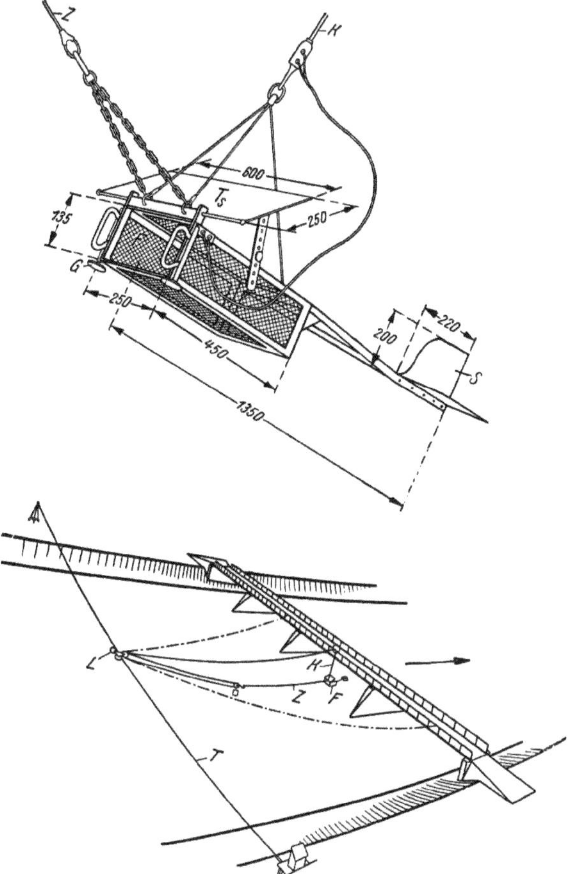

Abb. 230. Geschiebefangkorb, seine Aufhängung und Einsetzung. (Nach Mühlhofer.)
F Fangkorb; *G* Grundtaster; *S* Seitensteuer; T_s Tiefensteuer; *K* Kabelseil; *L* Laufkatze; *T* Tragseil; *Z* Zugseil.

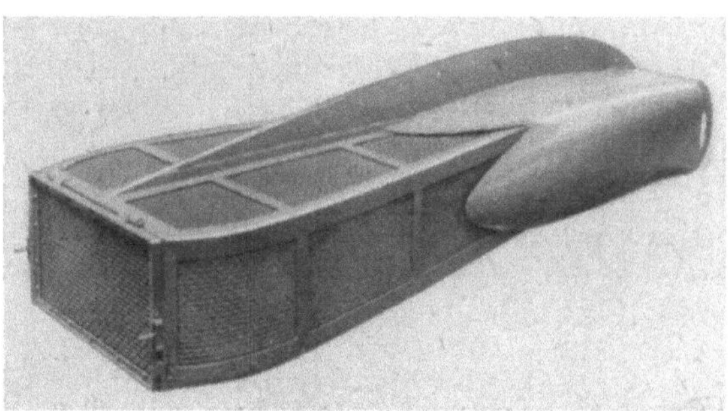

Abb. 231. Neues Modell des Geschiebefängers. (Nach Türk.)
(Hersteller: Masch.-Fabr. W. Pfrommer, Karlsruhe.)

die Versuchsanstalt allerdings über ausreichend große Betriebswassermengen mit naturgleichen Fließgeschwindigkeiten und guten Beobachtungsmöglichkeiten (Glaswand) verfügen.

Geschiebemischungsband. Um über die Zusammensetzung des Geschiebes in einem Meßprofil Aufschlüsse zu bekommen, werden die Geschiebeentnahmen auf ihre Kornzusammensetzung durch Siebanalysen untersucht (Geschiebemischungslinien Abb. 232). Führt man dieses Verfahren für eine Reihe von Querschnitten am gleichen Flusse durch, so erhält man das von SCHAFFERNAK eingeführte *Geschiebemischungsband,* das durch Vergleich einen wertvollen Einblick in die Veränderungen des Geschiebes längs dieses Flußlaufes ermöglicht[1].

Abb. 233 zeigt ein solches Geschiebemischungsband des *Gail*flusses in Kärnten (Österreich). Die Art der Zusammensetzung des Geschiebekorns in den verschiedenen Meßprofilen gibt ein sehr anschauliches Bild über die Veränderungen, die die Kornzusammensetzung flußabwärts von Profil zu Profil erfährt (z. B. Verkleinerung des groben Korns durch Abrieb; Wiederzuführung großen Korns durch einmündende Wildbäche [Oselitzenbach, Vorderbergerbach, Gailitz]).

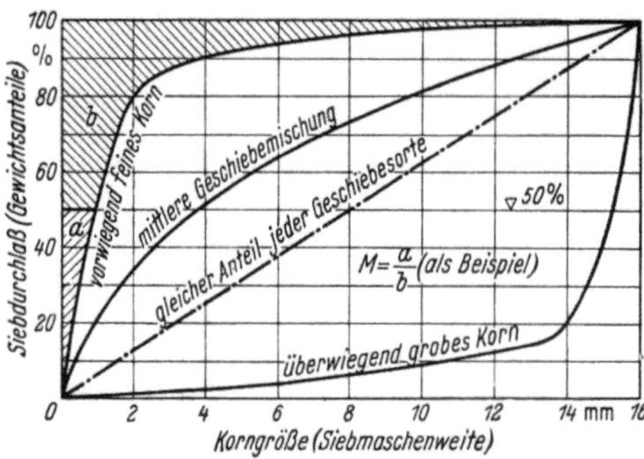

Abb. 232. Geschiebemischungslinien (Siebanalysen).

5. Rechnerische Erfassung der Geschiebebewegung.

a) Schleppkraft.

Die Bezeichnung *Schleppkraft* stützt sich auf die Vorstellung, daß das strömende Wasser die Teilchen, die das Bett des Flusses bilden, durch Wirksamkeit der Reibung mit sich fortzuschleppen sucht. Der bekannte Ansatz nach DU BOYS für die Schleppkraft lautet:

$$S = \gamma \, t \, J \; \text{t/m}^2 \quad (\text{für } B \geqq 30 \text{ m}).$$

γ = Raumgewicht des Wassers in t/m³ (bei stärkerem Schwebtrieb liegt γ natürlich *über* dem Einheitsgewicht reinen Wassers von gleicher Temperatur); t = Höhe des Wasserspiegels über der Sohle in m; J = relatives Spiegelgefälle.

---

[1] SCHAFFERNAK: Ein Beitrag zur Morphologie eines Flußbettes. Wasserwirtschaft, Wien 1928, Nr. 18.

Bei beschränkter Flußbreite setzt Schoklitsch:

$$S' = \gamma\,\alpha_1\,t\,J,$$

wobei $\alpha_1 < 1$ ein Berichtigungsbeiwert ist.

Van Rinsum geht bei seinem Ansatz für S davon aus, daß sich bei Auswertung zahlreicher Geschwindigkeitsmessungen, die mit Geschiebebeobachtungen gekoppelt waren, die Grenzgeschwindigkeiten an der *Sohle* für Beginn der Geschiebebewegung stets zu $v_S \sim 0{,}5$ bis $0{,}6$ m/sek ergeben haben. Er betrachtet deshalb diese *Sohlengeschwindigkeit als Maß des Sohlenangriffes*, setzt also, indem er von der *Abflußmessung* ausgeht,

$$S = \alpha\,v_S^2 = \alpha(k_S^2\,t\,J).$$

S ist hier noch von einem Kennwert ($\alpha\,k_S^2$) abhängig zu machen: k_S entspricht dem anstehenden Geschiebe, α ist der Maßstab für das Verhältnis S/v_S^2. k_{Sm} kann hierbei aus dem maßgebenden gemessenen Geschwindigkeitsbeiwert k_m mit genügender Genauigkeit abgeleitet werden.

$$k_{Sm} \sim k_m \!-\! 23 \quad \text{(s. S. 197)}.$$

Casey vertritt die Auffassung, daß außer der Schlepp-,,kraft" auch die Geschwindigkeit, mit welcher die Kraft auf die Geschiebeteilchen einwirkt, von Einfluß sei und kommt damit zu dem Ansatz

$$L = f(\gamma\,t\,J\,v) = f'(Q\,J)$$

und schlägt dafür die Bezeichnung ,,Schleppleistung" vor. Das v kommt hier mit einem zu großen Gewicht zum Ausdruck[1].

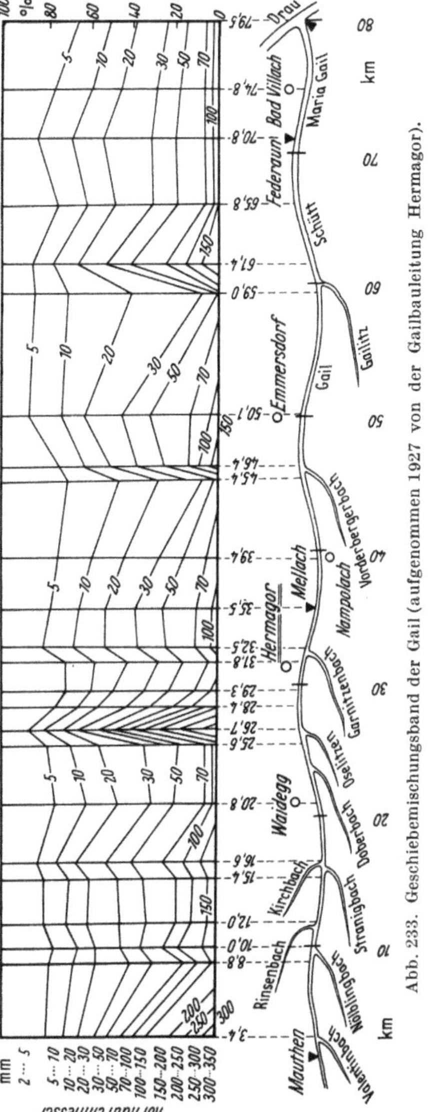

Abb. 233. Geschiebemischungsband der Gail (aufgenommen 1927 von der Gailbauleitung Hermagor).

die Geschiebeteilchen einwirkt, von Einfluß sei und kommt damit zu dem Ansatz und schlägt dafür die Bezeichnung ,,Schleppleistung" vor. Das v kommt hier mit einem zu großen Gewicht zum Ausdruck[1].

---

[1] Casey: Über die Geschiebebewegung. Berlin 1935. Dort auch zahlreiche andere Ansatzversuche für Schleppkraftformeln.

b) Grenzwerte für den Beginn der Geschiebebewegung
(Grenzschleppkraft, Grenzwasserstand, Grenzdurchflußmenge).

Wenn der Bettwiderstand von der angreifenden Schleppkraft bei wachsendem Durchfluß überwunden wird, gerät das Bodenmaterial schließlich in Bewegung. Eine besondere Bedeutung kommt nun jenem Schleppkraftwert zu, bei dem diese Zustandsänderung eintritt. Sie wird mit „Grenzschleppkraft S_0" bezeichnet. Ihr ist eine Grenzwassertiefe t_0 und im allgemeinen Fall auch ein Grenzgefälle J_0 zugeordnet. Ihr Ansatz nach Du Boys lautet:

$$S_0 = 1000\, t_0\, J_0\ \text{kg/m}^2.$$

Die Feststellung, daß diese formelmäßige Deutung der Grenzschleppkraftgröße mit den in der Natur durch Messungen gewonnenen Ergebnissen nicht übereinstimmt (vgl. dazu auch S. 356), hat zu zahlreichen anderen Lösungsversuchen geführt. Meist wird dabei der Weg eingeschlagen, die in der Natur vorliegenden Gesetzmäßigkeiten der Grenzschleppkraftwirkung auf empirischem Wege durch *Versuche im Laboratorium* aufzudecken wegen der Schwierigkeiten — und vielleicht auch Unbequemlichkeiten —, durch Naturbeobachtungen und -messungen zu einer *allgemein* gültigen Aussage über t_0, gegebenenfalls auch über J_0 zu gelangen. So entstand eine ganze Reihe von Formeln für S_0[1].

Größere Aussichten für die Gewinnung verlässiger Grenzbedingungen hinsichtlich des Beginns der Geschiebebewegung scheinen die systematischen Beobachtungen und Messungen am Fluß selbst zu bieten. Es wird dabei durch Beobachtung die Grenzdurchflußmenge festgestellt, bei der sich die Sohle aufzulockern beginnt. Nach den bisher vorliegenden Ergebnissen trat diese Zustandsänderung der Sohle immer ein, wenn ungefähr der gleiche Durchfluß Q_S beim Steigen der Wasserführung durchschritten wird[2]. Es wurden folgende Grenzwerte gefunden:

Wertach in Schwabmünchen . . . . $Q_S \sim 30$ m³/sek,
Donau bei Ingolstadt . . . . . . Q_S zw. 220 u. 260 m³/sek,
Donau unterhalb der Isarmündung . Q_S zw. 390 u. 550 m³/sek,
Grenzwerte für die Sohlengeschwindigkeit siehe S. 361.

Die Anschauung, daß die Geschiebeführung etwa bei MQ-Wasserführung in Gang kommt, hat sich als gute Annäherung bestätigt.

In Tab. 51 sind aus Erfahrung oder Messung gewonnene *Widerstandswerte* W für verschiedene Sohlenbeschaffenheit (Materialien) der Grenzschleppkraft S_0 gleichgesetzt ($W = S_0$), und in Tab. 52 sind Werte

---

[1] Siehe S. 361, Fußnote.

[2] Diese Grenzen waren durch die ausgeführten Abflußmessungen gegeben. — van Rinsum: Der Abfluß in offenen natürlichen Wasserläufen. Zit. S. 356. — van Rinsum: Einige Grenzwerte. Festschrift der Bayerischen Landesstelle für Gewässerkunde. Z. S. 351.

Tabelle 51. *Grenzwerte für die Schleppkräfte (bei klarem Wasser).*
(Beginn der Bewegung.)

Sohlenbeschaffenheit (natürliche Lagerung vorausgesetzt)	$W = S_0;$ $S_0 = \gamma\, t_0\, J_0$ kg/m²	Quelle
Gewöhnlicher Quarzsand		
⌀ 0,20 bis 0,40 mm	0,18 bis 0,20	} Messungen des Kulturbau-
⌀ 0,40 bis 1,00 mm	0,25 bis 0,30	amtes Nürnberg
⌀ bis 2,0 mm	0,40	
Grobes Sandgemisch	0,6 bis 0,7	nach KREUTER
Fest gelagerter Sand u. feiner Kies:		
langanhaltend	0,8 bis 0,9	}
vorübergehend (bei HW)	1,0 bis 1,2	nach WITTMANN
Reiner sandiger Lehm	1,10	
(lehmiger Boden).	(1,0 bis 1,2)	} Messungen des Kulturbau-
Rundlicher Quarzkies		amtes Nürnberg
⌀ 0,5 bis 1,5 cm	1,25	
Lehmiger Kies:		
langanhaltend	1,50	} nach WITTMANN
vorübergehend.	2,00	
Grobes Quarzgerölle,		
⌀ 4 bis 5 cm bis zu	4,80	} Messungen des Kulturbau-
Plattiges Kalkgeschiebe, 1 bis 2 cm		amtes Nürnberg
stark, 4 bis 6 cm lang	5,60	
Rasen auf kurze Zeit	2,0 bis 3,0	nach KREUTER
Rasen auf lange Zeit	1,5 bis 1,8	}
Rasenziegel fest gewachsen, auf		nach WITTMANN
lange Zeit.	2,5 bis 3,0	
Rauhwehr.	4,0	

Tabelle 52. *Grenzgeschwindigkeiten max v_m für den Beginn der Geschiebebewegung.*
(Nach WITTMANN.)

Sohlenbeschaffenheit	max v_m (mittlere Querschnittsgeschwindigkeit) m/sek	
	klares Wasser ohne Schlamm und Geschiebe	schlammführendes Wasser
Feinkörniger Lehm	0,30	0,50
Sandiger Lehm	0,30	0,50
Harter Lehm	0,60	1,00
Feiner Sandboden.	0,20	0,30
Grober Sandboden	0,3 bis 0,5	0,45 bis 0,7
Feiner Kiesboden	0,6	0,8
Mittlerer Kiesboden	0,6 bis 0,8	0,8 bis 1,0
Grober Kiesboden.	1,0 bis 1,4	1,4 bis 1,9
Eckige Steine.	1,70	1,80
Rasenziegel.	1,80	1,80

Ablagerungsgrenzschleppkräfte (-geschwindigkeiten)

Leichter Schlamm $S = 0,4$ bis $0,5$ kg/m²; $v_m = 0,3$ m/sek,
Schlamm, Fäkalien in Betonschale $S = 0,25$ kg/m²,
Feiner Sand $v_m = 0,3$ bis $0,5$ m/sek.

für Grenzgeschwindigkeiten max v_m (*mittl. Profil*geschwindigkeiten, *nicht* Sohlengeschwindigkeiten) angegeben, bei denen das Sohlenmaterial den angreifenden Kräften gerade noch widersteht (z. B. für Feststellungen des zulässigen max v_m für ein Gerinne von gegebener Bettbeschaffenheit).

Die Grenzwerte für das *Aufhören* der Geschiebeführung decken sich *nicht* mit jenen für das Ingangkommen der Geschiebebewegung, sondern liegen niedriger. Das Anlaufen der Bewegung erfordert eben größere Kräfte (größeres S_0, also größeres t_0), während die Inganghaltung der einmal angelaufenen Bewegung mit geringerem Krafteinsatz auskommt. Der Unterschied kann nach KREUTER bis zu 30 % ausmachen[1].

c) Geschiebetrieb. Maß der Geschiebebewegung.

Von besonderer Bedeutung für wasserwirtschaftliche Aufgaben an geschiebeführenden Flüssen ist die *Kenntnis der bewegten Geschiebemenge*. Dabei wird in erster Linie jene Geschiebemenge zu erfassen versucht, die in der *Zeiteinheit* durch den *Breitenmeter* des *Querschnittes* hindurchgeht. Man bezeichnet diese Geschiebemenge mit *Geschiebetrieb*. Für seine rechnerische Erfassung wurden ebenfalls zahlreiche Versuche gemacht, zu allgemeingültigen Ansätzen zu kommen. Der erste Versuch, und zwar auf theoretischem Wege, stammt wieder von DU BOYS[2]. Er ging dabei von seinem Ansatz für die Schleppkraft $S = \gamma\, t\, J$ aus. Die DU BOYSsche Geschiebetriebformel wurde von KREUTER[1] weiterentwickelt und lautet allgemein für die ganze maßgebende Flußbreite

$$\mathfrak{G}' = \psi\, J^2 \int\limits_0^b t\,(t - t_0)\, dx \quad \text{t/sek bzw. kg/sek.}$$

ψ ist eine Konstante (die Geschiebeziffer, Abfuhrziffer, DU BOYSsche Konstante), t ist die jeweils vorhandene Gesamtwassertiefe, t_0 die Grenzwassertiefe. Da der Wert ψ meist unbekannt ist, schaltet man ihn aus der Berechnung aus, indem statt der tatsächlichen sek. Geschiebemenge ihr Verhältniswert

$$\mathfrak{G}'' = \frac{\mathfrak{G}'}{\psi}$$

angesetzt wird.

Der Ausdruck $\int\limits_0^b t\,(t - t_0)\, dx$ berücksichtigt mit den im allgemeinen veränderlichen t-Werten die *Form* des Flußquerschnittes, drückt m³ aus und wird mit „Maß der Geschiebebewegung" bezeichnet. Die Summierung erstreckt sich natürlich nur auf jene Teile $\sum dx$ des Flußquerschnittes, in denen Geschiebe abgeführt wird ($t > t_0$). Der

---

[1] KREUTER: Der Flußbau. Hdb. Ing.-Wiss. 3 Teil. 6. Bd. S. 15. Leipzig: W. Engelmann 1910.

[2] DU BOYS: Le Rhône et les Rivières à Lit affouillable. Ann. Ponts Chauss. 1879.

mittlere Geschiebetrieb $\mathfrak{G}$ ergibt sich dann aus $\mathfrak{G}'/b$ in kg/m sek.
Ferner ist $\int_0^b t^2\, dx =$ doppeltes statisches Moment des für die Geschiebeführung wirksamen Teiles der Durchflußfläche in bezug auf die Wasserspiegellinie; $t_0 \int_0^b t\, dx =$ Rauminhalt eines prismatischen Körpers mit der wirksamen Durchflußfläche als Grundfläche und t_0 als Höhe.

Bei ebener Sohle kann man setzen

$$\mathfrak{G} = \psi\, J^2\, t\, (t - t_0)\quad \text{kg/m sek.}$$

Da den Wasserständen über die Abflußkurve entsprechende Durchflußmengen zugeordnet sind, kann man $\mathfrak{G}$ auch aus letzteren herleiten. Von dieser Möglichkeit wurde bei einer Reihe von Geschiebetriebformeln Gebrauch gemacht. Zum Beispiel setzt SCHOKLITSCH[1] unter Auswertung von Versuchen mit gleichkörnigem Geschiebe d je m wirksamer Durchflußbreite

$$\mathfrak{G} = \frac{7000}{\sqrt{d}}\, J^{3/2}\, (q - q_0)\quad \text{kg/m sek}$$

bzw.

$$\mathfrak{G}^* = \left(\frac{7000}{\gamma_1\,(1 - n)\,\sqrt{d}}\right) J^{3/2}\,(q - q_0)\quad \text{m}^3/\text{m sek;}$$

$q =$ Durchfluß in cm³/m sek; $q_0 =$ Durchfluß in cm³/m sek im Bewegungsanfang; $\gamma_1 \sim 2650$ kg/m³; $n =$ Hohlraumverhältnis zum Gesamtinhalt $= 0{,}3$ bis $0{,}4$.

Wegen der bei den Modellversuchen benutzten steilen Gefälle sind die SCHOKLITSCHschen Ansätze mit Unsicherheiten behaftet.

Einen anderen Weg ging KURZMANN[2]. Unter Anlehnung an HOCHENBURGER-KRISCHAN ist nach ihm „*die Arbeitsgröße A des Flusses das Maß der Geschiebebewegung*". A stellt die *gesamte* Arbeitsleistung des Flusses ohne Vorland dar, wenn t_0 überschritten ist:

$$A = \eta\, q\, v_m^2.$$

Da v_m mit $\sqrt{t}$, v_m^2 mit t und q mit $\sqrt{t}\, t$, also mit $t^{3/2}$ proportional ist, so hat t in der Formel den Exponenten $5/2$.

Neuerdings wird die Formel von MAYER-PETER[3] viel beachtet. Ihr liegt die Anschauung zugrunde, daß die „*Abflußgröße*" maßgebend für den Geschiebetrieb ist:

$$\frac{q^{2/3}\, J}{d} = a + b\,\frac{\mathfrak{g}^{2/3}}{d};$$

---

[1] SCHOKLITSCH: Der Geschiebetrieb und die Geschiebefracht. Z. Wasserkr. u. Wasserw. 1934.

[2] KURZMANN: Beobachtungen über Geschiebeführung. München 1919.

[3] MAYER-PETER: Neue Versuchsresultate über den Geschiebetrieb. Schweizer Bauztg. 1934.

d = maßgebender Korndurchmesser in mm, der von 35 v. H. der Gewichtsteile unterschritten wird; q = Wassermenge in kg*/m sek; $\mathfrak{g}$ = Geschiebemenge in kg/m sek; J ist hier das relative *Energieliniengefälle* (*nicht* Wasserspiegelgefälle); für $\gamma_1 = 2{,}68$ kg/dm³ wird $a = 17$, $b = 0{,}4$.

Auch diese Formel findet gegenüber Naturmessungen teilweise keine Bestätigung. Unter sich verglichen, weichen die verschiedenen Lösungsversuche aber nicht so weit von einander ab, daß man ge-

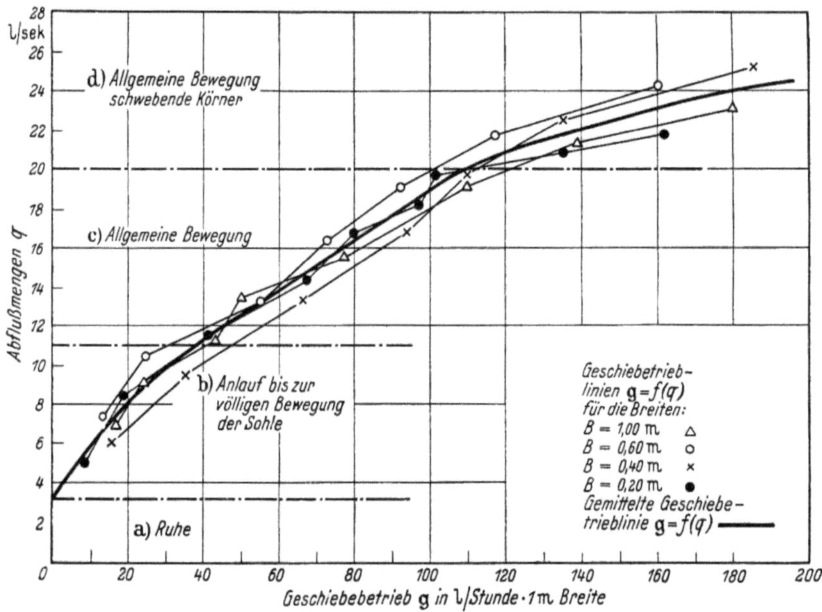

Abb. 234. Geschiebetrieblinie für Braunkohle $\mathfrak{g} = f(q)$.
(Nach Modellversuchen von BITTERICH im Karlsruher Flußbaulaboratorium.)

zwungen wäre, sich ausschließlich für eine von ihnen zu entscheiden. Doch hat der DU BOYS-KREUTERsche Ansatz den Vorzug, sich am besten den aus Messungen gewonnenen Anschauungen über den Abflußvorgang anzupassen. Er bedarf nur der Beifügung eines Erfahrungsbeiwertes.

Zusammenfassende Betrachtung. Für die in Bewegung befindliche Geschiebemenge $\mathfrak{G}$ steht als gültiges und somit als gesichertes Wissen nur ihre lineare Abhängigkeit vom Wasserstand (Wassertiefe t) bzw. der Durchflußmenge Q — wenigstens für einen bestimmten Teil der Abflußkurve — fest (Abb. 234 c, allgemeine Bewegung). Außerdem ist der Verlauf der *Geschiebetrieblinie* $\mathfrak{G} = f(Q)$ unabhängig von der Breite des

---

* Von Bedeutung bei Schwebtrieb ($\gamma > 1$).

Flußbettes[1]. Eine Schwierigkeit für die Berechnung der Geschiebemenge bildet die vorherige Festlegung der Breite b des wandernden Geschiebebandes. Denn die Geschiebebewegung erstreckt sich nicht immer auf die gleiche Breite. Da die Geschiebekörner auf kurzem Wege nach der Flußmitte bzw. zum Stromstrich hinwandern, ist dort der Geschiebetrieb in geraden Flußstrecken bei gleichem t wesentlich größer als an den Ufern. Man kann deshalb nicht ohne weiteres von der Geschiebemenge für je 1 m Flußbreite auf die Geschiebemenge der ganzen Flußbreite schließen.

d) Bettbildender Wasserstand. Bettbildender Durchfluß. Geschiebefracht.

Für die Geschiebebewegung interessiert von den vorkommenden Wassermengen (Wasserständen) der Bereich zwischen $Q_0(t_0)$ und den größten vorkommenden $HQ(t_{HW})$. Dabei nimmt der Geschiebetrieb von $Q_0(t_0)$ an mit wachsendem $Q(t)$ zu, entsprechend der Geschiebetrieblinie des betrachteten Flußabschnittes; er erreicht für die abgeflossene größte Wassermenge $HQ(t_{HW})$ den Höchstwert. Zwischen diesen beiden Grenzzuständen muß nun — so hat man gefolgert — ein Durchfluß (Wasserstand) auftreten, der unter allen Durchflüssen (allen Ständen) bei *Berücksichtigung seiner Dauer innerhalb eines Jahres* das meiste Geschiebe fördert. Dies ist der sogenannte ,,*bettbildende Durchfluß*`` (bzw. ,,*bettbildende Wasserstand*``), ein Begriff, der von SCHAFFERNAK geschaffen worden ist[2].

Zur Festlegung dieser ,,bettbildenden`` Größen müssen zunächst bekannt sein: der Grenzwert des Geschiebebeginns und die Häufigkeitslinie der Wasserstände $\left(f(t, \tau)\right)$. Trägt man nun auch noch das mit dem Wasserstand $t$ wachsende ,,Maß der Geschiebebewegung`` als Linie auf $(\mathfrak{G}/\psi)$ und multipliziert beide Linienzüge punktweise für jeweils gleiche Wasserstände, dann entsteht eine neue Kurve, die ein *Maximum* besitzt. Dies ist der *bettbildende Wasserstand* (Abb. 235)[3]. Trägt man als Ordinaten statt der Wasserstände die sich aus der Abflußkurve ergebenden zugeordneten Wassermengen auf, dann ergeben sich die Häufigkeiten der Durchflüsse und entsprechend auch der ,,bettbildende Durchfluß``.

---

[1] SCHOKLITSCH: Geschiebebewegung in Flüssen und an Stauwerken. Wien: Springer 1926. — WITTMANN: Der Einfluß der Korrektion des Rheins zwischen Basel und Mannheim auf die Geschiebebewegung des Rheins. Z. Wasserwirtsch. 1927. — EHRENBERGER: Direkte Geschiebemessungen an der Donau bei Wien und deren bisherige Ergebnisse. Wasserwirtschaft, Wien 1931. — WITTMANN: Geschiebetrieb und Flußregelung. Dtsch. Wasserwirtsch. 1942, S. 269.

[2] SCHAFFERNAK: Z. öst. Ing.- u. Archit.-Ver. 1916, S. 209 bis 212.

[3] Vgl. dazu Aufgabe 49 in STRECK: Grund- und Wasserbau in praktischen Beispielen. Bd. II. Zit. S. 340.

Die Schwäche des Verfahrens bei der Benutzung des „bettbildenden Wasserstandes" bzw. der „bettbildenden Durchflußmenge" liegt dar-in, daß hier aus den verschiedenen Ständen (Mengen), die im Verlauf eines Jahres oder von Jahresreihen auftreten, nur ein Einzelwert herausgegriffen wird. „Eine einwandfreie und praktisch anwendbare Bestimmung (der Geschiebefracht) muß sich aber auf das *Zeitintegral* der Wasser- und Geschiebeführung aufbauen[1]." LUDIN schlägt daher vor, von der *mittleren geschiebeführenden Wassermenge*

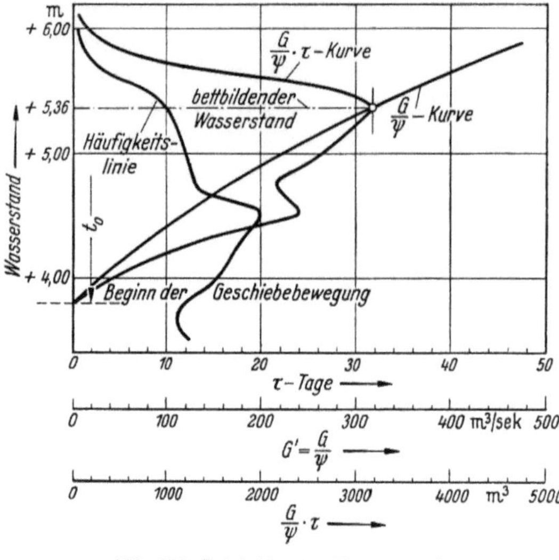

Abb. 235. Bettbildender Wasserstand.

auszugehen. Sie ergibt sich aus der schraffierten Q-Fläche der Abb. 236, d. h. aus der Gesamtabflußmenge eines Jahres, welche die jährliche Geschiebefracht für dieses Profil bewirkt, durch geometrische Mittelung (im Beispiel zu $MQ_G = 605$ m³/sek entsprechend $t = 4{,}77$ m gegenüber dem bettbildenden Wasserstand $t = 5{,}36$ m und $BQ = 750$ m³/sek. Man erkennt hier den erheblichen Einfluß der mittleren und kleineren Wasserführungen, die über Q_0 liegen, auf die *Gesamt*geschiebeführung wegen ihrer länger andauernden Wirkung.

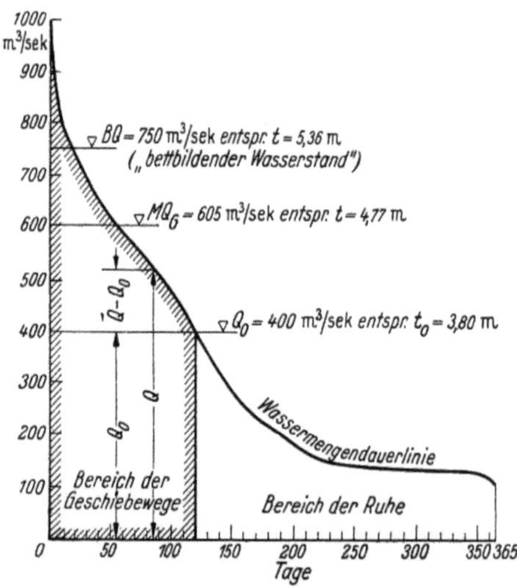

Abb. 236. (Statt „Bereich der Geschiebewege" muß es heißen: Bereich der Geschiebebewegung.)

Wird der Zusammenhang zwischen Geschiebemenge und Durchflußmenge als linear an-

---

[1] LUDIN: Über den Begriff des bettbildenden Wasserstandes. Dtsch. Wasser-wirtsch. 1932, H. 36.

genommen, dann kann man z. B. nach SCHOKLITSCH für die Geschiebemenge für einen größeren Zeitraum T, d. i. die *Geschiebefracht*, setzen

$$\mathfrak{G}_F = k' \sum_0^T (Q - Q_0)\,[1].$$

Der Beiwert k' beträgt für die *Rheinstrecke* zwischen *Basel* und *Kehl* nach WITTMANN $= 0,00013$, wenn Q und Q_0 in m³/sek und $\mathfrak{G}_F$ in m³ (Tonnen) gemessen wird. k' für die *Mur* in der *Steiermark* beträgt nach SCHOKLITSCH $= 0,00019$. $\mathfrak{G}_F$ wird meist für 1 Jahr (Jahresgeschiebefracht) bzw. für 1 Normaljahr (mittlere Jahresgeschiebefracht) berechnet.

Bei dem linearen Zusammenhang zwischen $\mathfrak{G}$ und Q ist auch die schraffierte Fläche der Abb. 236 direkt proportional dem $\mathfrak{G}_F$. Dann steht auch MQ_G in einem linearen Verhältnis zur mittleren Geschiebemenge $M\mathfrak{G} = \dfrac{\mathfrak{G}_F}{365 \cdot 24 \cdot 60 \cdot 60}$. Man kann deshalb bei Kenntnis von MQ_G das zugehörige $M\mathfrak{G}$ und daraus $\mathfrak{G}_F$ herleiten. Praktisch wird man sich bei Geschiebefrachtermittlungen nicht auf Einzelwerte MQ_G stützen, sondern für die Berechnung eine Gruppe von Abflußmengenwerten herausgreifen, in deren Mitte der Wert MQ_G liegt. Dabei ist vorausgesetzt, daß die Häufigkeiten der Stände aus ausreichend langen Jahresreihen hergeleitet sind.

Wie schon weiter oben ausgeführt, geht die Aus- und Umgestaltung der *Bettform* geschiebeführender Flüsse im wesentlichen bei HQ-Wasserführungen (HW-Wasserständen) vor sich. Zur Beurteilung der Geschiebeführung kommt man auch hier der Wirklichkeit näher, wenn man nicht *eine* maßgebende HQ-Wasserführung, sondern wiederum eine ganze Gruppe von größeren Wasserführungen (entsprechend einer Teilfläche der Wassermengen- oder Geschiebedauerlinie) zugrunde legt. Die Schwierigkeit liegt hier bei der sicheren Abgrenzung der für die Bettform ausschlaggebenden Gruppe von höheren Wassermengenwerten (gegebenenfalls Wasserstandswerten).

Neunter Abschnitt.

Grundwasser.

I. Entstehung und Vorkommen des Grundwassers.

1. Entstehung und Wesen des Grundwassers.

Wenn Niederschlag- oder Oberflächenwasser in den Boden einsickert, dann bleibt ein Teil davon an den Boden- bzw. Gesteinsteilchen

---

[1] SCHOKLITSCH: Geschiebebewegung in Flüssen und an Stauwerken. Wien: Springer 1926.

haften, indem es sich über deren hygroskopische Haut[1] in dünner
Schicht legt und dabei auch Poren und kleinere Hohlräume des Bodens
ausfüllt. Man bezeichnet dieses Wasser mit *Haft*wasser. Die darüber
hinausgehende Einsickerungsmenge bewegt sich unter dem Einfluß der
Schwere weiter im Boden nach abwärts unter weiterem Verlust an Haftwasser, bis es auf eine undurchlässige (oder wenig durchlässige) Schicht
trifft (Abb. 237). Hier sammelt sich das Sickerwasser an, füllt die Boden-
hohlräume über der undurchlässigen Schicht aus und bewegt sich nach
den Gesetzen der Filtration fort. *Diese Wasseransammlung heißt Grundwasser.* Von dem oberen Rand dieser unterirdischen Wasseransammlung
steigt *Kapillar*wasser bis zur kapillaren Steighöhe (kapillare Saughöhe).
Das Grundwasser wird also nach obenhin ohne sichtbaren Übergang

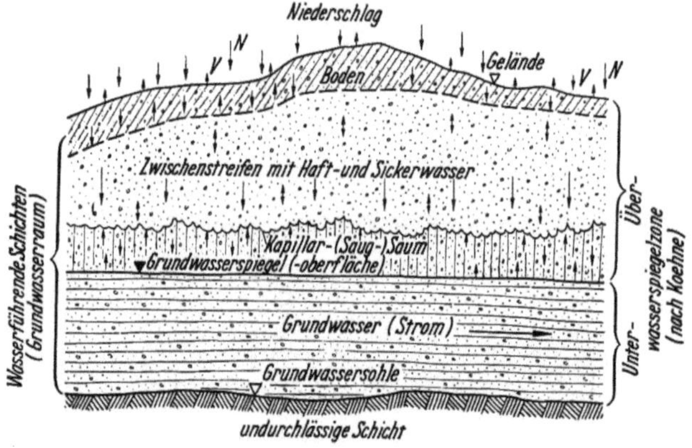

Abb. 237. Entstehung des Grundwassers (schematisch).

vom Kapillarwasser begrenzt. Die Grenzfläche zwischen Grund- und
Kapillarwasser, sowie die von Grund- und Oberflächenwasser nennt man
Grundwasseroberfläche. Nach KOEHNE[2] scheidet die Grundwasseroberfläche eine *Über*wasserspiegelzone (Raum der Versickerung, des Haft-
und Kapillarwassers — zone of aeration) von der *Unter*wasserspiegelzone (zone of saturation)[3].

Die Frage, inwieweit die in der Bodenluft vorhandenen Wasser-
dämpfe durch ihre *Kondensation* zur Grundwasserbildung beitragen,

---

[1] Hygroskopisches Wasser (Adsorptionswasser) überzieht die einzelnen festen
Bodenteilchen infolge der freien Oberflächenenergie in verdichtetem Zustand
und bildet damit die Grenzschicht zwischen der Porenluft bzw. dem Porenwasser
und der festen Grenzfläche des Korns.

[2] KOEHNE: Grundwasserkunde. Stuttgart 1928. — Einheitliche Begriffe und
Bezeichnungen in der Hydrologie. Dtsch. Wasserwirtsch. 1938.

[3] MEINZER: The occurance of groundwater in the U.S. — U.S. Geolog. Survey
Water Supply Papier 489. Washington 1923.

dürfte nach den Untersuchungen Buntrus[1] dahin geklärt sein, daß dieser Beitrag praktisch nicht ins Gewicht fällt. Dagegen kann die Fähigkeit des Grundwassers Gase zu *absorbieren* bzw. sie wieder *auszuscheiden*,
gegebenenfalls von praktischer Bedeutung sein (Abb. 238).

Nun hängt die Absorption nicht nur von der Temperatur, sondern
auch vom *Luftdruck* ab. Zwar werden die Luftdruckschwankungen der
Atmosphäre wegen der Reibungsverluste beim Durchströmen der Luft
durch das Erdreich nur
abgeschwächt und mit
großer Verzögerung zur
Grundwasseroberfläche
gelangen. Sie vermögen
aber dort immerhin noch
Wirkungen auszulösen:
Ausscheiden von Gas-
bläschen bei sinkendem
Luftdruck, Absorption
von Gasbläschen bei stei-
gendem Luftdruck. Im
ersteren Falle tritt ein

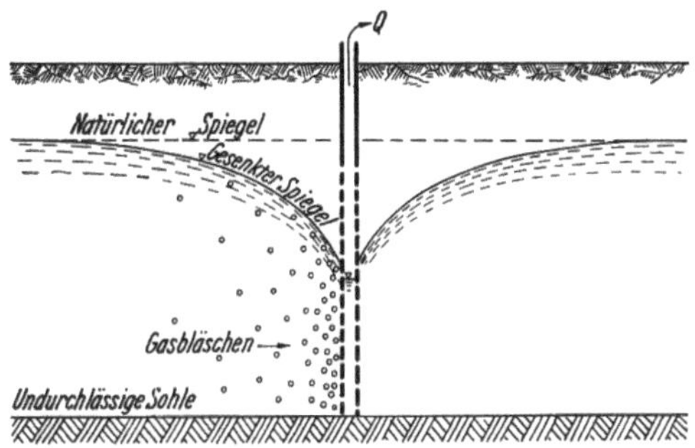

Abb. 238. Ausscheiden von Gasbläschen in den Bodenporen infolge der hydraulischen Druckverminderung und
Wärmeentwicklung. (Nach Zunker.)

entsprechendes Steigen des Grundwasserstandes, im letzteren ein Sinken
der Grundwasseroberfläche ein. Mit fallendem Luftdruck werden deshalb Quellen und Dränungen stärker fließen, und zwar um so mehr, je
mächtiger der Grundwasserstrom und je kohlensäure- oder schwefel-
wasserstoffreicher das Grundwasser ist (sehr hoher Absorptionskoeffi-
zient dieser beiden Gase). Jedenfalls finden damit gewisse, durch Niederschläge nicht bedingte Schwankungen der Grundwasseroberfläche durchlässiger Böden bei Luftdruckänderungen ihre Erklärung.

2. Bodendurchlässigkeit. Grundwasserstockwerke.

Die Entstehung des Grundwassers wurde oben darauf zurückgeführt,
daß das in einer durchlässigen Schicht absinkende Wasser auf eine undurchlässige Schicht trifft, die die weitere Versickerung abstoppt. In
der Natur ist dabei der Grad der Durchlässigkeit bzw. Undurchlässig-
keit je nach dem Material der den Untergrund bildenden Schichten sehr
verschieden, wobei die Grenze zwischen Durchlässigkeit und Undurch-
lässigkeit fließend ist. Es erscheint deshalb zweckmäßig, die Bodenarten nach dem *Grad ihrer üblichen Durchlässigkeit* zu ordnen. Demnach ergibt sich etwa diese Reihenfolge: grobes Geröll, Schotter und

---

[1] Buntru: Ein Beitrag zur Frage der Entstehung des Grundwassers und ihre
Beeinflussung durch Wasserdampfspannungen in der Atmosphäre und im Boden.
Diss. Karlsruhe 1920. — Zunker: Das Verhalten des Bodens zum Wasser. Hdb. d.
Bodenlehre. 6. Bd. S. 198. Berlin: Springer 1930.

grober Kies, feiner Kies und reiner scharfer Sand, feiner sogenannter
Schwemmsand, aufgefüllter Boden (z. B. Mischung von Humus, Bau-
schutt und Lehm, oder ähnliches), Mutterboden, mit Lehm gemischter
Sand und Kies, gewöhnlicher sandiger Lehm (Löß), Fettlehm (Klei),
Mergel, Ton, Letten und schließlich unzerklüftetes kristallinisches Sedi-
mentär- und festes, gesundes Massengestein. Dabei kann die Grenze
zwischen durchlässig und undurchlässig normalerweise etwa bei lehmi-
gen Schichten gezogen werden. Dazwischen reihen sich noch als „durch-
lässig‟ ein: weiße Schreibkreide, Sandstein bzw. gewisse Buntsand-
steinschichten, Jurakalke, Triaskalke, Dachsteinkalke, Konglomerate,
Grauwackensteine, Phyllite. In seltenen Fällen können auch Granit-
und Gneisschichten durchlässig sein. *Es empfiehlt sich in nicht ganz klar
liegenden Fällen stets einen Geologen zu Rate zu ziehen.*

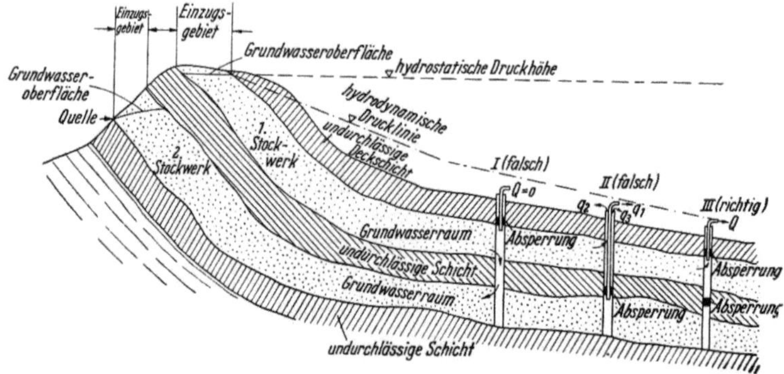

Abb. 239. Mögliche Fehlerquellen bei Versuchsbrunnen. (Nach MARQUARDT.)

Vielfach wechseln im Untergrund wasserführende Schichten mit undurchlässigen Schichten ab, wobei es zur Bildung von sogenannten
Grundwasserstockwerken kommt (Abb. 239)[1]. Dabei stehen die grundwasserführenden Schichten (Grundwasserräume) eines jeden Stock-
werkes unter den gleichen hydrostatischen Druckverhältnissen. Die
Stockwerke können miteinander in Verbindung stehen bei gleicher
Wasserbeschaffenheit in jedem derselben, oder aber voneinander unabhängig sein und dann auch verschiedene Wasserqualitäten in den einzelnen Stockwerken aufweisen. Es ist deshalb bei Bohrungen oder Anlage
von Brunnen in dieser Hinsicht Vorsicht am Platze.

Liegt der „freie‟ Grundwasserspiegel (etwa im Peilrohr) höher als
die obere Grenzfläche der grundwasserführenden Schicht (Decke, vgl.
Abb. 240), so hat man es mit einem *gespannten* Spiegel zu tun. Ist dabei
die Spannung eine dauernde und so stark, daß sie auch bei einem Pump-

---

[1] MARQUARDT: Wasserversorgung und Entwässerung der Städte. SCHLEICHER:
Taschenbuch für Bauingenieure. Berichtigter Neudruck. Berlin/Göttingen/Heidel-
berg: Springer 1949.

betrieb nicht aufgehoben wird, dann bezeichnet man das Grundwasser als *artesisches Wasser*. Steigt bei gespanntem Grundwasser der Grundwasserspiegel im Peilrohr bis über Geländehöhe, so spricht man von *überflurgespanntem* Wasser oder Springwasser[1].

Ein lehrreiches *Beispiel* für das Vorhandensein von Grundwasserstockwerken bietet der Untergrund der Stadt *Königsberg*. JENTSCH[2] hat dort mittels 245 Bohrungen 9 Wasserhorizonte festgestellt (Tab. 53). Aus der Zusammenstellung ersieht man, daß die geologischen Schichten keineswegs waagrecht verlaufen. Am Nordwestrand des Altstadtkerns reicht die diluviale Schicht weit über 100 m *unter* N. N. hinunter, bis tief in die Kreideschicht hinein, woraus sich die tief liegenden diluvialen wasserführenden Schichten (Wasserhorizonte) erklären.

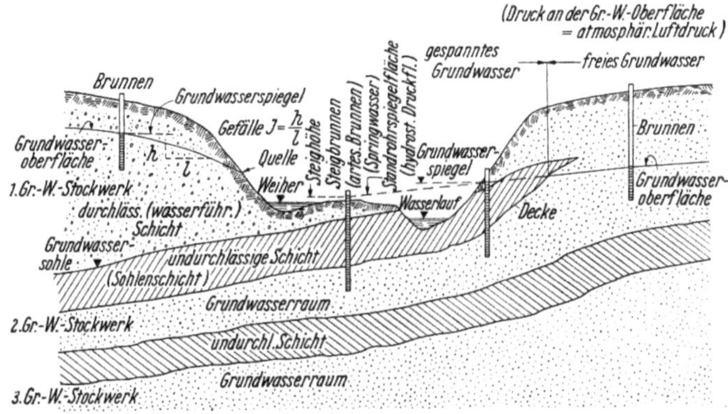

Abb. 240. Freies und gespanntes Grundwasser (nach MARQUARDT).
(Mit hydrogeologischen Begriffen nach KOEHNE.)

Der Untergrund *Berlins* besteht aus einem großen, mit Sand und Kies ausgefülltem Grundwasserbecken des Warschau-Berliner Urstromtales, in dem zur Zeit der Inlandeisbedeckung gewaltige, mit Geschiebe durchsetzte Schmelzwassermengen über Spandau und Nauen zur Nordsee flossen. Die undurchlässige, Grundwasser tragende Schicht besteht aus 50 bis 60 m mächtigem Ton, unter dem ein zweites Grundwasserstockwerk ansteht, dessen Wasser aber einen hohen Chlorgehalt besitzt.

3. Grundwasserbewegung.

Kann das auf der Grundwassersohle angesammelte Sickerwasser unter der Wirkung hydrostatischer Druckunterschiede nach der Seite hin bei geneigter Sohle in durchlässige Schichten eindringen, so gerät

---

[1] ZUNKER: Das Verhalten des Bodens zum Wasser. Zit. S. 371. — KELLER: Gespannte Wässer. Halle 1922.

[2] JENTZSCH: Der tiefere Untergrund Königsbergs mit Beziehung auf die Wasserversorgung der Stadt. Jahrb. d. geologischen Landesanstalt 1899.

Tabelle 53. *Grundwasserstockwerke*

Stock-werk	Formation	Wasserführende Schicht	Tiefenlage *unter* N. N.	Unterlage
9.	Aluvium	Sand	10 bis 20 m	Diatomeenschlick der Pregelniederung
8.	oberes Diluvium	Sand u. Grandnester im Geschiebemergel	$\sim$10 m *über* N. N. ($\sim$10 m *unter* Gelände)	Geschiebemergel
7.	oberes Diluvium	Sand u. Grand der sog. unteren Tongruppe	30 bis 40 m	Geschiebemergel
6.	unteres Diluvium	diluviale Grande und Geschiebe	70 bis 80 m	undurchlässiger Letten des Miozän
5.	Miozän	geschiebefreier Quarz-sand	10 bis 20 m	undurchlässiger Letten des Miozän oder un-durchlässige Grünerde-schichten des Oligozän
4.	Oligozän	Grünsand (nach Norden ansteigend)	46 bis 76 m	Grünerde oder grauer Letten des Oligozän als undurchlässige Unter-lage
3.	Kreide	sandiger Grünerdemer-gel mit Knollen	71 bis 109 m	feiner Sand mit dichten-den grauen Mergellet-tenlagen
2.	Kreide	lebhaft gefärbter Grün-erdemergel mit viel Austern und Fischzäh-nen — untere Austern-bank	224 bis 242 m	feiner Sand, in letten-artige undurchlässige Schicht übergehend
1.	Kreide	grober Sand und heller Grünsand mit Quarz-kies	267 bis 279 m	Ton

im Untergrund der Stadt Königsberg.

Decke	Wasser-auftrieb über N. N.	Wassermenge und -beschaffenheit	Bemerkung
Schlick, Torf, Diatomeenschlick	freier Wasserspiegel	in großer Ausdehnung und unerschöpflich, aber reich an organischen Stoffen u. gelöstem Eisen; daher unbenutzt. Steht in chemischer Hinsicht weit zurück gegenüber dem Pregelwasser	—
Geschiebemergel	—	—	nur kleine Nester; teilweiser Zusammenhang mit dem 7. Stockwerk
fetter, völlig wasserundurchlässiger Ton	—	—	—
das Liegende des braunen Geschiebemergels (unterstes Diluvium)	—	sehr wasserreich	an einigen Stellen direkter Übergang zu Stockwerk 4
an vielen Stellen unmittelbar des Aluviums (Flußgrande, Fehlen des Diluviums)	—	zum Trinken geeignet	nur eng begrenzte Flächenausdehnung
Geschiebemergel des Diluviums	—	zum Trinken geeignet	nur eng begrenzte Flächenausdehnung
dünne Schicht grauweißen Kreidemergels	2 bis 17	sehr ergiebig; überall verbreitet; für Königsberg von größter wasserwirtschaftlicher Wichtigkeit	„Luisenquelle" so hervorragend rein, daß sie, mit Kohlensäure künstlich gesättigt, in den Handel kommt
grauer Grünerdemergel	6 bis 17	sehr großer Wasserandrang	—
glaukonitreiche lettenartige undurchlässige Schicht	~10 m	hoher Salzgehalt, unbrauchbar	—

es in fließende Bewegung: es bildet sich ein *Grundwasserstrom*. Bei geringer Querschnittsabmessung spricht man von einer *Grundwasserader*. Die Abb. 241 zeigt unterirdische Wasseradern bei Kochel (Obb.).

Die bei der Fortbewegung zu überwindenden *großen Reibungswiderstände* längs der benetzten Flächenteilchen der kleinen Durchflußkanäle sind dem *Grundwasser* besonders *wesensgemäß*. Sie erklären die *außerordentlich kleinen Fließgeschwindigkeiten des Grundwassers*, deren Größe im übrigen vom Bodenmaterial und seiner Lagerung abhängt. Nach einer Zusammenstellung von PRINZ[1] wurde diese Fließgeschwindigkeit

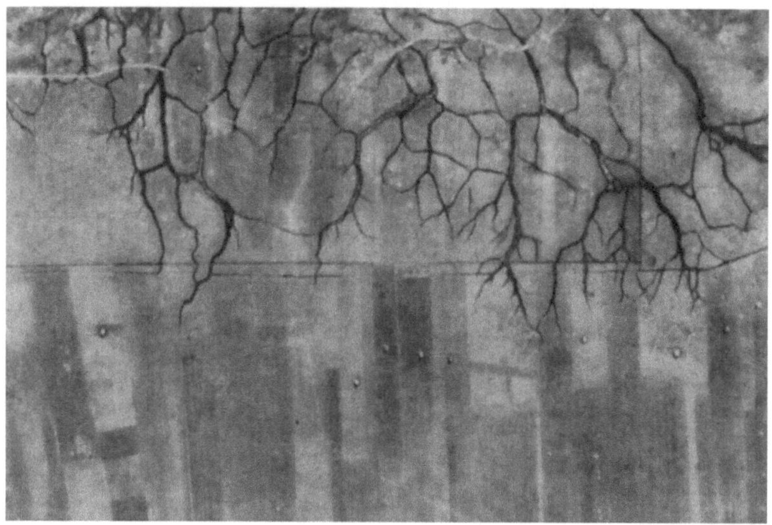

Abb. 241. Rohrsee bei Kochel (Obb). Luftbildaufnahme Ende Okt. 1949. Unterirdische Wasseradern werden durch die darüber befindliche anders geartete Vegetation bei der Luftaufnahme sichtbar. (Photogrammetrie München.)

am Mohave River mit 2,9 bis 15,9 m/Tag, im Dünensand bei Haarlem aber nur mit 0,011 bis 0,015 m/Tag gemessen. Die kleinen Fließgeschwindigkeiten und die damit zusammenhängende Verzögerung in der Auswirkung von Zuflußänderungen bedingen beim Grundwasser geringe tägliche Spiegelschwankungen und geringe Änderungen der Ergiebigkeit für kürzere Zeitspannen, sowie geringe Temperaturänderungen, wozu auch noch die große Wärmekapazität des Wassers beiträgt. Die Fortbewegung nach den Gesetzen der Filtration führt zur Zurückhaltung von Schwebstoffen und sonstigen Beimengungen anorganischer und organischer Art (wichtige Eigenschaften des Grundwassers bei seiner Verwendung für die Wasserversorgung!).

---

[1] PRINZ: Hydrologie. 2. Aufl. Berlin: Springer 1920.

In Abb. 242 ist das *Einzugsgebiet* der in der Würmeiszeit entstandenen *Münchener Schotterterrasse* dargestellt. Von den Endmoränen des jüngsten Isar- bzw. Inngletschers zieht beiderseits der Isar ein mächtiger Grundwasserstrom nach Norden, getragen von einer Flinzschicht. Infolge des starken Gefälles der Geländeoberfläche von Süden nach Norden kommt die Grundwasseroberfläche im Norden Münchens nahe an die Geländeoberfläche heran, das Dachauer und Erdinger Moos bildend. Abb. 243 zeigt einen Teil des *Längsschnittes* durch diesen Grundwasserstrom rechts (östlich) der Isar. Daraus ist ersichtlich, daß das durch-

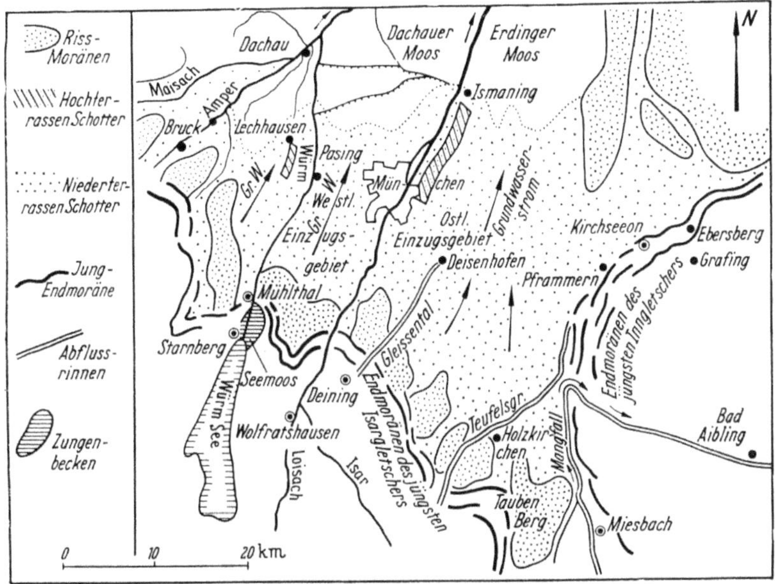

Abb. 242. Einzugsgebiete des Grundwasserstromes der Münchener Schotterterrasse.

schnittliche Gefälle der Grundwasseroberfläche zwischen Siegertsbrunn und dem Kanal der Mittleren Isar rd. 3,3$^0/_{00}$ beträgt und daß die Mächtigkeit des Grundwasserstromes, soweit der Verlauf der undurchlässigen Flinzschicht genau bekannt ist, zwischen 12 und 18 m schwankt. Die Schwankungen der Grundwasseroberfläche zwischen besonders trockenen und besonders nassen Zeiten erreichen in diesem hoch gelegenen östlichen Teil des Münchener Grundwasserstromgebietes rd. 5,60 m (Abb. 244).

Abb. 245 gibt einen Ausschnitt des *Grundwasserschichtenplanes* (Grundwassergleichen) für dieses Grundwasserstromgebiet beim höchsten Stand im Juni 1940. In der Hauptsache verlaufen diese Linien gleicher Niveauhöhe der Grundwasseroberfläche westöstlich. Lediglich gegen die Isar zu schwenken sie parallel zur Isar ein und deuten damit an, daß dort — *da die Fließrichtung des Grundwassers immer senkrecht*

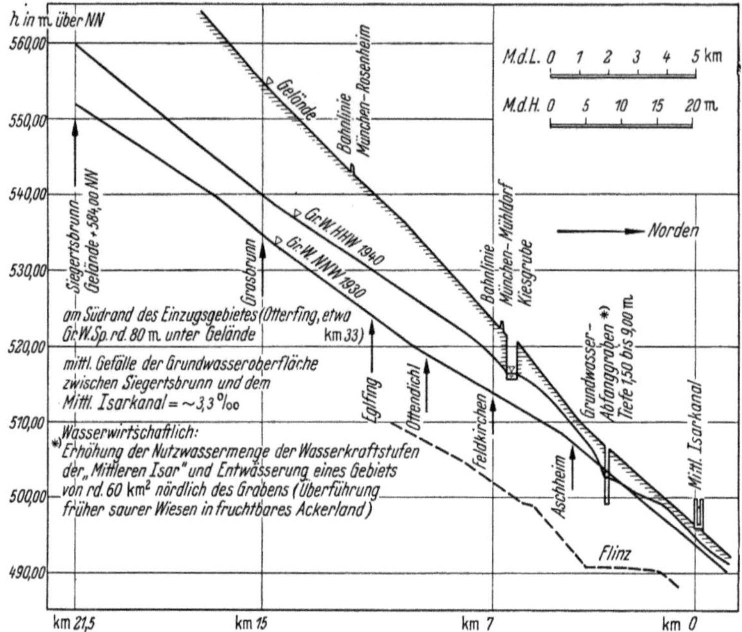

Abb. 243. Längenschnitt *A-B-C* durch den Grundwasserstrom in der Münchener Schotterterrasse rechts der Isar von Siegertsbrunn bis zum Kanal der Mittleren Isar (vgl. Abb. 245). Grundwasserhöchststand Juni/Juli 1940.   Grundwasserniedrigststand April 1930.

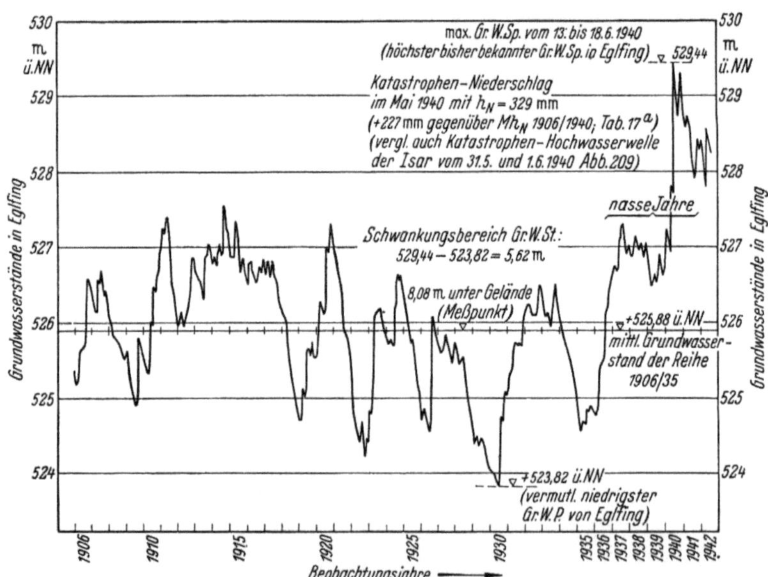

Abb. 244. Grundwassergang in Eglfing bei München von 1906 bis 1942.

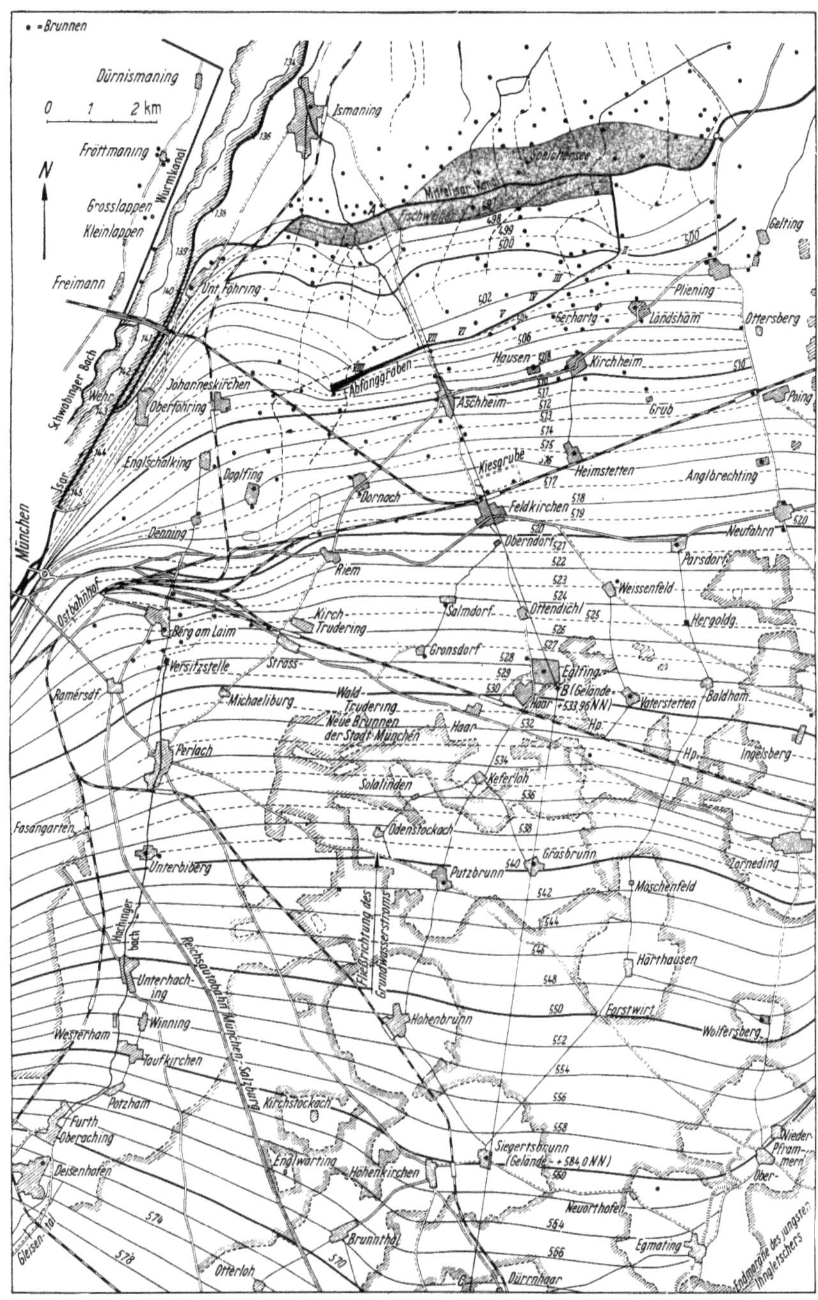

Abb. 245. Einzugsgebiet der Münchener Schotterterrasse rechts der Isar mit den Grundwasser-schichtlinien beim *HHW* 1940.

zu den Gleichen desselben liegt — ein Grundwasserabfluß zur Isar hin erfolgt. Weil aber die Flinzunterlage am steilen Hang des rechtsseitigen Isarhochufers zutage tritt, fließt dort das Grundwasser in Form zahlreicher Quellen aus (Harlaching, Gasteig, Oberföhring).

Die große Tiefenlage der Grundwasseroberfläche unter dem Gelände, besonders im südlichen Einzugsgebiet — Otterfing etwa 80 m gegenüber

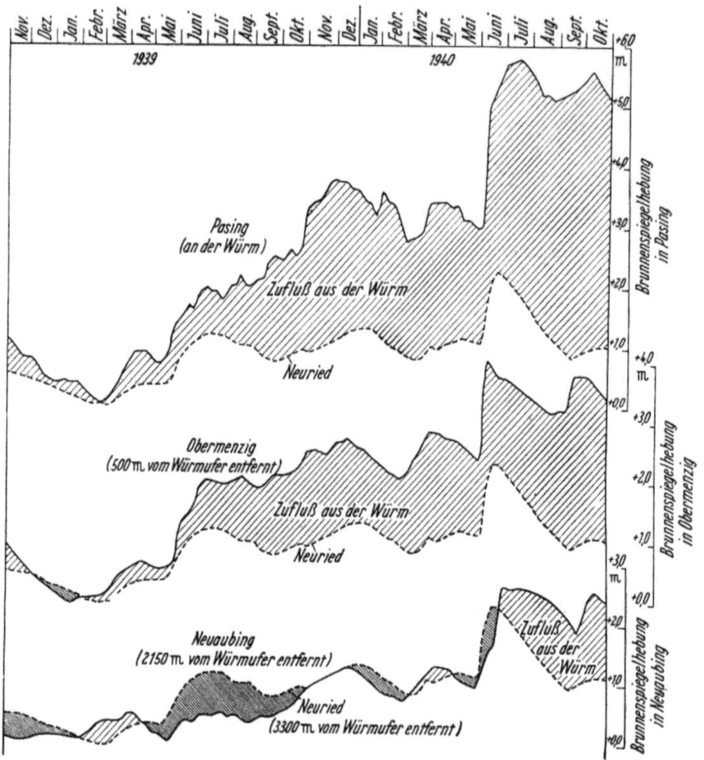

Abb. 246. Einfluß der Würm auf den Grundwasserspiegel links der Isar.

i. M. 8 m in Eglfing —, und der dadurch gegebene große Versickerungsweg bewirkte bereits in Hohenbrunn (8,5 km südsüdwestlich von Eglfing) eine Verzögerung der Auswirkung der Katastrophenniederschläge vom 29. bis 31. Mai 1940 (vgl. Abb. 209) auf den dortigen Brunnenspiegel um nahezu einen Monat (gegenüber 2 Wochen in Eglfing) und eine Verminderung der in das Grundwasser gelangenden Sickerwassermenge (vermehrte Haftwasserverluste!), die sich in den unterschiedlichen Brunnenspiegelhebungen ausdrückt (Spiegelhebung lediglich infolge des genannten Starkregens in Hohenbrunn 1,10 m, in Eglfing 1,75 m).

Der Grundwasserstrom im westlichen Gebiet von München (links der Isar) ist nicht so mächtig wie im östlichen Gebiet, was auf das dortige kleinere Einzugsgebiet zurückzuführen ist. Hydrologisch zeigt sich aber noch ein besonderer Unterschied zwischen beiden Gebieten: Während die Speisung des östlichen Grundwasserstromes ausschließlich aus den Niederschlägen erfolgt, wird der unterirdische Wasservorrat im linken Einzugsgebiet der Münchener Schotterebene nicht nur aus den Niederschlägen, sondern in erheblichem Maße auch durch *Versickerung von Wasser des Würmflusses in das Grundwasser* ergänzt, besonders auf der Flußstrecke nördlich von Gräflfing, wogegen oberhalb umgekehrt Grundwasser in die Würm einfließt. Abb. 246[1] zeigt den Einfluß der Würm auf den Grundwasserstand in verschiedenen Entfernungen vom Würmufer an Hand der Ganglinien der Grundwasserspiegel für die Jahre 1939 und 1940 (Mai-Katastrophenniederschlag). Die Vergleichsgrundlage dafür bildet die entsprechende Ganglinie des Beobachtungsbrunnen von Neuried, auf den die Würmversickerungen *keinen* meßbaren Einfluß mehr ausüben.

4. Speisung der Flüsse aus dem Grundwasser. Trockenwetterkurve.

Für die Speisung der Flüsse aus den Grundwasservorräten gibt die *Trockenwetterkurve*[2] (Trockenkurve, Trockenwetterauslauflinie) gute Aufschlüsse. Sie wird aus der Wassermengenganglinie hergeleitet. Mit dem Abnehmen bzw. Aufhören der Niederschläge fällt eine solche Wassermengenganglinie erst schnell, dann immer langsamer. Freilich, die Natur führt diese Trockenwetterkurve kaum jemals in *einem* Stück vor. Aber stets ist zu beobachten, daß nach dem Aufhören des Regens die nach rechts fallenden Äste der Ganglinien regelmäßig gestaltete Linienstücke mit der vorerwähnten Charakteristik erkennen lassen, die erst wieder nach dem Eintritt neuer Niederschläge unterbrochen wird (vgl. dazu die Abb. 178 bis 183). In Abb. 247 sind in einer idealisierten Mengenganglinie diese regelmäßig gestalteten Kurvenstücke AB, B_1C_1, $C'D_1$, $D'E_1$ ... besonders hervorgehoben und in der angedeuteten Weise zu der „Trockenwetterkurve" $ABCDE ... T$ zusammengefaßt. Dabei wird angenommen, daß — bei andauernder Trockenheit vom Zeitpunkt A an — der fallende Ast der Abflußmengenlinie entsprechend der Trockenkurve verlaufen würde. Da mit dem Aufhören der Niederschläge auch die oberirdischen Zuflüsse abnehmen und schließlich ganz ver-

---

[1] Köpf: Untersuchungen über die Ursachen der Grundwasserstände im Gebiet der Stadt München im Sommer 1940. Diss. München 1943.

[2] Diese Bezeichnung stammt von Koehne. Vgl. auch Fischer: Ziele und Wege der Untersuchung über den Wasserhaushalt. Mitt. d. Reichsverb. d. Dtsch. Wasserw. 1936, Nr. 40. Berlin. — Trossbach und Wundt: Die natürliche Vorratsbildung in unseren Flußgebieten. Arch. Wasserwirtsch. 1940, Nr. 52. Berlin.

siegen, ist die verbleibende Wasserführung in wachsendem Maße auf die Speisung aus den Grundwasservorräten angewiesen, wobei diese Speisung aus Grundwasserquellen oder durch unmittelbaren Übertritt von Grundwasser in das Flußbett erfolgen kann. Genauer ausgedrückt muß es heißen: Die Flußspeisung besteht in längeren Trockenzeiten lediglich aus dem Wasser der abflußfähigen Grundvorräte, das die Verdunstung übrigläßt.

Mit dem Anhalten der Trockenheit wird auch die Ergänzung der Grundwasservorräte durch Versickerung immer kleiner, die Grundwasseroberfläche sinkt und demgemäß auch die Wasserspende daraus. So fällt auch die Trockenkurve langsam, aber stetig nach rechts ab, erreicht das MNQ, dann das NNQ und würde sich beim weiteren Ausbleiben jedweder Niederschläge asymptotisch der Abszissenachse für

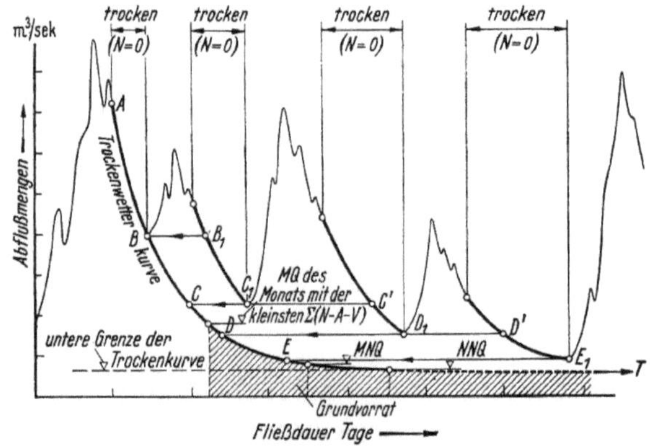

Abb. 247. Trockenwetterkurve.

$Q = 0$ nähern, was einem Erschöpfen jener Grundwasservorräte gleichkäme, die innerhalb des Schwankungsbereiches der Grundwasseroberfläche liegen. Dabei wäre allerdings vorauszusetzen, daß nicht schon *vorher* das vorhandene Gefälle so klein geworden wäre, daß überhaupt nichts mehr abfließen könnte. Da NNQ (als kleinste beobachtete Wasserführung) in einer langen Reihe von Jahren aber nur einmal eintritt, also nicht unterschritten wird, stellt der darunterliegende Grundvorrat de facto einen eisernen Bestand dar.

Bei kleinen Flußgebieten zeigt die Trockenwetterkurve im Sommer wegen der größeren Verdunstung einen steileren Verlauf als im Winter, wenn die durchschnittlich niedrigeren Temperaturen die Verdunstung herabsetzen.

Ein Beispiel, wie man den Grundwasserabfluß zahlenmäßig als Anteil der Gesamtwasserführung erfassen kann, gibt ERTL[1] für das Saalach-

---

[1] Der mittlere jährliche Gang des Wasserhaushalts der Saalach. Arch. Wasserwirtsch. 1940, Nr. 54. Berlin.

einzugsgebiet bei Jettenberg. Das ideale Mittel für eine solche Scheidung der Wasserführung in den Oberflächen- und Grundwasserabfluß wären in solchen Hochgebirgsgebieten wohl *Quellschüttungsmessungen.* Denn sie geben einen Einblick in den *jährlichen Gang* des Grundwasserabflusses und ermöglichen bei entsprechender Dichte des Beobachtungsnetzes, der Kenntnis des Schichtenaufbaues, der Pflanzendecke, der Niederschlagshöhe und der Grenzen der Einzugsgebiete der Quellen auch den notwendigen Rückschluß auf größere Flächen. Darüber hinaus wären

aber auch Beobachtungen der Abflußvorgänge am Hauptvorfluter und an allen Seitengewässern, die dessen Abflußmenge nennenswert beeinflussen, erforderlich. Sie sollen die Tage ermitteln, an denen der Oberflächenabfluß aussetzt und die Wasserführung allein aus der Grundwasserspende bestritten wird. Allerdings bieten nur längere regenlose Zeiten die Aussicht, solche Feststellungen mit Sicherheit zu machen, das sind in den Alpengebieten die Wintermonate. Bei alpinen Gewässern, die noch in morphologischer Umgestaltung begriffen

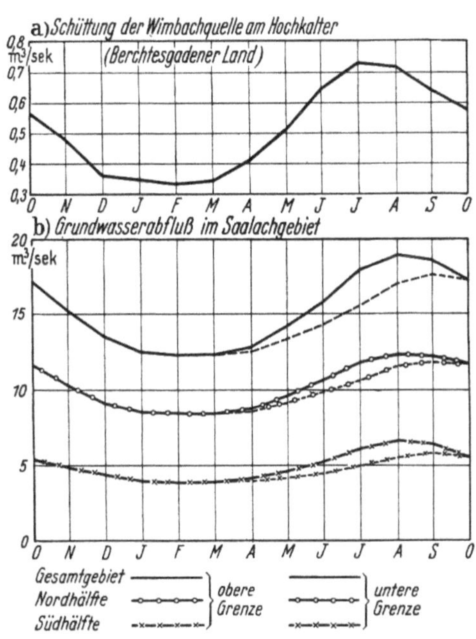

Abb. 248 a u. b. Grundwasserabflußgang.

sind (Schwebtrieb) und wenig Abwasserverunreinigungen aufweisen, ist das erste Anzeichen für das Aufhören des Oberflächenabflusses die völlige Klärung des Wassers. Anschließend an diesen Vorgang wird die Wassermengenganglinie stetig und senkt sich nur langsam (Ausbildung der Trockenwetterlinie).

Da im Saalachuntersuchungsgebiet selbst während der Beobachtungszeit 1919 bis 1936 keine Quellschüttungsmessungen und keine besonderen Beobachtungen des Abflußvorganges zur Bestimmung der Trockenwetterkurve vorgenommen worden sind, stützte sich ERTL bei seinem Versuch, den Grundwasseranteil am Gesamtabfluß zu ermitteln, einmal auf die Schüttungsmessungen der im östlichen Nachbargebiet liegenden Wimbachquelle (Abb. 248a), zum anderen unmittelbar auf die Wassermengenlinien der Saalach (Abb. 248c).

Im Wimbachtal, zwischen Watzmannstock und Hochkalter
(Berchtesgadener Land) tritt am Osthang des letzteren in etwa 800 m
ü. N. N. eine Quelle aus den Felsenhängen, die von 1905 bis 1914 ständig beobachtet und gemessen wurde. Ihr Einzugsgebiet darf auf 10 bis
12 km², ihre mittlere Höhenlage auf 1500 ü. N. N. geschätzt werden.
Niederschlagshöhe, Wärme, Schichtenaufbau und Pflanzendecke decken
sich weitgehend mit den besonders durchlässigen Teilen der Nordhälfte
des Saalachgebietes. Wie aus Abb. 248a zu entnehmen ist, zeigt der

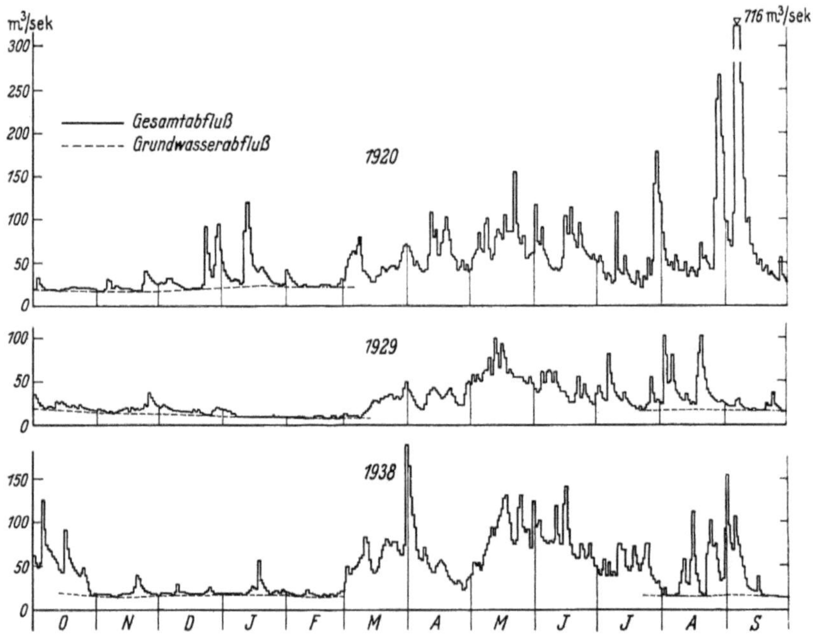

Abb. 248 c. Ganglinie des Gesamt- und des Grundwasserabflusses am Schreibpegel zu Jettenberg
im Abflußjahr. (Nach ERTL.)

mittlere Gang der Quellschüttung trotz des kleinen E eine große Stetigkeit. Da auch die nicht gemittelten Ganglinien der Einzeljahre keine
großen kurzfristigen Ausschläge zeigen, wird die Schüttung also nur
durch Witterungsänderungen von längerer Dauer beeinflußt. Die
kleinste Spende fällt in die Wintermonate Januar bis März, die größte
in die Hochsommermonate Juli und August (Auffüllung des Grund-
wasserraumes im Frühjahr und Sommer, Entleeren im Herbst und
Winter (vgl. dazu S. 156 und die Abb. 86a—d).
   Wie für diese Untersuchung die Auswertung der Jahreswassermengen-
Ganglinien erfolgt, ist in den 3 — willkürlich — herausgegriffenen Beispielen des Jahre 1920, 1929 und 1938 angedeutet. Es sind die in den
Monaten Oktober bis mit Februar in ausreichender Zahl vorhandenen

Punkte der Trockenwetterkurve verbunden. Nach ERTL liegt hier der
Genauigkeitsgrad etwa im Rahmen der Genauigkeit der übrigen Grundlagen der Wasserhaushaltsuntersuchungen. Der so gewonnene allgemeine
Verlauf des Grundwasserabflusses für das Winterhalbjahr entspricht
dem der Wimbachschüttung, ist nur wegen der längeren Beobachtungsreihe und des fast 100mal größeren Gesamteinzugsgebietes ausgeglichener; während die Quellschüttung im Oktober das 1,7fache der Februar-
schüttung aufweist, verringert sich dieses Verhältnis für das Saalachgebiet nach ERTL auf das 1,4fache.

Die Auswertung der Jahresgänge der Saalach für die Bestimmung
der Grundwasserspende während der Sommermonate bietet, wie die
Abb. 248c zeigt, erhebliche Schwierigkeiten, da die Senken im Gang zu
kurze Zeit anhalten. Da aber dieser Teil des Grundwasserganges zwischen den gewonnenen Punkten des Februar und Oktober liegt und
einen ähnlichen Verlauf wie bei der Wimbachquelle aufweisen muß,
kann er nur zwischen engen Grenzen schwanken. Es wurde dafür ein
oberer und unterer Grenzwert festgelegt (Abb. 248b). Die durch die
größeren Grundwasserräume und teilweise geringere Durchlässigkeit
bedingte Verzögerung im unterirdischen Abfluß (Anstieg nicht vor
April) und die Verringerung des Verhältnisses der größten zur kleinsten
Grundwasserabflußmenge (ausgeglichenere Wasserführung) wurde dabei berücksichtigt.

5. Quellen.

Das Austreten des Grundwassers in Quellen in den Bereich des oberirdischen Wassers kann in verschiedener Weise erfolgen (vgl. Abb. 249),
dem sich natürlich die Formen der Fassungen solcher Quellen anpassen

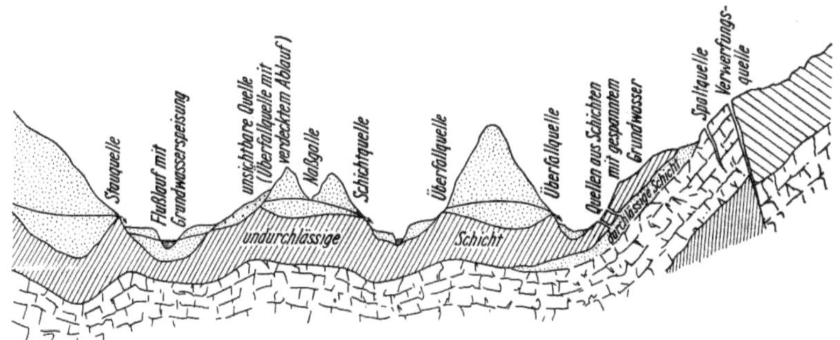

Abb. 249. Hydrogeologische Verhältnisse von Quellen.

müssen. Abb. 250 zeigt in anschaulicher Weise das Einfließen eines
Grundwasserstromes in die Mangfall, der seit langem für die Münchener
Wasserversorgung durch eine liegende Wasserfassung (Sammelleitung,
Sammelgalerie) abgefangen ist.

6. Bedeutung künstlicher Grundwasserspeicher.

Die Speisung von Grundwasserräumen durch Einleitung von Flußwasser erhält wegen der damit gegebenen Wasserspeicherung (Vergrößerung der natürlichen Vorratsbildung) mit den wachsenden Wasser-
bedürfnissen der Volkswirtschaft eine immer größere Bedeutung, so daß

Abb. 250. Grundwasserzustrom aus einem Talhang in die Mangfall (Münchener Wasserversorgung).

die Forderung nach *künstlicher Wasseranreicherung der Grundwasserräume* zur Ergänzung oberirdischer Speicherräume immer dringender
erhoben wird. Es handelt sich dabei um *solche* unterirdische Speicherräume, die in Zeiten *überschüssiger Wasserdarbietung aufgefüllt*, in Zeiten
von *Wasserklemmen* wieder *entleert* werden können. In Betracht kommen
dabei auch wasserdurchlässige unterirdische Räume, die *bisher mit Luft
gefüllt* waren[1]. KOEHNE gibt für eine solche über die natürliche Grundwasserspeicherung hinausgehende Ansammlung von Wasserreserven
eine Reihe sehr beachtenswerter Wege an[2].

Ein Bild von der Größe der Speichermengen im Grundwasser kann
man gewinnen, wenn man — wie es KOEHNE tut[2] — einmal den Spiegelunterschied des Grundwassers zwischen einem besonders nassen und
einem trockenen Zeitraum zu rd. 2 m annimmt — (er hat als Mittel
einer langjährigen Beobachtungsreihe einer Zahl von Stationen 2,17 m
ermittelt). Ein solcher Spiegelunterschied ergäbe für Deutschland etwa
250 bis 300 Milliarden m^3. KOEHNE vergleicht die jährliche Abflußfracht
einiger Flußgebiete mit einer angenommenen jährlichen Grundwasserspeicherung von i. M. 40 cm. Diese Annahme führt auf einen Grund-
wasserspeicherraum, der größer ist als die durchschnittliche jährliche Abflußmenge (Tab. 54). Dieser Vergleich würde für viele Flußgebiete noch
mehr zugunsten der Grundwasserspeicherung sprechen, wenn jener
Anteil der jährlichen oberirdischen Abflußmengen zahlenmäßig erfaßt

---

[1] In großem Umfang in den nordamerikanischen Trockengebieten bereits
durchgeführt (Nat. Res. Council. Trans. Amer. Geophys. Union. 17. ann. meeting
West-Coast meeting 1936, Part II. Reports and Papers. Section of Hydrology.
Washington 1936).

[2] KOEHNE: Die Wasserspeicherung in unterirdischen Räumen. Z. Dtsch.
Wasserw. 1941.

werden könnte, der aus dem Grundwasser in die Flüsse einströmt. An diesem Gesamtergebnis ändert die Tatsache nichts, daß z. B. an der Oder die Verhältnisse umgekehrt liegen (Abgabe von Oderwasser an den Untergrund), weil die versickerten Wassermengen bei der Feststellung des oberirdischen Abflusses *nicht* mit erfaßt werden.

Tabelle 54. *Vergleich durchschnittlicher Jahresabflüsse mit der Grundwasserspeicherung.*

Meßstelle	MQ	Zufluß-gebiet F	Abfluß-menge im Jahr	Grund-wasser-speicher $= F \cdot 0,4$	Abfluß-höhe $(4:3) \cdot 10^6$
	m³/sek	km²	km³/Jahr	km³/Jahr	mm/Jahr
1	2	3	4	5	6
Weichsel bei Montauer Spitze	1100	193009	35	77	181
Oder b. Kienitz unterh. Küstrin	571	109093	18	44	165
Elbe bei Darchau (zwischen Wittenberge und Hamburg) . . .	607	131950	19	52	145
Weser bei Intschede	266	37906	8	15	221
Ems bei Rheine	28	3740	0,9	1,5	232
Rhein zwischen Lustenau und Wesel	1808	148406	47	59	318

II. Aufsuchen von Grundwasser, Messung und Berechnung.

1. Aufsuchen von Grundwasser.

Nicht selten muß das Grundwasser für wasserwirtschaftliche Zwecke im wahrsten Sinne des Wortes „gesucht" werden. Man zieht dazu geologische Überlegungen heran (geologische Sachverständige), gegebenenfalls mit *geophysikalischen* Untersuchungsverfahren[1], wenn Probebohrungen nicht von vornherein Aussicht auf Erfolg bieten. Sonst folgen diese den geologischen Gutachten. In manchen Fällen hat auch die Suche mit der „*Wünschelrute*" gute Erfolge bei der Wassersuche gebracht.

2. Grundwasserbeobachtung und ihre Auswertung (Grundwasserstands-Ganglinie, Grundwassergleichen).

Manche tiefe *Kiesgrube* gibt durch das in ihr stehende Wasser bereits Aufschluß über die jeweilige Lage der Grundwasseroberfläche des umliegenden Gebietes. Sonst müssen *künstliche Aufschlüsse* mit *Aufgrabungen* (Schürfungen), bei größerer Tiefenlage der Grundwasseroberfläche Abteufungen von *Standrohren* vorgenommen werden, in denen dann der *Grundwasserspiegel* freigelegt wird. Er entspricht der auf S. 370 definierten Grundwasseroberfläche. Der Abstand des Grund-

---

[1] Schoklitsch: Wasserbau. Bd. 1, S. 199. Wien: Springer 1930. — Räthe: Z. Gas- u. Wasserfach. 1940, S. 375.

wasserspiegels von der Geländeoberfläche oder auch die Höhe des Grundwasserspiegels über oder unter einem angenommenen Horizont ergibt den *Grundwasserstand*.

Da vorhandene Brunnen meist in Benutzung stehen, bietet der in ihnen beobachtete Grundwasserspiegel keine Gewähr dafür, daß er der Ruhelage entspricht, so daß man zu den oben erwähnten besonderen Beobachtungsrohren greifen muß (vgl. Abb. 251). Dabei ist bei

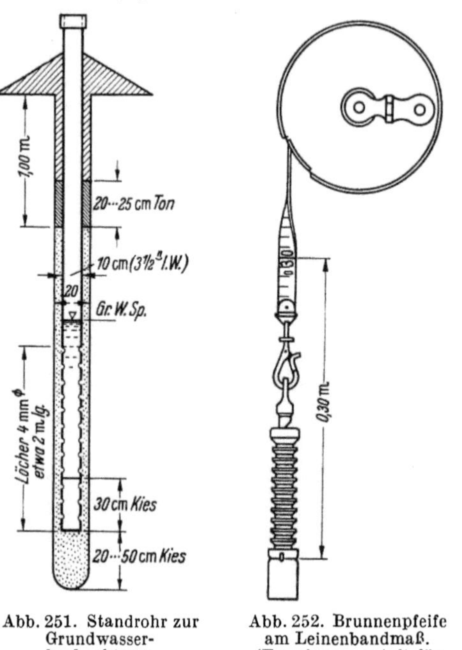

Abb. 251. Standrohr zur Grundwasserbeobachtung.

Abb. 252. Brunnenpfeife am Leinenbandmaß. (Forschungsanstalt für Gewässerkunde[1].)

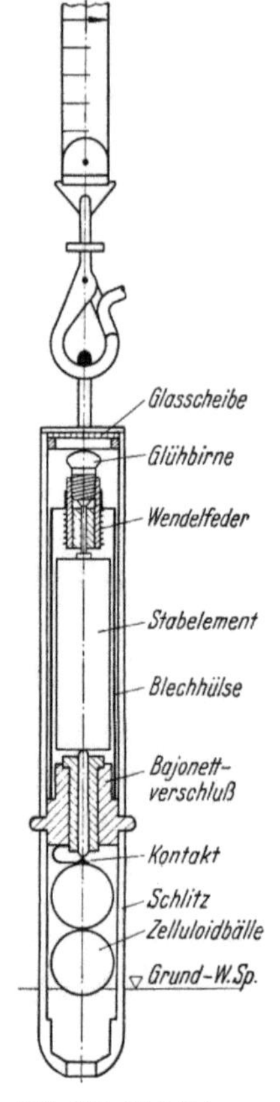

Abb. 253. Lichtlot am Leinenbandmaß. (Forschungsanstalt für Gewässerkunde[1].)

Vorhandensein von mehreren Grundwasserstockwerken wegen möglicherweise gespanntem Grundwasser besondere Vorsicht am Platze, um nicht zu unrichtigen Schlüssen hinsichtlich der Lage der Grundwasserspiegel zu kommen (Abb. 239).

Für die Bestimmung des Grundwasserspiegels sind verschiedene Meßgeräte entwickelt worden[2]. Bei engen Bohrlöchern benutzt man

---

[1] Richtlinien für grundwasserkundliche Beobachtungen und ihre Auswertung. Herausgegeben v. d. Forschungsanstalt f. Gewässerkunde in Bielefeld. Stuttgart: Franckh 1949.

[2] Zum Beispiel von Ott, Kempten; Fuess, Berlin-Steglitz; Killi, München; Forschungsanstalt für Gewässerkunde in Bielefeld usw.

außer *Meßstangen* (nicht zu empfehlen!) oder *Meßbändern mit Eisen-stab* vor allem die *Brunnenpfeife* am Leinenbandmaß (Abb. 252). Das unten in den Metallstab eindringende Wasser erzeugt durch die Pfeife einen deutlich wahrnehmbaren Ton. Entsprechend der Eintauch-tiefe füllen sich die becherartigen,

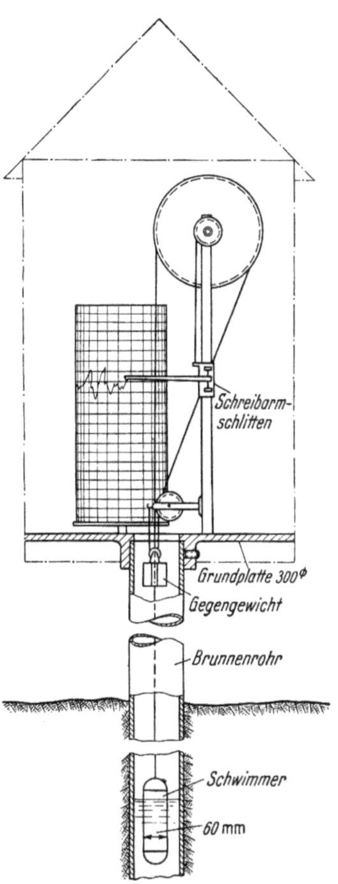

Abb. 254. Schematische Darstellung des kleinen Brunnenrohrpegels. (FUESS.)

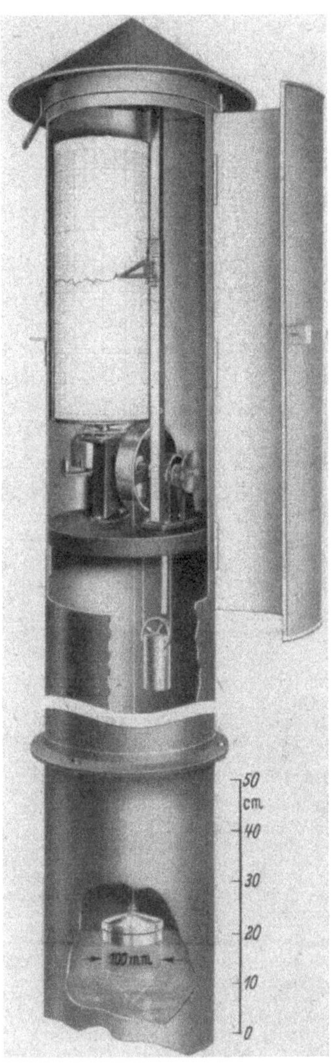

Abb. 255. Großer Brunnenrohrpegel. (FUESS.)

ringförmigen Näpfchen. Sowie man den Pfeifenton hört, liest man an der einnivellierten Ober-kante des Brunnenrohres die Tiefe des scheinbaren Wasserspiegels am Maßband ab, holt die Pfeife aus dem Brunnen heraus, bestimmt an ihr durch Feststellung der Zahl der mit Wasser gefüllten Rillen die Eintauchtiefe, die dann von dem am Meßband abgelesenen Tiefenwert abgezogen wird. So erhält man den genauen Abstand des Grundwasserspiegels vom Rohrrand oben (Grundwasserstand).

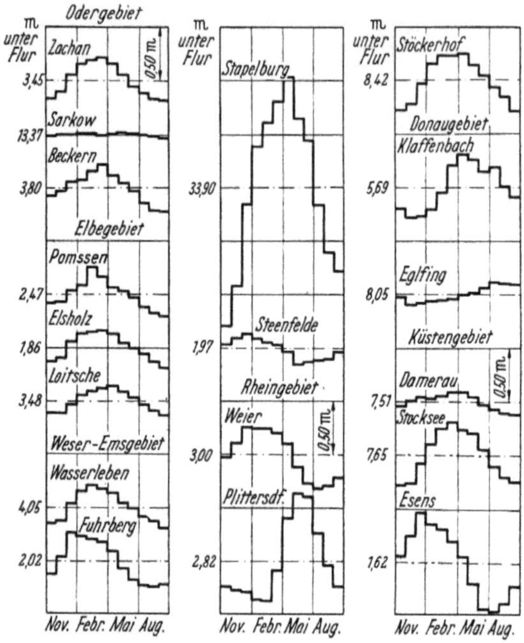

Abb. 256. Charakteristische Jahresganglinien des Grundwasserstandes für verschiedene Gegenden Deutschlands (nach KOEHNE). (Monatsmittel meist für 1916 bis 1935.)

Übersicht zu Abb. 256.

Odergebiet:

Zachan: Sand; Ihna-Odergebiet.
Sarkow: Lehm und Sand; Ausgleich durch tiefen Grundwasserstand unter Flur.
Beckern: Sandgebiet.

Elbegebiet:

Pomssen: Elbegebiet.
Elsholz: Sand; 1 km von Entwässerungsgräben.
Loitsche: Sand am Fuße der Letzlinger Heide. Die Verzögerung des Jahreshöchststandes gegenüber Elsholz ist geologisch, nicht klimatisch bedingt.

Weser-Emsgebiet:

Wasserleben: Im Ilsetal, Wesergebirge, 600 m vom Fluß, Kies.
Fuhrberg: Sand, Wietze-Allergeb. Jahreshöchststand im Januar infolge ozeanischer Klimaeinflüsse und geringfügiger Verzögerung.
Stapelburg: Am Nordfuß des Harzes. Kreidemergel, starke Schwankungen.
Steenfelde: Emsgebiet; Ausgleich durch benachbarte Gräben.

Rheingebiet:

Weier: Oberrheinische Tiefebene. Jahrestiefstand schon im August (westdeutsches Klima).
Plittersdorf: Nahe dem Oberrhein. Vom Rheinstrom erzeugter, dem örtlichen Klima gar nicht entsprechender Verlauf.
Stöckerhof: Sieg-Rheingebiet. Trachyttuff, Verzögerung im Boden.

Donaugebiet:

Klaffenbach: Isar-Donau; Einfluß der Isar.
Eglfing bei München: Kiesfläche. Verzögerungen durch Zufluß vom Oberlaufe des Grundwasserstromes (vgl. dazu S. 378).

Küstengebiet:

Damerau: Kr. Heiligenbeil (Ostpr.), Lehm und Sand. Verzögerungen im Boden.
Stocksee: Gebiet der Kieler Förde. Sandiger Lehm, daher starke Schwankungen.
Esens: Nordseeküste, Sandboden. Westdeutscher Klimaeinfluß ausgeprägt.

Ein anderes einfaches Meßgerät stellt das *Lichtlot* dar (Abb. 253). Beim Einsinken in das Grundwasser steigen die Zelluloidbällchen in die Höhe, stellen den Kontakt her und bringen die Glühbirne zum Aufleuchten.

Für Dauerbeobachtungen des Grundwasserstandes benutzt man die den mechanischen Schwimmerschreibpegeln entsprechenden *Brunnenrohrpegel.* Der *kleine* Typ der Abb. 254 hat einen Schwimmerdurchmesser von 60 mm und einen maximalen Meßbereich bis 5 m, der große Brunnenrohrpegel der Abb. 255 einen Schwimmerdurchmesser von 100 mm und einen Meßbereich bis 12,20 m Tiefe.

Die Auswertung der regelmäßigen wöchentlichen oder täglichen Feststellungen des Grundwasserstandes in einem Brunnen oder Beobachtungsrohr führt zur *Ganglinie des Grundwasserstandes,* wie sie z. B. in Abb. 244 für den Beobachtungsbrunnen in Eglfing bei München für die Jahresreihe 1906 bis 1942 aufgetragen wurde. Abb. 256 zeigt charakteristische mittlere Jahresganglinien des Grundwasserstandes für verschiedene Gegenden Deutschlands[1], und die Übersicht dazu gibt kurz die Erklärung für die Ursachen der verschiedenen Ganglinien.

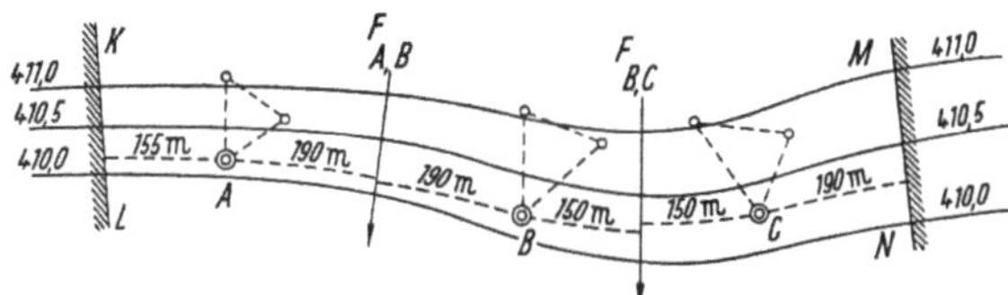

Abb. 257. Bohrbrunnengruppen.

Stehen für ein Grundwassergebiet mehrere Beobachtungsbrunnen oder Standrohre zur Verfügung, dann lassen sich durch Eintragen der *auf den gleichen Zeitpunkt bezogenen* Beobachtungsergebnisse in den Lageplan die *Linien gleicher Grundwasserspiegelhöhen (Grundwassergleichen)* zeichnen. Der Verlauf dieser Schichtlinien gibt bereits die Strömungsrichtung der Grundwasserbewegung, weil letztere *senkrecht* zu den Schichtlinien erfolgt. Aus der Gestalt der Grundwasseroberfläche läßt sich außerdem deren Gefälle bestimmen. Sie gibt auch Aufschluß über die Beziehung des Grundwasserstromes zu einem in der Nachbarschaft befindlichen Gewässer usw. (vgl. die Grundwassergleichen des Grundwasserstromes östlich von München beim Höchststand im Juli 1940, Abb. 245).

Vielfach ist man zur *Bestimmung der Strömungsrichtung* des Grundwassers und gleichzeitig auch zur *Ermittlung des Grundwasserspiegelgefälles J* zur Anlage von *Bohrlochgruppen* gezwungen. Der Abstand zweier benachbarter Bohrlochgruppen voneinander wird nach PRINZ[2] im allgemeinen etwa zwischen 500 und 800 m schwanken können, wenn es sich um regelmäßig aufgebaute Grundwasserträger handelt.

---

[1] KOEHNE: Der jährliche Gang des Grundwasserstandes in Deutschland. Dtsch. Wasserwirtsch. 1939, S. 88.

[2] PRINZ: Hydrologie. Berlin: Springer 1923.

Bei solchen mit Störungen soll der Abstand 150 bis 200 m nicht überschreiten (Abb. 257).

Eine Bohrlochgruppe selbst besteht jeweils aus einem Rohrbrunnen und zwei zu Spiegelbeobachtungen geeigneten Standrohren (Peilrohren).

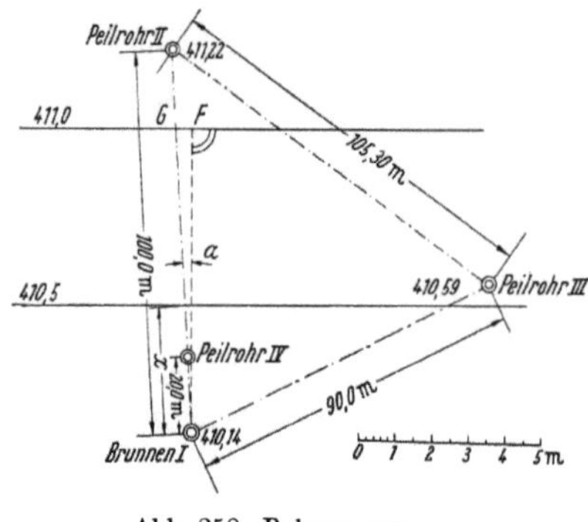

Abb. 258. Bohrgruppe.

Diese 3 Bohrungen bilden die Ecken eines Dreieckes mit ungefähr gleichen Seitenlängen, die etwa zwischen 50 und 100 m schwanken (Beispiel in Abb. 258)[1].

3. Grundwassermessung.

a) Filtergesetz.

Zur rechnerischen Erfassung der Grundwasserbewegung (Filtergeschwindigkeit und Durchflußmenge) dient das von DARCY durch Versuche gefundene *Filtergesetz*, welches lautet:

$$v = k J.$$

Dabei bedeuten:

$v =$ mittlere Geschwindigkeit der Wassermenge Q, mit der letztere durch die Flächeneinheit des Querschnittes F hindurchsickert, also $v = \dfrac{Q}{F}$ m/sek (*Filtergeschwindigkeit!*). Da der Querschnitt F zum großen Teil mit Bodenmaterial ausgefüllt ist, das Filterwasser also durch die kleinen Hohlräume hindurchpendeln muß, ist die *wirkliche Fließgeschwindigkeit* der einzelnen Wasserfäden *größer als v.* v ist also lediglich eine gedachte (scheinbare) Geschwindigkeit, bezogen auf den Querschnitt der Filterschicht;

$J = \dfrac{h}{l} =$ relatives Gefälle der Grundwasseroberfläche, wobei h (m) = Spiegelunterschied (Gefälleverbrauch) auf die Filterschichtlänge l (m), *gemessen in der Fließrichtung;*

$k^* =$ ein von der Beschaffenheit des Bodenmaterials (Porenbeschaffenheit, Kornmischung, Dichte der Lagerung) abhängiger Beiwert (Durchflußbeiwert, Durchlässigkeitsbeiwert). Da J dimensionslos ist, hat k (wie v) die Dimension m/sek. (Man kann k als diejenige Filtergeschwindigkeit auffassen, die sich bei waagrechter Strömung in einer durchlässigen Schicht für das Gefälle $J = 1$ einstellt, also für die Neigung von 45° der Grundwasseroberfläche.)

Über den Schwankungsbereich der bei Grundwasserbewegungen vorkommenden Werte v und k geben die beiden Tabellen 55 und 56 einen Überblick. Bei v verhalten sich danach die extremen Werte etwa wie $1:1000$, bei k wie rund $1:350$.

---

[1] STRECK: Grund- und Wasserbau in praktischen Beispielen. Bd. I. Berlin: Springer 1942.

$^* = \varepsilon$ nach THIEM.

Tabelle 55. *Tatsächlich gemessene natürliche Grundwassergeschwindigkeiten.*

Ort	m/Tag	Ort	m/Tag
Gotenburg	0,5	Kárany (Böhmen). . .	9,3
Mannheim	1,2 bis 1,9	Brooklyn.	0,33
Fürth i. B.	1,5	East-Medow	0,80
Naunhof b. Leipzig . .	2,5	Merrick	0,95
Rheintal b. Straßburg .	3,0 bis 7,8	Mohave River	2,9 bis 15,9
Kiel	4,7	Dünensande b. Haarlem	0,011 bis 0,015
München (westliches Bahnhofsgelände)[1] .	3,9		

Tabelle 56. *Gemessene Durchlässigkeiten k.*

Bodenart	Korndurchmesser cm	k m/sek	Bodenart	Korndurchmesser cm	k m/sek
Sehr feiner Sand (nordd. Tiefeb.)	—	0,0001	Filtersand (Hamburg)	—	0,0077
Dünensand (Nordseeküste)	—	0,0002	Rheinsand (rein, gleichkörnig)[2] .	—	0,0146
Feiner Sand mit Spuren v. Lehm (Preußen) . . .	—	0,0008	Kies (Mannheim-Wieblingen) . .	—	0,0150
Feiner Sand mit Lehm (Berlin) .	—	0,001 bis 0,003	Kies (München, westliches Bahnhofsgelände)[1] .	—	0,0130 (i. M.)
Flußsand bei Münster . . . {	0,1 bis 0,3	0,0025	Kies (München-Moosach)[3] . . .	—	etwa 0,035
	0,1 bis 0,8	0,0088	Feiner Kies. . .	2,0 bis 4,0	0,0300
Kies (Leipzig)	—	0,0050	Mittelkies . . .	4,0 bis 7,0	0,0351

Zu beachten ist bei der Filtergeschwindigkeit nach Darcy, daß hier v der ersten Potenz von J verhältnisgleich ist [$v = f(J)$; *laminare* Wasserbewegung, Fadenströmung], wogegen bei der Wasserbewegung *ohne* Filterung (Strömung in offenen Wasserläufen und geschlossenen Gerinnen!) die Geschwindigkeit ungefähr der Quadratwurzel aus J proportional ist [$v = f(J^{1/2})$, *turbulente* Wasserbewegung, Wirbelströmung]. Thiem[4] entwickelte auf der Grundlage des Darcyschen Gesetzes Formeln für die Absenkungskurven des Grundwassers bei seiner Entnahme aus Brunnen. Wie Smreker[5], bestritten auch andere Hydrologen die Richtigkeit des Darcyschen Gesetzes, wenn es sich nicht um feinen Sand und geringe Geschwindigkeiten handelt. Zahlreiche andere For-

---

[1] Nach Messungen des Verfassers.   [2] Zunker: Zit. S. 371.   [3] Nach Stecher.
[4] Die Ergiebigkeit artesischer Bohrlöcher, Schichtbrunnen und Filtergalerien. J. Gasbeleuchtg. u. Wasserversorg. 1870 — Resultate des Versuchsbrunnens für die Wasserversorgung der Stadt Straßburg i. Els. Ebenda 1876 — Wasserversorgung der Stadt Leipzig. Leipzig 1879.
[5] Smreker: Z. VDI. 1878 — Das Grundwasser. Mannheim 1914.

scher fanden dagegen bei Filterversuchen das DARCYsche Gesetz für kleine und mittlere Gefälle und nicht zu durchlässige Kiesböden im wesentlichen bestätigt[1]. Es besteht deshalb keine Notwendigkeit, das einfache DARCYsche Filtergesetz bei grundwasserführenden Schichten innerhalb der Grenzen von $J = 1:100$ und $1:3000$ und von $k = 0,0001$ und $0,01$ m/sek nicht gelten zu lassen. Mit immer größer werdender Durchlässigkeit wird dann das Fließgesetz $v = f(J)$ fortschreitend in das Gesetz $v = f(J^{1/2})$ übergehen.

Die Wassermenge, die durch einen senkrecht zur Fließrichtung gelegenen Filterquerschnitt von der Größe F (m²) hindurchfließt, beträgt

$$Q = v\,F = k\,J\,F = \text{m}^3/\text{sek}.$$

Für $J = 1$ und $F = 1$ ist $Q = k$ m³/sek, d. h. die Durchlässigkeitsziffer k kann auch als das Wasservolumen in m³ aufgefaßt werden, das in der Sekunde durch eine Bodensäule vom Querschnitt 1 m² hindurchgeht.

b) Bestimmung des Durchlässigkeitsbeiwertes k.

Diese kann erfolgen α) mit Hilfe von Laborversuchen, die sich auf das Filtergesetz von DARCY stützen;

β) näherungsweise mit Hilfe von Erfahrungsgleichungen (HAZEN, KRESNIK, SLICHTER usw.), die mit Bodenarten verschiedener Zusammensetzung auf Grund zahlreicher Laborversuche hergeleitet wurden[1];

γ) mittels Versuchsbrunnenbetrieb mit Wasser*zugabe* im Gelände nach KOZENY;

δ) mittels Versuchsbrunnenbetrieb mit Wasser*entnahme*.

Die Bestimmung des k-Wertes durch den Laborversuch hat die Schwäche, daß sich dabei eine andere Lagerung des Bodenmaterials ergibt als in der Natur, wodurch die ermittelte Größe von k unzuverlässig wird. Bessere Ergebnisse erzielt man durch Messungen in der Natur. Hinsichtlich der *Kochsalzmethode* von THIEM[2] und des *Chlorammoniumverfahrens* von SLICHTER[3] sei hier lediglich auf die entsprechenden Veröffentlichungen verwiesen (siehe auch unten bei „Bestimmung der Grundwassergeschwindigkeit“).

Eine schnelle überschlägige Bestimmung von k erlaubt das *Kozenyverfahren*. Man benutzt dazu am zweckmäßigsten ein $D = 10$ cm weites

---

[1] Vgl. zu diesem Meinungsstreit BEGER: Versuche zur Bestimmung der Wasserdurchlässigkeit von Sand. Diss. Danzig 1922. (Mit einer umfassenden Literaturübersicht.)

[2] THIEM: Neue Messungsart natürlicher Grundwassergeschwindigkeit. J. Gasbeleuchtg. u. Wasserversorg. 1887.

[3] SLICHTER: Field measurements of the rate of movement of underground water. Water Supply and Irrigation Paper Nr. 140. Washington 1906.

Stahlrohr, das man vorsichtig in den Grundwasserträger so weit ein-
treibt, bis der untere Rohrrand 30 cm unter der Grundwasseroberfläche
liegt. Während des Eintreibens wird das Bodenmaterial bis zur Grundwasseroberfläche fortlaufend aus dem Rohr entfernt. Beim ersten Versuch wird nun in den Brunnen Wasser zugeführt bis zum Wasserstand h_0
und nun die Zeit t gemessen, bis der Wasserstand im Standrohr vom
Durchmesser d auf h abgesunken ist. Dann wird das Stahlrohr um l (m)
tiefer in den Boden getrieben, *ohne* daß weiterer Bodenaushub erfolgt.
Bei dem 2. Versuch erfolgt abermals Wasserzuführung auf den gleichen
Standrohrspiegel (h_0), wie zuerst, und abermalige Ermittlung der Zeit t_2,
die zur Spiegelabsenkung auf den Stand h notwendig ist. Dann erhält
man die Durchlässigkeitsziffer k aus:

$$k = \frac{2\,l}{t_2 - t_1}\left(\frac{d}{D}\right)^2 \ln\left(\frac{h}{h_0}\right) * ;$$

$$\left(\text{für } d = D \text{ wird dann } k = \frac{2\,l}{t_2 - t_1}\ln\left(\frac{h}{h_0}\right)\right).$$

Dieses Verfahren ermöglicht eine rasche, aber nur überschlägige Bestimmung von k für einen kleineren Bereich des Grundwasserträgers
(Genauigkeit etwa $\pm 25\%$).

Beim *Versuchsbrunnenbetrieb* mit Wasserentnahme wird zwischen
einem Brunnen und einem Peilrohr noch ein zweites Standrohr angeordnet. Für die Ermittlung der Absenkung des Spiegels stehen dann
zwei Beobachtungstellen zur Verfügung, welche die Absenkungswerte s
und s_1 liefern und über die gemessene Pumpwasserentnahme Q aus dem
Brunnen schließlich die Berechnung von k gestatten.

Setzt man nämlich in der DARCYSchen Gleichung $v = k\,J$, wobei J
bei Pumpbetrieb das bisher noch unbekannte Gefälle des *Absenkungs-*
spiegels bedeutet, die Filtergeschwindigkeit $v = \dfrac{Q}{F}$ und $J = \dfrac{h}{l} = \dfrac{dy}{dx}$,
und führt für F den Filterquerschnitt im Abstand x von der Mitte des
lotrechten Brunnens ein, wo die Höhe des Grundwasserspiegels über der
undurchlässigen Schicht y beträgt, also $F = 2\,x\,\pi\,y$, so erhält man
(vgl. Abb. 259) bei *freiem*, d. h. *ungespanntem* Grundwasserspiegel

$$Q = 2\,\pi\,x\,y\,k\,\frac{dy}{dx}.$$

Daraus

$$y\,dy = \frac{Q}{2\,\pi\,k}\,\frac{dx}{x}.$$

Durch Integration ergibt sich dann

$$y^2 = \frac{Q}{\pi\,k}\,\ln x + C.$$

---

* $\ln = \log \text{nat.}$

Diese Gleichung muß für die beiden Peilrohre I und II gelten. Setzt man deshalb für die Veränderlichen x und y einmal a_1, h_1 (Peilrohr I), dann a, h (Peilrohr II) ein, so ergibt sich

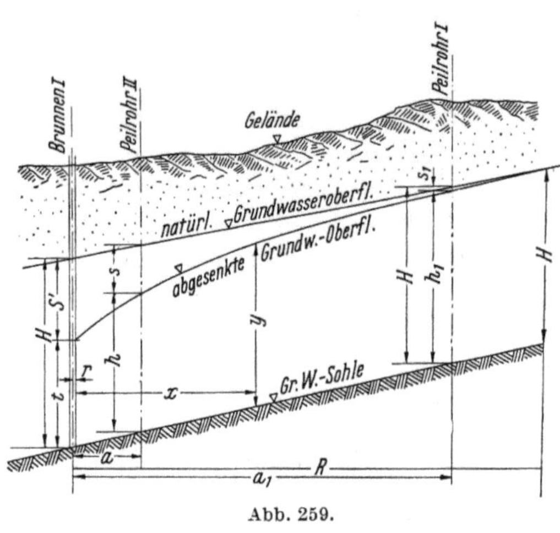

$$h_1^2 = \frac{Q}{\pi k} \ln a_1 + C$$

und

$$h^2 = \frac{Q}{\pi k} \ln a + C$$

und durch Subtraktion

$$h_1^2 - h^2 = \frac{Q}{\pi k} \ln\left(\frac{a_1}{a}\right),$$

also

$$k = \frac{Q \ln\left(\frac{a_1}{a}\right)}{\pi\,(h_1^2 - h^2)}.$$

Da $h_1^2 - h^2 = (h_1 + h)\,(h_1 - h)$ und $h + s = h_1 + s_1 = H = $ konst., also $h_1 - h = s - s_1$, läßt sich die Gleichung für den Durchlässigkeitsbeiwert k auch schreiben

$$k = \frac{Q \ln\left(\frac{a_1}{a}\right)}{\pi\,(h_1 + h)\,(s - s_1)}\,^1.$$

Steht außer dem Brunnen vom lichten Halbmesser $x = r$ und der Brunnenwassertiefe $y = t$ (Abb. 259) nur etwa das Peilrohr I mit $x = a_1$, $y = h_1$ zur Verfügung, dann lautet die Gleichung für die Durchlässigkeitsziffer

$$k = \frac{Q \ln\left(\frac{a_1}{r}\right)}{\pi\,(h_1^2 - t^2)}.$$

c) Bestimmung der Grundwassergeschwindigkeit.

Diese kann erfolgen mit der Darcyschen Gleichung

$$v = k\,J,$$

wenn die Durchlässigkeit k bekannt ist und das Gefälle J der Grundwasseroberfläche aus deren Schichtlinien ermittelt werden kann. Die *Messung* der Grundwassergeschwindigkeit ist durch die Messung des Fortschreitens der Grundwasserteilchen, die durch Verwendung irgendeines Mittels kenntlich gemacht sind, möglich. Die zugeführten Stoffe dürfen dabei die hydraulischen Eigenschaften des Grundwassers nur wenig ändern, müssen aber andererseits leicht feststellbar sein. Es

---

[1] Ein durchgerechnetes Beispiel in STRECK: Grund- und Wasserbau in praktischen Beispielen. Bd. I, Aufgabe 15. Berlin: Springer 1942.

kommen dafür in Frage Salze sowie Farbstoffe (Kochsalz, Salzsäure, Uranin, Phenol, Chlorammonium), gegebenenfalls auch geeignete Bakterien. Es werden 3 Filterrohre *1, 2, 3* möglichst bis auf die undurchlässige Schicht, aber in geringerem Abstand voneinander zur Ersparnis von Beobachtungszeit in der Fließrichtung des Grundwasserstromes eingetrieben, und in das obere Rohr (*1*) wird der Zusatzstoff eingebracht. In den beiden Filterrohren *2* und *3*, deren Abstand Δl beträgt, wird dann durch das chemische Filtrationsverfahren oder über die Änderung der elektrischen Leitfähigkeit die Zeit Δt festgestellt, die der zugeführte Stoff (z. B. die Salzwolke) vom Rohr *2* zum Rohr *3* braucht. Die mittlere Grundwassergeschwindigkeit wird dann

$$v = \frac{\Delta l}{\Delta t}.$$

Wo der Untergrund aus verschieden durchlässigen Schichten zusammengesetzt ist, also aus Schichten mit wechselndem Porenraum besteht, können die vorgenannten Verfahren zu groben Irrtümern führen.

d) Bestimmung der Grundwassermenge.

Als der einfachste Weg dazu erscheint die *Messung* der aus dem Grundwasserstrom — etwa in Form von *Quellen* — zutage tretenden Abflußmengen. Damit erfaßt man meist nur einen kleinen Teil des gesamten Grundwasserstromes, so daß dieses Verfahren praktisch selten zum Ziele führt.

Eine weitere Möglichkeit bietet die *Erfassung* der unterirdischen Abflußmenge *aus dem unterirdischen Einzugsgebiet E* (km²), der Niederschlagshöhe N (mm) und dem von der Einsickerung abhängigen Abflußbeiwert. Man ermittelt mit anderen Worten die *unterirdische Abflußspende q* in m³/sek km² und erhält dann

$$Q = q\,E \text{ in m}^3/\text{sek.}$$

Dank der verstärkten Erforschung unserer Grundwasserverhältnisse durch die Landesstellen für Gewässerkunde kommt diesem Verfahren für die Zukunft erhöhte Bedeutung zu.

Schließlich wird die Ergiebigkeit des Grundwasserstromes, wie schon oben gezeigt, mit Hilfe der DARCYschen Formel

$$Q = k\,J\,F$$

oder durch *Pumpmessungen* mit Hilfe von *Versuchsbrunnen* und Standrohren (Abb. 259) aus

$$Q = \pi\,k\,\frac{H^2 - t^2}{\ln\left(\frac{R}{r}\right)}\,[1]$$

festgestellt.

---

[1] THIEM: Die Ergiebigkeit artesischer Bohrlöcher, Schachtbrunnen und Filtergalerien. J. Gasbeleuchtg. u. Wasserversorg. 1870.

Dabei bedeutet R ($=$ Reichweite) den Abstand vom Brunnen, bei dem die abgesenkte Grundwasseroberfläche wieder in die ursprüngliche (natürliche) Oberfläche übergeht. Die Beziehung gilt streng genommen nur für Brunnen mit kreisrunden Absenkungstrichtern. Sie kann aber mit hinreichender Genauigkeit auch für einen Brunnen in einem Grundwasser*strom* verwendet werden. Im Gegensatz zu vorstehender Gleichung hat KOZENY[1] gezeigt, daß die vom Brunnen gelieferte Wassermenge nahezu verhältnisgleich dem Brunnenhalbmesser ist. Der wirtschaftlichste Brunnendurchmesser liegt bei etwa 250 bis 300 mm.

Falls die Kleinhaltung der Absenkung wichtig ist, wird der Durchmesser größer gewählt.

Bei *gespanntem* Spiegel[2] (Abb. 260) gilt nach KELLER

$$Q = 2 \pi k m \frac{s}{\ln\left(\dfrac{R}{r}\right)} = c\,s.$$

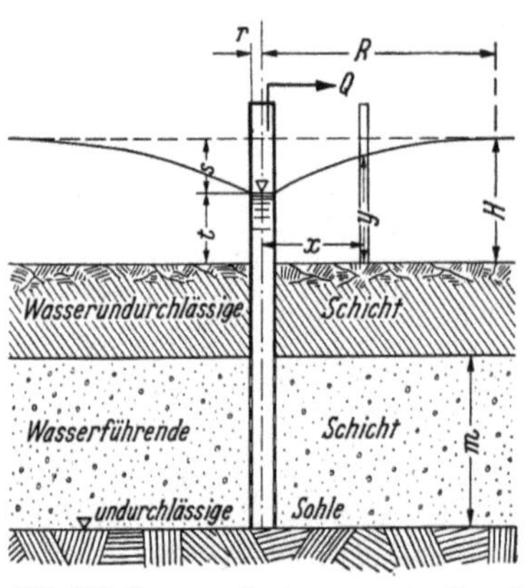

Abb. 260. Brunnen, der in gespanntes Grundwasser reicht (vollkommener artesischer Brunnen).

m gibt die Mächtigkeit der wasserführenden Schicht an. In vielen Fällen, wenn die Absenkungen gering bleiben, kann c angenähert festwertig, d. h. Q verhältnisgleich s gesetzt werden.

Nach SICHARDT[3] kann man die Reichweite der Absenkung bei fließendem Grundwasser im Beharrungszustand näherungsweise setzen:

$$R = 3000\,s'\,\sqrt{k}\,;$$

$s' =$ Absenkung im Brunnen.

Bei Versuchsbrunnenbetrieben sind außer den fortlaufenden Feststellungen der Fördermengen und Spiegelgänge in den kreuzweise angeordneten Beobachtungsrohren die chemische und bakteriologische Beschaffenheit des Wassers, dessen Temperatur, sowie die Witterung dauernd zu beobachten.

Unvollkommene Brunnen. Bei den obigen Rechnungsansätzen für Brunnen waren stets *vollkommene* Brunnen im Grundwasserbecken vorausgesetzt. Diese liegen vor, wenn die Brunnen*sohle* bis zur undurchlässigen Schicht hinabreicht und der Brunnenmantel auf die ganze Höhe des einfließenden Wassers durchlässig ist. Ist diese Voraussetzung

[1] KOZENY: Z. Wasserkr. u. Wasserw. 1927.

[2] KELLER: Gespannte Wasser. Halle 1928.

[3] KYRIELEIS-SICHARDT: Grundwasserabsenkung bei Fundierungsarbeiten. Berlin: Springer 1930.

nicht gegeben, liegt also z. B. die Brunnensohle in einem bestimmten Abstand von der undurchlässigen Schicht, oder ist der Brunnen nur auf einem Teil seiner Höhe durchlässig, oder liegen diese beiden Möglichkeiten gleichzeitig vor, so spricht man von einem *unvollkommenen Brunnen* (Abb. 261). Näherungsweise erfaßt man dann die Grundwasser-

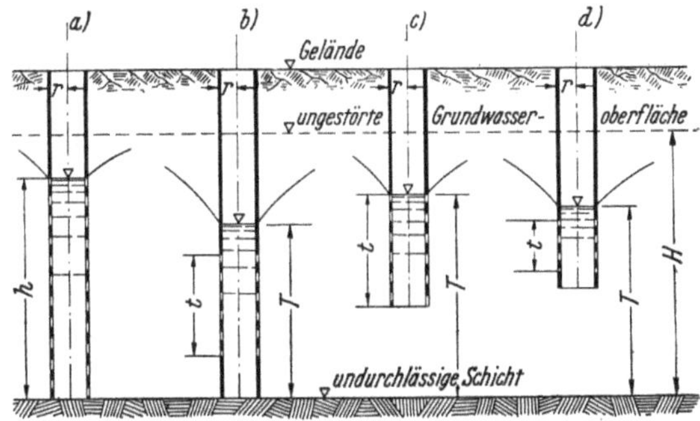

Abb. 261. Unvollkommene Brunnen *b—d*.

bewegung, indem man sich die undurchlässige Schicht durch die Brunnensohle gelegt denkt. Für *dichte Brunnenböden* gilt dann nach FORCHHEIMER[1]

$$\frac{H^2 - T^2}{H^2 - h^2} = \sqrt{\frac{T}{t}} \sqrt[4]{\frac{T}{2\,T - t}} \cdot$$

Bei *durchlässiger* Brunnensohle wird:

$$\frac{H^2 - T^2}{H^2 - h^2} = \sqrt{\frac{T}{t + 0,5\,r}} \sqrt[4]{\frac{T}{2\,T - t}} \cdot$$

Liegende Fassungsanlagen (Sammelgalerien). Solche Anlagen werden besonders dann mit Vorteil angewendet, wenn die Geländeverhältnisse

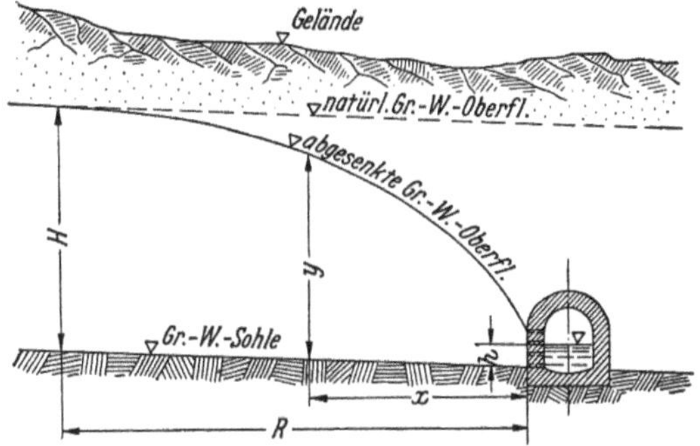

Abb. 262. Liegende Wasserfassung (Sammelgalerie.).

(Vorflutverhältnisse) es erlauben, das gefaßte Wasser unmittelbar — *ohne* Aufwendung von Pumpleistung — in den Sammelbehälter zu leiten (vgl. Abb. 250).

---

[1] FORCHHEIMER: Hydraulik. 2. Aufl. Leipzig: Teubner 1923.

Nach Abb. 262 beträgt die Fördermenge in *ruhendem, freiem* Grundwasser bei einer Sammelleitung von verhältnismäßig großer Länge L bei vollkommen durchlässigen Leitungswänden, wenn der Zufluß nur von *einer* Seite erfolgt:

$$Q = k\,L\,\frac{H^2 - h^2}{2\,R}.$$

Wenn der Zufluß von beiden Seiten her erfolgt, wird Q doppelt so groß.

Bei kleinem L macht sich der Einfluß des an der Stirnseite zusickernden Wassers bemerkbar. Es wird dann:

$$Q = \pi\,k\,\frac{(H^2 - h^2)}{\ln\left(\dfrac{2\,R}{L}\right)}.$$

In *fließendem, freiem* Grundwasser geht in die Sickerleitung auf die Länge L:

$$Q = k\,L\,H\,J.$$

Beträgt die Mächtigkeit der wasserführenden Schicht bei *gespanntem* Grundwasser wieder m, dann wird hier die Fördermenge

$$Q = m\,k\,L\,\frac{H - h}{R}.$$

Bei allen Brunnenmessungen und -berechnungen muß jedoch beachtet werden, daß in Brunnennähe eine erhebliche Ausscheidung von Gasbläschen aus dem Grundwasser infolge der Druckminderung stattfindet, welche die Durchlässigkeitsziffer nach dem Brunnen hin in zunehmendem Maße vermindert. Die Gasausscheidung wächst mit der Absenktiefe, der Mächtigkeit der wasserführenden Schicht, der Entnahmemenge und dem Gasgehalt des Grundwassers. Sie ist in der Nähe der Brunnensohle am größten. Da die Selbstentlüftung um so erschwerter ist, je feinkörniger der Boden ist, zudem hier auch die Absenkungskurve besonders steil ist, wird die Verstopfung der Poren und die damit verbundene Ergiebigkeitsabnahme der Brunnen hier besonders groß werden. Ist die wasserführende Schicht von einer schwer durchlässigen Bodenschicht überlagert, so kann die Selbstentlüftung zu einer Erhöhung der Grundluftspannung führen, die im Gegensatz zu den Spannungen bei sinkendem Luftdruck nicht eine Vermehrung, sondern eine Verminderung der Brunnenergiebigkeit hervorruft, weil ihr Druckgefälle vom Brunnenmantel nach dem Rand des Absenkungstrichters hinweist. In solchen Fällen ist eine künstliche Entlüftung der Grundluft angezeigt. Ist die Ergiebigkeit eines Brunnens durch Gasabsonderung in den Bodenporen stark gesunken, so kann man sie wieder steigern, in dem man den Brunnen längere Zeit außer Betrieb setzt, damit inzwischen das ausgeschiedene Gas abziehen kann[1].

---

[1] Zunker: Das Verhalten des Bodens zum Wasser. Hdb. Bodenlehre. 6. Bd. Berlin: Springer 1930.

Zehnter Abschnitt.

Das Meer im Küstengebiet.

Während bei den stehenden Festlandgewässern (*Binnenseen*) die Niederschläge, Zu- und Abflüsse, die Versickerung und Verdunstung, und nur in bestimmten Fällen die Güte des Wassers von entscheidender wasserwirtschaftlicher Bedeutung sind, liegen die Verhältnisse bei den *Meeren im Küstengebiet* wesentlich anders. Hier stellen Wind und Wellen, letztere in ihrer großartigsten Form der Gezeiten, die entscheidenden gewässerkundlichen Faktoren dar. Richtung, Häufigkeit und Stärke der Winde bedingen die Höhe der Wasserstände und die Kraftwirkung der Wellen und üben damit den größten Einfluß auf die Küstengebiete und Strommündungen aus. Demgegenüber kommt dort der Einfluß der binnenländischen Niederschläge meist nur indirekt zur Wirksamkeit durch das Auf und Nieder der von den Strömen in ihr Mündungsgebiet geschleppten Schwerstoffmassen (Geschiebe, Schweb), die dann dort, sowie längs der anschließenden Meeresküste die Gestaltung der Wassertiefe mitbestimmen (Verschlickung). Ein weiterer wichtiger gewässerkundlicher Faktor der Meere bildet sein Salzgehalt. Er wird im Küstengebiet beeinflußt durch die binnenländische Süßwasserzuführung (Brakwasser).

I. Beschaffenheit des Meerwassers.

1. Salzgehalt.

Das wichtigste Unterscheidungsmerkmal des Meerwassers vom Binnenwasser (Süßwasser) ist sein *Salzgehalt*. Im Mittel enthält das Weltmeer auf 1 m³ Wasser 34,5 kg Salze. Die hauptsächlichsten davon und ihren Mengenanteil gibt Tab. 57 (nach KRÜMMEL-FORCHHEIMER[1]).

Tabelle 57. *Hauptsächliche Salze der Meere.*

Salze	In 1000 g Wasser	In v. H. aller Salze
1. Kochsalz NaCl	26,86 g	78,33
2. Chlorkalium KCl	0,58 g	1,69
3. Chlormagnesium MgCl$_2$ . . .	3,24 g	9,44
4. Bittersalz MgSO$_4$	2,20 g	6,40
5. Gips CaSO$_4$	1,35 g	3,94
Rest: andere Salze	0,07 g	0,20
Summe	34,30 g	100,00

[1] KRÜMMEL: Ozeanographie II. Stuttgart: Engelhorn 1913.

Der Salzgehalt beeinflußt das *Einheitsgewicht* des Meerwassers und die in ihm vorkommende *Tierwelt*. Ferner beeinflussen die Salze, besonders die Sulfate, das *Verhalten der Baustoffe im Meerwasser; sie sind besonders für Betonbauten gefährlich.*

Der Zusammenhang zwischen dem Einheitsgewicht γ und dem Salzgehalt s bei Wasser von $+15°$ C läßt sich durch die Beziehung angeben:

$$\gamma = 1 + 0,00741 \, s; \quad s \text{ in v. H.}$$

Daraus ermittelt sich z. B. das Einheitsgewicht des *Nord*seewassers für $s = 3,5$ v. H. zu $\gamma = 1,026$, das des *Ost*seewassers dagegen nur zu $\gamma = 1,007$, weil dort s nur noch 0,94 v. H. beträgt. Beide Werte beziehen sich auf eine Wassertemperatur von $+15°$ C.

Entsprechend seinem Salzgehalt hat das Meerwasser seine *größte Dichte* erst bei etwa $-4°$ C. Der Gefrierpunkt liegt für $s = 3,5$ v. H. bei $-2,2°$ C, bei 4000 m Tiefe bei $+1,8°$ C.

Das höhere Einheitsgewicht des Meerwassers *verringert den Tiefgang der Schiffe.* Der Unterschied beträgt bei 7 m Tiefgang im Süßwasser etwa 20 cm (6,80 m Tiefgang in See). Dies ist gegebenenfalls bei der Festlegung der Drempeltiefe von Schleusen zu beachten.

Neben den Salzen enthält das Meerwasser auch Gase, wobei der Gehalt an *Kohlensäure* besondere Beachtung verdient wegen seines ungünstigen *Einflusses auf Beton.*

2. Schlickgehalt.

Von Wichtigkeit für die Flußmündungen, Häfen und Küstengebiete ist der Sinkstoffgehalt des Meeres. Die Sinkstoffe setzen sich im wesentlichen zusammen aus Sand und Schlick. Sie entstammen dem Festland und werden zusammen mit den Geschieben von den Strömen dem Meere zugeführt. Zum Unterschied vom Sand besteht der Schlick aus tonigen Teilchen mit organischen Beimengungen. Dazu kommen noch Infusorienteilchen, Diatomeen und dgl., die im Brackwasser beim Zusammenkommen von Süß- und Meerwasser absterben.

Kommt das schlickhaltige Wasser, etwa beim Wechsel zwischen Flut und Ebbe zur Ruhe, dann lagert sich der Schlick ab und bildet den an der Nordseeküste so sehr *geschätzten* Kleiboden der Marschen (Landgewinnung!), der seinen Wassergehalt nach und nach von 70 v. H. auf 20 v. H. vermindert. Im Gegensatz dazu ist wegen der Verringerung der Fahrwassertiefen der Schlickfall in den Fahrwasserrinnen und Häfen sehr *schädlich.* Um welche Mengen es sich dabei handeln kann, dafür einige Zahlen: Der Schlickfall von Hoek van Holland erreicht im Tag 1 cm, im Jahr also 3 bis 4 m, jener von Wilhelmshaven in 10 m Wassertiefe rd. 4 cm/Tag, d. s. rd. 12 bis 15 m/Jahr. In Bremerhaven (Dockhafen) besteht ein Schlickfall von 1 bis 3 m/Jahr, in den dortigen Vorhäfen 3 bis 6 m/Jahr.

Die stärkste Trübung hat das Seewasser in den Flußmündungen bei bordvollem Strom. Bei niedrigerem oder höherem Wasserstand nimmt der Schlickgehalt ab. Zum Beispiel sind in 1000 kg Seewasser in der Elbe an der Flutgrenze bei Geesthacht nach Hübbe enthalten:

bei Wasserstand von NW bis MW . . . . 29,2 g
von MW bis zum bordvollen Wasserstand . . . . 41,7 g
vom bordvollen Wasserstand bis zum HW . . . . 25,2 g

Diese Abnahme an Schlickgehalt beruht auf der Ablagerung großer Schlickmengen auf den dann überfluteten Landflächen. Nach See zu nimmt der Schlickgehalt meist stark ab.

3. Temperatur.

Die mittlere Wärme der großen Meere liegt nach Krümmel zwischen $+3,7°$ und $+4°$ C. Die mittlere Wärme des nördlichen Eismeeres ist $-0,7°$ C, der Ostsee $+3,9°$ C, der Nordsee $+7,7°$ C (Golfstrom!), des Mittelländischen Meeres $+13,4°$ C, des Roten Meeres $+22,7°$ C. An der Oberfläche der großen Meere kann die Wärme über $27°$C betragen und ist bis 1000 m Tiefe von den klimatischen Verhältnissen abhängig (Extrem: Tropen, Polargebiet). Unter 1000 m Tiefe herrscht eine fast gleichmäßige Temperatur von unter $+3°$ C, die am Boden bis unter $0°$ C fallen kann.

Die Sonneneinstrahlung an der Oberfläche erwärmt das Wasser und verstärkt die Verdunstung. Das dadurch salzreicher, also schwerer gewordene Wasser sinkt ab und gibt beim Sinken seine größere Wärme an das umgebende Wasser ab, bis es auf einer Schicht gleichen Einheitsgewichtes zur Ruhe kommt. Man beachte bei dieser Vertikalbewegung den grundsätzlichen Unterschied des Verhaltens des *salzhaltigen* Meerwassers gegenüber dem Süßwasser der Binnenseen!

II. Winde und Wellen[1].

Die Oberfläche der Meere zeigt fast immer einen Zustand mehr oder weniger stark schwankender Auf- und Abwärtsbewegung. Den gewöhnlichen Anstoß zu dieser Bewegung gibt der Wind, der mit Stößen von verschiedener Stärke und aus wechselnden Richtungen auf die Wasseroberfläche drückt. Diese unregelmäßige Wirksamkeit des Winddruckes führt zu Erhöhungen und Vertiefungen auf der Meeresoberfläche und so zur Entstehung der *Wellen*. Im offenen Meer besteht diese Wellenbewegung lediglich in einer lotrechten kreisförmigen Schwingung der

---

[1] Franzius: Der Verkehrswasserbau. Berlin: Springer 1927. — Thorade: Probleme der Wasserwellen. Hamburg 1931. — Bruns: Berechnung des Wellenstoßes auf Molen und Wellenbrecher. J. Hafenbautechn. Ges. 19. Bd. Berlin/Göttingen/Heidelberg: Springer 1951.

einzelnen Wasserteilchen, sie stellt also *kein* Vorwärtsbewegen des Wassers dar. Was fortschreitet, ist die Wellen*form* der Oberfläche, der Wechsel von Wellenberg und Wellental (Abb. 263). Den vertikalen Kreisschwingungen der Wasserteilchen entspricht die Abrollkurve eines Punktes der Kreisperipherie auf einer Geraden, das ist die Zykloide. Mit *Lauf-* (*Fortpflanzungs-*) *Geschwindigkeit einer Welle* bezeichnet man den Weg, den ein Wellenscheitel beim Hinwegeilen über das Wasser in der Zeiteinheit zurücklegt.

Stärkere Windstöße drücken auf den luvseitigen Abhang der Welle, schieben ihn nach vorne, so daß der leeseitige Wellenabhang steiler wird. Während dabei der untere Wellenteil die Fortpflanzungsgeschwindigkeit der *Welle* beibehält, nimmt der obere Teil die Geschwindigkeit des *Windes* an. Ist letztere größer als jene, dann kommt

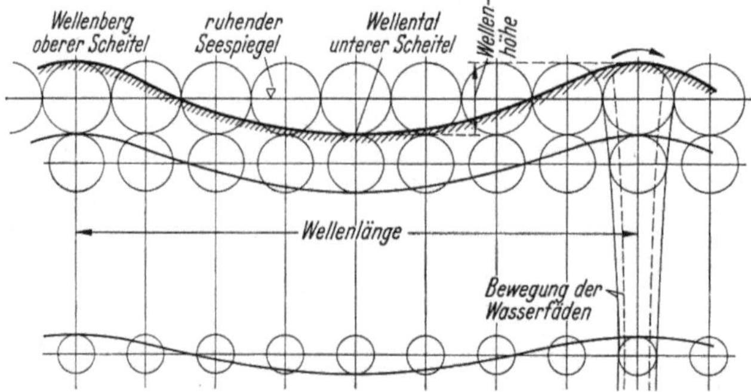

Abb. 263. Entstehung einer Wellenlinie und ihre Abflachung mit der Tiefe.

es zum Überstürzen der Wellenberge (Bildung von Schaumkronen bis Sturzseen). Zwischen der Fortpflanzungsgeschwindigkeit v, der Wellentiefe h und der Wassertiefe H besteht angenähert die Beziehung:

$$v = \sqrt{g\left(H + \frac{h}{2}\right)}.$$

Beziehung zwischen Wind und Wellen. Die Wellenhöhe wächst ziemlich schnell mit der Windstärke und ist in hohem Maße abhängig vom vorhandenen Seeraum. Die Wellenlänge ist sehr veränderlich und wächst zuweilen vom einfachen bis zum dreifachen Betrag bei zwei aufeinanderfolgenden Wellen. Wenn der Wind abflaut und der Seegang in Dünung übergeht, erhält sich die Geschwindigkeit neben der Wellenlänge am längsten. Die Geschwindigkeit liegt im Mittel zwischen 11 und 15 m/sek (40 bis 55 km/st) und dürfte im Extrem 25 m/sek (90 km/st) wohl nicht überschreiten. Da sich die Welle bei voller Entwicklung in den meisten Fällen schneller bewegt, als der Windgeschwindigkeit entspricht, eilen die Wellen — hier *Dünung* genannt — vor dem Sturm her und kündigen ihn an.

Einflüsse auf die Wellenhöhe. Brandung. Eine allmähliche Abnahme der Wassertiefe vermehrt die Wellenhöhe. Das gleiche tritt ein, wenn die Welle in eine Gegenströmung gerät. Dabei vermindert sich die Wellenlänge, ebenso die Geschwindigkeit. Der vordere Abhang der Welle kann dabei so steil werden, daß sich die Welle bricht. Auch beim Fortbewegen einer Welle in einem sich verengenden Kanal tritt eine Wellenerhöhung ein. Außerdem werden durch die längs der Ufer rollenden Brander gefährliche Wasserbewegungen hervorgerufen. Umgekehrt werden die Wellen niederer und länger, wenn sie in eine sich erweiternde Bucht eintreten.

Die Wellenhöhe beträgt im Mittel 3 m, selten mehr als bis zu 6 m. Bei Orkanen im Ozean sollen die Wellenhöhen allerdings bis zu

Abb. 264. Orkan über Helgoland.

15 m und mehr ansteigen. Die mittlere Länge der Sturmwellen ist 90 bis 100 m; Höchstwert 400 m.

Laufen Wellen aus verschiedenen Richtungen aufeinander, so entstehen Durchdringungen mit dem Ergebnis, daß plötzlich sehr hohe oder sehr flache Wellen entstehen können. Es kann aber auch zur Bildung einer *kabbeligen* See kommen (entwickelt sich aus *Schwingungswellen*). Bei mehrfachen Durchdringungen geht der Zusammenhang der Wasserteilchen verloren; es entsteht die Sturzsee oder der Brecher.

Treffen reine Schwingungswellen aus tiefem Wasser ($t > 50$ m) auf steile Wände, so werden sie, ohne einen wesentlichen Stoß ausgeübt zu haben, zurückgeworfen. *Vermehrt* wird dabei lediglich der Wasser*druck* auf die Wand, weil dort infolge Aufstauchens die Wellen um die *volle* Wellenhöhe über den Ruhespiegel nach *oben* und um den gleichen Betrag unter den Ruhespiegel nach *unten* schwingen[1].

---

[1] Vgl. auch S. 406, Fußnote 2.

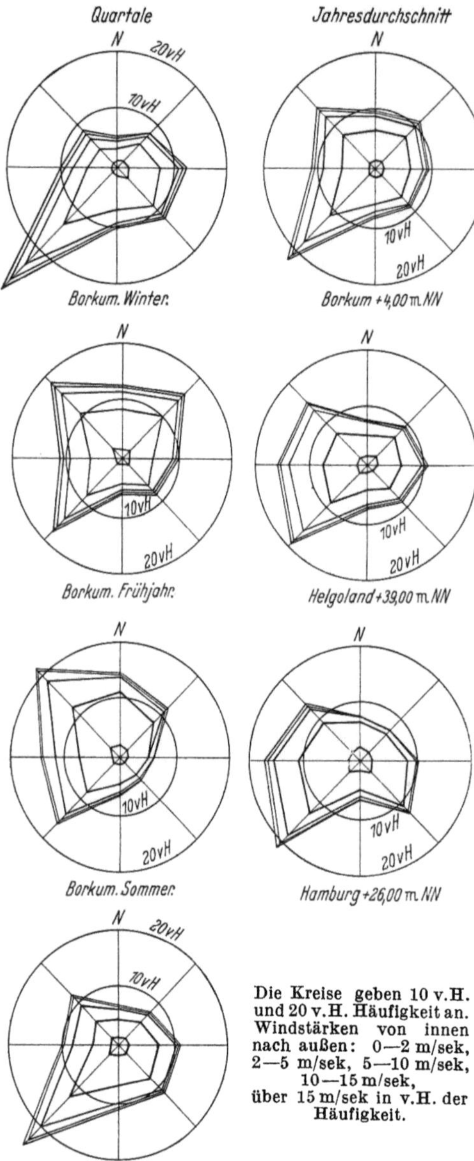

Abb. 265. Windrosen von der deutschen Nordseeküste. (Nach Assmann.)

Wenn dagegen die Wellen auf ein schräg ansteigendes Ufer auflaufen, wird die Schwingungsbewegung von unten her gehemmt. Es entstehen *Übertragungswellen*. Die Schwingungskreise verflachen, bis sich die Scheitel der Wellen überstürzen. Es entsteht *Brandung*. Die Wellenbewegung geht dabei in eine fortschreitende über. Die Brandung tritt auch auf vor steilen Wänden, wenn die *Wassertiefe* davor *gering* ist (Abb. 264). Dabei übt das in seiner Vorwärtsbewegung gehemmte Wasser heftige Stöße aus. Die Stoßkraft des Wassers ist so bedeutend, daß große Beton- und Felsblöcke (in einem Falle bis 70 m³ Inhalt) auf flache Böschungen hinaufgewälzt werden. Die Stöße erreichen ihren größten Wert kurz *vor* dem Branden (Überschlagen), wogegen die brandende Welle die größte Wirkung im Angriff auf den Grund (Aufwühlen) zeigt.

Stoßkraft der Welle. Dafür kann man nach Franzius[1,2] näherungsweise setzen:

$$p = \text{rd. } 0{,}1\ v^2 \text{ in t/m}^2,$$

wenn v die Geschwindig-

---

[1] Franzius: Der Verkehrswasserbau. Berlin: Springer 1927.

[2] Ausführliches über Wellenstoß siehe bei Bruns: Berechnung des Wellenstoßes auf Molen und Wellenbrecher. Jb. Hafenbautechn. Gesellsch. 19. Bd. (1941 bis 1949). Springer 1951.

keit der Brandungswelle in m/sek angibt. Für $v = 10$ m/sek wird dann $p = 10$ t/m², für $v = 20$ m/sek ergibt sich $p = 40$ t/m².

Windbeobachtung. Da die Ursachen der Meereswellen normalerweise die *Winde* sind (Ausnahmen bilden z. B. Seebebenwellen, seismische Wellen), muß man ihrer Beobachtung in Küstengebieten besonders große Aufmerksamkeit widmen. Es braucht jedes Küstengebiet seine Windkarte. Dabei wird die Windstärke heute international nach der Windskala von BEAUFORT bestimmt[1]. Für jeden Hafenplatz wird die *Häufigkeit* der Winde aus den einzelnen Windrichtungen in Tafeln zusammengestellt und daraus ein Bild der Windhäufigkeiten entwickelt (Abb. 265). Da für die Wellenbildung das Quadrat der Windgeschwindigkeit maßgebend ist, empfiehlt es sich für die Hafenplätze neben dem Häufigkeitsbild noch das Bild der Quadrate der Geschwindigkeiten anzugeben.

III. Die Gezeiten (Tiden).

1. Bezeichnungen.

An den Küsten der Ozeane und ihrer Nebenmeere läßt sich ein regelmäßiges Steigen und Fallen des Wassers beobachten, das im allgemeinen täglich zweimal eintritt. Man bezeichnet diesen Wasserstandswechsel mit *Gezeiten* (an der Nordseeküste mit *Tiden*). Dabei werden bezeichnet: das Steigen des Wassers mit *Flut*, das Fallen mit *Ebbe*, der höchste, von der Flut erreichte Wasserstand mit *Hochwasser*, der niedrigste von der Ebbe erreichte Wasserstand mit *Niedrigwasser*. *Flutwechsel* oder *Flutgröße* ist der Höhenunterschied zwischen Hoch- und Niedrigwasser, *Flutperiode* ist der Zeitunterschied zweier aufeinanderfolgender Hochwasser. Die Flutperiode entspricht theoretisch annähernd einem halben mittleren Mondtage ($\frac{1}{2} \cdot 24$ st $50\frac{1}{2}$ min) oder rd. $12\frac{1}{2}$ st. Da sich der Mondtag je nach der Stellung des Mondes ändert, schwankt auch die Flutperiode.

Durch das Zusammenwirken von Sonne und Mond treten innerhalb eines Monats (Vollmond bis Vollmond) sowohl bei Voll- als auch bei Neumond, also zweimal, besonders hohe Fluten, die *Springfluten*, auf, während beim ersten und letzten Mondviertel, wenn der Mond zur Sonne in Quadratur steht, sich ihre Wirkungen also zum Teil aufheben, besonders niedrige Fluten, die *Nippfluten* oder tauben Fluten, zustande kommen. Die Spring- oder Nippfluten treffen in Wirklichkeit nicht genau mit den sie erzeugenden Mondstellungen zusammen, sondern sie stellen sich erst etwas später ein. Die Zunahme der Fluthöhen von der Nipp- zur Springflut erfolgt allmählich. Daher versteht man unter der Hochwasserangabe eines Pegelortes im Gezeitengebiet das *mittlere Hochwasser*.

---

[1] Vgl. auch S. 41ff. (Luftströmungen) und BEAUFORT-Skala S. 50, Tab. 5.)

2. Entstehung der Gezeiten[1].

Abb. 266 erläutert den Entstehungsvorgang von Ebbe und Flut infolge der Massenanziehungskräfte von Sonne und Mond, die die statische Verformung der elastischen Wassermassen der Erde hervorrufen. Es handelt sich dabei um zwei Kraftzentren, deren Wirkungen sich überlagern. Es erleichtert deshalb das Verständnis für den Entstehungsvorgang der Gezeiten, wenn jede der zwei Kraftwirkungen für sich betrachtet wird und wenn man sich außerdem die Erde — zunächst wenigstens — als vollkommen von Wasser bedeckt vorstellt. Dann ergibt sich für

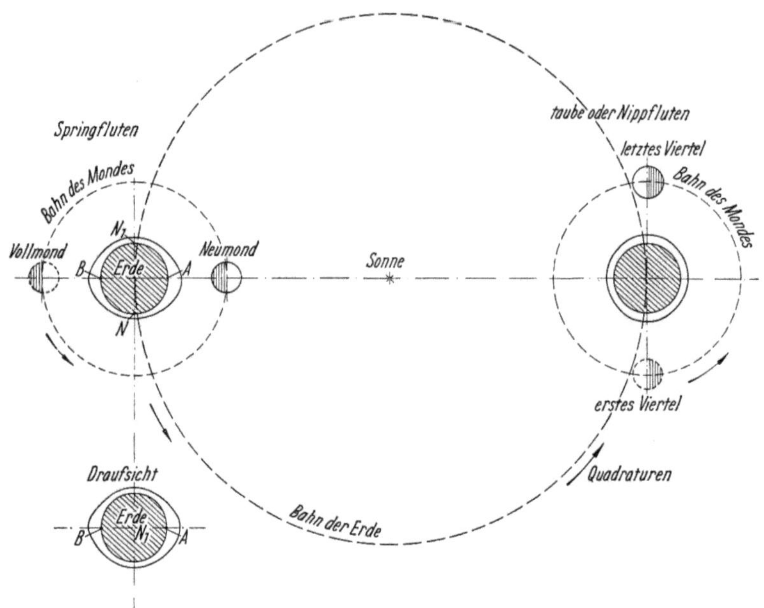

Abb. 266. Entstehung von Ebbe und Flut.

den Oberflächenpunkt A der Erde ein Überschuß an *Anziehung*skraft nach der Sonne hin, für Punkt B ein Überschuß an *Flieh*kraft. Beide Kräfte wirken *entgegen* der Schwerkraft der Erde, also nach außen. Dem entspricht eine allerdings nur scheinbare Verminderung des Gewichts des Wassers auf der Achse A—B. Von den Punkten A und B nach den Punkten N und N_1 nehmen sowohl die Anziehungs- als auch die Fliehkräfte bis auf Null ab, da der Entfernungs*unterschied* von der Sonne allmählich verschwindet. Die zwischen A und N bzw. N_1 entstehende

[1] MÖLLER: Das Tidegebiet der Deutschen Bucht. Berlin 1933. — WALTHER: Bautechnik 1934. — THORADE: Ebbe und Flut. Berlin 1941. — DARWIN: Ebbe und Flut. Leipzig u. Berlin: Teubner 1911. — FRANZIUS: Ebbe und Flut. Z. Archit.- u. Ing.-Wesen. Hannover 1910.

strömungserzeugende Kraftkomponente (Abb. 267) nimmt ebenfalls
auf Null ab. So entsteht ein Flutberg bei *A* und *B*. Stellt man sich nun
vor, es würde das feste Land der Erde unter dem beiderseits ausgebauch-
ten Erdmeer die Drehung um seine Achse ständig vollführen, dann erkennt man leicht, daß ein Küstenplatz zweimal am Tage vom Flutberg
gestreift wird, also Flut hat, und
entsprechend zweimal Ebbe.

Eine analoge isolierende Betrachtung läßt sich auch für die
Kraftwirkung zwischen Erde und
Mond anstellen. Hier ist aber zu
beachten, daß jetzt der Mond sich
um die Erde dreht, so daß auch die
Flutberge mit dem Mond um die
Erde wandern. Das führt dazu, daß
sich bei Voll- und Neumond die

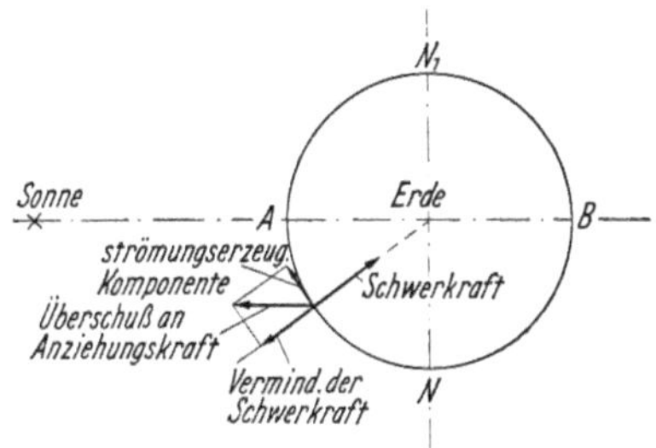

Abb. 267. Herkunft der fluterzeugenden
Kraftkomponente.

Krafteinwirkungen von Sonne und Mond addieren, also zu besonders
hohen Flutbergen führen, nämlich zu den oben bereits erwähnten *Springfluten*. Stehen dagegen Mond und Sterne in Quadratur, zeigt also der
Mond der Erde sein erstes bzw. letztes Viertel, dann fällt der Flutberg
des Mondes mit dem Ebbetal der Sonne zusammen. Dadurch wird der
Flutwechsel wesentlich kleiner (*taube Flut, Nippflut*).

Theoretisch trägt zu einer Springflut $\frac{2}{3}$ der Mond und nur $\frac{1}{3}$ die
Sonne bei. Bei der Nippflut dürfte der Flutwechsel theoretisch noch
$\frac{2}{3} - \frac{1}{3} = \frac{1}{3}$ der Springflut
betragen. Infolge Einwir-
kung anderer Einflüsse ist
die Springflut im allge-
meinen jedoch nur etwa
doppelt so hoch wie die
taube Flut. Da die Mond-
flut größer als die Sonnenflut ist, macht sie stets die
Sonnenflut unsichtbar, so
daß wir immer nur eine

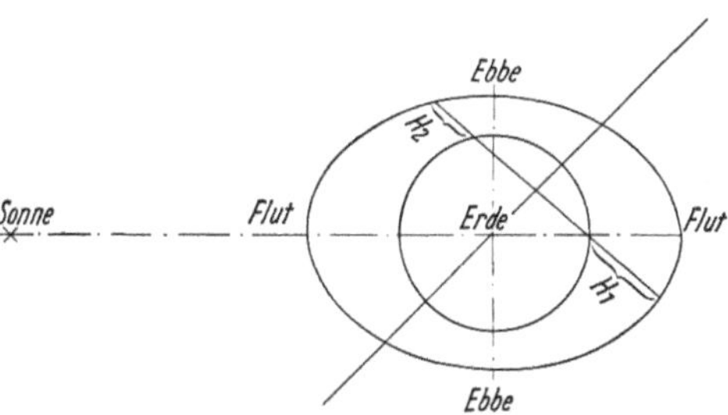

Abb. 268. Versuch zur Erklärung der täglichen Ungleich-
heiten der Flutgrößen.

Mondflut sehen, die allerdings durch die Sonneneinwirkung in ihrer
Höhe geändert ist.

Die vorgeschilderten Fluterscheinungen können in reiner Form nur
um den südlichen Pol herum (südliches Ringmeer) entstehen. Im allgemeinen wirken auf den Entstehungsvorgang von Flut und Ebbe eine
Reihe anderer Einflüsse mit ein: die ungleiche Verteilung von Wasser
und Land; die ungleiche Gestalt der Küsten, des Meeresbodens und der
Meerestiefe (Bodenreibungskräfte); die Strömungen im Meereswasser

infolge von Unterschieden der Wassertemperatur und des Salzgehaltes, und die Strömungen in der Luft infolge ungleicher Erwärmung (un-stetige Winde).

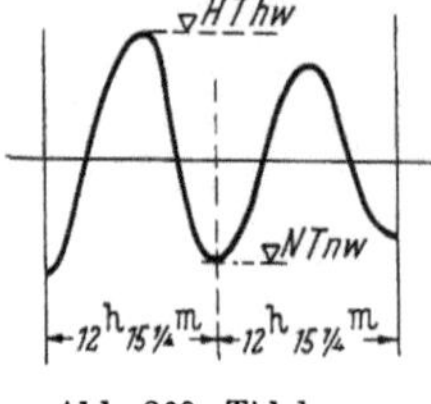

Abb. 269. Tidekurve (idealisiert).

Die Größe der Gezeitenwelle ist, außer von den vorgenannten Einflüssen, noch abhängig von den periodischen Änderungen der Entfernungen und Stellungen der Himmelskörper zueinander. Darüber lagern sich die nicht periodischen Ein-wirkungen: Wind (Stärke und Richtung), Luft-druck und — in geringem Ausmaß — Nieder-schlag und Verdunstung. Die Wasserstände wachsen mit der 1 bis 2fachen Potenz der Windgeschwindigkeit[1]. Hat der Sturm Richtung auf die Küste zu, dann entstehen die *Sturm-fluten*, die besonders ge-fährlich werden, wenn eine Springflut mit dem Sturm zeitlich zu-sammentrifft (höchster Wasserstand — bei uns bis 3 m über gewöhn-licher Fluthöhe — und gewaltige Wellenstöße; Gefährdung von See-molen, Feuerschiffen, Schutzdeichen usw.).

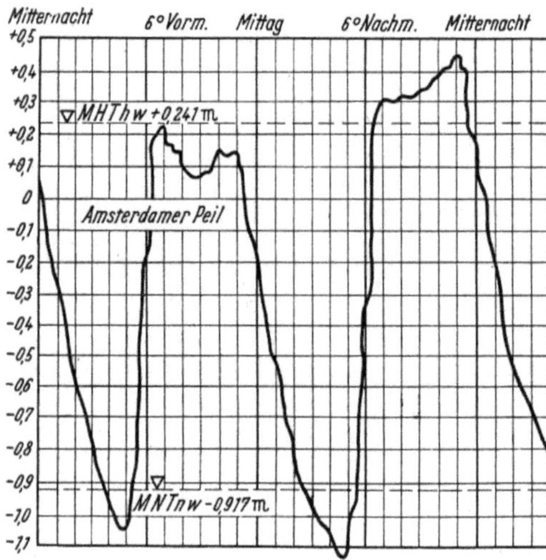

Abb. 270. Tidekurve von Helder (südlich der Insel Texel).

Die Gezeitenkurve im offenen Meer ähnelt der cos-Linie (Abb. 269). Unter dem Einfluß z. B. von Küstenströmungen und in Flußmündungen erfährt sie eine, manchmal sogar sehr starke Umformung (Abb. 270 bis 272). Die auffallende Erscheinung, daß das eine Fluthochwasser immer kleiner ist als das vorhergehende oder nachfolgende, dürfte auf die Schrägstellung der Erdachse zurück-zuführen sein (Abb. 268 und 272). Man versucht solche Gezeitenkurven durch die harmonische Auflösung der Erscheinungen nach den ver-

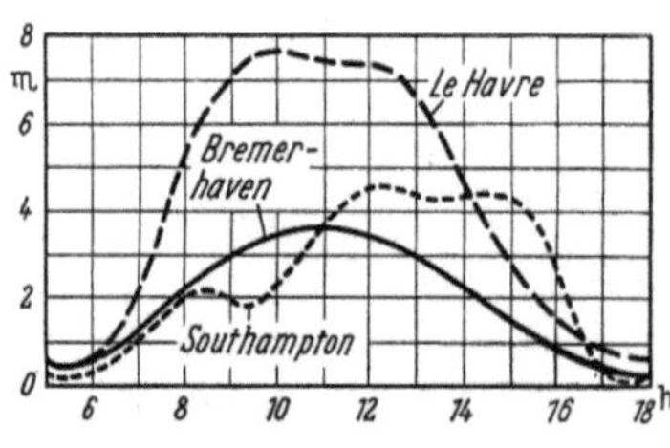

Abb. 271. Tidekurve für Bremerhaven, Le Havre, Southampton.

[1] SCHULTZE: Arch. der deutsch. See-warte. 1935, Nr. 5.

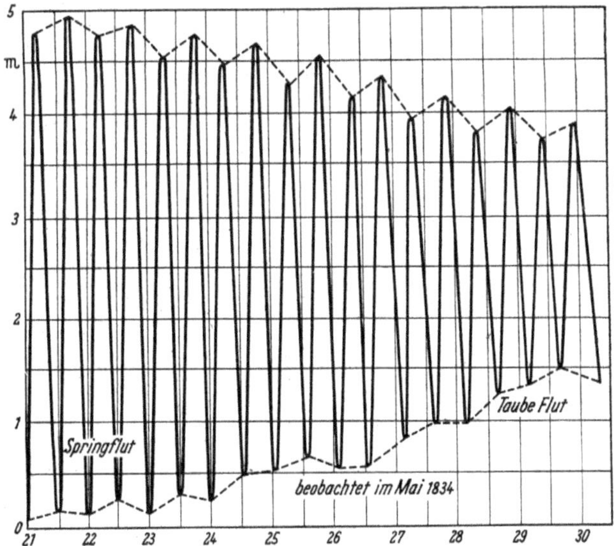

Abb. 272. Verlauf der Gezeiten von Cuxhafen. (FRANZIUS: Verkehrswasserbau.)

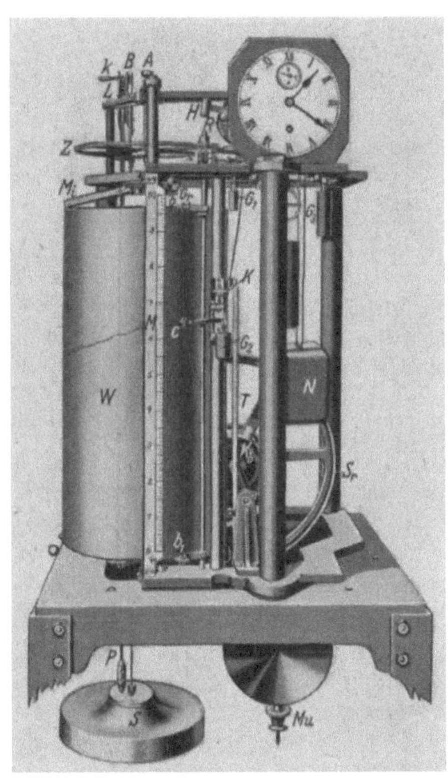

Abb. 273. Gezeitenpegel. (FUESS, Berlin.)

schiedenen wirksamen Ursachen (harmonische Analyse der Gezeiten) aufzuschlüsseln, um auf diese Weise die Wasserstände vorher bestimmen zu können.

3. Feststellung der Gezeiten-Wasserstände.

Da der Ablauf der Tiden ausgesprochen zeitgebunden ist, stellt der *selbstschreibende Gezeitenpegel* dafür das geeignete Beobachtungsgerät

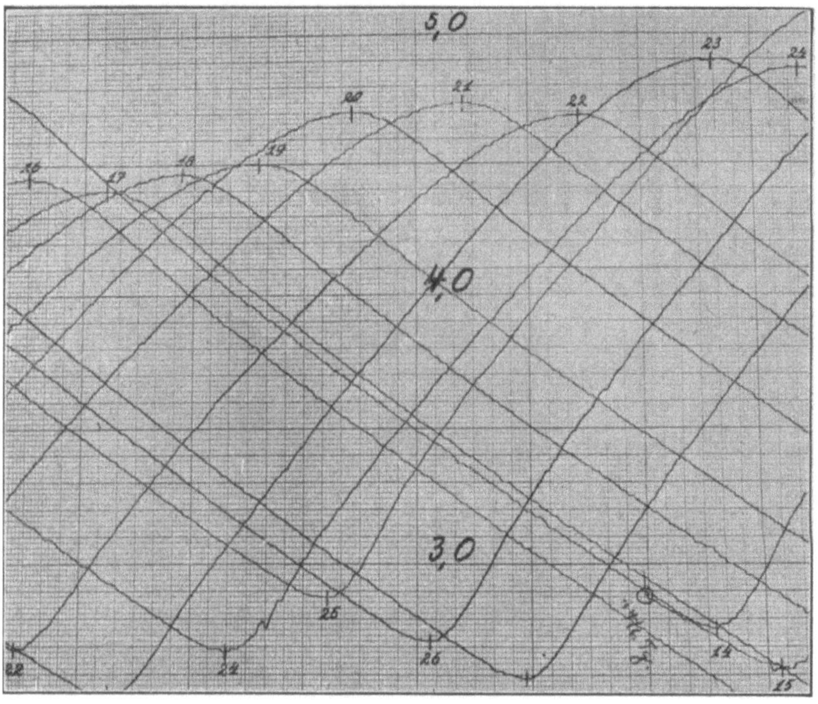

Abb. 274a. Wiedergabe eines Original-Diagramms (Ausschnitt) von einem elektrischen Gezeiten-schreibgerät mit Kontaktgabe bei ¹/₂ cm Wasserstandsänderung. (Fuess, Berlin.)

dar. Von den Spezialfirmen für Wassermeßgeräte wurden dafür beson-dere Instrumente entwickelt. Ein Beispiel gibt Abb. 273. Die Abb. 274a und b zeigen Ausschnitte von Gezeitenaufschreibungen. Für diese wird meist eine Schreibtrommel verwendet, die in 24 Stunden eine Um-drehung macht, während der Schreibbogen alle 7 Tage gewechselt wird. Es erscheinen dabei die täglichen Schaubilder der Gezeiten gegenein-ander um ein Stundenintervall versetzt.

Neben den mechanischen Gezeitenschreibern hat sich auch der Druckluftgezeitenschreiber seit langem an verschiedenen Pegelstatio-nen des deutschen Küstengebiets bewährt, wenn er eine gute Wartung erfährt. Um der Schiffahrt schon von weitem die Fahrtiefe anzuzeigen, werden an wichtigen Plätzen weithin sichtbare, elektrisch gesteuerte Großanzeiger angebracht.

Wie man bei Binnengewässern den Gang der Wasserstände für große Jahresreihen erfaßt, um einen tieferen Einblick in die gewässer-

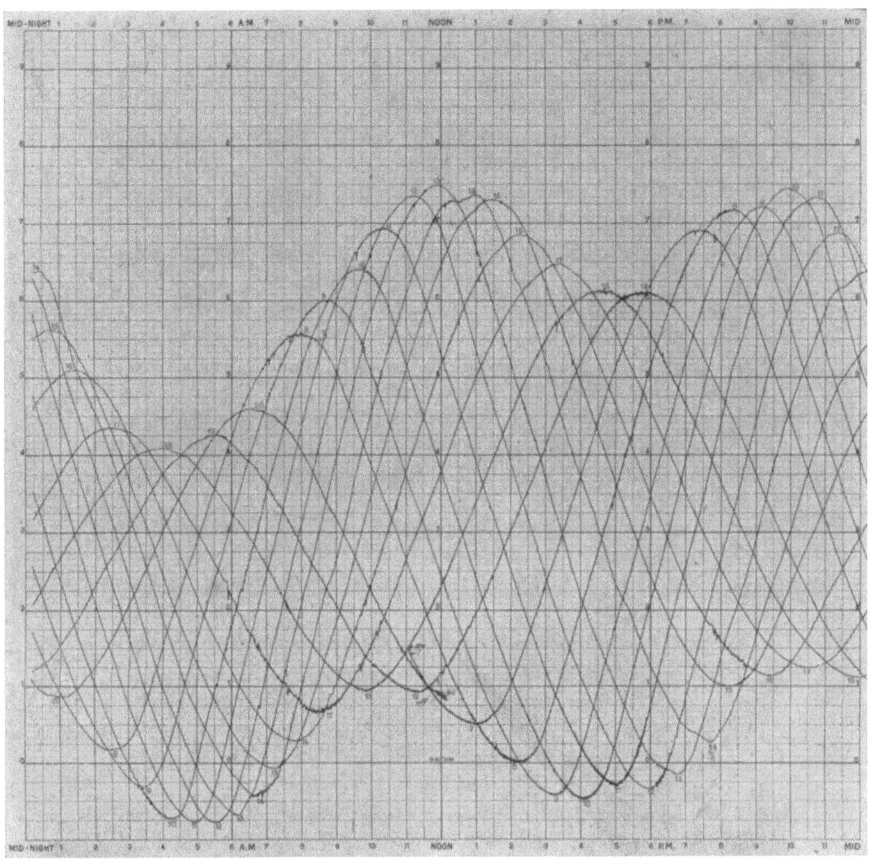

Abb. 274b. Durch den **AMSLER**-Gezeitenpegel (Limnigraph) an der Werft des Harbours & Rivers Dept., Brisbane River (Indien) vom 7. bis 20. Oktober 1927 aufgenommene Diagramme von Ebbe und Flut.
Die an einzelnen Stellen registrierten kurzen Überschwingungen wurden durch den Wellenschlag und die Saugwirkung von vorbeifahrenden Dampfern verursacht; sie wurden von dem Instrument getreu wiedergegeben.

kundlichen Verhältnisse des Flusses oder Sees zu gewinnen, so werden auch die Schwankungen des Meeresspiegels an der Küste und des Wasserstandes des Tidegebietes der Strommündungen laufend beobachtet und verwertet.

Dabei wurde z. B. einwandfrei festgestellt, daß die Wasserstände an den deutschen Seeküsten ständig ansteigen.

Sonderbezeichnungen für die Hauptzahlen der Wasserstände für das Tidegebiet[1].

außerhalb des Tidegebietes[2] entspr.

1. $NNTnw$ = überhaupt bekannter niedrigster Stand des Tideniedrigwassers . . . .
$NNThw$ = überhaupt bekannter niedrigster Stand des Tidehochwassers . . . .
} NNW

2. $NTnw$ = niedrigster Stand des Tideniedrigwassers in einem betrachteten Zeitraum . . . .
$NThw$ = niedrigster Stand des Tidehochwassers in einem betrachteten Zeitraum . . . .
} NW

3. $MNTnw$ = mittlerer niedrigster Stand des Tideniedrigwassers in
einem betrachteten Zeitraum . . . .
$MNThw$ = mittlerer niedrigster Stand des Tidehochwassers in
einem betrachteten Zeitraum . . . .
} MNW

4. $MTnw$ = mittlerer Tideniedrigwasserstand in einem betrachteten
Zeitraum . . . .
$MThw$ = mittlerer Tidehochwasserstand in einem betrachteten
Zeitraum . . . .
} MW

5. $MHTnw$ = mittlerer höchster Wasserstand des Tideniedrigwassers in
einem mehrjährigen Zeitraum . . . .
$MHThw$ = mittlerer höchster Wasserstand des Tidehochwassers in
einem mehrjährigen Zeitraum . . . .
} MHW

6. $HTnw$ = höchster Stand des Tideniedrigwassers in einem betrachteten Zeitraum . . . .
$HThw$ = höchster Stand des Tidehochwassers in einem betrachteten
Zeitraum . . . .
} HW

7. $HHTnw$ = überhaupt bekannter höchster Stand des Tideniedrigwassers . . . .
$HHThw$ = überhaupt bekannter höchster Stand des Tidehochwassers
} HHW

8. GW = „gewöhnlicher Wasserstand" im Tidegebiet ist nach dem
preußischen Wassergesetz vom 7. April 1913 „das Hochwasser der gewöhnlichen Flut". Das ist das arithmetische
Mittel aller Hauptbeobachtungen des Tide*hoch*wassers
einer bestimmtem Jahresreihe . . . . GW

$HschW$ = höchster schiffbarer Wasserstand, bestimmt durch Lage der Brückenunterkante, Höhe der Ausuferung, Geschwindigkeit der Strömung.

$NHaW$, $MHaW$, $HHaW$ = für Hafenwasserstände,

NKW, MKW, HKW = für Kanalwasserstände.

Flutstrom ist derjenige Strom, der während der Flut zu laufen beginnt und
meist auch *nach* Eintritt von Hochwasser, also zu Beginn der Ebbe, noch andauert.

Ebbestrom ist derjenige Strom, der während der Ebbe zu laufen beginnt und
meist auch *nach* Eintritt von Niedrigwasser, also zu Beginn der Flut, noch andauert.

Stromwechsel oder *Kentern* heißt der Übergang vom Flutstrom zum Ebbestrom
und umgekehrt.

---

[1] Pegelvorschrift des Verkehrsministeriums und Ministeriums für Ernährung
und Landwirtschaft. Berlin 1935.
[2] Vgl. S. 213 ff.

Die Verschiedenheit der Größe des Anstieges der Wasserstände sowohl an der deutschen Nordseeküste, als auch an der deutschen Ostseeküste spricht gegen ein Ansteigen der Wasserstände als Wirkung einer echten (absoluten) Wasserstandshebung des Atlantischen Ozeans. Die wahrscheinlichste Ursache für das Ansteigen der Wasserstände dürfte deshalb eine *Küstensenkung* sein (HENSEN)[1] (Wasserstands*hebung* also nur *scheinbar*, relativ).

Der seit 61 Jahren beobachtete bemerkenswerte gleichmäßige Anstieg des $MT\frac{1}{2}w$ von Cuxhaven (insges. 17,7 cm) läßt ein Abklingen der Küstensenkung bisher nicht erkennen und auch für die Zukunft mit einiger Wahrscheinlichkeit nicht erwarten.

IV. Meeresströmungen.

Die wasserwirtschaftlich besondere Bedeutung der Meeresströmungen im Bereich der Küstengebiete

Abb. 275. Elektrisch gesteuerter Rollbandpegel der Lotsenstation bei Finkenwärder (Hamburg).

liegt in ihrem großen Einfluß auf die Ufer und die Fahrwasserverhältnisse vor allem an den Hafen- und Flußmündungen.

Bei der Entstehung solcher Strömungen wirken meist mehrere Ursachen zusammen; die wichtigsten davon sind die Gezeiten, die Winde und die verschiedenen Einheitsgewichte des Meerwassers.

1. Gezeitenströmungen.

Überall dort, wo die Flutwelle in flachere Meere, Buchten, natürliche Kanäle und Flußmündungen eindringt, entsteht aus der schwingenden Welle eine fortschreitende Welle, bei der die Wasserteilchen in „fließende" Bewegung geraten. Dabei stimmt bei steigendem Wasser die Fließrichtung des Wassers mit der Fortpflanzungsrichtung der Wellenbewegung überein: es läuft *Flutstrom*. Bei fallendem Wasser „kentert" die Wasserbewegung, indem sich eine Strömung entgegen

---

[1] HENSEN: Über die Ursachen der Wasserstandshebungen an der deutschen Nordseeküste. Z. Bautechn. 1938, S. 8. — JAKOBY: Beitrag zur Untersuchung der Senkung unserer Küstengebiete. Annalen der Hydrographie. 1935, H. III. — Letztere Arbeit stellt eine Kritik der in der Frage der Küstensenkung bis 1935 erschienenen Abhandlungen dar und enthält ein ausführliches Schrifttumsverzeichnis.

der vorherigen Flutstromrichtung ausbildet: es läuft *Ebbestrom*. Für Gezeitenströme, die eine normal verlaufende Flutwelle begleiten (offenes Meer), gilt: Flutstrom läuft etwa 3 Stunden vor bis 3 Stunden nach dem Hochwasser, Ebbestrom läuft etwa 3 Stunden vor bis 3 Stunden nach dem Niedrigwasser.

Wenn die Flutwelle in die Nähe der Küste kommt, treten Störungen ein. In Buchten werden die Wassermassen der Flutwelle zusammengeschnürt und dadurch wesentlich erhöht, sowie die Geschwindigkeit vergrößert. Deshalb haben die Gezeitenströme an der Küste eine weit größere Bedeutung als im offenen Meer. Zum Beispiel sind alle englischen Kanalhäfen westlich von Dover durch die Flutströmung der Versandung ausgesetzt.

2. Driftströmungen.

Stetige Winde, wie etwa die Passat- und Monsunwinde an den Küsten Afrikas, Amerikas und Asiens, setzen durch den ständigen Druck auf die Wasseroberfläche eine Schicht Wasser von annähernd gleichem Einheitsgewicht in strömende Bewegung. Da das Wasser nun stets das Bestreben hat, eine Schicht gleicher Stärke zu bilden, strömt es in der Tiefe, aber oberhalb der schweren Schicht als Unterstrom in umgekehrter Richtung zurück, wodurch eine kreisende Bewegung des oberen leichteren Wassers entsteht[1]. Zum Beispiel bildet sich zwischen Afrika und Südamerika unter dem Einfluß des Ost-West-Passats eine solche Driftströmung aus, wobei die kreisende Schicht überall eine Wassertemperatur von 15° C aufweist. Solche Strömungen wechseln mit dem Wind, sind also von der Jahreszeit abhängig.

3. Strömungen infolge Gewichtsausgleiches des Meerwassers.

Durch starke Einstrahlung der Sonne auf die Meeresoberfläche wird diese stark erwärmt und dehnt sich aus. Diese Ausdehnung kann nur nach oben erfolgen. Es bildet sich deshalb ein nach oben gehobener Wasserbuckel leichteren Wassers, der das Bestreben hat, sich nach allen Seiten hin in gleichmäßig dicker Schicht auszubreiten. So entsteht ein stets flacher werdender Oberstrom. Trifft dieser warme, spezifisch leichte Oberstrom nun auf ein Gebiet großer Kälte, dann wird das Wasser der Strömung abgekühlt, sein spezifisches Gewicht wird größer und es sinkt, wenn es salzreicher ist als das umgebende, in die Tiefe bis zu einer Schicht gleichen Einheitsgewichtes. Dadurch hebt sich an dieser Stelle die zugehörige Schichtgrenze und beginnt

---

[1] SANDSTRÖM: Dynamische Versuche mit Meerwasser. Ann. d. Hydrographie 1908. — KRÜMMEL: Neuere Theorie der Meeresströmung. Verhandlg. des XVI. Geographentages. Lübeck 1909.

sich ihrerseits auszugleichen, wodurch ein Unterstrom entsteht, der entgegen dem Oberstrom dem Gebiete zufließt, in dem letzterer entsprungen ist.

Zum Beispiel wird die Entstehung des *Golfstromes* im atlantischen Ozean (und des Kuro-schio an der Ostküste Japans) zum Teil auf einen solchen Gewichtsausgleich des Meerwassers zurückgeführt, wobei sicherlich auch noch andere Einflüsse (Driftwirkung, Einfluß der Gezeiten und der Erdrotation) Strömungsrichtung und Strömungsgeschwindigkeit mitbestimmen. Die Wärmequelle für den *Golfstrom* bildet die starke Insolation im Golf von Mexiko und in der karibischen See (amerikanisches Mittelmeer). Die starke Erwärmung infolge der kräftigen Sonneneinstrahlung führt zunächst zu einer erhöhten Verdunstung. Dadurch wird das Wasser salzreicher und trotz seiner Wärme spezifisch schwerer, so daß es absinkt. Dabei kühlt es sich ab und verringert seinen Salzgehalt, bis es auf einer Wasserschicht gleichen Einheitsgewichts zur Ruhe kommt. Durch diese konvektionsartige Vertikalbewegung entsteht eine tiefreichende und verhältnismäßig salzreiche warme Schicht, die leichter ist, als die darunterliegenden tieferen Schichten. Entsprechend dem oben geschilderten Ausgleichsvorgang bildet sich nun ein Oberstrom, dessen Richtung sowohl durch die Küstenform Nordamerikas, sowie der Großen Antillen und der Bahamainseln, als auch durch die Winde mit beeinflußt wird. Er dringt mit 400 m Tiefe und 32 Seemeilen Breite in den atlantischen Ozean ein, durchströmt ihn ostwärts, wendet sich an den europäischen Nordwestküsten nach Norden und endet bei Spitzbergen mit über 600 Seemeilen Breite und nur mehr 150 m Tiefe.

Neben solchen großen Strömungen bestehen Ausgleichsströmungen zwischen Mittelmeeren und ihren Ozeanen. Warme Mittelmeere mit starker Verdunstung ohne genügenden Süßwasserzustrom werden salzreicher, d. h. schwerer, und erzeugen daher einen Unterstrom nach dem Ozean, während das dünnere Ozeanwasser als Oberstrom durch die vorhandenen Meerengen in solche Mittelmeere zurückströmt (z. B. Mittelländisches Meer, Rotes Meer). In der Straße von Gibraltar erreicht der vom Atlantik kommende Oberstrom auf eine Tiefe von 100 m eine Fließgeschwindigkeit von fast 1,5 m/sek.

In der Ostsee und im Schwarzen Meer besteht starker Süßwasserzustrom, also geringer Salzgehalt, so daß der Oberstrom durch das Kattegat zur Nordsee bzw. durch die Dardanellen ins Ägäische Meer fließt, der schwerere Salzstrom sich dagegen als Unterstrom umgekehrt bewegt.

Für seebauliche Anlagen hat bei Küstenströmungen der Oberstrom die größere Bedeutung, weil gegebenenfalls Angiffe auf das Ufer, sowie Sinkstoffbeförderungen von dieser Strömungsrichtung ausgehen.

Streck, Wasserwirtschaft.   27

Elfter Abschnitt.

Qualitative und biologische Gewässerkunde (Wassergütewirtschaft).

I. Wesen und Aufgabe.

Die bisherigen Abschnitte erfaßten die Gewässer eingehend von der *mengenmäßigen* und *morphologischen* Seite her. Bei jener steht dabei die Zahl der Kubikmeter des dargebotenen Wasserschatzes — neben den Wasserständen — im Mittelpunkt. Nun sind aber diese beiden Faktoren nicht die einzigen grundlegenden natürlichen Voraussetzungen für die verschiedenen Nutzungen. Es sei an die *Eisbildung*[1] in den Gewässern erinnert und an die sich daraus ergebenden weiteren Vorgänge in ihnen, wie Störungen des Wasserstandes und Unregelmäßigkeiten im Abfluß. Die verursachenden atmosphärischen Elemente für die Eisbildung sind neben der Luftwärme die Wassertemperatur. Die letztere ist dabei nicht nur ein Faktor des Wärmehaushaltes des Gewässers[2], sondern auch der wechselnden Dichte des Wassers mit den damit zusammenhängenden Schichtenbildungen und Strömungen (Zirkulations- und Konvektionsbewegungen)[2].

Damit sind aber die bestimmenden Gewässerfaktoren für die Nutzungen noch nicht erschöpft. Denn das Gewässer nimmt auf seinem Wege von der Quelle bis zur Mündung immer weiteres oberirdisches und aus dem Grundwasser kommendes Niederschlagwasser (Meteorwasser) auf, wodurch seine Beschaffenheit immer wieder geändert wird. Dazu kommen die Rückflüsse des bereits wasserwirtschaftlich gebrauchten Wassers (Abwassers) der menschlichen Haushaltungen und gewerblichen Betriebe aller Arten und Größen, die die Gewässer mit zahlreichen weiteren Stoffen verschiedener Art und verschiedener Herkunft in wechselndem Ausmaße anreichern. Daß durch diese Einflüsse das *natürliche* Regime Veränderungen erleidet, bedarf wohl ebensowenig einer besonderen Erläuterung, wie die Tatsache der Qualitätsverschlechterung des Wassers durch diese Vorgänge.

Diese Verschlechterung der Wasserqualität verläuft allerdings nicht etwa linear mit der Zunahme des Laufweges oder der Wasserführung. Die Zusammensetzung des Wassers aus stark verdünnten Säuren, stark verdünnten Laugen und neutralen Salzlösungen, sowie aus pflanzlichen und tierischen Organismen, die auf natürliche Weise oder als Folge des wirtschaftenden Menschen in das talab fließende Wasser gelangt sind, ist einem dauernden Wandel von Querschnitt zu Querschnitt unter-

---

[1] Vgl. S. 335ff..   [2] Vgl. S. 35 u. 330.

worfen. Dabei wirkt auch die Tatsache mit, daß die selbstreinigende Kraft des Gewässers immer wieder aufs neue durch Zuführung weiterer Fremdkörper in Anspruch genommen wird. Die Verschiedenheit der Wasserzusammensetzung kann sogar in ein und demselben Querprofil vorliegen, wenn die wirbelnde Wasserströmung nicht kräftig genug ist, eine Mischung von einheitlicher Konsistenz herbeizuführen. Kommt diese vollkommene Durchmischung nicht zustande, dann gehen also durch ein und denselben Querschnitt Wasserkörper verschiedener Konsistenz (in Abb. 284 sind es Wasserkörper verschiedener Temperatur).

Mit wachsendem Gehalt an fremden Stoffen verliert ein Gewässer immer mehr seine anfänglich farblose Klarheit; es wird trüb, verfärbt sich immer mehr, wird grau oder braun, und erhält schließlich ein Aus-

Abb. 276. Mit Sulfitablauge verseuchter Fluß (obere Moldau).
(SEIFERT: Dtsch. Wasserwirtsch. 1941.)

sehen, das eher auf fließendes Öl als auf Wasser schließen läßt. Als Beispiel dafür sei auf die Saale etwa flußabwärts von Saalfeld hingewiesen und die Moldau im Bilde gezeigt (Abb. 276). Leider sind es zahllose, auch kleinere und kleinste Gewässer, die sich in einem ähnlich verheerenden Zustand befinden.

Die beunruhigend starke Zunahme der Verschmutzung unserer öffentlichen und auch privaten Gewässer hat das *Verkehrs*ministerium im Jahre 1935 veranlaßt, durch die Mittelbehörden und die Länderverwaltungen feststellen zu lassen, welche Einleitungen in erheblichem Maße zur Verunreinigung der ihrem Verwaltungsbereich unterstehenden *Wasserstraßen* beitragen[1]. Erfaßt wurden bei dieser Erhebung im wesentlichen Rhein, Weser, Elbe und Oder. Das Ergebnis bestätigte — wie es nicht anders sein konnte — einmal mehr die längst bekannte Tatsache der „erheblichen" Verschmutzung der Wasserstraßen. Zum großen Teil

---

[1] MAYER: Einleitung von Abwässern in die Reichswasserstraßen. Z. Dtsch. Wasserwirtsch. 1939 u. 1940.

liegen die Ursachen in einer Überschätzung des „Selbstreinigungsvermögens" der Wasserläufe. Außerdem genügten viele Abwasserreinigungsanlagen nicht oder nicht mehr den Anforderungen. Manche Gemeinde begründete dies damit, daß sie finanziell nicht in der Lage ist, die oft erheblichen Kosten für eine Verbesserung aufzubringen; auch manches gewerbliche Unternehmen erklärte sich unter Hinweis auf die Wirtschaftlichkeit seines Betriebes außerstande, Kapitalaufwendungen

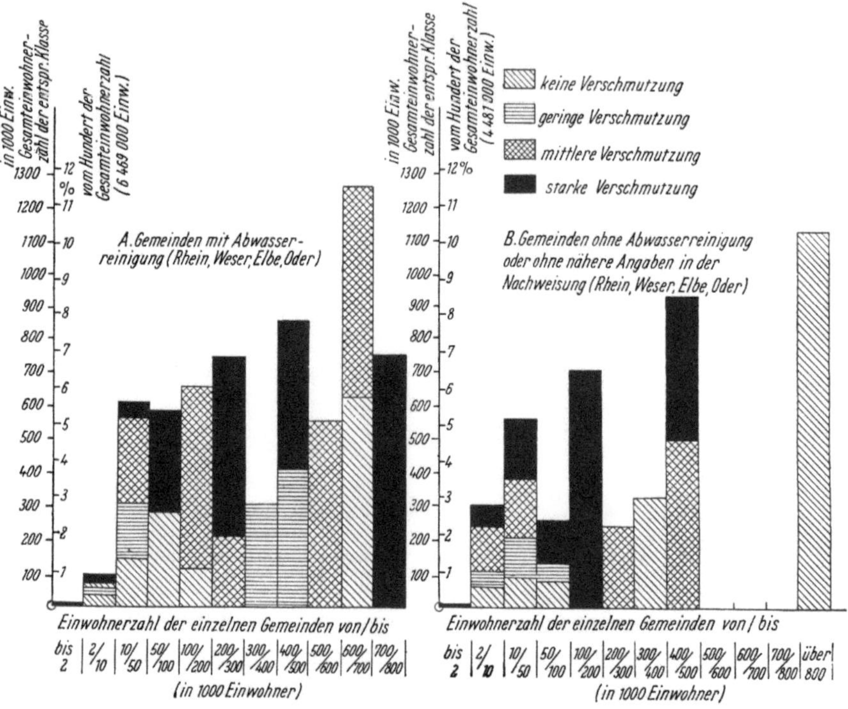

Abb. 277. Anteil der Einwohnerzahl an dem Grad der Verschmutzung durch gemeindliche Abwässer (Siedlungswasserwirtschaft). (MAYER: Dtsch. Wasserwirtsch. 1939.)

für Reinigungsanlagen tragen zu können. Die notwendige Summe zur Beseitigung aller Verschmutzungsmißstände wurde damals (vor dem letzten Kriege) *allein für die Wasserstraßen* auf mindestens 200 Millionen RM geschätzt, wozu noch die Kosten für die Bereinigung der Verhältnisse *in den zahlreichen sonstigen Gewässern kommen*, in denen die Zustände oft noch viel schlimmer sind. In Abb. 277 u. 278 sind einige Untersuchungsergebnisse graphisch dargestellt. Daraus ersieht man den hohen Anteil der gewerblichen Betriebe an der Verschmutzung unserer Gewässer.

Zu den Gesamtabwassermengen von 5,5 hm³/Tag, die damals in die obengenannten Gewässer eingeleitet wurden, trugen die Zellstoff-

Papier- und Holzschleifereifabriken 0,62 hm³/Tag (11,3 v. H.), die chemischen Werke 0,94 hm³/Tag (17,1 v. H.), die Zuckerfabriken 0,19 hm³/Tag (3,5 v. H.), die Schwerindustrie 1,36 hm³/Tag (24,7 v. H.), die Stärkefabriken 0,30 hm³/Tag (5,4 v. H.), die Gerbereien und sonstigen Betriebe 0,09 hm³/Tag (1,6 v. H.) bei. Das sind für die gewerblichen Betriebe insgesamt 3,5 hm³/Tag (63,6 v. H.).

Demgegenüber stehen die gemeindlichen Abwässer mit zusammen 2,0 hm³/Tag (36,4 v. H.). Davon treffen 1,2 hm³/Tag (21,0 v. H.) auf Abwässer *mit* Reinigungsanlagen und 0,8 hm³/Tag (14,5 v. H.) auf solche *ohne* Reinigungsanlagen.

Von den *gewerblichen* Einleitungen in den Rhein (insgesamt 1,89 hm³/Tag) sind 0,18 hm³/Tag mittelstark und 1,37 hm³/Tag stark verschmutzt. An der *Elbe* (insgesamt 0,78 hm³/Tag) treffen auf diese beiden Verschmutzungsgrade 0,56 bzw. 0,09 hm³/Tag, an der *Oder* (insgesamt 0,58 hm³/Tag) 0,41 bzw. 0,03 hm³/Tag. Demgegenüber lauten die Zahlen für die *Donau* (insgesamt 0,03 hm³/Tag) 0,0 bzw. 0,03 hm³/Tag und für die Weser (insgesamt 0,06 hm³/Tag) 0,0 bzw. 0,002 hm³/Tag. —

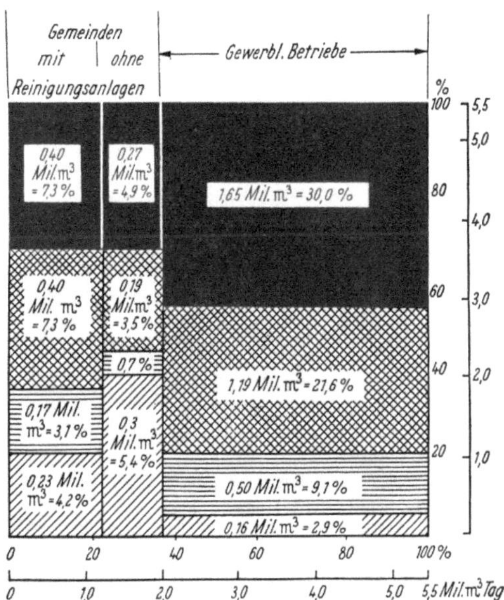

Abb. 278. Anteil der Wassermengen der Gemeinden und Gewerbebetriebe an dem Grad der Verschmutzung. (MAYER: Dtsch. Wasserwirtsch. 1940.)

Wie sich aus den bisherigen Ausführungen ergibt, bietet sich das Wasser vom Quellgebiet bis zur Mündung oberirdisch und unterirdisch mit den verschiedensten *physikalisch-chemischen Qualitäten*, mit immer anderem *biologischen Gehalt* und möglicherweise auch anderem *thermischen Verhalten* der Nutzung dar. Demgegenüber stehen — neben dem Mengenbedarf — *die Anforderungen der Nutzer an die Güteeigenschaften des Wassers*. Abb. 279 gibt eine schematische Übersicht nach LEOPOLD[1] über die Qualitätsanforderungen bei den verschiedenen Wassernutzungen.

---

[1] LEOPOLD: Vortrag gelegentlich einer wasserwirtschaftlichen Tagung in Passau-Oberhaus während des Krieges. — Entwicklungsrichtungen in der Wasserwirtschaft der Reichswasserstraßen. Zbl. Bauverwaltg. 1940, H. 23 — Der hydrographische Dienst der Reichswasserstraßenverwaltg. Z. Dtsch. Wasserwirtsch. 1942, H. 11.

Das Ausmaß an die Güteeigenschaften ist nicht nur bei den einzelnen wasserwirtschaftlichen Bedürfnissen verschieden, sondern zeigt auch bei derselben Nutzungsart vielfach starken Wechsel. Die Darstellung gibt daher auch keine zahlenmäßig deutbaren Größen an.

Wenn und insoweit das dargebotene Wasser für die jeweils beabsichtigten Nutzungen gütemäßig nicht entspricht, müssen nun die nötigen Maßnahmen getroffen werden, um es qualitativ geeignet zu machen. Das wasserwirtschaftliche Aufgabengebiet, das damit zusammenhängt, umfaßte man bislang mit dem Begriff *Wassergütewirtschaft.* „Bewirtschaftet" wurde dabei hauptsächlich das Trink- und industrielle Brauchwasser, indem das zur Verwendung kommende Wasser so zubereitet wurde, daß es den Anforderungen an die Güte einigermaßen entspricht.

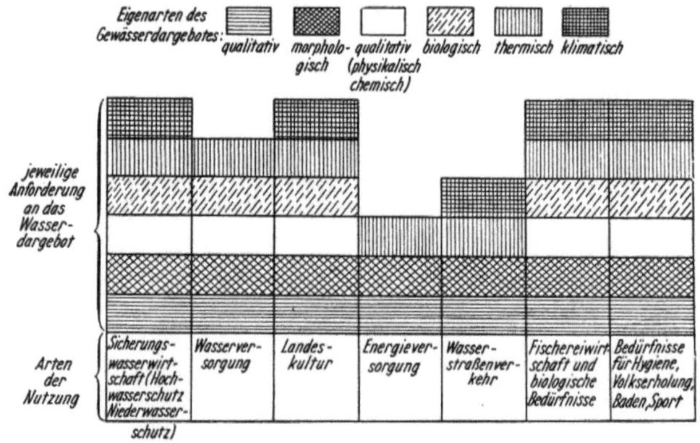

Abb. 279. Anforderungen an das Gewässerdargebot seitens der verschiedenen Wassernutzungen [1].

Diese Maßnahmen sind für das zum Gebrauch kommende Wasser der genannten Nutzungen natürlich weiterhin, und zwar in wachsendem Maße nötig, um den steil ansteigenden Bedarfsansprüchen auch qualitativ genügen zu können. Noch mehr trifft dies aber zu für das *aus dem Gebrauch kommende Wasser* (Abwasser) *jeder Art,* wenn es für weiteren Gebrauch irgendwo genutzt werden soll, und zwar auch dann, wenn dieser Gebrauch nicht mehr für die Versorgung der Bevölkerung mit Trinkwasser, sondern anderen Bedarfsdeckungen dienen soll, wie Abb. 279 schematisch andeutet.

Bei der fortschreitenden Qualitätsverschlechterung des Wassers unserer öffentlichen und privaten Gewässer kann man heute bereits allgemein sagen: Alle Nutzungen sind gezwungen, sich bei dem für sie in Frage kommenden Wasserdargebot nicht nur mit den mengenmäßigen und morphologischen Gegebenheiten auseinanderzusetzen, sondern ebensosehr auch mit vorliegenden physikalischen und chemi-

---

[1] Vgl. dazu: LEOPOLD: Der hydrographische Dienst der Reichswasserstraßenverwaltung. Z. Dtsch. Wasserwirtsch. 1942 (37) S. 494ff.

schen Güteeigenschaften, vielleicht auch mit den biologischen Verhältnissen, da und dort auch noch mit der Thermik des Wassers und seinen
klimatischen Eigenarten. Die Fälle, bei denen die *Qualität* des Wasserdargebots dem Nutzer keine Aufgabe stellt, bilden in zunehmendem
Maße die Ausnahmefälle.

Im gleichen Maße wachsen die Aufgaben der Abwasserchemiker, die
darin bestehen, die erfolgten Qualitätsverschlechterungen von genutz-
tem Wasser wieder zu beseitigen oder doch unschädlich zu machen
durch Ausarbeitung von noch wirksameren Reinigungsverfahren, als
sie bisher bereits entwickelt wurden. Bei dem erreichten hohen Grad
der Verschmutzungen unserer Gewässer liegt auf diesem Problem heute
naturgemäß das Schwergewicht. Da aber erfahrungsgemäß die mit
Kapitalaufwendungen verbundene Abwasserreinigung unterbleibt oder
nicht mit der notwendigen Gewissenhaftigkeit durchgeführt wird, wenn
nicht ein behördlich gelenkter Flußüberwachungsdienst die Durchführung der Reinigung ständig und völlig neutral kontrolliert[1,2,3], ist
dieser unerläßlich geworden. Nach LEOPOLD besteht die Hauptaufgabe
einer solchen Dienststelle in folgendem: einen allgemeinen, erschöpfenden
und dauernden Überblick (Jahresreihen!) zu gewinnen, 1. über das
qualitative und biologische Verhalten des *Gesamtgewässers* im unbeein-
flußten und beeinflußten Zustand und 2. über die Zusammenhänge,
die zwischen den qualitativ-biologischen Faktoren einerseits und den
quantitativen, morphologischen und auch meteorologischen Faktoren
andererseits bestehen. WEIMANN[1] formuliert die Aufgabe so: Bei der
Gewässerüberwachung kommt es vor allem darauf an, mit geringem
Aufwand eine ausreichende Übersicht über Zahl und Ausdehnung der
Verschmutzung des *Gesamtgewässernetzes* zu schaffen. Bei dem Untersuchungsverfahren wird systematisch das limnologische Untersuchungs-
prinzip auch auf die Wassergüte der fließenden Gewässer angewendet.
Das Ziel dieser, gegenüber den bisher üblichen Untersuchungsmethoden
vereinfachten chemischen und biologischen Verfahren ist die laufende
Feststellung der in den Flußläufen vorhandenen tatsächlichen Schadenstrecken. Das Landesamt für Gewässerkunde in Düsseldorf hat allein
im Jahre 1948 den Rhein und die Weser an 600 Stellen, in den 2 Jahren
des Aufbaues des Kontrollverfahrens bereits über 80 Gewässerläufe in
Nordrhein-Westfalen mit gutem Erfolg „überwacht", d. h. *vielfach einen
so hohen Grad von Verschmutzungen festgestellt, daß nunmehr deren Beseitigung das gewichtigere Problem geworden ist.*

---

[1] WEIMANN: Zur Überwachung unserer Bäche und Flüsse. Schweiz. Z. f.
Hydrologie. Bd. XI. 1949. — Zur Ermöglichung eines behördlich gelenkten Fluß-
überwachungsdienstes. Z. Wasserwirtsch. 1951, H. 10.

[2] LEOPOLD: Zit. S. 421.

[3] JAAG: Gewässerschutz in der Schweiz. Gas- u. Wasserfach. 1952, Nr. 6.

II. Qualitative Eigenschaften des Wassers.

1. Physikalische Eigenschaften.

Die wichtigsten physikalischen Faktoren des Wassers sind:

Temperatur. Sie ist sehr wichtig für das gesamte Gewässerverhalten (Schichtungs- und Strömungserscheinungen im Gewässer, Eisverhältnisse, Meeresströmungen). Die Temperatur läßt auch manchmal Rückschlüsse auf eingeleitetes Fremdwasser zu (z. B. Grundwasser, Tagwasser, industrielle Wasser). Abb. 280 gibt Tautochronen (Temperaturlinien gleicher Zeiten) des Bodensees und die Tiefenlage der Trinkwasserentnahme einiger Bodenseeorte an, Abb. 281 die Tautochronen des Wörthersees. Abb. 282 zeigt den Temperaturgang im Wörthersee, Abb. 283 jenen der Mur (Steiermark im Jahre 1912), während die Abb. 284 Spree-Isothermen für zwei Flußprofile darstellt, in die Kühlwasser eingeleitet wurde (*künstliche* Temperaturbeeinflussung).

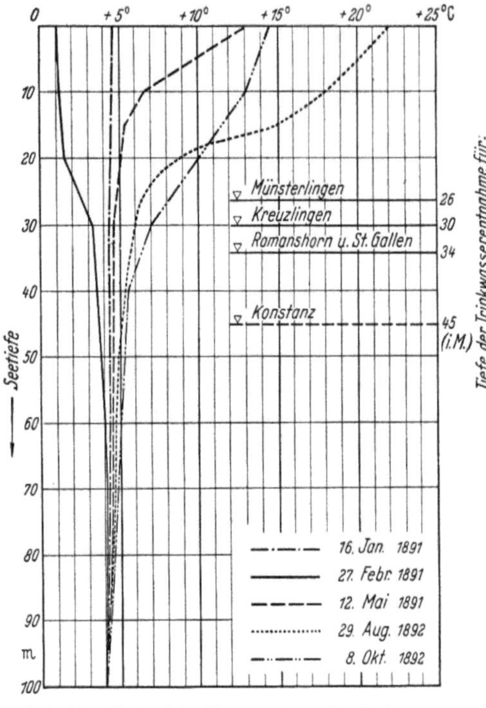

Abb. 280. Verlauf der Temperaturen im Bodensee.
(Nach GROSS: Handbuch der Wasserversorgung.)

Trübung. Sie läßt, wenigstens näherungsweise gewisse ungelöste Verunreinigungen erkennen.

Wasserstoffionendichte (p_H-*Wert*[1]). Die Reaktion der natürlich vorkommenden Wässer kann sauer, neutral oder alkalisch sein. Bei ihrer Ermittlung spielt die *Wasserstoffionendichte*, der sogenannte p_H-Wert, eine wichtige Rolle. Jedes Wasser enthält außer den Wassermolekülen (H_2O) noch kleine Mengen gespaltener Molekeln, sogenannte freie Ionen von Wasserstoff (H^+) und Hydroxyl (OH^-). 1 Liter reines, neutral gespaltenes Wasser enthält nun stets ganz bestimmte Gewichtsmengen

---

[1] Abgeleitet vom Lateinischen „pondus Hydrogenii" = Gewichtsmenge des Wasserstoff-Ions.

H-Ionen und OH-Ionen, die nur von der Wärme des Wassers abhängig sind. Sie betragen bei 22° C 10^{-7} g H-Ionen und die gleiche Gewichtsmenge OH-Ionen. Säuren sind dadurch gekennzeichnet, daß sie in einer

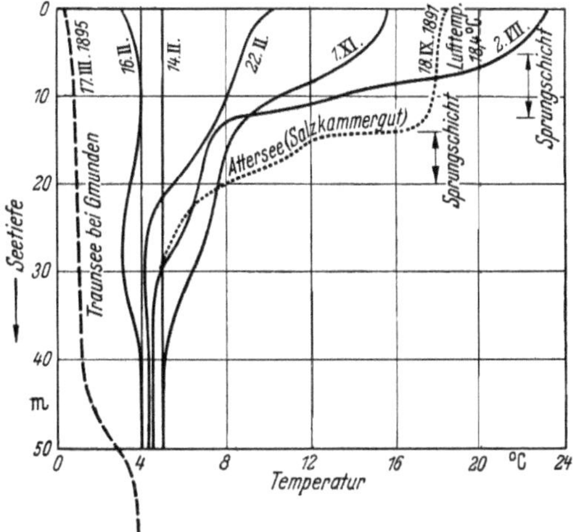

Abb. 281. Temperaturen im Wörthersee (ausgezogene Linien) in verschiedenen Tiefen im Jahre 1909 (Tautochronen). (Nach Schaffernak.)

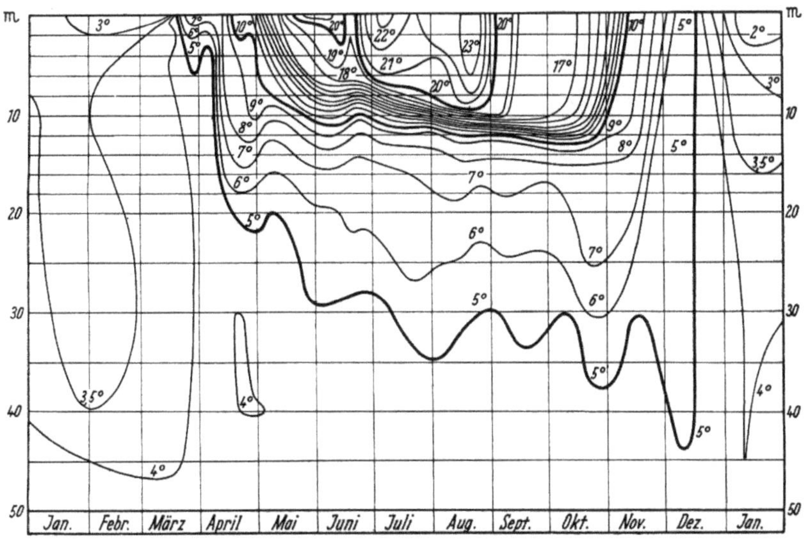

Abb. 282. Darstellung der Temperaturgangfläche im Wörthersee im Jahre 1890. (Nach Schoklitsch.)

wäßrigen Lösung H-Ionen abspalten, während Basen OH-Ionen liefern. Der Zutritt einer Säure zum neutral gespaltenen Wasser hat daher zur Folge, daß die Dichte der H-Ionen im Wasser größer wird. Gleichzeitig nimmt die Dichte der OH-Ionen ab, da nach dem sogenannten Massenwirkungsgesetz das Vielfache aus der Gewichtsmenge H-Ionen und der Gewichtsmenge OH-Ionen in 1 Liter bei derselben Wärme stets einen ganz bestimmten Wert hat. Umgekehrt ist es bei einer ins Wasser gebrachten Base.

Der Gewichtsgehalt des Wassers an H-Ionen gibt somit einen Maßstab für seine Spaltung. Sobald nämlich die in 1 Liter Wasser enthaltene Menge der Wasserstoffionen größer als 10^{-7} g wird, etwa gleich 10^{-6},

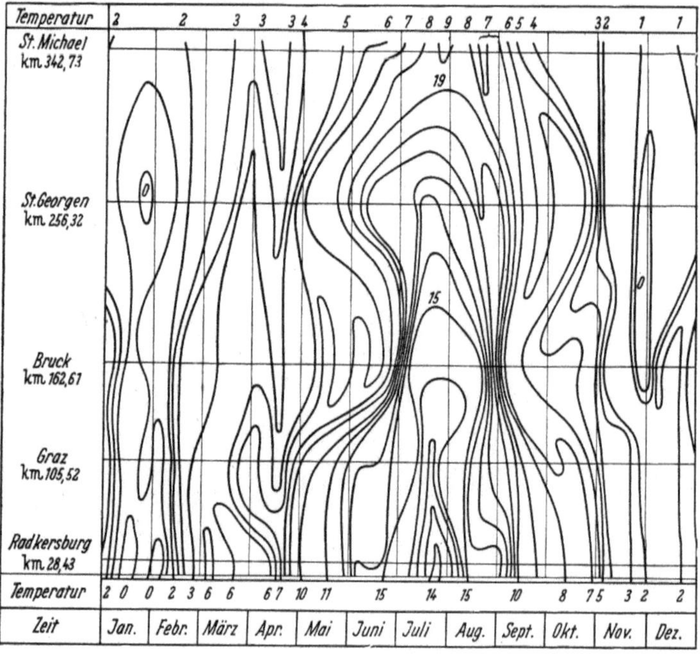

Abb. 283. Temperatur des Murwassers von St. Michael bis Radkersburg im Jahre 1912. (Nach SCHOKLITSCH.)

geht der neutrale Zustand in den sauren über. Umgekehrt ist eine Verringerung der Wasserstoffionenmenge (z. B. 10^{-8}) gleichbedeutend mit einer alkalischen Spaltung des Wassers. Man nennt das Grammgewicht der Wasserstoffionen im Liter die Wasserstoffionendichte. Sie wird ausgedrückt durch den p_H-Wert, der den negativen Logarithmus der Wasserstoffionenzahl darstellt, also $p_H = -\log(H)$. Es ist für

$$\text{saure} \quad \text{Reaktion } [H] > 10^{-7}; \quad p_H < 7;$$
$$\text{neutrale} \quad \text{Reaktion } [H] = 10^{-7}; \quad p_H = 7;$$
$$\text{alkalische Reaktion } [H] < 10^{-7}; \quad p_H > 7.$$

Diesem p_H-Wert kommt eine sehr wichtige Rolle bei der Beurteilung der Wasserqualität zu.

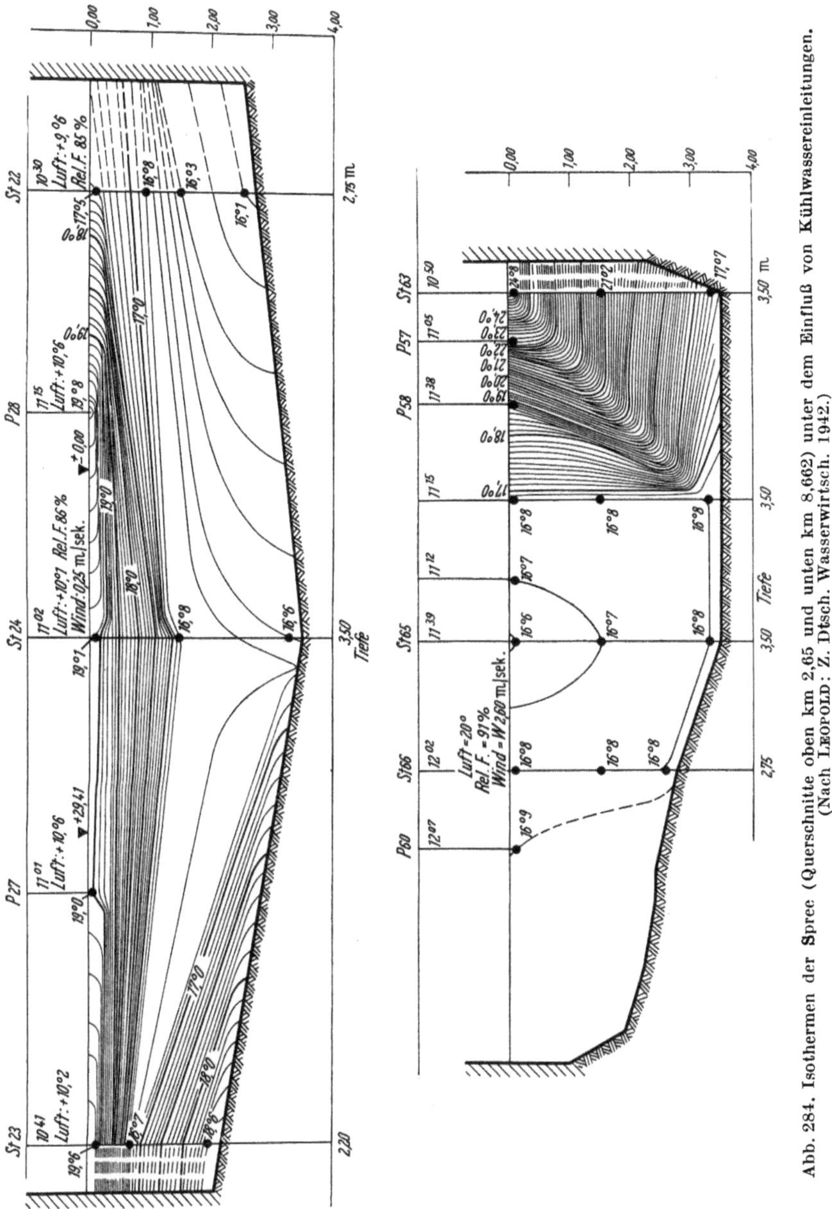

Abb. 284. Isothermen der Spree (Querschnitte oben km 2,65 und unten km 8,662) unter dem Einfluß von Kühlwassereinleitungen. (Nach Leopold: Z. Dtsch. Wasserwirtsch. 1942.)

Dichte (Einheitsgewicht, spezifisches Gewicht). Sie ist ebenfalls von großer Bedeutung für die Beurteilung des Wassers, da sie, wenn auch nur summarisch, den Gesamtgehalt des Wassers an gelösten Stoffen erkennen läßt. Die Dichteänderungen infolge von Temperatureinflüssen führen, wie schon oben bei der Temperatur erwähnt, zu Wasserzirkulationen.

Elektrische Leitfähigkeit. Sie erlaubt Rückschlüsse auf den Gehalt des Wassers an gelösten mineralischen Stoffen (Elektrolyten), die Leitfähigkeit besitzen.

Zähigkeit. Diese ist für gewisse Feststellungen, z. B. bei Untersuchungen über die Fließart, von Bedeutung. (Wasser-Zähigkeit bei $0°: \eta = 1{,}82 \cdot 10^{-5}$; bei $+ 35°C: \eta = 0{,}74 \cdot 10^{-5}$ gsek./cm².)

Luftgehalt. Das Wasser enthält je nach der Saugspannung bis zu 10 % und darüber an Luft (vgl. Abb. 238). Der Luftgehalt des Wassers ist wegen des Sauerstoffanteils von großer Bedeutung für die pflanzliche und tierische Lebewelt im Wasser (siehe unter 2.: Sauerstoffhaushalt).

2. Chemische Eigenschaften.

Zu den wichtigsten chemischen Faktoren gehören:

Härte. Sie beruht auf den im Wasser enthaltenen Kalk- und Magnesiumverbindungen, deren Bikarbonate die vorübergehende oder Karbonathärte bilden, sowie auf die Chloride, Nitrate, Phosphate und Silikate des Kalziums und Magnesiums, auf die die Bildung der bleibenden oder Mineralsäurehärte zurückzuführen ist. Die mehr oder weniger große Härte des Wassers wird in deutschen Härtegraden ausgedrückt, wobei gilt[1]: 0 bis 4° sehr weich, 4 bis 8° weich, 8 bis 12° mittelhart, 12 bis 18° ziemlich hart, 18 bis 25° hart, 25 bis 50° sehr hart, über 50° außergewöhnlich hart (nach KLUTH und STINY).

Für gewässerkundliche Untersuchungen kann die Feststellung der unterschiedlichen Härte zweier Wasserkörper sehr wertvoll sein[2]. Die wirtschaftliche Bedeutung der Härte liegt bei der lästigen Kesselsteinbildung (hartes Wasser als Speisewasser für Dampfkessel ungeeignet); im Haushalt verzögert sie den Kochvorgang, erhöht den Seifenverbrauch durch Vernichtung von je 150 g Kernseife auf den m³ Wasser für jeden Härtegrad.

Sauerstoffhaushalt (Sauerstoffgehalt, Sauerstoffsättigung); er steht in enger Verbindung mit dem *Kohlensäurehaushalt.* Beide stehen unter der besonderen Einwirkung einerseits des meteorologischen Geschehens, andererseits der biologischen Vorgänge und erhalten unter diesen Einwirkungen einen besonders labilen Charakter.

Gesundes Oberflächenwasser ist in der Natur mit Sauerstoff gesättigt, wobei der Sättigungswert von der Temperatur abhängt (Tab. 58).

---

[1] 1° = 10 mg CaO im Liter oder einem äquivalenten Gewicht an Erdalkalioxyden. — 100 deutsche Härtegrade = 179 französische Grade = 125 englische Härtegrade.

[2] Strömungsverhältnisse im Bodensee-Obersee infolge der verschiedenen Härte der Wasserkörper, vgl. AUERBACH: Die Oberflächen- und Tiefenströme im Bodensee. Z. Dtsch. Wasserswirtsch. 1939.

Tabelle 58.
Zusammenhang zwischen Temperatur und Sauerstoff-Sättigungswert im Süßwasser.

Temperatur in °C	0	10	15	20	25	30
Sättigungswert in g/m³	14,6	11,3	10,2	9,2	8,4	7,6

Bei Meerwasser liegen die Werte ungefähr um 20 v. H. niedriger. Fische gehen ein, wenn der Sauerstoffgehalt unter 2 bis 3 g/m³ sinkt, und die Verbreitung üblen Geruches beginnt bei vollem Verbrauch des gelösten Sauerstoffes.

Bei *oligotrophen (nährstoffarmen) Gewässern* ist die ganze Wassermasse von der Oberfläche bis zur größten Tiefe *reich an Sauerstoff*. Die Sauerstoffsättigung nimmt nach der Tiefe zu nur wenig ab. Infolgedessen können auch diese Zonen von Lebewesen bewohnt werden. Im Verhältnis zur Gesamtmasse des Wassers ist die Menge der in ihm vorhandenen Schwebwesen, des *Plankton*[1], (Abb. 285) gering. Die Seen sind meist nährstoffarm, z. B. Starnbergersee, Ammersee, Tegernsee, Bodensee-Obersee. Bei *eutrophen (nährstoffreichen)* Gewässern liegen die Verhältnisse gegenteilig. Hier ist das Tiefenwasser *sauerstoffarm*, in der Tiefe vielleicht ganz frei von Sauerstoff. Der letzte Sauerstoffrest wird aufgezehrt durch die von den Schmutzstoffen genährten Lebensvorgänge. Die Geschwebe- (Plankton-) Menge ist hier viel größer. Die zahlreichen Tier- und Pflanzenleichen des absterbenden Planktons sinken zu Boden und verfaulen hier. Durch diese Fäulnisvorgänge wird der vorhandene Sauerstoff aufgezehrt, und es kann sogar zur Bildung von Schwefelwasserstoff kommen.

So ist z. B. der *Züricher See*[2] in der Tiefe zu einem Faulbecken geworden mit Schwefelwasserstoff an Stelle des mangelnden Sauerstoffes. Bedenklicher noch, als das Fehlen des Sauerstoffes in der Tiefe, ist das beängstigende Sauerstoffminimum oben, etwa bei 15 bis 20 m Tiefe (Bereich der Sprungschicht), dort wo sich die Organismen am lebhaftesten entwickeln. Wenn auch die Trinkwasserversorgungen, die ihr Wasser dem Züricher See aus 30 bis 40 m Tiefe entnehmen, *heute* noch nicht gefährdet sind, da die künstliche Entkeimung des Seewassers das Trinkwasser weitgehend unabhängig von dem hygienischen Zustand des Rohwassers macht, so wird ein weiteres Absinken des oberen Sauerstoffminimums zur Fäulnis der absterbenden Organismen schon in *diesem* Schichtbereich führen und die dabei entstehenden widerlichen Geschmackstoffe werden *dann* das Wasser, auch entkeimt, als *Trink*wasser

---

[1] Plankton = „Treibendes"; niedere Schwebetiere und -pflanzen des Wassers. Phytoplankton = pflanzliches Plankton; Zooplankton = tierisches Plankton.

[2] DEMOLL: Die Biologie in der Wasserwirtschaft. Allgem. Fischereiz. 1950, H. 1 und 2.

unverwertbar machen. Die bei den Vorgängen im Züricher See entstehende freie Kohlensäure führt bereits zu einer starken Außenkorrosion der Seeleitungen. Wie lange wird es dauern, bis die Kohlensäure auch im Innern der Leitungen eine schädliche Aggressivität entwickelt?

Ähnliche biologische Krankheitssymptome zeigen zahlreiche andere Seen, in der Schweiz u. a. der *Baldegger-* und der *Hallwiler-See,* bei uns Teile des *Bodensee-Untersees* bei Markelfingen, Radolfszell usw., und im besonderen Maße der 30 km lange Stausee der *Bleilochsperre* im Saaletal im Thüringer Wald.

Da außer Sulfiden auch Schwefelwasserstoffe beim *Fehlen von Luftsauerstoff* Zerstörungen z. B. an Betonbauten hervorrufen können, so erwachsen daraus Gefahren für die Betonwasserbauten in eutrophen Gewässern.

Die Sauerstoffaufnahme seitens der Gewässer, also auch die Ergänzung des verbrauchten Sauerstoffes, erfolgt auf zweierlei Wegen. Einmal bildet er sich aus grünen Wasserpflanzen unter der Einwirkung des Sonnenlichts. Wenn hierdurch an Sommertagen, besonders in seichten Teichen und Seen, die vom Wasser aufgenommene Sauerstoffmenge auch groß werden kann, so ist der daraus resultierende Sauerstoffhaushalt andererseits sehr labil. Den zweiten Weg zur Sauerstoffaufnahme bildet die Aufnahme von Luft an der Wasseroberfläche. Sie ist um so größer, je größer die Wasseroberfläche und je größer das vorhandene Sauerstoff-Sättigungsdefizit ist, ferner je gründlicher der Mischungsvorgang infolge vertikaler Strömungen oder kräftigen, andauernden Windes bei Seen, oder turbulenter Strömung in fließenden Gewässern vor sich geht, der das verhältnismäßig sauerstoffreiche Oberflächenwasser in die Tiefe führt und dafür sauerstoffarmes Tiefenwasser an die Oberfläche befördert, wo es sich neu mit Sauerstoff sättigen kann (,,Atmen des Wassers").

Tägliche Sauerstoffaufnahme je m² Wasseroberfläche in g, für je 20 v. H. fehlendem Sauerstoff bis zur Sättigung (100 v. H.):

kleiner Teich	0,3	großer Fluß	1,9
großer See	1,0	rasch fließendes Gewässer	3,1
langsam fließender Fluß	1,3	Stromschnelle	9,6

Das ergibt bei 20 v. H. O-Sättigungsgrad eines *langsam fließenden* Flusses

$$1,3 \cdot \frac{(100 - 20)\ \text{v. H.}}{20\ \text{v. H.}} = 1,3 \cdot 4 = 5,2\ \text{g/m}^2\ \text{u. Tag}\ ^{1,\,2}.$$

---

[1] Zahlenbeispiele für die Berechnung des Sauerstoffbedarfs zum Abbau von Abwässern, der Sauerstofflinie usw. siehe in IMHOFF: Taschenbuch der Stadtentwässerung. 9. Aufl. München: Oldenbourg 1941.

[2] FAIR: Sewage Works Journal, 1939. — IMHOFF and FAIR: Sewage Treatment. Neuyork: John Wiley 1940. — IMHOFF: Die Sauerstofflinie in verschmutzten Gewässern. Z. Dtsch. Wasserwirtsch. 1941.

Für die Feststellung des Sauerstoffgehalts kann, wenn es darauf ankommt, schnell zahlreiche Messungen mit angenäherten Werten durchzuführen, mit Vorteil das elektrische „Sauerstofflot" von TODT[1], für genauere Messungen z. B. die WINKLERsche Sauerstoffbestimmung benutzt werden.

Zur Beurteilung des Grades der Verschmutzung eines Flusses gibt die Sauerstoffbilanz eine ausgezeichnete Handhabe. Als eines von vielen Beispielen für die Wichtigkeit dieser Sauerstoffkontrolle sei das Gewässergebiet der *Weißen Elster* im Unterlauf herangezogen, das ein Verhältnis von Wasser zu Abwasser von 4:1 aufweist. Daraus resultiert für dort ein biochemischer Sauerstoffbedarf von etwa 40 g/m³. Soll hier bei diesem sauerstoffarmen Gewässer der Sauerstoffgehalt bei 20° C (ungünstig) nicht unter $G = 4$ g/m³ (G = geringstzulässiger Sauerstoffgehalt) sinken, dann ist mit den Beziehungen IMHOFFs der zulässige Sauerstoff-Fehlbetrag F (vgl. Tab. 58)

$$F = 9{,}2 - 4{,}0 = 5{,}2 \text{ g/m}^3.$$

Schätzt man hier die zulässige Belastungsziffer z zu 1,7 (Tab. 59, Grenzfall a, großer Fluß, 20° C), dann liegt der zulässige Sauerstoffbedarf etwa bei $1{,}7 \cdot 5{,}2 = 8{,}8$ g/m³. Die notwendige Verdünnung müßte dann sein: $\dfrac{40}{8{,}8} = 4\text{-}$ bis 5fach[2].

Salzlösungen, gelöste Gase, Kolloide. Die wichtigsten wirklich gelösten chemischen Bestandteile (Salzlösungen, gelöste Gase) natürlicher Gewässer (nach MARQUARDT):

Regenwasser. Schwefligsaure Salze, Sauerstoff, Stickstoff, Kohlensäure, Chloride.

Oberflächenwasser. Sauerstoff, Stickstoff, Kohlensäure, Farbstoffe, organische Säuren und Stoffe, Ammoniak, Chloride, Nitrate, Nitrite, Methan, Schwefelwasserstoff.

Grundwasser. Doppelkohlensaure, kohlensaure und schwefelsaure Salze; Chloride; salpetersaures Kalzium, Magnesium, Natron und Kali; Eisen- und Manganverbindungen, Chlornatrium, Kohlensäure, Sauerstoff; Stickstoff, Schwefelwasserstoff.

Dazu kommen als *Kolloid* gelöste Stoffe, und zwar beim *Oberflächen*wasser noch Farbstoffe, Kieselerde, organische Säuren, und beim *Grundwasser* Kieselerde, Tonerde, Eisenoxyd.

Außerdem kann das Wasser noch *schwebende*, also *ungelöste Stoffe* enthalten, wie Staub, Ruß, Kleinlebewesen (Regenwasser); Ton, Mineralstoffe, Algen, Bakterien, organische Stoffe, Protozoen (Oberflächenwasser); Ton, Pilzarten (Grundwasser).

---

[1] TODT: Ein neues Gerät (Sauerstofflot) zur sofortigen elektrischen Anzeige des im Wasser gelösten Sauerstoffes. Z. Dtsch. Wasserwirtsch. 1942.

[2] Vgl. S. 430, Fußnote 1.

Tabelle 59. *Schätzung der zulässigen Belastungsziffer z und der Fließzeit t (nach* FAIR)[1].

Grenzfall a: Sauerstoff*armes* Gewässer. Der Sauerstoffgehalt ist hinter der Abwassereinleitung schon auf den geringst zulässigen Betrag (G) gesunken.

Grenzfall b: Sauerstoff*reiches* Gewässer. Das Wasser ist hinter der Abwassereinleitung noch mit Sauerstoff gesättigt.

Art des Gewässers	Grenzfall a			Grenzfall b			Fließzeit t bis zum Tiefpunkt der Sauerstofflinie (Kritische Zeit t)		
	15°	20°	25°	15°	20°	25°	15°	20°	25°
1. Kleiner Teich	$z=0,6$	0,5	0,4	$z=2,1$	1,6	1,3	$t=5,9$	5,0	4,3 Tage
2. Großer See	1,1	0,9	0,7	2,7	2,1	1,6	4,5	3,9	3,3
3. Langsam fließender Fluß	1,6	1,2	0,9	3,2	2,5	2,0	3,8	3,2	2,3
4. Großer Fluß	2,2	1,7	1,3	4,0	3,2	2,5	3,0	2,6	2,3
5. Rasch fließendes Gewässer	3,5	2,7	2,1	5,4	4,3	3,3	2,3	2,0	1,8
6. Stromschnelle	22,0	17,0	13,0	25,0	20,0	15,0	0,6	0,6	0,5

[1] IMHOFF: Die Sauerstofflinie in verschmutzten Gewässern. Z. Dtsch. Wasserwirtsch. 1941. S. 339.

Dazu können noch weitere chemische Stoffe kommen, die aus Industrieabwässern stammen und in Gewässer gelangen, wie Eisenocker, Kohle, Zellstoffaser, Sulfitablauge usw.

III. Biologischer Bereich der Gewässer.

Beim biologischen Bereich der Gewässer handelt es sich ausschließlich um *hydrobiologische* Fragen, d. h. es geht um die Rolle, die die

Tabelle 60.

Vorschriften zur Sicherung gesundheitsgemäßer Trink- und Nutzwasserversorgung[1,2].

Temperatur	Möglichst zwischen 7 und 11° C. Grenzen: nicht unter 4° und nicht über 15° C;
Aussehen.	klar und farblos;
Geruch	nicht faulig oder kohlartig, sondern vollkommen geruchlos;
Geschmack.	frisch, prickelnd, nicht fad, tintenartig;
Reaktion.	neutral oder schwach alkalisch, nicht sauer wegen Angriff auf Eisen und Beton. $p_H > 7$;
Ammoniak	nur Spuren. Bedenklich, wenn entstanden durch Fäulnis stickstoffhaltiger organischer Substanzen;
Salpetrige Säure . . .	nur Spuren. Meist Indikator für Fäkalverunreinigung;
Salpetersäure	nicht über 20 mg/l; unbedenklich, wenn Wasser besonders kein Ammoniak und keine salpetrige Säure enthält;
Härte	5 bis 10°, womöglich nicht über 25°; ganz weiches Wasser ist ungesund;
Eisen	möglichst eisenfrei. Unbedenklich und leicht zu entfernen;
Mangan	unbedenklich;
Blei.	möglichst bleifrei; Höchstgehalt 0,35 mg/l;
Chlor	nicht über 30 mg/l; mitunter Indikator für Fäkalverunreinigung;
Freier Sauerstoff und Kohlensäure	angenehm im Geschmack, bei saurer Reaktion werden Metalle und Mörtel angegriffen;
Schwefelwasserstoff . .	in eisenhaltigem Grundwasser unbedenklich; sonst Indikator für Verunreinigung durch Siedlungen und Industrie;
Kali.	über 10 mg/l verdächtig wegen Fäkalverunreinigung;
Kieselsäure.	unbedenklich;
Schwefelsäure	nicht über 10 mg/l. Wenn viel, dann verdächtig wegen Verunreinigung durch Abwässer;
Phosphorsäure	möglichst null; verdächtig wegen Fäkalverunreinigung;
Aluminium.	unbedenklich;
Abdampfrückstand . .	wo möglich nicht über 500 mg/l;
Permanganatverbrauch	möglichst unter 12 mg/l;
Organismen	möglichst wenig; keine pathogenen Keime.

[1] Preußische Vorschriften.

[2] Über Wasseruntersuchungen vgl. DIN 8101 bis 8106, 8108, DENOG 1000, OENORM C 9001.

Streck, Wasserwirtschaft.

Biologie im und am Gewässer spielt. Die Faktoren, die in das Gebiet der gewässerkundlichen hydrobiologischen Forschung fallen, lassen sich

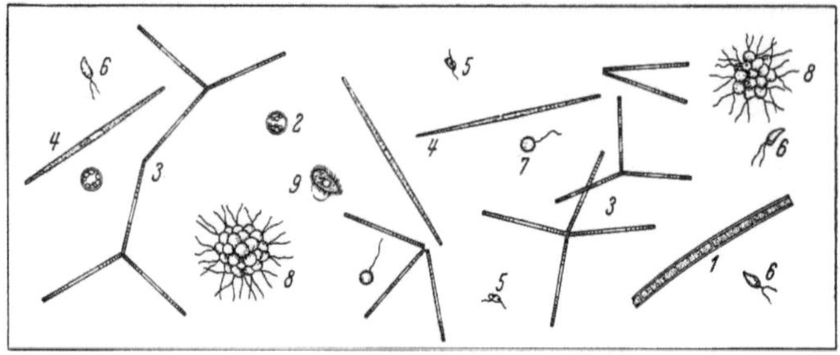

a) Plankton in 1 cm³ Wasser aus dem *Landwehrkanal in Berlin*. Vergrößerung 80 fach.
1 Melosira granulata; *2* Stephanodiscus Hautzschianus; *3* Diatoma elongatum; *4* Sanedra Acus; *5* Bode ovatus; *6* Acyptomanas erosa; *7* Trachelomonas volvocina; *8* Synura uvella; *9* Cyclidium glaucoma.

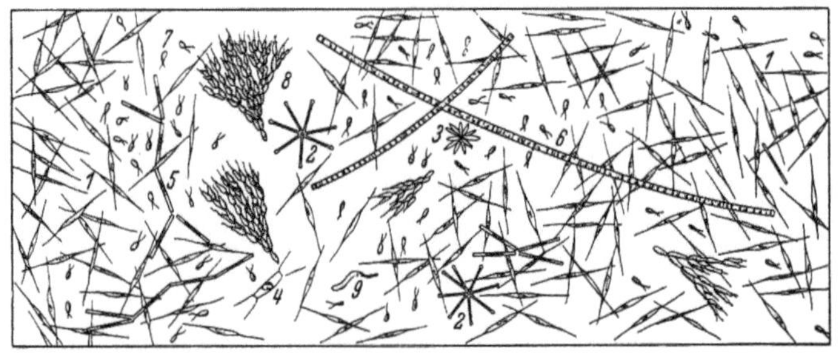

b) Plankton in 1 cm³ Wasser aus dem *Neuen See im Tiergarten in Berlin*. Vergrößerung 40 fach.
1 Rhizolsolenialongiseta; *2* Asterionella gracilluna; *3* Synedra actinastroides; *4* Attheya Zachariasii; *5* Diatoma elongatum; *6* Mesoira Binderana; *7* Cryptomona erosa; *8* Dinobryon sertularia; *9* Euglena ciese.

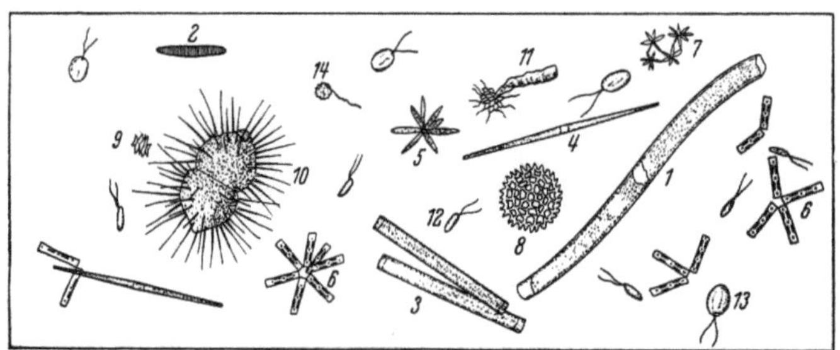

c) Plankton in 1 cm³ Wasser aus der *Oder bei Frankfurt*. Vergrößerung 80 fach.
1 Nitzschia sigmoidea; *2* Navicula sp. *3* Synedra vena; *4* Syn, Acus; *5* Syn. actinastroideo; *6* Asterionella gracillima; *7* Actinastrum K.; *8* Pediastrum Borgan; *9* Scnedesmus ac. *10* Actinosphaerum eichhorni; *11* Anthophysa veg.; *12* Ocyprom. e.; *13* Chlamydomonas obtusa; *14* Trachelomonas volv.

Abb. 285. Plankton. (Nach Preuß. Landesanstalt für Wasser-, Luft- und Bodenhygiene, Berlin-Dahlem.

durch folgende Stichworte kennzeichnen: das *Plankton*, die *Bakterien*, der *Boden*, das *Abwasser*, die *Vegetation* und *Fauna*.

1. Das Plankton (Geschwebe).

Bereits bei den Betrachtungen über den Sauerstoffgehalt des Wassers wurde ersichtlich, daß die jeweilige qualitative Beschaffenheit der Gewässer zu einem großen Teil deren Eignung als biologischen Lebensraum bedingt. Dabei wurde auch bereits das *Plankton* (Geschwebe) erwähnt. Es umfaßt die kleinsten pflanzlichen und tierischen Lebewesen, die im Wasser vorkommen und die einer merkbaren Eigenbewegung entbehren. Je nach der Gewässerart zeigt das Plankton verschiedene Gesellschaften von Organismen, die die einzelnen Gewässer besonders deutlich charakterisieren und die auch geeignet sind, die Veränderungen in der Gewässerqualität erkennbar werden zu lassen (Abb. 285).

Dabei ist die Wechselwirkung von Bedeutung, daß diese Organismen zwar von der Wasserqualität abhängig sind (z. B. gewisse Diatomeengesellschaften vom Salzgehalt des Wassers im Küstengebiet), andererseits aber auch die Qualität des Wassers beeinflussen, indem sie selbst als Sauerstoff- und Kohlensäure-Produzenten oder -Konsumenten auftreten. Es sei hier nur auf die Sauerstoffproduktion des pflanzlichen Planktons und an die Kohlensäureproduktion des tierischen Planktons verwiesen. Der Sauerstoff- und der Kohlensäurehaushalt der Gewässer ist also wesentlich mitbestimmt durch die Tätigkeit dieser Organismen. Letztere bilden also ebenfalls bestimmende Faktoren für die Wasserqualität.

Für die Planktonentnahme werden in der Regel drei Methoden angewendet: das *Planktonnetz*, die Ausscheidung des Planktons aus einer Wasserprobe mittels der *Zentrifuge* oder mittels der *Planktonkammer*. Ferner bietet auch die Verwendung von *Sieben verschiedener Dichte* nach KOLKWITZ neue Möglichkeiten.

2. Die Bakterien[1].

Neben dem Plankton spielen die *Bakterien* eine gleich wichtige Rolle bei der Qualitätsveränderung der Gewässer. Sie sind die kleinsten überhaupt bekannten Lebewesen, sind einzellig und können sich durch Vibrationen haarartiger Ansätze, der sogenannten Geißeln, fortbewegen (Abb. 286). Da ihre Fortpflanzung einfach durch Teilung erfolgt, können sie sich — besonders unter günstigen Lebensbedingungen (günstige Temperatur!) — außerordentlich rasch vermehren. Sie leben hauptsächlich auf den organischen Verunreinigungen, z. B. Abwasserstoffen oder Überbleibseln toter Organismen, und üben da eine außerordentlich wertvolle Abbautätigkeit an diesen Stoffen aus, indem sie diese in an-

---

[1] MOM: Die Bedeutung der Bakterien für die Wasserversorgung und die Behandlung der Abfälle. Z. Dtsch. Wasserwirtsch. 1941. Beilage: Landwirtschaftl. Wasserbau, H. 4.

organische Stoffe zurückführen, sie *mineralisieren*. Sie treten also als Reduzenten auf. Diese Verarbeitung der organischen Stoffe aller Art besorgt das Heer der *Bodensaprophyten*[1]. Von ihnen benötigen die sogenannten *aeroben* Arten Sauerstoff aus der Luft für ihr Bestehen, wogegen dies bei den *anaeroben* Arten nicht mehr der Fall ist.

Die aerob saprophytischen Bakterien *verbrennen* mit Hilfe des Luftsauerstoffes die im Wasser aufgelösten und schwebenden organischen Stoffe zur Kohlensäure, Wasser und Nitrat. Zur Aufrechterhaltung dieses biologischen Reinigungsprozesses müssen, da der Sauerstoffverbrauch bei einer einigermaßen kräftigen Verbrennung sehr hoch ist, dem Wasser ständig ausreichende Mengen Luft zugeführt werden. Dabei ist die Löslichkeit von Sauerstoff im Wasser, wie sich weiter oben bei Behandlung des Sauerstoffgehaltes gezeigt hat, verhältnismäßig gering. Dort wurde auch bereits ausgeführt, wie die Sauerstofferneuerung bei Wasser erfolgt. Ist diese, wie etwa bei vollkommen stillstehenden Gewässern, lediglich auf die Luftaufnahme an der Wasseroberfläche angewiesen, so kann diese so langsam, d. h. in so unzureichendem Maße vor sich gehen, daß die aeroben Bakterien zugrunde gehen und der Verbrennungsvorgang zum Stillstand kommt.

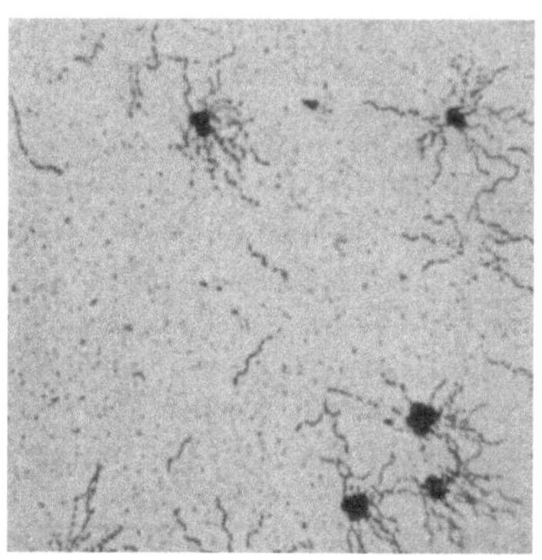

Abb. 286. Typhusbakterien mit Geißeln, 2000 fach vergrößert nach Prof. F. FUHRMANN, Graz. (SCHOKLITSCH, Wasserbau I.)

In diesen Fällen treten die anaeroben Bakterien in Tätigkeit, aber ihr Wirken geht nach einer anderen Richtung. An die Stelle der Verbrennung tritt die *Zerkleinerung* der Abfallstoffe. Die Ergebnisse dieses Zerfallvorganges sind oft übelriechende und manchmal giftige Stoffe, die für alle aerob lebenden Wesen, im besonderen Maße für die Menschen, unerträglich sind. Dafür nochmals als Beispiel der *Bodensee-Untersee*! Nach den Untersuchungen AUERBACHS[2] scheinen die biologischen Verhältnisse im *eutrophen nördlichen* Untersee bei Markelfingen und zum Teil noch bei Radolfszell einem solchen unerträglichen Zustand zuzutreiben, zumal die Abwässer einer Reihe von Ortschaften und Industrieanlagen ständig wahllos in diese Seegebiete hineingeleitet werden, sodaß die Fäulnisvorgänge in der Tiefe stetig anwachsen. Beunruhigend sind

---

[1] Saprophyten = wörtlich „Fäulnispflanzen".
[2] AUERBACH: Zit. S. 428.

die bereits auftretenden Schädigungen der Fischerei im Untersee; solche auf dem hygienischen Sektor dürften, wenn kein Wandel geschaffen wird, mit Sicherheit folgen.

Der Gesellschaft der wertvollen Bodensaprophyten steht die Gruppe der *parasitären pathogenen Bakterien* gegenüber. Ihnen ist wesensgemäß, daß sie sich nur mit lebendem Stoffe auf Kosten ihres Wirtes, auf dem sie schmarotzen, ernähren. Dabei sind diese Parasiten in ihren Lebensbedingungen nicht nur sehr genau, sondern häufig sogar außerordentlich wählerisch, wobei jede pathogene Mikrobe eine bestimmte Vorliebe für einen ganz bestimmten Wirt hat. Und nicht genug damit, sucht sie sich noch einen ganz bestimmten Körperteil dieses Gebietes aus, wo sie sich festsetzt: die Pneumokokken in den Lungen des Wirtes, die Diphtheriebakterien in der Kehle, die Cholerabakterien im Darmkanal. Sehr wichtig ist nun die Feststellung der Bakteriologie, daß eine Feindschaft (Antagonismus) zwischen Bodenbakterien und pathogenen Mikroben besteht, wobei die ersteren die letzteren vernichten. So vertilgt z. B. die im Oberflächenwasser allgemein vorkommende Pseudomonasputida, eine Fäulnisbakterie, die Typhusbakterie. Untersuchungen von EYKMAN bestätigten diese Erscheinung für mehrere Fälle von Antagonismus zwischen typischen Bodensaprophyten und pathogenen Bakterien, wie Cholera-, Typhus- und Dysenteriemikroben. Eine Ausnahme dürfte es bilden, daß der aus Trinkwasser isolierte pathogene Bacillus pyocyaneus den saprophytischen *Bacillus coli* vollständig verdrängte. Letzterer lebt in Abarten im Darm von Kalt- und Warmblütern, ist nicht gesundheitsschädlich und verhältnismäßig leicht nachzuweisen. Findet sich im Wasser Warmblüter-Bacillus coli, so ist das ein Beweis dafür, daß in das betreffende Wasser Fäkalien gelangt sind und es steht zu befürchten, daß auch pathogene Bakterien aus den Fäkalien hineingelangen können. Wegen der Bedeutung des *Bacillus coli als Indikator* kommt dieser vorgenannten Ausnahme, daß nämlich eine pathogene Mikrobe eine saprophytische Bakterie überwuchert, eine besondere Bedeutung zu.

Es dürfte nützlich sein, die früheren Betrachtungen über die Versickerung des Regen- und Oberflächenwassers in den Boden nun noch nach der *biologischen* Seite hin zu ergänzen. Denn wie in eutrophen Gewässern finden sich auch auf der Oberfläche des Bodens und darunter im Boden *überall* die Stoffe jener tierischen und pflanzlichen Organismen, deren Leben beendet ist; dazu kommen möglicherweise noch Fäkalien aus undichten Abortgruben oder infolge von Düngung.

Auch hier bemächtigen sich zahllose Bodenmikroben dieser toten organischen Stoffe, und es beginnt deren Abtragung (Mineralisierung). Das Regenwasser und sonstiges Oberflächenwasser nehmen beim Versickern einen großen Teil der pflanzlichen und tierischen Abfallstoffe in sich auf, sind also in diesem Zustand als *verunreinigt* und für den

menschlichen Gebrauch als ungeeignet zu betrachten. Mit dem tieferen
Eindringen des Oberflächenwassers schreitet der Umsetzungsprozeß
dank der Abbautätigkeit der Mikroben weiter fort und der Verderb geht
allmählich in eine Reinigung über. Es sind verschieden geartete Bakterien des Heeres der Bodensaprophyten, welche bei diesem Prozeß gewissermaßen am laufenden Band „arbeiten". Oben beginnen die Mikroben, welche von Eiweißstoffen, Kohlenhydraten sowie Pektin-
stoffen leben und frische Pflanzenreste benötigen. Dann folgen die
saprophytischen Glukosegruppen. Die bisher tätigen Mikroben gehören
zu den Kohlen- und Sauerstoff liebenden Bakterien, denen die reichliche Durchlüftung dieser oberen Schichten entspricht. Mit zunehmender
Tiefe sinkt der Sauerstoffgehalt der Bodenluft, womit die aerobe Bakte-
rienflora in eine anaerobe übergeht. Der zur Verarbeitung der organischen Reststoffe nach wie vor notwendige Sauerstoff wird von diesen
Mikroben dem Sickerwasser entnommen. Soweit dieser nicht reicht,
wird er sogar aus den im Sickerwasser bzw. Grundwasser gelösten sehr
festen Sauerstoffverbindungen von Eisen, Mangan und Schwefel abgespalten. Die lange Reihe der nach und nach anfallenden Umsetzungs-
produkte endet schließlich in Stoffen, die für den Menschen nicht mehr
schädlich, sondern nützlich sind, wie Salze, Kohlensäure und Wasser.
Eventuell vorhandene pathogene Bakterien, die durch die Fäkalien in
den Boden gelangt sein könnten, sind auf diesem langen Wege von den
fleißigen Bodenmikroben auch längst vernichtet. Schließlich wird das
Grundwasser, wenn es sich durch einen gut filternden feinporigen Boden
bewegt, gleichzeitig sowohl von den Nährstoffen für lebendige Organismen
als auch von den Bodenmikroben selbst befreit. Es ist steril geworden.
Das Gesamtendprodukt dieses langen Prozesses bildet dann eine der
köstlichsten Gaben der Natur an die Menschheit: *die klare frische Quelle.*

Mom[1] berichtet, daß solches sowohl im aktuellen, als auch im
potentiellen Sinn *steril* gewordene Wasser dank der unter den besonders
günstigen Verhältnissen in den Tropen wirksamen reinigenden Kräfte
des Bodens, z. B. in Niederländisch-Indien, als Quellwasser sogar sehr
häufig vorkommt. Er weist aber auch darauf hin, daß diese ideale Reinheit auch eine Schattenseite hat. Denn in diesem *biologisch toten Wasser*
können sich einige Mikroben, die irgendwie durch Zufall hineingeraten
können, sehr lange halten. Während Typhusbakterien im rohen Flußwasser in ein bis zwei Wochen absterben, können sie sich unter denselben Bedingungen, in solches sterile Wasser gebracht, Monate, ja vielleicht Jahre lebend erhalten. Die Praxis der Trinkwasserversorgung bestätigt diese Tatsache. Eine mengenmäßig geringe pathogene Infektion
von sehr reinem Trinkwasser bedingt oft ganze Ausbrüche von Typhus,
Dysenterie und Enteritis. Ein Beispiel dafür bietet die *Typhuskatastrophe*

---

[1] Mom: Zit. S. 435.

vom Oktober 1938 zu Croydon bei London. Unter den Arbeitern an einem Brunnen der dortigen Wasserversorgung war ein Typhusbazillenträger, der aller Wahrscheinlichkeit nach die Infektion der Trinkwasserversorgung verursacht hat. Obwohl die Bazillenzuführung im Hinblick auf die tägliche Verbrauchswassermenge von 4500 m³ mengenmäßig nur gering gewesen sein muß, erlagen der dadurch bewirkten Trinkwasserinfektion im Zeitraum von einigen Wochen 300 Menschen.

Solche Vorkommnisse führen zu der Erkenntnis, daß das Trinkwasser in seiner höchsten hygienischen Güte — die ja das Ideal des Wasserwirtschaftsingenieurs sein soll — für eine Infektion am besten aufnahmefähig ist, weil eben die antagonistischen Kräfte fehlen. *Diese Sachlage verstärkt die Notwendigkeit, die Güte des Trinkwassers auch während der Verteilung zu überwachen.*

3. Die Bodenproben.

Sie dienen dem Zwecke, jene organischen Sedimente festzustellen und zu untersuchen, die auf den Boden der Gewässer absinken und die infolge der Tätigkeit der Saprophyten an ihnen den Stoffhaushalt der Wasserkörper qualitativ beeinflussen. Diesen Proben kommt vor allem bei stehenden oder träge fließenden Gewässern bzw. Wasserkörpern besondere Bedeutung zu. Für eine weitere Zukunft können die Untersuchungsergebnisse aus den Bodenproben die Unterlagen für eine Bodenkartierung der Gewässer abgeben, wo sich eine solche als notwendig herausstellt, also bei eutrophen Gewässern und solchen, die sich nach dieser Richtung hin entwickeln. Beispielsweise erwiesen sich die Bodenproben aus dem Grunde des Zürichsees bis zum Jahre 1895 als normale Sedimente, hell, hauptsächlich aus klaren Kalkkristallen bestehend. Von da ab zeigten die Bodenproben eine leichte bräunliche Verfärbung. Und nach 4 Jahren bereits ergaben sie einen schwarzen Faulschlamm, mit Schwefeleisen durchsetzt. Die faulenden Massen, die von den Abwässern der längs der Ufer vorhandenen Siedlungen stammen, sind bereits so mächtig geworden, daß sie bei dem stark abgesunkenen Sauerstoffgehalt nicht mehr mineralisiert werden können. Der Zürichsee ist eben in der Tiefe zu einem Faulbecken geworden. Und im Herbst oder Frühjahr tritt als Symptom dieser Erkrankung des Sees die Burgunderblutalge auf, die große Seeflächen blutrot färbt.

Die Bodenproben werden durch besondere Geräte, wie *Becherlote* oder *Bodengreifer* entnommen.

4. Die Abwasserproben.

Wie sich aus den bisherigen Ausführungen ergibt, wird unter *Abwasser in weiterem Sinne* nicht nur das aus den menschlichen Siedlungen kommende und mit organischen Stoffen (Fäkalien) und lebenden Organismen durchsetzte gebrauchte Trink- und Brauchwasser verstanden, sondern auch die zahlreichen und verschiedenartigen industriellen Abwässer (Eisenocker, Sulfitablauge, Kohle usw.).

Die Untersuchung der Gewässer auf die Art und den Grad ihrer Durchsetzung mit Abwässern erfolgt für besondere Einzelfälle (kürzere Flußstrecken) nach den schon bisher üblichen chemischen und biologischen *Einheits*methoden, für die Kontrolle (Überwachung) großer Flußläufe und ganzer Gewässernetze nach *vereinfachtem* biologischchemischem Verfahren, wie es etwa das Landesamt für Gewässerkunde in Düsseldorf für Nordrhein-Westfalen entwickelt hat[1]. Der Unterschied beider Untersuchungsverfahren kann u. a. darin gesehen werden, daß bei ersterem zwar verhältnismäßig genaue Milligrammwerte als Ergebnis herauskommen; diese Ergebnisse sind aber infolge ihrer Beschränkung auf die besonderen Untersuchungsstrecken zeitlich und örtlich mehr oder weniger stark gebunden und geben wegen der nicht ausreichend dichten Kartierung der Entnahmestellen häufig nur die Befunde einer Zufallsstelle oder Zufallswelle an. Das letztere Verfahren versucht dagegen durch eine *vereinfachte Gesamtbetrachtung* von Wasser *und* Schlamm *und Makroorganismen* (Algen, Schnecken usw., Pflanzen) die qualitative Beschaffenheit der Gewässer zu erfassen. Der dabei vorgenommene radikale Verzicht z. B. auf den gesamten Sauerstoffhaushalt, mineralische und organische Abdampfrückstände, Karbonathärte, Glührückstände, „Plankton", Keimzahl und Colititer, auf freie und gebundene Kohlensäure usw. soll u. a. durch das limnologische Abtasten der Abwasser*typen* ausgeglichen werden (Verpilzung; Feststellung der Länge der Flußbettstrecke, auf der die makroskopisch erkennbaren Organismen vernichtet sind).

Dieses vereinfachte Untersuchungsverfahren ergibt einen laufenden, zusammenhängenden Überblick über die Ausdehnung der tatsächlichen Schadenstrecken, sowie über den Grad und die Art der Qualitätsverschlechterung. Die nächste Maßnahme besteht in der Feststellung, wo die Verschmutzung herkommt, wer sie verursacht. Dabei wird es vielfach aber nicht zu umgehen sein, da und dort genauere biologischchemische Einheitsverfahren zusätzlich heranzuziehen. Dazu gehört vor allem die Feststellung der Organismen, die besonders durch die Fäkalienabwässer (*Abwasser im engeren Sinn*) in den Fluß- und Seewasserkörper gelangen oder sich in der Nähe einer Einleitung entwickeln. Diese Mikroben sind im Hinblick auf die Hygiene der Gewässer von großer Wichtigkeit, und unter ihnen sind es wieder die besonderen Leitformen der Abwasser-Organismen, deren Feststellung von Wichtigkeit ist (*Bacillus coli* als wichtiger Indikator!).

Für die Entnahme solcher Abwasserproben kommen in Betracht der Apparat nach SCLAVO-CZAPLEWSKI, der sogenannte Taucher nach

---

[1] WEIMANN: Zit. S. 423.

KRUSE und der Entnahmeapparat nach OLSZEWSKI[1]. Es ist selbstverständlich, daß diese Entnahme so erfolgen muß, daß dabei eine Infektion des Entnahmewassers von außen her unter allen Umständen vermieden wird. Sie sollte deshalb ausschließlich von routinierten Bakteriologen vorgenommen werden. Das gleiche gilt für die Durchführung des Untersuchungsverfahrens selbst[2], bei dem man sich in der Wasserbakteriologie meist mit der Ermittlung der Keimzahl für 1 cm^3 Entnahmewasser ohne weitere Differenzierung der auf festen Nährböden. gewachsenen Kolonien und mit der Feststellung des Bacteriums coli als Indikator für die Verunreinigungen (hier bezogen auf 10 cm^3) begnügt.

5. Vegetation und Fauna. Landschaftsgestaltung.

Von großer Bedeutung für den Sauerstoffgehalt und damit für die biologische Selbstreinigung des Wassers, wie auch für die Wasserfauna ist die *Wasservegetation*, und zwar sowohl die Unter- und Überwasservegetation, wie auch die *Ufervegetation*[3].

In den flachen Wasserzonen der alten Wasserarme, Uferunregelmäßigkeiten, Buchten, auch Buhnenfelder eines natürlichen oder zweckmäßig ausgebauten Flusses können sich untergetauchte lebende Wasserpflanzen ansiedeln. So entsteht in den wasserbedeckten, gut durchsonnten flachen Uferstreifen ein unregelmäßiger Bewuchs aus diesen Wasserpflanzen, in denen sich eine enge Wechselbeziehung zwischen dem Pflanzenleben und zahllosen tierischen Groß- und Kleinlebewesen (neben den Fischen aller Größen die vielen Arten von Krebstierchen, Schnecken, Wasserinsekten, Larven und Wasserflöhen) einstellt. Diese Fauna findet in den Wasserpflanzen und Algen ihre Nahrungsgrundlage. Vielfach sind solche Zonen — und dies ist dann für das biologische Leben besonders günstig — gegen kräftigere Wasserströmungen, Wellen usw. noch besonders geschützt durch einen Schilfgürtel.

Dieses reiche Tier- und Pflanzenleben hat auch reichlichen Anfall organischer Kadaverstoffe zur Folge. Da aber die Wassertiefe in solchen Zonen nur gering ist, kann ständig frischer Luftsauerstoff bis zum

---

[1] OHLMÜLLER-SPITTA-OLSZEWSKI: Untersuchung und Beurteilung des Wassers und Abwassers. Berlin: Springer 1931. — SPITTA-OLSZEWSKI: Beurteilung des Trink- und Brauchwassers mit Hinweisen auf die Beurteilung des Wassers. Hdb. d. Lebensmittelchemie. Bd. VIII/2. Berlin: Springer 1940. ((Hier auch genaue Angaben über Entnahmevorrichtungen.) — OLSZEWSKI-KÖHLER: Zur Wasseruntersuchung auf Bacterium coli. Jb. vom Wasser. Verlag Chemie 1942.

[2] Vgl. dazu OLSZEWSKI-KÖHLER: Orientierende bakteriologische Wasseruntersuchungen an Ort und Stelle mit Hilfe von Ersatznährböden. Z. Dtsch Wasserwirtsch. 1942.

[3] WALTHER: Von der Sauerstoffionenkonzentration, dem Kalk und der Kohlensäure. Allgem. Fischereiz. 1931. — WALLNER u. MÜLLER: Der natürliche Uferbewuchs als Vorbild naturnaher Flußkanalisierung. Z. Dtsch. Wasserwirtsch. 1940. — SEIFERT: Reines Wasser im Heimatbild. Z. Dtsch. Wasserwirtsch. 1941.

Wassergrund vordringen, wodurch eine vollkommene Mineralisierung der lagernden organischen Stoffe gewährleistet ist. Die bei diesem Prozeß anfallenden anorganischen Verbindungen, die in der naturgegebenen Verdünnung ungiftig sind, bilden nun die Nährstoffe für die Pflanzen. Dabei entsteht infolge des Kohlensäurekonsums freier Sauerstoff, der das Wasser anreichert. Über diesen Kreislauf wird das biologisch reiche Leben in diesen Gebieten der Gewässer auf natürliche Weise erhalten, und die Unterwasserpflanzen werden so ein wichtiger Faktor für das biologische Selbstreinigungsvermögen des Wassers.

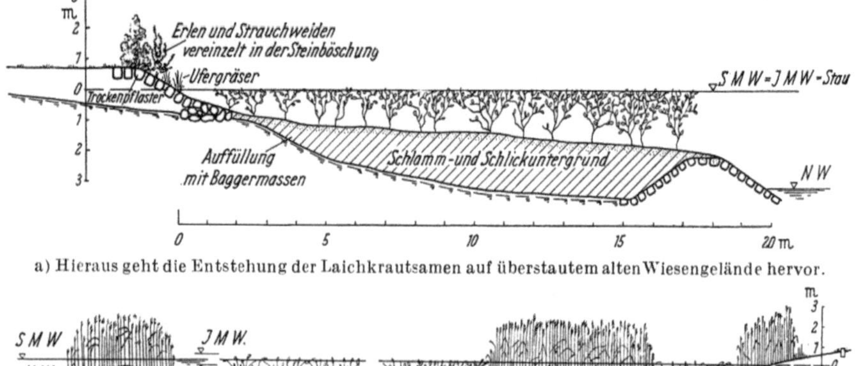

a) Hieraus geht die Entstehung der Laichkrautsamen auf überstautem alten Wiesengelände hervor.

b) Der Querschnitt zeigt die tieferen Wasserstände mit Mummeln bewachsen, während das Schilf die flacheren Stellen und sogar das überstaute Leitwerk überwuchert.

Abb. 287a u. b. Flutendes Laichkraut (Potamogeton fluitans Roth) am Main.
(WALLNER u. MÜLLER: Z. Dtsch. Wasserwirtsch. 1940.)

Die *Fische* sorgen übrigens dafür, daß der Anfall an zu verbrennenden organischen Stoffen in Grenzen gehalten wird. Denn dieses Wasserpflanzendickicht bietet den jungen Fischen Unterstand und Schutz vor Raubfischen, andererseits reichlich Nahrung. Außerdem kann an den Unterwasserpflanzen *Fischlaich* abgestreift werden (daher die Bezeichnung Laichkräuter), die daran den notwendigen Halt finden, auch da, wo ihre Wirte unter etwaigen Wellen von Schiffsschrauben hin und her schaukeln sollten (Abb. 287a u. b und 288).

Diese biologisch günstigen Verhältnisse lassen sich allerdings nicht geradehin künstlich schaffen. Sie setzen als erstes eine der Ansiedlung günstige Ufergestaltung und eine den Lebensbedingungen der gewünschten Pflanzen gemäße Bodenzusammensetzung voraus. Da, wo die Ansiedlung eines Bewuchses ohne menschliches Zutun erfolgt, wird sie den höchsten Grad der Natürlichkeit erlangen und bedarf dann nur noch einer Pflege. Vielfach werden die Voraussetzungen dafür aber nicht gegeben sein oder es würde die natürliche Entwicklung des Bewuchses zu lange dauern. Dann muß man zur *künstlichen* Bepflanzung greifen. Um sich auch dabei der Natur als Lehrmeisterin bedienen zu können, ist es notwendig, unsere natürlichen und regulierten Gewässer auf den jeweiligen Pflanzenwuchs hin zu erforschen, auf die Standortabhängigkeit der einzelnen Arten, auf ihre Wachstumsbedingungen usw., um daraus dann Regeln und Gesetzmäßigkeiten herzuleiten für die künstliche Neuansiedlung von Bewuchs. Das trifft auch auf das eigentliche, normalerweise nicht wasserbenetzte Ufer zu mit seinem Streifen von *Ufergräsern*

Abb. 288. Flutendes Laichkraut (Potamogeton fluitans Roth) am Main.
(WALLNER u. MÜLLER: Z. Dtsch. Wasserwirtsch. 1940.)

und *Ufergehölz* (Abb. 287a und 288). Die *Fischerei* erhält mit den überhängenden Gehölzen, wenn richtig angeordnet, wertvolle Fischunterstände, deren fischereilicher Wert bei der Beschattung durch Ufergehölze zunimmt. Das *Kleinklima* wird günstiger durch den vergrößerten *Windschutz* und durch die viel größere *Luftfeuchtigkeit* (Abb. 289).

Ferner liegt neben der Reinhaltung des Wassers unserer Flüsse und Seen die Schaffung, Erhaltung und Pflege des Ufergehölzes ganz im Sinne des *Naturschutzes* und der *Landschaftsgestaltung*, nämlich dem Gewässer sein *natürliches* Aussehen zu belassen oder es wiederherzustellen, wo es zerstört wurde. Diese Maßnahmen sind überdies unentbehrliche Faktoren für jene Nutzungen der Gewässer, die weitgehend in die *ideelle Welt,* in den *seelischen* Bereich der menschlichen Gesellschaft hineinreichen, und die einen wichtigen Beitrag zur äußeren und inneren Ent-

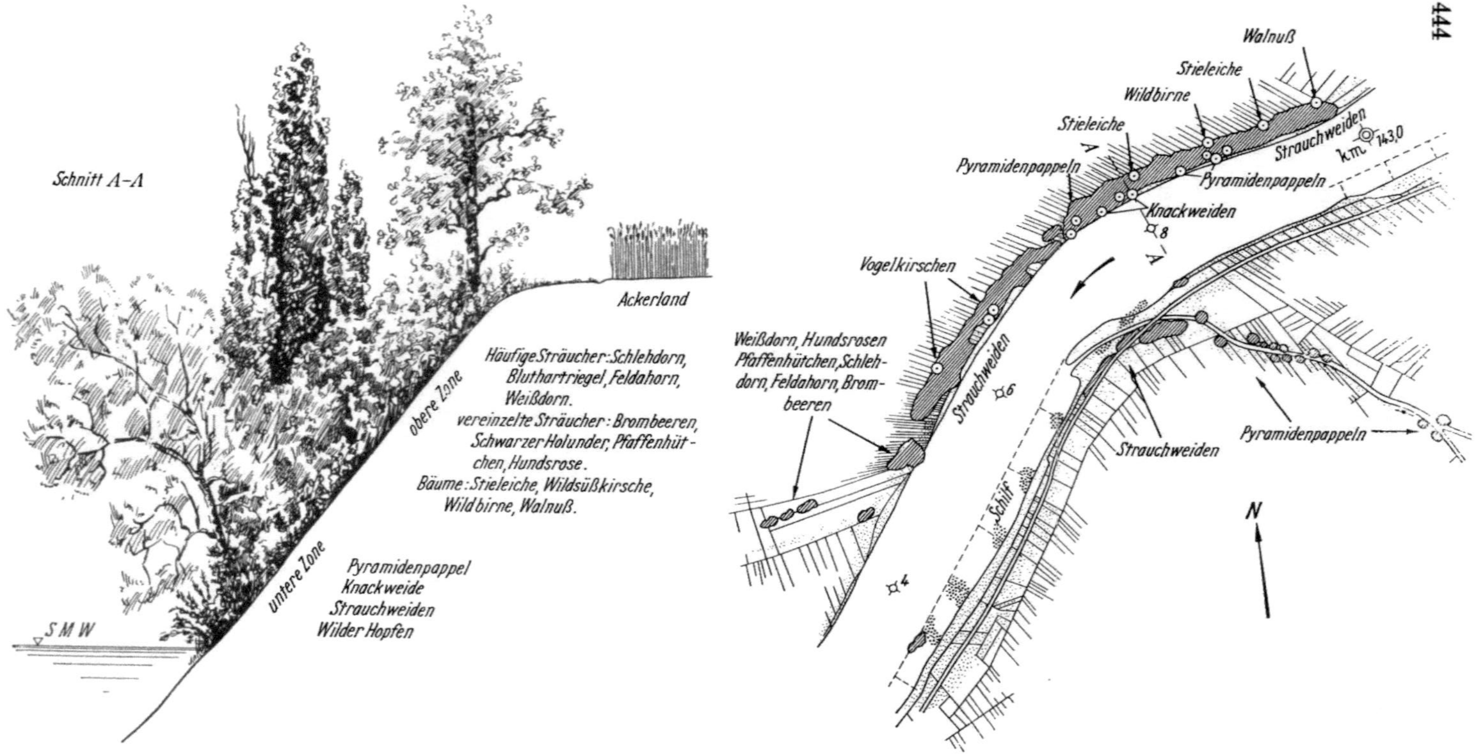

Abb. 289. Prallhangbewuchs am Main bei Dorfprozelten. (WALLNER u. MÜLLER: Z. Dtsch. Wasserwirtsch. 1940.)

spannung und damit auch zur geistig-sittlichen Stärkung der erholungs-
bedürftigen Menschen leisten (Wassersport, Badehygiene, Erholung).

Abb. 290. Ein vorbildlich bewachsener Prallhang am Main bei Dorfprozelten.
(WALLNER u. MÜLLER: Z. Dtsch. Wasserwirtsch. 1940.)

Abb. 291. So wundervoll wie hier die oberste Enns können sogar verbaute Flüsse aussehen,
wenn ihre Betreuer sich ihrer großen Verantwortung vor Volk und Heimat bewußt bleiben.
(SEIFERT: Z. Dtsch. Wasserwirtsch. 1941.)

Daß der das Wasser bewirtschaftende Ingenieur seine großen, oft
daseinsbedingenden Aufgaben so zu lösen vermag, daß er *gleichzeitig*
auch diesen *ideellen* Forderungen gerecht wird, das sollen von vielen die
beiden Beispiele der Abb. 290 und 291 zeigen.

Namen- und Sachverzeichnis.